全国电力行业"十四五"规划教材

U0643128

CAILIAO KEXUE JICHU

材料科学基础

主编　李宝让
参编　褚立华　马　雁　辛　燕
主审　王　聪

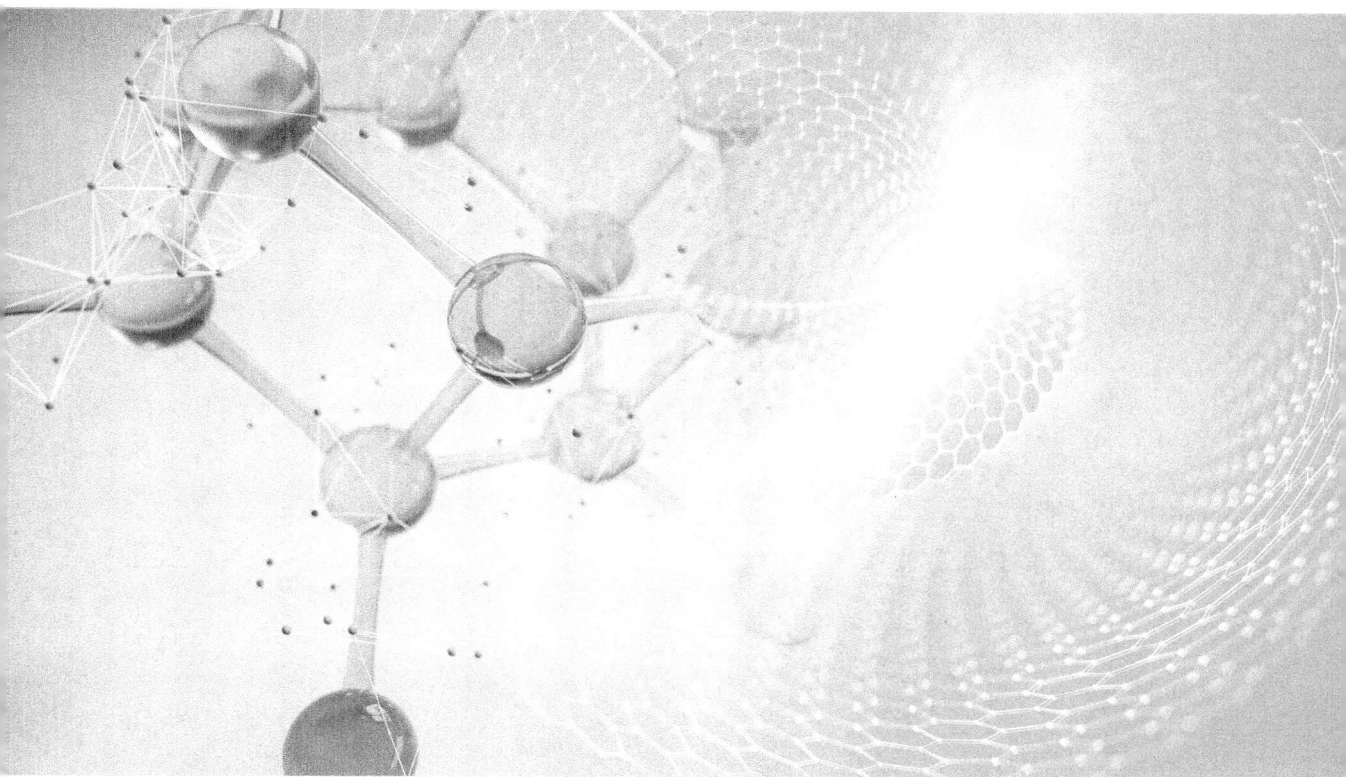

中国电力出版社
CHINA ELECTRIC POWER PRESS

内 容 提 要

材料科学是研究材料的成分、组织结构、制备工艺与材料性能和应用之间相互关系的新兴学科,它将金属、陶瓷、高分子等不同材料的微观特性和宏观规律建立在共同的理论基础上,对生产、使用和发展材料具有指导意义。本书共 11 章,侧重金属和陶瓷理论,主要内容包括晶体学基础、点缺陷、线缺陷、面缺陷、晶体的塑性变形、固体的合金化理论、固体扩散理论基础、相变及其热力学基础、相图、凝固学、陶瓷及其烧结。

本书可作为材料科学与工程或相关专业的教材,也可用作从事材料研究、生产和使用的科研人员和工程技术人员的参考书。

图书在版编目(CIP)数据

材料科学基础/李宝让主编 . —北京:中国电力出版社,2023.6
ISBN 978-7-5198-3852-2

Ⅰ.①材… Ⅱ.①李… Ⅲ.①材料科学 Ⅳ.①TB3

中国国家版本馆 CIP 数据核字(2023)第 078604 号

出版发行:中国电力出版社
地　　址:北京市东城区北京站西街 19 号(邮政编码 100005)
网　　址:http://www.cepp.sgcc.com.cn
责任编辑:周巧玲
责任校对:黄　蓓　郝军燕　李　楠
装帧设计:郝晓燕
责任印制:吴　迪

印　　刷:北京九州迅驰传媒文化有限公司
版　　次:2023 年 6 月第一版
印　　次:2023 年 6 月北京第一次印刷
开　　本:787 毫米×1092 毫米　16 开本
印　　张:22.25
字　　数:595 千字
定　　价:68.00 元

前　言

　　材料科学基础是材料学科的专业基础课程，其内容涉及材料研究和应用各个方面的基础知识，是材料科学与工程等相关专业本科生必须学习和掌握的核心基础理论课程。

　　材料科学基础相关的教材很多，如上海交通大学、清华大学、北京科技大学、西北工业大学、中南大学、西安交通大学、哈尔滨工业大学等高校均正式出版过《材料科学基础》，从编辑内容和逻辑思维上，这些版本的《材料科学基础》各有千秋，改革开放以来，它们为我国的材料专业技术人才培养做出了巨大贡献。

　　材料科学基础涉及的知识体系有如下特点：①知识内容宽泛，几乎涉及材料所有研究领域的基础理论；②基础概念抽象，而且基础理论数学模型较多，因此初学者不容易正确理解和掌握。在我国，从中学迈入大学的过程中，绝大多数的学生是缺乏工学实践背景的，这导致他们在学习材料科学基础的知识过程中，会存在很多理解上的难度和障碍。因此，一部好的《材料科学基础》教材，不仅要体现厚重的专业知识，更要体现语言表达的通俗易懂，既便于教学也便于培养学生自学能力。

　　基于十余年本科生材料科学基础课程实践教学的经验和心得体会，编者强烈认识到教材中材料科学基础相关知识体系的表述方法和具体实际教学活动的信息传递方式在提高教学效率和培养学生对材料科学兴趣方面具有非常重要的影响价值。鉴于此，编者在总结和借鉴国内外诸多版本《材料科学基础》教程的基础上尝试编写了此书，从知识传授、讲解的角度，针对比较抽象的知识点进行拆解，力图达到通俗易懂的目的。本书编写的基本出发点是让读者在学习材料科学基础相关理论时，能够有效缩减自我在知识摸索过程中的路径，达到某种程度可以自学的效果。

　　全书共分11章，主要章节涉及晶体学、缺陷学、扩散学、固体相变、范性变形学、陶瓷学等基础知识，力图覆盖金属和非金属（陶瓷）的相关基础理论。为了确保读者在学习过程中能够保持思维逻辑的贯通，贯穿全书主要有三个逻辑线路：一个知识的脉络是晶体结构-晶体缺陷-范性变形，分别是从第1章到第5章；另一个知识的脉络是材料合金化-扩散学，分别是第6章、第7章；第三个知识脉络是相变学-相图-凝固理论，分别是从第8章到第10章。考虑材料概念随着时代发展而发展的特点，在第11章撰写了陶瓷学相关理论。特别值得一提的是，限于全书的篇幅约束以及不同学科的特点，固体物理学、高分子材料基础、材料力学等学科相关的基础理论内容均未在本书中体现，以力图维持材料科学基础在教学内容上的独立和特色。

　　本书在编写过程中，力图突出一定的创新点。除了强调相关内容在知识讲解和传递过程中的逻辑性，本书还注重知识体系的理论和深度，以培养学生的专业基础功底，和目前出版的同类教材比较，本书的特色主要表现如下：

　　（1）注重知识点细节的讲解和知识深度完善。针对书中涉及的每一个知识点，尽可能完善知识点的细节和深度，例如晶体学中，针对三种基础的晶体结构中，进一步完善了配位数、间隙种类尺寸相关的图示和计算；在缺陷学中，针对位错的作用力，除去直线型的位错线上作用力的计算外，增加了更具有一般意义的任意形状的位错线上的作用力计算；针对位错和位错之间的相互作用，除去平行位错线之间的相互作用，增加了垂直条件下位错之间的相互作用及其计算；针对相变学，细化了有序-无序转变及其模型，并补充了非晶热力学理论；针对扩散学，介绍扩散种类的同时，针对不同扩散种类，增加讲解了相关扩散理论模型；针对固-液相变过程中的不同生长模式下的动力学方程，均补充并给出了详细的推导过程。这些补充的理论模型，一方面增加了基础理论的细节，强化了教学内容的深度，更重要的是能够让读者在学习过程中，保持逻辑的连贯性，在学习中对知识点的来龙去脉以及相关深度掌握清楚，避免大跨度知识传递导致的思维误区和学习误区。

（2）注重知识的可阅读性，避免因为复杂的推导增加阅读的难度。为此，针对书中陈列的经典模型，编者均做了讲述逻辑上的修改，这些修改能确保学生在学习中，更能快速领悟模型的要点和实质。例如，针对扩散学中的扩散系数和浓度关系模型，编者重新整理了讲解的次序；针对固-液凝固学中的正常凝固、成分过冷模型等，编者结合自身的工程实践经验，首次结合工业钢包给出了模型的构建理念和系列建模思维的来源。这些修正一方面可以强化理解掌握模型，另一方面可以培养学生数学建模的思维。

（3）注重知识的更新和前沿性知识介绍。结合知识点，书中给出了相关知识点的前沿技术介绍。

（4）突出知识点讲解的语言特色，针对书中相对抽象的概念和理论，采用社会生活中通俗易懂的案例进行类比说明，以强化读者对知识的吸收能力。例如在晶体结构讲解中，将晶胞作为一个立体结构，拆分为点、线、面和体等立体单元，以晶胞为研究对象，通过拆分将材料学知识和固体物理学知识体系进行有效的分割；在讲解位错及其运动时，将位错类比为一辆轿车，其所在晶格类比为一座城市，将位错运动发生的一系列可能的行为类比为轿车在一个城市穿行可能遇到的各种情况；讲解位错和位错交互作用时，按照位错之间彼此间距分为无作用、场相互作用、线线交割作用等几个阶段。

（5）注重图解在知识传递中的作用，通过图解立体形象化教学知识点。本书中除了引用经典图片，针对经典图片进行有效编辑外，编者还陈列了大量自行绘制、具有原创色彩的教学图片。这些教学图片在借鉴其他教材的同时，力图将复杂抽象的知识点简单化、形象化。例如针对不同晶体的配位数计算的图片、刃位错、孪晶、扩散通量等概念的讲解图片、位错-位错之间相互作用讲解图片、以钢包冷却为基础解释正常凝固、成分过冷数学模型的讲解图片等，尤其是在三元相图中，部分图片均系编者根据多年教学经验获得的讲解逻辑设计的图片，具有一定的原创性。

本书由华北电力大学李宝让主编，褚立华、马雁、辛燕参编。具体分工如下：李宝让（第1～3章、第11章），马雁（第4、9章），辛燕（第5、10章），褚立华（第6～8章），全书的知识体系构建、逻辑设计和内容组织以及审核、定稿由李宝让负责。本书在编写过程中，侯世香、徐丽、叶峰、杜兆福等人针对部分手稿进行了审阅和修改，研究生刘钰、刘奇、张伟和孟潇等也参与了书稿校对，在此一一表示感谢！最后，编者特别感谢华北电力大学柳长安博士、杨凯先生对本书编写和出版所付出的心血！

本书由北京航空航天大学王聪教授主审，他提出了许多宝贵的意见和建议，在此表示衷心的感谢。

由于编者水平所限，本书难免有疏漏之处，恳请广大读者批评指正。

编者
2023 年 3 月于北京

目 录

第1章 晶体学基础

一块金属铜和铝，为什么会具有不同的硬度？为什么和它们比较，金属铁更不容易变形？要了解这些，就需要从微观角度对材料的晶体结构进行研究。本章将重点从微观角度讲解晶体的结构及其相关知识，主要包括以下知识点：

(1) 晶体结构和空间点阵，以及描述空间点阵特征的方法和相关的基础概念。

(2) 三种典型的基础空间点阵及其几何学特征。

(3) 环境因素改变情况下的同素异构转变及其特点。

(4) 晶体堆垛理论。

(5) 离子晶体种类及其结构特点。

1.1 晶 体 结 构

物质通常有三种聚集状态：气态、液态和固态。一般气体内部的分子（原子或者离子）之间的间距较远，每个分子做无规则的热运动，彼此互不干扰。相对于气态，液态时分子之间的间距明显缩短，局部分子（原子或者离子）会出现聚集状态。因此，液态典型的结构特点是短程有序和长程无序。

物质从气态或者液态凝固成固体时，构成物质的分子（原子或者离子）彼此之间的间距往往要进一步大大减小。液态时的长程无序减少，并逐渐消失，同时分子（原子或者离子）会发生重新排列，形成具有一定规则外形的固体，或者不具备任何明显规则外形的固体，前者称为晶体，后者称为非晶体。

图 1-1 所示为晶体和非晶体的微观结构示意。微观上，晶体内部的分子（原子或者离子）排列具有规律性，同时在三维方向上排列呈现典型的周期性，而非晶体内部的分子（原子或者

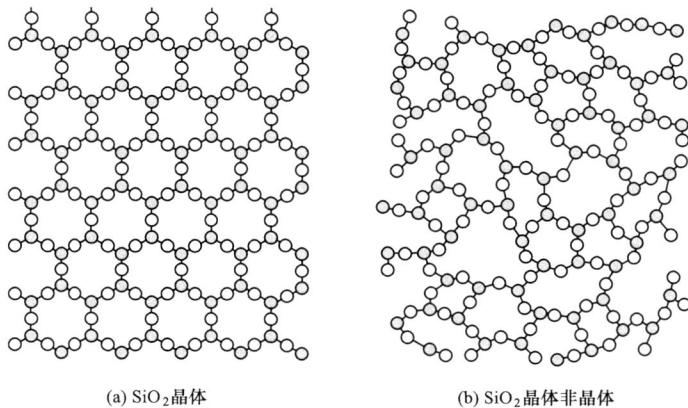

(a) SiO$_2$晶体   (b) SiO$_2$晶体非晶体

图 1-1 晶体和非晶体的微观结构示意

离子）排列缺乏明显的规律性。特殊条件下获得的非晶体，其微观结构一般和液态相似，晶体内部具有明显的短程有序、长程无序结构。

　　自然界中的固体物质绝大部分都是晶体，只有极少数是非晶体。例如日常生活中最常见的食盐就是典型的氯化钠晶体，而琥珀是典型的非晶体。若无特殊说明，本书讲解的对象主要是固体中的晶体。

　　构成晶体的微粒（分子、原子、离子等）在三维方向上是周期性地规则排列的，这可以借助于高分辨电子显微镜进行观察。图 1-2（a）所示为硅晶体在二维平面（110）晶面上的原子排列。

　　在实际晶体中，构成晶体的分子（原子或者离子）在晶体内部所形成的周期性的规则排列结构，称为晶体结构。假设晶体为纯金属，采用空心圆圈代表一个金属原子，在这种情况下，图 1-2（b）所示的立体结构就是晶体结构，它是实际晶体中真实存在的原子通过规则排列获得的结构。把图 1-2（b）中的每个空心圆圈假想成一个质点，然后用直线连接起来，就可以得到图 1-2（c）。图 1-2（c）是为了方便研究晶体结构而假想的抽象阵点图，称为空间点阵。通过空间点阵，可以将实际晶体中的晶体结构抽象为典型的三维框架结构，这种框架结构的典型特点是框架格点在三维空间内的排列具有明显的对称性和周期性。

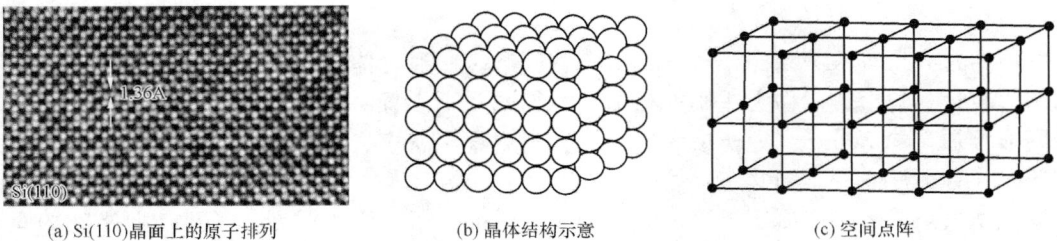

(a) Si(110)晶面上的原子排列　　(b) 晶体结构示意　　(c) 空间点阵

图 1-2　晶体结构和空间点阵

　　如果一个晶体不是纯金属，而是化合物，例如氯化钠，那么基于晶体结构，如何确定空间点阵呢？如图 1-3（a）所示，氯化钠晶体由氯离子和钠离子两种离子组成，所有的钠离子周围都是氯离子，而所有的氯离子周围都是钠离子。按照前述方法，将每个氯离子和钠离子看成质点，分别采用实心黑点和空心圆圈表示，就可以得到如图 1-3（b）所示氯化钠的空间点阵。图 1-4 所示为钙钛矿类晶体（如钛酸钡、钛酸钙等）的晶体结构和空间点阵。

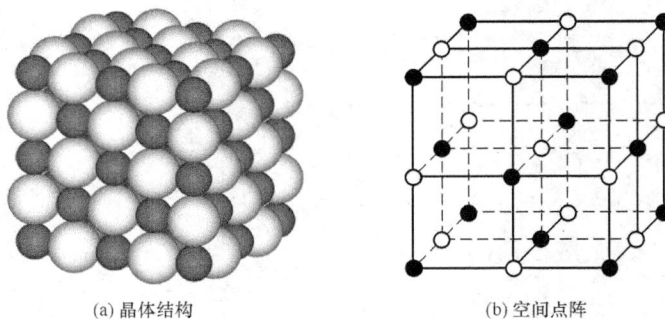

(a) 晶体结构　　(b) 空间点阵

图 1-3　氯化钠的晶体结构和空间点阵

　　空间点阵是基于晶体中实际分子（原子或者离子）排列想象出来的几何学框架，用以描述

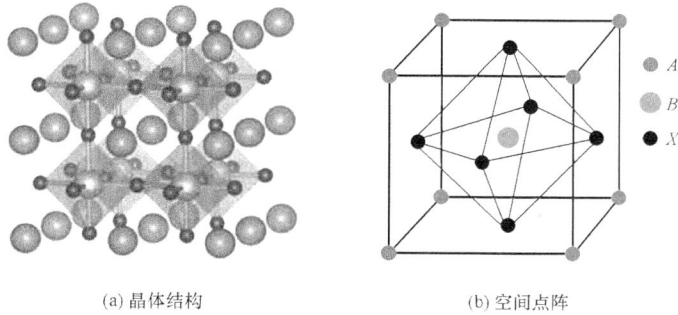

| (a) 晶体结构 | (b) 空间点阵 |

图 1-4　钙钛矿类晶体的晶体结构和空间点阵

和分析晶体结构的周期性和对称性。由于空间点阵框架结构中的各个格点要求具有完全相同的周围环境，所以空间点阵的排列只能有 14 种，即 1.3 节中的布拉菲点阵。而在实际的晶体结构中，即具体构成物质的分子（原子或者离子）在空间的真实排列分布中，由于构成晶体内部的分子（原子或者离子）种类不止一种，所以可以形成各种类型的排列。因此，实际晶体的晶体结构可以是无限的。

1.2　晶　　　胞

1.2.1　晶胞

如图 1-5 所示，空间点阵的框架结构在空间三维方向上具有周期性，可以将其看成是由图 1-5 所示的最小六面体单元在三维周期性重叠获得的。在这种情况下，空间点阵的所有特点就可以通过研究最小六面体单元获得。这个最小平行六面体单元称为晶胞，如图 1-5 右下角所示。很显然，晶胞在空间上做三维的重复堆砌就构成了空间点阵。晶胞典型的构成要素如下所述。

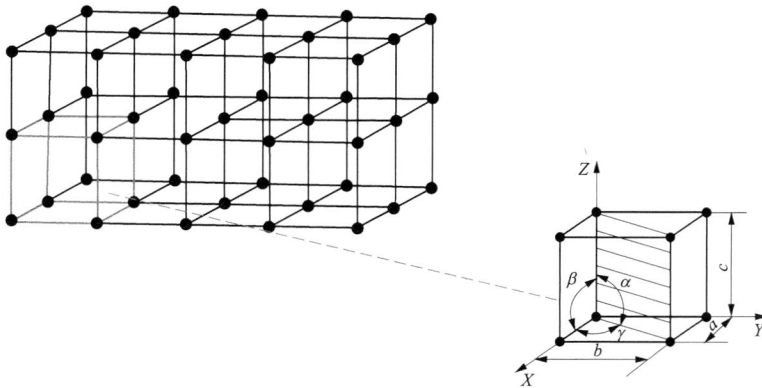

图 1-5　晶胞结构及其六要素

1. 阵点

晶胞中不同阵点位置上占据着构成物质的微粒，这些微粒之间通过相互作用和协调，保持能量最低，维持整个晶胞的外形结构。阵点之间的相互作用和协调主要体现在以下三个方面：

（1）阵点之间的相互作用通过占据阵点的微粒之间相互的键合来完成，键合的方式可以是共价键、离子键、金属键、范德华键等，微粒之间的键合方式往往会影响晶体的宏观性能。

（2）阵点上的微粒不是静止不动的，而是无时无刻地做无间歇运动。微粒本身的不间断运动同时会受到周围阵点上微粒的影响约束，导致微粒只能在自己所在阵点的附近运动，以维持晶体的外形结构不变。

（3）对于金属晶体，还存在脱离阵点原子约束的自由电子在晶格中的运动及其规律。

上述知识均属于固体物理学的范畴，可以参考固体物理学相关教材来进一步学习。

2. 棱线

如图 1-5 所示，晶胞的不同棱线呈现不同的方向，每一个不同方向称为晶胞的一个晶向。对于一个晶胞，除了棱线代表的晶向外，晶胞内部任意阵点之间的连线都代表一个晶向，因此，晶胞内的晶向是全方位的。

3. 晶面

如图 1-5 所示，晶胞具有明显的六个面，每一个面称为晶胞的晶面。和晶向一样，对于晶胞，除了外表面代表的晶面外，在晶胞内部任意画出的一个几何面都是晶胞的晶面，如图 1-5 中的阴影面所示。

为了研究晶胞内部不同方位的晶向和晶面上原子排布的特点，往往需要给晶胞中具有不同方位的晶向和晶面命名，用以区分这些晶向和晶面的位向关系。起名的规则称为晶面、晶向的标定方法，即 Miller 指数标定，这个标定规则在后续章节中会详细讲解。

4. 晶胞体

晶胞体是指晶胞的几何形状。理论上，上述点、线、面组合就构成一个平行的六面体，即晶胞体。从几何学角度讲，通过点、线、面组合的六面体的形状和大小可以是不同的，其形状和大小的差别主要和晶胞的三条棱边 a、b、c 以及三棱边之间夹角 α、β、γ 有关。其中，三条棱边的长度决定晶胞的大小，通常称为晶格常数。棱边之间的夹角决定晶胞的形状。晶胞的三条棱边 a、b、c 和三角 α、β、γ 称为晶胞的六要素。

1.2.2　晶胞的选取和分类

1. 晶胞的选取

同一个空间点阵中，可因选取方式不同而得到不同的晶胞，如图 1-6 所示。为了能够实现不同材料之间晶体结构的有效比较，在不同的空间点阵中选择和确定晶胞，往往要遵守统一的选取原则。具体的晶胞选取原则通常要满足以下条件：①选取的平行六面体应反映出点阵的最高对称性；②平行六面体内的棱和角相等的数目应最多；③当平行六面体的棱边之间的夹角存在直角时，直角数目应最多；④在满足上述条件的情况下，晶胞应具有最小的体积。

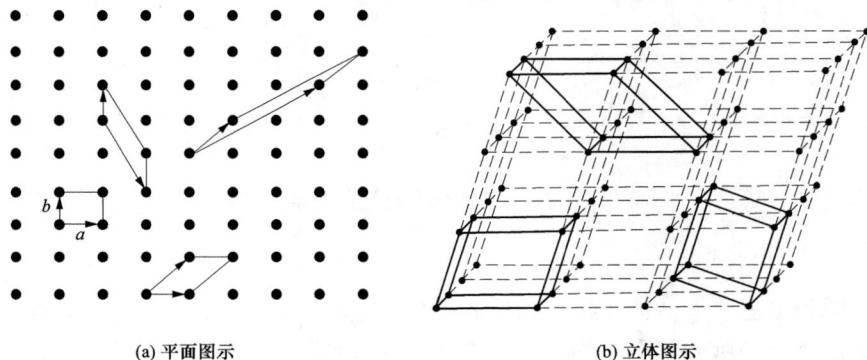

(a) 平面图示　　　　　　　　　　　　　(b) 立体图示

图 1-6　晶胞的选取方法

2. 晶胞的分类

晶胞可以分为素晶胞和复晶胞。素晶胞一般可以形成简单格子，如简单立方。它是指晶体微观空间中，不可能再小的最小单位。素晶胞中的原子集合通常称为结构基元，相当于晶体微观空间中的原子做周期性平移的最小集合。复晶胞分为体心晶胞、面心晶胞和底心晶胞，可以将它看作是素晶胞的多倍体。图 1-7 所示为素晶胞和复晶胞。图中实心黑色晶胞可以用虚线晶胞表示，虚线晶胞在结构上相对实心黑色晶胞简单。如图 1-7（a）中实心黑色的体心晶胞可用简单三斜晶胞（见后续十四种布拉菲点阵）来表示，而图 1-7（b）中面心晶胞可用简单菱方晶胞（见后续十四种布拉菲点阵）来表示，但是虚线晶胞不能充分反映立方晶系的对称性，这可以通过如图 1-7（c）、（d）所示的氯化钠晶胞图例来观察。很显然，图 1-7（d）中的虚线结构不能反映图（c）中氯化钠的晶体结构特点。对于一个晶体结构，如果选用素晶胞不能充分反映晶体的微观对称性，那么通常会选用复晶胞。

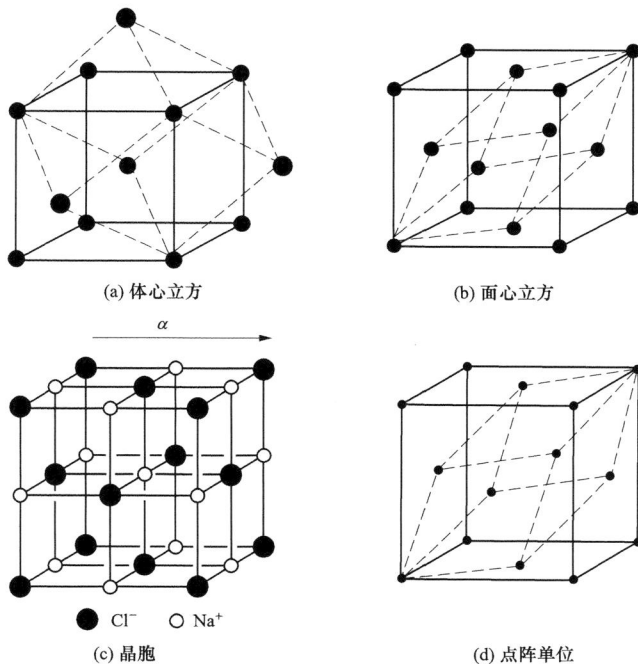

(a) 体心立方　　　　　　　　　　　(b) 面心立方

α

● Cl⁻　　○ Na⁺

(c) 晶胞　　　　　　　　　　　　　(d) 点阵单位

图 1-7　复晶胞和素晶胞

1.3　布 拉 菲 点 阵

1.3.1　对称操作

所谓对称是指晶体中相同的部分通过一定的变换可以实现重复出现的现象，相应的变换称为对称操作。某种程度上，晶体学对称可以理解为与几何学中的对称概念一致。例如两个点相对于连线中点为点对称，只不过对于晶体，其对称比较复杂，既包括晶体宏观外形的对称性，也包括微观点阵的对称性，前者称为宏观对称，后者称为微观对称。宏观对称和微观对称操作共同组合能够描述晶体中原子排列的对称性。图 1-8 所示为宏观-微观对称操作。

宏观对称操作通常包括对称面、对称轴、对称点、回转反演等操作，如图 1-8（a）所示。一般来说，晶体的宏观对称要素有 1 次、2 次、3 次、4 次、6 次对称轴，以及 i、m 和 4 次回

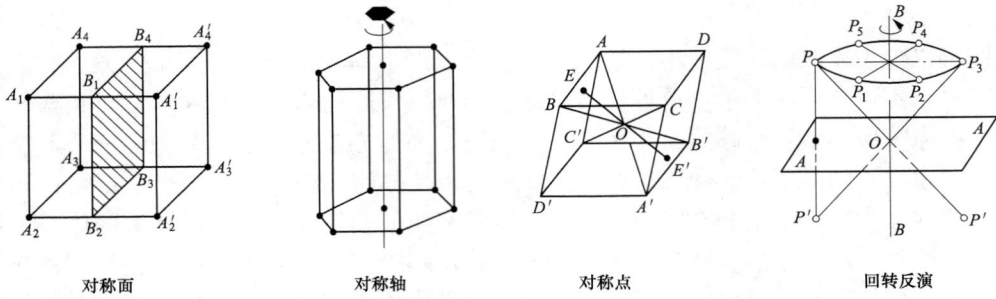

対称面　　　　　　　対称轴　　　　　　　対称点　　　　　　　回转反演

(a) 宏观对称操作

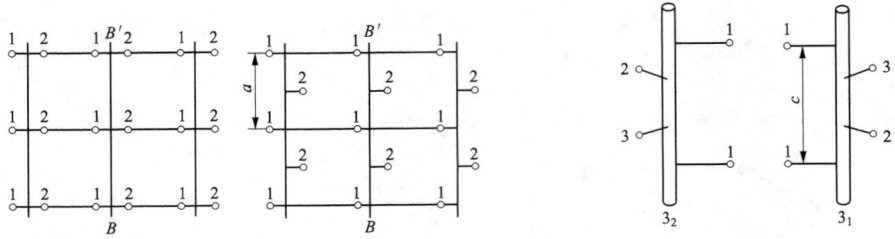

滑移面包括一个对称面和沿着此面的平移组成，左图中对称面 BB'，点2和点1对称；右图中，点1经过 BB' 反映后，需要平移 $a/2$ 才能与点2重合

旋转轴包括一个旋转轴和平行于轴的平移组成，图中旋转轴为3次旋转即角度为 $360°/3$，旋转 $120°$ 后沿着轴平移 $c/3$ 才能实现重合

(b) 微观对称操作

图 1-8　宏观-微观对称操作

转反演等八种。晶体的宏观对称要素和操作见表 1-1。任何晶体的宏观对称性都是这八种对称操作的组合获得，如果同时考虑晶体周期性的特点，通过这八种对称操作的组合数为 32，即 32 种点群。如果进一步将 32 种点群按照对称性的特点进行归类，就可以得到七大晶系，分别是立方晶系、六方晶系、四方晶系、菱方晶系、正交晶系、单斜晶系、三斜晶系。七大晶系的几何条件见表 1-2。

表 1-1　　　　　　　　　　　　　　　晶体的宏观对称要素和操作

对称元素	对称轴					对称中心	对称面	回转反演轴		
	1次	2次	3次	4次	6次			3次	4次	6次
辅助几何要素	直线					点	平面	直线和直线上的定点		
对称操作	绕直线旋转					关于点中心对称	关于平面反映	绕线旋转＋关于点中心对称		
基转角 $\alpha/(°)$	360	180	120	90	60			120	90	60
国际符号	1	2	3	4	6	i	m	$\bar{3}$	$\bar{4}$	$\bar{6}$
等效对称元素	—					$\bar{1}$	2	$3+i$		$3+m$

表 1-2　　　　　　　　　　　　　　　七大晶系的几何条件

晶系	棱边长度及夹角关系	举例
立方	$a=b=c,\ \alpha=\beta=\gamma=90°$	Fe, Cr, Cu, Ag, An
六方	$a_1=a_2=a_3\neq c,\ \alpha=\beta=90°,\ \gamma=120°$	Zn, Cd, Mg, NiAs
四方	$a=b\neq c,\ \alpha=\beta=\gamma=90°$	$\beta-Sn$, TiO_2
菱方	$a=b=c,\ \alpha=\beta=\gamma\neq90°$	As, Sb, Bi
正交	$a\neq b\neq c,\ \alpha=\beta=\gamma=90°$	$\alpha-S$, Ga, Fe_3C
单斜	$a\neq b\neq c,\ \alpha=\gamma=90°\neq\beta$	$\beta-S$, $CaSO_4\cdot2H_2O$
三斜	$a\neq b\neq c,\ \alpha\neq\beta\neq\gamma\neq90°$	K_2CrO_7

对称的微观操作通常指描述晶体内部结构-原子、分子或者离子的类别和排列的对称性，通常包括平移、旋转和滑移，如图1-8（b）所示。如果把宏观对称要素的点群和微观对称要素的旋转、滑移、平移结合一起，形成的对称群称为空间群。空间群用以描述晶体中原子组合的所有可能方式，迄今为止，已经证明的晶体中可能存在的空间群有230种。

1.3.2　布拉菲点阵

在七大晶系基础上，如果进一步考虑到简单格子和带心格子，就会产生14种空间点阵形式，即14种布拉菲格子，如图1-9所示。如前所述，空间点阵是几何学抽象，用以描述晶体结构的周期性和对称性，要求各个阵点的周围环境相同，在这种情况下，从七大晶系中引申只能有14种空间点阵。任何一种晶体，不论是人工的还是合成的，无论晶体结构有多复杂，对应其晶体结构的空间点阵必然是14种布拉菲格子中的一种。

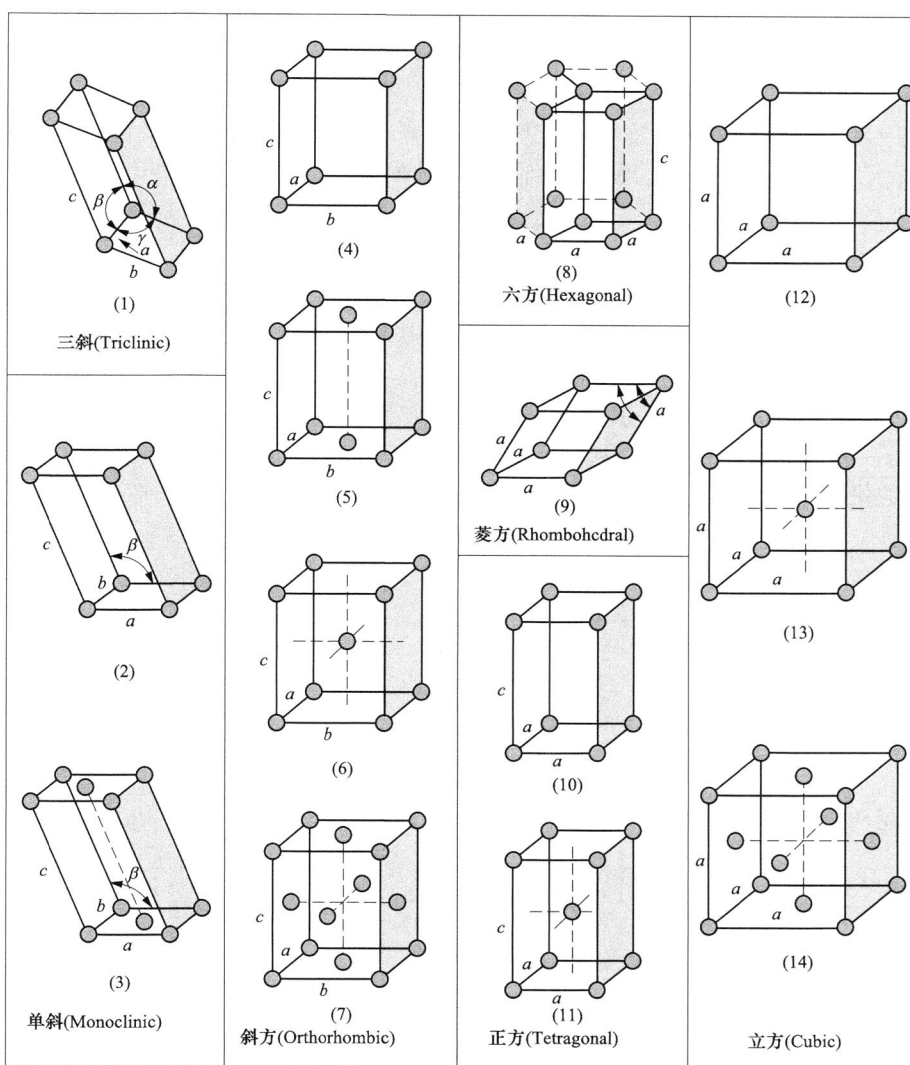

图 1-9　14种空间点阵形式——布拉菲格子

1.4　晶面和晶向指数

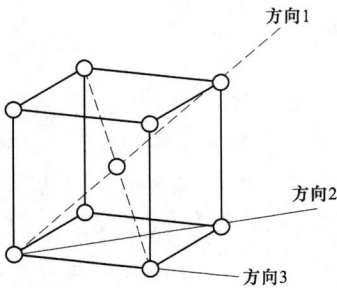

图 1-10　体心立方点阵中不同晶
向上的原子数目比较

在晶胞中，尤其是相对复杂的晶胞中，不同晶面或者不同晶向上排列的微粒数目可能不同。图 1-10 所示为体心立方点阵中不同晶向上的原子数目比较。体心立方晶系的晶胞中，沿着方向 1 和方向 2、3 的原子数目明显不同。即使原子数目相同的方向 2、3，原子之间的间距差别也很大。根据固体物理学知识可知，晶体中微粒之间主要依赖于电场斥力、引力相互作用获得平衡而相对稳定存在，而这种相互作用力和原子之间的间距有直接关系。不同晶面和晶向上排列的微粒数目及其排列方式在一定程度上代表着不同的相互作用效果，即具有不同的能量，这将直接影响晶面或者晶向方向上的材料力学和物理性能。因此，从不同晶向或者晶面角度研究晶体结构具有非常重要的意义。

为了便于比较不同晶体的晶胞和区别同一个晶胞中不同方位的晶向和晶面，国际上通用密勒（Miller）指数标定方法来统一确定晶向指数与晶面指数。

1.4.1　晶向指数

晶向指数的确定步骤：①以晶胞的某一阵点 O 为原点，建立坐标轴 X、Y、Z，以点阵矢量的长度作为坐标轴的长度单位；②过原点 O 作一直线，使其平行于待定晶向；③选取距原点 O 最近的一个阵点，确定该阵点的 3 个坐标值；④将 3 个坐标值化为最小整数 u、v、w，加上方括号，即为待定晶向的晶向指数 $[uvw]$。

图 1-11 所示为立方晶系中采用上述标定方法确定的不同晶向的晶向指数。例如，图 1-11 中立方晶胞的八个顶点为 O、A、B、D、C、E、F、G，以 O 点为原点建立直角坐标系，标注晶向 OG 的指数。按照上面的步骤，确定 OA、OB、OC 为长度单位，G 点的坐标值为 1、1 和 1，在长度上分别等于 OA、OB、OC，据此，晶向 OG 的指数为 $[111]$。为了进一步体会和练习晶向指数的标定，图 1-12 给出了正交晶系中其他一些重要晶向的晶向指数。

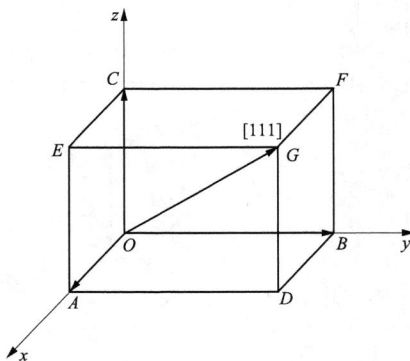

图 1-11　晶向指数标定

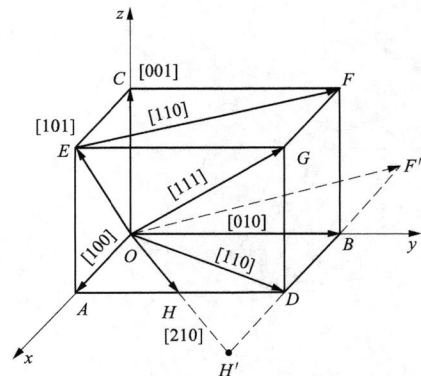

图 1-12　正交晶系一些重要晶向的晶向指数

注意：①晶向指数的写法，$[uvw]$ 中数字 u、v、w 之间没有符号。②按照标定方法步骤 2，很容易推断：同一个晶向指数实质是表示所有相互平行、方向一致的晶向。若所指的方向相反，则晶向指数的数字相同，但符号相反。③观察图 1-12，[100]、[010]、[001] 这几个晶向在空间方位等同，再如 [101]、[110]、[$\bar{1}$10] 等也是等同方向，可以将这些等同的方向划为一个方向群，称为一个晶向族，常用符号 〈 〉 表示。例如，对于 [100]、[010]、[001] 等同晶向可以统一记为 〈100〉，[101]、[110]、[$\bar{1}$10] 等同晶向可以记为 〈110〉。

1.4.2 晶面指数

晶面指数标定步骤如下：①和晶向指数标定类似，在点阵中设定参考坐标系，但不能将坐标原点选在待确定指数的晶面上，以免出现零截距。②求待定晶面在三个晶轴上的截距。若该晶面与某坐标轴平行，则此轴上截距为∞；若与某坐标轴负方向相截，则此轴上截距为一负值。③取各截距的倒数。④将三倒数化为互质的整数比，并加上圆括号，即为表示该晶面的指数，记为 (hkl)。

图 1-13 所示为立方晶系中采用上述方法标定的典型晶面的晶面指数。图 1-14 所示为正交晶系一些重要晶面的晶面指数。例如标定立方晶胞的 $a_1b_1c_1$ 面的晶面指数，首先以 O 点为原点建立直角坐标系，求取 $a_1b_1c_1$ 面在三个坐标轴上的截距。图 1-14 中所示分别为 $\overrightarrow{Oa_1} = \frac{1}{2}a$，$\overrightarrow{Ob_1} = \frac{1}{3}b$，$\overrightarrow{Oc_1} = \frac{2}{3}c$。

考虑 a、b、c 为单位坐标间距，分别取为 1，此时待标定晶面相应的截距为 1/2、1/3、2/3，其倒数为 2、3、3/2，化为最简整数为 4、6、3，故晶面 $a_1b_1c_1$ 的晶面指数为 (463)。

注意：①晶面指数的写法，(hkl) 中数字 h、k、l 之间没有符号。②同一个晶面指数所代表的不仅是某一晶面，而是代表着一组相互平行的晶面。③空间方位等同的晶面，在同一个晶体内其晶面间距和晶面上原子的分布完全相同，这些晶面可以归并为一个晶面族，以 $\{hkl\}$ 表示。如图 1-14 中的 (100)、(010)、(001) 等晶面即为一个晶面族，可以统一记为 $\{100\}$。

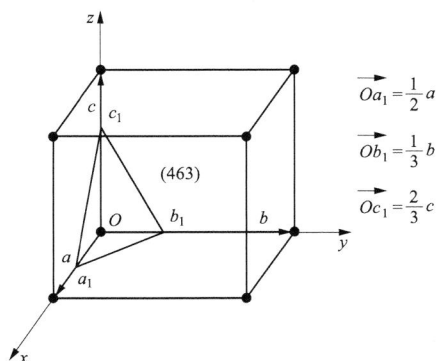

图 1-13　晶面指数标定

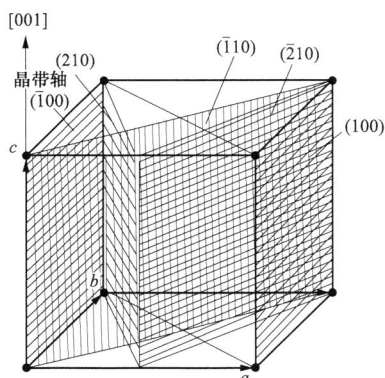

图 1-14　正交晶系一些重要晶面的晶面指数

1.4.3 六方晶系指数标定

除去上述三指数确定晶向、晶面指数外，六方晶系还可以采用四个指数，即 $(hkil)$ 来表示晶向和晶面。四指数方法标定晶向和晶面的程序和前述三指数标定的程序基本相同。唯一的区别是采用四个指数进行晶向和晶面指数标定时，需要采用四晶轴系统。典型的四轴坐标系统如图 1-15 所示，图中 a_1、a_2、a_3 之间的夹角为 120°，c 轴与 a_1、a_2、a_3 垂直。

图 1-16 所示为六方晶系中常见的晶面及其四轴指数。容易看出，标定指数中 $i = -(h+$

k），这是由于四轴坐标系中 h、k、i 之间并不独立。如图 1-15 所示的四轴坐标系中，只要晶面在 a_1 和 a_2 轴上的截距一旦确定，它在 a_3 轴上的截距也就确定了。

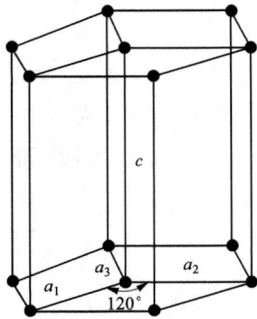

图 1-15　六方晶体的四轴坐标系统

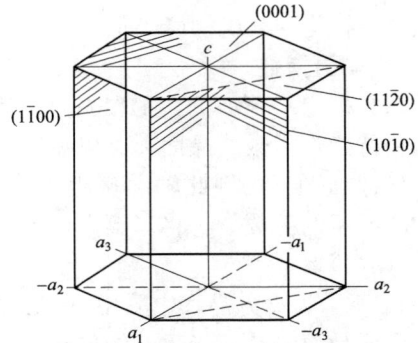

图 1-16　六方晶体中常见的晶面

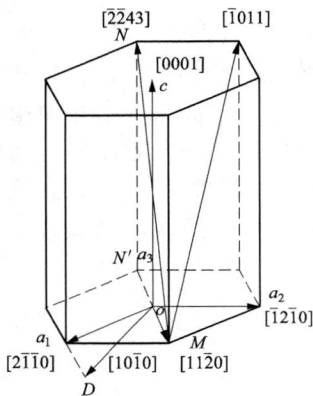

图 1-17　六方晶体中常见的晶向

采用四指数方法标定晶向时，所遵循的原则和三指数标定也完全一致，但是采用四指数针对晶向标定时，往往仅对于特殊晶向比较容易标定。图 1-17 所示为六方晶体中常见的晶向，图中典型的晶向指数可用 $[uvtw]$ 来表示。但是对于普通的晶向，标定比较复杂，一般不建议直接标定，而是采用计算方法确定。该法是先求出待标定晶向在 a_1、a_2 和 c_3 个坐标轴下的指数 U、V、W，然后按以下公式算出四轴指数 u、v、t、w：

$$u = \frac{1}{3}(2U - V)$$

$$v = \frac{1}{3}(2V - U)$$

$$t = -(u + v)$$

$$w = W$$

1.5　晶面间距和晶面夹角

1.5.1　晶面间距

相互平行的晶面和晶面之间通常存在不同的间距，即晶面间距。晶面间距和晶面的位向以及晶面指数有着密切的关系。晶面指数不同的晶面之间，往往具有不同的晶面位向和晶面间距。因此，晶胞中晶面的晶面指数一经确定，就会有如何确定晶面方向和晶面间距的问题。表 1-3 给出了七大晶系中晶面间距和晶格常数之间的关系。

表 1-3	七大晶系中晶面间距和晶格常数之间的关系
晶系	晶面间距和晶格常数之间的关系
立方晶系	$d_{hkl}^{-2} = \dfrac{h^2 + k^2 + l^2}{a^2}$

晶系	晶面间距和晶格常数之间的关系
四方晶系	$d_{hkl}^{-2} = \dfrac{h^2 + k^2}{a^2} + \dfrac{l^2}{c^2}$
正交晶系	$d_{hkl}^{-2} = \dfrac{h^2}{a^2} + \dfrac{k^2}{b^2} + \dfrac{l^2}{c^2}$
六方晶系	$d_{hkl}^{-2} = \dfrac{4(h^2 + hk + k^2)}{3a^2} + \dfrac{l^2}{c^2}$
菱方晶系	$d_{hkl}^{-2} = \dfrac{(h^2 + k^2 + l^2)\sin^2\alpha - 2(hk + kl + hl)\cos\alpha(1 - \cos\alpha)}{a^2(1 - 3\cos^2\alpha + 2\cos^3\alpha)}$
单斜晶系	$d_{hkl}^{-2} = \dfrac{h^2}{a^2\sin^2\beta} + \dfrac{k^2}{b^2} + \dfrac{l^2}{c^2\sin^2\beta} - 2\dfrac{hl}{ac\sin^2\beta}\cos\beta$
三斜晶系	$d_{hkl}^{-2} = \dfrac{\dfrac{h^2}{a^2}\sin^2\alpha + \dfrac{k^2}{b^2}\sin^2\beta + \dfrac{l^2}{c^2}\sin^2\gamma + 2\dfrac{hk}{ab}(\cos\alpha\cos\beta - \cos\gamma) + 2\dfrac{kl}{bc}(\cos\beta\cos\gamma - \cos\alpha) + 2\dfrac{hl}{ac}(\cos\alpha\cos\gamma - \cos\beta)}{1 - \cos^2\alpha - \cos^2\beta - \cos^2\gamma + 2\cos\alpha\cos\beta\cos\gamma}$

下面以简单晶胞为例，推导简单晶胞中晶面间距的计算方法。对于复杂晶胞，可以按各种不同情况对下述推导的公式进行修正。晶面的位向一般用晶面法线的位向来表示。空间任一直线的位向可用它的方向余弦表示，对立方晶系，已知某晶面的晶面指数为 h、k、l，则该晶面的位向则从以下关系求得

$$\begin{cases} h : k : l = \cos\alpha : \cos\beta : \cos\gamma \\ \cos^2\alpha + \cos^2\beta + \cos^2\gamma = 1 \end{cases} \tag{1-1}$$

基于上述关系，依据图 1-18 所示，计算立方晶系的晶面间距。设 ABC 平面为距原点 O 最近的晶面，其法线 N 与 a、b、c 的夹角为 α、β、γ，晶面间距为 d_{hkl}，基于图 1-18 所示几何关系，可得

$$d_{hkl} = \frac{a}{h}\cos\alpha = \frac{b}{k}\cos\beta = \frac{c}{l}\cos\gamma$$

依据式 (1-1)，可以得到如下结果：

$$d_{hkl}^2\left[\left(\frac{h}{a}\right)^2 + \left(\frac{k}{b}\right)^2 + \left(\frac{l}{c}\right)^2\right]$$
$$= \cos^2\alpha + \cos^2\beta + \cos^2\gamma$$

因此，只要算出 $\cos^2\alpha + \cos^2\beta + \cos^2\gamma$ 的值就

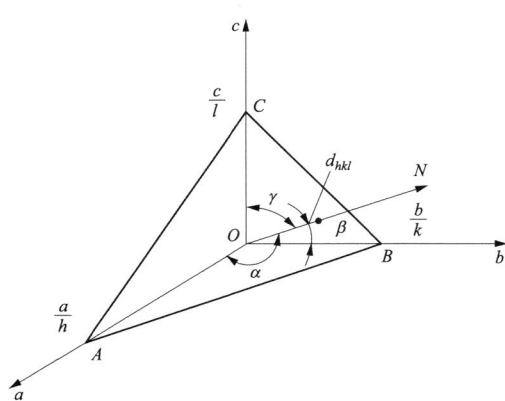

图 1-18　立方晶系晶面间距计算示意

可求得 d_{hkl}。对于直角坐标系 $\cos^2\alpha + \cos^2\beta + \cos^2\gamma = 1$，则立方晶系的晶面间距计算公式为

$$d_{hkl} = \frac{1}{\sqrt{\left(\dfrac{h}{a}\right)^2 + \left(\dfrac{k}{b}\right)^2 + \left(\dfrac{l}{c}\right)^2}}$$

晶面间距的特点：①从前面的计算可知，低指数晶面的晶面间距较大，而高指数的晶面间距小。以简单立方点阵为例，可看到其 {100} 面的晶面间距最大，{120} 面的晶面间距较小，

而〔320〕面的晶面间距就更小；②晶面间距和晶格点阵类型有关，例如和简单立方相比较，体心或面心立方点阵中最大晶面间距的面分别为〔110〕或〔111〕，而不是〔100〕；③晶面间距越大，则该晶面上原子排列越密集，而晶面间距越小，晶面上原子排列越稀疏，晶面间距最大的面总是阵点（或原子）最密排的晶面。

晶向、晶面指数可以实现确定和区别晶体中不同方位的晶向和晶面。从微观角度看，不同晶向或者晶面上原子排列、原子间距、晶面之间的晶面间距以及不同晶面、晶向上的原子排列方式等均有可能不同，这往往会导致晶体在不同方位上具有不同的性能，此种现象称为晶体的各向异性。

1.5.2 晶面夹角

两个空间晶面的夹角可以采用其法线之间的夹角来确定。因此，两个晶面之间的夹角可以通过计算两个法线晶向之间的夹角来进行计算。对于立方晶系，晶面指数和法线晶向指数相同，则其晶面夹角和法线夹角 ϕ 为

$$\cos\phi = \frac{u_1u_2 + v_1v_2 + w_1w_2}{\sqrt{u_1^2 + v_1^2 + w_1^2} + \sqrt{u_2^2 + v_2^2 + w_2^2}}$$

其中，两个晶向指数为 $[u_1v_1w_1]$、$[u_2v_2w_2]$。

对于正交或者四方晶系，$[u_1v_1w_1]$ 和 $[u_2v_2w_2]$ 之间的夹角 ϕ 为

$$\cos\phi = \frac{a^2u_1u_2 + b^2v_1v_2 + c^2w_1w_2}{\sqrt{a^2u_1^2 + b^2v_1^2 + c^2w_1^2} + \sqrt{a^2u_2^2 + b^2v_2^2 + c^2w_2^2}}$$

如果求取两个晶面 $(h_1k_1l_1)$ 和 $(h_2k_2l_2)$ 之间夹角 ψ，可以采用下式计算：

$$\cos\psi = \frac{\frac{1}{a^2}h_1h_2 + \frac{1}{b^2}k_1k_2 + \frac{1}{c^2}l_1l_2}{\sqrt{\frac{h_1^2}{a^2} + \frac{k_1^2}{b^2} + \frac{l_1^2}{c^2}} + \sqrt{\frac{h_2^2}{a^2} + \frac{k_2^2}{b^2} + \frac{l_2^2}{c^2}}}$$

对于六角晶系，$[u_1v_1w_1]$ 和 $[u_2v_2w_2]$ 之间的夹角 ϕ 及两个晶面 $(h_1k_1l_1)$ 和 $(h_2k_2l_2)$ 之间夹角 ψ 分别为

$$\cos\phi = \frac{u_1u_2 + v_1v_2 + \frac{c^2}{a^2}w_1w_2 + \frac{1}{2}(u_1v_2 + v_1u_2)}{\sqrt{u_1^2 + v_1^2 + u_1v_1 + \frac{c^2}{a^2}w_1^2} + \sqrt{u_2^2 + v_2^2 + u_2v_2 + \frac{c^2}{a^2}w_2^2}}$$

$$\cos\psi = \frac{h_1h_2 + k_1k_2 + \frac{3}{4}\frac{a^2}{c^2}l_1l_2 + \frac{1}{2}(h_1k_2 + k_1h_2)}{\sqrt{h_1^2 + k_1^2 + h_1k_1 + \frac{3}{4}\frac{a^2}{c^2}l_1^2} + \sqrt{h_2^2 + k_2^2 + k_2h_2 + \frac{3}{4}\frac{a^2}{c^2}l_2^2}}$$

相交于同一条直线（或者平行于同一直线）的所有晶面的组合称为晶带，直线称为晶带轴。如果晶带轴方向为 $[uvw]$，晶带中任何一个晶面指数为 (hkl)，这两者之间存在如下关系：

$$hu + kv + lw = 0 \tag{1-2}$$

式（1-2）即为晶带定理。

1.6 晶胞的致密度

晶胞致密程度是指晶胞空间被原子实际占据的程度，它可以采用配位数、晶胞内的原子个

数、致密度和间隙等来进行描述。金属晶体中最常见的是体心立方、面心立方和密排六方三种空间点阵。因此，下面结合这三种空间点阵来讲解晶胞的致密程度及其计算方法。

图 1-19 所示为体心立方、面心立方和密排六方的空间点阵。体心立方点阵的主要特点是构成晶体的分子（原子或者离子）分别占据点阵顶角和体心位置，见图 1-19（a）。面心立方点阵的主要特点是构成晶体的分子（原子或者离子）分别占据点阵角顶及各个表面的中心位置，但是在体心位置上，没有分子（原子或者离子）占据，见图 1-19（b）。密排六方点阵的主要特点是构成晶体的分子（原子或者离子）分别占据点阵角顶、上下底面的面心及晶胞体内。晶胞体内的质点一般位于晶胞内部半高处，共有三个共面原子，这三个共面原子在底面上的投影分别位于底面上三个不相邻（不共边）的三角形 1、2、3 的重心位置，见图 1-19（c）。

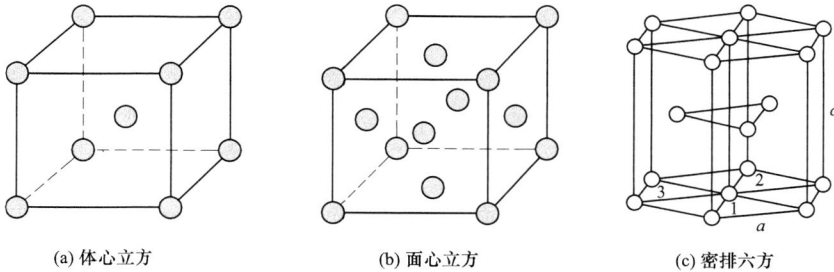

(a) 体心立方　　　　　　(b) 面心立方　　　　　　(c) 密排六方

图 1-19　体心、面心和密排六方的空间点阵

1.6.1　配位数

配位数是指晶体结构中任一原子周围最近邻且等距离的原子数目。按照配位数定义来确定体心立方、面心立方、密排六方点阵的配位数。

图 1-20 所示为体心立方点阵的配位数计算示意。对于占据顶角位置的原子的配位数，可以按照图 1-20（a）所示来进行计算。围绕参考原子 1 的八个单元晶胞内的中心各有一个原子。假设晶格常数为 a，这八个中心原子中，每个原子和原子 1 间距为 $\frac{\sqrt{3}}{2}a$，共 8 个。此外，顶角原子 1 沿着轴向 x、y、z 还有 6 个次近邻原子，彼此间距为 a，共计 6 个。近似计算配位数时，往往把这六个次近邻原子也算在内，这种情况下，体心立方点阵总共的配位数为 8+6＝14 个。

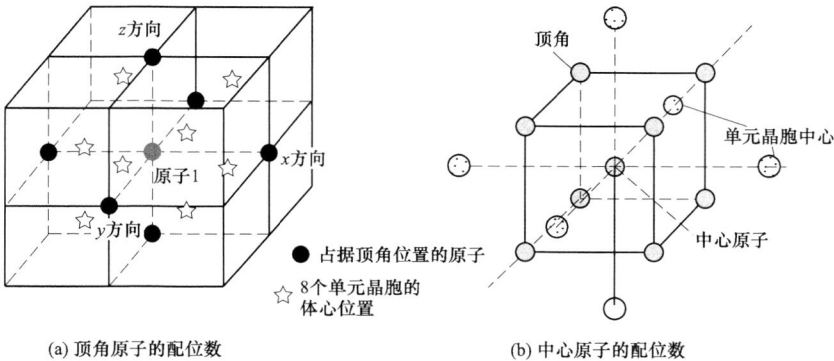

(a) 顶角原子的配位数　　　　　　(b) 中心原子的配位数

图 1-20　体心立方点阵的配位数计算示意

对于占据中心部位的原子的配位数，可以按照图 1-20（b）来进行计算。首先晶胞八个顶

角的原子为最邻近原子数目，间距为 $\frac{\sqrt{3}}{2}a$，共 8 个；其次，晶胞前后、左右、上下共有六个单元晶胞相连接，每个单元晶胞的中心原子为次近邻原子，彼此间距为 a，数量为 6 个。总配位数为 $6+8=14$ 个。

综上所述，对于体心立方晶体，无论是顶角还是体心位置的原子，其配位数都等于 14。如果只考虑最近邻间距为 $\frac{\sqrt{3}}{2}a$ 的原子数目，一般认为体心立方的配位数为 8。

图 1-21 所示为面心立方点阵的配位数计算示意。面心立方点阵中，分子（原子或者离子）占据的位置有两种：一种占据顶角位置，另一种占据面心位置。针对占据顶角位置的分子（原子或者离子），其配位数可以依据图 1-21（a）来进行计算。如图 1-21（a）所示，围绕参考点位置，可以找到三个相互垂直的平面 1、2、3。以平面 1 为例，有四个和参考点 x 最近邻的位置上占据着分子（原子或者离子），这四个位置同时也是上、下八个晶胞的四个重叠面的面心位置。同样平面 2、3 上也分别存在四个类似的最近邻位置。假设晶格常数为 a，它们和参考点位置之间的间距都是 $\frac{\sqrt{2}}{2}a$。因此，对于占据顶角位置的分子（原子或者离子），其配位数为 $4+4=4=12$。

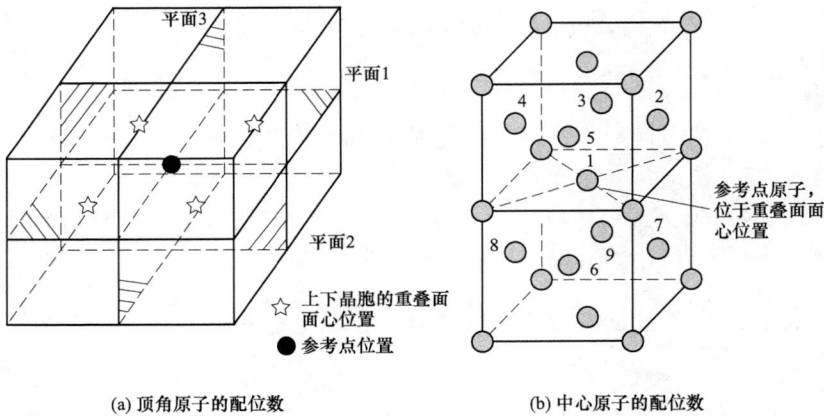

(a) 顶角原子的配位数　　　　　　　(b) 中心原子的配位数

图 1-21　面心立方点阵的配位数计算示意

对于占据面心位置的分子（原子或者离子），可以选择如图 1-21（b）所示的参考点来计算配位数。图中参考点 1 位于上、下两个晶胞重叠面的面心位置。如图中所示，参考点与同一平面内的四个顶角原子为近邻原子，间距为 $\frac{\sqrt{2}}{2}a$。同时，参考点 1 与上、下单元晶胞的四个侧面中心原子的间距也是 $\frac{\sqrt{2}}{2}a$，亦为近邻原子。因此，邻近原子共计 $4+4+4=12$ 个，即配位数为 12。

密排六方点阵中的原子位置有三种，除了上、下底面的顶角位置和面心位置外，点阵中间还有三个原子位置。图 1-22 所示为密排六方点阵的配位数计算示意。首先对于密排六方点阵，其上、下底面中顶角位置和面心位置是等同的。如图 1-22（a）所示的 1 原子和 2 原子，如果以 1 原子为中心，则 2 原子位于六边形边的位置；如果以 2 原子为中心，如图中虚线六面体，则原子 1 处于六边形的边的位置。因此，对于上、下底面上任何一个原子，配位数是一样的。

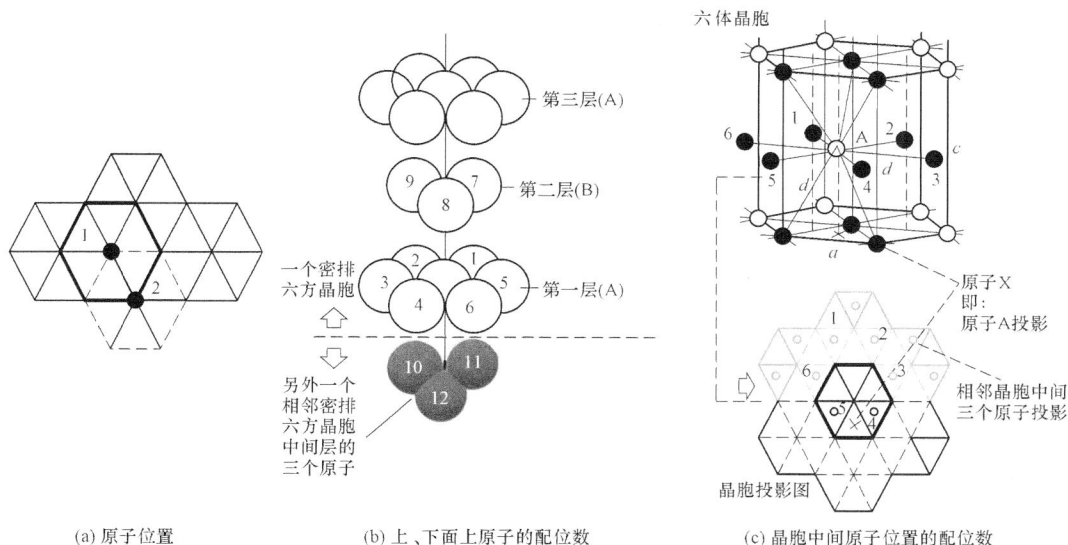

图 1-22　密排六方点阵的配位数计算示意

下面计算上、下面上原子的配位数。密排六方结构晶胞可以看成三层原子，选择最底层 [见图 1-22（b）所示第一层] 的中心原子，其近邻原子包括同底面围绕它的六个原子（图中标记为 1 到 6）和以最底层为重叠面的上、下两个密排六方结构晶胞中的三个中间原子（图中标记为 7 到 9 和 10 到 12），共计 12 个原子。因此，上、下面上任意一个原子的配位数是 12。

对于密排六方晶胞中间的三个原子的配位数求解可以按照如图 1-20（c）所示来进行求解。图 1-22（c）中上面所示为选择的密排六方点阵，其中计算配位数的参考原子标记为 A；图 1-22（c）中下面所示为选择的密排六方晶胞在晶胞底面上的投影图，其中 x 位为 A 原子在底面上的投影，加黑六边形为选择的密排六方点阵的投影。为方便计算配位数，与选择计算的密排六方点阵相邻近的密排六方点阵晶胞的投影也以虚线形式给出。可以看出，围绕原子 A 共有 6 个原子，图中这六个原子分别标记为 1、2、3、4、5、6，除去这六个相邻近的原子外，A 位置的原子在上、下底面还各有三个相邻原子（如果将原子 A 投影到底面，这三个相邻原子应该为其投影所在三角形的三个顶点），如图 1-22（c）上面立体晶胞中所示，在上、下底面分别用实心黑点表示。因此，对于密排六方晶胞中的中间原子来说，配位数应该是 12。

1.6.2　晶胞中的原子数目

对于一个晶胞，相对于晶胞六面体体积，晶胞顶点、侧面和棱上原子并非全部为一个晶胞所拥有。一般晶胞中顶角处原子通常为几个晶胞所共有，而位于晶面上的原子也同时属于两个相邻晶胞，只有在晶胞体积内的原子才单独为一个晶胞所有，如图 1-23 所示。因此，对于不同空间点阵的晶胞，在晶胞的体积内拥有的原子数目不同。

计算一个晶胞内原子个数可以采用如下方法：对于立方晶系，顶点的原子数乘以

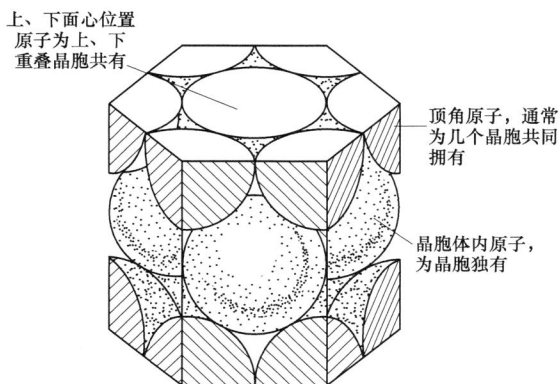

图 1-23　晶胞中不同位置原子

1/8，棱上的乘以 1/4，面上的乘以 1/2，内部的乘以 1，再加起来就是一个晶胞含有的原子数。具体以三种空间点阵来进行实际计算。

面心立方点阵：顶点原子有 8 个，面心原子有 6 个。因此，其晶胞内原子数目应该等于 $8 \times 1/8 + 6 \times 1/2 = 4$。

体心立方点阵：顶点原子有 8 个，体心原子有 1 个，面心没有原子。因此，其晶胞内原子数目应该等于 $8 \times 1/8 + 1 = 2$。

密排六方点阵：由于其形状不同于立方晶系，顶点原子有 12 个，每个原子为六个密排六方点阵共有，则其顶点的原子数乘以 1/6。上、下面各有 2 个面心原子，分别为两个密排六方点阵共有，则面心的原子数乘以 1/2。中间有 3 个，完全处于晶胞的体积内。因此，其晶胞内原子数目应该等于 $12 \times 1/6 + 2 \times 1/2 + 3 = 6$。

1.6.3 致密度

晶胞格点处的原子尺寸和点阵常数之间的关系可以通过密排晶向或者密排晶面来计算。为此，首先要清楚密排面和密排晶向的概念。如果把晶体的原子看作是刚球，晶胞中的某一个晶向上的原子排列保持彼此相切，那么该晶向即为密排晶向。相似地，如果晶胞中的某一个晶面上的所有原子排列都保持彼此相切，那么该晶面即为密排面。下面把晶体的原子看作是刚球，基于密排晶向和密排面的概念，计算三种空间点阵的点阵常数和原子半径之间的关系。

图 1-24（a）所示为体心立方点阵的密排晶向示意。按照密排晶向和密排面定义，体心立方点阵中密排晶向为 ⟨111⟩，相对密排面为 {110}。假设点阵常数为 a，原子半径为 R，根据图中体对角线几何关系，可以得到 $\frac{\sqrt{3}}{4}a = R$。

图 1-24（b）所示为面心立方点阵的密排晶向示意，图中所示三角形为六面体晶胞的一个侧面三角形。面心立方结构中，侧面对角线上原子保持相切。因此，它的密排晶向为 ⟨110⟩，密排面为 {111}。假设点阵常数为 a，原子半径为 R，可以得到 $\frac{\sqrt{2}}{4}a = R$。

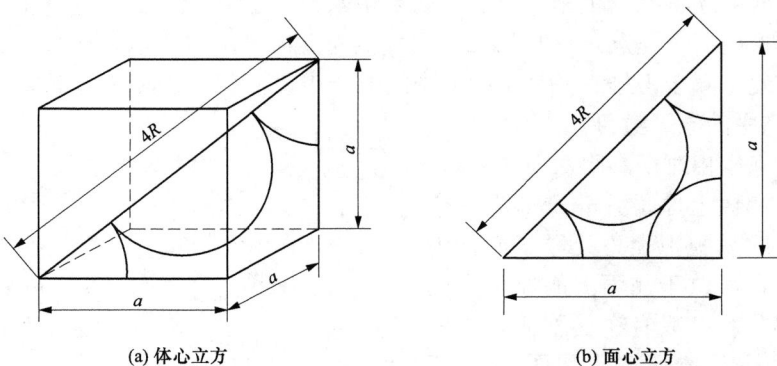

(a) 体心立方　　　　　　　　　　　　(b) 面心立方

图 1-24　立方晶胞中原子尺寸和点阵常数之间的关系

图 1-25 所示为密排六方点阵的密排晶向示意。密排六方晶格的密排面为 {0001}，即上、下底面；密排方向为 ⟨11$\bar{2}$0⟩，即底面的对角线。如果点阵常数分别由 a 和 c 表示，在理想的情况下，即把原子看作等径的刚性球，此时 $a = 2R$。

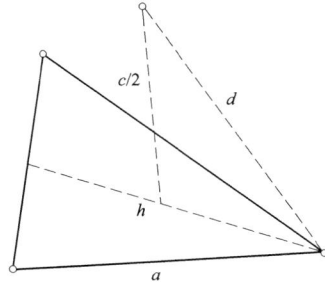

图 1-26 所示为密排六方点阵的轴比 c/a 计算示意。密排六方点阵在 $\{0001\}$ 晶面上共有六个完全相同的等边三角形。选择其中一个如图 1-26 所示，如果密排六方点阵的晶格常数分别为 a 和 c，那么等边三角形的高为 $h = \sqrt{\dfrac{3}{4}}\, a$。

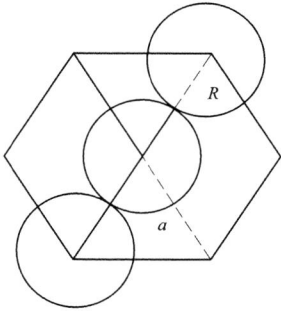

图 1-25　密排六方点阵的密排晶向示意　　图 1-26　密排六方点阵的轴比计算示意

从而图 1-26 中 d 为

$$d = \sqrt{\left(\frac{c}{2}\right)^2 + \left(\frac{2h}{3}\right)^2} = \sqrt{\frac{c^2}{4} + \frac{a^2}{3}}$$

理想密排六方结构中，通常 $d = a$。这种情况下，可以计算轴比为 $c/a = 1.633$。

理论上，密排六方晶格的轴比 $c/a \approx 1.633$。但是对于具有密排六方点阵的实际金属，其轴比都或大或小地偏离这一理论值，在 $1.57 \sim 1.64$ 范围内波动。

配位数和致密度两个参数都是用于描述晶体中原子排列致密程度的物理量。致密度通常采用晶体结构中原子体积占总体积的百分数来表示。以一个晶胞来计算，致密度就是晶胞中原子体积与晶胞体积之比值，即

$$K = \frac{nm}{V} \tag{1-3}$$

式中：K 为致密度；n 为晶胞中原子数；m 为一个原子的体积；V 为晶胞体积。

这里将金属原子视为刚性等径球体，故 $m = 4\pi R^3/3$。

下面以面心立方点阵为例计算致密度。假设原子为球形，球的半径为 R，面心立方点阵的晶格常数为 a，根据前面计算，晶胞内原子数目为 4 个，晶格常数和原子半径之间满足：

$$\frac{\sqrt{2}}{4} a = R$$

同时有

$$m = \frac{4}{3}\pi R^3$$

$$V = a^3$$

将上述表达式代入前述致密度计算公式（1-3），可以计算得到面心立方点阵的致密度 $K = 74\%$。同样方法可以计算体心立方点阵和密排六方点阵的致密度分别为 68% 和 74%。计算致密度时，对于密排六方点阵，轴比 c/a 取值 1.633。

1.7　间　　隙

以金属为例，如果把晶体中的金属原子看作是球体，通过前面的分析可以知道，晶胞的空间并没有完全被原子填满，存在明显的间隙。在三种基础点阵中，通常存在两种间隙，即四面体间隙和八面体间隙。四面体间隙是指在等大球体的最紧密堆积中，由 4 个球体所围成的空隙；而在八面体间隙中，6 个金属原子构成八面体，间隙原子位于八面体中心的间隙位置。

1.7.1　体心立方点阵

图 1-27 所示为体心立方点阵中的间隙示意。在实际的晶体结构中，晶胞的前后、左右、上下会分别链接其他的晶胞。为了说明间隙，想象相对简单的情况，即如图 1-27（a）所示晶胞的上面仅放置一个晶胞的情况，这样链接的两个晶胞的上、下体心原子以及它们之间重叠面上的四个顶角原子之间就构成了一个八面体。显然这个八面体中间是有间隙的，称为八面体间隙。

如图 1-27（a）所示，如果采用空心圆点代表这个八面体间隙的中心，等同位置的各个侧面中心都有一个八面体间隙，共计 6 个。但是侧面的每个八面体间隙只有一半的空间属于晶胞，所以加起来是 3 个八面体。除去面心位置，每个棱边的中心位置也是八面体间隙的中心，如图 1-27（a）中所示虚线标记的八面体，这样的八面体在每个棱边上都有一个，共计 12 个。由于每个棱边上的八面体仅有 1/4 属于晶胞内，所以加起来总共是 3 个八面体。因此，立方晶体中八面体的间隙数目总计为 $6 \times 1/2 + 12 \times 1/4 = 6$ 个。除了八面体间隙，立方晶胞中还有一类四面体空隙，如图 1-27（b）所示。靠近侧面的位置，上、下体心原子和棱边上的两个原子共同组成四面体间隙。这样的四面体间隙在每个侧面有 4 个，6 个侧面加起来就是 24 个。如图 1-27（b）所示，由于每个四面体间隙实际上只有一半居于晶胞内，所以共计数量为 $24 \times 1/2 = 12$ 个。

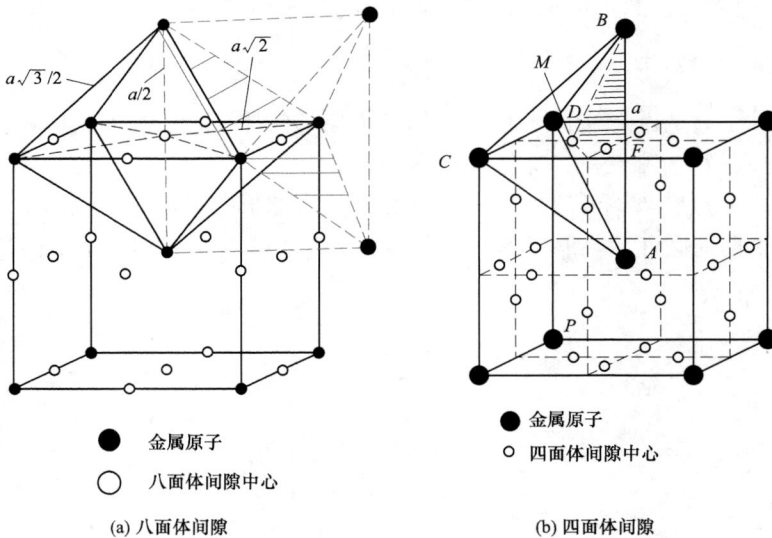

（a）八面体间隙

（b）四面体间隙

图 1-27　体心立方点阵中的间隙示意

可以看到体心立方点阵中，八面体间隙数目共计 6 个，四面体间隙数目共计 12 个。下面计算体心立方晶体中四面体和八面体间隙的尺寸。间隙位置采用空心圆点标注，以

图 1-27（a）所示的实线八面体间隙为例，八面体间隙尺寸满足：

$$r_x + r = \frac{a}{2}$$

式中：r_x 为间隙半径；r 为原子半径；a 为晶格点阵常数。

由于体心立方的原子半径和点阵常数之间满足：

$$r = \frac{\sqrt{3}\,a}{4}$$

通过计算可以得到

$$\frac{r_x}{r} \approx 0.155$$

间隙位置同样采用空心圆点来表示，以图 1-27（b）中所示的四面体 $BCDA$ 为例，可以计算四面体间隙尺寸。如果以图 1-27（b）中的 P 点为坐标原点，四面体间隙中心位置 $M(1/2,$ $1/4,1)$，取图中阴影 $\triangle BMF$，有如下等式成立：

$$r_x + r = BM$$

BM、MF、BF 三线构成直角 $\triangle BMF$，图中容易看出 $MF = a/4$，$BF = a/2$，因此

$$r_x + r = BM = \sqrt{\left(\frac{a}{4}\right)^2 + \left(\frac{a}{2}\right)^2} = \frac{\sqrt{5}}{4}a$$

进一步根据体心立方的原子半径和点阵常数之间关系：

$$r = \frac{\sqrt{3}\,a}{4}$$

可以计算得到

$$\frac{r_x}{r} = 0.291$$

1.7.2　面心立方点阵

和体心立方点阵一致，面心立方点阵也有八面体和四面体两类间隙。图 1-28 所示为面心立方点阵的间隙示意。如图 1-28（a）所示，如果将面心立方点阵的各个侧面中心的原子连接起来，就可以得到一个典型的八面体空隙，其中心位置是面心立方的体心位置，可以看出这个八面体完全处于晶胞内。类似的八面体间隙中心位置还可以是棱边的中心，如图 1-28（a）所示棱边上的八面体间隙中，中心为棱边的中点，棱边的两个端点分别为八面体的上、下顶点。棱边中心所对应的八面体间隙只有四分之一属于晶胞，如图 1-28（a）中虚线三角形所示。如果采用空心圆点表示该八面体中心的位置，在面心立方点阵的晶胞中，和八面体中心位置相当的位置共有 12 处，分别处于各个棱边和体心的中心位置。因此，晶胞内八面体间隙数目为 $12 \times 1/4 + 1 = 4$。

面心立方的四面体间隙位置如图 1-26（b）所示，主要由一个顶角原子和与其相邻的三个面的面心原子所组成的四面体构成。显然，这个四面体间隙在每个顶角近邻位置有一个，晶胞内共有 8 个顶角位置，所以该间隙数目为 8，如图 1-26（b）中的空心圆点所示。综上所述，面心立方点阵中八面体间隙数目共 4 个，四面体间隙数目共 8 个。下面计算四面体间隙和八面体间隙的尺寸。

间隙位置采用空心圆点标注，如图 1-28（a）所示，图中所选择的八面体间隙的间隙尺寸满足：

$$r_x + r = \frac{a}{2}$$

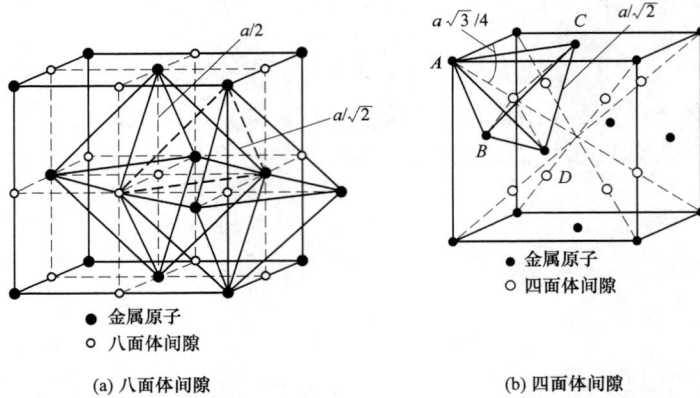

(a) 八面体间隙 　　　(b) 四面体间隙

图 1-28　面心立方点阵的间隙示意

根据面心立方的原子半径和点阵常数之间关系：

$$r = \frac{\sqrt{2}\,a}{4}$$

进一步通过计算，可以得到

$$\frac{r_x}{r} = 0.414$$

面心立方点阵的四面体间隙可以按照图 1-26（b）所示进行计算，图中间隙的中心位置采用空心圆点标注。图 1-26（b）所示四面体的四个顶点为 A、B、C、D，所选择四面体的棱边 AB、AC、BC、BD 边长均等于 $\frac{\sqrt{2}\,a}{2}$，其中 a 为晶格点阵常数。四面体间隙中心位置到四面体的各个顶点距离相等。四面体间隙中心到顶角 A 的距离如图 1-26（b）中虚线所示，为对角线长度的 $1/4$，即 $\frac{\sqrt{3}\,a}{4}$，从而可以得到

$$r_x + r = \frac{\sqrt{3}\,a}{4}$$

由于

$$r = \frac{\sqrt{2}\,a}{4}$$

所以

$$\frac{r_x}{r} = 0.225$$

1.7.3　密排六方点阵

图 1-29 所示为密排六方点阵的间隙示意。密排六方点阵的八面体和四面体间隙的形状与立方点阵的完全相似，当原子半径相等时，间隙大小完全相等，只是间隙中心在晶胞中的位置不同。密排六方点阵的八面体间隙如图 1-29（a）所示，共计 6 个。

密排六方点阵中的四面体间隙如图 1-29（b）所示，图中加粗的黑色四面体是由顶面三个原子和中间一个原子构成，密排六方晶体中中间原子有 3 个，分别和上侧晶面和下侧晶面构成这样的间隙位置，可以在晶胞内部形成 6 个四面体间隙。此外，在图 1-29（b）中，绘制有虚

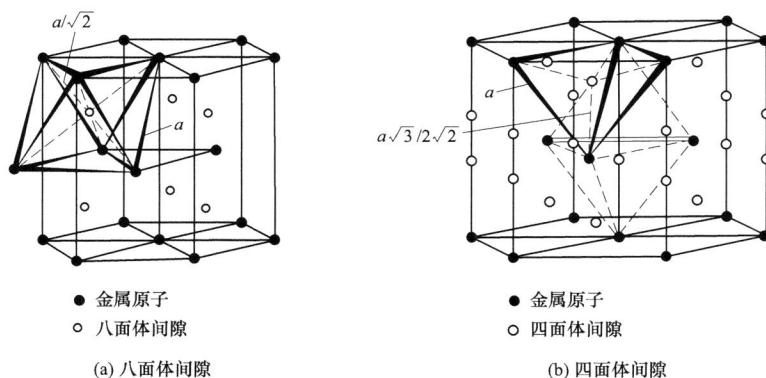

- ● 金属原子
- ○ 八面体间隙

(a) 八面体间隙

- ● 金属原子
- ○ 四面体间隙

(b) 四面体间隙

图 1-29　密排六方点阵的间隙示意

线的四面体，中心均位于 c 轴上，上、下各一个，全部在晶胞内。由于平行于 c 轴的六条棱边上的原子排列和 c 轴是完全相同的，因此，在六条棱边上也会和 c 轴一样，每个棱边上有上、下两个四面体间隙，不同的是棱边上四面体并不完全属于晶胞，仅有 1/3 的空间在晶胞内。因此，棱边上四面体个数为 $6×2×1/3 = 4$ 个。这样考虑的话，六方晶胞中 c 轴上 2 个，棱上 4 个，外加 6 个图 1-29（b）所示的四面体间隙，总的四面体间隙数目应该为 12 个。综上所述，密排六方点阵中八面体间隙数目为 6 个，四面体间隙数目为 12 个。下面计算四面体间隙和八面体间隙的尺寸。

　　图 1-30 所示为密排六方点阵的八面体和四面体间隙计算示意。如图 1-30（a）所示，间隙位置采用叉号标注，图中给出一个完整的八面体间隙的视图。图中间隙中心位置 K 和顶点 O 之间的间距为

$$r_x + r = KO$$

KO 在理论上等于图中下方以 M 为间隙中心的八面体间隙中 AM，二者都等于八面体间隙中心所在平面的对角线长度的一半。为了方便求解，通过求取 AM 来确定 KO。容易看出，在 $\triangle AMM'$ 中，满足：

$$AM^2 = MM'^2 + M'A^2$$

其中 $MM' = \dfrac{c}{4}$，同时由于 M' 为 $\triangle ABC$ 重心位置，所以 $M'A = \dfrac{2}{3}a\cos 30°$，于是

$$r_x + r = KO = AM = \sqrt{\left(\frac{2}{3}a\cos 30°\right)^2 + \left(\frac{c}{4}\right)^2} = a\sqrt{\frac{1}{3} + \frac{1}{16}\left(\frac{c}{a}\right)^2}$$

在密排六方点阵中，$r = \dfrac{a}{2}$。通过计算可以得到 $\dfrac{r_x}{r} \approx 0.414$。

　　四面体间隙的中心位置采用实心圆点标注，根据图 1-30（b）所示计算密排六方点阵中的四面体间隙。图 1-30（b）中所选择的四面体间隙中，中心 I 到顶点 A、B、C、D 距离相等。因此

$$BI = AI \tag{1-4}$$

$$r_x + r = AI \tag{1-5}$$

进一步考虑 $\triangle BIM$，满足勾股定理：

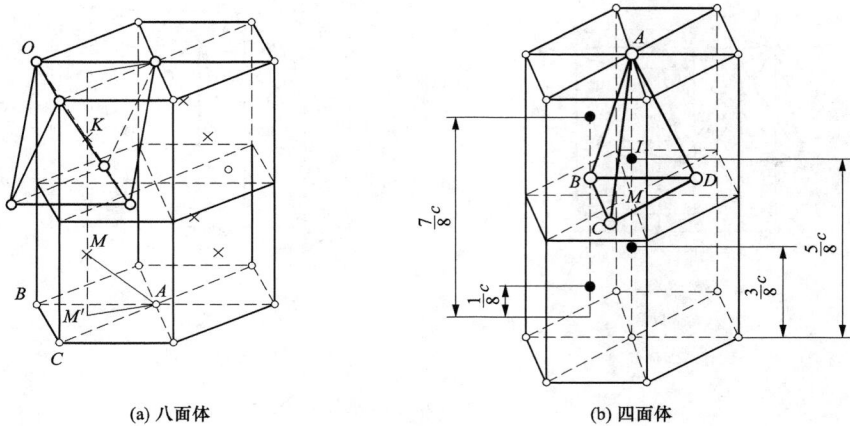

(a) 八面体　　　　　　　　　　　　　　(b) 四面体

图 1-30　密排六方点阵的间隙计算

$$BM^2 + IM^2 = BI^2 \tag{1-6}$$

而

$$IM = AM - AI = \frac{c}{2} - AI \tag{1-7}$$

式中：c 为晶格点阵常数。

根据图中几何关系，M 为底面 $\triangle BCD$ 的重心，同时 $\triangle BCD$ 为等边三角形，边长为 a，根据图 1-30（b）中几何关系，有

$$BM = \frac{2}{3}a\cos 30° \tag{1-8}$$

将式（1-4）、式（1-7）和式（1-8）代入式（1-6），有

$$\left(\frac{2}{3}a\cos 30°\right)^2 + \left(\frac{c}{2} - AI\right)^2 = AI^2$$

解出 AI，同时结合式（1-5），可得

$$AI = \frac{c}{4} + \frac{a^2}{3c} = r_x + r$$

密排六方晶体中，$\dfrac{a}{2} = r$，通过计算可以得到 $\dfrac{r_x}{r} \approx 0.225$。

1.8　晶体结构的转变

1.8.1　多晶型转变及其分类

晶体结构在外部环境因素（如温度、外力、压强等）改变的条件下，可以发生晶体结构明显变形或者发生从一种晶体结构向另一种晶体结构的晶型转变，前者称为点阵畸变，后者称为多晶型转变或同素异构转变。例如纯铁在 912℃ 以下为体心立方结构的 α-Fe；912～1394℃ 为面心立方结构的 γ-Fe；1394℃ 以上体心立方结构的 δ-Fe。典型的多晶型氧化物，如二氧化钛，在自然界中存在三种同素异形态，即金红石型、锐钛型和板钛型三种。其中，金红石型和锐钛型二氧化钛的晶型均属于四方晶系，但是却具有不同的晶格常数。前者的晶格常数为 $a=0.4584nm$，$c=0.2953nm$；后者的晶格常数为 $a=0.3776nm$，$c=0.9486nm$。板钛型二氧化钛的晶型则属于斜方晶系，它和锐钛型二氧化钛在一定温度下可以转化为金红石型。

从热力学角度，晶型之间的转变可以分为可逆和不可逆型两类。对于可逆的晶型转变，随着加热或者冷却会发生如下变化：

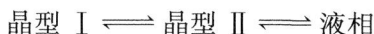

$$晶型\ I \rightleftharpoons 晶型\ II \rightleftharpoons 液相$$

图 1-31 所示为可逆的多晶型转变时温度和自由能的关系曲线。图中 G_L 曲线为液相自由能温度变化变化曲线，G_I 和 G_{II} 分别为晶型 I 和晶型 II 的自由能-温度变化曲线。A_1、A_2、A_3 分别为 G_I 和 G_{II}、G_I 和 G_L、G_{II} 和 G_L 的曲线交点。对应温度为 T_1、T_m、T_2，可以看到 $T_1 < T_m < T_2$。升温过程中，如果温度低于温度 T_1 时，液相自由能 G_L 高于固态晶型 I 和晶型 II 的自由能，同时晶型 I 的自由能低于晶型 II 的自由能，因此，晶体保持为固态，晶体结构为晶型 I。随着温度升高并高于 T_1，晶型 I 的自由能将高于晶型 II 的自由能，晶体开始发生由晶型 I 向晶型 II 的转变，此时，晶体结构为晶型 II。进一步升温到 T_2 以

图 1-31　可逆晶型转变的物质内能和自由能关系

上，液相自由能 G_L 低于晶型 I 和晶型 II 的自由能，晶体将发生融化，变成液态。因此，随着温度升高，发生如下晶型转变：

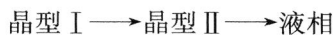

$$晶型\ I \longrightarrow 晶型\ II \longrightarrow 液相$$

如果是降温过程，从图 1-31 可以看到，温度降至 A_3 时，液相开始向固态晶型 II 转变。继续降温到 A_2，由于晶型 I 自由能较高，晶型 II 保持稳定存在。继续降温到温度 A_1，由于晶型 I 的自由能低于晶型 II 的自由能，所以发生晶型 II 向晶型 I 转变。因此，随着温度下降，发生如下晶型转变：

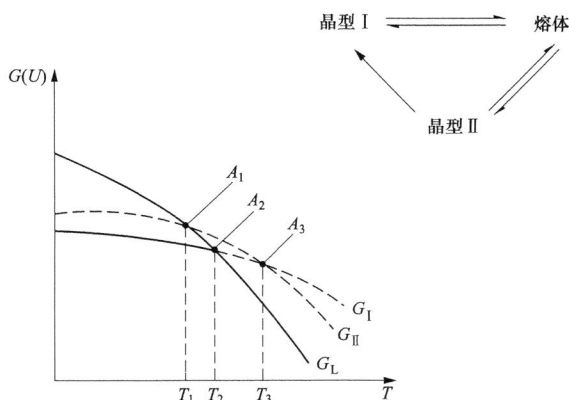

$$液相 \longrightarrow 晶型\ II \longrightarrow 晶型\ I$$

可以看到上述转变是可逆的。可逆转变发生的条件是晶型转变温度低于两种晶型的熔化温度。

图 1-32 所示为不可逆晶型转变的温度-自由能曲线。升温过程中，如果温度低于 T_1 温度，液相自由能高于晶型 I 和晶型 II 的自由能，晶型 I 的自由能最低，因此，晶型 I 稳定存在。随着升温进行，液相自由能开始走低，当温度高于 T_2 时，相比晶型 I 和晶型 II，液相可以稳定存在。因此，发生晶型 I 向液态转变。继续升高温度，超过 T_3 时，晶型 II 的自由能比晶型 I 低，理论

图 1-32　不可逆晶型转变条件下的温度-自由能曲线

上会发生晶型 I 向晶型 II 的转变，但是在具体实践中，由于 T_3 温度以上，无论是晶型 I 还是晶型 II，均已经发生液化，因此，不会再发生晶型转变。上述发生过程可以总结如下：

$$晶型\ I \longrightarrow 液相 \longrightarrow 液相中的晶型\ I/晶型\ II$$

在降温过程中，从图 1-32 中看，液相冷却至温度 T_2 以下，液相将向固相晶型 I 转变。进

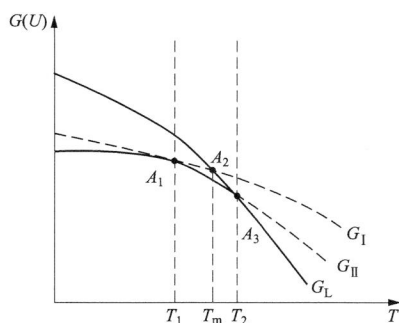

一步冷却不会有晶型转变发生。特殊条件下，液体在温度 T_2 不发生液固转变，过冷液体在温度 T_1 以下直接形成具有晶型Ⅱ的晶体。由于在 T_1 温度下的任何温度下，晶型Ⅱ的自由能都比晶型Ⅰ高，所以尽管晶型Ⅱ可以通过过冷熔体获得，但是它属于典型的非稳定相，处于介稳状态，随时都有可能转变成为晶型Ⅰ，发生晶型Ⅱ向晶型Ⅰ的转变。此过程可以描述如下：

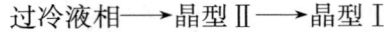

$$过冷液相 \longrightarrow 晶型Ⅱ \longrightarrow 晶型Ⅰ$$

上述分析表明：在低于熔点时，需要先经过中间的介稳相（晶型Ⅱ），然后再通过多晶型转变，才能形成最终的成稳定态（晶型Ⅰ）。此类晶型转变即为不可逆的晶型转变，其条件是晶型转变温度高于两种晶型熔化的熔点。

1.8.2　多晶型转变机制

多晶型转变的机制最先是 Buerger 提出来的。根据多晶转变形成过程的动力学及结构改变的特点，多晶型转变可分为位移式转变和重构式转变两种转变机制，如图 1-33 所示。该图以 MO_2（M 为金属离子）为例，其基本结构单元为［MO_4］配位正四面体。其中，（a）→（b）和（a）→（c）为位移式转变，（a）→（d）为重构式转变。图中小正方形 4 个顶点代表 O，2 条对角线交叉处是 M 的位置。位移式转变的主要特征是转变过程中不发生键合的破坏，仅仅发生键角的转动和晶格的畸变；而重构式转变过程中往往涉及键合的破坏。下面以 SiO_2 为例说明位移式和重构式转变。

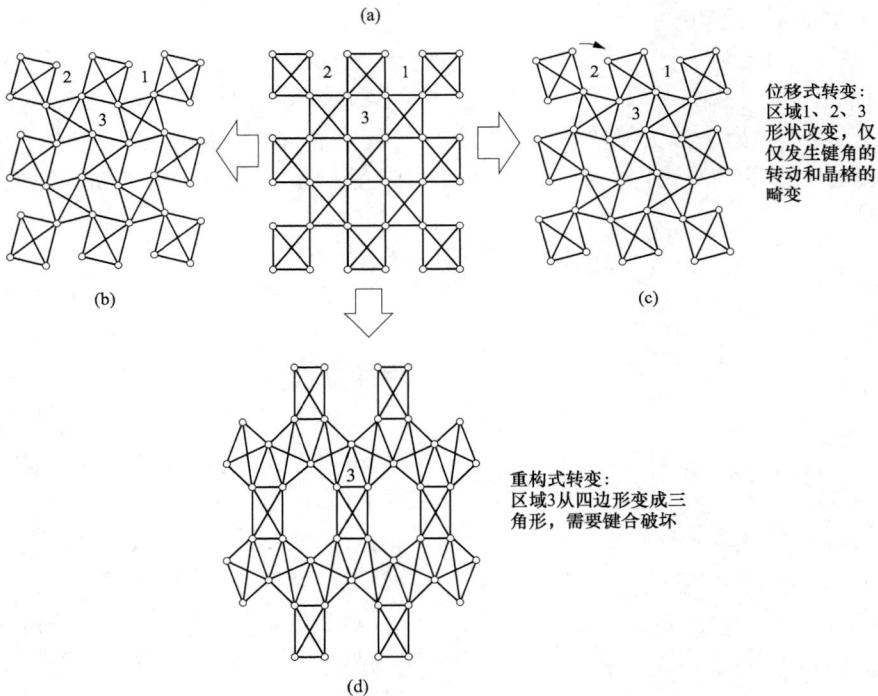

图 1-33　位移式转变与重构式转变的二维示意

SiO_2 在常压下有七个晶型转变和一个非晶型转变，即 β-石英、α-石英、γ-鳞石英、β-鳞石英、α-鳞石英、β-方石英、α-方石英和石英玻璃，晶型之间的转变如图 1-34 所示。573℃时 β-石英和 α-石英发生位移式转变，而石英、鳞石英和方石英之间的转变则属重构式转变。

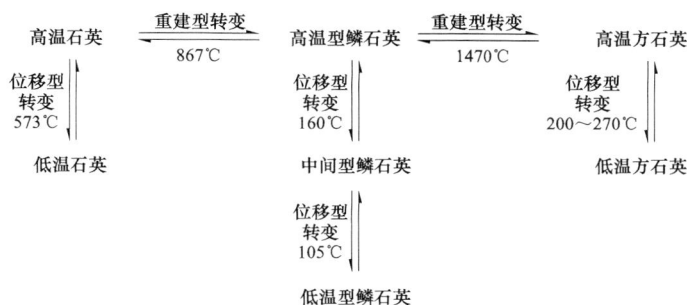

图 1-34　多晶型转变

图 1-35 所示为 SiO_2 中硅氧四面体的结合方式示意。石英结构上一般是由 [SiO_4] 通过共顶构成的三维网络结构。石英、鳞石英和方石英在结构上的差别主要体现在四面体连接的花样上。比较图 1-35 (a)、(c)，β-石英的 Si—O—Si 键角为 $2\pi/3$（弧度），而 α-方石英的 Si—O—Si 键角为 π，二者的主要区别在于 Si—O—Si 键角的不同。这说明 α-石英—β-石英之间相变的完成过程中，没有发生化学键的断开和重建，仅仅发生键角的扭曲和晶格的畸变，石英整体结构并没有发生

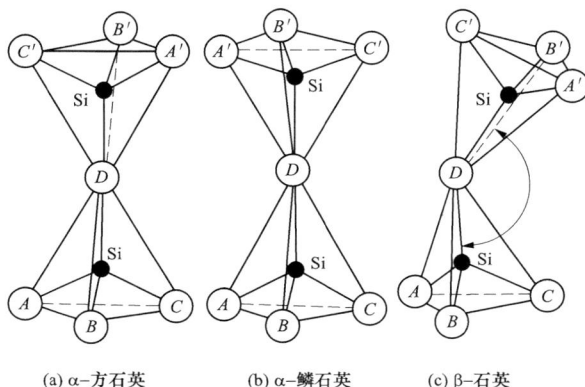

图 1-35　SiO_2 中硅氧四面体的结合方式示意

根本变化，属于典型的位移式转变，其主要特点是相变活化能较低，转变速度较快，也称为快速转变。

晶型转变的另一种类型是重构式转变，这种相变是首先通过化学键的断开，然后重建新的结构来完成的，因此相变活化能较高，速度通常较为缓慢，也称为慢速转变。比较图 1-35 (a)、(b)，可以知道若要使 α-方石英转变为 α-鳞石英，必须使 α-方石英中的 [SiO_4] 绕着对称轴相对于另一个四面体旋转一个 π 的角度，比较图 1-35 (a)、(b) 中的 A'、C'、B' 位置。由于涉及键的断开和生成，需要发生重构式转变。

重构式的转变机制一般有以下三种可能的机制：

（1）成核-生长机制。该理论认为在多晶型转变过程存在明显的成核与生长过程。和液体凝固时发生的液-固的相变相似，此机制强调在转变温度前后，基于能量起伏，晶体的某些局部可能会有新相的核胚生成。如果生成的核胚半径超过某一临界值，核胚将继续长大，否则会重新溶入原有的晶型之中。

（2）蒸发-冷凝机制。该机制认为多晶型转变过程主要和新旧两相的蒸汽压差别较大有关。由于新、旧两相之间有较大的蒸汽压差，发生相的转变时会出现过冷度。降温时，高温稳定相会由于保持较高的蒸汽压而具有较多的气相，低温稳定相则由于较低的蒸汽压而易于冷凝。相反，当局部出现过热度即升温时，则有利于高温稳定相的生成和长大。

（3）溶解-沉淀机制。该机制认为在相变温度附近，新旧相的溶解度不同，可以通过溶解-沉淀过程，在液相中长出新相。

从前面的机制介绍看，重构式相变的发生往往需要具备一定的有利条件，如过冷度或过热

度、新旧相蒸汽压差或溶解度差，以及一定的时间等。由于这类相变的转变速度较慢，在相变发生过程中，如果环境因素不能完全满足相变进行的条件，例如温度变化过快等，通常会导致相变温度的推移和亚稳相的形成。例如在 298K 和 1.01×10^5 Pa 时，碳的稳定变体应是石墨，但基于动力学的原因，在通常条件下，从金刚石到石墨的转变，不能以可检测到的速度发生，导致在常温常压下金刚石的存在。

1.9　晶体堆垛与堆垛层错

1.9.1　晶体堆垛

研究晶体结构的方法可以有两种。一种是从晶胞三维周期性无限扩展形成空间点阵的角度进行研究，其主要特点是立体、形象，研究方法是基于晶体结构抽象成空间点阵，通过建立最小的单元晶胞去研究晶体结构。另外一种是将晶体结构看成是若干原子层的排列，晶体结构由一层一层的原子沿着某个方向堆垛而成，即晶体本身可以看作是由大量相同的原子层，按照一定的方式一层一层地堆垛而成的，即晶体堆垛。

基于晶体堆垛的概念，可以将任何晶体都看成是由某个给定的晶面开始，按照某种方式一层一层堆垛而成。这个给定的晶面称为堆垛面。堆垛过程中必须遵守的规则称为堆垛次序或者堆垛方式。对于有些微观结构较复杂的晶体，用原子层及其堆垛方式来描述晶体的微观结构，往往能够更清晰地揭示出原子空间排列的几何特征，使原本微观结构较复杂的晶体变得一目了然。

学习晶体堆垛需要明确两个问题：一个问题是堆垛面。晶体中有很多晶面，堆垛会沿着哪个晶面一层一层地堆垛？是随便一个晶面还是必须沿着特定的晶面进行堆垛？另外一个问题是堆垛次序。一层一层堆垛的时候，邻近堆垛层原子之间如何排列，如何进行有效堆垛？即堆垛次序问题。

如前所述，密排面上原子排列彼此相切，如果晶体结构是通过原子密排面在空间一层一层平行地堆垛而形成，那么获得的晶体结构就会具有相对地稳定性。因此，晶体的堆垛面通常为晶胞的密排面。例如面心立方结构的密排面为 ｛111｝，体心立方结构的密排面为 ｛110｝，密排六方结构的密排面为 ｛0001｝，这些原子密排面在空间一层一层平行地堆垛起来就分别构成上述三种晶体结构。

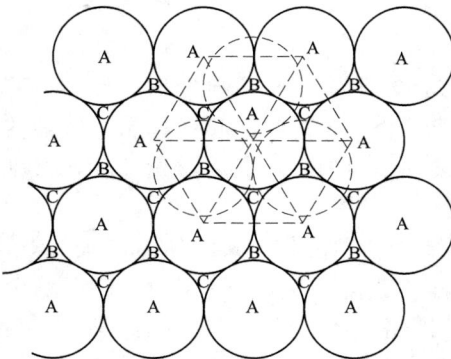

图 1-36　晶体堆垛次序示意

晶体堆垛次序示意如图 1-36 所示，假设第一层 A 原子排列，那么在第一层上面，可以稳定放置原子的间隙位置就有两类，即图中的 B 位和 C 位。如果第二层原子排在 A 位，就会形成两层原子顶对顶的排列，即 AAAAAA…结构，类似两个篮球顶对顶排列，显然，这样形成的堆垛结构不具有稳定性。如果第二层的每个原子居于第一层（A 层）每三个原子之间的低谷位置上，即 B 位或者 C 位的位置，就会形成 ABABAB…或者 ACACAC…结构。此时，获得的晶体结构相对于 AAAAA…结构要稳定得多。但要注意第二层中的 B 位与 C 位不能同时占据原子。因为如果 B 位或者 C 位中任何一个位置占满原子后，整个第二层就铺满了原子。如果 B 位和 C 位同时占据原子，很显然，第二层空间不能满足。从该角度讲，B 位和 C 位具有一定的等同性。下面分析三种典型的晶体结构是如何堆垛的。

面心立方的堆垛方式是以 {111} 逐层堆垛，而密排六方结构的堆垛方式是以密排面 {0001} 逐层堆垛而成。图 1-37 所示为面心立方点阵的 {111} 和密排六方点阵的 {0001} 晶面上的原子排列。图中面心立方点阵密排面 {111} 上的局部原子排列采用虚线标出，可以看到图中绘制的虚线图形和密排六方点阵的密排面 {0001} 上的原子排列图形完全相同，说明两种点阵在密排面上的排列完全相同。

由于沿着密排面第一层原子排列无论是面心立方结构还是密排六方结构都是一样的，在这种情况下，假设第一层原子在 A 位，按照前面的分析，为了获得最紧密的堆垛，第二层密排面的每个原子应坐落在第一层密排面 A 层每三个原子之间的低谷位置上，即 B 位和 C 位，也就是说第二层原子有两种排列方式，可以在 B 和 C 位置中选择一个来占据。因此，存在 AB 或 AC 两种顺序堆垛。对于 AB 顺序堆垛，基于第二层原子的顺序堆垛，在第二层 B 位原子之间会形成 A 位和 C 位的低谷位置；对于 AC 顺序堆垛，在第二层 C 位原子之间会形成 A 位和 B 位的低谷位置。因此，根据第二排原子占位，第三层原子排列时，可以占据 A 位，也可以占据 C 或者 B 位。第一、二层顺序堆垛为 AB 或者 AC 时，如果第三层占据 A 位，那么第四层就应该占据 B 位或者 C 位，以此类推即会形成 ABABAB… 或者 ACACAC… 堆垛方式，这就构成密排六方点阵；如果第三层占据 C 位或者 B 位，第四层与第一层的位置重合，又为 A 位。以此类推，就会形成 ABCABC… 或 ACBACB… 的顺序堆垛，这就是面心立方结构。

说明：尽管两种情况在密排面的排列完全相同，但是两者的原子堆垛方式不同。

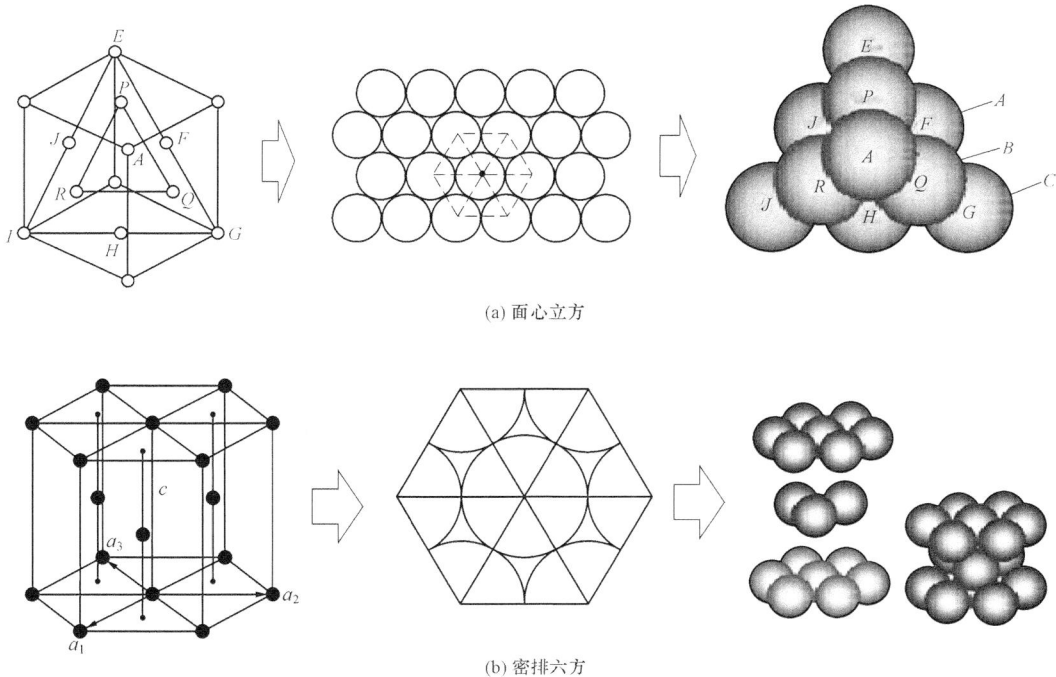

(a) 面心立方

(b) 密排六方

图 1-37　面心立方点阵的 {111} 和密排六方点阵的 {0001} 晶面上的原子排列

在体心立方晶胞中，除位于体心的原子与位于顶角的八个原子相切外，八个顶角上的原子彼此并不相互接触。显然，原子排列较为紧密的面是包含体心原子和顶角原子所组成的面。这层原子面上的低谷位置由四个原子所构成，而密排六方晶格和面心立方晶格密排面的低谷位置通常由三个原子所构成。显然，前者的空隙较后者大，原子排列的紧密程度较差。因此，体心立方晶体结构中没有密排面，只有次密排面｛110｝等。

对于体心立方晶体，为了获得较为紧密的排列，第二层次密排面的每个原子应坐落在第一层 A 的空隙中心上，第三层的原子位于第二层的原子空隙处并与第一层的原子中心相重复，依此类推。因而它的堆垛方式为 ABABAB…，由此构成体心立方晶格。通过晶体的堆垛研究，不难看出，和体心立方晶体比较，面心立方和密排六方结构的致密度较高，是纯金属中最密集的结构，同时面立方和密排六方点阵的致密度和配位数都基本相当。

1.9.2　堆垛层错

从堆垛角度，理想的晶体结构就是按照密排面，严格遵守堆垛次序，通过正常的周期性重复堆垛而成。如面心立方晶体在 ｛111｝ 面上按照 ABCABCABCABC…或 ACBACBACBACB…堆垛次序周期重复堆垛。但是在实际晶体中，往往会出现堆垛次序错排，如在立方紧密堆垛结构中，其固有的正常堆垛顺序为三层重复的…ABCABCABC…，如果局部出现诸如…ABCA/CABC…或者…ABCAB/A/CABC…，则在划线处便是堆垛次序发生改变的位置。此时，相对于理想的周期性重复堆垛顺序，在晶体内部就出现了堆垛次序上的错误，进而导致沿该层间平面（称为层错面）两侧附近的原子错误排布，即形成堆垛层错。在实际晶体结构中，密排面的正常堆垛顺序有可能遭到破坏和错排，出现堆垛层错，简称层错。原子堆垛结构的变化往往会导致实际晶体中出现不全位错。关于此方面的知识，会在后续位错理论中介绍。

密堆积结构中堆垛层错有抽出和插入两种基本类型，如图 1-38 所示。抽出型层错，相当于正常层序中抽去了一层；插入型层错，相当于在正常层序中插进一层。例如面心立方结构的正常堆垛顺序为 ABCABC…，堆垛顺序如果变成 ABC↓BCA…，其中箭头所指处抽出一层原子面（A 层）后的错排，故称为抽出型层错，如图 1-38（a）所示；相反，若在正常堆垛顺序中插入一层原子面（B 层），即可表示为 ABC↓B↓ABCA…，其中箭头所指的为插入 B 层后所引起的二层错排，如图 1-38（b）所示。

A ———————— △
C ———————— △
B ———————— △
A – – – – – – – – ▽　如果虚线A层抽出，则上下CAB堆垛变成CB堆垛，出现层错
C ———————— △
B ———————— △
A ———————— △

ABCABC
正常堆垛

(a) 抽出

C ———————— △
B ———————— △
A ———————— ▽
B – – – – – – – – ▽　如果虚线插入一层B，则上下CA堆垛变成CBA堆垛，出现层错
C ———————— △
B ———————— △
A ———————— △

ABCABC
正常堆垛

(b) 插入

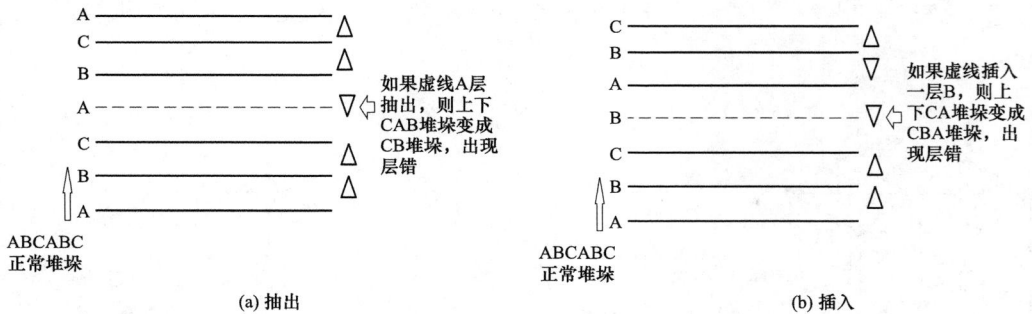

图 1-38　抽出和插入型层错

密排六方结构也可能形成堆垛层错。在密排六方晶体中，密排面的正常堆垛次序是 ABAB…或 ACAC…的顺序堆垛。以 ABABAB…为例说明密排六方结构的堆垛层错。考虑单层错排，设想抽出一层 A 或者 B 的情况下，ABABAB…排列就变成 AB-BAB…或者 A-ABAB…，这里 B-B 和 A-A 系同类原子的顶对顶排列，属于高能不稳排列，为避免这种高能不稳结构，实际晶体中在抽出一层 A 或者 B 的情况下，ABABAB…排列就变成 ABCBAB…或者 ACABAB…，通过 C 位来实现堆垛的稳定；对于插入型也是一样，针对 ABABABAB…堆垛次序，如果在某

个 A 层和相邻的 B 层之间插入一个 A 层或者 B 层，会形成 ABABA - ABAB…或者 ABABAB - BAB…的同类原子的顶对顶高能结构，所以密排六方结构形成插入型的堆垛层错时，会形成 ABABACBAB…相对稳定的错排结构。

体心立方晶体的次密排面 {110} 和 {100} 的堆垛顺序只能是 ABABAB…，为避免顶对顶非稳态排列，这两组密排面上不可能有堆垛层错。但是，如果考虑其他次密排面，体心立方晶体中就会出现堆垛层错。图 1-39 所示为体心立方结构 {112} 面的堆垛次序示意。可以看到，体心立方晶体的 {112} 面堆垛顺序是具有周期性的。沿 $[\overline{1}1\overline{2}]$ 方向观察 (112) 面的堆垛顺序为 ABCDEFAB…。当 {112} 面的堆垛顺序发生差错时，可产生 ABCDCDEFA…堆垛层错。

晶体中形成堆垛层错有多种原因。例如，晶体生长中偶然事故引起的堆垛顺序的改变、晶体形变时原子面之间非点阵平移矢量的滑移、空位在密排面聚集成盘而后崩塌、自填隙的原子聚集成盘、全位错在密排面内分解而后扩张等都能形成堆垛层错。

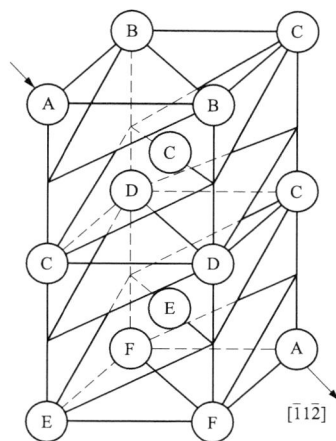

图 1-39 体心立方结构 {112} 面的堆垛次序示意

堆垛层错破坏了晶体的周期完整性，同时堆垛次序改变导致层与层之间的错排，这会引起晶体内部能量的升高，这部分增加的能量称为堆垛层错能。从能量的角度，晶体中出现层错的概率一定和层错能有关。一般层错能越高，层错出现的概率会越小。层错能的大小可以影响材料的力学性能。例如，具有高层错能的材料比较容易发生交滑移，疲劳抗力较低；而具有低层错能的材料，塑性变形容易均匀分布，有利于阻止疲劳裂纹的成核和长大。

1.10 金属和离子晶体

1.10.1 金属晶体

金属晶体一般指金属单质，构成金属晶体的微粒是金属阳离子和自由电子，阳离子之间主要靠金属键相结合。在金属晶体中，最常见的晶体结构有面心立方结构、体心立方结构和密排六方结构。表 1-4 给出了部分金属的点阵类型、点阵常数和原子半径。

表 1-4   **部分金属的点阵类型、点阵常数和原子半径**

金属	点阵类型	点阵常数（室温）（nm）	原子半径（CN=12）（nm）	金属	点阵类型	点阵常数（室温）（nm）	原子半径（CN=12）（nm）	金属	点阵类型	点阵常数（室温）（nm）	原子半径（CN=12）（nm）
Al	A1	0.404 96	0.1434	Cr	A2	0.288 46	0.1249	Be	A3	a 0.228 56 c/a 1.5677 c 0.358 32	0.1113
Cu	A1	0.361 47	0.1278	V	A2	0.302 82	0.1311 （30℃）	Mg	A3	0.320 94 1.6235 0.521 05	0.1598

续表

金属	点阵类型	点阵常数(室温)(nm)	原子半径(CN=12)(nm)	金属	点阵类型	点阵常数(室温)(nm)	原子半径(CN=12)(nm)	金属	点阵类型	点阵常数(室温)(nm)	原子半径(CN=12)(nm)
Ni	A1	0.352 36	0.1246	Mo	A2	0.314 68	0.1363	Zn	A3	0.266 49 1.8563 0.494 68	0.1332
γ-Fe	A1	0.364 68 (916℃)	0.1288	α-Fe	A2	0.286 64	0.1241	Cd	A3	0.297 88 1.8858 0.561 67	0.1489
β-Co	A1	0.3544	0.1253	β-Ti	A2	0.329 98 (900℃)	0.1429 (900℃)	α-Ti	A3	0.295 06 1.5857 0.467 88	0.1445
Au	A1	0.407 88	0.1442	Nb	A2	0.330 07	0.1429	α-Co	A3	0.2502 1.623 0.4061	0.1253
Ag	A1	0.408 57	0.1444	W	A2	0.316 50	0.1371	α-Zr	A3	0.323 12 1.5931 0.514 77	0.1585
Rh	A1	0.380 44	0.1345	β-Zr	A2	0.360 90 (862℃)	0.1562 (862℃)	Ru	A3	0.270 38 1.5835 0.428 16	0.1325
Pt	A1	0.392 39	0.1388	CS	A2	0.614 (−10℃)	0.266 (−10℃)	Re	A3	0.276 09 1.6148 0.445 83	0.1370
				Ta	A2	0.330 26	0.1430	OS	A3	0.2733 1.5803 0.4319	0.1338

注　各元素均按配位数为 12 计算的原子半径。A1 为面心立方；A2 为体心立方；A3 为密排六方。

1.10.2　离子晶体

陶瓷材料中的晶体结构大多属于离子晶体，离子晶体是以正、负离子为结合单元的，其结合键为离子键。由于离子键的结合力很大，所以离子晶体的硬度高、强度大、熔点和沸点较高、热膨胀系数较小，但脆性大。

离子晶体中，正、负离子堆垛成为离子晶体结构需要遵守鲍林规则。鲍林规则是离子晶体结构构成的一般性原理，可以通过鲍林规则来判断晶体结构的稳定性。鲍林规则包括基础五条规则。

（1）鲍林第一规则。在离子晶体中，正离子的周围形成一个负离子配位多面体，正、负离子间的平衡距离取决于离子半径之和，而正离子的配位数则取决于正负离子的半径比。

（2）鲍林第二规则。在一个稳定的离子晶体结构中，每个负离子的电价 Z_- 等于或接近等于与之邻接的各正离子静电强度 S 的总和：

$$Z_- = \sum_i S_i = \sum_i \left(\frac{Z_+}{n}\right)_i$$

式中：S_i 为第 i 种正离子静电键强度；Z_+ 为正离子的电荷；n 为其配位数。

（3）鲍林第三规则。在一配位结构中，共用棱边，特别是共用面的存在，会降低这个结构的稳定性。

（4）鲍林第四规则。在含有一种以上正、负离子的离子晶体中，一些电价较高，配位数较低的正离子配位多面体之间，有尽量互不结合的趋势。

（5）鲍林第五规则。在同一晶体中，同种正离子与同种负离子的结合方式应最大限度地趋于一致。

如图 1-40 所示，二元离子晶体包括 AB 型、AB_2 型和 A_2B_3 型。其中，AB 型有 NaCl 型、CsCl 型、闪锌矿型和纤锌矿型四种基本结构类型；AB_2 型有萤石型和金红石型两种基本结构类型；A_2B_3 型一般指刚玉型。多元化合物有 ABO_3 型结构和 AB_2O_4 型结构；ABO_3 型结构的典型物质是 $CaTiO_3$，AB_2O_4 型结构的典型物质是 $MgAl_2O$。下面介绍典型的离子晶体结构。

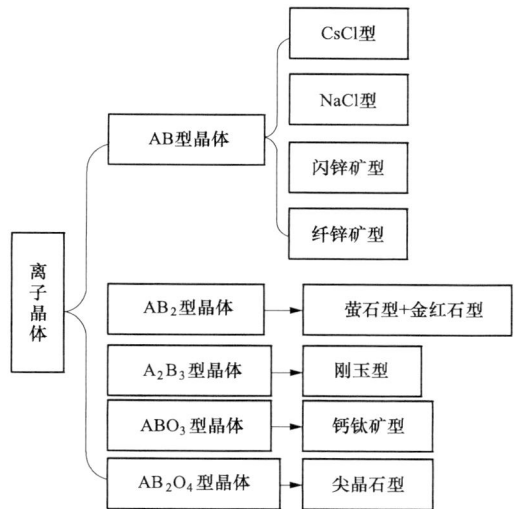

图 1-40　离子晶体的结构分类示意

1. AB 型离子晶体

图 1-41 所示为 AB 型离子化合物晶体结构示意。其中，图 1-41（a）所示氯化铯型结构是离子晶体结构中最简单的一种，每个晶胞含有 1 个铯离子和 1 个氯离子，氯离子居于晶胞顶角，铯离子位于体心。注意：氯化铯型晶体结构不是典型的体心立方结构，而是简单的立方点阵。这是由于氯离子和铯离子属于不同种类离子导致的。

图 1-41（b）所示为氯化钠晶体结构。在氯化钠晶体中，每个氯离子的周围都有 6 个钠离子，每个钠离子的周围也有 6 个氯离子。Na^+ 位于 Cl^- 形成的八面体空隙中，单个面心立方晶胞中包含原子数目和八面体间隙数目相等，因此钠离子和氯离子比例为 1∶1。钠离子和氯离子就是按照这种排列方式向空间各个方向伸展，形成氯化钠晶体。与 NaCl 型结构相同的化合物包括 MgO、CaO、SrO、BaO、CdO、MnO、FeO、CoO、NiO；氮化物包含 TiN、LaN、ScN、CrN、ZrN，以及碳化物 TiC、VC、ScC 等；所有的碱金属硫化物和卤化物（CsCl、CsBr、CsI 除外）也都具有这种结构。

图 1-41（c）、（d）所示为硫化锌晶体结构。硫化锌晶体结构有两种形式，即立方硫化锌和六方硫化锌。立方硫化锌结构又称闪锌矿型，六方硫化锌型又称为纤锌矿型。闪锌矿型硫化锌为 β-ZnS，其晶体结构为面心立方点阵，硫离子占据面心立方结构的结点位置，而锌离子则占据四面体间隙的一半。面心立方晶胞中有 4 个原子，四面体间隙数目为 8 个，被占据一半，正好也是 4 个，因此，化学式中阴、阳离子比例为 1∶1。属于这类结构的还有 Be、Cd 的硫化物、硒化物、碲化物及 $CuCl_2$。纤锌矿型硫化锌系指六方 ZnS 型。S 原子作六方密堆积，Zn 原子填充在半数的四面体空隙中。S、Zn 原子的联系为共价键，配位数均为 4，它属于六方晶系。属于六方 ZnS 结构的化合物有 Al、Ga、In 的氮化物，铜的卤化物，Zn、Cd、Mn 的硫化物、硒化物。

2. AB_2 型离子晶体

图 1-42 所示为萤石型结构示意。萤石型结构是指 CaF_2 结构，属立方晶系中的面心立方点阵。Ca^{2+} 处在立方体的顶角和各面心位置，形成面心立方结构。F^- 位于立方体内的中心位置，

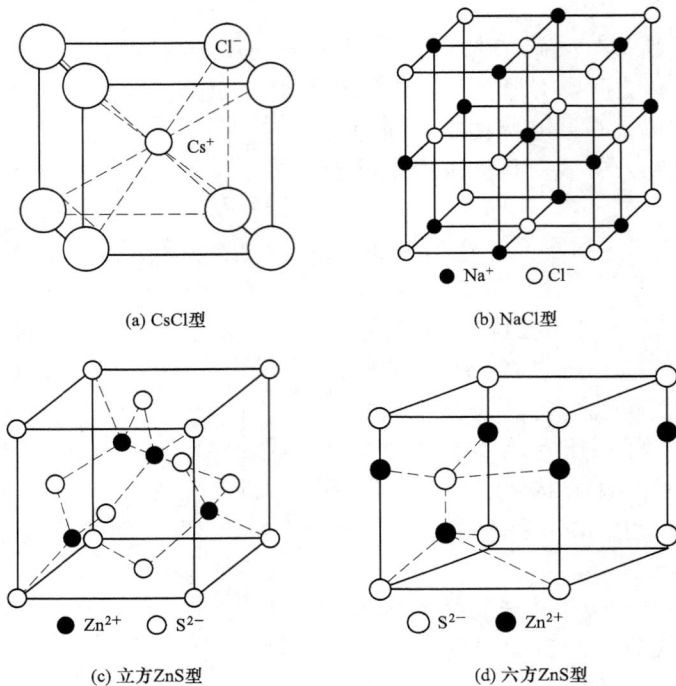

(a) CsCl型

(b) NaCl型

(c) 立方ZnS型

(d) 六方ZnS型

图 1-41　AB 型离子化合物晶体结构示意

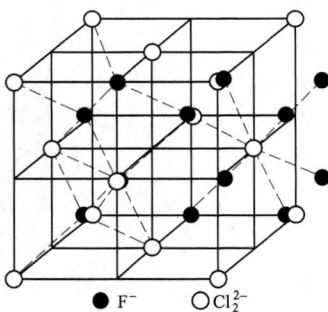

图 1-42　萤石（CaF$_2$）型
结构示意

全部的四面体空隙被 F$^-$ 填充，构成 [FCa$_4$] 四面体。面心立方晶胞中有 4 个原子，四面体间隙数目为 8 个，所以萤石型结构中，Ca^{2+} 数目为 4 个，F$^-$ 数目为 8 个，正、负离子数比为 1∶2。属于 CaF$_2$ 型的化合物还有 ThO$_2$、CeO$_2$、VO$_2$、C-ZrO$_2$ 等。

金红石型结构是指以金红石为代表的一类 AB$_2$ 型化合物的离子晶体结构，A 和 B 间为离子键结合，其中阴离子 B 做近似六方密堆积，阳离子 A 填充在由阴离子构成的八面体空隙中的半数，属于四方晶系。A 和 B 原子的配位数分别为 6 和 3，离子半径比 A$^+$/B$^-$ 大多数在 0.414～0.732。

具有金红石型结构的最典型物质是二氧化钛。图 1-43 所示为二氧化钛的金红石型结构示意。二氧化钛的金红石型结构属于四方晶系。除去金红石型结构，二氧化钛还具有锐钛矿型和板钛矿型等多晶型结构。锐钛矿属于四方晶系，在低温下稳定，在 610℃时开始转化金红石型结构，915℃可以完全转化为金红石型结构。板钛矿属于斜方晶系，和锐钛矿一样，也不是稳定结构，一般在温度高于 650℃时可以完全转化金红石型结构。由此可见，二氧化钛的三种结构中，金红石型是最稳定的，即使在高温下也不发生分解和转化。作为重要的光催化材料，金红石型和锐钛矿型二氧化钛具有较高的催化活性，尤以锐钛矿型的光催化活性最佳。

二氧化钛的晶体结构也可以看成是如图 1-43 中虚线和实线圆圈所示的负离子八面体堆积而成。金红石型结构中，O^{2-} 构成的稍有变形的八面体中心为 Ti^{4+}，每个八面体与周围 10 个八面体相连，其中两个八面体之间在（001）面上共棱边，八个八面体共顶角。锐钛矿型结构中，每个八面体与周围 8 个八面体相连接，相连的八面体中有 4 个共边，4 个共顶角，4 个二氧化钛分子组成一个晶胞。板钛矿型结构为斜方晶系，6 个二氧化钛分子组成一个晶胞。可见，二氧化钛晶体结构中，八面体之间存在两种结合方式，即共边和共顶点，如图 1-43（c）所示，符合鲍林规则。

具有金红石型结构的 AB_2 型化合物有 GeO_2、SnO_2、PbO、MnO_2、TcO_2、MoO_2、WO_2、CoO_2、MnF_2、ZnF_2、CoF_2、FeF_2、MgF_2。

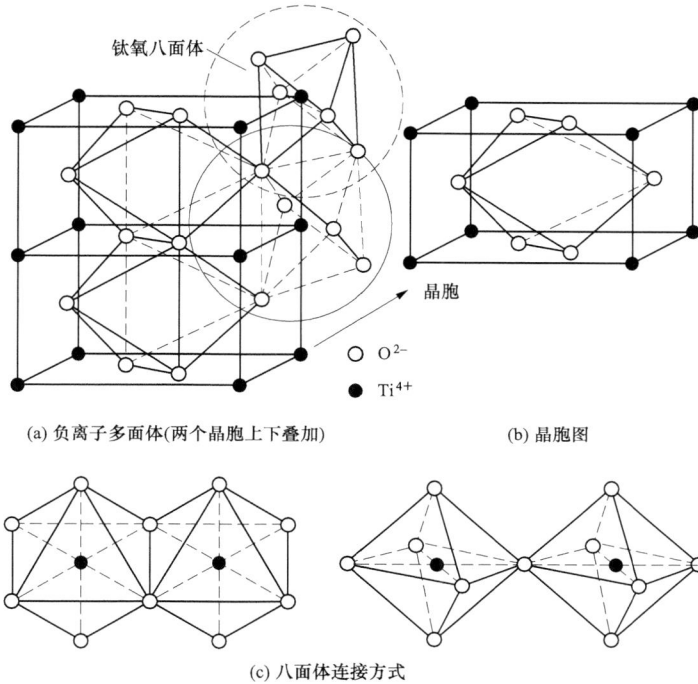

(a) 负离子多面体(两个晶胞上下叠加)   (b) 晶胞图

(c) 八面体连接方式

图 1-43　金红石（TiO_2）型结构示意

3. 其他型离子晶体

（1）A_2B_3 型离子晶体。刚玉型结构具有 A_2B_3 型通式，其典型代表是 $\alpha - Al_2O_3$。如图 1-44 所示，氧离子沿垂直三次轴方向呈密排六方结构，而铝离子则在两氧离子层之间，充填 2/3 的八面体空隙。密排六方晶体共有 6 个八面体间隙，每个晶胞中原子数目也是 6，因此，刚玉中每个晶胞氧离子数目为 6，铝离子数目为 4，两者比例为 3∶2。

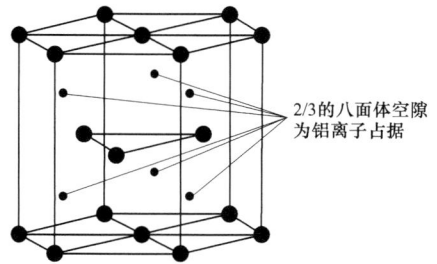

图 1-44　刚玉型结构示意

如果从配位多面体角度看，刚玉型结构具有 [AlO_6] 八面体。在平行 {0001} 方向上，八面体共棱成层，而在平行 c 轴方向上，共面连成两个实心的 [AlO_6] 八面体和一空心的由 O^{2-} 围成的八面体相间排列柱体。由于刚玉中 Al - O 键具有从离子键向共价键过渡的性质，所以刚玉具共价键化合物的特征，共价键约占 40%。属于刚玉型结构的化合物还有 Cr_2O_3、$\alpha - Fe_2O_3$、赤铁矿、$\alpha - Ga_2O_3$ 等。

刚玉主要成分是 $\alpha - Al_2O_3$。无色透明者称为白玉，含微量三价铬的显红色称为红宝石；含二价铁、三价铁或四价钛的氧化铝呈现蓝色，称为蓝宝石。含少量 Fe_3O_4 的显暗灰色、暗黑色的，称为刚玉粉。刚玉粉硬度大，可用作磨料、抛光粉。高温烧结的 Al_2O_3 称为人造刚玉或人造宝石，可制机械轴承或钟表中的钻石。此外，Al_2O_3 可用作高温耐火材料，制耐火砖、坩埚、瓷器、吸附剂和催化剂等，同时 Al_2O_3 也是炼铝的原料。

（2）ABO_3 型钙钛矿结构。钙钛矿结构可以用 ABO_3 表示，典型的面心立方晶格，由 O 离子和半径较大的 A 离子共同组成立方、最紧密堆积，而半径较小的 B 离子则填入 1/4 的八面体空隙中。图 1-45（a）所示为具有钙钛矿结构的钛酸钙（$CaTiO_3$）。$CaTiO_3$ 在理想情况下为立方晶系，在低温时会转变为斜方晶系。理想情况下，Ca^{2+} 和 O^{2-} 构成面心立方结构，Ca^{2+} 位于立方体的顶角，每个晶胞中共有 1 个，O^{2-} 在立方体的六个面心上，每个晶胞中共有 3 个；每个晶胞中的 1 个 Ti^{4+} 则处于由 6 个 O^{2-} 所构成的八面体［TiO_6］空隙中，这个位置刚好处于 Ca^{2+} 构成的立方体的中心。由于面心立方晶体中共有 4 个八面体间隙，所以 Ti^{4+} 仅占八面体空隙的 1/4。属于钙钛矿型结构的还有 $BaTiO_3$、$SrTiO_3$、$PbTiO_3$、$CaZrO_3$、$PbZrO_3$、$SiZrO_3$、$SrSnO_3$ 等。

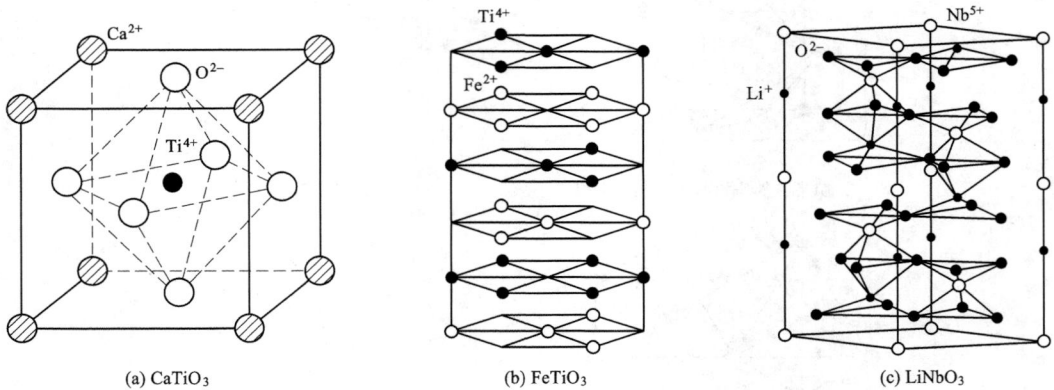

(a) CaTiO₃　　　　　　(b) FeTiO₃　　　　　　(c) LiNbO₃

图 1-45　钙钛矿型结构示意

另外一种 ABO_3 型的典型代表是 $FeTiO_3$，俗称钛铁矿。$FeTiO_3$ 是 Al_2O_3 或者 Fe_2O_3 的派生结构。$FeTiO_3$ 晶体结构属于刚玉型，与刚玉结构的不同之处在于铝的位置相间地被铁和钛所代替，形成如图 1-45（b）所示的两层交替排列的结构，其中一层内部的阳离子都是铁离子，另一层内全部是钛离子。目前属于钛铁矿结构的还有 $MgTiO_3$、$NiTiO_3$、$CoTiO_3$、$MnTiO_3$。

铌酸锂（$LiNbO_3$）晶体是具有钛铁矿的最典型材料，其晶体结构属于三方晶系，如图 1-45（c）所示，每一阳离子层含有规则排列的铌和锂。$LiNbO_3$ 具有极高的居里温度，常温下为铁电态，高温状态下为顺电相，无自发极化。它是迄今为止人们所发现的光学性能最多、综合性能最好的人工晶体，广泛应用于制作各种光学及压电器件。

此外，具有 ABO_3 型化学式的还有方解石，但是与钙钛矿结构相比，方解石的晶体结构明显不同。方解石是一种碳酸钙矿物，经敲击可以得到很多方形碎块，故名方解石。其每个晶胞有 4 个 Ca^{2+} 和 4 个 ［CO_3］$^{2-}$ 络合离子。6 个 ［CO_3］$^{2-}$ 包围一个 Ca^{2+}，Ca^{2+} 的配位数为 6；络合离子 ［CO_3］$^{2-}$ 中 3 个 O^{2-} 呈等边三角形排列，C^{4+} 位于三角形中心位置，C、O 间通过共价键结合；而 Ca^{2+} 同 ［CO_3］$^{2-}$ 是离子键结合。［CO_3］$^{2-}$ 在结构中的排布均垂直于三次轴。$MgCO_3$（菱镁矿）、$CaCO_3 \cdot MgCO_3$（白云石）等也属于方解石型结构。

（3）AB_2O_4 尖晶石结构。尖晶石结构的通式是 AB_2O_4，具有尖晶石结构的典型化合物是 $MgAl_2O_4$。图 1-46 所示为尖晶石结构示意，$MgAl_2O_4$ 结构属立方晶系，面心立方点阵。O^{2-}

呈面心立方密排结构，Mg^{2+} 位于氧四面体中心，配位数为 4；Al^{3+} 居于氧八面体空隙中，配位数为 6。依据图 1-46 可以计算出每个晶胞内含有的氧、镁和铝离子的数目。A、B 单元中有 4 个氧原子，每个晶胞内共有 A、B 单元各 4 个。因此，每个晶胞内共有 32 个 O^{2-}，同样方法可以计算得每个晶胞内 16 个 Al^{3+} 和 8 个 Mg^{2+} 离子。属于尖晶石型结构的还有 $ZnFe_2O_4$、$CdFe_2N_4$、$FeAl_2O_4$、$CoAl_2O_4$、$NiAl_2O_4$、$MnAl_2O_4$ 和 $ZnAl_2O_4$ 等。

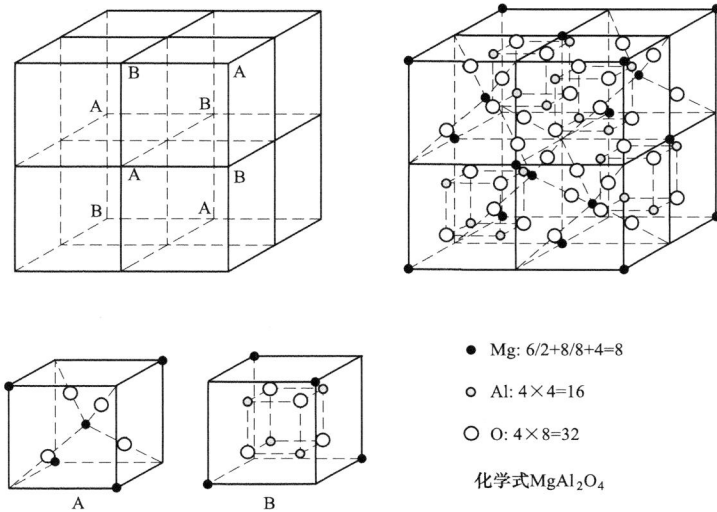

- Mg: 6/2+8/8+4=8
- Al: 4×4=16
- O: 4×8=32

化学式 $MgAl_2O_4$

图 1-46　尖晶石结构示意

1.11　硅　酸　盐

硅酸盐是硅、氧与其他化学元素（主要是铝、铁、钙、镁、钾、钠等）结合而成的化合物的总称。地壳上多数岩石（如花岗岩）和土壤的主要成分是硅酸盐。石棉、云母、滑石、高岭石、蒙脱石、沸石等是重要的硅酸盐矿物。水泥、陶瓷、玻璃、耐火材料的主要原料也是硅酸盐晶体。大多数硅酸盐熔点高，化学性质稳定，可以广泛应用于各种工业、科学研究及日常生活中。

硅酸盐矿物的晶体结构中，最基本的结构单元是 Si - O 四面体，如图 1-47 所示。在 $[SiO_4]^{4-}$ 中，硅离子位于由 4 个 O^{2-} 围绕构成的中心，每个 O^{2-} 有一个电子可以和其他离子键合。硅氧之间的平均距离为 0.160nm，这个值小于硅、氧离子半径之和，硅、氧半径比为 0.29，说明硅、氧之间的结合除离子键外，还有共价键存在，一般认为离子键和共价键总数相等。

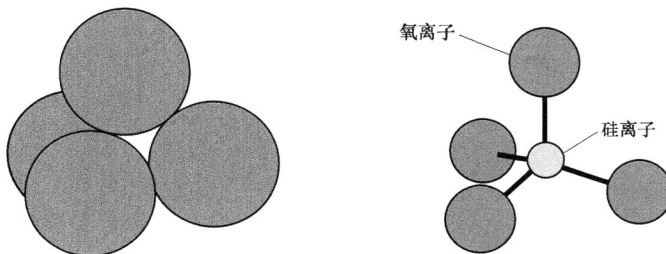

氧离子

硅离子

图 1-47　SiO_4^{4-} 四面体

在具体的化合物中，$[SiO_4]^{4-}$四面体结构单元可以通过不同方式相互连接，形成具有复杂结构，如孤岛状（如橄榄石）、环状的（如蒙脱石）、组群状、链状、层状（如石英）和骨架状的硅酸盐结构。

1.11.1 孤岛状结构硅酸盐

在硅酸盐晶体结构中，$[SiO_4]^{4-}$四面体彼此并不是通过共用氧来连接，而是以孤立状态存在。孤立$[SiO_4]^{4-}$四面体的化合价饱和是通过四面体与其他正离子连接来完成的。因此，硅酸盐结构呈现一个个孤立的或者岛状的结构，称为孤岛状结构，又称原硅酸盐。它可以是单一四面体、成对四面体或环状四面体。正离子可以是Mg^{2+}、Ca^{2+}、Fe^{2+}、Mn^{2+}等金属离子。镁橄榄石$Mg_2[SiO_4]$、锆英石$Zr[SiO_4]$、石榴石、铝硅酸盐（如蓝晶石、硅线石、红柱石、莫来石）等属于孤岛状硅酸盐结构的矿物。

下面以镁橄榄石为例说明孤岛状硅酸盐结构的特点。镁橄榄石中$[SiO_4]^{4-}$四面体单独存在，其顶角朝上朝下呈相间趋势。$[SiO_4]^{4-}$四面体之间只通过O—M—O键连接在一起。同时，Mg^{2+}离子周围有6个O^{2-}，O^{2-}几乎构成正八面体的顶角。因此，镁橄榄石的结构可以看成是由四面体和八面体堆积而成的。由于O^{2-}与大多数其他离子相比尺寸较大，O^{2-}近似按照六方排列。许多硅酸盐结构的一个共同特征是氧离子呈密排堆积。

1.11.2 组群状结构硅酸盐

组群状硅酸盐晶体结构在晶体中呈现$[SiO_4]^{4-}$的组群结构，这种组群结构是由$[SiO_4]^{4-}$彼此之间通过共用氧相连生成的2、3、4、6个硅氧组群，形成的组群之间由其他正离子按一定的配位形式链接。以这种方式构成的硅酸盐结构称为组群状硅酸盐。绿柱石$Be_3Al_2[Si_6O_8]$是这类结构的典型代表。

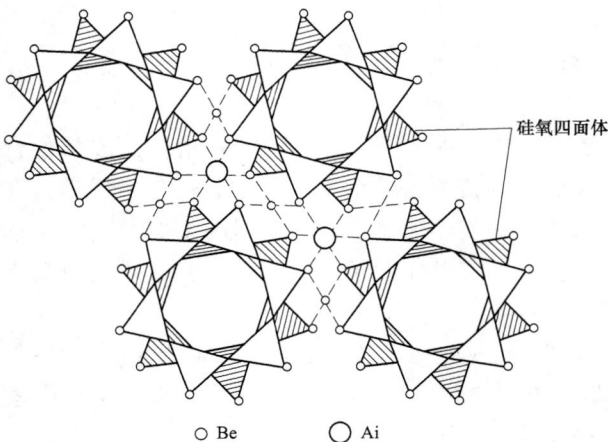

图1-48所示为绿柱石$Be_3Al_2[Si_6O_8]$结构沿着[0001]方向上的投影。6个硅氧四面体形成的六节环构成其基本结构单元，这些六节环之间靠Al^{3+}和Be^{2+}离子连接，Al^{3+}的配位数为6，与硅氧网络的非桥氧形成$[AlO_6]$八面体；Be^{2+}配位数为4，构成$[BeO_4]$四面体。环与环相叠，上下两层错开$30°$。从结构上看，巨大通道在上下叠置的六节环内形成，可储有K^+、Na^+、Cs^+离子及H_2O分子，使绿柱石结构成为离子导电的载体。

○ Be   ○ Ai

图1-48 绿柱石结构沿着[0001]方向上的投影

具有优良抗热振性能的堇青石$Mg_2Al_3[AlSi_5O_{18}]$的结构与绿柱石相似，六节环中有一个$[SiO_4]$四面体中的Si^{4+}被Al^{3+}所取代，环外的（Ba_3Al_2）被（Mg_2Al_3）所取代而已。

1.11.3 链状结构硅酸盐

链状硅酸盐结构是典型的一维链型结构，类似于高分子链状结构，$[SiO4]^{4-}$四面体通过桥氧形成单链或双链结构，链与链之间通过其他正离子按一定的配位关系连接构成。单链结构一般是辉石类，辉石类包括顽辉石$Mg[SiO_3]$、透辉石$CaMg[Si_2O_6]$、锂辉石$LiAl[Si_2O_6]$、顽火辉石$Mg[Si_2O_6]$等许多陶瓷材料；具有双链结构的是闪石类，闪石类包括透闪石$Ca_2Mg_5[Si_4O_{11}]_2(OH)_2$，斜方角闪石（Mg，Fe）$_7[Si_4O_{11}]_2(OH)_2$、硅线石$Al[AlSiO_5]$、莫来石Al

$[Al_{1+x}Si_{1-x}O_{5-x/2}]$ $(x=0.25\sim0.40)$ 及石棉类矿物。

1.11.4 层状结构硅酸盐

如果 $[SiO_4]^{4-}$ 四面体中某一个面(由 3 个氧离子组成)在平面内以共用顶点的方式连接,形成六角对称的二维结构,那么这类硅酸盐结构就是层状结构硅酸盐。在层状结构硅酸盐中,层内的 Si—O 键和 Me—O 键的结合要比层与层之间的分子键或氢键结合强得多,因此这种结构容易从层间剥离,形成片状解理。具有层状结构的硅酸盐矿物高岭土 $Al_4[Si_4O_{10}](OH)_8$ 为典型代表,此外还有滑石 $Mg_3[Si_4O_{10}](OH)_2$、叶蜡石 $Al_2[Si_4O_{10}](OH)_2$、蒙脱石 $(M_x \cdot nH_2O)(Al_{2-x}Mg_x)[Si_4O_{10}](OH)_2$ 等。

1.11.5 骨架状结构硅酸盐

$[SiO_4]^{4-}$ 四面体在空间呈三维无限伸展,架状络阴离子系由一系列硅氧配位四面体以共用角顶氧的方式连接,通过每个 $[SiO_4]^{4-}$ 四面体共用全部的氧离子,形成无限的三维硅氧骨架。典型的骨架状结构硅酸盐有长石 $(K,Na,Ca)[AlSi_3O_8]$、霞石 $Na[AlSiO_4]$ 和沸石 $Na[AlSi_2O_6]H_2O$ 等。

1.11.6 硅石

石英即 SiO_2 晶体,1710℃以上为液体。而硅石是天然的 SiO_2。无色透明的石英就是水晶,具有彩色环带状或层状的是玛瑙。自然界中,硅石存在无定形硅石和结晶硅石两种。无定形硅石是指土壤中以脱水硅酸凝胶存在的硅,如蛋白石、硅藻土等,通常以白色固体或粉末形式存在。硅石的主要成分是 SiO_2。石英晶体中 Si—O 键较强并具有完整的结构,因此具有熔点高、硬度高、化学稳定性好等特点。

如前所述,结晶 SiO_2 按照晶体结构划分可以分为石英、鳞石英和方石英(白硅石)三种,每一种都有两种或者三种变体。具体为以下几种:①石英结构包括 α-石英和 β-石英;②鳞石英结构包括六方晶系的高温鳞石英(α 型)、中温鳞石英(β 型)以及属于斜方晶系的低温鳞石英(γ 型);③方石英结构包括 α-方石英,β-方石英。一般,低温晶型是高温晶型通过畸变获得的衍生结构。SiO_2 同素异构体很多,但是均为由 β-方石英的变形得到的结构。因此,下面重点介绍高温方石英结构。

β-方石英为 SiO_2 高温时的同素异构体,属于立方晶系,其晶体结构示意如图 1-49 所示。Si^{4+} 离子占据全部面心立方结点位置和立方体内相当于 8 个小立方体中心的 4 个。每个 Si^{4+} 同 4 个 O^{2-} 结合形成 $[SiO_4]^{4-}$ 四面体;每个 O^{2-} 都连接 2 个对称的 $[SiO_4]^{4-}$ 四面体,多个四面体之间相互共用顶点并重复堆积形成方石英结构,相比球填充模型,这种结构中 O^{2-} 的排列是很疏松的。

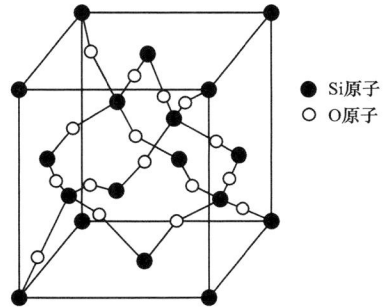

● Si原子
○ O原子

图 1-49 β-方石英结构示意

1.12 共 价 晶 体

1.12.1 石墨

图 1-50 所示为石墨的晶体结构示意。石墨晶体结构具有明显的层状结构。对晶体中每一层,结构特点是每个碳原子与另外三个碳原子相连,相互结合成六边形结构。碳原子彼此之间以杂化形成共价键(σ 键),间距为 1.42Å,通过与三个相邻碳原子共享三个 sp^2 电子,形成蜂窝状网络的平面结构。而碳的第四个电子则游离在整个石墨晶层面上,它们互相重叠,形成离

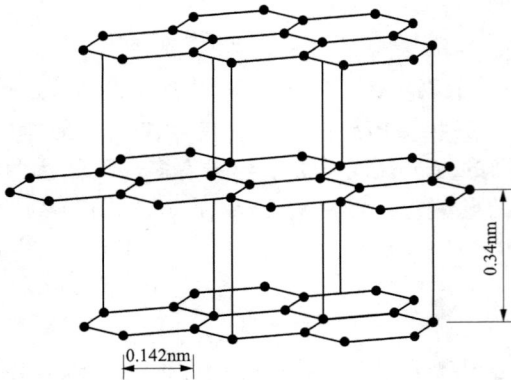

图 1-50　石墨的晶体结构示意

域的 π 键电子在晶格中能自由移动，而且可以被激发，类似于金属键中的自由电子。

石墨层之间的距离为 3.40Å，主要靠范德华力结合，即层与层之间属于分子晶体。由于层与层之间的距离大，范德华力小，所以各层之间不仅可以发生滑动，而且导致石墨的密度低，仅为 2.26g/cm³。

石墨是原子晶体、金属晶体和分子晶体之间的一种过渡型晶体，这使得石墨具有很多优良性能，如具有金属光泽，能导电、传热等。但是其结构上的特点往往会导致其性能具有明显的各向异性。

1.12.2　金刚石

金刚石是共价晶体中最典型的代表。金刚石中主要通过 C—C 共价键结合，由于 C—C 成键过程中，存在 2s 和 2p 轨道杂化，金刚石键合具有四个共价键，如图 1-51（a）所示。C—C 键结合力很强，不容易破坏，因此，金刚石硬度大，熔点极高。同时由于成键的所有的价电子都被限制在共价键区域内，没有自由电子，所以金刚石不导电。

金刚石的晶体结构如图 1-51（b）所示，属于复杂的面心立方结构，碳原子除按通常的面心立方点阵排列外，立方体内还有 4 个原子，居于晶胞内的 4 个四面体间隙中心的位置。按照前面一个晶胞内原子数目的计算方法可知，金刚石晶胞内一共含有 8 个原子。实际上，该晶体结构还可以看作是由两个面心立方晶胞沿着体对角线相对位移 $\frac{1}{4}$ 距离穿插而成的。

具有金刚石型结构的物质还有 α-Sn、Si、Ge 等。另外，SiC、闪锌矿（ZnS）等晶体结构与金刚石结构也完全相同。对于 SiC，复杂立方晶体结构中位于四面体间隙中的碳原子被 SiC 晶体中硅原子取代，即 Si 原子取代一半的碳原子位置；而在闪锌矿（ZnS）中，面心立方结点位置的碳原子被 S 离子取代，4 个四面体间隙中的碳原子则被 Zn 离子取代。

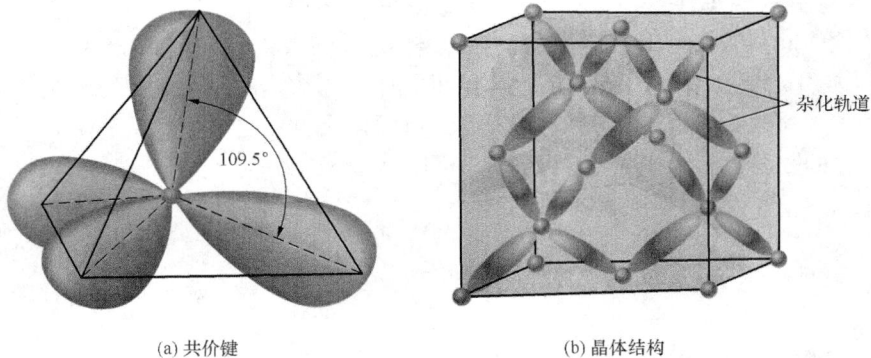

(a) 共价键　　　　　　　　(b) 晶体结构

图 1-51　金刚石的共价键和晶体结构示意

1.12.3　富勒烯

1985 年，科学家陆续发现以分子形式存在的碳原子簇，碳原子数目可以从 30 到 100，如

C_{28}、C_{32}、C_{50}、C_{70}、C_{84} 等，统称为富勒烯。碳 60（C_{60}）是一种由 60 个碳原子组成的分子簇，这 60 个碳原子在空间进行排列时，形成一个化学键最稳定的空间排列位置，恰好与足球表面格的排列一致，外形是酷似足球一样的 32 面体，如图 1-52 所示。这 32 面中包括 20 个六边形和 12 个五边形，球直径约为 0.710nm。C_{60} 是一种继金刚石和石墨之后，碳元素的第三种晶体形态。

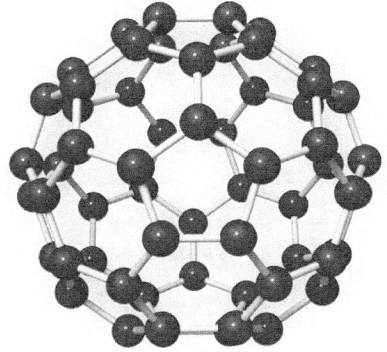

图 1-52 碳 60 型结构

C_{60} 的微观结构特点是处于顶点的碳原子与相邻顶点的碳原子各用近似于 sp^2 杂化轨道重叠形成 σ 键，每个碳原子的三个 σ 键分别为一个五边形的边和两个六边形的边。碳原子杂化轨道通过理论计算，可以知道其相应的值为 $sp^{2.28}$，每个碳原子的三个 σ 键不是共平面的，键角约为 108° 或 120°，因此整个分子为球状。C_{60} 球大量聚集，彼此之间形成面心立方点阵结构，C_{60} 球居于相应每个格点位置，球-球彼此之间依赖范德华键结合。图 1-53 所示为 C_{60} 的扫描隧道显微镜观察。

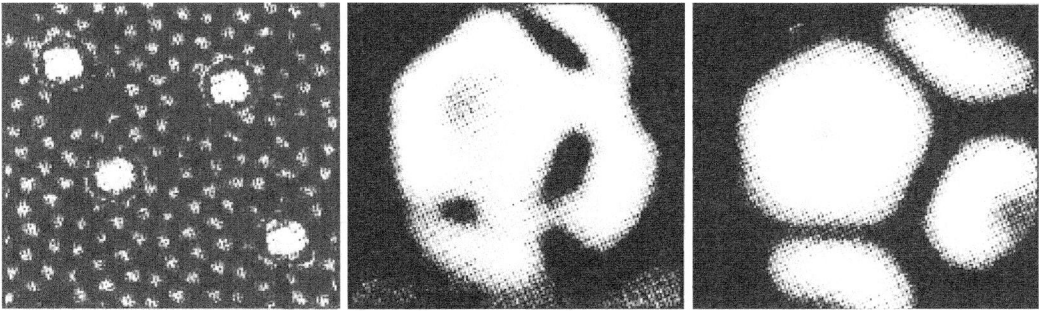

图 1-53 C_{60} 的扫描隧道显微镜观察

第 2 章 点 缺 陷

第 2 ～ 4 章着重介绍晶体缺陷学。本章重点讲解点缺陷。主要包括以下知识点：
(1) 点缺陷的种类和特点。
(2) 本征条件下点缺陷的热力学平衡浓度及其数学模型。
(3) 点缺陷对材料性能的影响。
(4) 离子晶体中的点缺陷。

2.1 点缺陷的种类和特点

2.1.1 晶体缺陷

在理想的晶体结构中，构成晶体所有的原子（或离子）都处于点阵结构的标准格点位置上，晶体结构在三维空间内呈现周期、有序性的排列。而实际晶体中的原子排列在任一温度下都不会是完整的点阵。因此，在实际的晶体结构中，由于晶体形成条件、原子的热运动及其他条件的影响，原子的排列不可能像理想晶体结构中那样完整和规则。在实际的晶体中存在的那些偏离了理想晶体结构的区域，即为缺陷区域。因此，晶体缺陷是指以理想的晶体结构为参考，实际晶体结构内部存在的那些偏离理想完整点阵的部位或结构，这些部位或结构导致晶体结构的完整性受到破坏。按照缺陷区域相对于晶体的大小和缺陷区域的形状，晶体中的缺陷通常可以分为以下四种：

(1) 点缺陷。点缺陷在三维方向上尺寸均很小，形状近似一个"点"，一般处于原子大小的数量级上。因此，它通常只在某些位置发生，仅影响邻近几个原子，典型的点缺陷有空穴、间隙、杂质等。

(2) 线缺陷。线缺陷通常指在一维方向上偏离理想晶体中的周期性、规则性排列所产生的缺陷，通常也称为位错。在电子显微镜下观察，线缺陷一般呈现典型的线状，即缺陷的长径比的比值较大。线缺陷的产生、数量和其在晶体中的运动与材料的力学性能密切相关。

(3) 面缺陷。面缺陷通常是指在二维方向上偏离理想晶体中的周期性、规则性排列而产生的缺陷，即缺陷尺寸在一维尺寸较小，而在另外二维尺寸大，形状在几何学上呈曲面状。面缺陷可使用光学显微镜观察。典型的面缺陷包括晶界、相界、表面、堆垛层错、镶嵌结构等。

(4) 体缺陷。体缺陷也称为三维缺陷，指晶体中在空间三维方向上尺度都比较大的缺陷。一般在工业生产中，体缺陷常常是必须避免的。

晶体缺陷不仅在微观上影响晶体结构的完美性，而且随着外部环境因素的改变，在宏观上会影响晶体的力学和物理性能。例如对于半导体材料，适量的某些点缺陷的存在可以大大增强材料的导电性和发光性，而位错等缺陷的存在，则会使材料易于断裂，进而影响晶体的性能稳定和服役寿命。因此，研究晶体的微观缺陷对材料的选择和应用非常重要。

2.1.2 点缺陷的种类

点缺陷是固体材料中一类重要的晶体缺陷。根据点缺陷的不同成因可以将点缺陷分为三类：热缺陷、杂质缺陷和电子缺陷。

一般情况下，晶格格点上的粒子都在不间断地做热运动。正常情况下，由于格点粒子之间的相互作用和约束，粒子的热运动往往只能局限在其晶格格点平衡位置附近。特殊情况下，个别能量较高的粒子往往会脱离其平衡位置，导致在点阵中晶格格点处形成空位，或者在不该有粒子的间隙上多出了间隙粒子，或者一种粒子占据了另一种粒子应该占据的位置形成位置错位，这种情况下形成的点缺陷即为热缺陷。很显然，热缺陷的浓度和温度有关。温度升高，热缺陷浓度会明显增加。由于热缺陷在本质上和晶体内部粒子的热运动有关，因此是典型的本征缺陷。

根据晶格中的原子脱离格点以后在晶体中的去向，可以将热缺陷划分为肖脱基缺陷和弗兰克尔缺陷两种。晶格中的原子脱离格点后，移动到晶体表面的正常格点位置上，同时在原来的格点位置留下空位，这种点缺陷称为肖脱基缺陷。以 MgO 晶体为例，MgO 中的镁离子与氧离子离开各自的结点位置，迁移到晶体表面（下式中用 S 表示），并在原来的结点位置上分别出现镁离子空位与氧离子空位，上述缺陷形成的反应式为

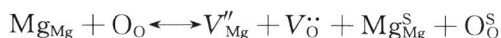

$$Mg_{Mg} + O_O \longleftrightarrow V''_{Mg} + V_{\ddot{O}} + Mg^S_{Mg} + O^S_O$$

以 0 代表无缺陷状态，则

$$0 \longleftrightarrow V''_{Mg} + V_{\ddot{O}}$$

如果晶格中的原子脱离格点后跑到邻近的原子空隙位置形成间隙原子，这种点缺陷就称为弗兰克尔缺陷。显然，对于弗兰克尔缺陷，在一定温度下，间隙原子和空位是成对出现的。也就是说，产生一个空位同时会在与其邻近的位置形成一个间隙原子。以 AgBr 晶体为例，AgBr 中的银离子离开结点位置，进入间隙位置，成为间隙银离子 $Ag_i^{\cdot}$，并在原来的结点位置上出现银离子空位 V'_{Ag}。其缺陷反应式可写为

$$Ag_{Ag} + V_i \longrightarrow Ag_i^{\cdot} + V'_{Ag}$$

特别值得一提的是，实际晶体中的点缺陷往往存在产生和复合的动态平衡过程。因此，对于一定的材料，在一定温度下，晶体中热缺陷的数目往往是稳定的，无规则且符合统计性地均匀分布在整个晶体中。

材料改性过程中，常常需要引入其他元素到基体材料中来，例如金属的合金化和陶瓷材料的掺杂改性。在这种情况下，通常会由于引入外来杂质而在基体材料中形成杂质缺陷。杂质缺陷一般是引入外来杂质，通过外来质点（杂质）取代正常质点位置或进入正常结点的间隙位置而产生的。按照杂质原子的作用方式，杂质缺陷可分间隙杂质原子和置换杂质原子两种。一般形成间隙杂质原子还是置换杂质原子取决于杂质原子大小。间隙杂质原子是指杂质原子位于本征原子点阵间隙中，例如 C 加入 Fe 中，C 进入 Fe 晶格中的间隙位置。置换杂质原子是指杂质原子替代了本征原子，形成正离子之间的置换，其最大的特点是等价置换。例如，NiO 与 MgO 形成的固溶体，Ni^{2+} 与 Mg^{2+} 之间的置换为等价置换。杂质缺陷一般不改变被掺杂晶体的晶格，但是会导致点缺陷周围的原子向缺陷靠拢或者撑开，形成晶格畸变。杂质缺陷的浓度主要取决于溶解度和掺杂量，属于非本征缺陷。

热缺陷和杂质缺陷在一定程度上，可以认为是原子级别的缺陷。相比于这两类晶体缺陷，电子缺陷属于更微观的缺陷，主要和晶体中原子和原子之间化学键的缺损有关。按照能带理论，对于绝对纯净和结构完整的绝缘体和本征半导体，绝对零度下大多数半导体材料的纯净完整晶体都是电绝缘体，但在高于绝对零度的温度下，由于热激发、光辐照等因素会使少数电子从满带激发到导带，原来满带中被这些电子占据的能级便空余出来，能带中的这些空轨道称为空穴，这时虽然未破坏原子排列的周期性，但由于出现了空穴和电子而带正电荷和负电荷。因此，在它们周围就形成了一个附加电场，这会使晶体内部的周期性的势场发生改变，进而导致

晶体缺陷。这类由于电子的不平衡引起的缺陷称为电子缺陷（或称电荷缺陷）。

在没有杂质或者其他缺陷的情况下，电子、空穴对产生的同时还会存在相反的过程，即电子、空穴对复合。正常状态下，电子、空穴对产生和复合可以达到动态平衡。在存在杂质或者其他缺陷的情况下，由于缺陷周围的电子能级不同于正常格点处原子的能级，在晶体的禁带中会形成能量高低的各种不同能级，进而控制电子和空穴的浓度及其运动。从该角度讲，电子缺陷和前述两类缺陷存在密切关系，在一定程度上，可以认为是前述两类缺陷引起的一种电子效应缺陷。因此，电子缺陷往往和材料组分构成有关。事实上，产生电子缺陷的材料就组成来讲，都有偏离化学计算中定比定律的现象，因此电子缺陷也称为非化学计量缺陷。

在半导体领域，电子缺陷是生成 N 型（电子导电）或 P 型（空穴导电）半导体的重要基础。例如，在本征半导体硅（或锗）中如果掺入微量的 5 价元素磷，磷原子就会取代硅晶体中少量的硅原子，占据晶格上的某些位置。磷原子最外层有 5 个价电子，其中 4 个价电子分别与邻近 4 个硅原子形成共价键结构，多余的 1 个价电子在共价键之外，只受到磷原子对它微弱的束缚。因此，在室温下即可获得挣脱束缚所需要的能量而成为自由电子，游离于晶格之间。失去电子的磷原子则成为不能移动的正离子。磷原子由于可以释放 1 个电子而被称为施主原子，又称施主杂质。在本征半导体硅（或锗）中，若掺入微量的 3 价元素硼，这时硼原子就取代了晶体中的少量硅原子，占据晶格上的某些位置。硼原子的 3 个价电子分别与其邻近的 3 个硅原子中的 3 个价电子组成完整的共价键，而与其相邻的另 1 个硅原子的共价键中则缺少 1 个电子，出现了 1 个空穴。这个空穴被附近硅原子中的价电子填充后，使 3 价的硼原子获得了 1 个电子而变成负离子。同时，邻近共价键上出现 1 个空穴。由于硼原子起着接受电子的作用，故称为受主原子，又称受主杂质。

2.1.3　点缺陷的特点

点缺陷的一个特点是点缺陷数量可以改变。在一定温度下，晶体中点缺陷的数量具有一定的稳定性。但是在某些特殊情况下，晶体中可以具有超过平衡浓度的点缺陷，称为过饱和点缺陷。过饱和点缺陷产生的常见方法有以下几种：

（1）淬火法。淬火是金属材料热处理的一种技术，其主要操作是将材料先加热到一定温度，保温处理后再在一定冷却介质（如水）中进行冷却，通过控制固态相变，实现性能优化。采用淬火法获得过饱和点缺陷的理论依据是高温时点缺陷平衡浓度高，迅速激冷后点缺陷来不及通过扩散复合达到平衡浓度，从而将高温的高点缺陷浓度保留到室温，进而形成过饱和点缺陷。

（2）冷加工法。材料加工通常包括冷加工和热加工。冷加工主要指切削加工，通过使用刀具针对金属毛坯件表层进行切削处理，获得一定外形、尺寸精度及表面粗糙度的加工方法。它和热加工的主要区别在于冷加工通常在再结晶温度下使材料产生塑性变形，而且塑性变形量较大。因此，加工后工件内部会以内应力的形式存储一定的能量，这些能量会导致微观晶格发生畸变，从而在晶体内部形成大量点缺陷。

（3）辐照法。采用高能粒子（中子、质子、氘核、α-粒子、电子等）对材料进行照射时，如果接受能力大于临界位阈能，可以使材料中的原子发生移位，即原子偏离正常点阵格点，产生一个空位和一个间隙原子对。如果发生移位的原子具有足够大的能力，它在被击出后重新进入稳定的间隙位置之前，还会将点阵上的其他原子击出，后者又可能再击出另外的原子，依次继续下去，这样就会形成大量的、等量的空位和间隙原子，形成高浓度点缺陷。因此，通过高能粒子的辐射能够在晶体内部产生电子、空穴对和导致原子发生移位，进而改变被辐照材料的性能。

（4）离子注入法。如果将高能量离子束注入材料中，离子束将与材料中的原子或分子发生一系列物理和化学的相互作用而逐渐损失能量，最终嵌入材料表面区域。这种材料表面改性技术即为离子注入技术。材料经离子注入处理后，其表面的物理、化学及机械性能会发生显著的变化。离子注入晶体可以产生大量点缺陷。该技术已经在半导体材料掺杂、金属、陶瓷、高分子聚合物等的表面改性上获得极为广泛的应用。

过饱和点缺陷是非平衡稳定的点缺陷，通过加热可以实现非平衡点缺陷的消失，获得平衡浓度。

点缺陷除了数量可以发生改变形成过饱和点缺陷外，另外一个特点就是点缺陷还具有一定的运动性。晶体格点原子是不停运动的，因此晶体中的点缺陷也一定是处于不断的运动中的。这种运动包括以下几个方面：

（1）空位的运动。由于热激活，空位周围的某个原子有可能获得足够的能量而跳入空位中，并占据这个平衡位置。这时，在该原子的原来位置上，就形成了一个空位，这一过程可以看作空位向邻近阵点位置的迁移。此外，大量的空位还可以通过运动聚集。

（2）间隙原子的运动。由于热运动，晶体中的间隙原子由一个间隙位置迁移到另一个间隙位置。

（3）复合。在运动过程中，当间隙原子与一个空位相遇时，它将落入该空位，而使两者都消失的过程。

点缺陷运动过程中存在一定的阻力，通常需要获得足够能量克服周围势垒，这个能量称为点缺陷迁移能。迁移能表达式为

$$\mu = \mu_o Z \exp \frac{S_m}{k} \exp\left(-\frac{E_m}{kT}\right)$$

式中：μ 为迁移频率；μ_o 为点缺陷周围的原子的振动频率；Z 为点缺陷周围的原子配位数；S_m 为点缺陷的迁移熵；k 为玻尔兹曼常数；E_m 为迁移能。

2.2 热缺陷及热力学平衡下的本征浓度

本节所指的点缺陷主要是热缺陷。热力学分析表明：在高于绝对温度的任何温度下，晶体最稳定的状态是含有一定浓度的点缺陷，这个浓度就成为该温度下晶体点缺陷的平衡浓度。下面推导热缺陷浓度和温度之间的关系式。

空位的产生一方面引起系统内能改变，同时还会引起系统熵（主要是组态熵）的改变。因此，由热力学原理可知，在恒温下系统的自由能为

$$F = U - TS$$

式中：U 为内能；T 为绝对温度；S 为总熵值（包括组态熵 S_c 和振动熵 S_f）。

假设由 N 个原子组成的晶体中，没有缺陷的状态为 A_1，此时系统的自由能为 F_1；产生 n 个空位后的状态为 A_2，此时系统的自由能为 F_2。那么，引入缺陷后的自由能变化为

$$\Delta F = F_2 - F_1 = \Delta U - T\Delta S$$

式中：ΔU 为空位引起的自由能改变；ΔS 为空位引起的熵变。

若形成一个空位所需能量为 E_v，则晶体中含有 n 个空位时，其内能将增加

$$\Delta U = nE_v$$

空位同时造成晶体组态熵的改变为 ΔS_c，振动熵的改变为 $n\Delta S_f$，故熵的变化为

$$\Delta S = \Delta S_c + n\Delta S_f$$

根据统计热力学，组态熵可以表示为

$$S_c = k\ln W$$

式中：k 为玻尔兹曼常数（1.38×10^{-23} J/K）；W 为微观状态的数目。

因此，在晶体中 $N+n$ 阵点位置上存在 n 个空位和 N 个原子时，可能出现的不同排列方式数目为

$$W = \frac{(N+n)!}{N!n!}$$

于是，晶体组态熵的增值

$$\Delta S_c = k\left[\ln\frac{(N+n)!}{N!n!} - \ln1\right] = k\ln\frac{(N+n)!}{N!n!} \tag{2-1}$$

其中，$\ln1$ 为原始无空位状态的熵值。当 N 和 n 值都非常大时，可用 Stirling 近似公式（$\ln x! \approx x\ln x - x$）将式（2-1）改写为

$$\Delta S_c = k\left[(N+n)\ln(N+n) - N\ln N - n\ln n\right]$$

将通过上述计算获得的熵和自由能表达式代入 ΔF 公式，于是

$$\Delta F = n(E_v - T\Delta S_f) - kT\left[(N+n)\ln(N+n) - N\ln N - n\ln n\right]$$

在平衡时，自由能为最小，即

$$\left(\frac{\partial\Delta F}{\partial n}\right)_T = 0$$

$$\left(\frac{\partial\Delta F}{\partial n}\right)_T = E_v - T\Delta S_f - kT\left[\ln(N+n) - \ln n\right] = 0$$

当 $N \gg n$ 时

$$\ln\frac{N}{n} \approx \frac{E_v - T\Delta S_f}{kT}$$

故空位在 T 温度时的平衡浓度

$$C = \frac{n}{N} = \exp\left(\frac{\Delta S_f}{k}\right)\exp\left(-\frac{E_v}{kT}\right) = A\exp\left(-\frac{E_v}{kT}\right) \tag{2-2}$$

其中，$A = \exp(\Delta S_f/k)$ 是由振动熵决定的系数，一般估计为 $1\sim10$。如果将式（2-2）中指数的分子、分母同乘以阿伏伽德罗常数 N_A（$6.023\times10^{23}\text{mol}^{-1}$），于是有

$$C = A\exp\left(-\frac{N_A E_v}{kN_A T}\right) = A\exp\left(-\frac{Q_f}{RT}\right)$$

式中：Q_f 为形成 1mol 空位所需做的功，$Q_f = N_A E_v$，J/mol；R 为气体常数，$R = kN_A$，$R = 8.31\text{J/(mol·K)}$。

按照类似的计算，也可求得间隙原子的平衡浓度：

$$C' = \frac{n'}{N'} = A'\exp\left(-\frac{E'_v}{kT}\right)$$

式中：n' 为间隙原子数；N' 为晶体中间隙位置总数；E'_v 为形成一个间隙原子所需的能量。

和空位形成能量相比较，在一般的晶体中，间隙原子的形成能 E'_v 较大，约为空位形成能 E_v 的 $3\sim4$ 倍。因此，在同一温度下，晶体中间隙原子的平衡浓度 C' 要比空位的平衡浓度 C 低得多。

2.3 点缺陷对材料性能的影响

在一般情形下，点缺陷会影响晶体的物理性质，如体积、比热容、电阻率、密度、晶体结构、力学性能等。在完整理想晶体中，电子基本是在均匀电场中运动，而在有缺陷的晶体中，在缺陷区点阵的周期性被破坏，电场急剧变化，因而对电子产生强烈散射，导致晶体的电阻率增大。此外，点缺陷还影响其他物理性质，如扩散系数、内耗、介电常数等，在碱金属的卤化物晶体中，由于杂质或过多的金属离子等点缺陷对可见光的选择性吸收，会使晶体呈现色彩，这种点缺陷称为色心。下面以典型的实例通过理论和实践两方面介绍点缺陷对材料物理性能的影响。

2.3.1 点缺陷对热膨胀的影响

晶体在加热或冷却时体积会发生膨胀和收缩。从微观角度，膨胀和收缩主要是由于原子（离子）间的平均距离（或点阵常数）改变以及点缺陷浓度改变所导致。因此，若晶体的体积为 V，总体积变化为 ΔV，其中热膨胀为 $(\Delta V)_l$，点缺陷引起的体积变化为 $(\Delta V)_d$，则有

$$\frac{\Delta V}{V} = \frac{(\Delta V)_l}{V} + \frac{(\Delta V)_d}{V}$$

其中，由于晶体体积随温度的变化通常都很小，$\dfrac{\Delta V}{V}$ 可以通过式（2-3）求取：

$$\frac{\Delta V}{V} = \frac{(l + \Delta l)^3 - l^3}{l^3} \approx 3\frac{\Delta l}{l} \tag{2-3}$$

式中：l 为晶体的线度。

类似地可以求得

$$\frac{(\Delta V)_l}{V} = 3\frac{\Delta a}{a}$$

$\dfrac{(\Delta V)_d}{V}$ 可以通过下式求取：

$$\frac{(\Delta V)_d}{V} = \overline{C}_v - \overline{C}_i$$

其中，$\overline{C}_v$ 为形成空位的浓度；$\overline{C}_i$ 为间隙原子的浓度。综合上面求得的 $\dfrac{\Delta V}{V}$、$\dfrac{(\Delta V)_l}{V}$、$\dfrac{(\Delta V)_d}{V}$，得到

$$\overline{C}_v - \overline{C}_i = 3\left(\frac{\Delta l}{l} - \frac{\Delta a}{a}\right) \tag{2-4}$$

若 $\overline{C}_v - \overline{C}_i > 0$，则晶体中的主要点缺陷是空位；若 $\overline{C}_v - \overline{C}_i < 0$，则主要点缺陷是间隙原子。对于金属晶体，$\overline{C}_v \gg \overline{C}_i$，故式（2-4）可写为

$$\overline{C}_v = 3\left(\frac{\Delta l}{l} - \frac{\Delta a}{a}\right) \tag{2-5}$$

引用前面点缺陷平衡浓度 $\overline{C}_v$ 表达式，同时针对式（2-5）进行数学处理，方程左、右同时取对数，得到

$$\ln 3\left(\frac{\Delta l}{l} - \frac{\Delta a}{a}\right) = \frac{\Delta S_v}{R} - \frac{\Delta H_v}{RT}$$

式（2-7）中，只要测出不同温度下的 $\dfrac{\Delta l}{l}$ 及 $\dfrac{\Delta a}{a}$，即可计算出 ΔS_v 及 ΔH_v。

2.3.2　点缺陷对比热容的影响

若晶体中点缺陷浓度为 C，则附加的原子比热容 ΔC_P 为

$$\Delta C_P = \frac{\mathrm{d}(C\Delta h)}{\mathrm{d}T} = \frac{\Delta H}{N_0} \frac{\mathrm{d}C}{\mathrm{d}T} \tag{2-6}$$

式中：Δh 和 ΔH 分别为 1 个和 1mol 点缺陷的生成焓，可视为与温度无关的常数；N_0 为阿伏伽德罗常数。

点缺陷的浓度一般表达式 $C = A\exp\left(-\dfrac{\Delta h}{KT}\right) = A\exp\left(-\dfrac{\Delta H}{RT}\right)$，其中 $A = \mathrm{e}^{\Delta S/R}$，因此，点缺陷浓度的另一个等价表达式为 $c = \mathrm{e}^{\Delta S/R}\cdot\mathrm{e}^{-\Delta H/RT}$，代入式（2-6），得到附加的原子比热容为

$$\Delta c_P = \frac{(\Delta h)^2}{KT^2}C = \frac{(\Delta H)^2}{N_0 R\, T^2}C \tag{2-7}$$

式（2-7）乘以阿伏伽德罗常数，即为 1mol 晶体的附加热容量

$$\Delta C_P = N_0 \Delta c_P = \frac{(\Delta H)^2}{RT^2}\cdot C$$

进一步有

$$\Delta C_P = \frac{(\Delta H)^2}{RT^2}\mathrm{e}^{\Delta S/R}\mathrm{e}^{-\Delta H/RT} \tag{2-8}$$

式（2-8）左、右取对数得

$$\ln(T^2 \Delta C_P) = \ln\left[\frac{(\Delta H)^2}{R}\mathrm{e}^{\Delta S/R}\right] - \frac{\Delta H}{RT} = A - \frac{\Delta H}{RT}$$

其中，$A = \ln\left[\dfrac{(\Delta H)^2}{R}\mathrm{e}^{\Delta S/R}\right]$ 是一个与温度无关的常数。很容易看出，如果以 $T^2 \Delta C_P$ - $\dfrac{1}{T}$ 建立函数关系，那么函数的截距和斜率就分别和点缺陷的生成熵和生成焓值有关。因此，通过实验首先测量得到不同温度下的附加热容量 ΔC_P，然后通过 $T^2 \Delta C_P$ - $\dfrac{1}{T}$ 关系直线的斜率可求出点缺陷生成焓 ΔH，再由直线的截距，可以计算出点缺陷生成熵 ΔS。

2.3.3　点缺陷对电阻/电阻率的影响

晶体的电阻率 ρ 可表示为

$$\rho = \rho(T) + \rho_d' + \rho_v$$

式中：$\rho(T)$ 为晶格振动相关的电阻率；ρ_d' 为由其他各种缺陷（位错、间隙原子、杂质等）引起的电阻率；ρ_v 为由空位引起的电阻率。

淬火处理前后电阻率之差为

$$\Delta\rho = \Delta\rho(T) + \Delta\rho_d' + \Delta\rho_v$$

由于两次测量是在同一温度 T_0 下进行的，故 $\Delta\rho(T)=0$。如果在淬火过程中晶体不变形，也没有污染，那么由于位错密度及分布、杂质浓度等都不变，故 $\Delta\rho_d'=0$。唯一的变化是 $\Delta\rho_v\neq0$，这是因为在两次测量时晶体中的空位浓度不同。

一般金属中的空位浓度都很低，在接近熔点时平衡浓度也只有 10^{-4} 左右，故可认为，空位引起的电阻率 ρ_v 正比于空位浓度。于是

$$\Delta\rho = \Delta\rho_v = \alpha\Delta C_v = \alpha\left[\overline{C}_v(T_q) - \overline{C}_v(T_0)\right] \approx \alpha\overline{C}_v(T_q)$$

其中，α 为比例系数；空位浓度 $\overline{C}_v(T_0)$ 为温度 T_0 下的平衡浓度；空位浓度 $\overline{C}_v(T_q)$ 为温度 T_q

下的平衡浓度。从而有

$$\Delta\rho = A\exp\left(-\frac{\Delta H_{\mathrm v}}{RT_{\mathrm q}}\right) \tag{2-9}$$

根据式（2-9），只要将许多相同的晶体加热到不同的淬火温度 $T_{\mathrm q}$，然后急冷至同样的低温 $T_0(T_0 \gg T_{\mathrm q})$，测定各晶体在加热前（温度为 T_0）和冷却后（温度仍为 T_0）的电阻率，求出其 $\Delta\rho$ 值，并作出 $\ln(\Delta\rho) - \frac{1}{T_{\mathrm q}}$ 的关系曲线（直线），就可由直线的斜率计算出空位生成焓 $\Delta H_{\mathrm v}$。

2.4　离子晶体中的点缺陷

离子晶体中的点缺陷和金属中的点缺陷有所不同，主要表现在离子晶体具有多原子性、缺陷带电及电中性等特点。在不考虑杂质的情况下，离子晶体中也有弗兰克尔和肖脱基两类点缺陷。弗兰克尔缺陷是指在离子晶体中，离子从正常位置移入附近的间隙位置所形成的缺陷，如氯化银中将银离子移入间隙，形成一个在银离子处的空位和一个在间隙位置的银离子间隙。肖脱基缺陷是指在离子晶体中，具有相同电荷的正离子和负离子同时移到晶体表面而形成的缺陷。例如在氯化钠晶体中，典型的肖脱基缺陷对是由一个正离子空位和一个负离子空位组成。和弗兰克尔缺陷相比较，肖脱基缺陷的一个特点是缺陷的形成要有晶界、位错和表面等可以接纳原子的地方。而且在离子晶体中，具有相反电性的单个弗兰克尔和肖脱基缺陷之间也可以通过相互吸引形成组合缺陷。

离子晶体中的弗兰克尔和肖脱基缺陷的平衡浓度可以通过下面讨论加以分析。假设正离子和负离子的位置数目和间隙数目相同，均等于 N，$n_{\mathrm i}$ 和 $n_{\mathrm v}$ 分别为间隙离子和空位的数目，则构成熵变为

$$\Delta S_{\mathrm m} = k_{\mathrm B}\ln\omega_{\mathrm B} = k_{\mathrm B}\ln\frac{(N+n_{\mathrm i})!(N+n_{\mathrm v})!}{N!n_{\mathrm i}!N!n_{\mathrm v}!} = 2k_{\mathrm B}\ln\frac{(N+n_{\mathrm i})!}{N!n_{\mathrm i}!} = 2k_{\mathrm B}\ln\frac{(N+n_{\mathrm v})!}{N!n_{\mathrm v}!}$$

由此得到空位浓度和间隙离子浓度为

$$x_{\mathrm v} = x_{\mathrm i} = \frac{n}{N} = \exp\left(\frac{\Delta S_{\mathrm f}}{2k_{\mathrm B}}\right)\exp\left(-\frac{\Delta H_{\mathrm f}}{2k_{\mathrm B}T}\right) \approx \exp\left(-\frac{\Delta H_{\mathrm f}}{2k_{\mathrm B}T}\right)$$

式中：$\Delta S_{\mathrm f}$、$\Delta H_{\mathrm f}$ 分别为形成弗兰克尔缺陷对的形成熵和形成焓。

上述形成熵和形成焓也可以通过反应平衡常数 $k_{\mathrm p}$ 来求解，两者数值相等。例如针对如下方程式：

$$Ag_{\mathrm{Ag}}^{x} \longleftrightarrow Ag_{\mathrm i}^{\cdot} + V_{\mathrm{Ag}}'$$

可以得到

$$[V_{\mathrm{Ag}}'][Ag_{\mathrm i}^{\cdot}] = k_{\mathrm p} = \exp\left(-\frac{\Delta G_{\mathrm f}}{k_{\mathrm B}T}\right)$$

其中，$[V_{\mathrm{Ag}}'] = n_{\mathrm v}/N = x_{\mathrm v}$，$[Ag_{\mathrm i}^{\cdot}] = n_{\mathrm i}/N = x_{\mathrm v}$，因为 $[V_{\mathrm{Ag}}'] = [Ag_{\mathrm i}^{\cdot}]$，所以

$$[V_{\mathrm{Ag}}'] = [Ag_{\mathrm i}^{\cdot}] = (k_{\mathrm p})^{1/2} = \exp\left(-\frac{\Delta G_{\mathrm f}}{2k_{\mathrm B}T}\right)$$

在考虑掺杂的情况下，除去前面的缺陷外，还会形成非禀性点缺陷，即掺杂导致的点缺陷。下面以 KCl 为例说明非禀性点缺陷的浓度。KCl 中形成肖脱基缺陷对的反应质量作用平衡式为

$$[V_{\mathrm k}']_{\mathrm{intr}}[V_{\mathrm{Cl}}^{\cdot}]_{\mathrm{intr}} = \exp\left(\frac{\Delta G_{\mathrm f}}{k_{\mathrm B}T}\right)$$

　　假设在上述 KCl 中溶入少量 $CaCl_2$，Ca^{2+} 取代 K^+ 的同时，在钾离子位置留下一个空位以保持正离子和负离子的位置数目保持对等，即

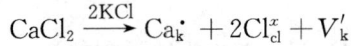

$$CaCl_2 \xrightarrow{2KCl} Ca_k^{\cdot\cdot} + 2Cl_{cl}^x + V_k'$$

其中，箭头上面的说明把溶剂晶体的两个正离子和负离子对移到晶体表面。此种情况下，钾离子的空位浓度就等于禀性和非禀性空位浓度之和。钾离子空位总浓度为

$$[V_k'] = [Ca_k^{\cdot\cdot}] + [V_{cl}^{\cdot\cdot}]_{intr} = [V_k']_{extr} + [V_k']_{intr}$$

　　于是

$$[V_k']_{intr}([V_k'] - [Ca_k^{\cdot\cdot}]) = [V_k']_{intr}^2 = \exp\left(-\frac{\Delta G_f}{2k_B T}\right)$$

　　解此方程，可得

$$[V_k'] = \frac{[Ca_k^{\cdot\cdot}]}{2}\left(1 + \sqrt{1 + \frac{4\,[V_k']_{intr}^2}{[Ca_k^{\cdot\cdot}]}}\right) \tag{2-10}$$

　　针对式（2-10），两种极端情况分析如下：

　　(1) 如果 $[V_k']_{intr}$ 远远小于 $[Ca_k^{\cdot\cdot}]$，则

$$[V_k'] = [Ca_k^{\cdot\cdot}]$$

此时，非禀性空位浓度远高于禀性空位浓度，钾离子空位总量等于非禀性空位浓度。

　　(2) 如果 $[V_k']_{intr}$ 远远大于 $[Ca_k^{\cdot\cdot}]$，则

$$[V_k'] = [V_k']_{intr}$$

此时，由于非禀性空位浓度远小于禀性空位浓度；钾离子空位总量等于禀性空位浓度。

第 3 章　线　缺　陷

本章是晶体缺陷学的核心，主要包括以下知识点：

（1）位错的定义、种类、特点及其量化方法。

（2）位错本身的应力场、线张力及其畸变能。

（3）位错的运动及其条件。

（4）位错运动过程中，位错繁殖和运动位错与位错、点缺陷等之间的相互作用。

（5）实际晶体中的位错。

3.1　位　错

线缺陷俗称位错（dislocation），可以理解为位置错排，具体是指构成晶体的原子（分子或者离子）相对于三维完美点阵格点的平衡位置产生偏离。如果这种偏离是集体原子错排，而且错排原子集体呈一维线性排列，那么这类缺陷定义为位错，属于典型的线缺陷。位错按照一维线性排列的形状可以分为刃位错和螺位错，以及由刃位错和螺位错混合获得的混合型位错。

3.1.1　刃位错

图 3-1（a）所示为含有刃位错的晶体，晶体中有一个明显的未插入到底的半原子面

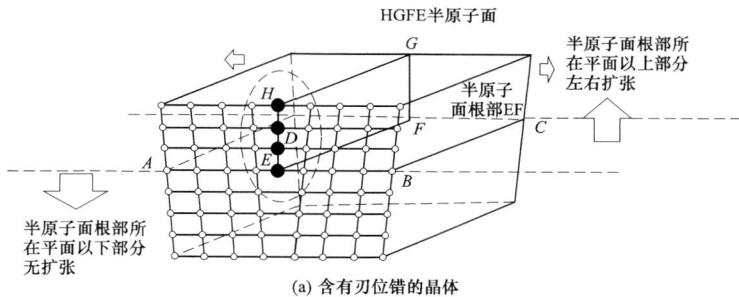

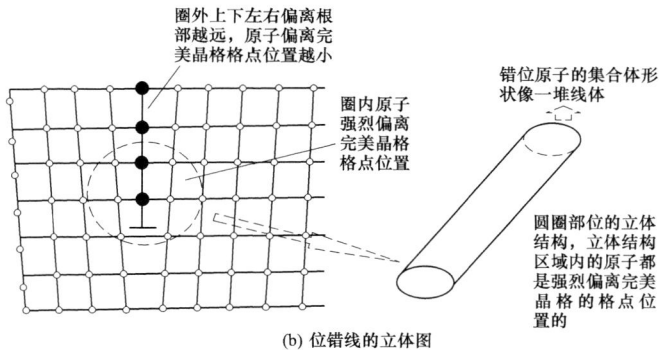

（a）含有刃位错的晶体

（b）位错线的立体图

图 3-1　刃位错的结构示意

HGFE，如果将该半原子面人为地抽出去，就会得到无缺陷的完美晶体，即晶体中的所有原子都会重新居于正常的点阵格点位置。

由于半原子面 *HGFE* 的插入，可以看到半原子面 *HGFE* 根部 *EF* 所在的平面 *ABCD* 以上部分，和完美晶格相比较，理论上晶格会发生一定的膨胀，即半原子面左右附近的原子会由于半原子面的存在而向左右偏移，同时偏离完美晶格的格点位置，而且这种偏离程度会随着距离根部 *EF* 距离的不同而不同。距离根部 *EF* 位置越远，半原子面左右的原子偏离平衡位置的约束越小，偏离距离也相对大。如果原子偏离原来平衡位置的距离正好等于晶格的晶格常数，发生偏离的原子就会占据新的点阵平衡位置，而消除位置上的偏离效果，如 *HG* 位置附近表面原子的偏离。相反，距离根部 *EF* 较近的区域，如 *EF* 线上，其左、右原子偏离平衡位置时会受到左、右侧原子的强烈限制，进而会形成剧烈的畸变。因此，由于半原子面的存在，相对于完美晶格格点位置，根部 *EF* 附近原子会发生明显的错位，错位程度随着距离 *EF* 线越远越轻。根部这些错位的原子集体形成一个线性的立体结构，如图 3-1（b）所示。立体结构内部的所有原子位置相对于完美晶格格点位置都发生了严重偏离，形成典型的线缺陷，称为位错。如图 3-1（a）所示，由于这类位错往往伴随一个插入的半原子面，其中根部 *EF* 正处于刀刃位置，所以这类位错也被形象地称为刃位错，根部 *EF* 即为位错线。

刃位错有如下特点：

（1）发生错位的原子不是单一的，而是围绕半原子面根部附近的所有原子。如果图 3-1（a）沿着 *EF* 垂直纸面向里立体观看，发生错位的原子集体组合的形状是一个非常细长的管状缺陷区，如图 3-1（b）所示。该管状区域在横向上通常有几个或者几十个原子间距的宽度，纵向长度理论上可以贯穿整个晶体，所以长径比很大，从宏观上看，呈现线状，是典型的线缺陷。

（2）刃位错的位错线不一定是直线，可以是折线或者曲线。

（3）晶体中存在刃位错之后，位错周围的点阵发生弹性畸变，既有切应变，又有正应变。这种畸变程度和距离位错线的距离有关，距离越远，畸变程度越轻。因此，在位错线周围的过渡区（畸变区）每个原子具有较高的平均能量。

（4）通常情况下，把晶体上半部多出原子面的位错称为正刃位错，用符号"⊥"表示，如果半原子面位于晶体的下方，则此位错称为负刃位错，用"⊤"表示，当然这种规定都是相对的。

（5）一般对于正刃位错，位错线的上部邻近范围受到压应力，而下部邻近范围受到拉应力，离位错线较远处原子排列正常；负刃位错与此相反。

3.1.2 螺位错

图 3-2（a）所示为没有位错的理想晶体。假设晶体上半部分原子面在某剪切力的作用下相对下半原子面发生滑移，同时假设沿着边界线 *CD* 发生的最大滑移量为一个晶格常数，切应力方向和 *CD* 线方向相同，如图 3-2（b）所示。此时，发生滑移的界面上、下层的原子排列情况如图 3-2（c）所示。下层原子未动，上层相对于下层发生滑移，由于边界线 *CD* 上发生的是一个晶格常数的位移，所以 *CD* 线位置上对应的上、下层原子是对位的，而 *OR* 线上原子未发生滑移，其上、下层原子也是对位的，但是在 *CD* 和 *OR* 线之间的原子，约有几个原子间距的宽度，由于上、下层原子发生的相对滑移量不是一个晶格常数，所以将发生原子错排，形成缺陷。这类错排如果沿着从 *A* 向 *B* 方向看［见图 3-2（c）］，上、下层位置错排的原子在 *CD* 和 *OR* 线之间会形成一个螺旋形状的线性孔道结构，如图 3-2（d）所示。这类位错形象地称为螺位错，其位错线为 *OR* 线，为已滑移区域和未滑移区域的分界线。由于螺旋有左旋和右旋之分，螺位错可以分为左旋和右旋的螺位错。

和刃位错相比较，螺位错没有典型的额外半原子面。螺位错线周围的点阵也发生了弹性畸变，但是畸变场中无正应变，只有平行于位错线的切应变。因此，螺位错不会引起体积膨胀和收缩，且在垂直于位错线的平面投影上，看不到原子的位移，看不出有缺陷。此外，螺位错径向的点阵畸变随离位错线距离的增加而急剧减少，故它也是包含几个原子宽度的线缺陷。

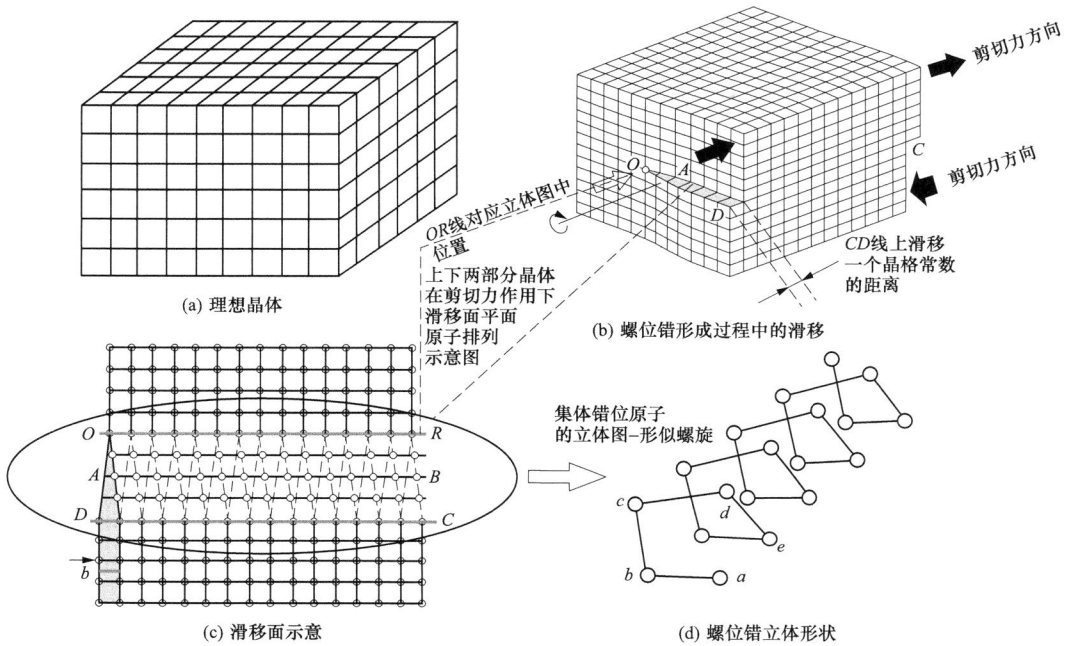

图 3-2   螺位错示意

3.1.3   混合型位错

实际材料中的位错通常会兼具刃位错和螺位错的特征，这类位错称为混合型位错。图 3-3 所示为典型的混合型位错示意。假设晶体受力为沿着 BC 方向的剪切力，在剪切力的作用下，图 3-3 中上半原子面相对下半原子面沿着 BC 方向滑移，BC 线上面部分对应的原子相对于 BC 线下面部分的原子滑移一个晶格常数后，AC 区域段的原子错排，形成典型的混合型位错，位错线为曲线 AC。

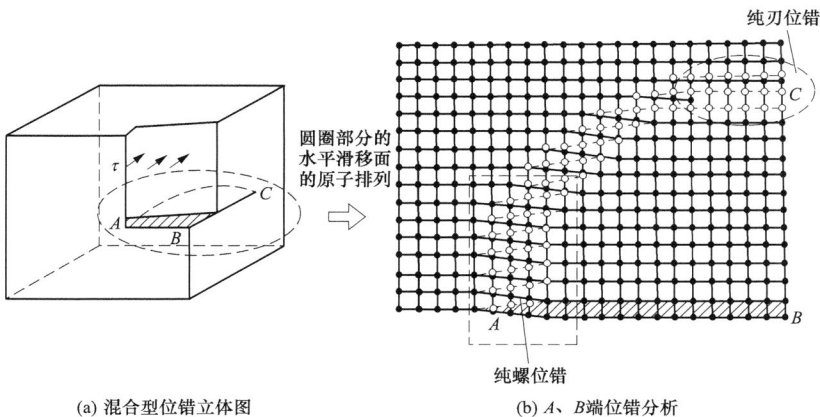

图 3-3   混合型位错示意

　　为了明确滑移面上的原子排列情况，给出滑移横截面上原子排列如图 3-3（b）所示。图 3-3（b）中虚线方框部分，在 A 点附近，通过位错线原子排列方式，很容易断定此处为纯螺位错；虚线圆圈部分，在 C 点附近，通过位错线原子排列方式，很容易找到半原子面。此插入型半原子面是由于 C 对应的原子沿着 CB 方向滑移，但是会受到 C 前面晶格阻碍而形成的，和前面介绍的图 3-1 相似，所以在 C 位形成的位错是纯刃位错。而在 A 点和 C 点之间，即形成的纯螺位错和纯刃位错之间的原子排列，可以想象为从纯螺位错到纯刃位错的过渡错排，这类位错就是混合型位错。

　　晶体内部一旦有了位错，位错线周围会不可避免地发生原子错位。这种集体的原子错位通常会形成强烈的点阵畸变，同时产生显微的内应力，因此，位错线周围往往存在点阵畸变和一定的应力场。位错产生晶格畸变，晶格畸变的程度可以采用伯氏矢量来衡量。

3.2　伯　氏　矢　量

3.2.1　伯氏矢量

　　在含有位错的实际晶体中作一个包含位错发生畸变的回路，然后将这同样大小的回路置于理想晶体中，此时回路将不能封闭，需引一个额外的矢量 $\vec{b}$ 连接回路，才能使回路闭合，这个矢量 $\vec{b}$ 就是实际晶体中位错的伯氏矢量。其确定步骤如下：

　　（1）首先选定位错线的正向，例如常规定出纸面的方向为位错线的正方向。

　　（2）在实际晶体中，从任一原子出发，围绕位错（避开位错线附近的严重畸变区）以一定的步数作一右旋闭合回路 $MNOPQ$（称为伯氏回路）。

　　（3）在理想晶体中按同样的方向和步数作相同的回路，该回路并不封闭，由终点 Q 向起点 M 引一矢量 $\vec{b}$，使该回路闭合，如图 3-4（a）所示。这个矢量 $\vec{b}$ 就是实际晶体中位错的伯氏矢量。

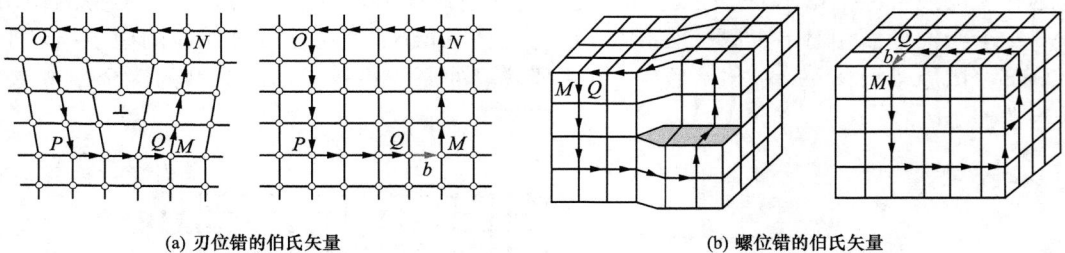

(a) 刃位错的伯氏矢量　　　　　　　　　　(b) 螺位错的伯氏矢量

图 3-4　伯氏矢量示意

　　通过前面的伯氏矢量确定方法，可以很容易地确定螺位错的伯氏矢量，如图 3-4（b）所示。根据确定的伯氏矢量，可以进一步确定位错线和伯氏矢量之间的关系。如图 3-4 所示，对于刃位错，其位错线和伯氏矢量通常相互垂直，而螺位错的位错线和伯氏矢量之间是相互平行的。进一步推算，混合型位错既然是刃位错和螺位错的混合位错，所以混合型位错的位错线和伯氏矢量之间一定是 $0°\sim90°$ 的任意角度。

3.2.2　伯氏矢量的特点

　　（1）伯氏矢量是反映位错区域点阵畸变程度的物理量，伯氏矢量越大，位错周围晶体畸变越严重。

（2）伯氏矢量是一个矢量，具有大小和方向。伯氏矢量的方向可以利用空间点阵中和其方向平行的晶向及其晶向指数标定，如晶体中存在的某一个位错伯氏矢量采用 $\vec{b}$ 表示，该位错的方向和点阵中 $[uvw]$ 晶向相同或者平行，此时，位错的伯氏矢量就可以写为 $\vec{b}=\dfrac{a}{n}\langle uvw\rangle$，其中，$a$ 为晶格常数，$\dfrac{a}{n}$ 为伯氏矢量的长度和晶格常数之间的关系比例。由此，可以推知伯氏矢量的大小。

伯氏矢量的大小可以用矢量的模来表示，该模的大小表示点阵畸变的程度，也称为位错的强度。例如伯氏矢量 $\vec{b}=\dfrac{a}{n}\langle uvw\rangle$，这个位错的模即位错强度，计算如下：

$$|\vec{b}|=\frac{a}{n}\sqrt{u^2+v^2+w^2}$$

（3）伯氏矢量具有守恒性。对于同一根位错线，不管如何改变伯氏回路的形状、大小和位置，只要伯氏回路按照规定正确选择，获得的位错的伯氏矢量都是相同的。也就是说，伯氏矢量与伯氏回路起点及其具体途径无关。

（4）伯氏矢量的唯一性。通常情况下，一条位错线只有唯一的伯氏矢量，此即伯氏矢量的唯一性。例如常见的混合型位错位错环，从形状上看是封闭于晶体内部的环形位错线。位错环各处的位错结构类型可按各处的位错线方向与滑移矢量的关系加以分析，位错环上与滑移矢量垂直两处是刃位错，与滑移矢量平行的两处是螺位错，其余部分均为混合型位错。但是位错环不可能是纯螺型的，但它却可以是纯刃型的。这是因为根据伯氏矢量守恒性和唯一性，一个位错环只有一个伯氏矢量 $\vec{b}$。在这种情况下，因为螺位错的伯氏矢量与位错线平行，一根位错线只有一个伯氏矢量，而一个位错环不可能与一个方向处处平行，所以一个位错环不能各部分都是螺位错。但是，如果位错环是纯刃型的，此时 $\vec{b}$ 和位错环所在的平面垂直。在这种情况下，它只可能在位错环与 $\vec{b}$ 组成的柱面上滑移。但晶体的滑移面不可能是柱面，故这样的位错环实际上是不能滑移的，只能在位错环所在的平面上攀移。攀移时位错环仍然是在它所在的平面上扩大或缩小。

（5）伯氏矢量的分解与合成。伯氏矢量本身是一个矢量，可以实现矢量的合成和分解，合成和分解前后的伯氏矢量为零，即 $\sum\vec{b}_i=0$。可以推知，若有数根位错线相交于一点，则指向结点的各位错线的伯氏矢量之和应等于离开结点的各位错线的伯氏矢量之和。如果一个伯氏矢量 $\vec{b}$ 是另外两个伯氏矢量 $\vec{b}_1=\dfrac{a}{n}\langle u_1v_1w_1\rangle$ 和 $\vec{b}_2=\dfrac{a}{n}\langle u_2v_2w_2\rangle$ 之和，则按矢量加法则有

$$\vec{b}=\vec{b}_1+\vec{b}_2=\frac{a}{n}\langle xyz\rangle$$

$$x=u_1+u_2,\ y=v_1+v_2,\ z=w_1+w_2$$

（6）伯氏矢量是判断位错的类型的重要依据。刃位错的伯氏矢量和位错线相互垂直；螺位错的伯氏矢量与位错线相互平行；混合型位错的位错线和伯氏矢量之间既不垂直也不平行，而是相交一个夹角。

（7）位错可定义为伯氏矢量不为零的晶体缺陷，它具有连续性，不能中断于晶体内部。其存在形态可形成一个闭合的位错环，或连接于其他位错，或终止在晶界，或露头于晶体表面。

3.3 位错的应力场

3.3.1 应力场

图 3-5 所示为采用连续介质构造位错模型的方法。设想有一各向同性材料的空心圆柱体，将一空心的弹性圆柱体切开，使切面两侧沿径向（x 轴方向）相对位移一个 b 的距离，再胶合起来，于是就形成了一个正刃位错应力场，如图 3-5（a）所示。若先把圆柱体沿 xz 面切开，然后使两个切开面沿 z 方向做相对位移 b，再把这两个面胶合起来，这样就相当于形成了一个伯氏矢量为 $\vec{b}$ 的螺位错，图中 OO' 为位错线，$MNOO'$ 即为滑移面，如图 3-5（b）所示。

为了计算每一个位错周围存在的应力场，结合上述模型，还需要做些基础假设，这些假设包括：

（1）晶体是完全弹性体，服从胡克定律。

（2）把晶体看成是各向同性的。

（3）近似地认为晶体内部由连续介质组成，晶体中没有空隙，因此晶体中的应力、应变、位移等量是连续的，可用连续函数表示。

基于上述位错模型构建和假设条件，采用弹性连续介质模型可以计算每一个位错周围存在的应力场。

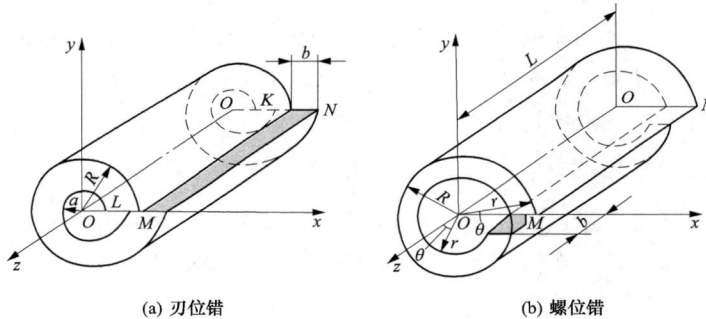

(a) 刃位错   (b) 螺位错

图 3-5 位错的连续介质模型

1. 螺型位错的应力场

因为极坐标更反映螺位错的应力场特点，螺位错的应力场中各点的应力常采用极坐标系表示，基于前述的模型计算结果为

$$\sigma_{rr} = \sigma_{zz} = \sigma_{\theta\theta} = \tau_{r\theta} = \tau_{\theta r} = \tau_{zr} = \tau_{rz} = 0$$

$$\tau_{z\theta} = \tau_{\theta z} = G\gamma_{\theta z} = Gb/2\pi r$$

根据上述计算结果可以看出，螺位错的应力场具有以下特点：

（1）只有切应力分量，正应力分量均为零。

（2）切应力分量只与 r 有关，其大小和成 r 反比，远离位错线，随着与位错距离的增大，应力值减小，而与 θ、z 无关。只要 r 一定，切应力分量就为常数，即与位错线等距离的各处切应力值相等。

（3）螺位错的应力场是轴对称的，这和前面讲解螺位错定义时的分析一致。

2. 刃位错的应力场

直角坐标系表达式：

$$\sigma_{xx} = -D\frac{y(3x^2+y^2)}{x^2+y^2}$$

$$\sigma_{yy} = D\frac{y(x^2-y^2)}{(x^2+y^2)^2}$$

$$\sigma_{zz} = \mu(\sigma_{xx}+\sigma_{yy})$$ 　　　　　　（3-1）

$$\tau_{xy} = \tau_{yx} = D\frac{x(x^2-y^2)}{(x^2+y^2)^2}$$

$$\tau_{xz} = \tau_{zx} = \tau_{zy} = \tau_{yz} = 0$$

极坐标系表达式：

$$\sigma_{rr} = \sigma_{\theta\theta} = -D\frac{\sin\theta}{r}$$

$$\sigma_{zz} = -\nu(\sigma_{rr}+\sigma_{\theta\theta})$$ 　　　　　　（3-2）

$$\tau_{r\theta} = \tau_{\theta r} = D\frac{\cos\theta}{r}$$

$$\tau_{rz} = \tau_{zr} = \tau_{z\theta} = \tau_{\theta z} = 0$$

其中，$D = \dfrac{G\vec{b}}{2\pi(1-\nu)}$，$G$ 为切变模量，$\vec{b}$ 为伯氏矢量，ν 为泊松比。根据上述计算结果，可以看出和螺位错比较，刃位错的应力场要相对复杂，具体有以下特点：

（1）通过式（3-2）可以看到，无论是正应力分量与切应力分量，各应力分量的大小与 G 和 $\vec{b}$ 成正比，与 r 成反比，说明伯氏矢量的大小是应力大小的关键决定因素；同时随着与位错线距离的增大，应力的绝对值倾向于减小。

（2）通过式（3-1）可以看到，无论是剪切力还是正应力，各应力分量都是 x、y 的函数，而与 z 无关。这表明在 z 轴方向上也就是平行于位错线的直线方向上，任一点的应力均相同。

（3）刃位错的应力场对称于多余半原子面（y-z 面），即对称于中 y 轴。

（4）按照图 3-5（a），滑移面上 $y=0$，根据上述计算结果，很容易推算此时正应力均为零，但是剪切力不为零，说明刃位错在滑移面上，没有正应力，只有切应力。

（5）通过 σ_{xx} 的表达式可知，$y>0$ 时，$\sigma_{xx}<0$；而 $y<0$ 时，$\sigma_{xx}>0$。即在滑移面上、下侧受力状态相反，对于一个正刃位错，位错滑移面上侧为压应力，滑移面下侧为张应力。

注意：前面的应力场模型及其推导结果对于位错中心部分区域不适合。例如，采用该模型计算螺位错应力场时，按照计算结果，如果 r 趋近于零，则切应力趋近于无穷大，这显然不符合实际，所以上述模型具有应用局限性，不适用于位错中心的严重畸变区域分析，仅适用于位错中心以外的区域。

3.3.2　位错的畸变能

位错在晶体中引起点阵畸变，从而使晶体的内能增加，增加的这部分能量称为位错的能量。图 3-6 所示为位错的能量分布示意，图中假设位错为一点，其周围能量分布的不同区域用圆线分隔。

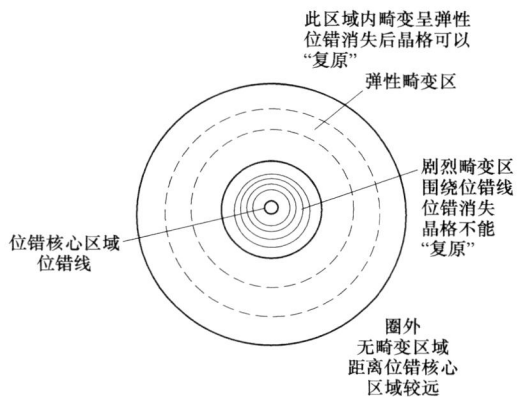

图 3-6　位错的能量分布示意

图 3-6 说明位错中心核心区域（图中剧烈畸变区域）原子错排严重，点阵畸变很大，应力应变之间不满足胡克定律，所以不能简化为连续的弹性体，这也是前面推导的应力场模型仅适用于位错中心以外区域的原因。这部分非弹性区域对位错畸变能的贡献占位错畸变能全部的 $1/15\sim1/10$。而在中心以外的区域，随着对位错的距离的增加，应力逐渐下降，点阵畸变进入弹性区域，其对应的畸变能可以通过连续介质弹性模型根据单位长度位错所做的功来进行求解。因此，位错的能量包括两部分：一是位错中心区域的能量；二是中心区域外的能量。下面计算的位错的能量是指中心区域外弹性区域的弹性畸变能量。

假定图 3-5 所示的刃位错是一单位长度的位错。单位长度刃位错的弹性畸变能 E_e^e 为

$$E_e^e = \int_{r_0}^R \int_0^b \tau_{\theta r}\,\mathrm{d}x\,\mathrm{d}r = \int_{r_0}^R \int_0^b \frac{Gx}{2\pi(1-\nu)}\frac{1}{r}\mathrm{d}x\,\mathrm{d}r = \frac{Gb^2}{4\pi(1-\nu)}\ln\frac{R}{r_0}$$

其中，$\tau_{\theta r}$ 为滑移面上的剪切力，x 的积分上限线为 0 到 b，代表位错线在滑移过程中在滑移面上发生的距离变化，滑移过程中受到的力的表达式为

$$\tau_{\theta r} = \frac{Gx}{2\pi(1-\nu)}\frac{\cos\theta}{r}$$

因为在滑移面上，所以 $\theta=0°$，矢径的变化区间为 r_0 到 R。同样方法可以求取单位长度的螺位错的弹性畸变能

$$E_e^s = \frac{Gb^2}{4\pi}\ln\frac{R}{r_0}$$

通过对比刃位错和螺位错的位错畸变能表达式，很容易看出两者能量差别主要体现在泊松比比值。常用金属材料的泊松比比值接近 $1/3$，所以螺位错的弹性畸变能约为刃位错的 $2/3$。

对于混合型位错，可以分解为一个伯氏矢量为 $\vec{b}\sin\varphi$ 的刃位错分量和一个伯氏矢量为 $\vec{b}\cos\varphi$ 的螺位错分量。因此，分别算出这两个位错分量的畸变能，它们的和就是混合位错的畸变能，即

$$E_e^m = E_e^e + E_e^s = \frac{Gb^2\sin^2\varphi}{4\pi(1-\nu)}\ln\frac{R}{r_0} + \frac{Gb^2\cos^2\varphi}{4\pi}\ln\frac{R}{r_0} = \frac{Gb^2}{4\pi K}\ln\frac{R}{r_0}$$

其中，$K=\dfrac{1-\nu}{1-\nu\cos^2\varphi}$ 称为混合位错的角度因素，$K\approx0.75\sim1$。显然，对于螺位错，$K=1$；对于刃位错，$K=1-\nu$；对于混合型位错，则 $K=\dfrac{1-\nu}{1-\nu\cos^2\varphi}$。

畸变能的大小主要与 r_0 和 R 有关。一般认为 r_0 与 $\vec{b}$ 值相近，约为 10^{-10} m，而 R 是位错应力场最大作用范围的半径，实际晶体中由于存在亚结构或位错网络，一般取 $R\approx10^{-6}$ m。因此，单位长度位错的总畸变能可简化为

$$E = \alpha Gb^2 \tag{3-3}$$

其中，α 为与几何因素有关的系数，其值为 $0.5\sim1$。式（3-3）表明，位错的应变能与 $\vec{b}^2$ 成正比。因此，从能量的观点来看，晶体中具有最小 $\vec{b}$ 的位错应该是最稳定的，而 $\vec{b}$ 大的位错有可能分解为 $\vec{b}$ 小的位错，以降低系统的能量。由此也可理解为滑移方向总是沿着原子的密排方向的。

以上采用连续弹性模型计算了单位长度位错的畸变能。在实际晶体中，位错的能量还会

受到位错线的形状影响。一般直线位错的应变能要小于弯曲位错的应变能，因此，晶体中的位错线总是存在尽量缩短其长度以保持直线的趋势。对于一条很长的直线，从力学角度来讲，其保持直线趋势必然通过一定的力来维持，即位错的线张力，线张力在随后的章节中会详细介绍。

位错的存在会使体系的内能升高，从而使晶体处于高能的不稳定状态。因此，位错在热力学上属于不稳定的晶体缺陷，环境因素改变（如温度和应力增加等）会明显驱动其运动，这是位错能够运动的本质原因。

3.4　位　错　的　运　动

如果环境因素改变，例如温度升高或者受到外力作用情况下，晶体内部位错由于处于高能不稳定状态，会发生运动，这种运动通常会由于位错类型及晶体结构的不同而不同。本节主要介绍位错在外加应力作用下的运动方式。

了解位错的滑移，首先需要了解什么是晶体的整体刚性滑移。图 3-7 所示为理想晶体的刚性滑移示意。假设晶体内没有任何缺陷，在切应力的作用下，晶体上、下两部分整体沿滑移面发生相对滑移，即为刚性滑移。刚性滑移需要的外力往往很大，接近理论计算的临界切应力，而实际晶体在发生滑移时，所需的临界切应力比理论计算的临界切应力却低得多。例如，晶体没有任何缺陷时的临界切应力约为 1500MPa，实际存在位错晶体的临界切应力约为 0.98MPa。这说明对于实际的晶体，在环境因素改变促进下发生的滑移不是图 3-7 所示的整体刚性滑移，而是通过其他方式的滑移来实现的。

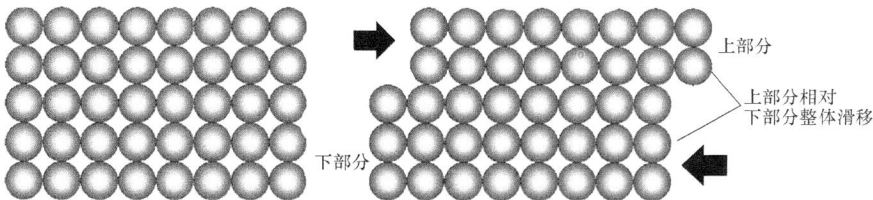

图 3-7　理想晶体的刚性滑移示意

如图 3-8 所示，沿着外力方向，B 位置的位错原子首先和 C 位换位，使位错线从 A、C 之间滑移到 C、D 之间，再到 D、E 之间。然后继续按照相同的方式，位错线在力的作用下，再到 F、G 之间，直至滑移到晶体表面。可以看到，在实际的晶体中，由于有位错，晶体宏观发生的滑移是借助于微观位错的运动，通过位错沿着滑移面不断做少量迁移逐步完成的。

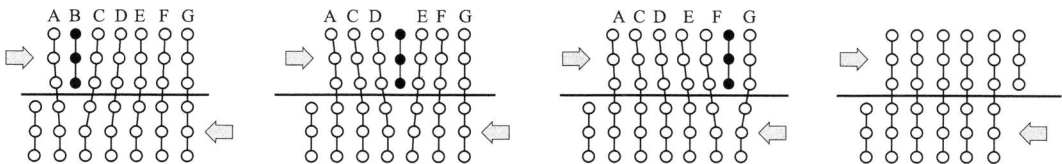

图 3-8　实际晶体中借助于刃位错发生的滑移

如图 3-8 所示，位错的滑移运动是发生在一个平面（图中黑色水平实线所在平面）上的，这个位错滑移过程中所依赖的平面称为滑移面。位错的滑移方向、伯氏矢量和滑移面之间关系很容易通过图 3-8 观察，可以看出刃位错的滑移有如下特点：

（1）滑移面同时包含有位错线和伯氏矢量，由于在刃位错中，位错线与滑移矢量互相垂直，因此，由它们所构成的平面只有一个，位错在其他面上不能滑移。

（2）刃位错的滑移方向和伯氏矢量平行，而和位错线相互垂直。

（3）不管刃位错线什么形状，它一定与滑移方向相垂直，也垂直于滑移矢量。

刃位错除了沿着滑移面滑移外，还可以在垂直于滑移面上发生攀移。刃位错的攀移是指借助于位错线附近原子数量的变化，半原子面可以实现在垂直于滑移面方向上的上、下移动。

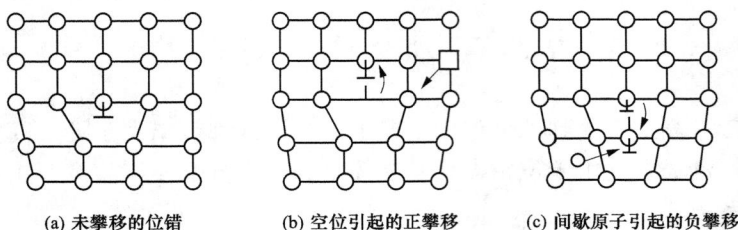

(a) 未攀移的位错　　(b) 空位引起的正攀移　　(c) 间歇原子引起的负攀移

图 3-9　刃位错攀移示意

图 3-9 所示为刃位错攀移示意。要想实现攀移，位错线附近原子数量必须发生改变，这可以通过扩散来完成。即通过在位错线附近空位或质点的扩散与运动，实现刃位错向上、向下攀移一定的原子间距，因此位错攀移的第一个特点是扩散，靠原子或空位的扩散来实现的。当原子从多余半原子面下端转移到别处去，或空位从别处转移到半原子面的下端时，位错线便向上攀移，即正攀移；反之，当原子从别处转移到原子面下端时，或空位从这里转移到别处去时，位错线就向下攀移，即负攀移。攀移矢量大小等于滑移面的面间距。位错攀移的另外一个特点是它会受到温度的显著影响。扩散和原子及点缺陷运动有关，而点缺陷的运动往往离不开温度的驱动。因此，在常温下位错攀移很难实现，常常需要一定的激活能才能发生。如经塑性变形的晶体，位错无规则地分布在滑移面上，但若加热到一定温度，这些位错会通过攀移离开原来的滑移面，在位错之间的相互作用下沿纵向排列起来，从而消除大部分的内应力。可见，位错攀移在低温下是难以进行的，只有在高温下才能发生。由于位错攀移需要物质的扩散，从微观角度讲，物质扩散在时间上不一定具有明显的统一性。因此，位错攀移的第三个特点是位错攀移时，不一定是整条位错线同时攀移，只能一段一段（或者一个、几个原子）地逐段进行。这样，位错线在攀移过程中就会变成折线，产生割阶。

位错攀移运动已通过实验得到验证。例如，通过薄膜透射电镜观察淬火金属的热回复过程时发现，原来淬火时由空位聚集成片并形成位错环逐步缩小，最终消失。这种位错环由刃位错所组成，其伯氏矢量垂直于位错环所在平面，只能在垂直于位错环的柱面上滑移，这种位错环在环所在的平面上只能攀移。因此，环半径的收缩可以肯定是位错的攀移过程。位错攀移在工业上一个典型应用是在单晶生长中常利用位错攀移来消除空位。例如拉制单晶硅时，首先高速拉制，使单晶中的空位过饱和，然后使生长的单晶逐渐变细，则多余半原子面与空位不断交换而逐渐退出晶体。

和刃位错相比，螺位错的运动有如下特点：①螺位错和刃位错不同，它不具备多余的半原子面，所以不能发生攀移；②螺位错线与滑移矢量平行，因此一定是直线，而且位错线的移动方向与晶体滑移方向互相垂直；③螺位错位错线和伯氏矢量平行，因此纯螺位错的滑移面不是唯一的。凡是包含螺位错线的平面都可以作为它的滑移面，即发生交滑移。

图 3-10 所示为螺位错的交滑移。螺位错在 A 面滑移，通过交滑移面 B 滑至新的与 A 滑移面平行的滑移面上继续滑移，这种滑移方式称为交滑移。当螺位错滑移受阻时，它可以在另外一个晶面上进行滑移。但是刃位错的伯氏矢量与位错线垂直，它的滑移面就只有由位错线和伯

氏矢量构成的平面，因此它只能在滑移面上滑移，不能发生交滑移。

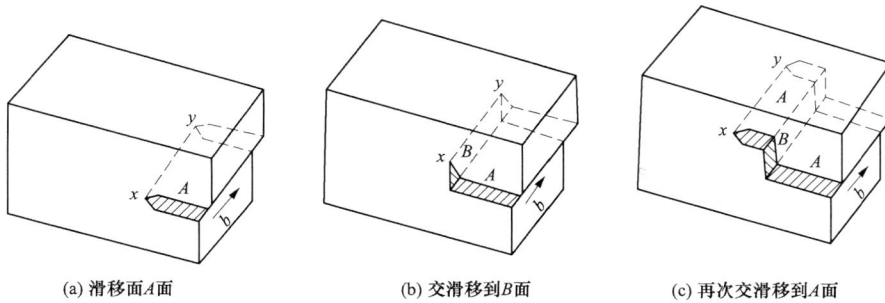

(a) 滑移面A面　　　　　　　(b) 交滑移到B面　　　　　　　(c) 再次交滑移到A面

图 3-10　螺位错的交滑移

对于混合型位错，可以对其进行分解，分解成为相应的螺位错和刃位错，在这种情况下，混合型位错的滑移可以是脱离滑移面的运动，但同时又不是纯粹的攀移，是刃位错的攀移和螺位错的滑移合成的运动。

3.5　位错运动的条件

位错运动的驱动力主要来自外部环境因素的变化，而运动的阻力主要来自晶格的反作用，即派纳力。因此，一个位错要想运动，必须有足够大的驱动力，当驱动力可以克服阻力时，位错才可以运动。而且位错在运动过程中还会受到其他阻力，如第二相粒子的阻碍等，可见位错的运动是有条件的。因此，本节开始分析位错在运动过程中涉及的几种典型的力，包括作用到位错上的力、线张力、攀移力、派纳力等。

3.5.1　作用到位错上的力

晶体受力后，外力通过晶体中原子传递到位错线上，此时，位错就受到了一个力 F 的作用，这个力称为作用到位错上的力，很显然，F 必然和位错线的运动方向 v 一致。作用到位错上的力具备以下特点：

（1）作用到位错上的力并不是真实作用在位错中心区各原子上的实际力，区别于作用在晶体上的力。它是应用物理学原理想象的虚构力。

（2）作用到位错上的力的形成主要和晶体所处的环境变化有关，来源于环境变化导致的晶体中的内、外应力场的变化。若无内、外应力场变化，则此力一般不存在。

（3）当作用到位错上的力高于位错发生运动的各种阻力时，位错将发生运动。

图 3-11 所示为作用到位错上的力。假设外加切应力为 τ，作用在长度为 L，伯氏矢量为 $\vec{b}$ 的平直位错线上，宏观上，材料上下部分在 τ 作用下发生滑移量为 b。微观上，位错受到的力为 F，并在此力作用下发生滑移量为 $\mathrm{d}s$，因此，作用到位错上的力本身做的功 $W_微$：

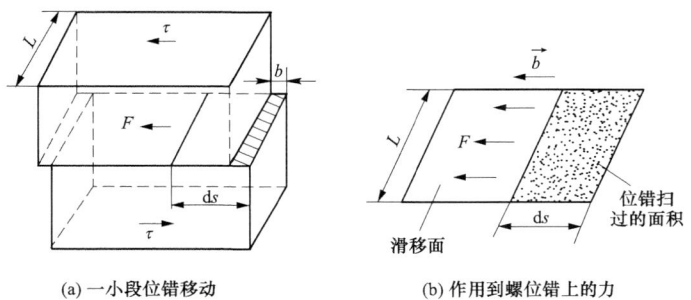

(a) 一小段位错移动　　　　　　(b) 作用到螺位错上的力

图 3-11　作用到位错上的力

$$W_{\text{微}} = F\,\mathrm{d}s$$

宏观上，剪切力导致滑移，从而做功 $W_{\text{宏}}$：

$$W_{\text{宏}} = \tau(L\,\mathrm{d}s)b$$

这里，$L\,\mathrm{d}s$ 为位错滑移扫过的已滑移区面积，$\tau(L\,\mathrm{d}s)$ 为作用在该区域的外力。由于

$$W_{\text{宏}} = W_{\text{微}}$$

$$F\,\mathrm{d}s = \tau(L\,\mathrm{d}s)b$$

$$F = \tau L b$$

作用于单位长度上的力为

$$F = \tau b$$

F 是作用在单位长度位错上的力，它与外切应力 τ 和位错的伯氏矢量 $\vec{b}$ 成正比，其方向总是与位错线相垂直并指向滑移面的未滑移部分。

对于任意形状的位错线，F 大小仍然为 τb，其推导见下面皮瞿（Peach)-柯勒（Koehler）模型，方向为位错线上的法线方向。对于螺位错，其螺位错受力的方法与分析刃位错完全一样，具有和刃位错相似的表达式。

皮瞿（Peach)-柯勒（Koehler）模型用于计算作用到一般形状位错线上的力。图 3-12（a）所示为作用在位错线上的力的推导原理图。假设此位错线的某一个线元 $\mathrm{d}\vec{l}$ 受到作用力 $\mathrm{d}\vec{F}$ 作用，向任一个方向做位移 $\mathrm{d}\vec{s}$，应力做功 W 定义如下：

$$W = \mathrm{d}\vec{F} \cdot \mathrm{d}\vec{s} \tag{3-4}$$

从另一个角度，如果令 $\vec{n}$ 表示此为错线元在位移时所扫过的面元 $\mathrm{d}\vec{l} \times \mathrm{d}\vec{s}$ 的法线矢量，则通过此面元作用的应力矢量可以表示为应力张量 σ 与 $\vec{n}$ 的并矢量积，即二阶张量与矢量相乘得到一个矢量，即

$$\vec{T} = \sigma \cdot \vec{n}$$

应力矢量 $\vec{T}$ 扫过单位面积所做的功为

$$\vec{b} \cdot \vec{T} = \vec{b} \cdot (\sigma \cdot \vec{n}) = (\vec{b} \cdot \sigma) \cdot \vec{n}$$

因此，扫过面元的功为

$$W = (\vec{b} \cdot \sigma) \cdot (\mathrm{d}\vec{l} \times \mathrm{d}\vec{s}) = [(\vec{b} \cdot \sigma) \times \mathrm{d}\vec{l}] \cdot \mathrm{d}\vec{s} \tag{3-5}$$

比较式（3-5）和式（3-4），即可看出位错线元所受作用力的一般公式为

$$\mathrm{d}\vec{F} = (\vec{b} \cdot \sigma) \times \mathrm{d}\vec{l} \tag{3-6}$$

注意，按照这个公式，位错线所受的力总是和位错线垂直。这样，式（3-6）就既确定了作用在位错线上的力的大小，又确定了力的方向。如果进一步将作用在位错上的力的公式用矩阵形式表达时，由于应力张量 $\boldsymbol{\sigma}$ 为

$$\boldsymbol{\sigma} = \begin{bmatrix} \sigma_{xx} & \sigma_{xy} & \sigma_{xz} \\ \sigma_{yx} & \sigma_{yy} & \sigma_{yz} \\ \sigma_{zx} & \sigma_{zy} & \sigma_{zz} \end{bmatrix}_9$$

伯氏矢量 $\vec{b}$ 为

$$\vec{b} = (b_x \quad b_y \quad b_z)_9$$

可得

$$\vec{b} \cdot \sigma = (\sigma_{xx} b_x + \sigma_{yx} b_y + \sigma_{zx} b_z)\,\vec{l}$$

$$+ (\sigma_{yx} b_x + \sigma_{yy} b_y + \sigma_{yz} b_z) \vec{j}$$
$$+ (\sigma_{zx} b_x + \sigma_{zy} b_y + \sigma_{zz} b_z) \vec{k}$$

将括号中的项分别以 A、B 和 C 代替，则有

$$\vec{b} \cdot \sigma = A\vec{i} + B\vec{j} + C\vec{k}$$

于是

$$\mathrm{d}\vec{F} = (A\vec{i} + B\vec{j} + C\vec{k}) \times (\mathrm{d}l_x \vec{i} + \mathrm{d}l_y \vec{j} + \mathrm{d}l_z \vec{k})$$

$$= \begin{vmatrix} \vec{i} & \vec{j} & \vec{k} \\ A & B & C \\ \mathrm{d}l_x & \mathrm{d}l_y & \mathrm{d}l_z \end{vmatrix}$$

注意：这里求解的力是线元 $\mathrm{d}\vec{l}$ 所受的力，不是单位长度位错线所受的力。作用在单位长度的位错线上的力为

$$\vec{f} = (\vec{b} \cdot \sigma) \cdot \vec{t}$$

其中，$\vec{t}$ 代表位错线正方向上该处的切线方向的单位矢量。

3.5.2　攀移力和线张力

刃位错的运动形式有滑移和攀移两种。如果对晶体加上一正应力，对于刃位错，不会发生滑移，但是可在垂直于滑移面的方向发生攀移运动，此时刃位错所受的力称为攀移力。

位错的攀移力一般包括两部分：①化学攀移力，主要指不平衡空位浓度施加给位错攀移的驱动力；②弹性攀移力 F_c，是指作用于半原子面上的正应力分量作用下，刃位错所受的力。其中，压应力能促进正攀移，拉应力则可促进负攀移。图 3-12（b）所示为计算攀移力示意。

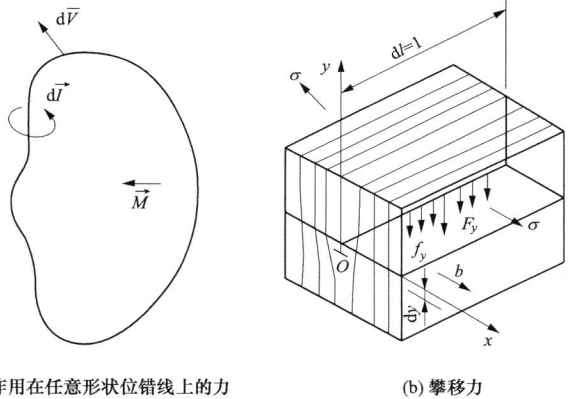

(a) 作用在任意形状位错线上的力　　　　(b) 攀移力

图 3-12　作用在刃位错上的力

晶体受到 x 方向的拉应力 σ 作用，晶体内部设有一单位长度的位错线，此位错线段在 F_y 作用下向下运动 $\mathrm{d}y$ 距离，则位错攀移所消耗的功为

$$W_1 = F_y \cdot \mathrm{d}y$$

位错线向下攀移 $\mathrm{d}y$ 距离后，在 x 方向推开了一个 b 大小，引起晶体体积膨胀为 $\mathrm{d}y \cdot b \cdot 1$，从而，宏观上，正应力所做膨胀功为

$$W_2 = -\sigma \cdot \mathrm{d}y \cdot b \cdot 1$$

根据虚功原理，$W_1 = W_2$，即有

$$F_y \mathrm{d}y = -\sigma \cdot \mathrm{d}y \cdot b \cdot 1$$
$$F_y = -\sigma b$$

σ 是作用在多余半原子面上的正应力，它的方向与 $\vec{b}$ 平行。至于负号表示 σ 为拉应力时，F_y 向下；若 σ 为压应力时，F_y 向上。由此可见，作用在单位长度刃位错上的攀移力方向和位错线攀移方向一致，也垂直于位错线。

位错是一维缺陷，形似一条线。可以想象，这样一条线受到力的作用后，就会产生类似于线张力的反作用力。位错线本身存在的沿着位错线方向作用的力，可以使位错变直，降低位错

能量，这个力就是位错的线张力。它等于每增加单位长度的位错线所做的功或增加的位错能。因此，位错的线张力 T 可以近似地采用下式表达：

$$T \approx kGb^2$$

其中，k 为系数 ，$k = 0.5 \sim 1.0$。

图 3-13 所示为位错的线张力示意。通过图 3-13 可以推导位错的线张力和作用到位错上的力之间的关系。晶体受到外力作用，形成作用到位错线的力，由于线张力的存在，此力和线张力相互作用，可以使位错线弯曲。

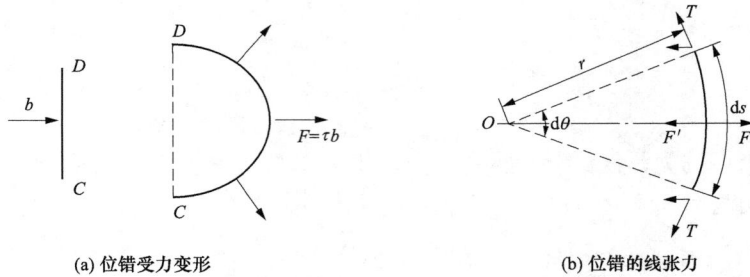

(a) 位错受力变形　　　　　　　　　　　　(b) 位错的线张力

图 3-13　位错的线张力示意

当位错受切应力 τ 而弯曲为曲率半径 r 时，线张力将产生一指向曲率中心的力 F'，以平衡此切应力

$$F' = 2T \sin \frac{\mathrm{d}\theta}{2}$$

若位错长度为 $\mathrm{d}s$，单位长度位错线所受的力为 τb，则平衡条件为

$$\tau b \cdot \mathrm{d}s = 2T \sin \frac{\mathrm{d}\theta}{2}$$

由于 $\mathrm{d}s = r \mathrm{d}\theta$ ，当 $\mathrm{d}\theta$ 很小时，$\sin \dfrac{\mathrm{d}\theta}{2} \approx \dfrac{\mathrm{d}\theta}{2}$，故

$$\tau b = \frac{T}{r} \approx \frac{Gb^2}{2r}$$

$$\tau = \frac{Gb}{2r}$$

即一条两端固定的位错在切应力 τ 作用下将呈曲率半径 r 的弯曲。

3.6　派　纳　力

实际晶体中，位错的滑移要遇到许多阻力，其中最基本的固有阻力即晶格阻力。当一个具有一定伯氏矢量的位错在晶体中移动时，按照位错的运动方式，它将由一个对称位置移动到另一个对称位置。在这些对称位置上位错处在平衡状态，能量较低。而在对称位置之间，能量增高，造成位错移动的阻力。因此，在位错移动时，需要克服晶格阻力，越过势垒，此阻力称为派纳力。

如图 3-14 所示，考虑简单正方结构中的刃位错，将晶体沿着滑移面剖开为上下两半后，沿着 x 方向做相对位移 $b/2$，然后再加力拼凑形成刃位错。在这个操作过程中，为了形成刃位错，滑移面两侧的原子会相互妥协。任意 A、B 面上对应的一对原子，它们沿着 x 轴的原距离为 $b/2$，在凑成刃位错时，A、B 面上的原子要相互靠拢。假设 A 面上的原子向 B 面上的原子靠

拢 $|u(x)|$，B 面上的原子也向 A 面上的原子靠拢 $|u(x)|$，再考虑到原子相对于所取坐标原点的位置，可以得到如下原子位移函数表达式：

$$\phi(x) = 2u(x) + \frac{b}{2}, \ x > 0$$

$$\phi(x) = 2u(x) - \frac{b}{2}, \ x < 0 \tag{3-7}$$

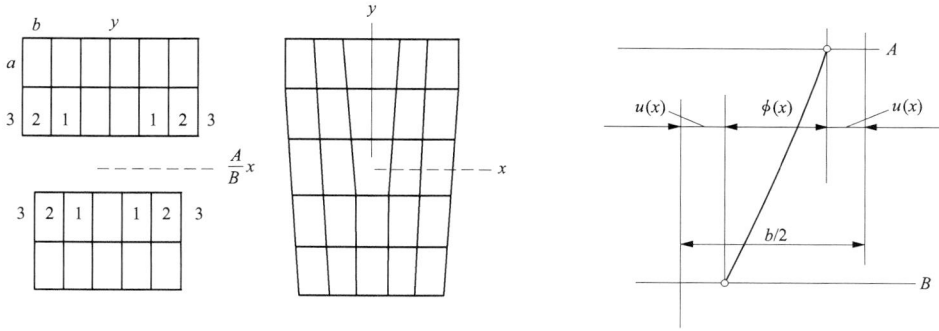

图 3-14　派纳力模型

假设：①在 A 面以上和 B 面以下的晶体均作为各向同性的连续介质；②A、B 面之间的切应力是面上对应原子之间的相对位移 $\phi(x)$ 的函数，并且是周期为 b 的正弦函数，此种情况下，A 面作用于 B 面的切应力为

$$\tau = C \sin \frac{2\pi\phi}{b} \tag{3-8}$$

其中，C 为常数。当位移很小时，A 面和 B 面的切应力为应该符合胡克定律，即

$$\tau = G \frac{\phi}{a}$$

同时，当位移很小时，$\frac{2\pi\phi}{b} \approx \sin\frac{2\pi\phi}{b}$，则

$$\tau \approx C \frac{2\pi\phi}{b}$$

两式对等，可以确定

$$C = \frac{Gb}{2\pi a}$$

代入式（3-8），得到切应力表达式：

$$\tau = \frac{Gb}{2\pi a} \sin \frac{2\pi\phi}{b} \tag{3-9}$$

将式（3-7）代入式（3-9），得到

$$\tau = -\frac{Gb}{2\pi a} \sin \frac{4\pi u}{b}$$

有了位移和切应力表达式，可以进一步求解 A、B 面之间的错排能。一般位错的能量 W 可以表示为

$$W = W_A + W_B + W_{AB}$$

其中，W_A、W_B 为上、下两部分晶体的弹性畸变能；W_{AB} 为两原子面之间的相互作用能，也就

是错排能。弹性畸变能的计算见 3.3.2 节，这里重点计算错排能。

　　假设 A、B 面上平行于位错线的相对应的两列原子，错排能应该是将它们错开时外力做的功。在切应力作用下，发生原子位移 ϕ，这个过程切应力做功为

$$W = \int_0^\phi \tau_{xy} b \, \mathrm{d}\phi = -\frac{Gb^2}{2\pi a} \int_{-\frac{b}{4}}^{u} \sin\left(\frac{4\pi}{b}u\right) d(2u) = \frac{Gb^3}{4\pi^2 a}\left[2\cos^2\left(\frac{2\pi}{b}u\right)\right] = \frac{Gb^3}{2\pi^2 a}\cos^2\left(\arctan\frac{x}{\xi}\right)$$

$$(3\text{-}10)$$

其中，$\xi = \dfrac{a}{1-\nu}$，ν 为伯松比，a 为单位晶格常数。此 W 也就是沿着位错线方向的单位长度的两个原子列的错排能。

　　在进一步计算总的错排能时，可以有两种计算方法：一种是将计算的各列原子错排能进行叠加就得到整个滑移过程中因为位错的存在而引起的错排能；另一种是采用近似的积分计算代替叠加计算。首先来看积分近似计算。考虑式（3-10）是沿着 X 轴方向长度为 b 的尺度上的错排能，所以将式（3-10）除以 b，然后积分，就可以得到单位长度上的错排能：

$$W_{AB} = \int_{-\infty}^{\infty} \frac{Gb^2}{2\pi^2 a}\cos^2\left(\arctan\frac{x}{\xi}\right)\mathrm{d}x = \frac{Gb^2}{2\pi^2 a}\int_{-\infty}^{\infty} \frac{\xi^2}{x^2 + \xi^2}\mathrm{d}x = \frac{\mu b^2}{4\pi(1-\nu)}$$

　　如果采用通常的晶体尺寸，和前面计算的位错畸变能（$W_A + W_B$）相比较，上述计算的错排能约为弹性能的 1/10。

　　叠加式计算和积分计算方法比较，更能反映位错线附近原子排列情况对错排能的影响。下面利用叠加式计算总错排能，并在此基础上推导派纳力。

　　首先引入参数 α，以 αb 表示位错中心到原始对称位置的距离。由于晶体点阵结构的影响，错排能一定是 α 的周期函数，因此，在 A、B 面上的各列原子的坐标可以近似地表示为

$$x = \left(\frac{1}{2}n + \alpha\right)b \qquad n = 0,\ \pm 1,\ \pm 2,\ \cdots$$

　　所有的错排能求出来，然后叠加起来，就得到总的错排能：

$$W = \sum_{n=-\infty}^{\infty} \frac{Gb^3}{4\pi^2 a}\cos^2\left[\arctan\left(\frac{1}{2}n + \alpha\right)b/\xi\right] = \frac{Gb^3}{4\pi^2 a}\sum_{n=-\infty}^{\infty} \frac{\xi^2}{\left[\left(\frac{1}{2}n + \alpha\right)b\right]^2 + \xi^2}$$

　　经数学处理（相对复杂，在此不再复述）可以求得

$$W = \frac{Gb^2}{4\pi(1-\nu)}\left[1 + 2\mathrm{e}^{-\frac{4\xi}{b}}\cos(4\alpha\pi)\right]$$

　　进一步针对上式进行求导，可以求取位错攀越能垒所需要的作用力：

$$f = -\frac{\partial W}{\partial x} = -\frac{\partial W}{\partial \alpha b} = -\frac{1}{b}\frac{\partial W}{\partial \alpha} = \frac{2Gb}{1-\nu}\left[\exp\left(\frac{-4\pi\xi}{b}\right)\right]\sin(4\alpha\pi)$$

　　显然，当 $\sin(4\alpha\pi) = 1$，f 达到最大值 $f_{\max}$，与此相对应的切应力为

$$\tau = \frac{2G}{1-\nu}\exp\left[-\frac{2\pi a}{(1-\nu)b}\right]$$

　　此力即为派纳力，它代表位错克服点阵阻力而运动的临界切应力。关于派纳力，要注意如下几点：

（1）派纳力在定量方面还不完善，计算出来的临界切分应力数值往往比实验要高出一个数量级，这和模型的假定有关，如模型中应力的假设是正弦函数，显然这种假设会影响位错宽度，进而影响派纳力的数值。

（2）在简单立方晶体中，$a=b$，如果 $\nu=0.3$，可以计算临界切应力为 $\tau=3.6\times10^{-4}G$。

对于一个理想的没有缺陷的完整晶体，计算出来的理论屈服强度下的切应力一般为 $\tau\approx10^{-1}G$。相比较可见，在实际晶体中，由于位错的存在，滑移相对容易得多。

（3）派纳力表达式中，派纳力的大小和晶面间距及位移有关。对于同种晶体，滑移面间距 a 增大，则派纳力减小；a 减小，则派纳力增大。因此，晶体的滑移面应该是滑移面间距 a 最大的面（此时阻力最小），即为最密排面；原子最密排方向上两个平衡原子间距离最小，滑移所需的能量最低，所以晶体滑移通常发生在原子最密排的晶面和晶向。此结论是非常重要的结论，它是解释晶体滑移变形的重要理论依据之一。

3.7　位错应力场交互作用

位错线被外力驱动后，位错在晶体内部发生运动，可能发生以下情况：①与其他运动或者静态位错相互作用；②与点缺陷、面缺陷等缺陷相互作用；③发生位错塞积；④位错受阻后发生位错繁殖；⑤位错运动到晶体表面，导致晶体发生宏观变形。

位错除了自身结构是大量错位原子的集合体这一特征外，还具有明显的应力场。当一个位错和另外一个位错相互作用时，首先表现为位错的应力场相互作用，然后随着彼此接触距离逐渐缩小，发生位错线-位错线的直接交割作用，因此位错和位错之间相互作用可以分为三个阶段，如图 3-15 所示。第一阶段是当两个位错距离很远，彼此都不在彼此的应力场中时，该阶段位错之间一般不发生相互作用；第二阶段是一个位错进入了另外一个位错的应力场，也就是应力场彼此发生作用；第三阶段是随着位错线之间距离的缩短，位错线和位错线发生交割。

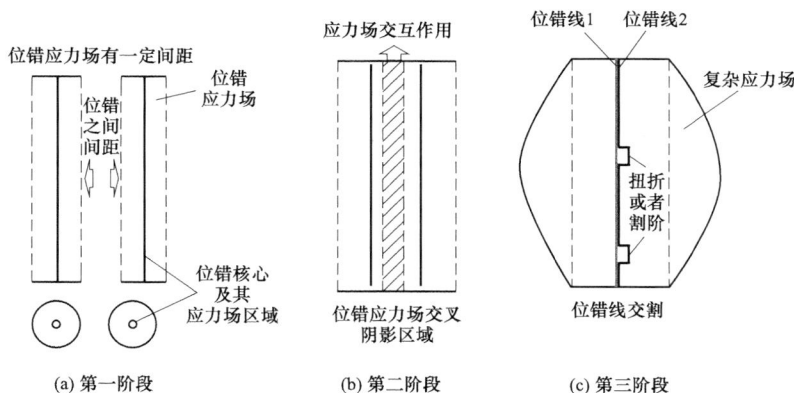

图 3-15　位错线与位错线之间的相互作用

3.7.1　两平行螺位错的交互作用

图 3-16 所示为两个平行的螺位错的交互作用。设有两个螺位错 S_1、S_2，相互平行，位错线都平行于 z 轴，假设它们伯氏矢量分别为 $\vec{b}_1$、$\vec{b}_2$，图中显示位错 S_1 位于坐标原点 O 处，而位错 S_2 位于 (r,θ) 处。位错 S_1 和 S_2 分别位于对方的应力场中。

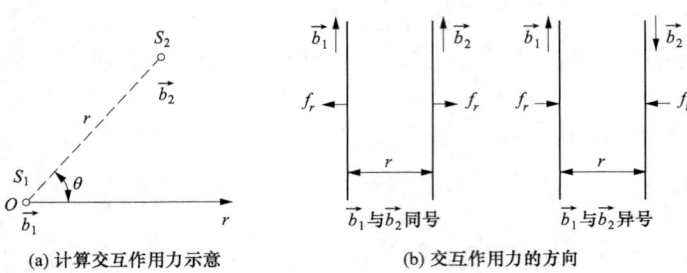

图 3-16　两个平行的螺位错的交互作用

一个位错在另一个位错应力场中，首先会受到另一个位错应力场的作用而受到一个力，这个力和伯氏矢量乘积即为位错受到的力。根据位错的应力场计算，由于螺位错的应力场中只有切应力分量，且具有径向对称之特点，所以位错 S_2 由于位错 S_1 应力场作用下而受到的径向作用力可以通过下式进行计算：

$$f_r = \tau_{\theta z} \cdot \vec{b_2} = \frac{G\vec{b_1} \cdot \vec{b_2}}{2\pi r} \tag{3-11}$$

其中，f_r 方向与矢径 r 方向一致。同理，位错 S_1 在位错 S_2 应力场作用下也将受到一个大小相等、方向相反的作用力。

式（3-11）表明：

（1）两平行螺位错间的作用力，其大小与两位错强度的乘积成正比，而与两位错间距成反比，其方向则沿径向 r 垂直于所作用的位错线。

（2）由于伯氏矢量是矢量，所以式（3-11）中 $\vec{b_1}$ 与 $\vec{b_2}$ 的乘积会因为它们的方向不同而不同。当 $\vec{b_1}$ 与 $\vec{b_2}$ 同向时，$f_r > 0$，即两同号平行螺位错相互排斥；当 $\vec{b_1}$ 与 $\vec{b_2}$ 反向时，$f_r < 0$，即两异号平行螺位错相互吸引，见图 3-16（b）。

3.7.2　两平行刃位错间的交互作用

图 3-17 所示为两个平行的刃位错之间的交互作用。设有两个刃位错 e_1、e_2，它们的位错线都平行 z 轴，相距为 $r(x, y)$，其伯氏矢量 $\vec{b_1}$ 与 $\vec{b_2}$ 均与 x 轴同向。同时令 e_1 位于坐标原点上，e_2 的滑移面与 e_1 的平行，且均平行于 $x-z$ 面。

刃位错的应力场不仅存在切应力，而且存在正应力。因此，位错 e_1、e_2 之间应力场发生相互作用，e_1 的应力场中切应力分量 yx 和正应力分量 xx 对位错 e_2 均产生作用，分别导致 e_2 沿 x 轴方向滑移和沿 y 轴方向攀移。这两个交互作用力（滑移力 f_x 和攀移力 f_y）可以采用和两个平行螺位错之间相互作用力的计算方法一样来分别计算：

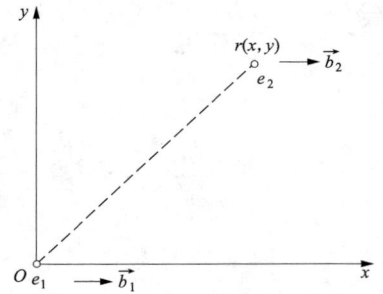

图 3-17　两个平行的刃位错
之间的交互作用

$$f_x = \tau_{yx} \cdot \vec{b_2} = \frac{G\vec{b_1}\vec{b_2}}{2\pi(1-\nu)} \frac{x(x^2-y^2)}{(x^2+y^2)^2}$$

$$f_y = -\sigma_{xx} \cdot \vec{b_2} = \frac{G\vec{b_2}\vec{b_2}}{2\pi(1-\nu)} \frac{y(3x^2+y^2)}{(x^2+y^2)^2}$$

采用直角坐标系，将上述关系绘制成函数曲线，剪切力 f_x 和位置 x 之间的关系就可以如图 3-18 所示进行描述。两个异号平行的刃位错相互作用时，如图 3-18（b）所示周围应力场情况和图 3-18（a）正好相反。

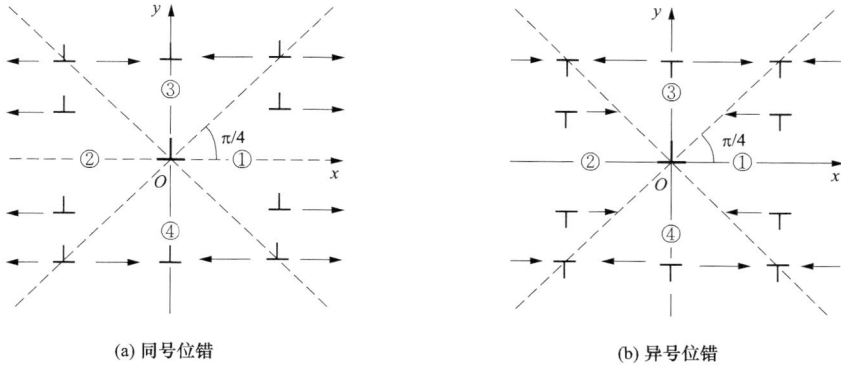

(a) 同号位错　　　　　　　　　　　　　　(b) 异号位错

图 3-18　两个刃位错在 x 轴方向上的交互作用

通过图 3-18（a）很容易得到如下结论：

（1）坐标图内①、②区间时，两位错相互排斥；③、④区间时，两位错相互吸引。

（2）在 $|x|=|y|$ 代表的对角线上，左、右应力方向相反，说明在对角线上的位错线处于稳定平衡位置，一旦偏离此对角线位置，位错线就会受到位错的吸引或排斥，使它远离对角线位置。

（3）居于 y 轴位置的位错线一旦偏离此位置，也会受到向左和向右但是都指向 y 轴的方向相反的力，这些力总是力图将偏离 y 轴的位错线退回原处，稳定存在。在这种情况下，如果不止一个位错处于 y 轴，由于特殊的受力状态，这些位错就会沿着 y 轴垂直地排列起来。通常把这种呈垂直排列的位错组态称为位错墙，它可构成小角度晶界。

（4）居于 x 轴位置的位错线，$y=0$，此时 $f_y=0$，而 f_x 和 x 符号及相互作用的位错类型有关。此时 f_x 的绝对值和 x 成反比，即处于同一滑移面上的同号刃位错总是相互排斥的，位错间距离越小，排斥力越大。

（5）攀移力 f_y 的表达式表明其正、负值和 y 的符号有关。当位错 e_2 在位错 e_1 的滑移面上边时，$y>0$，f_y 为正值，即指向上；当 e_2 在 e_1 滑移面下边时，$y<0$，f_y 为负值，即指向下。因此，位错 e_2 无论是在 e_1 上面还是下面，两位错沿 y 轴方向是互相排斥的。

3.7.3　互相平行的螺位错与刃位错交互作用

互相平行的螺位错与刃位错之间，由于两者的伯氏矢量相垂直，按照前面的计算方法，很容易知道，彼此的相互作用为零。因此，互相平行的螺位错与刃位错之间不发生作用。

3.7.4　相互平行的混合型位错交互作用

若是两平行位错中有一根或两根都是混合位错时，可将混合位错分解为刃型和螺型分量，再分别考虑它们之间作用力的关系，叠加起来就得到总的作用力。为了清楚计算过程，以图 3-19 所示实例来求解说明。假设一对平行的混合型位错，其伯氏矢量分别为 $\vec{b}_1$ 与 $\vec{b}_2$，由于是混合型位错，伯氏矢量和位错线分别呈一定的角度，分别设为 α 和 β，在这种情况下，分析两个混合型位错之间的相互作用。首先将混合型位错分解，获得平行和垂直于位错线的分量，$\vec{b}_1$ 分解后分别为

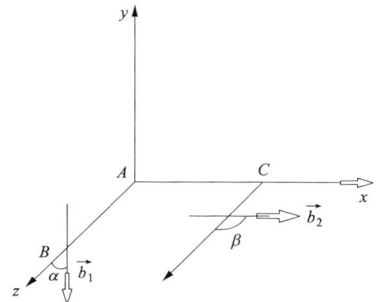

图 3-19　一对共面的平行混合位错交互作用

$$\vec{b}_{1\text{-}/\!/}=\vec{b}_1\cos\alpha,\ \vec{b}_{1\text{-}\perp}=\vec{b}_1\sin\alpha$$

$\vec{b}_2$ 分解后分别为

$$\vec{b}_{2\text{-}/\!/} = \vec{b}_2 \cos\beta, \ \vec{b}_{2\text{-}\perp} = \vec{b}_2 \sin\beta$$

这四个位错之间，刃-螺位错分量相互作用为零，仅存在刃-刃和螺-螺位错分量之间的相互作用，这两个作用力分别为

$$f_1 = \frac{G\vec{b}_{1\text{-}/\!/}\,\vec{b}_{2\text{-}/\!/}}{2\pi r} = \frac{Gb_2 b_1 \cos\alpha \cos\beta}{2\pi r}$$

$$f_2 = \frac{G\vec{b}_{1\text{-}\perp}\,\vec{b}_{2\text{-}\perp}}{2\pi(1-\nu)r} = \frac{Gb_2 b_1 \sin\alpha \sin\beta}{2\pi(1-\nu)r}$$

于是，总的相互作用力 f 为

$$\begin{aligned}
f &= f_1 + f_2 \\
&= \frac{Gb_2 b_1 \sin\alpha \sin\beta}{2\pi(1-\nu)r} + \frac{Gb_2 b_1 \cos\alpha \cos\beta}{2\pi r} \\
&= \frac{Gb_2 b_1}{2\pi r}\left(\frac{\sin\alpha \sin\beta}{1-\nu} + \cos\alpha \cos\beta\right)
\end{aligned}$$

对于金属，$1-\nu \approx 1$，此时

$$\begin{aligned}
f &= \frac{Gb_2 b_1}{2\pi r}(\sin\alpha \sin\beta + \cos\alpha \cos\beta) \\
&= \frac{Gb_2 b_1}{2\pi r}\cos(\beta - \alpha) \\
&= \frac{Gb_2 b_1}{2\pi r}\cos\theta
\end{aligned}$$

这里 θ 为 $\vec{b}_1$ 和 $\vec{b}_2$ 之间的夹角，写成向量模式即

$$f = \frac{G\vec{b}_2 \vec{b}_1}{2\pi r}$$

3.7.5　相互垂直的位错之间的应力场作用

两个相互垂直的位错之间作用力相对比较复杂。按照位错类型可以有相互垂直的刃-刃、刃-螺和螺-螺等之间的交互作用，而且同类型相互垂直的位错之间还可以有伯氏矢量的平行和垂直之分。图 3-20 和图 3-21 所示为相对比较简单的情况，根据这些简单情况进行分析，可以给出其他情况的相互作用。

图 3-20 所示为相互垂直的位错之间的应力场作用。图中两根彼此垂直的螺位错，均为右螺位错，一个位于 z 轴上，另外一个位于 $y = d$ 的平面上。按照前面相互作用力的计算方法，因为两个位错是同类型位错，所以可以得到任意一个作用在第二个位错的任一单位长度的线段上的力为

$$\vec{f} = -\frac{G\vec{b}\,\vec{b}'}{2\pi}\frac{d}{x^2 + d^2}\vec{j}$$

整根位错线的作用力应该等于把公式做从 $x = -\infty$ 到 $x = +\infty$ 的积分，结果是 $\left(-\dfrac{\mu\vec{b}\,\vec{b}'}{2}\right)\vec{j}$。

这说明了二者之间的作用力是吸力，而且总的作用力并不随着两个位错间的距离而变化，这是螺位错构成扭转晶界的理论基础。

下面考虑一个不同类型的相互垂直的位错之间相互作用。图 3-21 所示为彼此垂直的一根刃位错和一根螺位错之间的相互作用。螺位错放在 z 轴上，刃位错放在 $y = d$ 的平面上。由于两

个位错不同类型，彼此发生相互作用。螺位错对刃位错的作用力为

$$\vec{f} = -\frac{\mu \vec{b}\ \vec{b}'}{2\pi}\frac{x}{x^2 + d^2}\vec{k}$$

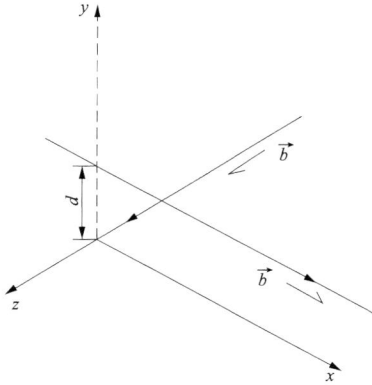

图 3-20　相互垂直的位错之间的应力场作用　　　图 3-21　相互垂直的刃位错和螺位错的相互作用

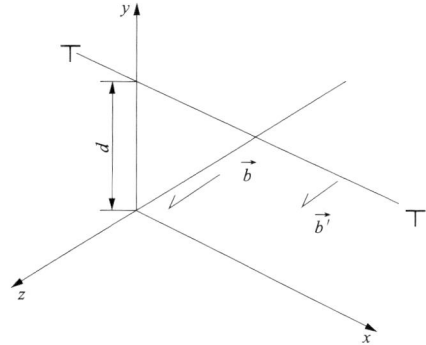

由于此力随 x 而改变正负号，故从 $x = -\infty$ 到 $x = +\infty$ 的积分值为零，即总的作用力为零；但是却有一个力矩作用在刃位错上。同样，刃位错对螺位错的作用力为

$$\vec{f} = -\frac{\mu \vec{b}\ \vec{b}'}{2\pi(1-\nu)}\frac{z(z^2 - d^2)}{z^2 + d^2}\vec{i}$$

其总的作用力也为零。

采用上述计算位错相互作用力的方法，可以进一步计算其他不同情况下，相互垂直的位错之间的相互作用力。不同情况下，获得的作用力的大小和方向如图 3-22 所示。

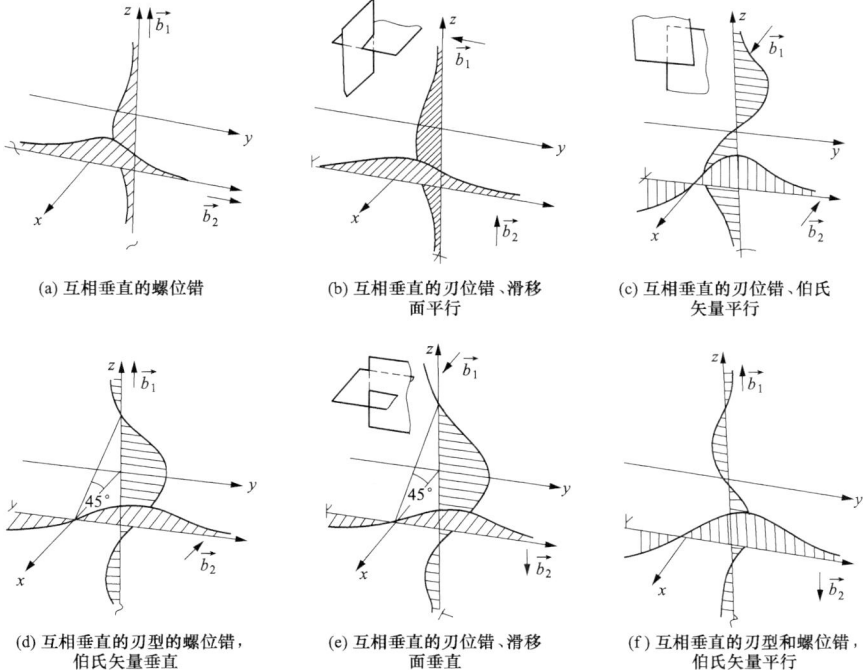

(a) 互相垂直的螺位错　　　(b) 互相垂直的刃位错、滑移　　　(c) 互相垂直的刃位错、伯氏
　　　　　　　　　　　　　　　　面平行　　　　　　　　　　　　矢量平行

(d) 互相垂直的刃型的螺位错，　　(e) 互相垂直的刃位错、滑移　　　(f) 互相垂直的刃型和螺位错，
　　伯氏矢量垂直　　　　　　　　　面垂直　　　　　　　　　　　伯氏矢量平行

图 3-22　互相垂直的位错之间的交互作用力

3.8　位错线之间的相互交割

3.8.1　割阶和扭折

位错线和位错线直接接触后，相互作用的结果是形成扭折和割阶，不同类型位错线所形成的扭折和割阶分别如图 3-23（a）、（b）所示。

图 3-23（a）所示为刃位错在其滑移面上滑移时形成的割阶和扭折。图中两条折线代表两条刃位错的位错线，每条位错线均分成三个部分，图中第二部分分别标记为 ab、cd。图中左侧位错线中 ab 段为形成的扭折。扭折的特点是位错线变化后形成的三部分仍然都在原滑移面上。按照伯氏矢量和位错线关系很容易判断所形成的扭折部分是典型的螺位错。如果位错线受阻后形成变化如图 3-23（a）中所示的右侧折线形状，即为割阶。割阶的特点是位错线变化后形成的三部分不都在原滑移面上，如图中第二部分线段 cd 和虚线代表的第三部分都在滑移面外，仅仅第一部分在原滑移面上。按照伯氏矢量和位错线关系很容易判断所形成的割阶部分是典型的刃位错。因此，刃位错形成的割阶和扭折分别为刃位错和螺位错。位错除了在运动过程中各部位不同步导致割阶外，刃位错的割阶还可以通过位错的攀移形成。

对于螺位错，运动过程中同样可以形成扭折和割阶。图 3-23（b）所示为螺位错在其滑移面上滑移时形成的割阶和扭折。可以看出对于螺位错，其在滑移过程中形成的扭折和割阶都是刃位错。综上所述，对于不同类型的位错，如刃位错和螺位错，其形成的割阶往往都是刃位错，但是扭折可以是刃位错也可以是螺位错。

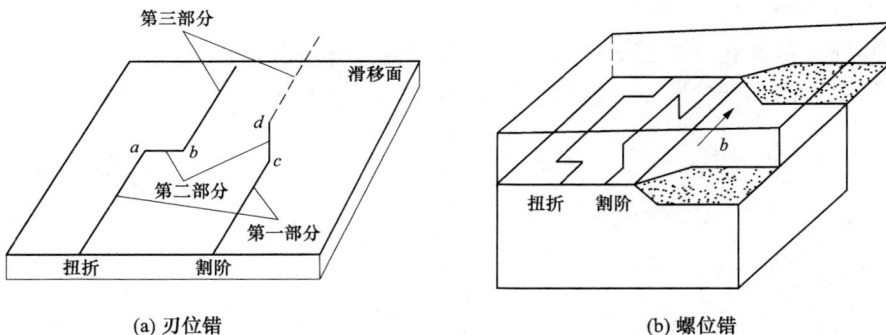

（a）刃位错　　　　　　　　　　　　　　（b）螺位错

图 3-23　位错运动过程中的扭折和割阶

扭折和位错线在同一个滑移面，因而它不影响位错的滑移运动，可以随位错一起运动，而且扭折在位错线张力作用下可以消失。割阶和原位错线不在同一个滑移面上，除非位错发生攀移，否则割阶无法和原位错线一起运动，对位错运动形成阻碍，这种现象称为割阶硬化。因此，扭折和割阶的一个重要区别是割阶存在割阶硬化。

割阶硬化的效果与割阶的高度有关。假定割阶的高度为一个原子间距，这样的割阶称为基础割阶，典型的基础割阶有间隙割阶、空位割阶等。割阶高度大于一个原子间距的，通常称为复割阶。图 3-24 所示为不同高度的割阶示意。按照割阶高度，割阶可以分为三类。第一类割阶的高度一般只有 1～2 个原子间距，在外力足够大的条件下，割阶可以被位错拖着前行，进而在割阶后面留下一排点缺陷，见图 3-24。第二类割阶的高度一般在 20nm 以上，在外力作用下，割阶两端的位错虽然可以在各自的滑移面上滑移，但是割阶无法运动。以割阶为轴，位错在滑移面上旋转运动是其主要特点，如图 3-24（c）所示，这种运动方式可以在晶体中产生新的位错，称为 L 型位错源。第三类割阶的高度是在上述两种情况之间，在外应力作用下，位错不可能拖着割阶运动，割阶之间的位错线因此弯曲，位错前进就会在其身后留下一对拉长了的异号刃位错线段，即形成位错偶，如图 3-24（b）所示。为了降低应变能，位错偶常会断开而留下一个长的位错环，而位错线仍恢复原来带割阶的状态，而长的位错环又常会再进一步分裂成小的位错环，如图 3-24（b）所示，这是形成位错环的机理之一。

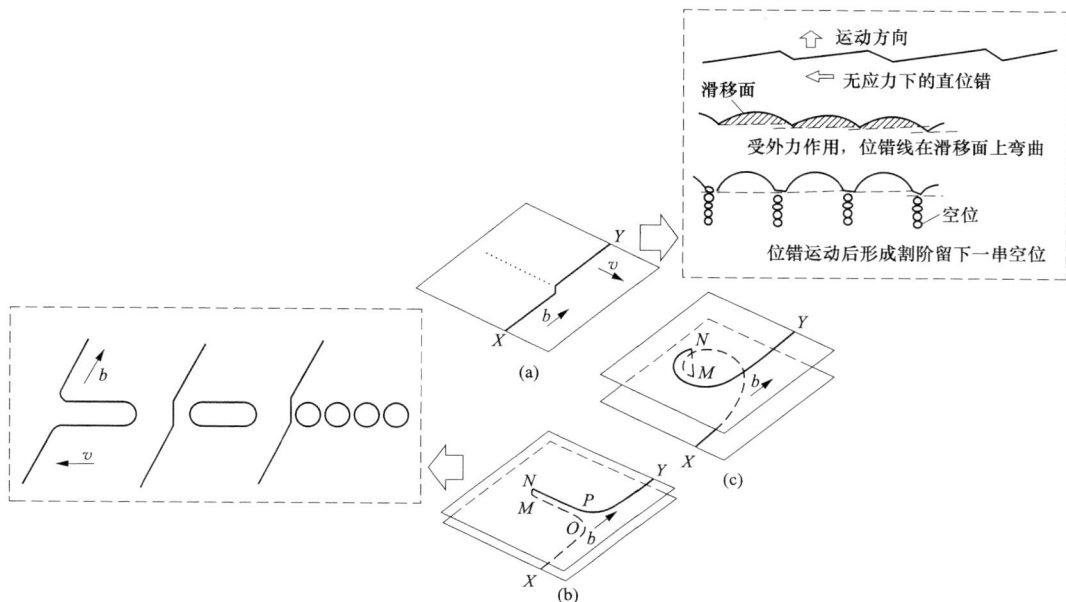

图 3-24　不同割阶高度的割阶示意

3.8.2　典型的位错线交割

按照位错类型，刃位错和螺位错之间的线体交互作用可能出现的情况是刃-刃位错交割、螺-螺位错交割和刃-螺位错交割。图 3-25 所示为两个伯氏矢量相互垂直的刃位错相互交割。伯氏矢量为 $\vec{b}_1$ 和伯氏矢量为 $\vec{b}_2$ 的两个相互垂直的位错 XY 和 AB，分别位于 P_{XY} 和 P_{AB} 面。其中，位错 XY 在滑移面 P_{XY} 上沿着 v 方向运动，并和位错 AB 垂直交割。容易看出，位错 AB 伯氏矢量和 XY 位错线平行，而位错 XY 的伯氏矢量垂直于 AB 位错线，则位错线相互接触后，位错线 AB 上形成台阶 PP'，而位错线 XY 不发生影响。台阶 PP' 是 AP 和 BP' 段不在同一个平面，所以是典型的割阶。两个伯氏矢量相互垂直的刃位错相互交割，其中一个将形成割阶。

图 3-26 所示为两个伯氏矢量相互平行的刃位错相互交割。两个相互垂直但是伯氏矢量相互平行的位错 AB 和 XY，其中位错 AB 在滑移面 P_{AB} 上沿着 v 方向运动，并和位错 XY 垂直交割。两个位错的伯氏矢量平行，但是都和彼此的位错线相互垂直，因而发生相互作用。沿着伯氏矢量的方向分别形成台阶 PP' 和 QQ'，但是都和原位错在同一个平面内，所以两个伯氏矢量相互平行的刃位错相互交割

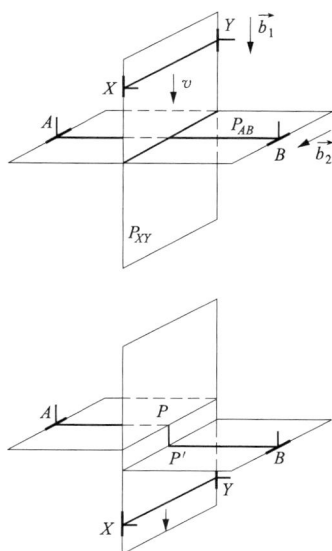

图 3-25　两个伯氏矢量相互垂直的刃位错相互交割

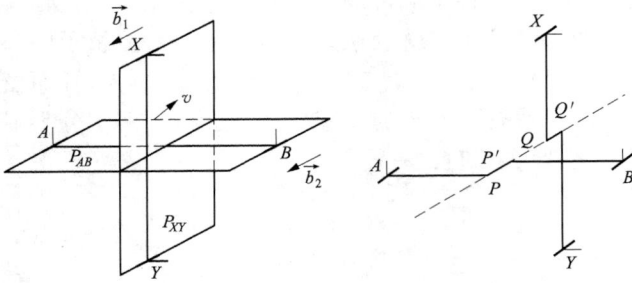

图 3-26　两个伯氏矢量相互平行的刃位错相互交割

时都形成扭折。

图 3-27（a）所示为两个伯氏矢量相互垂直的刃-螺位错相互交割。刃位错 AA' 在滑移面上向左滑移，遇到与其垂直的具有伯氏矢量为 $\vec{b}_2$ 的螺位错 BB'，并且发生垂直交割，由于螺位错的伯氏矢量 $\vec{b}_2$ 也垂直于刃位错线，对刃位错 AA' 产生影响，致使刃位错 AA' 在垂直于滑移面方向发生位移段 MM'，如图 3-27（b）所示。由于位错线 AA' 发生交割后的三部分不同在滑移面上，所以形成位移段为割阶 MM'；而螺位错 CD 受到刃位错 AA' 的影响，沿着刃位错 AA' 运动的方向形成滑移段 NN'，由于滑移段 NN' 和位错线 BB' 仍然在一个平面内，所以为扭折。因此，两个伯氏矢量相互垂直的刃-螺位错相互交割后，螺位错形成扭折，而刃位错形成割阶。

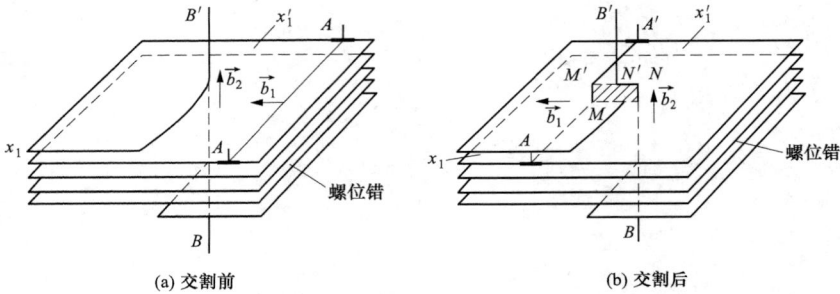

(a) 交割前　　　　　　　　　(b) 交割后

图 3-27　刃位错和螺位错的交割

图 3-28 所示为两个伯氏矢量相互垂直的螺位错相互交割。螺位错 AB 在滑移面上向左滑移，遇到与其垂直的具有伯氏矢量为 $\vec{b}_1$ 的螺位错 XY，并且发生垂直交割。交割以后在 AB 上形成大小等于 $|\vec{b}_1|$，方向平行于 $\vec{b}_1$ 的割阶 $P'P$，其伯氏矢量是 $\vec{b}_2$，且其滑移面不在 AB 的滑移面上，属于刃型割阶。同样在 XY 上也形成类似的刃型割阶。由于割阶存在，螺位错 AB 段分成两段，各处在一个平面上，并由割阶 $P'P$ 连接。由图 3-28（b）所示，这个割阶的滑移面

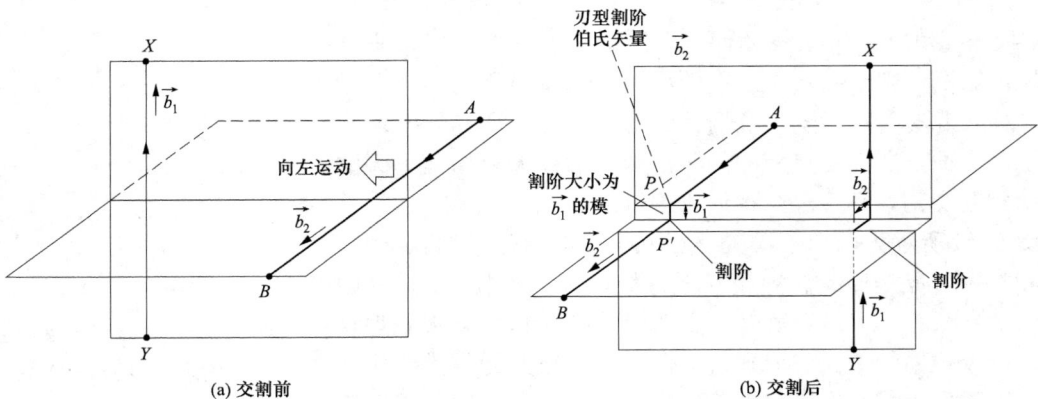

(a) 交割前　　　　　　　　　(b) 交割后

图 3-28　两个螺位错的交截

是 $P'P$ 和 $\vec{b}_2$ 组成的平面，即割阶在 AB 方向上才能滑移，但是作为螺位错的 AB 现在是向左运动，如果 $P'P$ 也向左运动，则是攀移而不是滑移。攀移的后果是在割阶后面留下一系列的空位，显然，这种运动所遇到的阻碍和滑移遇到的要大得多。

3.9　位　错　的　增　殖

3.9.1　位错的增殖

针对具有一定位错数量的晶体，受外力作用位错发生运动后，位错移至在晶体表面形成宏观变形，但是晶体内部的位错数量并没有因此减少，实际情况是晶体内部的位错数量反而不断增加，如对于一个剧烈变形的金属晶体，位错密度往往可以增加四五个数量级，这个事实说明位错具有增殖机制。位错的增殖机制主要有弗兰克-里德位错源机制、双交滑移增殖机制和攀移增殖机制等三种。

1. 弗兰克-里德位错源机制

图 3-29 所示为弗兰克-里德位错源机制示意。弗兰克-里德位错源的位错增殖机制包括以下步骤。晶体中存在一两端固定的位错 DD'，如图 3-29（a）所示；在外加切应力作用下 DD' 逐渐弯曲形成圆弧形，如图 3-29（b）所示；当弯曲成半圆形时，外加切应力达最大值，弯曲后的位错每一微段将继续受到力的作用，并沿着它的法线方向持续向外运动，发展情况如图 3-29（c）、（d）所示。当弯曲部分的位错互相靠近，如图 3-29（e）所示，并最终相遇时，根据伯氏矢量可判知，在接触点的两根位错方向相反（分别是左旋和右旋），故它们相遇时会互相抵消，整根位错在该点处断开，大致形成一个位错环和一根新的位错，如图 3-29（e）所示的圆环和三角区域。最后，在切应力的继续作用下，成为一个圆滑的椭圆环和一根直线。继续施加切应力时，上述过程可以反复进行，源源不断地产生新的位错环，见图 3-29（f）。

弗兰克-里德位错源发生条件除了位错两端固定，还需要一定的应力即弗兰克-里德位错源的临界切分应力。假设某滑移面有一段刃位错 DD'[见图 3-29（a）]，两端被位错网结点钉住不能运动。在沿其垂直线方向外加剪切应力使位错沿滑移面运动，由于两端固定，所以只能使位错线弯曲，如图 3-29（b）所示。为了驱动弗兰克-里德位错源，外力需要首先克服位错线的线张力。前面推导过位错线张力表达式：

$$\tau = \frac{G\vec{b}}{2r}$$

如图 3-29 所示，当 AB 线弯成半圆形时，曲率半径最小，此时，$r = \dfrac{L}{2}$，L 为 A、B 之间的距离，所需要的切应力最大，即

$$\tau_c = \frac{G\vec{b}}{L}$$

此即驱动弗兰克-里德位错源发生的临界切应力。

2. 双交滑移增殖机制

位错的双交滑移增殖机制实质是交滑移和弗兰克-里德位错源相结合的机制。图 3-30 所示为交滑移增殖机制示意。图中一个螺位错开始在（111）面滑移，因遇到障碍或局部应力状态变化，位错的一段到（111）面的交滑移面上滑移，同时形成割阶 AC 和 BD，割阶不在原滑移面上，所以不能随位错运动，位错 CD 段两端固定，形成一个典型的弗兰克-里德位错源。位错 CD 段在外力作用下在新的滑移面上滑移，新的滑移面和原来的滑移面（111）相互平行。

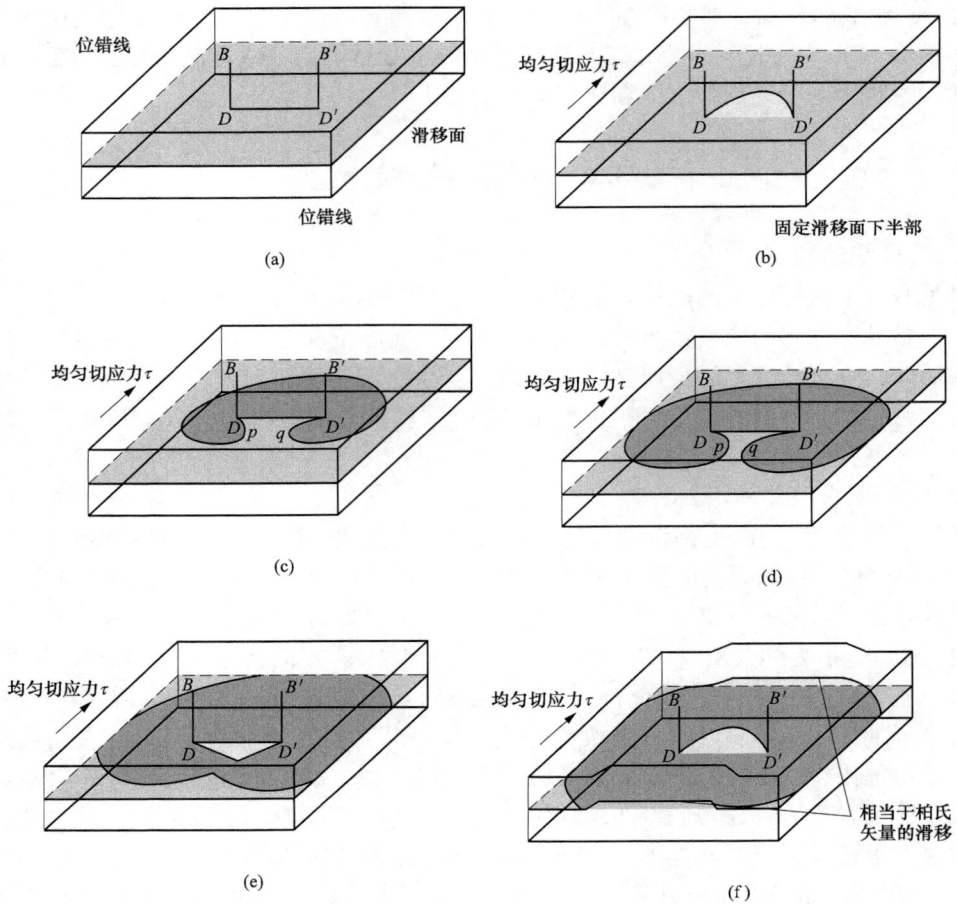

图 3-29　弗兰克-里德位错源机制

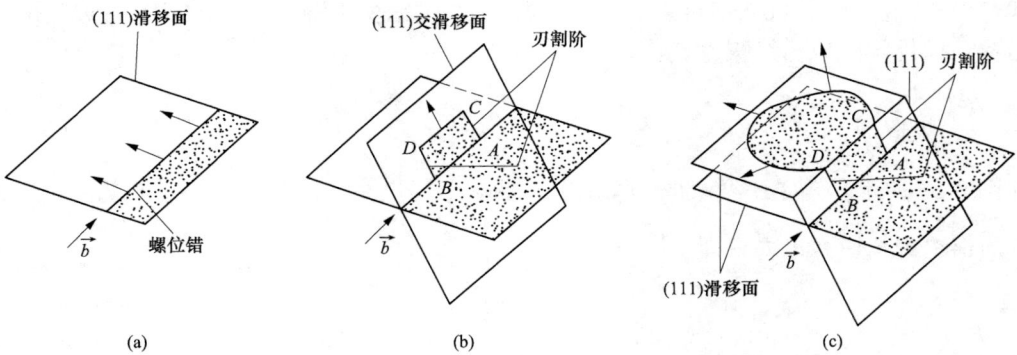

图 3-30　交滑移增殖机制示意

3. 基于位错攀移增殖机制

图 3-31 所示为基于位错攀移的增殖机制示意。如图 3-31（a）所示，CD 为一个纯刃位错，DE 为纯螺位错，CD 段在滑移面上滑移，而 DE 段无法滑移，CD 绕固定点 D 旋转，此时，如果在晶体内部存在过饱和空位或者间隙原子，CD 段在滑移的时候，同时会发生攀移。这样，

CD 绕着固定点 D 旋转的同时，每旋转一周，在晶体内部就增多或者减少一个原子面。这种机制如果推广到 U 型情况，如图 3-31（b）所示，两段固定位错也是螺位错，就可以得到一个 U 型攀移机制，此机制就是巴登-赫润（Bardeen - Herring）源。

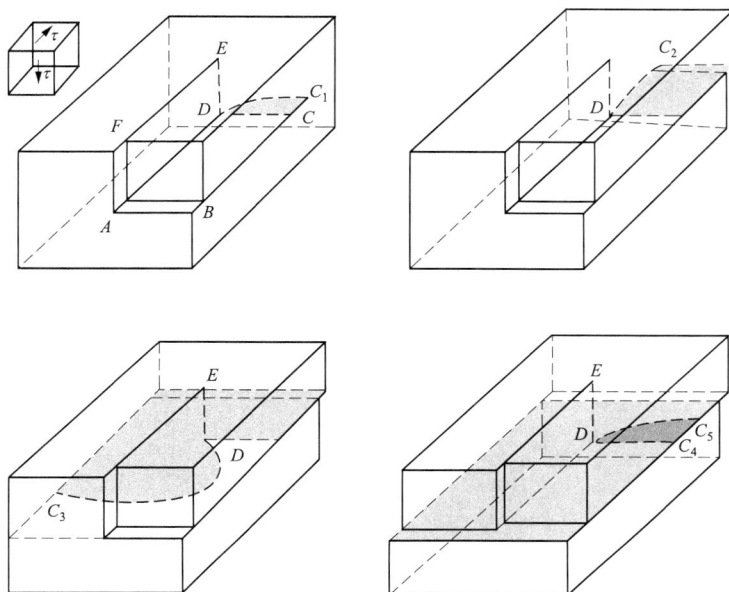

(a) L型攀移

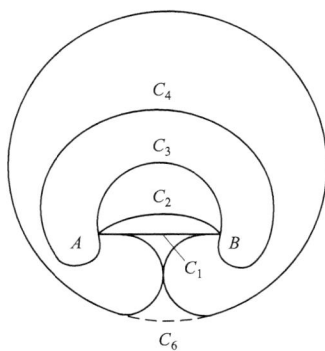

(b) U型攀移

图 3-31　攀移位错机制示意

　　在实际晶体中，巴登-赫润位错源有更普通的情况。晶体内部把一个不可动位错线段称为极轴位错，而把一个平面上或者蜷面上运动的位错线段称为扫动位错，相应地该平面称为扫动平面。图 3-32 所示为极轴机制示意。如图 3-32（a）所示，处于结点的三条位错线，DE、DE'、DC。设 DC 的滑移面为 π_1，根据结点处 $\sum\limits_{i}\vec{b}=0$ 的性质，位错线 DE、DE' 的伯格斯矢量垂直于 π_1 的分量大小相等而方向相反。在适当的应力条件下，DC 在滑移面上做滑移运动，而 DE 与 DE' 可以是不动的极轴位错。DC 绕固定点旋转的时候同时，结点 D 发生螺距为 d 的上升或者下降，这样，滑移和攀移同时发生，而且对应每次上升或者下降时发生在 CD 在滑移面上滑移都是均匀的滑移，这种均匀滑移是机械孪晶形成的重要原因。

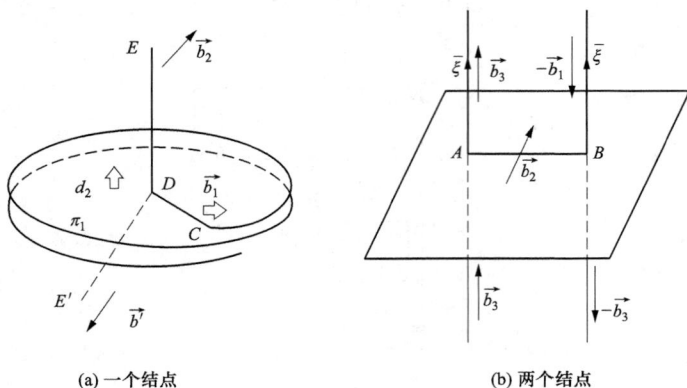

(a) 一个结点 　　　　(b) 两个结点

图 3-32　位错极轴机制

图 3-32（b）所示为典型的双极轴机制，极轴位错为一对符号相反的螺位错，$\vec{b}_2$ 为扫动位错，滑移面和极轴位错垂直，扫动位错在滑移面上滑移，发生位错反应：

$$\vec{b}_3 = \vec{b}_1 + \vec{b}_2$$
$$-\vec{b}_3 = -\vec{b}_1 + \vec{b}_2$$

结果是 AB 不断上升，然后在平行的滑移面上留下一串位错环。

3.9.2　位错密度

位错密度是衡量晶体内部位错数量多少的物理量。位错密度的一个定义是单位体积晶体中所含有的位错线的总长度。

$$\rho = L/V$$

式中：ρ 为位错密度，cm^{-2}；L 为位错线的总长度；V 为晶体的体积。

另外一种位错密度的定义是计算穿过单位截面积的位错线数目。

$$\rho = \frac{nl}{lA} = \frac{n}{A}$$

式中：n 为面积 A 中所见的位错数量；l 为每根位错线的长度。

实验研究表明：对于经过剧烈变形的金属，位错密度高达 $10^{10} \sim 10^{12}/cm^2$，经过充分退火处理后的金属，位错密度高达 $10^6 \sim 10^8/cm^2$，经过精心制备的超纯金属单晶体，位错密度可以低于 $10^3/cm^2$，如半导体晶体中可以低于 $0.1/cm^2$。

材料内部的位错密度影响材料的力学行为，因此针对材料内部位错密度的观察和控制具有工程意义。位错密度的测定可以通过透射电镜法网格交线位错测量法、金相腐蚀测量法、扫描电镜测量法等途径完成。

（1）透射电镜法（TEM）网格交线位错测量法。TEM 观察法是通过拍摄薄膜试样中典型区域的位错线衍射像，用两组相互垂直的直线组成网格，放大后测定位错与网格的交点数，基于 A. SKeh 位错密度计算公式计算位错密度：

$$\rho = \frac{M}{t}\left(\frac{n_1}{L_1} + \frac{n_2}{L_2}\right)$$

式中：n_1、n_2 分别为位错线与两组网格直线相交的交点数的平均值；L_1、L_2 分别为两组相互垂直的网格直线的总长度；t 为试样薄区厚度。

在所选择的区域，按所占的面积比例选取相应数量的高密度点和低密度点测量，然后取平均值后获得位错密度。

（2）金相腐蚀测量法。金相腐蚀法测量位错密度的主要原理是在有位错线的地方，原子通常排列不规则而存在差应力场，从而使该处的原子具有较高的能量和较大的应力，当采用某种化学腐蚀剂腐蚀晶体时，有位错处的腐蚀速度大于完整晶体的腐蚀速度，这样经过一定时间腐蚀后就会在位错线和样品表面的相交处显示出凹的蚀坑，在此基础上，只要通过观察位错露头的个数，就计算位错密度。

（3）XRD 观察法。XRD 观察法始于 20 世纪 50 年代，Williamson - Hall 提出的由晶粒尺

寸和微应变引起的衍射峰宽化模型计算位错密度方法，称为 WH 法。下面介绍其主要测试原理。$\delta_{khl,m}$ 为所测样品的半高宽，$\delta_{khl,o}$ 为标准无变形样品的半高宽，δ_{hkl} 为 $\{hkl\}$ 衍射峰半高宽，三者之间关系：

$$\delta_{hkl} = \sqrt{\delta_{hkl,m}^2 - \delta_{hkl,o}^2} \tag{3-12}$$

而

$$\delta_{khl} = \delta_{e,khl} + \delta_{D,khl}$$

$$\delta_{e,khl} = 2e\tan\theta_{hkl}$$

$$\delta_{D,khl} = \frac{\lambda}{D\cos\theta_{hkl}}$$

故

$$\delta_{khl}\frac{\cos\theta_{hkl}}{\lambda} = \frac{1}{D} + 2e\frac{\sin\theta_{hkl}}{\lambda}$$

$$\delta_{khl}\frac{\cos\theta_{hkl}}{\lambda} \approx 2e\frac{\sin\theta_{hkl}}{\lambda} \tag{3-13}$$

其中，$\delta_{e,khl}$ 为由于位错、固溶原子等引起晶格畸变造成晶面间距的变化，进而造成衍射半高宽；$\delta_{D,khl}$ 为相干衍射域颗粒尺寸变化造成的衍射半高宽。结合式（3-12）和式（3-13），可以在 $\delta_{khl}\frac{\cos\theta_{hkl}}{\lambda}$ 和 $\frac{\sin\theta_{hkl}}{\lambda}$ 建立函数曲线，获得斜率平均有效微应变 e，然后通过位错密度和 e 关系式计算位错密度。

尽管用于材料基础表征技术的 X 光衍射技术（XRD）和投射电镜技术（TEM）技术也可以用来观察和计算位错密度，但是二者用于测试位错密度是有所区别的。TEM 属于微区测量技术，而 XRD 属于宏观测量技术，前者用于位错密度测量时需要考虑材料组织/结构的均匀性，因此一般用于低变形量、低位错密度的材料测量。相比较于透射电镜观察，X 光衍射技术针对变形量无要求，而且测试过程无样品损坏，在位错密度高于 $10^{10}\,\mathrm{cm}^{-2}$ 或 $10^{11}\,\mathrm{cm}^{-2}$ 时仍可适用，但此方法不能像透射电镜一样提供微观结构的直观图像，且计算工作量大，低位错密度时测量误差大、可靠性差。

3.10 位错与其他缺陷的相互作用

3.10.1 柯垂尔气团

晶体中的点缺陷会在其周围引起晶格点阵畸变，形成畸变场。因而当晶体中运动的位错运动到点缺陷附近时，二者将通过应力场发生相互作用，相互作用的后果是使晶体的弹性能升高或降低，这种能量的变化称为位错和点缺陷的交互作用能。

为了确保晶体内部最低的能量状态，位错和点缺陷相互作用的最终后果是导致点缺陷在位错线附近重新分布。在位错作用下，晶体中的点缺陷的分布会有某种特定的规律，这种特定的分布对晶体的性质会有显著的影响。位错和缺陷相互作用，包括弹性的、化学的、电学的、几何的相互作用，其中最重要的是弹性作用。弹性交互作用主要包括柯垂尔和斯诺克型。

图 3-33 所示为刃位错与点缺陷相互作用示意。假

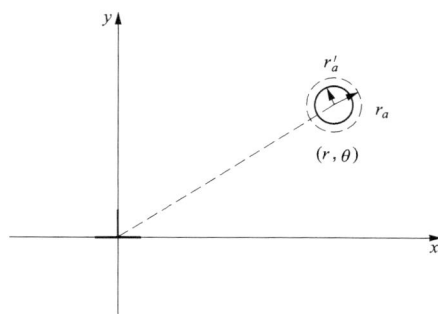

图 3-33 刃位错与点缺陷相互作用

设刃位错线附近一个原子或一个点阵间隙的半径为 r_a，采用 r'_a 代表点缺陷的半径，点缺陷进入位错附近，和位错线附近一个原子发生置换或居于点阵间隙的间隙位置，该过程相当于将一个半径为 r'_a 的球放入半径为 r_a 的球形空洞中，由于 r'_a 和 r_a 不相等，因此引进一个点缺陷后晶体的体积变化：

$$\Delta V = \frac{4}{3}\pi r'^3_a - \frac{4}{3}\pi r^3_a$$

考虑点缺陷和原子或者点阵间隙之间的错配度：

$$\delta = \frac{r'_a - r_a}{r_a}$$

求得

$$r'_a = r_a(1+\delta)$$

将上述结果代入 ΔV 表达式，有

$$\Delta V = \frac{4}{3}\pi r^3_a [(1+\delta)^3 - 1] \approx 4\pi\delta r^3_a$$

当此处晶体的局部体积发生变化 ΔV 时，一个点缺陷和位错之间的交互作用能（势能）可以通过下式进行计算：

$$\Delta U = p \cdot \Delta V$$

式中：p 为考虑位错周围存在应力场，位错附近的点缺陷处会存在压应力。

按照固体弹性力学理论，有

$$p = -\frac{1}{3}(\sigma_x + \sigma_y + \sigma_z)$$

将前面学习过的刃位错的应力场公式代入，得

$$p = \frac{1+\nu}{3\pi(1-\nu)}\frac{Gby}{x^2+y^2} = \frac{1+\nu}{3\pi(1-\nu)}\frac{Gb\sin\theta}{r}$$

进一步计算 ΔU：

$$\Delta U = \frac{4}{3}\left(\frac{1+\nu}{1-\nu}\right)Gb\delta r^3_a\left(\frac{\sin\theta}{r}\right) = A\frac{\sin\theta}{r}$$

其中

$$A = \frac{4}{3}\left(\frac{1+\nu}{1-\nu}\right)Gb\delta r^3_a \tag{3-14}$$

根据式（3-14）可得出如下结论：

（1）当溶质原子比溶剂原子的半径大时，$\sin\theta$ 为负值，即处于 $\pi < \theta < 2\pi$ 时，体系的能量因为交互作用而降低。此时，在存在刃位错的晶体中，大尺寸的溶质原子处于位错的膨胀区域。反之，比溶剂原子小的溶质原子，则有相反的趋势。对于间隙原子，总是被膨胀区域吸引。

（2）球形溶质原子和螺位错一般无弹性交互作用，因为螺位错应力场中无静水压力分量，螺位错只能产生形状改变，不能形成体积变化，除非在晶体中形成非球形畸变，才会与螺位错发生交互作用。

（3）刃位错的应力场表明对于一个正刃位错，位错滑移面上侧为压应力，滑移面下侧为张应力。当点缺陷位于刃位错正上方 $\left(\theta = \frac{\pi}{2}\right)$ 时，交互作用能取极大值；位于正下方 $\left(\theta = \frac{3\pi}{2}\right)$ 时取极小值。因此，位错线下方是张应力最大区，点阵间隙也相应最大。当点缺陷和

位错相互作用时，点缺陷总是力图分布在刃位错的下方（即不含附加半原子面的一方）。刃位错线会吸附大量的异类溶质原子，并择优集中在刃位错的张应力区存在，紧靠位错线形成的点缺陷偏聚分布。上述现象是柯垂尔首先在低碳钢中发现的，称为柯垂尔气团。位错和溶质原子交互作用的结果是溶质原子会聚集在位错附近区域，形成柯垂尔气团。

柯垂尔气团对位错有钉扎作用，该钉扎作用可以通过宏观应力-应变曲线得到实际观察。出现钉扎作用，在宏观应力-应变曲线上就会形成一个上屈服点。随着柯垂尔气团被挣脱，上屈服点消失，应力回落，出现下屈服点和水平台，即出现脱钉现象。

柯垂尔气团能够牢固地将位错吸引住（或钉扎住），对位错具有钉扎作用，从而形成位错运动的阻碍。这个能使位错钉扎的力称为柯垂尔气团的钉扎力。它是产生固溶强化导致固溶体合金的变形抗力高于纯金属的重要原因。另外，对于存在柯垂尔气团的位错，要想使位错线离开平衡位置发生位移（滑移），就需增加外应力，当作用到位错上的力如果大于点缺陷的钉扎力，位错就能从间隙原子气团中脱钉，成为自由运动的位错。能够使位错重新恢复自由运动的力称为柯垂尔气团的脱钉力。

3.10.2 脱钉力

图 3-34 所示为计算脱钉力的模型。为方便简化模型推导，模型中刃位错线假设是严格的直线，同时图中黑点代表钉扎位错的点缺陷，沿着位错线呈线性分布，假设这一列间隙原子也是整齐排列的。模型构建之后，求解脱钉力的基本理念是先假设图中位错已经挣脱了点缺陷的钉扎，并运动到位移到 x 处，这期间位错和点缺陷保持相互作用，而且这种相互作用是位移 x 函数，可以设想位错在位移的过程中所受到的最大阻力就是脱钉力。因此，只要找到相互作用力 f_x 与位错的位移 x 的关系，然后通过数学方法求出极值，即 $f_{x,\,\max}$。

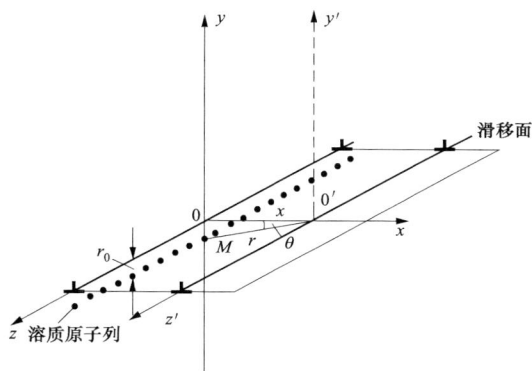

图 3-34　计算脱钉力的模型

选如图 3-34 所示的坐标系，当位错运动到位移为 x 的位置时，在 $(-x, r_0, \theta)$ 处的间隙原子 M 的势能可以通过前面学习过的交互作用能进行计算：

$$E = A\frac{\sin\theta}{r} = A\frac{r_0}{r^2} = A\frac{r_0}{x^2 + r_0^2}$$

其中，r_0 为原子 M 到位错的滑移面的垂直距离，r 和 θ 为 M 原子的极坐标，二者之间关系如下：

$$r = \sqrt{x^2 + r_0^2}$$

$$\theta = \frac{3\pi}{2}$$

由物理学可知，M 原子受到位错的作用力为

$$F'_x = -\frac{\partial E}{\partial x}$$

位错受到 M 原子的作用力则为

$$F_x = -F'_x = \frac{\partial E}{\partial x} = \frac{2Ar_0x}{(x^2 + r_0^2)^2} \tag{3-15}$$

为求 $F_{x,\,\max}$，令

$$\frac{\partial F_x}{\partial x} = 0$$

解出 $x = \frac{r_0}{\sqrt{3}}$，代入式（3-15），得到

$$F_{x,\,max} = \frac{3\sqrt{3}\,A}{8r_0^2}$$

注意，F_x 或 $F_{x,\,max}$ 是一个间隙原子对位错的作用力。如果沿位错线方向的一列间隙原子的间距是 b，那么单位长度的位错线对应着 $1/b$ 个间隙原子，或者说，受到 $1/b$ 个间隙原子的作用力，故单位长度的位错线受到的最大作用力为

$$f_{x,\,max} = \frac{3\sqrt{3}\,A}{8br_0^2}$$

由于

$$f_x = \tau_{yx}b$$

最后得到位错的脱钉应力 τ_m 为

$$\tau_m = \frac{f_{x,\,max}}{b} = \frac{3\sqrt{3}\,A}{8b^2r_0^2}$$

其中，常数 A 同前面交互作用能表达式中的 A。显然 τ_m 是对应于上屈服极限的。

3.10.3　其他相互作用

斯诺克效应是指在体心立方金属中，碳、氮填隙原子在应力作用下形成有序分布的一种效应。体心立方晶体的间隙有八面体和四面体间隙，其中四面体间隙较大。碳、氮等原子融入体心立方晶体中，一般占据八面体间隙，而不是四面体间隙。如果碳原子随机分布于八面体间隙的中心时，并不改变晶体的立方性。但是在某些特殊情况下，碳、氮等原子会选择占据某一个方向位置，即形成有序分布，从而立方晶体变成四方或者正方晶体，即发生斯诺克效应。一般斯诺克效应可以通过某种非静水的外力作用而发生。例如碳钢中的马氏体，其体心四方结构就是通过非静水的外力作用实现碳原子有序化排列而获得的。

对于螺位错，虽然其应力场只产生切应力，但是它却等效于一个非静水的正应力场，如图 3-35 所示。因此，在螺位错的非静水的正应力场作用下，间隙原子与螺位错应力场发生交互作用，在应力作用下，不同间隙位置的原子应变能不同，导致间隙原子从应变能大的位置跳到应变能小的位置，即为斯诺克效应。同时，间隙原子还会在位错周围聚集形成气团，即为斯诺克气团。刃位错应力场既有正应力也有切应力分量，所以刃位错也可以发生斯诺克效应，形成斯诺克气团。斯诺克气团也会导致位错运动的困难，增加屈服强度。

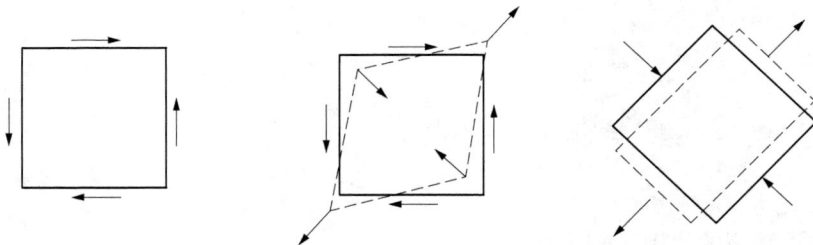

图 3-35　纯切应力等效正应力

层错与溶质原子发生交互作用，使层错附近溶质原子浓度不同于基质内溶质原子浓度，这

种现象称为铃木效应。当溶质原子偏聚在层错附近，使其浓度大于基体中浓度时，即形成铃木气团。铃木气团形成的根本原因在于层错处溶质原子的能量不同于处在基质中的能量。铃木气团也可以实现阻碍扩展位错运动。和柯垂尔相比较，铃木气团钉扎效果较柯垂尔气团钉扎效果差，约为后者的 1/10。铃木气团另外一个特点是它和温度无关，也与位错类型无关。

当位错处于自由表面的附近时，会自动移向表面以降低位错应变能，这个现象说明表面对位错具有吸引作用，这个吸引力是假想的作用力。如果晶体内距离表面附近有这样一个位错，为确定表面对它的作用力，可以假想在晶体表面以外有一个异号同类位错，处在以表面为镜面与晶体中这个位错对称的位置上，如图 3-36 所示。这个假想位错称为晶体内真位错的映像位错。在映像位错存在的情况下，表面对位错的吸引力可以采用两个异号位错的相互吸引力来代替，这个作用

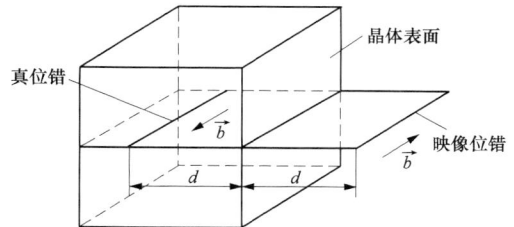

图 3-36　表面对位错的作用力

力也称为映像力。如果已知晶体中一个位错的伯氏矢量为 $\vec{b}$，与表面的距离为 d，介质的弹性模量为 G，根据

$$F = \frac{Gb^2}{2\pi r}$$

可知，此映像力为

$$F = -\frac{Gb^2}{2\pi d}$$

同理，两个弹性模量不同介质之间的界面（如相界面），对它附近的位错也会产生映像力。当位错处于模量较大的介质一边时，映像力为吸引力；反之，则为排斥力。

3.11　位　错　塞　积

位错运动过程中会遇到障碍，如同车行走时遇到障碍一样，这里的障碍物可以是晶体中的界面、第二相粒子及位错反应所形成的不动位错

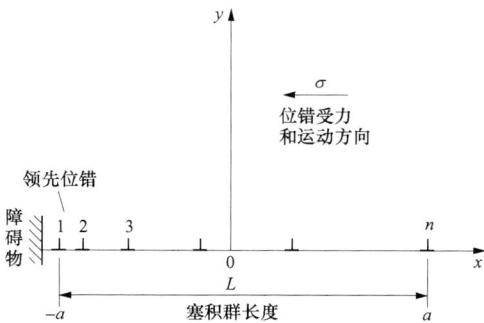

图 3-37　位错塞积示意

等。例如，晶体在外力作用下发生变形的过程中，位错源增殖的位错就可能在这些障碍前形成位错塞积群。当位错遇到障碍时，位错继续运动难度加大，如果位错障碍产生的阻力和作用到位错上的力，也就是使位错向前运动的力相等时，运动位错就会被迫停止在障碍物前面，从而后续位错就会因为该运动位错的阻碍而形成塞积，如同堵车。同一个位错源放出的这些位错在运动过程中相继被阻在障碍前排成一列，这种现象称为位错塞积，这一列位错称为位错塞积群。图 3-37 所示为位错塞积。紧挨障碍物的那个位错就称为领头位错或领先位错，把塞积群里面的位错从障碍物前按照 1、2、3…编号，第一个位错到最后一个位错之间的距离定义为塞积群长度。

假设所有塞积位错距离位错源较远，可看作直线状，它们在外加切应力作用下，挤向被障碍物所阻挡的领先位错，在领先位错上，既有这些后面位错对它的施加力，也有它本身受到的

外加切应力，还有障碍物对它的阻力。在这些力的联合作用下，领先位错在某一个位置平衡，其余位错也在多种力作用下各自在某一个位置处于平衡状态。

假定领先位错向前移动一个距离 δx，其余位错边都向前移动一个 δx，此时外加切应力在这样一种运动中所做的功应该是每个位错的功的叠加，所以在数值上不是 $\tau b \delta x$，而是 $n \tau b \delta x$，其中 n 代表塞积群中的位错数目。领先位错反抗内应力所做的功为 $\tau_i b \delta x$，在平衡时两者相等，所以

$$\tau_i b \delta x = n \tau b \delta x$$
$$\tau_i = n \tau$$

因此，在领先位错上有很大的应力集中，其应力是被阻位错数目和外加切应力的乘积。

当位错产生塞积的时候，后面的位错由于受到外力的作用，要推着前面的位错继续前进，而前面被障碍物阻挡的位错对后面的位错有一斥力，使后面的位错停滞。整个的位错塞积群对位错源有一反作用力，塞积群的位错数目越多，对位错源的反作用力越大。当位错塞积的数目达到一定值 n 时，它对位错源的反作用力足以抗衡外力的作用，而使位错源停止动作，中止发放位错。由此可知，塞积群中位错数目 n 一定和外加切应力大小有关，和位错大小 b 有关，也和位错源到障碍物的距离 L 有关，有

$$n = \frac{k \pi \tau L}{G b}$$

其中，k 为系数，刃位错 $k = 1 - \nu$，螺位错 $k = 1$；τ 为外力在滑移方向上的分切应力；L 为障碍物到位错源的距离（近似看作位错塞积群长度）。

如果知道塞积群中各位错的具体分布，就需要分析每个位错的受力和平衡条件。由于每个非领先位错受到外加应力及其他位错的应力场的联合作用，故第 i 个非领先位错的平衡条件为

$$\tau \vec{b}_i + \sum_{\substack{j=1 \\ j \neq 1}}^{n} \frac{G \vec{b}_j}{2 \pi (1 - \nu)} \frac{\vec{b}_i}{x_i - x_j} = 0 \tag{3-16}$$

其中，$\vec{b}_i$ 和 $\vec{b}_j$ 分别为第 i 和第 j 个位错的伯氏矢量；x_i 和 x_j 分别为第 i 和第 j 个位错的坐标，坐标原点在领先位错处，如图 3-57 所示。式（3-16）代表了 $(n-1)$ 个方程，分别对应于 $i = 2, 3, \cdots$。对于领先位错（$i = 1$），由于它除了受外应力 τ 和其他位错的应力场的作用外，还受到障碍物的反应力 τ_0 的作用，故其平衡条件为

$$\tau \vec{b}_1 - \tau_0 \vec{b}_1 - \sum_{j=2}^{n} \frac{G \vec{b}_j}{2 \pi (1 - \nu)} \frac{\vec{b}_1}{x_j} = 0$$

根据以上方程即可解出各位错的坐标。计算结果表明：塞积群中位错呈现不均匀分布，越靠近障碍物，位错分布密度越高，也就是位错之间间距越小，随着与障碍物距离的增加，排列逐渐稀疏。

位错之间的相互作用和位错塞积的后果就是会对运动位错产生较大的阻力，引起应力集中，阻碍位错的进一步运动，进而从宏观上，导致材料的力学行为发生改变。如果通过进一步增加外力作用，形成位错塞积的障碍能被逾越，如通过第二相粒子变形；或者第二相粒子较硬的情况下，绕过第二相粒子或者形成加工硬化等，则材料性能会得到强化，如强度和硬度得到提高，但是塑性和韧性下降。如果在增加外力作用下，形成位错塞积的障碍不能轻易逾越，继续加大应力则可能由于应力集中而在晶体中形成微裂纹。因此，随着塞积的位错数目越多，领先位错对障碍物的作用力就越大，达到一定程度时，就会引起邻近晶粒的位错源开动，进而发生塑性变形或萌生裂纹。

3.12 面心立方晶体中的位错

实际晶体中的位错通常是按照位错的伯氏矢量和点阵矢量之间的倍数关系来进行划分的，如果一个位错的伯氏矢量的大小是沿着滑移方向的原子间距的整数倍，那么该位错称为全位错。全位错中最小的位错是位错的伯氏矢量和单位点阵矢量之间保持 1 倍关系，即伯氏矢量等于点阵矢量，此位错也称为单位位错。如果一个位错的伯氏矢量不是单位点阵矢量的整数倍，该位错称为不全位错。因此，实际晶体中位错有全位错和不全位错两类。

3.12.1 全位错

面心立方晶体的滑移面 $\{111\}$，滑移方向 $\langle110\rangle$，而攀移面需要同时垂直于 $\{111\}$ 滑移面和 $\langle110\rangle$ 滑移方向，所以其攀移面为 $\{110\}$。按照全位错的定义，面心立方中全位错的伯氏矢量 $\vec{b}$，按照位错的表示方法就应该为 $\frac{a}{2}\langle110\rangle$ 或者简写为 $\frac{1}{2}\langle110\rangle$。图 3-38 所示为一个 $\vec{b} = \frac{1}{2}[110]$ 的刃型全位错。

该刃位错可以通过滑移形成，也可以通过堆垛层错插入半原子面来形成。如图 3-38 所示，滑移方向为 $[110]$ 方向。由于（220）原子面的面间距为 $\frac{\sqrt{2}}{4}a$，仅为位错伯氏矢量的模的一半，即 $b = \frac{\sqrt{2}}{2}a = 2d_{(220)}$。因此，如果该全位错通过滑移形成，沿着滑移方向，滑移面上会形成两个半原子面，也就是说形成一个刃型的全位错，需要插入两层（220）面，因为两层（220）面的面间距才能形成一个 $\vec{b} = \frac{1}{2}[110]$ 的刃型全位错的伯氏矢量。

图 3-39 所示为通过层错形成面心立方晶体中的全位错。首先考虑（220）面的堆垛次序是 ABABABAB…，由于形成全位错时不能改变面心立方的晶体结构，所以 A 层和 B 层之间必须相继地插入一层 B 和一层 A。这和前面通过滑移形成全位错需要插入两层原子的分析是保持一致的。

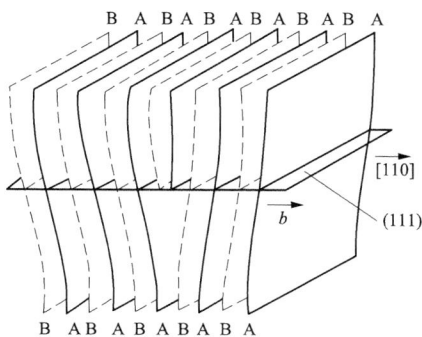

图 3-38 通过滑移形成面心立方晶体中的全位错

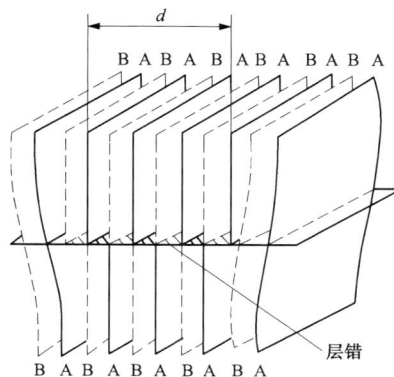

图 3-39 通过层错形成面心立方晶体中的全位错

3.12.2 不全位错

面心立方晶体中的不全位错有两类，一类是弗兰克（Frank）不全位错，另一类是肖克莱（Shockley）不全位错。通过插入或抽走部分 $\{111\}$ 面可以形成局部层错。与抽出型层错相联系的不全位错为负弗兰克不全位错，与插入型层错相联系的不全位错为正弗兰克不全位错。图 3-40（a）所示为抽出半层密排面形成的弗兰克不全位错。图中右侧抽去部分 B 层，B 层的左侧部分没有抽去。抽去部分 B 层的位置会导致邻近 C 层垂直落下来，此时，未抽出部分 B 层相对于抽出部分 B 层，在对接部位就会出现原子位置畸变，形成不全位错。因为抽走半个 {111} 面后两边的晶体会沿 ⟨111⟩ 方向相对位移一层 {111} 面的间距 $d(111)=\frac{a}{3}$ 或者 $\frac{1}{3}$ ⟨111⟩。图 3-40（b）所示为插入半层密排面形成的弗兰克不全位错。在右半部的 A、B 层之间插入一部分 C 层原子，构成不全位错。它们的伯氏矢量都等于 $\frac{a}{3}$ ⟨111⟩，且都垂直于层错面 {111}，但方向相反。

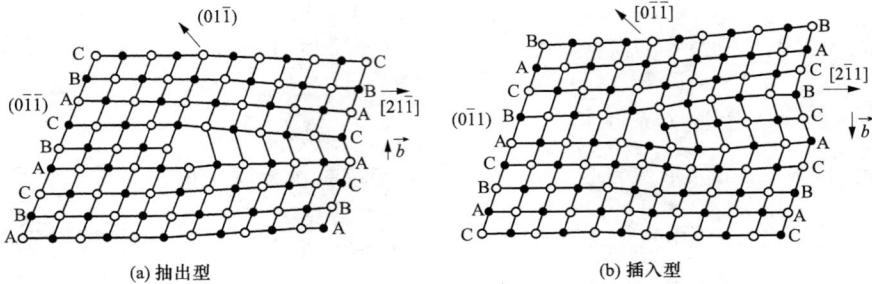

(a) 抽出型　　　　(b) 插入型

图 3-40　弗兰克不全位错

由图 3-41 所示正弗兰克不全位错的伯氏回路可以看出，伴随着抽出和插入，形成半原子面，伯氏矢量和位错线垂直，因此弗兰克不全位错为纯刃位错。但是弗兰克不全位错的位错线垂直于 {111}，而且位错线伯氏矢量方向也不是面心立方的滑移方向，所以它不能在滑移面上进行滑移运动，可以通过点缺陷的运动沿层错面进行攀移，使层错面扩大或缩小。因此，弗兰克不全位错又称不滑动位错或固定位错。

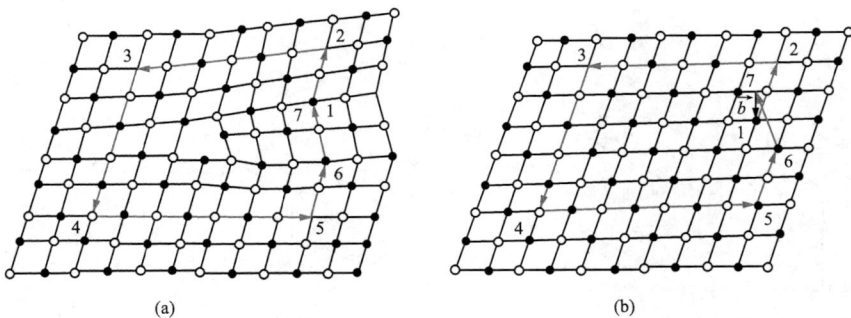

(a)　　　　(b)

图 3-41　正弗兰克位错的伯氏回路和矢量

面心立方晶体的滑移面 {111} 上的正常堆垛次序为 ABCABCABC…。特殊情况下，晶体中的部分 A 位原子滑移到 B 位，那么就会在晶体中形成典型的堆垛层错，形成堆垛层错的区域和晶体中没有发生堆垛层错的部分，两者的边界部分就会形成位错，这类位错称为肖克莱不全位错，如图 3-42 所示。由于在面心立方晶体中，从 A 位原子滑移到 B 位的方位为 [121]，所

以其伯氏矢量为 $\dfrac{a}{6}[1\bar{2}1]$。

如图 3-43 所示，肖克莱不全位错系是通过滑移在晶体内部形成层错区域，而在层错区域和完整区域之间形成的，这是它和弗兰克不全位错在形成上的区别。因此，它可以是刃型、螺型或者混合型，而且它可以在其所在的（111）面上滑移，但是不能实现攀移。

3.12.3 全位错和不全位错之间的关系

伯氏矢量的一个特点是能够实现分解和合成。即位错通过相互作用，在合适的条件下既可以合成，也可以分解成为新的位错。实际晶体中，位错之间相互作用，除了前面讲述的位错应力场及位错线之间的物

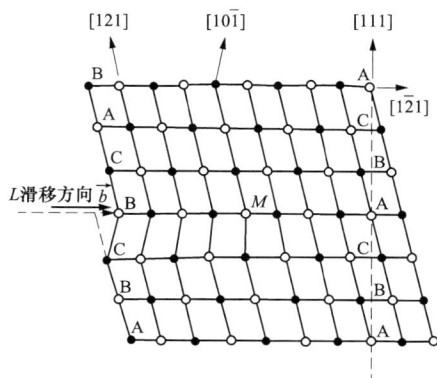

图 3-42 面心立方中肖克莱不全位错

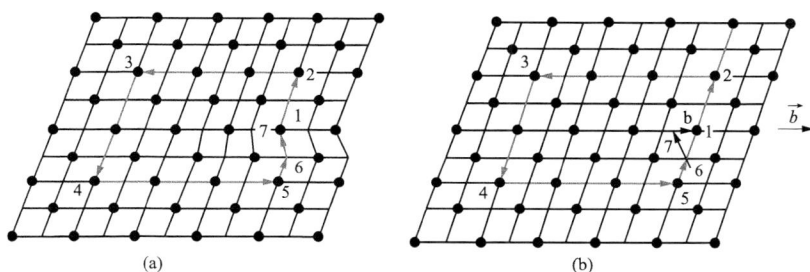

图 3-43 肖克莱刃位错的伯氏回路和矢量

理作用外，位错和位错之间还可以发生相互融合或者分解，形成新的位错，这个过程所描述的位错之间的相互转化，称为位错反应。位错反应的实质是组态不稳定的位错可以转化为组态稳定的位错，具有不同伯氏矢量的位错线可以合并为一条位错线；反之，一条位错线也可以分解为两条或更多条具有不同伯氏矢量的位错线。但是位错反应的发生与否是需要条件的。任意两个位错或多个位错之间不一定都能发生位错反应。位错反应在结构稳定的情况下一般还要遵循能量降低原则。位错反应能否进行，取决于是否满足如下两个条件：

（1）几何条件，按照伯氏矢量守恒性的要求，反应后位错的伯氏矢量之和应该等于反应前位错的伯氏矢量之和，即

$$\sum \vec{b}_{\text{反应前}} = \sum \vec{b}_{\text{反应后}}$$

（2）能量条件，位错反应必须是一个伴随着能量降低的过程。为此，反应后位错的总能量应小于反应前位错的总能量，即

$$\sum |\vec{b}_{\text{反应前}}|^2 > \sum |\vec{b}_{\text{反应后}}|^2$$

这里采用 $|\vec{b}|^2$ 的大小来衡量位错能量。

面心立方晶体中存在全位错和不全位错，通过图 3-44 所示可以了解这两类位错之间的位错反应。图中虚线圆圈代表晶体层排堆垛的 A 位，按照堆垛层排的规则，A 层上面有 B、C 位置，均为稳定堆垛位置。当全位错沿着滑移面滑移时，A 层上面的 B 层原子通过 1/2 $[\bar{1}10]$ 全

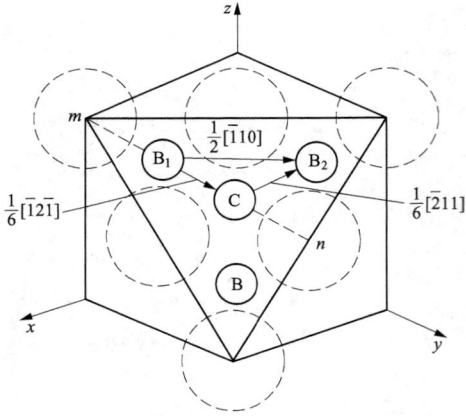

图 3-44　面心立方晶体中（111）
面上全位错的分解

位错的滑移从一个间隙位置滑移到相邻的等价间隙位置，也就是从 B_1 位置滑移到相邻的 B_2 位置。从图 3-44 可以看到，直接沿着 [$\bar{1}$10] 方向滑移会与相邻的 A 层原子发生显著的碰撞，也就是相邻 A 层原子会对 B 层原子的滑移产生阻力，这种阻力会导致滑移过程中的能量增高，在这种条件下，B 层原子会寻求能量较低、更容易的途径进行滑移。这种情况下，如果把 B 层原子的移动分成两步走，一步通过不全位错 1/6 [$\bar{1}$2$\bar{1}$] 滑移到 C 位置，然后在 C 位置再通过不全位错 1/6 [$\bar{2}$11] 滑移到相邻的 B_2 位置，此时会明显减少 A 层原子的阻碍而降低滑移的能量。此过程涉及一个全位错分解为两个不全位错的反应。

按照位错反应的规则，首先从几何条件看

$$\frac{a}{2}[\bar{1}10] = \frac{a}{6}[\bar{1}2\bar{1}] + \frac{a}{6}[\bar{2}11]$$

其次从能量条件看

$$\vec{b}^2 = \frac{1}{2}a^2, \quad \vec{b}_1^2 + \vec{b}_2^2 = \frac{a^2}{6} + \frac{a^2}{6} = \frac{a^2}{3}$$

$$\vec{b}^2 > \vec{b}_1^2 + \vec{b}_2^2$$

上述分析表明，根据位错反应条件，上述分步滑移是可行的，B 层原子的滑移可以分成两步走，形成如下位错反应：

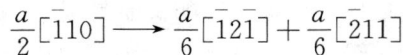

$$\frac{a}{2}[\bar{1}10] \longrightarrow \frac{a}{6}[\bar{1}2\bar{1}] + \frac{a}{6}[\bar{2}11]$$

上述位错反应涉及不同于全位错 $\frac{1}{2}$ [$\bar{1}$10] 的两个位错 $\frac{1}{6}$ [$\bar{1}$2$\bar{1}$] 和 $\frac{1}{6}$ [$\bar{2}$11]。面心立方晶体在 [121] 方向上的原子间距是 $\frac{1}{2}[121]$ ($=\frac{\sqrt{2}}{2}a$)，这说明位错 $\frac{1}{6}$ [$\bar{1}$2$\bar{1}$] 和 $\frac{1}{6}$ [$\bar{2}$11] 的 $\vec{b}$ 小于滑移方向上的原子间距，因此是典型的不全位错。事实上，在面心立方晶体中位于 {111} 面上伯氏矢量为 $\frac{1}{6}$ <121> 的分位错，即为前面介绍的面心立方晶体中的肖克莱不全位错。

3.12.4　扩展位错

一个全位错分解为两个或多个不全位错，其间以层错带相连，这个过程称为位错的扩展，形成的位错组态称为扩展位错。图 3-45 所示为典型扩展位错及其观察。图 3-45（a）所示扩展位错由两个不全位错和中间层错组成，中间层错的宽度称为扩展位错的宽度。图 3-45（b）所示镍基（6.7%）超合金中的扩展位错，位错从位于 A、B、C 的源中出发，沿着 [110] 方向扩展。

从扩展位错的结构看，存在两个或多个不全位错，而且不全位错之间存在层错区域；从能量角度，存在不全位错之间相互作用的能量及层错区域的能量，即层错能。二者之间平衡状态影响扩展位错的宽度 d。两个不全位错之间间距一般倾向于减小，层错区域减小，降低能量；而两个不全位错间的斥力，层错区域增加，升高能量，当达到平衡时，能量最低，不全位错之间的距离也最稳定，其值可以通过下述方法求取。

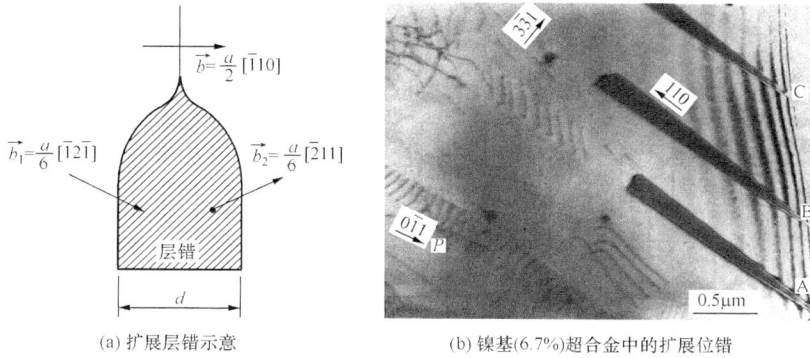

(a) 扩展层错示意

(b) 镍基(6.7%)超合金中的扩展位错

图 3-45　典型扩展位错及其观察

从前面学习过的知识已知，两个平行不全位错之间的斥力为

$$f = \frac{Gb_1b_2}{2\pi r}$$

式中：r 为两不全位错的间距。

当层错的表面张力与不全位错的斥力达到平衡时，两不全位错的间距 r 即为扩展位错的宽度 d，即

$$\gamma = f = \frac{Gb_1b_2}{2\pi d}$$

$$d = f = \frac{Gb_1b_2}{2\pi \gamma}$$

由此可见，扩展位错的宽度与晶体的单位面积层错能 γ 成反比，与切变模量 G 成正比。

扩展位错有时在某些地点由于某种原因会发生局部的收缩，合并为原来的非扩展状态，这种过程称为扩展位错的束集。在一定程度上，位错束集可以看成是位错扩展的反过程。图 3-46 所示为典型扩展位错的束集。

位错束集的一个效果是可以在晶体中实现交滑移。图 3-47 所示为通过扩展位错的束集实现交滑移

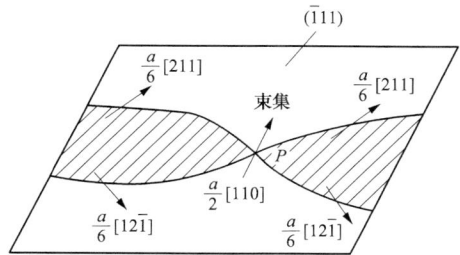

图 3-46　典型扩展位错的束集

的过程。图 3-47（a）所示为一个典型的扩展位错，不全位错分别为 $\frac{1}{6}[211]$、$\frac{1}{6}[12\bar{1}]$。二者之间阴影区域为层错区域。图中扩展位错中的两个不全位错 $\frac{1}{6}[211]$、$\frac{1}{6}[12\bar{1}]$ 先发生束集形成位错 $\frac{1}{6}[110]$。图 3-47（b）所示为通过束集形成的 $\frac{1}{6}[110]$ 更换滑移面到（$1\bar{1}1$）面进行滑移。图 3-47（c）所示为束集形成的 $\frac{1}{6}[110]$ 在（$1\bar{1}1$）面再分解成扩展位错，相应的不全位错

分别为 $\frac{1}{6}[21\bar{1}]$、$\frac{1}{6}[121]$。图 3-47 表明，扩展位错只能在其所在的滑移面上运动，若要进行交滑移，扩展位错必须首先束集成全螺位错，然后由该全位错交滑移到另一滑移面上，并在新的滑移面上重新分解为扩展位错，继续进行滑移。

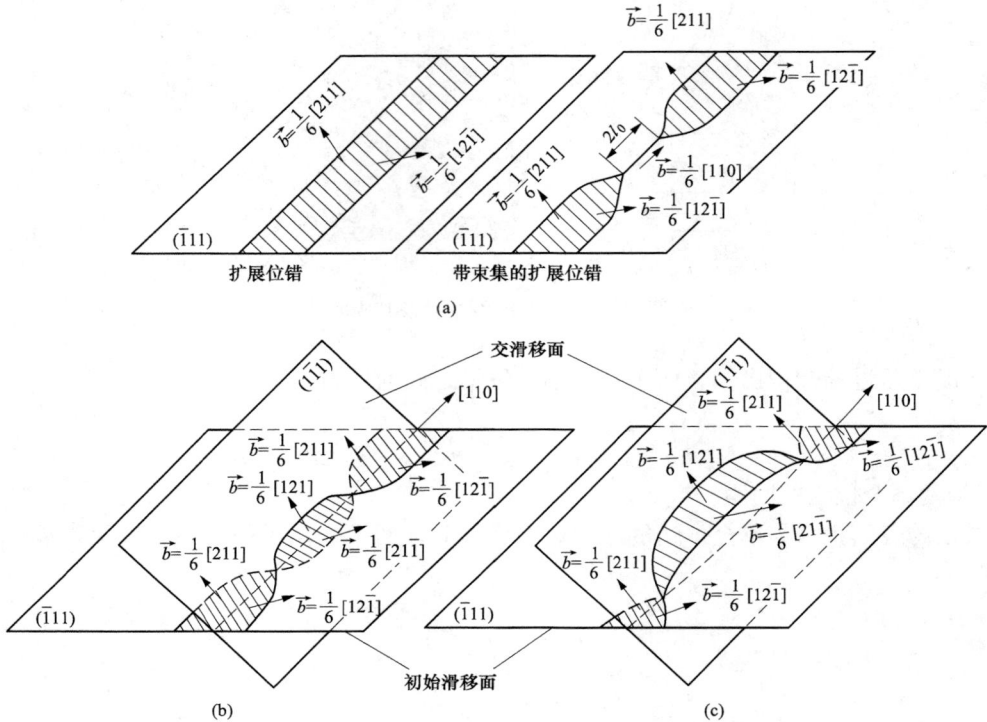

图 3-47 扩展位错的交滑移过程

和扩展位错相关的另外一种常见的位错组态，即面角位错。面角位错的形成如图 3-48 所示。图 3-48 （a）所示为两个晶面（111）、（$\bar{1}$11）面相交于某一晶向形成面角结构。在面角结构中的（111）和（$\bar{1}$11）面上分别有全位错 $\frac{a}{2}[10\bar{1}]$ 和 $\frac{a}{2}[011]$。图 3-48 （b）所示为两个全位错在各自滑移面上分解为扩展位错，如图中阴影所示：

$$\frac{a}{2}[10\bar{1}] = \frac{a}{6}[2\bar{1}\bar{1}] + \frac{a}{6}[11\bar{2}]$$

$$\frac{a}{2}[011] = \frac{a}{6}[112] + \frac{a}{6}[\bar{1}21]$$

如图 3-48 （c）所示，两个扩展位错各在自己的滑移面上相向移动，即向 BC 边运动，两个扩展位错中临近 BC 边的位错在达到滑移面的交截线 BC 时，发生如下位错反应，形成新的位错 $\frac{a}{6}[110]$：

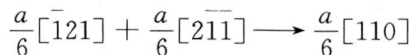

$$\frac{a}{6}[\bar{1}21] + \frac{a}{6}[2\bar{1}\bar{1}] \longrightarrow \frac{a}{6}[110]$$

通过上述反应形成 $\frac{a}{6}[112]-\frac{a}{6}[110]-\frac{a}{6}[11\bar{2}]$ 位错组合。这种形成于两个 $\{111\}$ 面之间的面角上，由三个不全位错和两片层错所构成的位错组态称为面角位错。由于面角位错组态中的新位错 $\frac{a}{6}[110]$ 是纯刃型的，其伯氏矢量位于（001）面上，其滑移面是（001），但 fcc 的滑移面应是 $\{111\}$，这导致该位错组合是固定位错。不仅如此，它还带着两片分别位于（111）和（$1\bar{1}1$）面上的层错区，以及 $\frac{a}{6}[112]$ 和 $\frac{a}{6}[11\bar{2}]$ 两个不全位错。

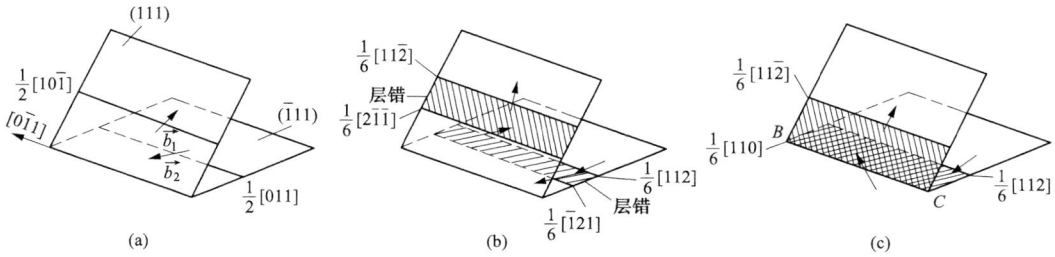

图 3-48　面角位错的形成

3.12.5　汤姆森四面体

面心立方晶体中所有重要的位错和可能发生的位错反应具有一定的规律性，这种规律性可用汤普森提出的参考四面体和一套标记清晰而直观地表示出来，如图 3-49 所示。图 3-49（a）所示为汤姆森四面体，A、B、C、D 依次为面心立方晶胞中 3 个相邻外表面的面心和坐标原点，以 A、B、C、D 为顶点连成一个由 4 个 $\{111\}$ 面组成的，且其边平行于 $\langle110\rangle$ 方向的四面体，即为汤普森四面体。图 3-49（b）中 α、β、γ、δ 分别代表与 A、B、C、D 点相对面的中心。把 4 个面以 $\triangle ABC$ 为底展开，得到图 3-49（c）。汤普森四面体中四面体的棱边对应为面心立方晶体中的全位错。四面体每个面的顶点与其中心的连线对应为肖克莱不全位错。4 个顶点到它所对的三角形中点的连线代表弗兰克不全位错。

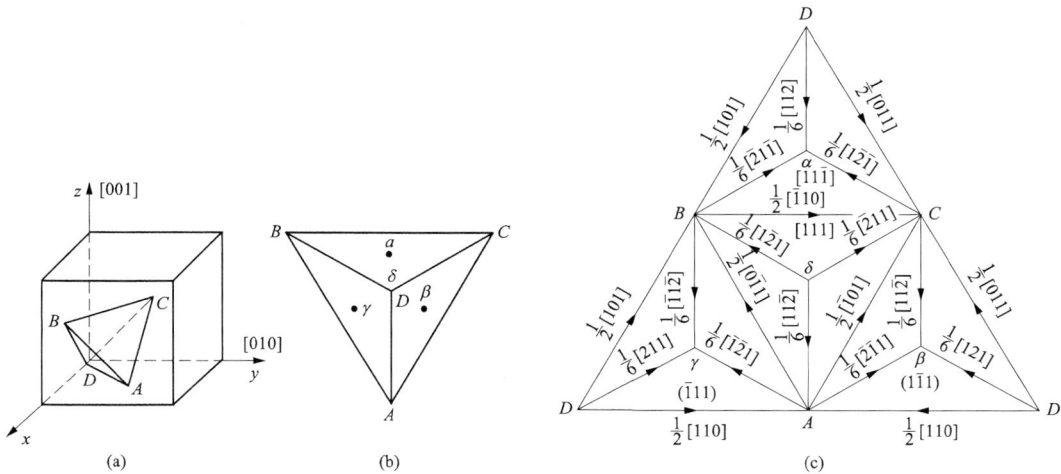

图 3-49　汤姆森四面体及其记号

3.13　体心立方晶体中的位错

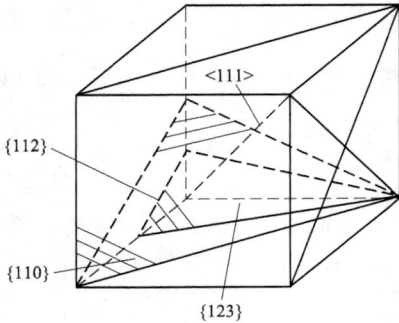

图 3-50　体心立方的滑移面和滑移方向

体心立方晶体中全位错有 $a/2\langle 111\rangle$ 和 $a\langle 001\rangle$ 两类。图 3-50 所示为体心立方的滑移面和滑移方向。体心立方晶体的密排方向是 $\langle 111\rangle$，最小的点阵矢量是 $a/2\langle 111\rangle$，所以体心立方晶体中全位错就是 $\vec{b}=a/2\langle 111\rangle$。但是如图 3-50 所示，其滑移面不是唯一的，可以有 $\{110\}$、$\{112\}$ 和 $\{123\}$ 三类。注意，3 个 $\{110\}$、3 个 $\{112\}$ 和 6 个 $\{123\}$ 面交于同一个 $\langle 111\rangle$ 方向，这导致螺位错易于交滑移。

在体心立方晶体中，除了全位错 $a/2\langle 111\rangle$ 外，还有全位错 $a\langle 001\rangle$，也称为裂纹位错。图 3-51 所示为裂纹位错示意。这个位错有时可以通过位错网络看到。在图 3-51 中，在（101）面上有一个 $\vec{b}_1=1/2[1\bar{1}1]$ 的全位错 AB，在（$\bar{1}$01）面上有一个 $\vec{b}_2=1/2\,[\bar{1}\bar{1}1]$ 的全位错 CD，当这两个位错在各自的滑移面上滑移，直至两个滑移面的交线发生位错反应：

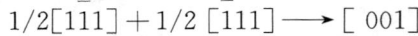

$$1/2[1\bar{1}1]+1/2\,[\bar{1}\bar{1}1]\longrightarrow[\,001\,]$$

合成的新位错线沿 ［010］方向，其伯氏矢量为 $\vec{b}=[001]$，故滑移面为（100），是一个刃型全位错。$\vec{b}=\langle 001\rangle$ 的位错通常称为裂纹位错。这主要是由于体心立方晶体的滑移面不可能是（100）面，所以此位错是一个不能滑移的位错；另外，（001）恰好是体心立方晶体的解理面，如果上述位错反应连续发生，就会在（100）面上形成相当于插入了若干个（001）半原子面，出现一列相继的刃位错，这些相继排列的定位错就会萌生裂纹，如图 3-51（b）所示。

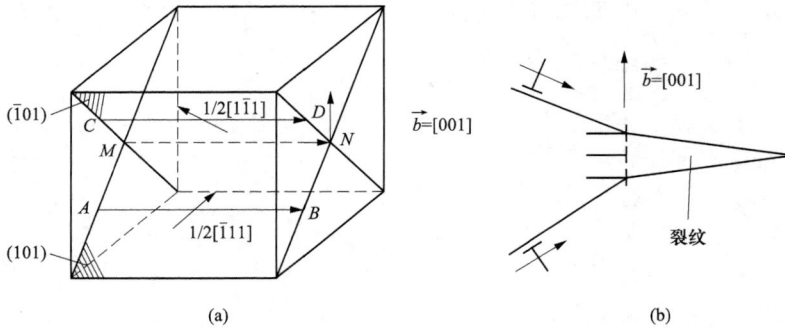

图 3-51　体心立方晶体中裂纹位错

和面心立方晶体一样，如果体心晶体内部局部出现堆垛层错，层错区域和完整区域之间分界就会出现不全位错。对于体心立方结构中密排面 $\{110\}$ 晶面，原子堆垛次序为 ABABAB…。图 3-52 所示为（110）面上相邻两层 A、B 原子的分布图。图中 A 代表第一层原子堆垛，可供第二层原子占据的 B 位置为四个 A 原子的中心位置，该位置成马鞍形凹窝，考虑其间距较大，其上 B 层原子占据时，在几何学上会出现两能量低点可供 B 层原子占据，即图 3-52 所示在中心两侧处的两个同等稳定的位置 B_1、B_2。显然，将 B 层原子向凹窝中心 B_1、B_2 错动时，便可以得到如下层错：… ABABAB$_1$ AB$_1$ AB$_1$ …，或者 …
ABABAB$_2$ AB$_2$ AB$_2$ …。

　　在体心立方结构中，密排面除了 {110} 晶
面，还需考虑 {112} 晶面。体心立方结构在
{112} 也可以形成层错。图 3-53（a）所示
为（11$\bar{2}$）面上的原子分布。沿着 [1$\bar{1}$0] 方向观
察时，可以将（11$\bar{2}$）面上各个原子在（110）面
上投影，如图 3-53（b）所示。图中标以 A、C、
E 的原子位于（110）面，用○表示；B、D、F
原子沿着 [1$\bar{1}$0] 方向与（110）面间距 $\frac{\sqrt{2}}{2}a$，采

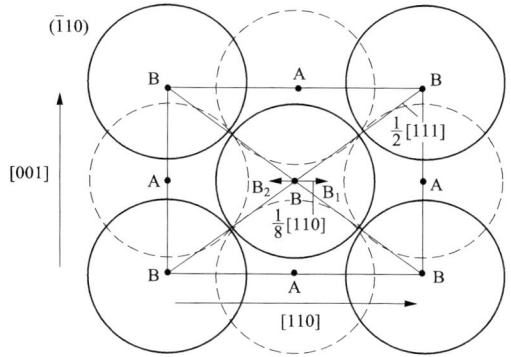

图 3-52 （110）面上相邻两层原子的分布

用 □表示。如图中所示，（11$\bar{2}$）面上的堆垛特点是每六层为一个循环周期，即…ABCDEFAB-
CDEFABCDEFAB…。根据 {112} 面上的堆垛特点，在体心立方晶体中可以通过滑移、抽出
和插入等三种方式形成层错。

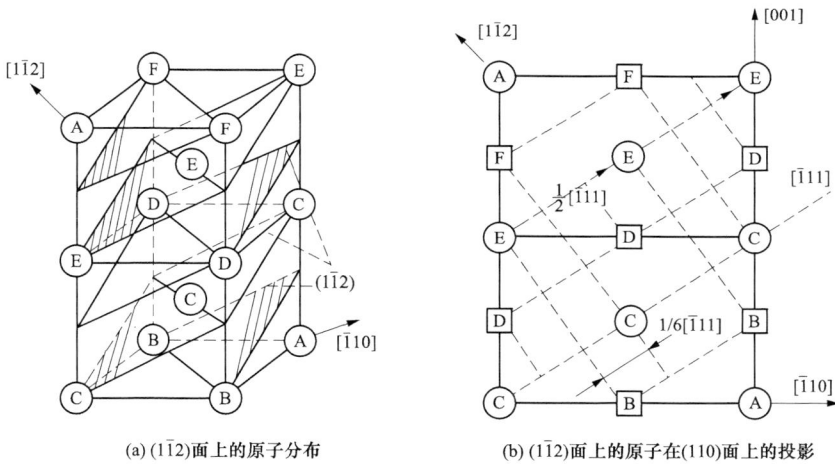

(a)(11$\bar{2}$)面上的原子分布　　　　　(b)(11$\bar{2}$)面上的原子在(110)面上的投影

图 3-53 （112）面上的原子分布和堆垛次序

　　如图 3-53 所示，（11$\bar{2}$）面与（110）面相交，其交线 [$\bar{1}$11] 恰好为滑移方向，每相邻两
层（11$\bar{2}$）面上原子之间的相对滑移量为 1/6 [$\bar{1}$11]，如果将某一层（11$\bar{2}$）面上原子，如 A 层
以上部分相对于以下部分的 F 层滑移 1/6 [$\bar{1}$11] 或者 1/3 [$\bar{1}$11]，可以将体心立方晶体的堆垛
次序变化形成 I$_1$ 型层错：I$_1$ = …FEDCBAFEFEDCBA…。I$_1$ 型层错基础上，两个伯氏矢量为
$\frac{1}{3}\langle\bar{1}\bar{1}1\rangle$ 和 $\frac{1}{6}\langle\bar{1}11\rangle$ 的不全位错如果分别在 *FE* 和 *ED* 两原子层之间相继滑移，就可能形成 I$_2$ 型
层错。该位错在（11$\bar{2}$）面上的堆垛特点是 I$_2$ = …FEDCBAF · E · FA · B · AFEDCBA…。除
去滑移型层错，体心立方晶体中也可以通过抽出和插入原子层来形成层错。如果在体心立方
{112} 堆垛次序中抽出一对原子层，如 C 层和 D 层，则可以形成 I$_3$ 型抽出型层错 I$_3$ =

…FEDCBAFE＋∶＋BAFEDCBA…；如果在某一个 B 面处将晶体切开，使其各层原子向上沿着 [11$\bar{2}$] 方向移动 1/3 [11$\bar{2}$] 距离，然后再在该空隙处插入一对原子层，如 E 层和 F 层，则可以形成插入型层错 $I_4=$ …CDEFABE ＋∶＋FCDEFABC…。上述层错中，I_1 所需要的能量最低，其他层错所需能量较大。一般情况下，体心立方晶体中层错以 I_1 为主。

体心立方晶体中的不全位错可以通过滑移和层错获得。总的说来，体心立方晶体的滑移面不唯一，沿着不同滑移面的不全位错主要有 {110} 面上层错导致的 $\frac{1}{8}\langle110\rangle$（见图 3-52），{112} 面层错导致的 $\frac{1}{6}\langle111\rangle$ 或者 $\frac{1}{3}\langle111\rangle$。

图 3-54 所示为体心立方中不全位错和全位错关系示意。如图 3-54（a）所示，在滑移面上一个不全位错的滑移，当它从一个 A 位滑移到下一个 A 位时，全位错的运动可以分解为 A—A′—A″—A 这几步完成，其中 A′—A″ 位置代表可供 B 层原子占据两能量低点，即一个全位错的运动分解成为三个不全位错的运动，这种过程可以用如下的位错反应来表示：

$$\frac{a}{2}[111] \longrightarrow \frac{a}{8}[110] + \frac{a}{4}[112] + \frac{a}{8}[110]$$

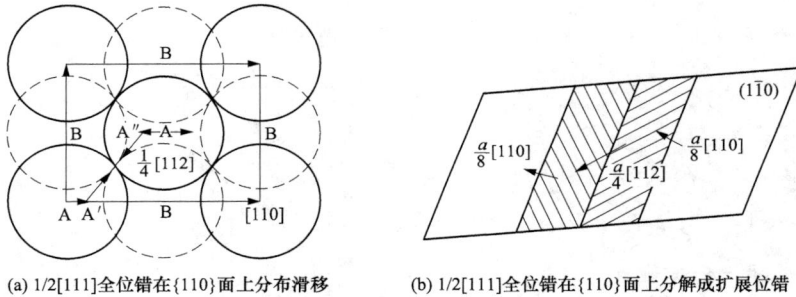

(a) 1/2[111]全位错在{110}面上分布滑移　　　(b) 1/2[111]全位错在{110}面上分解成扩展位错

图 3-54　体心立方中不全位错和全位错关系示意

在这个过程中形成的三个不全位错通常在一个滑移面上。其中，$\frac{a}{8}[110]$ 位错留在原来位错 $\frac{a}{2}[111]$ 所在处，$\frac{a}{4}[112]$ 和 $\frac{a}{8}[110]$ 两个不全位错构成扩展位错的两个边界。共同构成 {110} 面上的扩展位错，如图 3-54（b）所示。

3.14　密排六方晶体中的位错

密排六方晶体密排面是（0001）面，最密排的方向是 $\langle11\bar{2}0\rangle$，最小的单位点阵矢量是 $\frac{1}{3}\langle11\bar{2}0\rangle$，由于滑移通常发生在滑移面上的 $\langle11\bar{2}0\rangle$ 滑移方向上，所以密排六方晶体的全位错 $\vec{b}=\frac{1}{3}\langle11\bar{2}0\rangle$。

在密排六方中的内禀和外延形层错可以通过滑移形成。例如假设将晶体沿着某一 B 层剖开，使上部分晶体相对于下部分晶体滑移至 C 位置，此时堆垛次序由 ABABABAB…，转变成为…ABAB｜CACACACA…即形成内禀性层错；也可以通过插入/抽出型堆垛层错来形成，例如在密排六方晶体中的正常堆垛次序中去掉某一层原子，如 B 层原子，形成 A—A 结构不稳定，需要使其上层原子的位置再平移 $\frac{1}{3}[\bar{1}100]$，进而会使堆垛次序改变为…ABABA｜CACACACA…，形成内禀层错。如果在 A 和 B 层之间插入一层 C 原子，则可以形成外禀型层错，即…AB-ABACBABAB…。因此，密排六方晶体中一类不全位错为 $\frac{1}{3}\langle\bar{1}100\rangle$，即肖克莱不全位错。

和面心立方相似，全位错能够分解成为两个肖克莱不全位错，中间夹着一片层错带，即形成扩展为错。其位错反应如下：

$$\frac{1}{3}[11\bar{2}0] \longrightarrow \frac{1}{3}[10\bar{1}0] + \frac{1}{3}[01\bar{1}0]$$

上述形成的两个肖克莱不全位错和全位错伯氏矢量之间的夹角为 30°，通过位错分解可以降低约 1/3 的位错能量，所形成的肖克莱位错可以在基面上运动，其形成过程中，通常发生如下堆垛次序的改变：

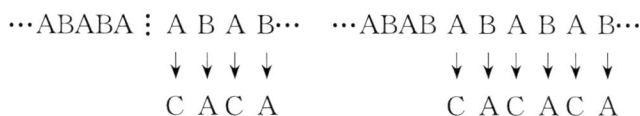

$$\cdots \text{ABABA}\,\vdots\,\text{A B A B}\cdots \qquad \cdots\text{ABAB A B A B A B}\cdots$$
$$\downarrow\ \downarrow\ \downarrow \qquad\qquad \downarrow\ \downarrow\ \downarrow\ \downarrow\ \downarrow$$
$$\text{C A C A} \qquad\qquad\quad \text{C A C A C A}$$

密排六方晶体中的肖克莱不全位错的特点和面立方晶体中的肖克莱位错相似，但是和面心立方晶体中的扩展位错相比较其滑移难度增加，这主要是由于密排六方晶体中只有一个密排面，要产生滑移，只能交滑移到不够密排的晶面上去。密排六方晶体中的其他滑移系，如 (10$\bar{1}$1)[$\bar{1}$2$\bar{1}$0]、(10$\bar{1}$0)[$\bar{1}$2$\bar{1}$0] 的滑移难度都比 (0001)[11$\bar{2}$0] 大。

密排六方晶体中另一类不全位错为弗兰克位错。图 3-55 所示为弗兰克位错环的空位盘崩塌形成机制。在 A 层上形成空位片 [见图 3-55 (a)]，当空位片足够大时，空位片两边的晶面塌

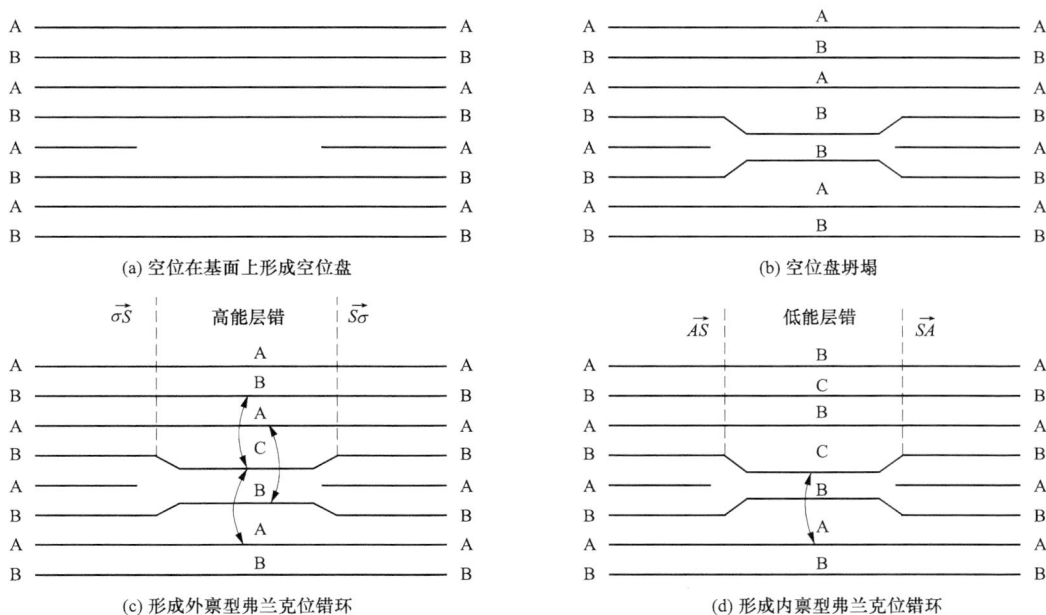

(a) 空位在基面上形成空位盘　　　　　　　　(b) 空位盘坍塌

(c) 形成外禀型弗兰克位错环　　　　　　　　(d) 形成内禀型弗兰克位错环

图 3-55　弗拉克位错环的空位盘崩塌形成机制

陷而形成相同层即 BB 层的接触，形成堆垛次序的改变，从而在塌陷边界形成伯氏矢量为 $\frac{1}{2}[0001]$ 的位错环。但是由于 BB 层堆垛是高能堆垛，这种堆垛结构会发生改变。改变这种不稳定原子组态的一种方式是将空位盘上面的一层原子由 B 位置改变到 C 位置，成为一层附加的 C 原子。此时，由于 C 位的形成，其上、下层面原子均会发生移动，这相当于其上层和下层各有符号相反的一个伯氏矢量为 $\frac{1}{3}\langle 10\bar{1}0 \rangle$ 的肖克莱位错运动的结果。发生如下位错反应：

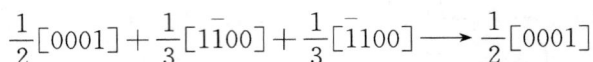

$$\frac{1}{2}[0001] + \frac{1}{3}[1\bar{1}00] + \frac{1}{3}[\bar{1}100] \longrightarrow \frac{1}{2}[0001]$$

形成的堆垛次序如图 3-55（c）所示，C 层以上或者以下堆垛次序为 ABABAB…，C 层相当于插入原子层形成，即所谓的外禀性层错。值得一提的是，按照此种方法形成弗兰克位错环包围着外禀性层错，和内禀性位错相比较，其层错能往往是内禀性层错的三倍，因此，上述位错环形成由于包围着外禀型位错，能量会很大。在这种情况下，可以通过如下反应，将外禀型层错转化成内禀性层错，降低位错体系能量：

$$\frac{1}{3}[\bar{1}100] + \frac{1}{2}[0001] \longrightarrow \frac{1}{6}[\bar{2}203]$$

这样得到的弗兰克位错环内包围着内禀型位错，能量较低。对应的堆垛次序为图 3-55（d）所示。因此，在密排六方晶体中由空位崩盘获得的弗拉克位错环的伯氏矢量主要以 $\frac{1}{6}\langle 20\bar{2}3 \rangle$ 为主。

由间隙原子择优凝聚在基面上而形成弗兰克位错环的过程如图 3-56 所示。首先，按照堆垛次序，间隙原子片只能在 C 位置 [C 层，见图 3-56（a）]，相当于 A 层和下面的 B 层之间强行拉开 C/2 的距离，然后插入间隙原子，间隙原子和周围晶体之间的边界形成位错环，即弗拉克位错环，其伯氏矢量为 $\frac{1}{2}[0001]$。如图 3-56（b）所示，形成弗兰克位错环后的堆垛次序为 BABCABA…，形成两层层错，显然由于多层错排，为典型的外禀型层错。这种高能层错可以通过位错运动变成低能位错。如图 3-56（b）中如果在间隙原子片上面的第一层（B 层）上有一个 $\vec{b} = \frac{1}{3}[\bar{1}100]$ 的肖克莱分位错扫过环面上方的区域，则可以得到包含一层层错的弗兰克位错环，其伯氏矢量为 $\frac{1}{6}[\bar{2}203]$，如图 3-56（c）所示。跨过层错区，基面的堆垛次序为 BAB-CBCB…。目前在经过辐照的 Mg、Cd 和 Zn 中已经观察到间隙原子在基面上沉淀形成的弗兰克位错环，其伯氏矢量为 $\frac{1}{2}[0001]$ 和 $\frac{1}{6}[20\bar{2}3]$ 两种。

正如面心立方晶体中所有位错的伯氏矢量都可以用 Thompson 四面体表示一样，密排六方晶体中所有位错的伯氏矢量都可以用图 3-57 所示的双角锥体表示。依据图 3-57，可知密排六方晶体中重要的位错如下：

（1）6 个伯氏矢量等于双角锥体基面 ABC 的边长的全位错，即 $\pm\overrightarrow{AB}$、$\pm\overrightarrow{BC}$、$\pm\overrightarrow{CA}$。

（2）两个伯氏矢量垂直于基面的全位错，即 $\overrightarrow{ST}/\overrightarrow{TS}$。

（3）12 个 $\frac{1}{3}\langle 11\bar{2}3 \rangle$ 型的不全位错，其伯氏矢量可以用 $\overrightarrow{SA}/\overrightarrow{TB}$ 表示，是代表 SA 和 TB

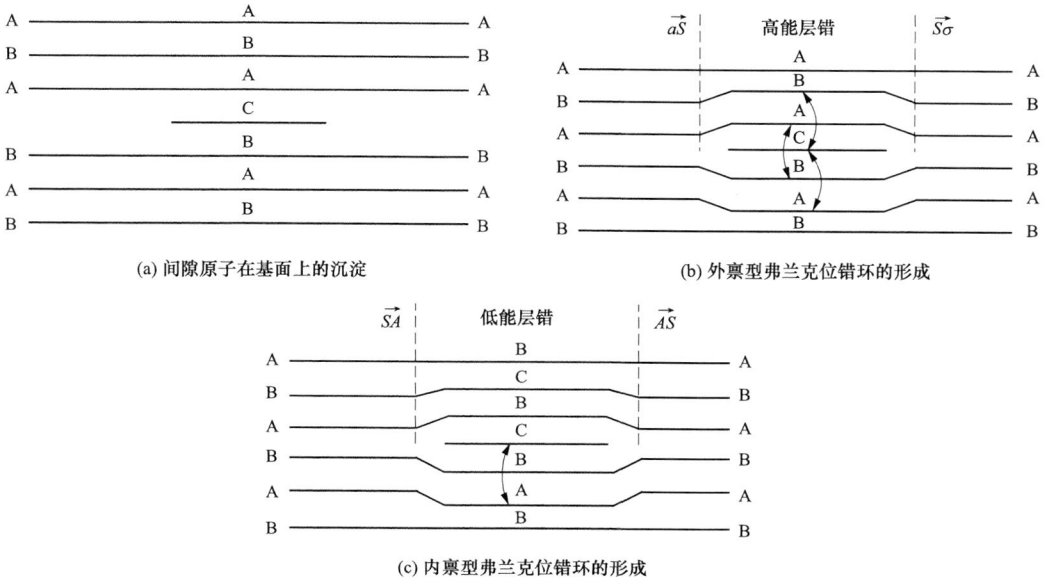

(a) 间隙原子在基面上的沉淀

(b) 外禀型弗兰克位错环的形成

(c) 内禀型弗兰克位错环的形成

图 3-56 弗兰克位错环的间隙原子择优分布形成机制

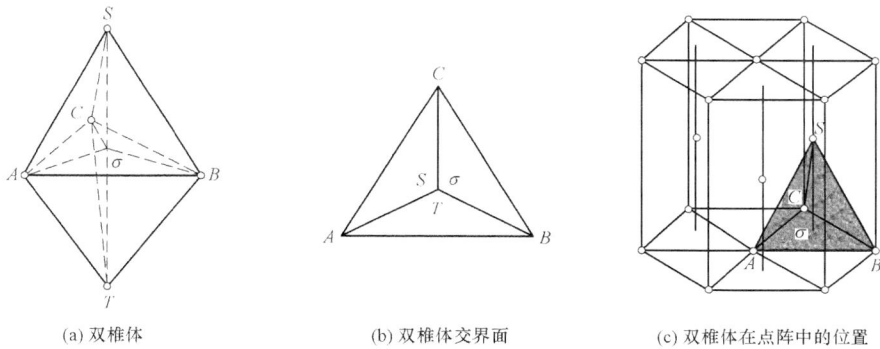

(a) 双锥体

(b) 双锥体交界面

(c) 双锥体在点阵中的位置

图 3-57 密排六方中的伯格斯记号

中点连线长度两倍的矢量。

（4）4 个伯氏矢量垂直于底面的不全位错，即 $\pm\overrightarrow{\sigma S}$、$\pm\overrightarrow{\sigma T}$。

（5）6 个基面上的肖克莱不全位错，其伯氏矢量分别为 $\pm\overrightarrow{A\sigma}$、$\pm\overrightarrow{B\sigma}$、$\pm\overrightarrow{C\sigma}$。

（6）12 个伯氏矢量为 $\pm\overrightarrow{AS}$、$\pm\overrightarrow{BS}$、$\pm\overrightarrow{CS}$、$\pm\overrightarrow{AT}$、$\pm\overrightarrow{BT}$、$\pm\overrightarrow{CT}$ 的不全位错，是由（4）和（5）两个不全位错组合成的结果。

第4章 面 缺 陷

　　面缺陷是指三维尺度中，两个维度方向上尺寸很大而在第三个维度方向上尺寸很小的缺陷，形似几何学中的面，也称为二维缺陷。体缺陷指的是在三维尺寸上的一种晶体缺陷，如镶嵌块、沉淀相、空洞、气泡等。晶体的面缺陷主要包括晶体的外表面和晶体内部的界面，前者主要指固体与气体（或液体）的分界面；后者指晶界、亚晶界、相界、孪晶界等。除此而外，晶体中晶面正常的堆垛次序发生改变时，也会存在堆垛层错。关于堆垛层错和孪晶界在第三章位错学章节已经详细介绍过，本章关于晶体内部的界面将主要介绍晶界和相界。本章主要包括以下知识点：

　　（1）表面及其结构特点。

　　（2）晶界的分类和结构特点。此部分是本章的核心内容，将具体介绍小角度晶界和大角度晶界的特点和相关模型。

　　（3）相界面及其结构特点。

4.1　表面及表面能

4.1.1　表面结构

　　固体和真空或气体之间的界面称为固体的表面。固体表面是指表面的一个或几个原子层，有时指厚度达几微米的表面层。

　　固体表面的特点是表面向外的一侧没有近邻原子，表面原子有一部分化学键伸向空间形成悬空键。对于固体，这是其表面的最大特点。其次，表面原子并非静止不变，而是动态分布的，所有固体的表面原子都会离开它们原来在体相中应占的位置而进入新的平衡位置，通过弛豫或重构降低表面能。这里，弛豫是指表面层之间以及表面和体内原子层之间的垂直距离 d_s 和体内原子层间距 d 相比有所膨胀或压缩的现象，侧重原子层之间间距的变化。重构是指表面原子层在水平方向上的周期性不同于体内，侧重原子排列的周期性发生改变。

　　普遍接受的原子尺度表面是 TLK 表面如图 4-1 所示。图 4-1 表明表面存在各种特殊原子排列，如附加原子、台阶附加原子、单原子台阶、平台、平台空位、扭结原子等。在一个真实的固体表面结构中，上述各种原子排列都有一定的平衡浓度。例如对于一个粗糙表面，10%～20%原子在台阶，5%左右在拐角，台阶和拐角对应于线缺陷；同时表面会吸附原子或者原子空位，它们对应于点缺陷，一般点缺陷浓度低于1%。处于不同类型的表面位置的原子或者分子，具有不同的化学性质。

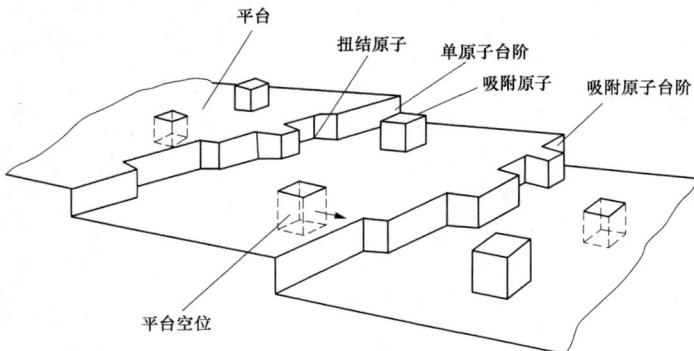

图 4-1　TLK 表面结构模型示意

按照 TLK 模型，台阶一般是光滑台阶，随着温度上升，其中的扭折数量会增加，扭折间距 λ_0 和温度 T 以及晶面指数 k 存在以下关系：

$$\lambda_0 = \frac{a}{2}\exp\left(\frac{E_L}{kT}\right)$$

式中：a 为原子间距；E_L 为台阶形成能。

表面不同区域对原子的吸附数量是不同的，下面考虑低指数平面平台对原子的吸附。由于温度对原子吸附产生显著影响，所以首先考虑低温吸附情况。

1. 低温情况下

在低温条件下，吸附原子最大的特征是形成局域化，形成能量包括键能和熵，后者同弛豫频率有关，而且由于吸附原子分布的局域化，在阵点上分布的混合熵满足费米狄拉克统计分布。n_a 个吸附原子在 N 个表面位置上分布方式的数目为

$$W = \exp\left(\frac{S}{k_0}\right) = \frac{N!}{n_a!(N-n)!}$$

其中，S 为体系的熵。形成 n_a 个吸附原子时，体系的总自由能变化为

$$F = n_a\Delta F_f - kT\ln W$$

将上述两个公式合并，并利用斯特林公式简化，有

$$F = n_a\Delta F_f + kT[-N\ln N + n_a\ln n_a + (N-n_a)\ln(N-n_a)]$$

在平衡条件下，有

$$\frac{\partial F}{\partial n_a} = 0$$

从而

$$n_a = (N-n_a)\exp\left(-\frac{\Delta F_f}{kT}\right)$$

如果将 ΔF_f 写成振动分配函数和吸附原子的生成能 ΔE_f，得到

$$\frac{n_a}{N-n_a} = \coprod_i\left\{\frac{\exp\left(-\dfrac{\Delta F_f}{kT}\right)\left[1-\exp\left(-\dfrac{hv_i}{kT}\right)\right]}{1-\exp\left(-\dfrac{hv_i^*}{kT}\right)}\right\}$$

式中：v_i^*、v_i 分别为吸附原子的弛豫振动频率和正常的晶格振动频率。

2. 高温情况下

在高温条件下，吸附原子最大的特征是非局域化的原子成为二维气体，则

$$W = \frac{1}{n_a}$$

此时

$$n_a = \frac{\dfrac{2\pi mkT}{h^2}A\coprod_i\left[1-\exp\left(-\dfrac{hv_i}{kT}\right)\right]\exp\left(-\dfrac{\Delta F_f}{kT}\right)}{\coprod_i\left[-\exp\left(-\dfrac{hv_i^*}{kT}\right)\right]}$$

在中温的范围内，无疑吸附原子的局域化和非局域化将并存。

4.1.2　表面能

1. 表面能和表面张力

相对于晶体内部原子，表面原子的配位数减少，原子间结合键的平衡会被破坏，导致表面原子偏离正常平衡位置，并影响相邻的几层原子造成点阵畸变，使其能量高于晶内。物质的表面一般具有表面张力 σ，如液体表面。由于表面张力的存在，在恒温恒压下可逆地增大表面积 $\mathrm{d}A$，则需做功 $\sigma\mathrm{d}A$，且这一增加是由于物质的表面积增大所致，故称为表面自由能或表面能。形成单位表面面积所需要的能量，称为表面能 γ，单位 $\mathrm{J/m^2}$，数值上与表面张力相等。表面能也可以理解为产生单位面积新表面所做的功：

$$\gamma = \frac{\mathrm{d}W}{\mathrm{d}S}$$

式中：$\mathrm{d}W$ 为产生 $\mathrm{d}S$ 表面所做的功。

表面能也可以用单位长度上的表面张力表示，单位 $\mathrm{N/m}$。

下面从理论角度，给出表面能和吉布斯（Gibbs）自由能之间关系的推导。假定有一各向异性的固体，其表面张力可以分解成两个互相垂直的分量，分别用 γ_1 和 γ_2 表示，若在这两个方向上面积的增加分别为 $\mathrm{d}A_1$ 和 $\mathrm{d}A_2$，在恒温、恒体积下，表面自由能的总增量由反抗表面张力 γ_1 和 γ_2 所做的可逆功给出

$$\mathrm{d}(AF^s)_{T,V} = \gamma_1\mathrm{d}A_1 + \gamma_2\mathrm{d}A_2$$

式中：A 为固体的表面积；F^s 为单位面积的自由能。

因此

$$\gamma_1 = \frac{\mathrm{d}(A_1F^s)_{T,V}}{\mathrm{d}A_1} = F^s + A_1\left(\frac{\partial F^s}{\partial A_1}\right)_{T,V} \tag{4-1}$$

$$\gamma_2 = \frac{\mathrm{d}(A_2F^s)_{T,V}}{\mathrm{d}A_2} = F^s + A_2\left(\frac{\partial F^s}{\partial A_2}\right)_{T,V} \tag{4-2}$$

单位面积的表面 Gibbs 自由能 G^s 为

$$G^s = U^s - TS^s + PV^s$$

式中：U^s 为单位表面积的内能；S^s 为单位表面积的熵；V^s 为单位表面积的表面相体积。

由于 V^s 很小，一般可认为表面上单位面积的 Gibbs 自由能近似等于单位面积的自由能。因此，式（4-1）和式（4-2）也可写为

$$\gamma_1 = G^s + A_1\left(\frac{\partial G^s}{\partial A_1}\right)_{T,V} \tag{4-3}$$

$$\gamma_2 = G^s + A_2\left(\frac{\partial G^s}{\partial A_2}\right)_{T,V} \tag{4-4}$$

合并式（4-3）和式（4-4），得

$$\gamma_1\mathrm{d}A_1 + \gamma_2\mathrm{d}A_2 = \mathrm{d}(AG^s) = G^s\mathrm{d}A + A\mathrm{d}G^s \tag{4-5}$$

其中

$$\mathrm{d}A = \mathrm{d}A_1 + \mathrm{d}A_2$$

式（4-5）即为 Shuttle-worth 导出的各向异性固体的两个不同方向的表面张力 γ_1 和 γ_2 与表面自由能 G^s 的关系。对于各向同性的固体 $\gamma_1 = \gamma_2 = \gamma$，式（4-5）变为

$$\gamma = G^s + A\left(\frac{\partial G^s}{\partial A}\right)$$

若固体表面已达到热力学平衡状态

$$\frac{\mathrm{d}G^s}{\mathrm{d}A} = 0$$

则有

$$\gamma = G^s$$

Shuttle‐worth 同时指出，在研究固体表面时，对于与机械性质有关的场合，例如固体材料表面受到其他固体或者流体的机械作用而形成的界面，应当用 γ；对于与热力学平衡性质有关的场合，例如通过氧化、腐蚀等化学作用而形成表面，应当用 G^s。

2. 奇异面

从另外一个角度看表面能量，由于表面是一个原子排列的终止面，另一侧无固体中原子的键合，如同被割断，故其表面能还可用形成单位新表面所割断的结合键数目来近似表达：

$$\gamma = \frac{被割断的结合键数目}{形成单位新表面} \times \frac{能量}{每个键}$$

从此角度讨论界面能量时，影响固体表面能的因素一方面和晶体表面曲率有关。当其他条件相同时，曲率越大，表面能也越大；另外，表面能还与晶体表面原子排列致密程度有关，原子密排的表面具有最小的表面能。因此，自由晶体暴露在外的表面通常是低表面能的原子密排晶面。大量的实验事实已经证明了这一点。而且界面能和晶面指数之间的关系可以通过三维极坐标系进行描述。由原点到曲面上任意一点的矢量半径长度和垂直该矢量半径的界面能成正比，这样得到的轨迹是三维空间的封闭曲面，称为 γ 极图。γ 极图的二维界面为 γ 曲线，可以将界面能和晶体学取向的关系直观地表示出来。γ 曲面上的最低点，界面能的微熵不连续，数学上称这样的点为奇异点，对应的晶面界面能量最低，称为奇异面。奇异面是低指数平面也是密排面。其主要特点是具有原子尺度的光滑性，没有台阶，热力学非常稳定。

取向与奇异面接近的面为邻位面，邻位面与奇异面的界面结构和能量关系可以用图 4-2 来描述。图 4-2 所示为奇异面与邻位面几何关系示意。图中 l 为台阶长度，h 为台阶高度，二者满足 $l \gg h$，邻位面与奇异面的比界面自由能可以表示为

$$F_\theta = F_0 + mE_L$$

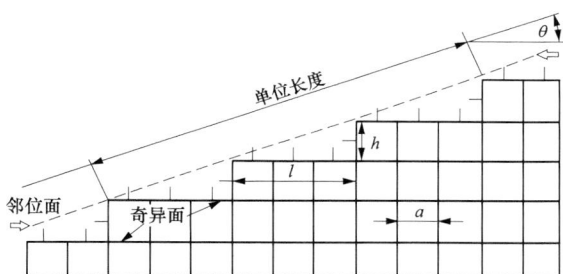

图 4-2　γ 极图的奇异面与邻位面几何关系示意

式中：θ 为邻位面与奇异面之间的夹角；F_θ、F_0 分别为邻位面与奇异面的比界面自由能；m 为单位长度奇异面上的台阶数目；E_L 为台阶生成能量。

这里

$$m = \frac{1}{l} = \frac{1}{h}\tan\theta$$

从而有

$$F_\theta = F_0 + \frac{E_L}{h}\tan\theta$$

如果 θ 很小，邻位面与奇异面的比界面自由能接近，说明邻位面也是相对稳定的。与奇异面交角足够大的面，称为非奇异面，其特点是台阶高度和台阶长度相似，即 $l \approx h$。此条件下，台阶密度很高，台阶的特点是界面自由能保持常量。

4.2　晶界和亚晶界

多晶体不同于单晶体，为方便理解，多晶体可以视为由多个准单晶体组成，每个准单晶体称为晶粒，晶粒的平均直径通常为 $0.015 \sim 0.25\,\mathrm{mm}$。每个准单晶体方位取向不同，准单晶体之

间相交的地方就存在分界面，该分界面称为晶界，尺寸大约在几个原子厚度。如果将多晶体中的每个准单晶体似的晶粒拿出来单独看，可以发现每个晶粒又由若干个位向稍有差异的小单晶体即亚晶粒所组成，亚晶粒的平均直径则通常为 0.001mm 数量级。相邻亚晶粒间的界面称为亚晶界。根据相邻晶粒之间位向差 θ 角的大小不同可将晶界分为两类。

(1) 小角度晶界：相邻晶粒的位向差小于 10°晶界，亚晶界均属小角度晶界，一般小于 2°。

(2) 大角度晶界：相邻晶粒的位向差大于 10°晶界，多晶体中 90%以上的晶界属于此类。

4.2.1　小角度晶界及其结构

按照相邻晶粒间位向差的形成方式不同，小角度晶界可分为倾斜晶界、扭转晶界和重合晶界等。

1. 对称倾斜晶界

图 4-3 所示为典型的对称倾斜晶界。图中亚晶粒 1 和 2 相对于晶界呈现明显对称分布，可以想象，这样晶界结构的获得相当于是以平行于晶界界面的某一轴线为对称轴，然后将晶界左右两部分晶粒，向轴方向各自转过方向相反的 $\theta/2$ 而形成的，由于转过角度相同，形成对称结构而得名。由于相邻两晶粒的位向差 θ 角很小，并且呈现对称分布，很自然地会在晶界处形成一列平行的刃位错所构成，如图 4-3 (a) 所示，位错的间距 D 与伯氏矢量 $\vec{b}$ 之间的关系为

$$D = \frac{\vec{b}}{2\sin\dfrac{\theta}{2}}$$

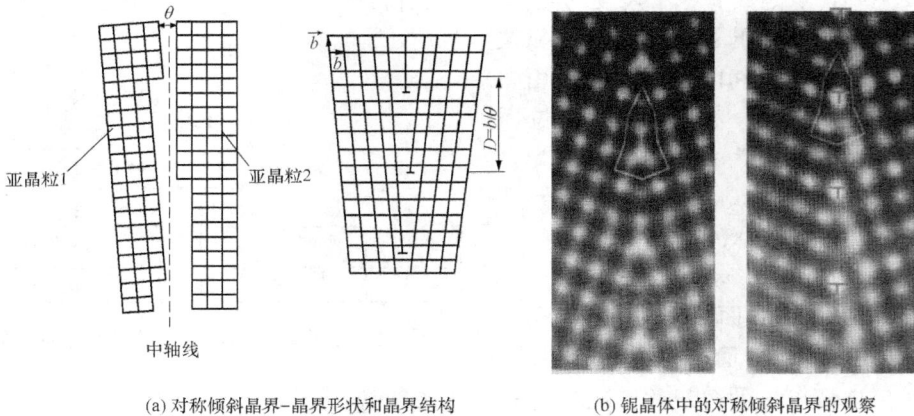

(a) 对称倾斜晶界-晶界形状和晶界结构　　　　(b) 铌晶体中的对称倾斜晶界的观察

图 4-3　典型的对称倾斜晶界

当 θ 很小时，$\dfrac{b}{D} \approx \theta$。从此角度讲，小角度对称晶界的结构是由一系列平行的刃位错所构成的。

2. 不对称倾斜晶界

图 4-4 所示为不对称倾斜晶界。不对称倾斜晶界和对称倾斜晶界主要区别在于晶界的非对称位置，无本质区别。不对称晶界相当于对称晶界的晶界向构成晶界的某一个晶粒方向发生偏移，即不对称倾斜晶界的晶界面不是两个晶粒的对称面，而是和对称面之间有一个角度的任意面。由于这样的偏离，导致对称晶界上的系列位错发生改变，偏离可以认为是滑移过程，因此，晶界上的系列位错的类型不会发生改变，但是位错的伯氏矢量会发生改变。

非对称晶界的晶界结构是由两组伯氏矢量相互垂直的刃位错 $\vec{b}_\perp$、$\vec{b}_\vdash$ 交错排列而构成的，

如图 4-4 中的圆圈所示（可以按照刃位错的定义识图，确定 $\vec{b}_\perp$、$\vec{b}_\vdash$），这是和对称晶界有明显区别的。非对称晶界上两组刃位错各自的间距 $D_\perp$、$D_\vdash$ 可根据几何关系分别求得，即

$$D_\perp = \frac{\vec{b}_\perp}{\theta\sin\varphi}, \quad D_\vdash = \frac{\vec{b}_\vdash}{\theta\cos\varphi}$$

3. 扭转晶界

扭转晶界是小角度晶界的又一种类型。顾名思义，这类晶界的形成和构成晶界两部分晶粒之间的扭转有关。如图 4-5 所示，扭转晶界可以看成是两部分晶体绕着某一轴在一个共同的晶面上相对扭转一个 θ 角所构成的，扭转轴垂直于这一共同的晶面。共同晶面上原子排列示意也在图 4-5 中给出，很容易看到，共同晶面上存在明显的螺位错。因此，这类晶界的结构可看成是由互相交叉的螺位错组成的。

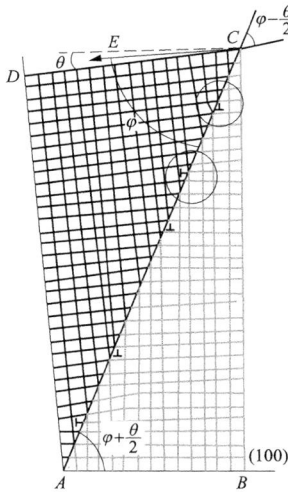

图 4-4　不对称倾斜晶界

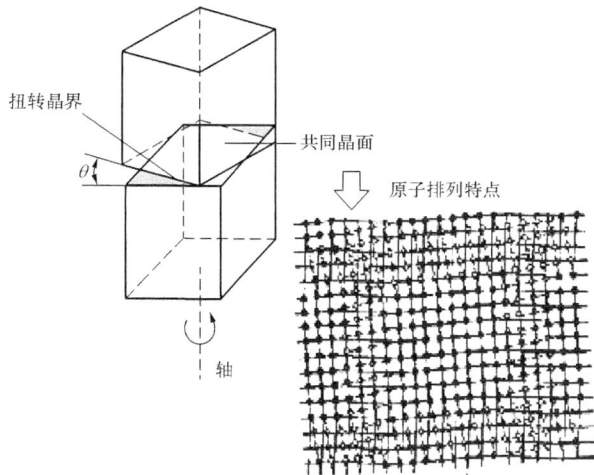

图 4-5　扭转晶界及其共同晶面上的原子排列

小角度晶界一般不一定为纯扭转晶界或者纯倾斜晶界，而是由一系列刃位错、螺位错或混合位错的网络所构成的任意小角度晶界。

4.2.2　大角度晶界及其结构

多晶体材料中各晶粒之间的晶界一般都是大角度晶界。为了进一步说明大角度晶界的结构特点，图 4-6 所示给出了典型的大角度晶界模型。首先大角度晶界上的原子种类比较复杂，一方面，晶界面上包含有同时属于两晶粒的原子，如图中标记的 D 原子，也有不属于晶界两侧的任一晶粒的原子，如图中标记的 A 原子；其次，除去晶体结构的差别，还可能存在应力状态的不同，如图中标记的 B、C 原子，分别处于压缩和扩张状态。和小角度晶界相比较，大角度晶界呈现明显不同。相对于小角度晶界，大角度晶界原子排列比较不规则且存在不规则的台阶。根据场离子显微镜的观察表明：大角度晶界是几个 Å 的很窄的一个过渡区，其中由原子规则排列的好区与紊乱排列的坏区组成。

关于大角度晶界模型，相对比较经典的有重合位置点阵模型、DSC 点阵、O 点阵模型、结构单元模型、多面体单元模型等，其中前三种主要针对大角度晶界结构的模型理论。

1. 重合位置点阵模型

重合位置点阵（coincidence-site-lattice，CSL）模型的主要观点是假设将两个晶粒的点阵，分别向空间延伸，并且使其相互穿插。在这种情况下，可以找到相互重合的点阵阵点。基

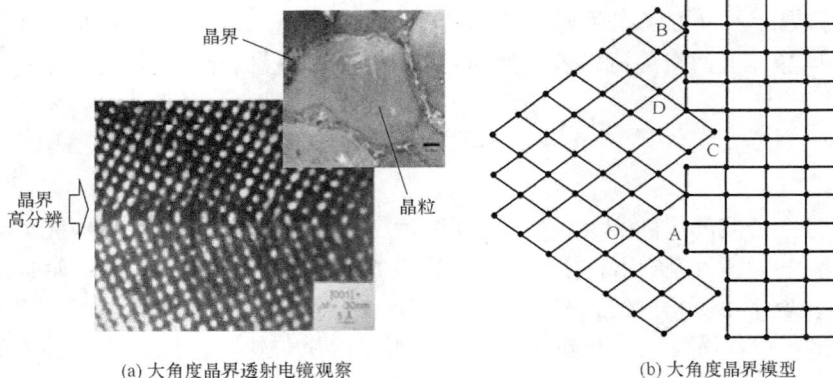

(a) 大角度晶界透射电镜观察   (b) 大角度晶界模型

图 4-6   典型的大角度晶界模型

于这些重合位置的阵点，可以重构一个新的空间点阵，这个点阵就是重合位置点阵。相对于两个晶粒的点阵，重合位置点阵无畸变位置，如果晶界穿过重合位置点阵的最密排或者密排面，晶界能量会非常低，此时形成所谓的奇异点阵。

图 4-7 所示为穿过 CSL($\Sigma=5$) 密排面的晶界，晶界面为（310）。图中所示的两个晶粒分别具有简单立方点阵 L_1、L_2，大角度晶界由 L_1、L_2 互相穿插而成，相当于 L_1 不动，L_2 绕 [110] 轴旋转 36.9°得来。图中重合点阵的位置用◉表示。从图 4-7（a）看到，两个点阵部分阵点是相互重合的，而且重合位置具有周期性，满足空间点阵的三维特点。它们构成一个 L_1 和 L_2 点阵的重合位置点阵，重合位置点阵的阵点在 L_1 和 L_2 点阵均可以找到，因此它是 L_1 和 L_2 点阵的超点阵。从图 4-7（a）还可以看到，重合位置点阵的晶胞的基矢一般是很大的。但是如果这两个相邻晶粒具有特殊的取向关系，则重合位置点阵晶胞可以大大缩小，这是可以想象的。图 4-7（b）为一个平行于 L_1 点阵的（310）面的晶界面，晶界结构具有明显的周期性，但并不是界面上所有原子的位置都属于重合位置。这表明，为了降低晶界的能量，晶界上的原子会进一步做一些松弛。

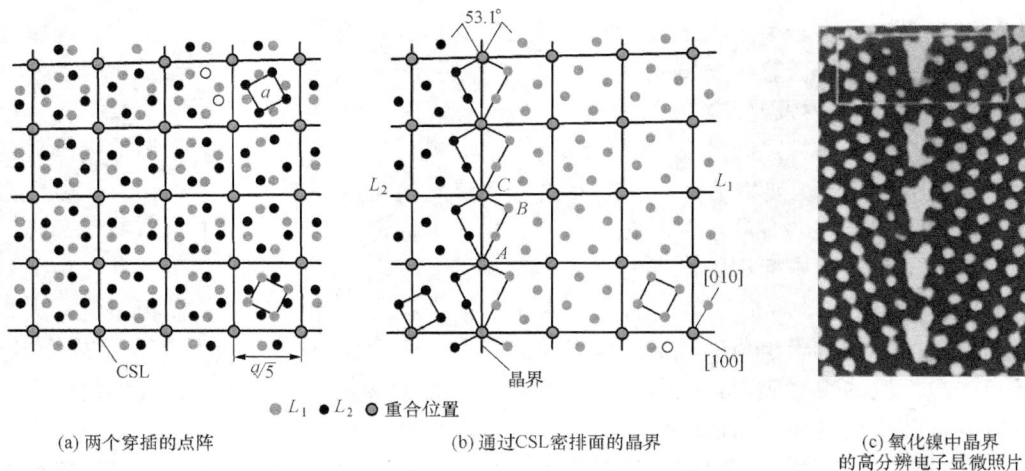

$\bigcirc L_1$ $\bullet L_2$ $\bigcirc$ 重合位置

(a) 两个穿插的点阵   (b) 通过CSL密排面的晶界   (c) 氧化镍中晶界
的高分辨电子显微照片

图 4-7   穿过 CSL($\Sigma=5$) 密排面的晶界

描述重合位置点阵中阵点重合度的指标为重合位置密度，它表示重合位置点阵中重合阵点所占的比例为重合位置密度，定义为 $1/\Sigma$，其倒数称为倒易密度，用希腊字母 Σ 表示。根据重合位置点阵模型，在大角度晶界结构中将存在一定数量重合点阵的原子。晶界上重合位置越多，即晶界上越多的原子为两个晶粒所共有，原子排列的畸变程度越小，则晶界能也相应越低。例如对于奇异点阵，由于两晶粒在晶界处的原子会有较好的匹配，晶界能就较低，并且晶界长程应变场的作用范围和晶界结构周期相近。这样，晶界的弹性应变能将随 Σ 减小或随结构周期缩短而降低。一个具有相对低 Σ 的界面，往往具有低的界面能和高的迁移性。

重合位置点阵模型在应用上具有一定的局限性，主要体现在以下几点：

（1）重合位置点阵模型的晶格常数通常较大，可以通过两个相邻晶粒具有特殊的取向关系来缩小。因此，重合位置点阵模型只适用于相同点阵类型的两块晶体之间的界面，并且只有当晶粒绕某轴转动某些特定的角度时，才能出现重位点阵，这是其模型应用的限制。

（2）不同晶体结构具有重合点阵的特殊位向是有限的，因此重合位置点阵模型尚不能解释两晶粒处于任意位向差的晶界结构。

（3）采用 CSL 讨论晶界结构时，只在晶界上才有意义，而对于两侧晶粒并无任何意义。

2. DSC 模型

DSC 是 displacement shift complete lattice 的缩写。图 4-8 所示为具有 CSL 两个简单立方的 DSC 点阵。如图 4-8（a）所示，黑心原子和空心原子分别为 L_1、L_2 点阵格点位置，假设这两个点阵和图 4-7 所示的相同，大圆圈位置就表示重合点阵位置，而实线连接格子所构成的点阵，和图 4-7 所示的重合点阵相比较，可以看出其晶格矢量要小很多，其点阵的基矢很容易通过图 4-8（c）获得。例如点阵的基矢 $\vec{b}_1$ 为 $\vec{s}_1 - \vec{s}_2$，从 L_1 上看 $\vec{b}_1 = \vec{s}_1 - \vec{s}_2 = [110] - [340]/5 = [210]/5$，同样的方法可以得到 $\vec{b}_2 = [120]/5$。这个通过两个点阵穿插获得的图中通过实线连接获得的格子点阵，即为 DSC 模型点阵。

如图 4-8（a）所示，DSC 点阵的一个特点是除了包含两穿插点阵的实际阵点外，还包括不属于两个点阵的虚的点阵阵点。即 DSC 点阵包含了两个贯穿点阵实际阵点连接起来的一种最大的公共点阵。它和重合位置点阵的关系是 CSL 点阵上点都在 DSC 点阵格点上，说明 CSL 点阵是 DSC 点阵的超点阵，只是 CSL 点阵基矢比 DSC 点阵基矢大。对于立方点阵，DSC 和 CSL 互为倒易，所以有 CSL 单胞体积：实际晶体点阵单胞体积：DSC 点阵单胞体积 = Σ : 1 : Σ^{-1}，即界面上原子错配程度增大时，相应 CSL 尺寸增大，而 DSC 点阵尺寸减小。

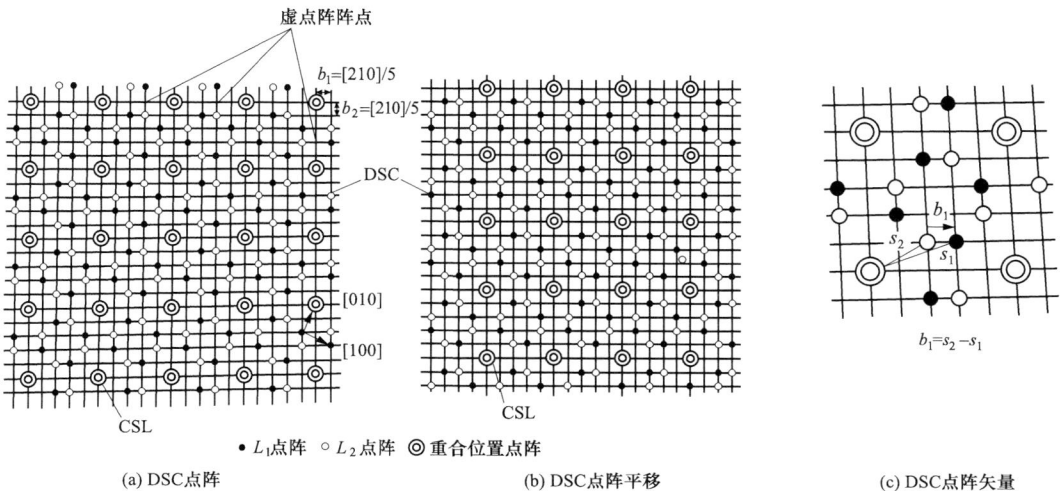

图 4-8   具有 CSL 两个简单立方的 DSC 点阵

　　图 4-8 (b) 所示为图 4-8 (a) 中的 L_2 点阵移动了一个 DSC 点阵的基矢图样。移动前后的原子排列花样相同，说明只是原点移动了，因此 DSC 点阵也称为完整花样移动点阵。此为 DSC 模型的重要性质，它确保晶界存在位错时，晶界左右两侧发生相对滑移时不改变晶粒及晶界的晶体结构，这是 DSC 点阵模型优于重合位置点阵模型的主要点。DSC 点阵理论用于讨论晶界台阶和晶界位错时比较方便。

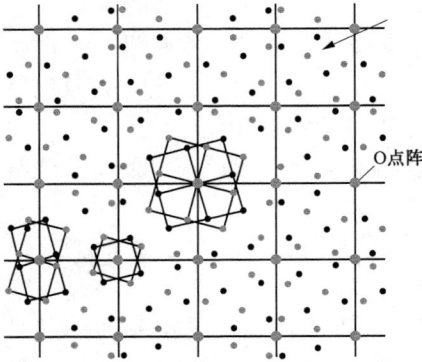

图 4-9　两个简单立方点阵相对于
[001] 轴转动 28.1°后形成的 O 点阵

3. O 点阵模型

　　O 点阵模型的出发点是在构成晶界点阵的两个晶粒点阵 L_1、L_2 在晶界位置重合时，重合点阵中会出现这样一些特殊阵点位置。在这些阵点位置上的点一方面有规律且周期性地分布在整个重合点阵中；另一方面，如果考察重合点阵每个阵点位置的周围环境时，这些阵点往往具有环境完全相同的特点。这些等效点称为 O 点，相应构成的点阵就是 O 点阵。图 4-9 所示为两个简单立方点阵形成的 O 点阵，实线所连正方网格为 O 点阵。

　　从 O 点阵的定义看，O 点阵着眼于点阵上哪些位置有相同的原子配位环境，而 CSL 着眼于复合贯穿后在哪些阵点上相重合。因此，相比于 CSL 必须在特殊取向关系上才能实现，O 点阵可以在两个晶体点阵任何取向关系下获得。O 点阵适用于两个不完全一样的晶体界面，而且点阵之间变换不限于旋转，可以是伸长、压缩、切变等操作，针对由一种晶体点阵变换到任何一种晶体点阵。在一定程度上，通过 O 点阵可以描述所有可能的晶界结构。

4. 结构单元模型

　　结构单元模型的基本观点是晶界结构可以看作某种结构单元周期性重复排列而成。图 4-10 所示为面心立方点阵以 [001] 轴旋转的对称倾转晶界的结构单元模型，图中给出了面心立方点阵中几种以 [001] 为旋转轴的对称倾转晶界中的结构单元。图 (a) 是两个面心立方点阵贯穿产生 $\Sigma=5$ 的 CSL 结构，晶界位置梯形结构经松弛畸变后变为如图 (b) 所示的四边形的结构单元，如果每个单元以 B 表示，显然图 (b) 的晶界结构为…BBBB…。图 (c) 是 $\Sigma=17$ 的对称倾转晶界的松弛结构，界面由两种松弛畸变结构单元组成，一种结构单元和图 (b) 所示一样 (标以 B)，另一种结构单元是完整晶体 ($\Sigma=1$) 中的结构单元，见图 (e) 标记为 A 的结构单元。综合两种结构单元的结晶结构为…ABBABB…，这样排列的结构单元构成 $\Sigma=17$ 的对称倾转晶界。图 (d) 是 $\Sigma=37$ 的对称倾转晶界的松弛结构，晶界也由 A 和 B 两种松弛畸变的结构单元构成，晶界结构为…AABABAABAB…。

　　采用原子模拟方法研究对称和非对称的倾转晶界，可知在一定取向差范围内的所有界面都可由两种结构单元重复组成。对于非对称倾转晶界和扭转晶界，尽管同样可用结构单元描述，但是扭转晶界情况要复杂得多。上述结构单元模型具有一定的局限性，该模型理论仅对低指数轴 (如 [100]、[110]、[111]、[112]) 的纯倾转及扭转晶界的描述较为有效。从理论上讲，结构单元模型原则上也可以用于高指数旋转轴的晶界，但实际上，由于描述高指数旋转轴的晶界时，往往需要较多的结构单元类型数目，因而失去模型应用的意义。

5. 多面体单元模型

　　多面体单元模型的基本观点是晶界上存在多面体群体，并且这些多面体通过密排堆积构成，典型的多面体形状如图 4-11 所示。例如面心立方结构以 [110] 为轴的倾转晶界中，多面

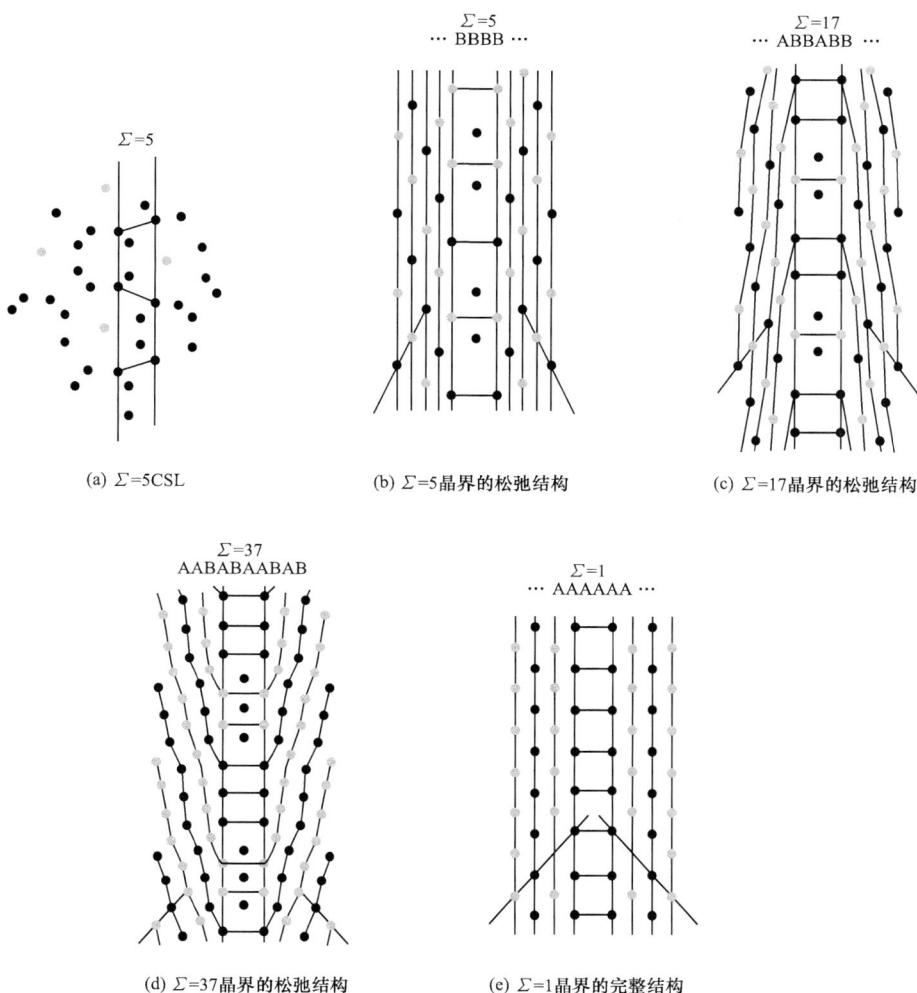

(a) Σ=5CSL　　(b) Σ=5晶界的松弛结构　　(c) Σ=17晶界的松弛结构

(d) Σ=37晶界的松弛结构　　(e) Σ=1晶界的完整结构

图 4-10　面心立方点阵以 [001] 轴旋转的对称倾转晶界的结构单元模型

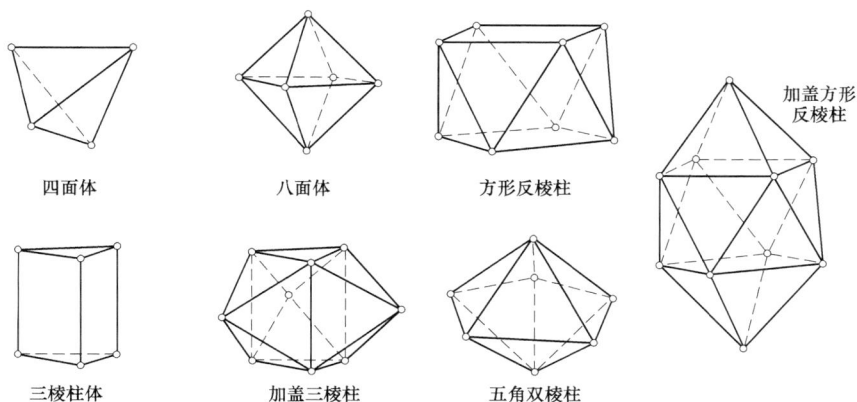

四面体　　八面体　　方形反棱柱

三棱柱体　　加盖三棱柱　　五角双棱柱

图 4-11　典型的多面体形状

体是四面体、八面体、三棱柱体、加盖三棱柱体、阿基米德方形反棱柱体、加盖阿基米德方形反棱柱体和五角双棱柱体等，且晶界上多面体是密排堆积的。在以 [100]、[111] 及 [112]

为轴的对称倾转晶界中，也存在这些多面体，但并不是密排堆积。

4.3 晶界能和晶界偏析

无论是小角度晶界还是大角度晶界，晶界的原子或多或少地偏离了平衡位置，因此相对于晶体内部，晶界处于较高的能量状态，高出的那部分能量称为晶界能。晶界能定义为形成单位面积界面时，系统的自由能变化 $\dfrac{\mathrm{d}F}{\mathrm{d}A}$，它等于界面区单位面积的能量减去无界面时该区单位面积的能量。

对于小角度晶界，其能量主要来自位错能量，包括形成位错的能量和将位错排成有关组态所做的功，而位错密度又取决于晶粒间的位向差，所以小角度晶界能 γ 也和位向差 θ 有关：

$$\gamma = \gamma_0 \theta (A - \ln\theta) \tag{4-6}$$

其中，$\gamma_0 = \dfrac{G\vec{b}}{4\pi(1-\nu)}$ 为常数，取决于材料的切变模量 G、泊松比 ν 和伯氏矢量 $\vec{b}$；A 为积分常数，取决于位错中心的原子错排能。由式（4-6）可知，小角度晶界的晶界能是随位向差增加而增大。注意，式（4-6）只适用于小角度晶界，而对大角度晶界不适用。

对于大角度晶界，各晶粒的位向差大多在 $30° \sim 40°$，实验测出各种金属大角度晶界能为 $0.25 \sim 1.0 \ \mathrm{J/m^2}$，与晶粒之间的位向差无关，大体上为定值。

晶界偏析指在平衡浓度下，溶质原子在晶界处偏离平衡浓度值的现象。下面依据热力学理论，求解晶界上的溶质浓度。晶界偏析热力学驱动力主要是内能差，而偏析阻力来自组态熵：溶质原子趋向于混乱分布，晶内位置数 (N) 大于晶界位置数 (n)，晶内的原子向晶界偏析，无论对于晶内的原子还是晶界的原子，均需要重新组态，形成能量最低分布，因此构成偏析的阻力。根据热力学，晶界偏析状态下的吉布斯自由能如下：

$$\Delta G = \Delta E - T\Delta S$$

（1）假设一个原子位于晶内和晶界的内能分别为 E_1 和 E_g，则偏析的驱动力为

$$\Delta E_\mathrm{a} = E_1 - E_\mathrm{g}$$

（2）假设晶内及晶界的溶质原子数分别为 P 和 Q，则 P 个溶质原子占据 N 个位置和 Q 个溶质原子占据 n 个位置的组态熵为

$$S = k\ln W = k\ln \frac{N! n!}{P!(N-P)!Q!(n-Q)!}$$

应用 $\ln x! \approx x\ln x - x$，由此晶界偏析状态下的吉布斯自由能为

$$\begin{aligned}
\Delta G &= \Delta E - T\Delta S \\
&= (PE_1 + QE_\mathrm{g}) - Tk[n\ln n + N\ln N - P\ln P - (N-P)\ln(N-P) - \\
&\quad Q\ln Q - (n-Q)\ln(n-Q)]
\end{aligned}$$

平衡条件为

$$\frac{\partial G}{\partial Q} = 0$$

同时考虑在原子总数不改变前提下，晶界区域增加的溶质原子和晶格内减少的原子数目应该相等，即

$$\mathrm{d}P = -\mathrm{d}Q$$

通过上述简化后，得到平衡关系式：

$$E_g - E_1 = kT\ln\left[\left(\frac{n-Q}{Q}\right)\left(\frac{P}{N-P}\right)\right]$$

因而有

$$\frac{Q}{n-Q} = \frac{P}{N-P}\exp\left(\frac{E_1-E_g}{kT}\right)$$

用 C 及 C_0 表示晶界和晶内的溶质浓度，则

$$C_0 = \frac{P}{N}, \quad C = \frac{Q}{n}$$

令 ΔE 表示 1mol 原子溶质位于晶内及晶界的内能差

$$\Delta E = N_A \Delta E_a = N_A(E_1 - E_g)$$

$$\frac{E_1 - E_g}{kT} = \frac{\Delta E}{RT}$$

因而有

$$C = \frac{C_0\exp\left(\dfrac{\Delta E}{RT}\right)}{1 - C_0 + C_0\exp\left(\dfrac{\Delta E}{RT}\right)}$$

对于稀固溶体，$C_0 \ll 1$，有

$$C = \frac{C_0\exp\left(\dfrac{\Delta E}{RT}\right)}{1 + C_0\exp\left(\dfrac{\Delta E}{RT}\right)}$$

再进一步近似，可以获得晶界的溶质浓度表达式：

$$C = C_0\exp\left(\frac{\Delta E}{RT}\right)$$

4.4　晶　界　迁　移

晶界迁移主要和两个方面的因素有关。第一个因素是驱动力。引发晶界迁移的驱动力是晶界两侧的化学势差。如果晶界是平直的，则两侧不存在化学势差；如果晶界是曲面，则存在化学势差。假设弯曲曲面晶界的平均曲率为 $\frac{1}{2}\left(\frac{1}{r_1}+\frac{1}{r_2}\right)$，其中 r_1 和 r_2 分别是主曲率半径，晶界两侧的压力差为

$$\Delta p = r_b\left(\frac{1}{r_1}+\frac{1}{r_2}\right)$$

式中：r_b 为晶界能。

在恒温条件下，晶界两侧的化学势差为

$$\Delta\mu = V_m r_b\left(\frac{1}{r_1}+\frac{1}{r_2}\right)$$

式中：V_m 为摩尔体积。

第二个因素是迁移机制和界面结构。小角度晶界和大角度晶界迁移机制不同。对于小角度晶

界，其界面结构主要是位错，所以晶界迁移是通过位错的滑移和攀移来完成的；对于大角度晶界，其晶界结构主要是重合点阵，所以其迁移主要是依赖原子从晶界一侧热激活到另一侧。

4.4.1 小角度晶界的迁移

小角度晶界的迁移如图 4-12 所示。图 4-12 （a）所示为晶界迁移方向和位错的伯氏矢量一致，位错的伯氏矢量和晶界迁移的方向夹角为零，此时位错滑移就可以实现晶界迁移；图 4-12 （b）所示为晶界迁移方向和位错的伯氏矢量不同，此时需要位错的攀移和滑移共同支撑晶界迁移，此时位错的伯氏矢量和晶界迁移的方向夹角不为零；图 4-12 （c）所示为晶界含有两组位错，但是受力状态使位错运动方向相反，此时晶界无法迁移。小角度晶界的迁移率和取向差有关，二者之间关系如下：

$$M_{\text{Lgb}} = k\theta^c$$

其中，c 约为 5.2，$k = 3 \times 10^{-6} \, \text{m}^4/(\text{Js})$。当取向差极小时，$\theta < 2° \sim 3°$ 时，迁移率随着取向差加大而下降；当取向差较大时，迁移率增加。

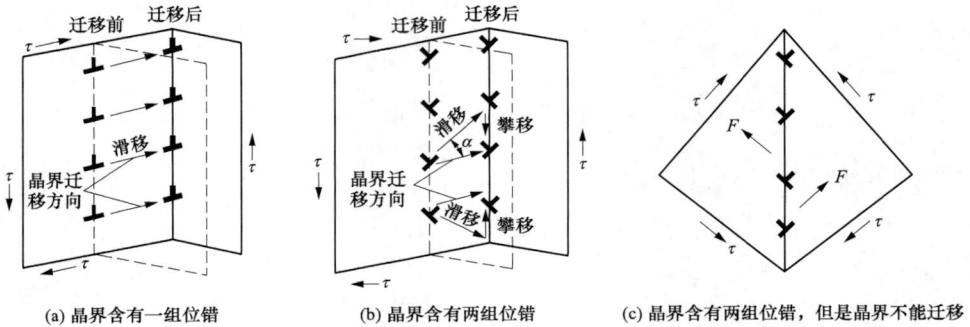

(a) 晶界含有一组位错　　(b) 晶界含有两组位错　　(c) 晶界含有两组位错，但是晶界不能迁移

图 4-12　小角度晶界的迁移

4.4.2 大角度晶界的迁移

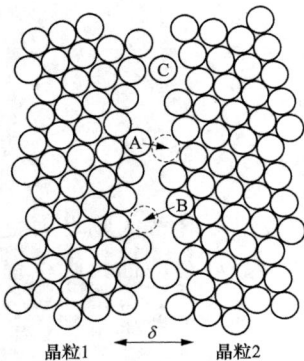

图 4-13　大角度晶界迁移示意

在大角度晶界的迁移过程中，可以想象原子按照如图 4-13 所示的过程进行迁移。图中的 A 和 B 原子，受热激活从一个晶粒进入晶界中，晶界中的 C 原子表示在与另一个晶粒连接，如果垂直界面两个相反方向的原子流量相等，则晶界是静止的。但如果存在晶界迁移驱动力，则有一个方向的流量比相反方向的流量大，这就导致晶界迁移。

假设大角度晶界的晶界厚度为 δ，晶界两侧的自由能差为 ΔG，原子从晶粒分离移动的激活能为 ΔG_{m}，在单位时间能从晶粒跳跃分离出来的次数为 $\nu \exp\left(-\dfrac{\Delta G_{\text{m}}}{k_{\text{B}} T}\right)$，其中，$\nu$ 为原子振动频率。在迁移过程中，如果单位面积晶界上有 n 个可能跳跃分离的位置，那么在迁移过程中，从晶粒 1 到晶粒 2 的原子流量为

$$J_{1\text{-}2} = A_j A_{\text{A}} n \nu \exp\left(-\frac{\Delta G_{\text{m}}}{k_{\text{B}} T}\right)$$

其中，A_j 为晶界结构因子，它表示上述 n 个可能跳跃分离的位置中可以实现真正跳跃分离的概率；A_{A} 为适应因子，代表 $A_j n$ 个真正实现跳跃分离的原子中成功跳跃到对方晶粒中的概率。

同理，可以计算从晶粒 2 到晶粒 1 的原子流量为

$$J_{2-1} = A_j A_A n v \exp\left(-\frac{\Delta G_m + \Delta G}{k_B T}\right)$$

从晶粒 1 到晶粒 2 的净原子流量 J 为

$$J = J_{1-2} - J_{2-1} = A_j A_A n v \exp\left(-\frac{\Delta G_m}{k_B T}\right) \left[1 - \exp\left(-\frac{\Delta G}{k_B T}\right)\right]$$

设原子间距为 b，则晶界迁移速率 v 为

$$v = J\frac{b}{n} = A_j A_A b v \exp\left(-\frac{\Delta G_m}{k_B T}\right) \left[1 - \exp\left(-\frac{\Delta G}{k_B T}\right)\right]$$

上面求出了大角度晶界的晶界迁移速率。下面利用这个公式，以再结晶晶粒长大来进一步说明晶界的迁移速率。该实例中涉及再结晶、扩散等知识，将在后续的学习中介绍。对于再结晶过程中的晶粒长大，长大的驱动力很小，一般认为

$$\Delta G = \Delta p V_{a1} \approx \Delta p b^3$$

其中，Δp 为驱动压力；V_{a1} 为原子体积，近似等于 b^3。如果 $\Delta p b^3 \ll k_B T$，把 $\exp\left(-\frac{\Delta G}{k_B T}\right)$ 按级数展开，忽略高次项，则迁移速率 v 表达式变为

$$v = A_j A_A b v \exp\left(-\frac{\Delta G_m}{k_B T}\right) \frac{\Delta p b^3}{k_B T} \tag{4-7}$$

其中，$A_j A_A b^2 v \exp\left(-\frac{\Delta G_m}{k_B T}\right)$ 近似等于自扩散系数 D_s，式（4-7）简化为

$$v = \frac{b^2 D_s}{k_B T} \Delta p$$

可知此时的晶界迁移率为

$$M = \frac{b^2 D_s}{k_B T} \Delta p$$

4.5　晶界的其他特性

4.5.1　晶界的平直
晶界处点阵畸变大，存在着晶界能。晶粒的长大和晶界的平直化都能减小晶界面积，从而降低晶界的总能量，这是一个自发过程，如图 4-14 所示。晶粒的长大和晶界的平直化均需通过原子的扩散来实现，因此温度的升高和保温时间的增长，均有利于这两个过程的进行。典型的实例是当相交于一点的三晶粒晶界将由于能量平衡，彼此交角为 $120°$。理想晶粒形状是正六变形，此时系统的界面能量最小。当晶粒小于或者大于六边形时，晶界将是弯曲的。

4.5.2　晶界处原子无规排列
晶界处原子排列不规则，因此在常温下晶界的存在会对位错的运动起阻碍作用，致使塑性变形抗力提高，宏观表现为晶界较晶粒内部具有更高的强度和硬度。晶粒越细，材料的强度一般越高，可以实现晶粒细小强化；而高温下则相反，因高温下晶界存在一定的黏滞性，易使相邻晶粒产生相对滑动。

4.5.3　晶界处缺陷
晶界处原子偏离平衡位置，具有较高的动能，并且晶界处存在较多的缺陷如空穴、杂质原子、位错等，因此晶界处原子的扩散速度要比在晶粒内部快得多。

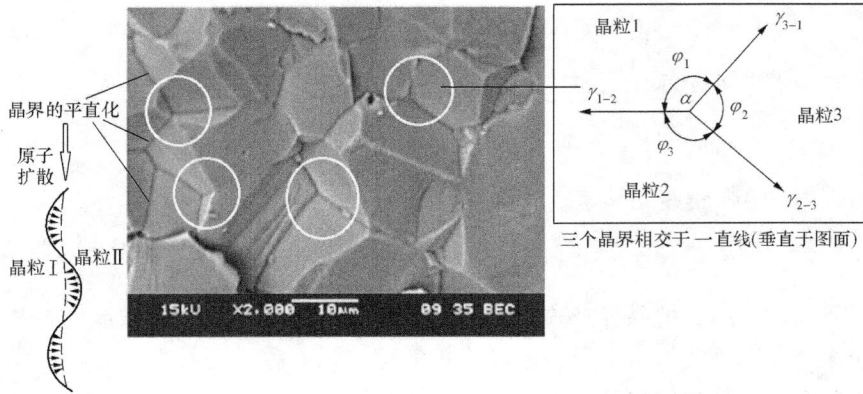

图 4-14 晶界的平直

4.5.4 晶界新相形核

在固态相变过程中，由于晶界处原子活动能力较大，所以新相易于在晶界处优先形核。显然，原始晶粒越细，晶界越多，则新相形核率也相应越高。

4.5.5 杂质晶界富集

由于成分偏析和内吸附现象，以及前面叙述的晶界偏析，特别是晶界富集杂质原子的情况下，往往晶界熔点较低，故在加热过程中，因温度过高将引起晶界熔化和氧化，导致产生过热现象。

4.5.6 晶界腐蚀

由于晶界能量较高、原子处于不稳定状态及晶界富集杂质原子的缘故，与晶粒内部相比，晶界的腐蚀速度一般较快。这就是用腐蚀剂显示金相样品组织的依据，也是某些金属材料在使用中发生晶间腐蚀破坏的原因。

4.6 纳米晶晶界

4.6.1 纳米晶体的晶界结构

纳米晶体是指晶粒尺寸为纳米级别（通常 $1\sim100\mathrm{nm}$）的晶体材料。纳米晶体晶粒细小，相比于普通的晶体材料，晶界数量增加，晶界可占整个材料的 50% 或更多。研究表明：纳米材料的界面原子呈现出一种新的固态结构，其原子排列既不同于有序的结晶态，也不同于无序的非晶态，其性能也不同于相同成分的普通晶体或非晶体。纳米晶体的晶界结构研究一直是纳米材料研究领域的热点，但目前尚无统一的观点。其主要观点如下：

（1）类气态结构。根据纳米固体材料 Fe 的 X 射线衍射及穆斯堡尔谱、Cu 的 EXAFS 结果，Gleiter 等人指出纳米晶体中的界面与普通多晶体中的界面结构不同，具有很大的过剩体积（30%）和过剩能，认为其界面结构为一种既不是长程有序又不是短程有序的类气态结构。

（2）界面有序模型。该模型认为纳米固体晶体的晶界结构类似于一般多晶材料中的晶界，晶界处存在一定的畸变，其畸变宽度为 0.2nm。但是纳米材料的晶界处存在着短程有序的结构单元，原子保持一定的有序度，而且这种有序的结构单元趋于低能态排列。

（3）界面无序模型。许多研究结果表明，纳米晶界的结构受到晶粒取向和外场作用等因素的影响。研究发现晶界存在位错和部分无序结构，即某些晶界处于有序结构，另外一些晶界则表现出较大的无序程度，而且这种部分无序的结构在一定条件下还会转化。

（4）界面缺陷模型。该模型的基本观点是认为晶界缺陷密度很高。随着纳米粒子尺寸减小，晶界数量增加的同时界面中三叉晶界的数量也随之增大，引发界面中形成大量缺陷。所谓三叉晶界是指三个或者三个以上相邻晶粒之间的交叉区域，也称为旋错。三叉晶界对晶粒尺寸的敏感性远远高于晶界。计算表明：当晶粒直径从 100nm 降低到 2nm 时，三叉晶界体积分数增加 3 个数量级，而晶界体积分数仅仅增加 1 个数量级。

（5）界面可变模型。由于界面原子的原子间距、原子排列缺陷和配位数的不同，界面上能量差别很大，使纳米块状材料的表面平移周期遭到了很大的破坏，晶格常数也发生了变化，这种复杂的相互作用和表面状态导致界面结构具有多样性，不能采用单一模式去概括所有界面的特征。例如，针对纳米 Pd 薄膜的研究表明了晶界结构具有多样性。部分晶界界面具有有序性，而部分晶粒之间则可以观察到原子排列十分混乱。

综上所述，纳米晶体晶界的典型特点表现为三叉晶界、晶界具有大量未被原子占据的空间和过剩体积、较低的配位数和密度、大的原子均方间距等。

4.6.2 纳米晶体中晶界的体积分数

假设纳米晶体中平均晶粒尺寸为 d，则一个晶粒的平均体积 V 和每个晶粒的晶界面积 S 为
$$V = \alpha d^3, \ S = \beta d^2$$
其中，α、β 为形状因子。从而，单位体积的晶粒数量 N_{grain} 和晶界面积 A 为
$$N_{\text{grain}} = 1/\alpha d^3,$$
$$A = \beta/\alpha d$$

令 $\xi = \dfrac{\beta}{\alpha}$，晶界界面的平均厚度为 λ，则晶界和晶内所占的体积分数 f_{GB}、f_{G} 为
$$f_{\text{GB}} = \frac{\xi\lambda}{d}, \ f_{\text{G}} = 1 - \frac{\xi\lambda}{d}$$

可以看出，晶粒直径尺寸越小，晶界所占的体积分数越大。

对于二元合金，溶质在晶界和晶粒内部的浓度和晶粒直径之间关系可表示为
$$c = \frac{c_{\text{G}}\rho_{\text{G}} + \Gamma\dfrac{\xi}{d}}{\rho_{\text{G}} + (\rho_{\text{GB}} - \rho_{\text{G}})\dfrac{\lambda\xi}{d}}$$
$$\Gamma = \lambda(c_{\text{GB}}\rho_{\text{GB}} - c_{\text{G}}\rho_{\text{G}})$$

式中：c 为合金的平均浓度；Γ 为晶界的过剩原子数；c_{GB}、c_{G} 分别为晶界和晶粒内部的浓度；ρ_{GB}、ρ_{G} 分别为晶界和晶内的密度。

如果考虑晶界偏聚的能量 $\Delta\varepsilon$，则表达式如下：
$$c_{\text{GB}} = \frac{c_{\text{G}}\exp\left(\dfrac{\Delta\varepsilon}{k_{\text{B}}T}\right)}{1 - c_{\text{G}} + c_{\text{G}}\exp\left(\dfrac{\Delta\varepsilon}{k_{\text{B}}T}\right)}$$

4.7 相 和 相 界

相是合金中具有相同聚集状态、相同晶体结构和性质、并以界面相互分开的均匀部分组成部分。所谓均匀是指其分散度达到分子或离子大小的数量级（分散粒子直径小于 10^{-9}m）。

　　相的概念在材料科学中非常重要。化合物是元素之间通过化学反应，借助于共价键或者离子键形成而获得的，但是相不一定非要通过化学反应形成，还可以通过间隙尺寸、电子浓度等条件形成。因此，化合物的概念相对狭窄，它只是相的一种。相比于化合物，相的概念要宽泛得多。材料科学研究中，更多关注的是材料中出现的新相或者特殊相。此外，由于相和相之间通常具有明显不同的聚集状态和晶体结构，因此相与相之间会出现明显的分界。在分界面上宏观性质的改变是飞跃式的。这说明相和相之间是有界面的，所谓的相界，即由结构不同或结构相同而成分不同的两相之间的分界面。

　　相界面的特点之一是存在明显的界面能量。相界面是两相的交界区域，其上面的原子排列需同时与两侧晶体表面质点进行键合，界面相邻的两相由于晶体结构不同通常会存在点阵位置的差别，这样，点阵位置的不一致性就会增加界面原子的能量，从而产生界面能，其大小与点阵位置不一致的程度有关。但是需要说明的是，在界面上，每个质点需同时与两侧晶体表面质点进行键合，同时尽量处于低能状态。

　　相界面在结构上的特点可以通过错配度的概念来描述。错配度是描述相界面两侧相的晶格参数大小的差别，如果假设构成相界面的两相分别为 α 和 β 相，错配度具体可以表达式为

$$\delta = \frac{a_\alpha - a_\beta}{a_\alpha}$$

其中，a_α 和 a_β 分别为 α 和 β 相在无应力状态的点阵常数。按照相界面的错配程度，相界面可以分为共格界面、半共格界面和非共格界面。

　　（1）共格界面。构成相界的两相，晶格点阵类型和点阵常数等在量值上相当，界面质点同时处于两点阵的结点上，将构成共格界面。当界面上的原子间距差别不大时，为了保持界面上的共格，通过一定的弹性畸变，界面上点阵也是能够保持共格的，这类相界面也属于共格界面。共格界面的理想情况可以认为错配度为零，一般小于 0.05。

　　（2）半共格界面。成相界的两相，晶格点阵类型和点阵常数等在量值上相差较大，相界面上两侧原子不能一一对应，即使通过有效弹性应力场也无法实现共格。界面处会出现位错，降低界面能量的同时，协调两相原子在界面上的匹配，此时形成的界面错配度较大，一般为 0.05～0.25，这类界面称为半共格界面。因此，半共格界面本质上是借助于位错才能维持其共格性的界面。

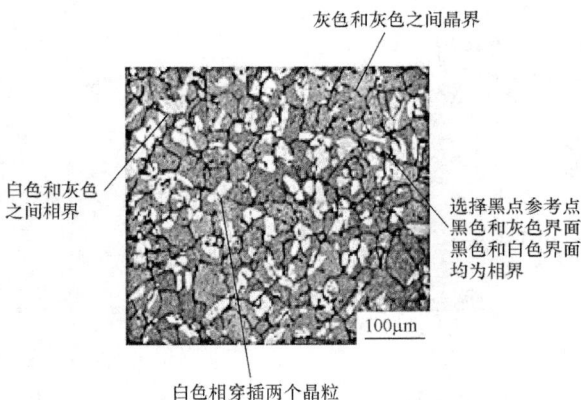

灰色和灰色之间晶界
白色和灰色之间相界
选择黑点参考点黑色和灰色界面黑色和白色界面均为相界
100μm
白色相穿插两个晶粒

图 4-15　相界和晶界的区别

　　（3）当两相在相界面处的原子排列相差很大时，错配度非常高，界面原子之间只能通过和大角度晶界相似的界面协调。这种界面称为非共格界面，可以看成是构成相界两相之间由原子不规则排列形成的过渡层。

　　相界和晶界都可以通过简单的金相技术或者电镜技术得到很好的观察。图 4-15 所示为相界和晶界的区别说明。图中有黑色实心点区域、浅灰色区域和白色区域。这些不同颜色的区域可以看成是不同的相。不同颜色的区域之间交界即为相界，而晶界则有所不同，如图中所示晶界，深黑色界限，其左、右两侧均为浅灰色区域。

第 5 章　晶体的塑性变形

晶体的塑性变形是指晶体在受到外力的作用下，彻底断裂失效前的变形行为。本章以金属材料为例，重点讲解晶体宏观塑性变形的微观本质。通过系统学习，掌握宏观塑性变形和微观组织缺陷尤其是位错之间的内在关联，为材料加工及其工艺等相关专业课程的学习奠定专业基础理论。本章主要包括以下知识点：

（1）固体材料的基础力学变形行为及其微观机制。

（2）室温条件下，单晶体、多晶体、单相、多相材料的塑性变形及其强化机理。

（3）温度对塑性变形的影响，介绍材料在高温条件下热加工的力学行为特点，重点讲解回复和再结晶。

5.1　材料的塑性变形

5.1.1　临界切分应力

拉伸试验是材料机械性能试验的基本方法之一，主要用于检验材料是否符合规定的标准和研究材料的性能。图 5-1 所示为低碳钢在单向拉伸状态下的应力-应变曲线，由图可以看到材料在拉伸状态下的变形包括四个阶段：

（1）Ob 段弹性阶段。此阶段最大的特点是应力和应变之间呈明显的线性关系，撤出外力后，材料变形彻底消失。此阶段线性关系保持的最高点，σ_p 称为比例极限。σ_e 称为弹性极限，如果外力超过此极限，材料形变在撤出外力后不能全部消失而恢复原状。因此，Ob 阶段称为弹性阶段。衡量材料弹性行为难易的物理

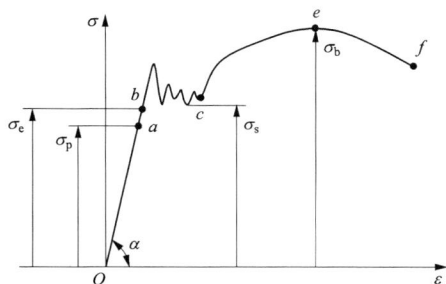

图 5-1　低碳钢在单向拉伸状态下的应力-应变曲线

量称为弹性模量，数值上等于 Ob 段直线的斜率，代表材料在外力作用下产生单位弹性变形所需要的应力。弹性模量的值越大，使材料发生一定弹性变形的应力就越大，即材料刚度越大，在一定应力作用下，发生弹性变形越小。

（2）bc 段屈服阶段。曲线超过 b 点，出现明显锯齿形，代表弹性行为的终结和塑性行为的开始阶段。bc 段称为屈服阶段，屈服阶段卸载，材料将出现不能消失的变形。屈服阶段曲线对应的最低应力是屈服强度 σ_s，是衡量材料强度的一个重要指标。塑性变形和弹性变形最大的不同体现在外力撤销后，存在残留形变。

（3）ce 段强化阶段。此阶段曲线呈现上升趋势，表明随着应变加强，外力也增加，出现明显的强化效果，其中最高点 σ_b 为抗拉强度。

（4）ef 段缩颈断裂阶段。材料在拉伸变形过程中，一般会出现缩颈现象。一般情况下，e 点前为均匀性变阶段，e 点后出现不均匀性变，产生缩颈，继续拉伸，材料出现断裂，ef 段为缩颈断裂阶段。

　　晶体的塑性变形是材料断裂前的主要失效模式，下面首先从单晶体开始研究材料的塑性变形。单晶体经过拉伸试验，进行适当的塑性变形后，不需腐蚀即可在光学显微镜下观察到表面有许多平等或交叉的线，如图 5-2 所示，这些即是滑移后留下的痕迹，称为滑移带。滑移带的尺度约为 1000 个原子间距。如果用更高倍的电子显微镜复型观察，可发现滑移带是由更多更细的平行线构成，这些细线称为滑移线。滑移线的间距大约为 100 个原子间距。

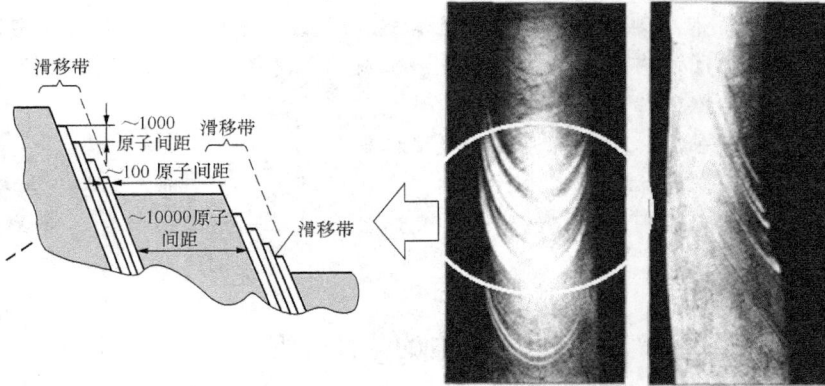

图 5-2　滑移带和滑移线示意

　　如图 5-3 所示，有一横截面积为 A 的圆柱形单晶体受轴向拉力 F 的作用，ϕ 为外力 F 轴向与滑移面法线的夹角，λ 为外力 F 与滑移方向的夹角，在滑移方向 F 的分力为 $F\cos\lambda$，而滑移面的面积为 $A/\cos\phi$。于是，外力在该滑移面沿滑移方向的分切应力 τ 为

$$\tau = \frac{F}{A}\cos\phi\cos\lambda \tag{5-1}$$

　　其中，F/A 为试样拉伸时横截面上的正应力。当滑移界面中的分切应力达到或者超过某一临界值，也就是该位错运动所需要克服的阻力大小时，理论上，位错就会开始运动。通常把位错运动所需要的最小分切应力称为临界分切应力。理论上，如果位错开始滑移，则 F/A 应为宏观上的起始屈服强度 σ_s，$\cos\phi\cos\lambda$ 称为取向因子或施密特因子。很显然，针对式（5-1），对于任一给定 ϕ 角，若滑移方向位于 F 与滑移面法线所组成的平面上，即 $\phi + \lambda = 90°$，则沿此方向的 τ 值较其他 λ 时的 τ 值大，这时取向因子 $\cos\phi\cos\lambda = \cos\phi\cos(90-\phi) = \frac{1}{2}\sin 2\phi$。当 $\phi = 45°$ 时，取向因子 $\cos\phi\cos\lambda$ 具有最大值 0.5，此时 σ_s 最小，故该取向为最有利于滑移的取向，称为软取向。当 $\phi = 90°$ 或 $\lambda = 90°$ 时，σ_s 均为无限大，故不能滑移，该取向为最不利于滑移的取向，称为硬取向。

　　根据位错学理论，晶体的滑移是在切应力作用下通过位错滑移来实现的。要使某个滑移面上的位错开始运动，作用到位错上的力必须高于位错运动所受到的阻力。因此，宏观上所受外力导致晶面受到的分切应力必须高于临界分切应力，只有这种情况下，该滑移面的位错才有可能沿着滑移方向滑移。此即临界分切应力定律。

　　在滑移、孪生（后续学习将介绍）变形中，一般均须满足一定的临界分切应力，通常孪生变形所需的临界分切应力远高于位错滑移临界分切应力。滑移的临界分切应力本质上表示滑移的切变抗力，它从微观上反映位错运动的阻力大小，从宏观上反映单晶体受力屈服的起始。影响其大小的因素很多，如晶体的类型、纯度、温度等，还与该晶体的加工和处理状态、变形速度，以及滑移系类型等因素有关。

临界切分应力决定晶体滑移的驱动力，晶体的滑移方向则和滑移系有关。根据晶体学知识，位错滑移的滑移面和滑移方向通常为晶体的密排面和密排晶向。不同晶体结构具有不同的密排面和密排晶向，所以不同晶体结构具有不同的滑移面和滑移方向。面心立方晶体的滑移面为〔111〕晶面，共有 4 个，滑移方向为〈110〉晶向，共有 3 个；体心立方晶体无明确的密排晶面，它的滑移面可以选择密排面〔110〕，或在一定条件下选择次密排面〔112〕和〔123〕，其滑移面受合金成分、温度和应变速率等因素的影响，但滑移方向总是〈111〉；密

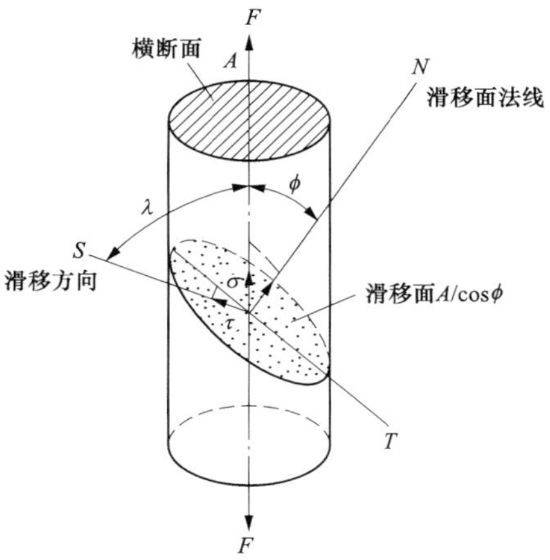

图 5-3　分切应力的计算分析

排六面晶体的滑移面和滑移方向和轴比 c/a 有关。当 $c/a \geqslant 1.633$ 时，如 Mg、Cd、Zn 等，其滑移面为〔0001〕滑移方向为〈11$\bar{2}$0〉；当 $c/a < 1.633$ 时，除〔0001〕滑移面外，滑移也可发生于〔10$\bar{1}$1〕或〔10$\bar{1}$0〕等晶面，滑移方向不变。

在材料学研究中，通常把一个滑移面和此面上的一个滑移方向合起来称为一个滑移系统，简称滑移系，表征晶体在滑移时可能采取的一个空间取向。按照此规则，面心立方晶体的潜在滑移系共有 12 个，体心立方晶体的潜在滑移系共有 48 个，密排六方晶体的潜在滑移系仅有 3 个。

影响材料塑性变形能力的因素很多，如材料的晶格阻力、原子排列、加工硬化程度等。滑移系仅仅是影响材料塑性好坏的因素之一，在其他条件相同时，晶体中的滑移系越多，滑移越容易进行，它的塑性便越好。综上所述，单晶体在塑性变形过程中，其滑移线形成主要与外力大小、临界切分应力和位错阻力有关。当外力作用在某一个晶面的力高于临界分切应力，该晶面上位错将发生运动，滑移到晶体表面形成滑移线。

5.1.2　多系滑移

单晶体滑移时，除了滑移面发生相对位移，还会发生晶面的转动。图 5-4 所示为单晶体拉伸变形过程中的晶面转动示意。如图 5-4（a）左图所示，假设单轴拉伸变形过程中，施加在拉伸单晶体两端的夹头约束去掉，发生在晶面之间的滑移持续进行，最终应为过度滑移导致试样坍塌。但是在试验过程中并没有发生坍塌现象，如图 5-4（a）右图所示，这说明在变形过程中同时发生了晶体转动。在试验中，由于存在夹头约束，滑移面在约束的情况下会发生转动，导致滑移进行中，试样尽管有所弯曲，但是不发生彻底的坍塌。和拉伸时发生晶面转动类似，晶体受压变形时也要发生晶面转动，但转动的结果是使滑移面逐渐趋于与压力轴线相垂直，如图 5-4（b）所示。

晶面发生转动的一个后果是导致分切应力式（5-1）中的角度发生改变，进而改变不同晶面的切分应力值，使原来不利于滑移的晶面具备滑移的条件，出现多系滑移。相对于只有一个滑移系进行滑移，滑移线呈一系列彼此平行的直线的单滑移，多滑移往往可以在有两组或两组以上的不同滑移系上同时或交替地进行滑移。宏观上，它们的滑移线通常表现为折线或波纹状。多系滑移不同于交滑移。交滑移是指螺位错在不改变滑移方向的前提下，从一个滑移面转到相交接的另一个与原来滑移面平行的滑移面的过程。因此，交滑移的实质是两个或多个滑移面沿

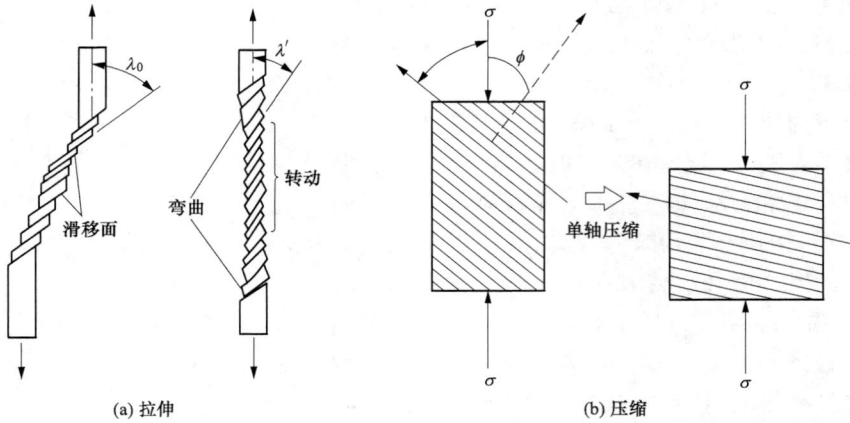

图 5-4　单晶体变形过程中的晶面转动

着某个共同的滑移方向同时或交替滑移。

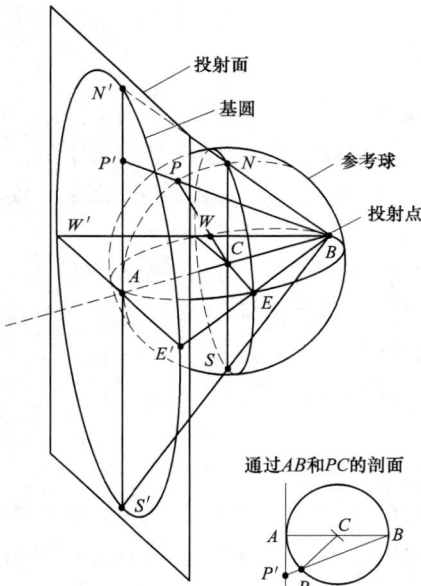

图 5-5　极射投影原理示意

多滑移的后果是一方面由于具有多个滑移面，所以可以使滑移具有更大的灵活性；另一方面在多系滑移的情况下，不同滑移系的位错会产生相互交截，从而给位错的继续运动带来困难，从该角度讲，多滑移也是一种重要的强化机制。

单晶体的晶面转动可以采用极射投影图进行描述。图 5-5 所示为极射投影原理示意。极射投影图的基本原理是将多晶体放置于参考球的中心位置，某一个设定的 $\{hkl\}$ 晶面的法线和球面的交点即为极点，然后将其在极射赤面投影，所获得图形即为极图。

依据极射投影图，下面采用立方晶系的投影图来说明如何确定初始滑移系和晶体转动。图 5-6（a）所示为面心立方晶系（001）标准投影图。图中有若干个取向三角形。对于每个取向三角形来说，力轴的位置有三角形内部、三角形边上和三角形顶点三种。当力轴位于取向三角形内部时，始滑移系只是晶体中的一个滑移系；当位于一条边上时，由于力轴为其两侧的两个三角形所共有，故始滑移系是晶体的两个等价的滑移系；同理，当位于三角形的一个顶点时，始滑移系可以是晶体的四个等价的滑移系（如力轴位于 011 型顶点）或六个等价的滑移系（如力轴位于 111 型顶点）或八个等价的滑移系（如力轴位于 001 型顶点）。

明确了立轴的位置，利用极射投影图可以确定初始滑移系。在立方晶系标准投影图中，在力轴所在的取向三角形中，找到与晶体滑移面指数类型相同的那个顶点；然后以该点的对边为镜面，该顶点的镜面映像点对应的指数就是始滑移面指数。同样，在力轴所在取向三角形中，找到与晶体滑移方向指数类型相同的那个顶点；然后以该点的对边为镜面，该顶点的镜面映像就是始滑移方向。以力轴为 [123] 的面心立方单晶体拉伸为例，面心立方的滑移面为 $\{111\}$，滑移方向为 $\langle 110 \rangle$。由图 5-6（a）可见，力轴 123 位于取向三角形 001-011-111 内，以取向三角形的 111 顶点的对边 001 – 011 为镜面，111 顶点的映像是（$\overline{1}$11），即始滑移面为（$\overline{1}$11）；以三角形的 001 – 111 边为镜面，011 顶点的映像是 101，即始滑移方向为［101］。故初始滑移系为（$\overline{1}$11）［101］。

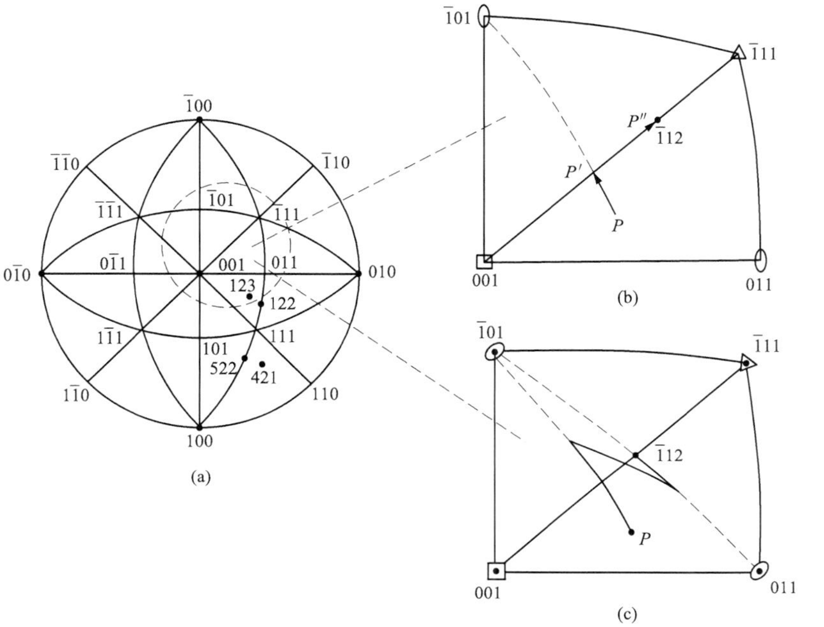

图 5-6　采用极射投影图确定初始滑移系和多系滑移

　　下面以面心立方晶系（001）标准投影图为例说明多系滑移，见图 5-6（b）、（c）。图示取向三角形中，开始 P 点沿着［101］方向滑移，此时滑移系唯一。随着晶体相对于拉伸轴转动，P 到达 P' 点，位于两个取向三角形的交线上。此时，（111）［011］和（$\overline{1}$11）［$\overline{1}$01］均满足临界切分应力的滑移条件，进入双滑移阶段。如果没有发生超射，则滑移沿着 P' 向 P'' 进行；如果发生超射，如图 5-6（c）所示，力轴就会进入另外一个取向三角形，开动共轭滑移系后，力轴会沿着［011］做反向运动，重新回到两个取向三角形的交线上。如果再次发生超射，则重复上述滑移。一般情况下，经过一到两次超射后，力轴就会稳定在两个取向三角形的交线上，继续变形，两个滑移系同时开动，导致力轴沿着交线运动直至到达（$\overline{1}$22）极点位置。

5.2　孪　生

　　单晶体在塑性变形过程中，除了依赖位错滑移形成宏观塑性变形外，当滑移受到阻碍时，晶体内部还可以通过孪生变形来产生对宏观塑性变形的贡献。因此，研究单晶体塑性变形，除了研究位错滑移外，还需要研究孪生。

　　图 5-7（a）所示为孪生变形示意。微观上点阵两部分之间发生相对滑动，发生相对滑动的两部分完整点阵中间存在一个过渡区域。该过渡区域内每层原子相对于其相邻层晶面原子发生滑移，而且滑移量和滑移方向均相同，例如图中 B 层原子相对于 A 层和 C 层原子相对于 B 层

在相同方向发生相同的滑移量。因此，过渡区域的变形本质上属于集体的均匀切变，此类变形称为孪生变形。

孪生变形在某种程度上可以理解为大量集体原子在相同方向上同时发生均匀切变形成的变形。通过孪生变形，在晶体内部形成变形区域和未变形区域，两者呈镜面结构，两区域合称为孪晶，其分界面为孪晶界，孪生变形区域内的滑移方向称为孪晶方向，对应的滑移面为孪晶面。

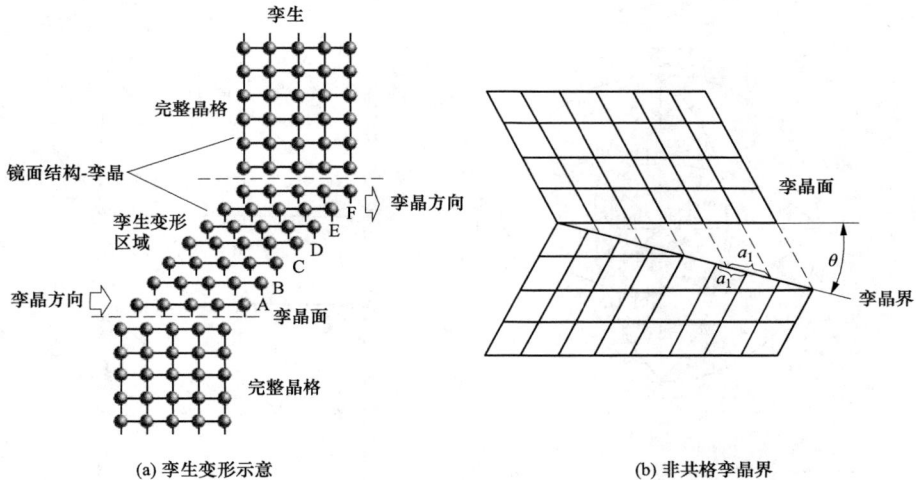

(a) 孪生变形示意　　　　　　　　　(b) 非共格孪晶界

图 5-7　孪生变形示意和非共格孪晶界

孪晶界可以分为共格孪晶界与非共格孪晶界。如果两部分晶体的孪晶面平行于孪晶界，且界面上的原子完全坐落在界面两侧晶体的点阵位置上，与两侧晶体的点阵完全匹配，这种界面称为共格孪晶界。两侧晶体以孪晶界面为对称面，构成镜面对称关系。共格孪晶界一般是晶体中特定的晶面，如面心立方结构中的 {111} 面。沿着孪晶界面，孪晶的两部分完全密合，最近邻关系不发生任何改变，只有次近邻关系才有变化，引入的原子错排的程度很小，界面能量很低，约为普通晶界面能的 1/10，因而很稳定。如果孪晶界相对于孪晶面旋转了一个角度，则得到非共格孪晶界，如图 5-7（b）所示。此时，孪晶界上只有部分原子为两部分晶体所共有，原子错排的程度比较严重，这种孪晶界的能量相对较高，约为普通晶界的 1/2。

大多数金属在适当条件下都可以发生孪生变形，但孪生比滑移所需的临界切应力大得多，只有在滑移很难进行的条件下，才进行孪生变形。因此，和位错滑移对塑性变形的贡献相比，孪生对塑性变形量的直接贡献一般很小。例如，一个密排六方结构的 Zn 晶体单纯依靠孪生变形时，其伸长率仅为 7.2%。尽管如此，由于孪生是微观晶格应对宏观塑性变形产生的妥协行为，在位错滑移无法实现的情况下，通过孪生变形可以改变晶格的位向关系，从而使晶格中某些原来处于不利的滑移系转换到有利于发生滑移的位置，激发进一步的滑移和晶体变形，间接对塑性变形产生贡献。这可以从图 5-8 观察到。

图 5-8（a）所示为面心立方晶体孪生变形时的孪晶面和孪生方向，图 5-8（b）所示为孪生变形时的原子移动。从图 5-8（b）可以看出，均匀切变集中发生在中部，由 AB 至 GH 中的每个（111）面都相对于其邻面沿 $[11\bar{2}]$ 方向移动了大小为 $\dfrac{a}{6}[11\bar{2}]$ 的距离。对比图 5-8（b）中的两个阴影晶胞，可以看到这样的切变并未使晶体的点阵类型发生变化，两个阴影晶胞大小、

体积相同，但是它们的位相明显不同，在均匀切变区中可以导致晶体取向发生变更。上述实例表明在塑性变形过程中，滑移与孪生交替进行，相辅相成，可使晶体获得较大的变形，还可能产生二次孪生。因此，对于低对称性的金属，孪生变形是一种重要的变形方式。

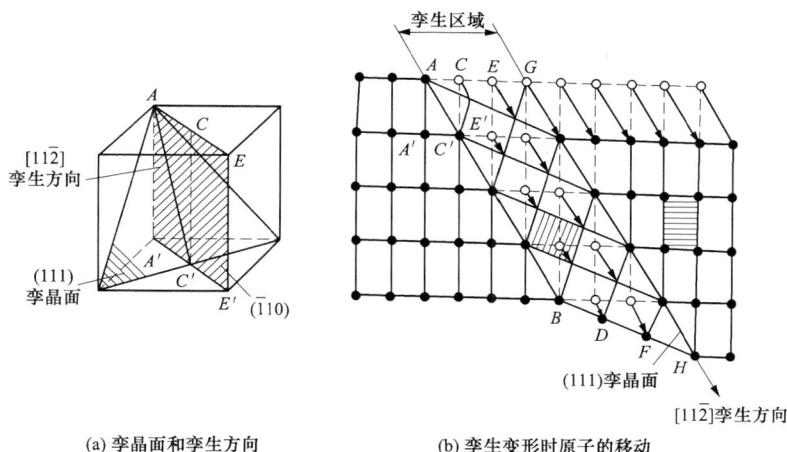

(a) 孪晶面和孪生方向　　　　　　　(b) 孪生变形时原子的移动

图 5-8　面心立方晶体孪生变形示意

　　晶体中孪晶的生长方式有形变孪晶、生长孪晶和退火孪晶。三种孪晶形成的方式不同，分别依赖于变形、生长和热处理形成。形变孪晶是通过机械变形而产生的孪晶，也称为变形孪晶或机械孪晶，通常呈透镜状或片状，多发源于晶界，终止于晶内。生长孪晶是晶体自气态、液态或固体生长过程中所形成的孪晶。退火孪晶是变形金属在其再结晶退火过程中通过堆垛层错地生长形成的孪晶，往往以相互平行的孪晶面为界横贯整个晶粒。一般退火孪晶界面平直，且孪晶片较厚。

　　孪晶的形成过程包括形核和生长。本节以和机械变形有关的形变孪晶为例，介绍两种不同的孪生成核理论。一种是非均匀成核理论。该理论认为形变孪晶的形核和晶体中的应力集中有关。晶体在外力作用下，内部位错发生滑移，位错滑移过程中如果形成位错塞积，在位错塞积群处就会形成应力集中。极高的应力集中会导致晶体内部局部发生集体均匀切变而产生孪晶成核。该理论已经在大多数体心立方结构金属中得到广泛认证。另外一种理论是通过位错增殖的极轴机制。如图 5-9 所示，OA、OB、OC 三条位错线交于 O 点，其中 OA、OB 不在滑移面上，属于不动位错，而 OC 为不全位错，可以绕 O 点在滑移面上滑移。OC 绕 O 点每旋转一圈，就会借助于不动位错实现一次攀移，在垂直于滑移面方向上升一个原子间距，然后在和原来滑移面平行的相邻的晶面上继续旋转滑移。通过这样反复的滑移，在晶体内部就会形成集体的均匀切变，形成孪晶成核。综上所述，两种变形孪晶形核都和位错的运动有关。

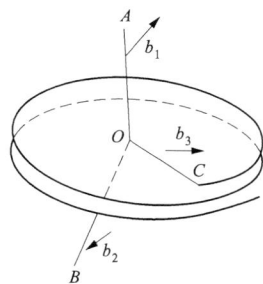

图 5-9　孪生的位错
极轴机制

　　孪生与滑移是晶体塑性变形的两种基本形式。两者有很多共同点，例如宏观上都需要在外力作用才能发生，微观上都是和位错滑移有关，而且都不改变晶体结构。两者也有明显区别，主要体现在以下几个方面：

　　（1）滑移是不均匀切变过程，而孪生则是均匀切变过程。

（2）两者对拉伸应力-应变曲线的影响不同。发生滑移时的应力-应变曲线较光滑、连续；而发生孪生时，应力-应变曲线上会出现锯齿形的变化。

（3）引起孪生的应力不仅取决于源位错的线张力，而且取决于孪晶晶界的表面张力。因此，引起孪生的应力通常比滑移所需的应力大得多。只有在滑移受阻时，应力累积到一定程度，并且达到引发孪生所需的数值时，才会导致孪生变形。

（4）滑移是全位错运动的结果，不改变晶体的位向；孪生是不全位错运动的结果，发生孪生后，虽然点阵类型不变，但是晶体位向发生变化，界面两侧晶体形成镜面对称的位向关系。

（5）孪晶长大的特点速度极快，由于在极短的时间内有相当数量的能量被释放出来，因而有时可伴随明显的声响。

一般情况下，体心立方和面心立方晶体主要以滑移方式变形。当变形条件恶劣时，例如在极低温度下或者高速冲击载荷作用下，均可能出现孪生变形。体心立方金属的孪生面为 $\{112\}$，孪生方向为 $\langle 111 \rangle$；面心立方金属的孪生面为 $\{111\}$，孪生方向为 $\langle 112 \rangle$。在对称性低、滑移系统少的六方晶系金属中，由于晶体的取向常常不利于发生滑移，所以孪生就成为重要的变形方式。密排六方金属的孪生面为 $\{10\overline{1}2\}$，孪生方向为 $\langle 10\overline{1}1 \rangle$。

5.3 单晶体的加工硬化

如图 5-10 所示，外力作用于单晶体表面，根据物理学力的产生和传递原理，外力会通过原子传递，在微观上会间接作用到晶胞上，考虑晶胞是一个立体结构，受到的力会沿着不同位向的晶面及晶向分解，从而在不同晶面、晶向上形成典型的切应力。如果某一个晶面上所受到的力，高于此晶面上的临界分切应力，该晶面上位错会发生运动，通过滑移或者孪生变形，运动到晶体表面时形成滑移线。

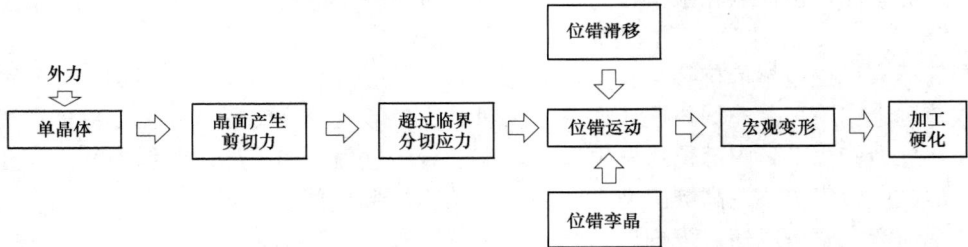

图 5-10 单晶体塑性变形机制

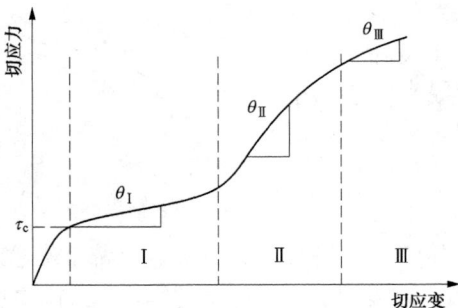

图 5-11 单晶体的切应力-切应变曲线

伴随单晶体的塑性变形，一个常见的现象就是加工硬化。加工硬化就是随着冷变形程度的增加，金属材料强度和硬度指标都有所提高，但塑性、韧性有所下降。金属的加工硬化特性可以从其应力-应变曲线反映出来。图 5-11 所示为金属单晶体的典型应力-应变曲线（加工硬化曲线），其塑性变形是由三个阶段所组成。

第 I 阶段：当切应力达到晶体的临界分切应力值时，变形就开始进入第 I 阶段，此阶段接近于直线，

其斜率 θ_{I} 很小（由于 $\theta = \dfrac{\mathrm{d}\tau}{\mathrm{d}\gamma}$，或 $\theta = \dfrac{\mathrm{d}\sigma}{\mathrm{d}s}$，应力随应变而提高的速率，故称 θ 为加工硬化速率或加工硬化系数），θ_{I} 一般为 $10^{-4}G$ 的数量级（G 是材料的切变模量），说明第 I 阶段的应力增加甚小，硬化效应甚小，通常称为易滑移阶段。

第 II 阶段：其特点是加工硬化十分显著，应力急剧增加，此阶段也呈直线，但 θ_{II} 远远高于 θ_{I}，几乎恒定为 $\dfrac{G}{300}$，第 II 阶段有时称为线性硬化阶段。

第 III 阶段：是加工硬化速率下降区域，θ_{III} 随着应变的增加而不断下降，硬化曲线呈抛物线状，故称为抛物线型硬化曲线。

上述三阶段加工硬化曲线是最典型的情况，实际的加工硬化曲线会因为晶体类型、晶体位向、杂质含量、试验温度等因素的不同而有所变化，但总体而言其基本特征是一样的，只是各阶段的长短有所不同甚至某一阶段未能出现而已。晶体结构对金属单晶体的硬化曲线存在显著影响，其中面心立方晶体显示出典型的三阶段加工硬化情况；密排六方金属的第 I 阶段硬化率 θ_{I} 与面心立方金属相近，但密排六方金属单晶体的第 I 阶段通常很长，远远超过其他结构的晶体，以致其第 II 阶段还未充分发展试样就已经断裂了；高纯度体心立方金属的室温应力-应变曲线也与面心立方金属的曲线相类似，具有加工硬化的三个阶段，但如果含有微量杂质原子，则因杂质与位错交互作用，将产生屈服现象并使曲线有所变化。关于加工硬化的机理讨论如下：

（1）在硬化曲线的第 I 阶段，由于晶体中只有一组滑移系发生滑移，在平行的滑移面上移动的位错很少受其他位错的干扰，故可移动相当长的距离并可能到达晶体表面，这样位错源就能不断地增殖出新位错，使第 I 阶段产生较大的应变。显然，此阶段的位错移动和增殖所遇到的阻力都是很小的，故加工硬化速率很低，θ_{I} 值甚小。

（2）当变形是以两组或多组滑移系进行时，曲线就进入第 II 阶段，由于滑移系上位错的交互作用，生成了割阶、固定位错等障碍，晶体中位错密度迅速增高，产生塞积群或形成位错缠结和胞状亚结构，使位错不能越过这些障碍而被限制在一定范围之内移动。因此，继续变形所需增加的应力是与位错的平均自由程 L 有关，即与 L 成反比关系：

$$\Delta\tau \propto \frac{Gb}{L}$$

这里 L 可用位错平均密度 ρ 表示，$\rho \propto \dfrac{1}{L^2}$，所以 $\Delta\tau \propto Gb\sqrt{\rho}$，即流变应力 τ 与 $\sqrt{\rho}$ 呈线性关系，其关系式为

$$\tau = \tau_0 + \alpha Gb\rho^{\frac{1}{2}} \tag{5-2}$$

式中：τ_0 为无加工硬化时所需的切应力；α 为常数，视材料不同，$\alpha = 0.3 \sim 0.5$。

式（5-2）表明在第 II 阶段中，随着塑性应变的增大，由于晶体中位错密度迅速增高，位错胞的尺寸不断减小，使继续变形的流变应力显著升高，加工硬化系数 θ_{II} 很大。

（3）第 III 阶段是与位错的交滑移过程有关。当流变应力增高到一定程度后，滑移面上的位错可借交滑移绕过障碍，避免了与之发生交互作用，而且异号的螺位错还通过交滑移走到一起，彼此抵消。这些情况就使部分硬化作用被消除掉，通常称为动态回复现象，使加工硬化系数 θ_{III} 下降，曲线呈抛物线型。由于交滑移在 III 阶段中起主要作用。因此，III 阶段的开始与材料的堆垛层错能有关。对于高层错能的材料，在变形过程中全位错不易分解，在较小的应力下就

能容易地发生交滑移，故硬化曲线的第Ⅱ阶段甚短而很快地进入到第Ⅲ阶段；对于低层错能的材料，由于其全位错易分解为两个不全位错加层错的组态，则因交滑移难以发生而具有明显的第Ⅱ阶段。

5.4　多晶体的塑性变形

实际使用的材料通常是由多晶体组成的。多晶体和单晶体在微观结构上的主要区别是多晶体的晶粒不是单一的，而且晶粒和晶粒之间存在明显的晶界。多晶体发生塑性变形时，就单个晶粒而言，变形所遵循的规律与单晶体基本相同。但是由于相邻晶粒之间取向不同及晶界的存在，不仅构成多晶体的各个晶粒在变形过程需要相互协调，而且晶界对塑性变形会产生明显影响。事实上，多晶体在塑性变形过程中，既需要克服晶界的阻碍，又要求各晶粒的变形相互协调与配合，故多晶体的塑性变形比单晶体要相对复杂一些。

5.4.1　多晶体塑性变形

从微观角度看，多晶体的塑性变形存在晶内变形和晶间变形。晶内变形是指多晶体变形时，晶粒内部发生位错滑移或者孪生，形成晶粒变形，变形机制和单晶体变形机制相似。在相同的外力条件下，不同晶粒发生的晶内变形可能不同。同时，在外力作用下，所有的晶粒也不是同时进行滑移的，而是随外力的作用分期分批地进行滑移。发生在不同晶粒内部的晶内变形，在发生塑性变形过程中，会存在晶粒变形的不同时性、不均匀等问题。由于沿着外力 P 的 $45°$ 方向上切应力 τ 最大。因此，晶粒的晶格取向与最大切应力 τ_{max} 方向一致时，最容易产生滑移。而其他方向上取向的晶粒，则随着先滑移的晶粒产生转动变形后，其晶格位向与最大切应力方向趋向一致时，才能进一步产生滑移。因此，为了协调不同晶粒内部发生的不同程度的变形，各个晶粒之间的部分就会发生滑移和转动，通过发生晶间变形，即晶粒、晶粒之间部分的变形，协调确保晶粒在变形过程中的连续性。

为了确保晶间实现有效协调，保持晶粒之间的连续性，除了有效晶间变形外，每个晶粒能在取向最有利的单滑移系上进行滑移外，还必须确保能在几个滑移系（包括取向并非有利的滑移系）上进行滑移，这样多晶体外形形状才能相应地做出各种改变。

理论分析指出，每个晶粒至少在 5 个独立的滑移系上进行滑移，才能满足晶粒之间的变形协调。这是因为任意变形均可用 ε_{xx}、ε_{yy}、ε_{zz}、γ_{xy}、γ_{yz}、γ_{xz} 这 6 个应变分量来表示，但塑性变形时，晶体的体积不变 $\left(\dfrac{\Delta V}{V} = \varepsilon_{xx} + \varepsilon_{yy} + \varepsilon_{zz} = 0\right)$，故只有 5 个独立的应变分量，每个独立的应变分量是由一个独立滑移系来产生的。可见，多晶体的塑性变形是通过各晶粒的多系滑移来保证相互间的协调，即一个多晶体是否能够塑性变形，取决于它是否具备 5 个独立的滑移系来满足各晶粒变形时相互协调的要求。

多晶体中，晶界是典型的面缺陷，晶界上原子排列不规则，点阵畸变严重，且往往有杂质集中。晶界两侧的晶粒取向不同，滑移方向和滑移面彼此也不一致。因此，滑移要从一个晶粒直接延续到下一个晶粒，会不可避免地面临晶界对滑移的阻碍效应。多晶体试样拉伸试验表明：每一晶粒中的滑移带都终止在晶界附近。晶内的位错滑移到晶界，由于晶界的阻碍作用，会在晶界处形成位错塞积。当位错塞积的数目增大到某一数值时，可使位错源停止开动，晶体得到显著强化，此即晶界强化。这种情况下，外加应力必须增大至足以激发大量晶粒中的位错源动作，才能在多晶体中形成滑移，宏观上也才能觉察到明显的塑性变形。因此，多晶体的塑性变形抗力比同种金属的单晶体高得多。

图 5-12 所示为晶界发生位错塞积示意。晶粒 1 在外力作用下发生位错运动并在晶界上产生塞积，晶粒 2 中距离有位错塞积的晶界距离为 r 的位置存在需要驱动的位错源，采用 τ^* 表示晶粒 2 中位错驱动所需要的应力，τ_{app} 表示施加的外力，τ_0 表示晶粒 1 位错运动的本征抗力，则

$$(\tau_{app} - \tau_0)\left(\frac{d}{4r}\right)^{1/2} = \tau^*$$

其中，$\left(\dfrac{d}{4r}\right)^{1/2}$ 为位错塞积引起的应力集中。进一步整理，有

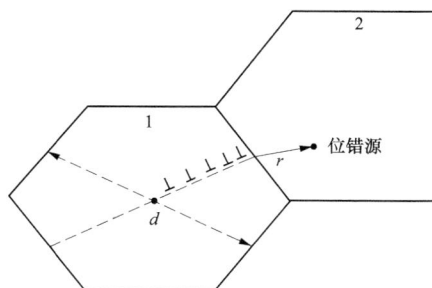

图 5-12　晶界发生位错塞积示意

$$\tau_{app} = \tau_0 + 2\tau^* r^{1/2} d^{-1/2} = \tau_0 + k'_y d^{-1/2}$$

将剪切力改写成拉伸状态的屈服强度，即为著名的霍尔-佩奇（Hall－Petch）公式表示：

$$\sigma_s = \sigma_0 + Kd^{-\frac{1}{2}} \tag{5-3}$$

式中：σ_0 为晶内对变形的阻力，相当于极大单晶的屈服强度；K 为晶界对变形的影响系数，与晶界结构有关。

实践证明，多晶体的强度随其晶粒细化而提高。对于金属材料，具有 Hall－Petch 效应的条件是晶粒尺寸小于 5μm。

晶界强化很显然受晶界数量影响。相邻晶粒的位向差越大及晶界相对于晶粒体积所占的比例越大，则对滑移产生的阻力越大。一般晶粒尺寸越细小，晶界相对于晶粒体积所占的比例越大，单位体积内有利于滑移的晶粒数目也越多，这样变形可以分散在越多的晶粒内进行，金属的塑性和韧性也就会越高。因此，细晶粒的金属不仅强度较高，其塑性和韧性也优于粗晶粒金属。例如相同条件下，纳米晶材料和普通多晶材料相比，屈服强度要高很多。

晶界强化除了晶粒尺寸这个重要影响因素外，随着晶粒尺寸减小，在位错塞积产生的应力集中作用下，伴随着晶粒变形，晶界处还会产生几何必须位错，晶粒尺寸越小，几何必须位错密度越大。考虑几何必须位错密度对强化的贡献，此时

$$\sigma_{flow} = \sigma_0 + \left[k_y + \alpha Gb\left(\frac{\varepsilon}{b}\right)^{1/2}\right]d^{-1/2} = \sigma_0 + k''_y d^{-1/2} \tag{5-4}$$

在中、小应变情况下，随着应变增加，k''_y 增加；在大应变情况下，k''_y 接近稳定数值。式（5-4）表明，多晶体的晶界强化具有明显的尺寸效应。如果进一步考虑胞状结构和亚晶界对位错运动的阻碍，则

$$\sigma_{flow} = \sigma_0 + k'''_y d^{-1/2} \tag{5-5}$$

其中，$k'''_y = (1/5 \sim 1/2)K$。式（5-5）和前述 Hall－Petch 公式（5-3）很相似，k'''_y 越小，说明相对于晶界强化，胞状结构和亚晶界对位错运动的阻碍作用越小。

5.4.2　加工硬化

多晶体经过塑性变形后同样存在加工硬化现象。和单晶体加工硬化相比，多晶体加工硬化的特点主要表现在以下几个方面：

（1）多晶体的应力-应变曲线没有前述单晶体曲线的第Ⅰ阶段。多晶体变形时，发生变形的晶粒不是唯一的，随着晶间变形，大量晶粒会协调发生变形，也就是在晶粒内部会引起位错运动和运动位错密度的增加，和单晶体相比，位错对塑性变形的阻碍要强烈得多。

（2）多晶体加工硬化与晶粒尺寸有关，细晶粒的加工硬化效果优于粗大晶粒的效果。一

般，晶粒尺寸对加工硬化存在影响，尤其是在变形开始阶段较为明显，当变形达到某种程度后，两者的曲线逐渐趋于平行。

（3）多晶体加工硬化效果优于单晶体，其加工硬化速率较单晶体高。

多晶体塑性变形和单晶体一样，晶粒内部会因为外力作用导致位错密度增加，同时位错-位错之间在运动过程中会发生交互作用形成特殊结构（如割阶等），这些结构会进一步通过位错再生提高位错密度的同时，强烈地阻碍位错运动，形成典型的加工硬化。

如果阻碍塑性变形的阻力全部来自所有的位错，此时塑性变形过程中加工硬化第二阶段的剪切流变应力可以采用式（5-2）来表示。其中，α 为经验常数。对于体心立方点阵，$\alpha = 0.4$；对于面心立方点阵，$\alpha = 0.2$。考虑塑性变形过程中，由于位错数量改变和相互作用，随着应力加大，位错组态也会发生改变。应变较小的情况下，位错组态可以看作是单一位错线，随机分布于晶体的三维方向；随着应变加大，位错线相互作用，发生缠结，会在晶体内部形成所谓的类似于胞状的结构，胞状结构的胞壁为高密度的缠结位错，而胞内的位错密度相对较低，即胞状亚结构。胞状亚结构在晶粒中不均匀分布，胞壁中高密度的位错彼此靠节点缠结结合，随着塑性变形的加深，节点间距减小。如果考虑位错组态在塑性变形过程中的变化，按照 KUHL-MANN‐WILSDORF 理论，此时塑性变形过程中的剪切流变应力可以采用下述表达式：

$$\tau = \tau_0 + \frac{K'Gb}{D}$$

式中：D 为胞状亚结构的尺寸；K' 为常数。

5.5 合金的塑性变形

5.5.1 单相固溶体

和单晶、多晶的纯金属比较，单相固溶体合金的最大区别是存在溶质原子。无论是间隙式还是置换式固溶体，不可避免地存在晶格畸变，形成应力场，该应力场在塑性变形的过程中，将和滑移位错发生相互作用。相比于纯金属，溶质原子的存在可以有效提高塑性变形的阻力，即固溶强化。而且大量溶质原子的作用下，单相固溶体合金还会出现明显的屈服点和应变时效现象。因此，单相固溶体合金在塑性变形时所遵循的规律基本和多晶体一致，区别主要体现在固溶强化和固溶的合金元素对屈服行为的影响上。

从微观角度，固溶强化实质是指固溶溶质原子和运动位错之间发生的交互作用，该交互作用影响运动位错，绝大多数情况下对位错运动产生阻碍，形成宏观强化。位错和溶质原子之间的这种相互作用可以受到很多方面的影响，如溶质原子的原子尺寸、溶质原子在溶剂中的分布、溶质原子的模量、溶质原子和位错之间可能的化学或者电子的相互作用、固溶体中的堆垛层错等。对于绝大多数晶体，尺寸效应和模量效应对位错的运动影响较大，是决定固溶强化效果的关键因素。

1. 尺寸效应

以置换固溶体为例，讨论固溶强化的尺寸效应。置换固溶体中，如果置换原子为球形，由于溶质原子和溶剂原子尺寸不同，在置换原子位置周围会形成畸变应力场。根据溶质相对于溶剂的原子尺寸，畸变晶格可以膨胀或者收缩。如果该应力场和运动位错发生相互作用，可以形成溶质原子和位错交互作用的能量，影响位错运动。

对于刃位错，运动过程中如果遇到一个溶质原子的应力场，假设该应力场是由一个原子尺寸小于溶剂的球形置换原子产生的，那么两者之间的相互作用就和溶质原子与位错之间的相对位置有关。根据刃位错的应力场，滑移面上、下分别处于压缩和拉伸状态。如果溶质原子正好在滑移面上，由于其较小原子尺寸形成的应力场和位错应力场可以相互抵消，此时位错和溶质原子之间是相互吸引的；如果溶质原子在滑移面下，此时位错和溶质原子之间是相互排斥的。在大量溶质原子的情况下，考虑到位错线的形态和运动的灵活性，运动位错和溶质原子相互吸引，形成的能量是负值，对较大的溶质原子具有相同的作用规律。此时，会形成溶质原子气团，如柯垂尔气团等。对于螺位错，其应力场主要表现为剪切力，因此当它和固溶的溶质原子相互作用时，不存在明显的尺寸效应。如果溶质原子形成的不是球形的应力场，而是形成四方形的晶格畸变应力场，其在三维方向上的应变明显不同，如图 5-13 所示。图中实线为未变形，虚线为变形后的应变。对于球形，三维应变 $\varepsilon_1 = \varepsilon_2 = \varepsilon_3$；对于四方形，$\varepsilon_1 > 0$，$\varepsilon_2 = \varepsilon_3 < 0$ 或者 $\varepsilon_1 < 0$，$\varepsilon_2 = \varepsilon_3 > 0$。此时，螺位错和溶质应力场之间的相互作用会普遍存在，并成为阻碍运动位错的一个重要因素。如果假设置换原子为球形，溶质原子和刃位错之间形成的交互作用能量可以参考第 3 章线缺陷相关推导。

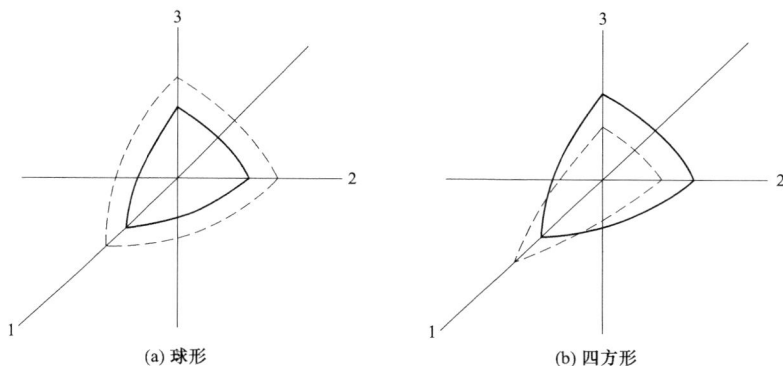

图 5-13　球形和四方应变比较

2. 模量效应

根据位错能量计算的表达式可知，位错的能量本身就和模量有关。实验研究表明：固溶体中，如果溶质原子相对于溶剂原子较软，那么溶质原子和运动位错之间相互作用呈现吸引状态；如果溶质原子相对于溶剂原子较硬，那么溶质原子和运动位错之间相互作用呈现排斥状态，而且模量效应和溶质原子相对于位错线的位置无关。

如果置换原子为球形，溶剂和溶质的原子半径分别为 r 和 $r(1 + \varepsilon_b)$，由于原子尺寸因素，在溶质原子和刃位错之间形成的交互作用能量可以计算如下：

$$U_G^S = \frac{Gb^2 r^3 \varepsilon_G'}{6\pi R^2}$$

$$U_G^E = \frac{U_G^S}{1 - \nu}$$

U_G^S、U_G^E 分别对应螺位错和刃位错情况下的相互作用能量，其中

$$\varepsilon_G' = \frac{\varepsilon_G}{1 + \frac{1}{2}|\varepsilon_G|}$$

这里 ε_G 和 ε_b 相似，表示在单位固溶浓度条件下的剪切模量的变化，有

$$\varepsilon_G = \frac{1}{G}\frac{dG}{dc}$$

模量效应的效果依赖于 ε_G 取值，相应的相互作用能量可正可负，这一点和尺寸效应对相互作用能量的贡献不同。

针对刃位错，综合考虑尺寸效应和模量效应条件下，相互作用能量、力和位置的量化关系如图 5-14 所示。由图 5-14 所示的能量和位置的量化关系可以看出，如果尺寸效应和模量效应下相互作用能量均为负值，彼此强化；如果模量效应的相互作用能量为正值，尺寸效应的相互作用能量为负值，综合考虑两者对强化的贡献相互削弱。相应地，针对图 5-14（a）、（b）实行微分化，可以获得图 5-14（c）、（d）力和位置的量化关系。通过图 5-14（c）、（d）可以得出结论：相比于硬性原子，软性原子更能有效强化晶格的稳定性。对于硬性原子，如果模量效应的相互作用能量高于尺寸效应的相互作用能量，相互作用的净能量值大于零，导致位错和溶质原子之间存在排斥力，如图 5-15 所示。

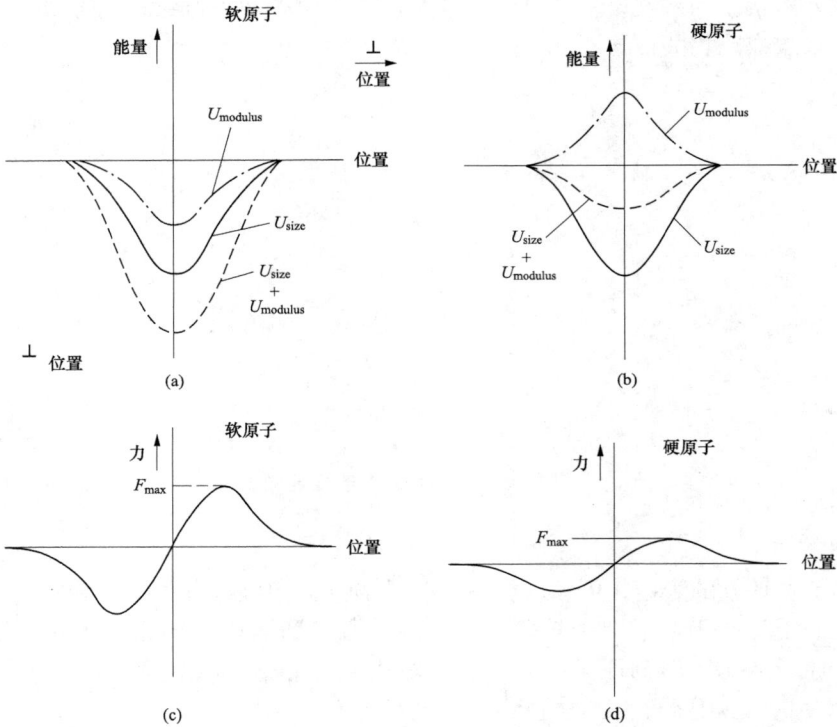

图 5-14 相互作用能量和位错-溶质间距的关系示意 I

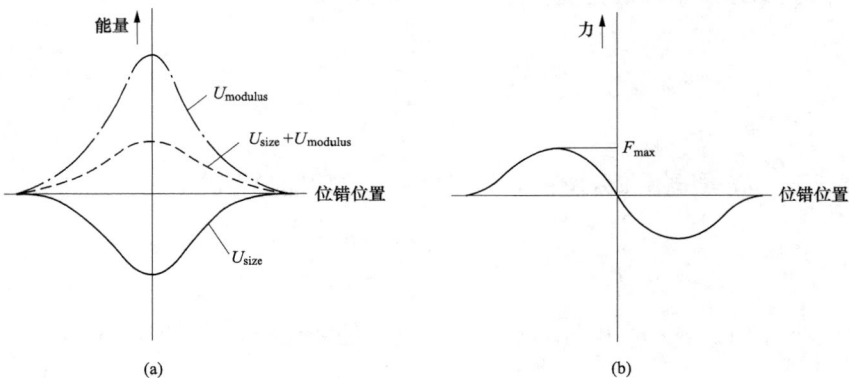

图 5-15 相互作用能量和位错-溶质间距的关系示意 II

此外，溶质在溶剂中的分布状态也会影响固溶强化效果。图 5-16 所示为位错在滑移面上溶质原子的相互作用。图中溶质原子之间的间距为 L'，此时流变应力为

$$\tau = \frac{F_{max}}{bL'}$$

$$F_{max} = Gb^2 \cos\frac{\phi_c}{2}$$

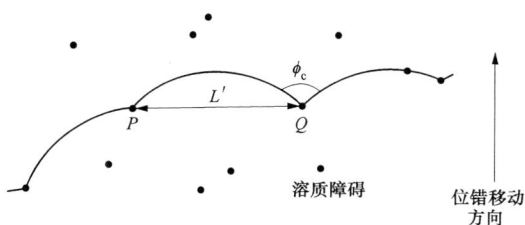

图 5-16　位错在滑移面上溶质原子的相互作用

如果溶质的加入形成的是四方畸变，则

$$L' = \frac{b}{\sqrt{2c}}$$

此种情况下，固溶强化可以表示如下，其中 γ 为常数：

$$\tau_{四方} = \gamma Gb\left(\frac{c^{1/2}}{b}\right) = \gamma G c^{1/2}$$

如果溶质的加入形成的是球形畸变，则

$$\tau_{球} = \frac{G\varepsilon_S^{3/2} c^{1/2}}{700}$$

其中

$$\varepsilon_S = |\varepsilon_G' - 3\varepsilon_b|$$

如前所述，固溶体中溶质原子或杂质原子可以与位错交互作用。这种交互作用会导致溶质原子分布不均匀，优先在有利于团聚的应力状态下聚集，典型的就是前面介绍的柯垂尔气团。柯垂尔气团存在时，应力-应变曲线中上、下屈服点的差别在适当条件下可达 10%～20%，屈服伸长可超过 10%。柯垂尔气团是产生固溶强化的重要原因之一。

5.5.2　多相合金

多相合金与单相固溶体合金的不同之处是除去基体相外，多相合金中尚有其他相存在。其他的相组织对塑性变形的影响和相的数量、尺寸、形状、分布和形变特征，以及它们与基体相的结合状态等因素都有关系，所以多相合金的塑性变形非常复杂。为了简化分析，此处只考虑双相合金，同时根据第二相的粒子尺寸和基体的晶粒尺寸是否相当，分成聚合型和沉淀型两类。

如果第二相的粒子尺寸和基体的晶粒尺寸大小相当，同属于一个数量级，多相合金称为聚合型合金。假设合金变形时两相的应变相似、应力相似，此时合金在一定应变下的平均流变应力和一定应力下的平均应变率就可采用简单加合算法来定性表达，合金的强度基本由较强相及其含量来决定。

沉淀型是指第二相的粒子尺寸和基体的晶粒尺寸相差悬殊，第二相可以认为是细小而弥散地分布在基体晶粒中，此时由于第二相弥散分布，会对位错线滑移产生明显阻碍作用，形成典型的弥散强化。弥散强化可以实现的强化增量可以表示为

$$\Delta\sigma = \frac{6\mu(rf)^{\frac{1}{2}}\varepsilon^{3/2}}{b}$$

式中：$\Delta\sigma$ 为强化增量；μ 为沉淀相切变模量；r 为颗粒半径；f 为沉淀相体积分数；ε 为错配度函数。

弥散强化比较典型的机制就是奥罗万机制。当运动位错与第二相粒子相遇时，将受到粒子阻挡，使位错线绕着它发生弯曲。随着外加应力的增大，位错线受阻部分的弯曲加剧，以致围

绕着粒子的位错线在左右两边相遇，于是正、负位错彼此抵消，形成包围着粒子的位错环留下，而位错线的其余部分则越过粒子继续移动。显然，位错按这种方式移动时受到的阻力是很大的，而且每个留下的位错环要作用于位错源一个反向应力，故继续变形时必须增大应力以克服此反向应力，使流变应力迅速提高，此模型为由奥罗万（E. Orowan）首先提出的，故通常称为奥罗万机制，如图 5-17 所示。

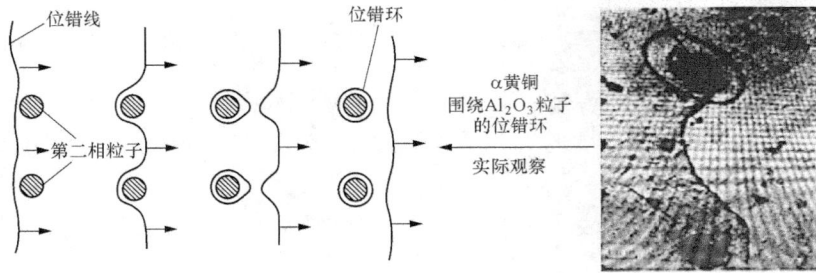

图 5-17　奥罗万机制及其观察

奥罗万机制产生的应力强化增量通常可以估算如下：

$$\Delta\sigma = \frac{0.13\mu b}{\lambda \ln \dfrac{r}{b}}$$

式中：λ 为沉淀相间距。

奥罗万机制生效的一个前提条件是第二相粒子和位错相互作用时不能发生变形，即第二相粒子一定是不可变形粒子。如果第二相粒子是可变形粒子，其在位错的作用下，粒子随同位错切割的基体一起变形，如图 5-18 所示。沉淀相粒子是通过时效处理从过饱和固溶体中析出的，多为可变形粒子，因此可变形粒子强化也称为沉淀相强化。可变形粒子条件下，产生的应力强化增量通常可以估算如下：

$$\Delta\sigma = \frac{2b^{\frac{1}{2}}\gamma_{\alpha\beta}f}{\pi r}$$

式中：$\gamma_{\alpha\beta}$ 为沉淀相与基体的界面能。

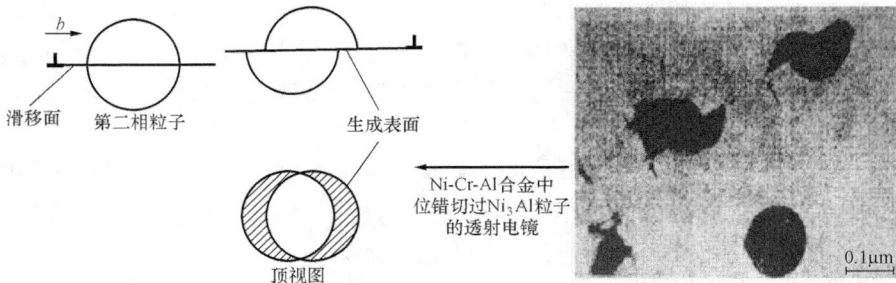

图 5-18　位错切割粒子机制

在可变形粒子条件下，沉淀相对强化的贡献主要体现在以下六个方面：

（1）共格应变强化。第二相粒子相当于基体中的一个错配球，在基体中产生应力与应变场，与位错产生交互作用。例如在铝铜合金中的 GP 区，即属于此种强化。

（2）化学强化作用。主要是位错切过第二相粒子后，第二相粒子变形，和基体之间形成新界面，增加表面能量引起强化。

（3）畴界强化。一般沉淀相为金属间化合物，呈现有序点阵结构，和基体保持共格关系，位错切过有序相粒子时，产生反相畴界，导致系统能量增高而造成强化。

（4）模量强化。第二相粒子的弹性模量和基体的弹性模量不同，导致位错切过粒子时自身的能量发生变化，从而引起强化效应，称为模量强化。位错进入硬粒子时能量升高，位错进入软粒子时能量降低。模量强化所引起的临界切应力增量为

$$\tau_c = \frac{0.8Gb}{L} \times \left(1 - \frac{E_1^2}{E_2^2}\right)^{\frac{1}{2}}$$

式中：G 为基体剪切模量；L 为粒子的平均间距；E_1 为软相（基体相）弹性模量；E_2 为硬相（强化相）弹性模量。

该强化机制在 Al - Li 合金中已经得到证实。

（5）层错强化。由于粒子的层错能与基体不同，当扩展位错通过后，其宽度会发生变化，引起能量升高，称为层错强化。当沉淀相粒子中的层错能远小于基体的层错能时，层错强化所引起的临界切应力增量为

$$\tau_C = 0.59\left(\frac{\gamma_a - \gamma_\gamma}{b}\right) \left[\frac{3k(\theta)\ln\left(\frac{\gamma_a}{\gamma_\gamma}\right)}{T}\right]^{\frac{1}{3}} Cf^{\frac{2}{3}}$$

$$C = \frac{\overline{w}(1 - 3\pi w)}{32r_i^2}$$

其中，$k(\theta)$ 为 θ 角与扩展位错中部分位错的柏式矢量 $\vec{b}_\gamma$ 有关的系数，$k(\theta) = \frac{Gb^2}{4\pi}$；$\overline{w}$ 为扩展位错的平均宽度。

（6）派纳力强化。主要产生于第二相粒子和基体的 P - N 力不同，强化效果正比于沉淀相和基体的强度差。引起临界切分应力增加为

$$\tau_c = \frac{5.2f^{\frac{2}{3}}r^{\frac{1}{2}}}{G^{\frac{1}{2}}b^2}(\sigma_p - \sigma_m)$$

式中：σ_p 为沉淀相粒子的强度；σ_m 为基体相的强度。

上述六种强化机制为可变形粒子有可能引起的基体强化机制。对于不同体系，可能其中一种或者集中起作用，而且体积分数越大，尺寸越大，强化效果越明显。

5.6　塑性变形对材料显微组织与性能的影响

塑性变形对材料的显微组织影响主要体现在三个方面。

5.6.1　晶粒形状和尺寸

晶粒形状和尺寸会因为塑性变形发生改变。未经过塑性变形的材料的晶粒形状一般为等轴晶粒，塑性变形时，随着变形量的加大，原来的等轴晶粒会逐渐沿其变形方向伸长，变成纤维状的条纹，纤维的分布方向为材料流变伸展的方向。

5.6.2　形变织构

在多晶体中，每个晶粒有不同于邻近晶粒的结晶学取向。从整体看，所有晶粒的取向是任意分布的。而在实际多晶体金属中，经过制备和多种加工成型工艺后，金属内晶粒会呈现择优

取向，即各晶粒取向朝一个或几个特定方位偏聚的现象，称为织构。例如，经过轴向拉拔或压缩的金属或多晶体中，晶粒取向往往以一个或几个平行或近似平行于轴向的结晶学方向为主。

理想的丝织构往往沿材料流变方向对称排列，其织构常用与其平行的晶向指数 $\langle uvw \rangle$ 表示。某些锻压、压缩多晶材料中，晶体往往以某一晶面法线平行于压缩力轴向，此类择优取向称为面织构，常以 $\{hkl\}$ 表示。轧制板材的晶体，既受拉力又受压力，因此除以某些晶体学方向平行于轧制方向外，还以某些晶面平行于轧制面，此类织构称为板织构，常以 $\{hkl\}$ $\langle uvw \rangle$ 表示。择优取向在多晶材料中几乎是无所不在的，织构会使多晶材料物理、力学、化学性能发生各向异性。

晶体中的织构可以采用极图、反极图、指数法、三维取向分布函数法等方法进行表征。最常见的是极图法。极图能够比较全面地反映织构信息，在织构比较强烈的情况下，根据极点的概率分布就能够判断织构的类型与散漫情况，但是在织构相对复杂或者漫散严重导致织构不明显时，需要采用反极图或者分布函数法表征。图 5-19 所示为 $\{100\}$ 面极射赤面投影的多晶体极图。

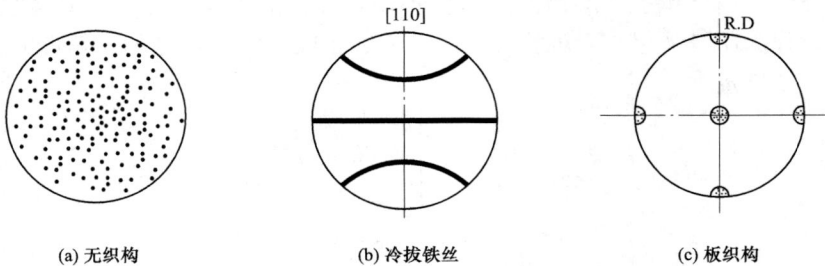

(a) 无织构   (b) 冷拔铁丝   (c) 板织构

图 5-19 $\{100\}$ 面极射赤面投影的多晶体极图

5.6.3 位错缠结

随着变形度的增大，晶体中的位错密度迅速提高，经过严重冷变形后，位错密度可从原先退火态的 $10^6 \sim 10^7 \, \mathrm{cm}^{-2}$ 增至 $10^{11} \sim 10^{12} \, \mathrm{cm}^{-2}$。大量的位错彼此之间必然发生复杂的相互作用，相互作用的后果是在晶体中形成位错缠结，并通过位错相互缠结形成不均匀的位错分布。图 5-20 所示为钼板在加工状态下的位错缠结。进一步增加变形度时，缠结的位错相互作用加剧，形成胞状亚结构，胞状结构典型特点是胞壁为高密度的位错缠结，胞内的位错密度极低，甚至没有。图 5-21 所示为低碳钢的位错胞状亚结构。继续增大变形度，变形胞的数量增多、尺寸减小。如果经过强烈冷轧或冷拉等变形，则伴随纤维组织的出现，其亚结构也将由大量细长状变形胞组成。

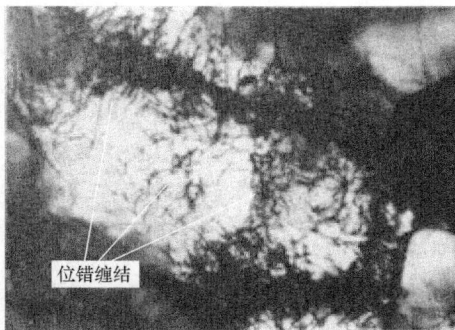

图 5-20 钼板在加工状态下的位错缠结

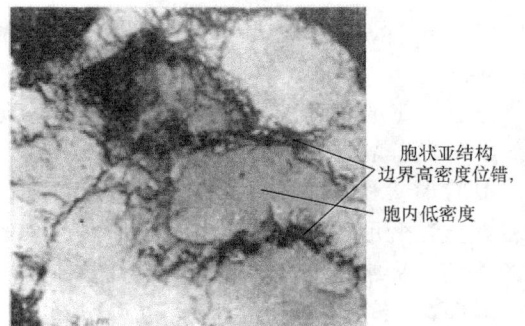

胞状亚结构边界高密度位错，胞内低密度

图 5-21 低碳钢的位错胞状亚结构

塑性变形对材料性能会产生一定的影响。一方面，通过塑性变形提高晶体内位错密度，可以在一定程度上实现性能的强化，即强度增加、塑性减弱。强化途径和强化机理对不同的材料往往不同，主要有冷变形的加工硬化、合金的固溶强化和析出沉淀强化、细晶强化、亚结构强化、多相组织的相变强化等。另一方面，工件经过机械加工或者各种强化工艺，如冷拉、弯曲、切削加工、滚压、喷丸、铸造、锻压、焊接和金属热处理等，由于机械力或者温度等因素导致宏观塑性变形。在外部条件如外力或不均匀的温度场等撤除后，仍然会有一部分残留能量存储于工件中，这部分能量会以一定的内应力的形式发挥作用和影响，即残余应力。

按应力产生的原因划分，残余应力有热应力、相变应力和收缩应力。其中，热应力主要和温度有关，是由于不同部位存在温度差别而导致热胀或冷缩不一致所引起的应力；相变应力是由于某些合金在凝固后冷却过程中或在热处理过程中因工件内发生相变所形成的应力；收缩应力是指铸件在固态收缩时，因受到铸型、型芯、浇铸冒口等的阻碍作用而产生的应力，也称机械阻碍应力。

残余应力还可以按照其平衡范围进行划分，主要有宏观残余应力、微观残余应力和点阵畸变应力。宏观残余应力作用范围包括整个工件，它是由于工件不同部分的宏观变形不均匀性引起的；微观残余应力作用范围与晶粒尺寸相当，它是由于晶粒或亚晶粒之间的变形不均匀性引起的；点阵畸变作用范围是几十至几百纳米，它是由于工件在塑性变形中形成的大量点阵缺陷引起的。

残余应力会导致工件在后续的工作中出现变形、裂纹和断裂。因此，一般需要通过适当的热处理消除。

5.7　静　态　回　复

5.7.1　回复

冷加工通常指金属的切削加工，一般发生在室温，例如车削、锯切、磨削、研磨和抛光等。通过加工可获得规定的几何形状、尺寸和表面质量。有些材料，本身塑性差，在常温下不易变形，在常温下如果强制变形就会产生变形、开裂等问题。在这种情况下，要完成成型工艺，生产上就需要先将工件加热，然后直接在高温情况下进行塑性变形，这就是热变形或者热加工工艺，例如金属铸造、热轧、锻造、焊接等均为典型的热加工。

冷加工过程中主要发生塑性变形，因此冷加工会储存一定的变形能量，导致加工硬化和残余应力。如果工件在进一步使用和加工前，不消除这些加工硬化和残余应力，就会产生加工难度和材料失效。消除加工硬化和残余应力的方法就是针对冷变形金属进行升温加热处理。通过升温加热处理，可以明显改变材料的显微组织。例如，相对于升温前，位错组态和亚结构等都会发生明显改变。通过这些组织变化可以消除冷变形时产生的残余应力，这个过程称为静态回复。

如果材料塑性变形较大，通过回复消耗一部分内储的能量后，仍有大量剩余的能量存储于变形晶体中。在这种情况下，如果继续升温至一定温度，变形晶体中存储的这部分能量会和高温温度共同作用，导致晶粒内部原子发生重组，在原有晶粒基础上，重新形成新的无畸变晶粒，同时原有纤维状晶粒逐步消失，释放大量能量，此过程称为静态再结晶。

如果发生再结晶后继续升高温度，通过再结晶形成的初晶在温度驱动下将发生晶粒长大。此时的晶粒长大为再结晶晶粒长大，长大规律和温度驱动晶粒长大相同。因此，针对变形金属升温，在温度升高过程中，其组织变化包括回复、再结晶和再结晶后的晶粒长大等三个阶段。

　　影响上述阶段发生的主要因素是温度和变形量。对于变形金属升温，一般或多或少会发生回复现象；但是对于再结晶，则是不确定的。如果变形量很小，通过温度升高能形成有限回复，就释放了变形存储能量，后续也就不会发生再结晶。同样，如果变形量很大，但是温度升高有限，也不会发生再结晶过程。再结晶的发生是有条件的：其一是需要经过大塑性变形过程，其二是必须温度高于该材料发生再结晶的温度。纯金属的再结晶温度为 $T_{再} \approx 0.4T_m$，其中，T_m 为纯金属的热力学温度熔点，K。

　　在塑性变形过程中，通过变形提高晶体内部点缺陷浓度、驱动位错运动和再生，然后产生位错缠结，形成割阶等，进一步形成胞状位错结构。回复是温度作用下的上述过程的分解，可以认为是塑性变形的逆过程。借助于升高的温度，塑性变形晶体中的点缺陷和位错进行逆向运动，释放存储的畸变能量。因此，回复过程中，显微结构的变化也是与点缺陷和位错的运动有关，只不过此时驱动它们运动的不是外力，而是温度。由于点缺陷和位错等缺陷运动需要的激活能量不同，所以回复过程的显微组织变化往往和温度有关。

　　(1) 低温回复阶段。点缺陷的特点是激活能较低，较低温度下，一般处于 $(0.1 \sim 0.3)T_m$，点缺陷运动所需的热激活就可以得到满足而发生运动。因此，变形金属在低温阶段，回复机制主要与点缺陷的迁移有关。点缺陷通过移动和晶体中其他缺陷（如晶界、位错、其他间隙或者空位等缺陷）发生相互作用，相互作用的结果是使变形导致的点缺陷浓度明显下降。

　　(2) 中温回复阶段。当温度处于 $(0.3 \sim 0.5)T_m$ 时，温度提供的能量可以满足位错发生运动和实现重新分布所需要的能量。此时，通过位错运动可以实现同一滑移面上异号位错相互吸引而抵消、位错偶极子的两根位错线相消等。因此，此阶段回复的机制主要与位错的滑移有关。

　　(3) 高温回复阶段。当温度进一步升高，处于 $0.5T_m$ 以上时，位错运动进一步加剧。高温驱动下，刃位错可以实现攀移，并在位错攀移基础上，形成位错墙和基于位错墙的多边化结构。多边形化结构类似于亚晶的准晶界，进一步局部粗化是再结晶形核的重要依据。

5.7.2　回复动力学

　　回复动力学是指回复过程发生的快慢。回复过程中晶粒的尺寸和形状不发生改变，但是其显微结构中点缺陷和位错组态的变化可以通过宏观性能指标，如强度、显微组织、硬度、物理性能等的改变来体现。因此，通常选择其中一种宏观性能指标，观察其在回复过程中的动力学演变的过程，来间接描述回复的动力学过程。

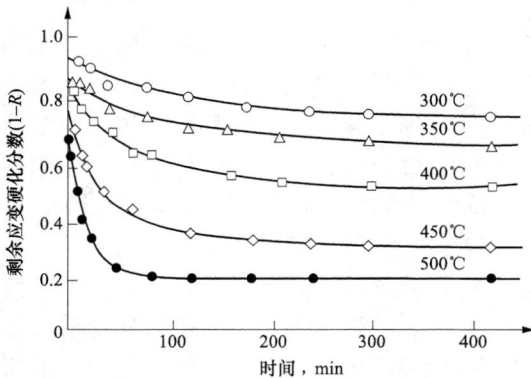

图 5-22　屈服应力的回复动力学曲线

　　图 5-22 所示为同一变形程度的多晶体铁在不同温度退火时屈服强度的回复动力学曲线。图中横坐标为时间，纵坐标为测量获得的不同回复阶段所对应的剩余应变硬化分数 $(1-R)$，R 为屈服强度回复率，$R = (\sigma_m - \sigma_r)/(\sigma_m - \sigma_o)$，其中 σ_m、σ_r 和 σ_o 分别代表变形后、回复后和完全退火后的屈服强度。显然，$(1-R)$ 越小，即 R 越大，则表示回复程度越大。

　　上述测量的回复特征曲线通常可用一级反应方程来表达：

$$\frac{\mathrm{d}x}{\mathrm{d}t} = -cx$$

式中：x 为冷变形导致的性能增量经加热后的残留分数；t 为恒温下的加热时间；c 为与材料和温度有关的比例常数。

c 值与温度的关系具有典型的热激活过程的特点，可由著名的阿累尼乌斯（Arrhenius）方程来描述：

$$c = c_0 e^{-Q/RT} \tag{5-6}$$

式中：c_0 为比例常数；Q 为激活能；R 为气体常数；T 为绝对温度。

将式（5-6）代入一级反应方程中并积分，以 x_0 表示开始时性能增量的残留分数，则得

$$\int_{x_0}^{x} \frac{\mathrm{d}x}{x} = -c_0 e^{-Q/RT} \int_0^t \mathrm{d}t$$

$$\ln \frac{x_0}{x} = c_0 t e^{-Q/RT} \tag{5-7}$$

在不同温度下，若以回复到相同程度做比较，此时式（5-7）等号左边为一常数，两边取对数，得

$$\ln t = A + \frac{Q}{RT}$$

式中：A 为常数。

作 $\ln t$ - $1/T$ 图，若为直线，则由直线斜率可求得回复过程的激活能。

在实际工业生产中，热锻轧、铸造、各种冷变形加工、切削或切割、焊接、热处理，甚至机器零部件装配后，在不改变组织状态，保留冷作、热作或表面硬化的条件下，对钢材或机器零部件进行较低温度的加热以去除内应力，减小变形开裂倾向的工艺，都可称为去应力退火。去应力退火的原理和回复过程一致，微观组织变化主要是通过位错攀移和滑移重新排列，从高能态转变为低能态，释放应力。去应力退火工艺，一般是将工件加热到 A_{c1}（铁碳平衡相图：加热时珠光体向奥氏体转变的开始温度）以下的适当温度，保温一定时间后逐渐缓慢冷却的工艺方法。例如黄铜弹壳去应力退火，防止黄铜的应力腐蚀开裂和工件在切削加工过程中发生变化。低温退火温度 260～300℃，保温 1h。

5.8　静 态 再 结 晶

再结晶的发生除了预先的冷变形外，还需要一定的温度，即再结晶温度。冷变形金属开始进行再结晶的最低温度，即开始生成新的等轴晶粒的温度，称为开始再结晶温度。实验室测定开始再结晶温度可以采用金相法和硬度法测定。金相法测试时，以显微镜中出现第一颗新晶粒对应的温度确定为开始再结晶温度；硬度法测试时，以硬度下降 50％对应的温度确定为开始再结晶温度。显微组织全部被新晶粒所占据的温度称为终了再结晶温度或完全再结晶温度。实际应用中，常用开始再结晶温度和终了再结晶温度的算术平均值作为再结晶温度。一般情况下，再结晶温度可以通过以下经验公式确定：高纯金属 $(0.25～0.35)T_m$，工业纯金属 $(0.35～0.45)T_m$，合金 $(0.4～0.9)T_m$，单位为 K。在工业生产中，确定再结晶温度的依据是经过大变形量（～70％以上）的冷变形金属，经 1h 退火能完成再结晶（$\varphi_R \geqslant 95\%$）所对应的温度。

再结晶的过程实质是等轴晶粒取替变形晶粒，并逐渐长大的过程。该过程可以从如图 5-23 所示的形变铝合金再结晶形核和长大过程得到观察。图 5-23（a）所示为形变过程中形成的纤维状晶粒；图 5-23（b）所示为再结晶开始状态，由箭头所指可以看到明显的形核；图 5-23（c）所示为再结晶完成后获得的等轴晶粒。实际研究表明再结晶过程包括再结晶形核和长大。

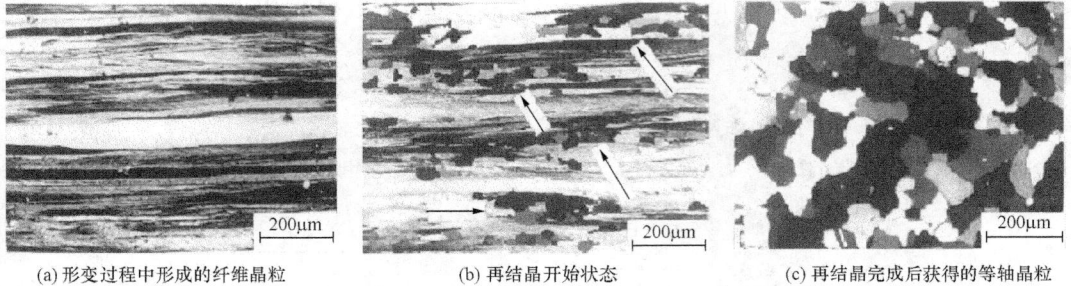

图 5-23　形变铝合金再结晶的形核和长大过程

5.8.1　再结晶形核

再结晶发生的第一步是再结晶形核。再结晶形核属于典型的非均匀形核，形核地点一般是在局部高能量区域内，而且形核机制和冷变形的变形量有关。变形量不同的情况下，再结晶形核机制不同。

再结晶形核方式主要有晶界弓出（或者凸出）形核和亚晶成核两大类。第一类形核方式主要和小变形量条件下（对于金属，变形量通常小于 20%）温度驱动的晶界的迁移有关；第二类形核方式主要和大变形量条件下高温驱动的位错运动有关。根据亚晶界上的位错运动及其后果，亚晶成核还可以分为亚晶合并和亚晶迁移机制。

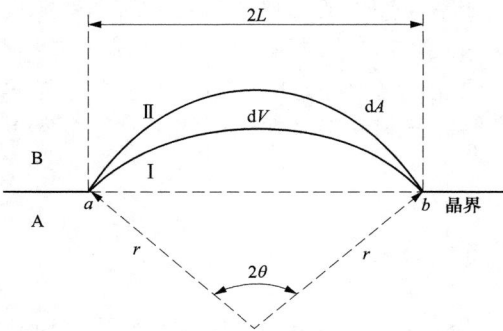

图 5-24　晶界弓出形核模型

晶界弓出（或者凸出）形核机制主要和变形过程中各个晶粒变形不均匀有关。由于晶粒变形不均匀性导致不同晶粒内部亚晶尺寸差别很大，为了降低系统的自由能，在一定温度条件下，晶界处一个晶粒的某些亚晶会通过晶界凸起进入另外一个晶粒中，以吞食另外一个晶粒中亚晶的方式开始形成无畸变的再结晶晶核。下面根据图 5-24 所示的晶界弓出（或者凸出）形核模型推导晶界弓出（或者凸出）形核的能量条件。

假设弓出的晶界由位置Ⅰ移到位置Ⅱ时，扫过的体积为 dV，其面积为 dA，由此而引起的单位体积总的自由能变化为 ΔG。ΔG 包括由位置Ⅰ移到位置Ⅱ时引起的表面能变化和由位置Ⅰ移到位置Ⅱ冷变形存储的能量释放两部分。假定晶界扫过地方的储存能全部释放，此时如果令晶界的表面能为 γ，则Ⅰ部分能量为 $\gamma \dfrac{dA}{dV}$。

如果冷变形晶粒中单位体积的储存能为 E_s，则弓出的晶界由位置Ⅰ移到位置Ⅱ时的自由能变化为

$$\Delta G = -E_s + \gamma \frac{dA}{dV}$$

$\dfrac{dA}{dV}$ 和两个主曲率半径 r_1 与 r_2 有关，当这个曲面移动时，则

$$\frac{dA}{dV} = \frac{1}{r_1} + \frac{1}{r_2}$$

如果该曲面为一球面，则 $r_1 = r_2 = r$，而

$$\frac{\mathrm{d}A}{\mathrm{d}V} = \frac{2}{r}$$

如果进一步假设发生弓出的晶界为一球面，其自由能变化为

$$\Delta G = -E_s + \frac{2\gamma}{r}$$

显然，$r_{\min} = \frac{ab}{2} = L$ 为临界态。因此，一段长为 $2L$ 的晶界，其弓出形核的能量条件为 $\Delta G < 0$，即

$$E_s \geqslant \frac{2\gamma}{L} \tag{5-8}$$

式（5-8）说明，再结晶时，只要满足上述条件，晶界就可以实现突出形核。晶界弓出形核机制在铜、镍、银、铝以及铝铜合金中都已经得到直接观察。

大变形量条件下，晶体内部位错繁殖和位错缠结形成的胞状组织相对加剧。在高温驱动下，胞状亚结构会发生不断演变，伴随着位错攀移、重排、相互抵消等，最终胞壁定向化排列，形成准亚晶界。这些形成的准亚晶要进一步成为再结晶核心，需要融合形成较大的同时具备大角度晶界的亚晶。相对于小角度晶界，大角度晶界具有更大的迁移率，高温时可以快速移动，形成无畸变的晶粒，完成再结晶过程。

准亚晶彼此融合成亚晶并成为再结晶核心的方式主要有两种。一种是消除准亚晶界，相邻准亚晶彼此融合，即亚晶合并机制。另一种是准亚晶界迁移，合并周边邻近的准亚晶来完成融合。类似于晶界弓出（或者凸出）形核机制，依靠准亚晶界较高的位错密度，高温情况下，准亚晶界迁移扩张来形成大角度晶界，形成再结晶核心。

图 5-25~图 5-27 所示为几种可能的亚晶界合并粗化机制。图 5-25 所示为转动聚合粗化机制，主要指相邻晶粒的位相差不大，或者晶粒之间容易发生转动的情况下，可以通过扭转融合成一个大的亚晶。其中，图 5-25（a）所示为聚合以前的原始亚晶结构，中间 2 个亚晶间有微弱的取向差。要使其合二为一，就需要消除其中间的界面，这可以通过其中的一个亚晶转动来实现；图 5-25（b）所示的转动过程必然引起原子从阴影面积沿界面扩散到空白面积中去，这个过程的实质是亚晶界上位错的协同运动或是空位的协同运动，图中虚线位置到实线位置的变化；图 5-25（c）所示为聚合后的亚晶结构，通过亚晶边界再做几何调整，得到图 5-25（d）所示的最后的亚晶结构。图 5-26 所示为亚晶界消失聚合粗化模型，主要指亚晶粒之间实现晶界融合消失的机制。图 5-26（a）表示聚合前的亚晶结构；在点阵弯曲和位错密度比较高的显微带状区中，A 和 B 或者 C 和 D 两个有取向位向差的小角度亚晶发生聚合如图 5-26（b）所示，同时亚晶界消除，如图中虚线所示；进一步聚合，形成一个有大角度晶界的晶粒。在两个晶粒的晶界处，如果有性质基本相反的亚晶界，即相邻的亚晶界中所含的是反号位错，那么通过位错运动，使亚晶聚合形成一个大亚晶，这个大亚晶向两侧晶粒长大，其界面逐渐变成大角度晶界，最终形成再结晶形核，此为亚晶粗化聚合机制，如图 5-27 所示。

5.8.2　再结晶生长动力学

再结晶动力学可以通过等温的再结晶曲线来研究。在一定的变形量下，将变形金属在不同温度进行不同时间的退火，让其发生再结晶，利用金相法测定发生再结晶体积分数随时间的变化，就可以得到等温的再结晶曲线。图 5-28 所示为经 98% 冷轧的纯铜［质量分数 $w(\text{Cu})$ 为 99.999%］在不同温度下的等温再结晶曲线。图中纵坐标表示已发生再结晶的体积分数，横坐标表示时间，可以看到再结晶动力学的特点：①再结晶过程有明显的孕育期；②动力学曲线呈

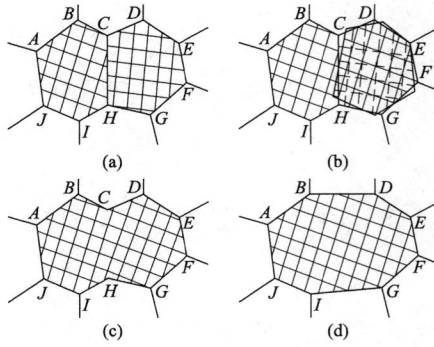

图 5-25　转动聚合粗化机制

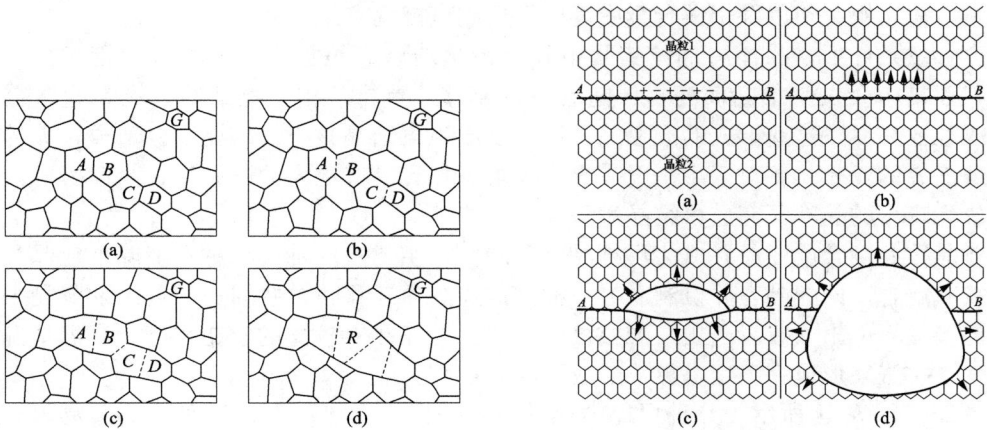

图 5-26　亚晶界消失聚合粗化模型

图 5-27　亚晶粗化聚合机制

现典型 S 曲线特征，且再结晶开始时的速度很慢，随之逐渐加快，至再结晶的体积分数约为 50% 时速度达到最大，最后又逐渐变慢。针对上述等温动力学曲线进行拟合，可以得到以下几种再结晶动力学方程：

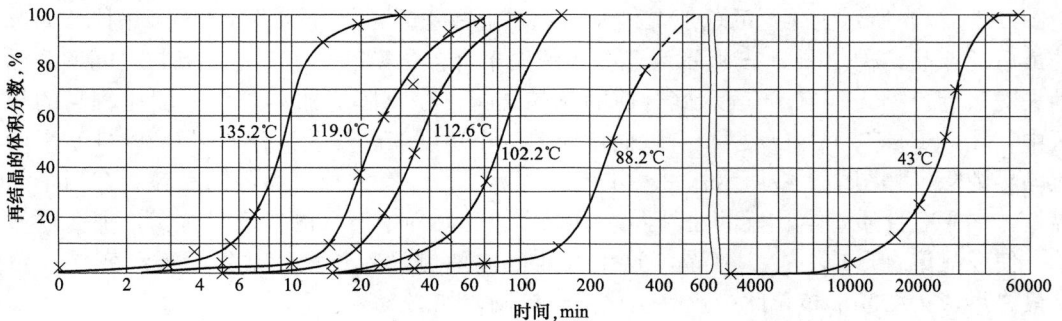

图 5-28　经 98% 冷轧的纯铜 [质量分数 $w(Cu)$ 为 99.999%] 在不同温度下的等温再结晶曲线

（1）约翰逊-梅厄方程。Johnson 和 Mehl 认为在恒温下经过 t 时间后，已经再结晶的体积分数 φ_R 可用下式表示：

$$\varphi_R = 1 - \exp\left(\frac{-\pi N G^3 t^4}{3}\right)$$

此即约翰逊-梅厄方程。

注意：该模型的前提假设是假定均匀形核，同时晶核为球形，N 和 G 不随时间的改变而改变。

（2）阿弗拉密（Avrami）方程。考虑恒温再结晶时的形核率 N 是随时间的增加而呈指数关系衰减的，采用阿弗拉密（Avrami）方程进行描述再结晶过程，即

$$\varphi_R = 1 - \exp(-Bt^K)$$

或

$$\lg\ln\frac{1}{1-\varphi_R} = \lg B + K\lg t$$

式中：B 和 K 均为常数，可通过实验确定。

作 $\lg\ln\dfrac{1}{1-\varphi_R}$ 图，直线的斜率即为 K 值，直线的截距为 $\lg B$。

注意：该模型的前提假设是恒温再结晶时的形核率 N 是随时间变化的。

（3）阿累尼乌斯公式。前两个模型均为等温动力学模型，没有考虑温度变化对动力学影响。如果进一步考虑温度对再结晶动力学影响，可以采用阿累尼乌斯公式表示等温温度对再结晶速率 v 的影响，即

$$v = A e^{-Q/RT}$$

其中，Q 为再结晶激活能。

依据再结晶速率和产生某一体积分数 φ_R 所需的时间 t 成反比，即 $v \propto \dfrac{1}{t}$，于是，建立如下关系式：

$$\frac{1}{t} = A' e^{-Q/RT}$$

式中：A' 为常数；Q 为再结晶的激活能；R 为气体常数；T 为绝对温度。

两边取对数，得

$$\ln\frac{1}{t} = \ln A' - \frac{Q}{R}\frac{1}{T}$$

应用常用对数（$2.3\lg x = \ln x$）可得

$$\frac{1}{T} = \frac{2.3R}{Q}\lg A' + \frac{2.3R}{Q}\lg t$$

选择以 φ_R 为 50% 时数据，作 $\lg t - \dfrac{1}{T}$ 图，通过直线的斜率 $k = 2.3R/Q$ 来计算激活能。

5.8.3　再结晶晶粒长大

再结晶完成以后，材料通常得到细小等轴晶粒。把再结晶刚好结束后，形成的等轴晶粒称为再结晶晶粒，见图 5-27（a）。该晶粒尺寸的大小和形核率 N 和长大速率 G 有关，它们之间存在着下列关系：

$$d = 常数\left(\frac{G}{N}\right)^{\frac{1}{4}}$$

可知，凡是影响 N、G 的因素，均影响再结晶的晶粒大小。再结晶晶粒除了和再结晶发生过程中的形核率 N 和长大速率 G 有关外，还会受到再结晶过程以外的因素影响，例如变形度、退火温度、原始晶粒大小、杂质等。

获得再结晶晶粒后，如果继续提高加热温度或延长加热时间均会引起再结晶晶粒的进一步长大，如图 5-29（b）、（c）所示。再结晶晶粒继续长大有正常长大和异常长大两种可能，异常

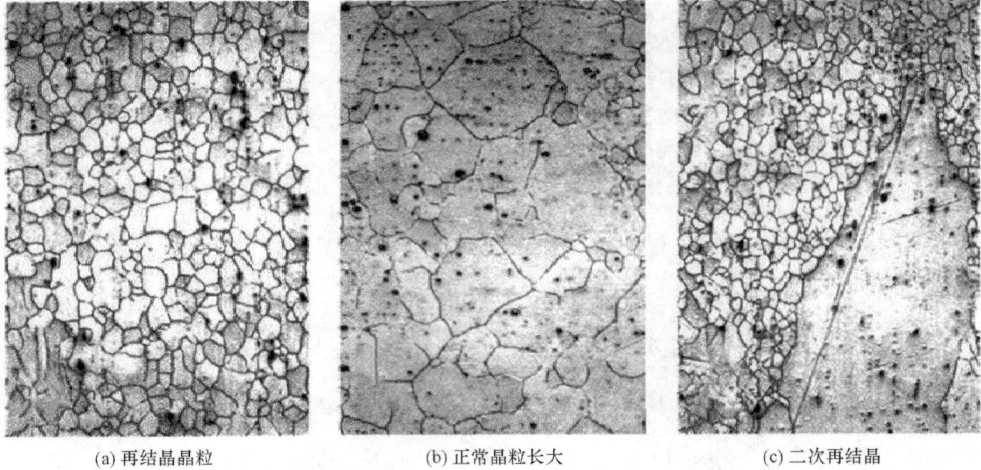

(a) 再结晶晶粒   (b) 正常晶粒长大   (c) 二次再结晶

图 5-29　经过塑性变形的镁合金加热后的显微组织

长大也称为二次再结晶。前者表现为大多数晶粒几乎同时逐渐均匀长大，如图 5-29（b）所示；而二次再结晶则为少数晶粒突发性的不均匀长大，如图 5-29（c）所示。

正常晶粒长大主要是通过晶界迁移来实现。晶界迁移的平均移动速度 $\overline{v}$ 为

$$\overline{v} = \overline{m}\,\overline{p} = \overline{m} \cdot \frac{2\gamma_b}{\overline{R}} \approx \frac{\mathrm{d}\overline{D}}{\mathrm{d}t} \tag{5-9}$$

式中：$\overline{m}$ 为晶界的平均迁移率；$\overline{p}$ 为晶界的平均驱动力；$\overline{R}$ 为晶界的平均曲率半径；γ_b 为单位面积的晶界能；$\dfrac{\mathrm{d}\overline{D}}{\mathrm{d}t}$ 为晶粒平均直径的增大速度。

对于大致上均匀的晶粒组织，$\overline{R} \approx \overline{D}/2$，而 $\overline{m}$ 和 γ_b 对各种金属在一定温度下均可看作常数。因此，式（5-9）可写成

$$K \cdot \frac{1}{\overline{D}} = \frac{\mathrm{d}\overline{D}}{\mathrm{d}t}$$

分离变量并积分，得

$$\overline{D}_t^2 - \overline{D}_0^2 = K't \tag{5-10}$$

式中：$\overline{D}_t$ 为 t 时间时的平均晶粒直径；$\overline{D}_0$ 为恒定温度情况下的起始平均晶粒直径；K' 为常数。

若 $\overline{D}_t \geqslant \overline{D}_0$，则式（5-10）中的 $\overline{D}_0^2$ 项可略去不计，近似有

$$\overline{D}_0^2 = K't \quad \text{或} \quad \overline{D}_t = Ct^{1/2}$$

其中，$C = \sqrt{K'}$。这表明在恒温下发生正常晶粒长大时，平均晶粒直径随保温时间的平方根而增大。但当金属中存在阻碍晶界迁移的因素（如杂质）时，t 的指数项通常小于 $1/2$，一般可表示为

$$D_t = \overline{C}t^n$$

从整个系统而言，晶粒长大的驱动力是降低其总界面能。若就个别晶粒长大的微观过程来说，晶粒界面的不同曲率是造成晶界迁移的直接原因。实际上晶粒长大时，晶界总是向着曲率中心的方向移动。因此，通过大角度晶界的迁移，正常晶粒长大结果是晶界平直化，在平衡状态下，三叉晶界的各面角都趋向于最稳定的 $120°$，此时各晶粒之间的晶界能基本相等。理论上，凡是影响晶界迁移的因素都会对晶粒长大产生影响，因此影响再结晶晶粒正常生长的因素

有很多，下面主要介绍温度和第二相粒子对晶粒长大的影响。

（1）温度。因为晶界的平均迁移率 $\overline{m}$ 与 $e^{-Q_m/RT}$ 成正比。因此，恒温下的晶粒长大速度与温度的关系如下：

$$\frac{\mathrm{d}\overline{D}}{\mathrm{d}t} = K_1 \cdot \frac{1}{D} e^{-Q_m/RT}$$

其中，K_1 为常数。

积分得

$$\overline{D_t^2} - \overline{D_0^2} = K_2 e^{-Q_m/RT} t$$

或

$$\lg\left(\frac{\overline{D_t^2} - \overline{D_0^2}}{t}\right) = \lg K_2 - \frac{Q_m}{2.3RT}$$

若将实验所测得的数据绘于 $\dfrac{\overline{D_t^2} - \overline{D_0^2}}{t}$ 与 $\dfrac{1}{T}$ 坐标中应构成直线，直线的斜率 $-Q_m/(2.3R)$。

（2）分散相粒子。当合金基体中均匀分布着第二相颗粒时，第二相颗粒对晶界迁移的作用，和第二相粒子对位错的作用相似，具有阻碍作用，而且这种阻碍作用和分散相粒子的尺寸以及单位体积中第二相粒子的数量有关。在第二相颗粒所占体积分数一定的条件下，一般颗粒越细，对晶界迁移的阻碍作用越大。如果晶界能所提供的晶界迁移驱动力正好与分散相粒子的阻力相等，晶粒停止正常长大。此时的晶粒平均直径称为极限的晶粒平均直径。

图 5-30 所示为晶界与球形分散相粒子的交互作用。假设第二相粒子为球形并随机分布，其半径为 r，单位面积的晶界能为 γ_b，当第二相粒子与晶界的相对位置如图中所示时，晶界截过颗粒的面积为 $\pi(r^2 - x^2)$。由图 5-30 可以看到，晶界的面积随晶界距颗粒中心的距离 x 而改变，晶界面积随 x 的增加率为

$$\frac{\pi\mathrm{d}(r^2 - x^2)}{\mathrm{d}x} = 2\pi x \qquad (5\text{-}11)$$

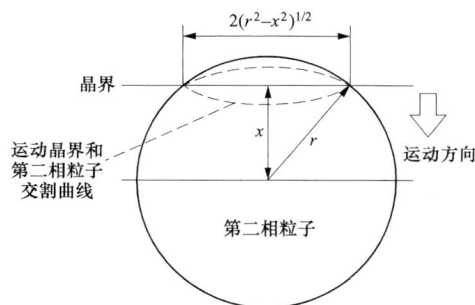

图 5-30　晶界与球形分散相粒子的交互作用

式（5-11）在 $x = r$ 处增加率最大，等于 $2\pi r$。因此，晶界移动时，单个第二相颗粒使晶界能的最大增加率为

$$F_r = 2\pi r \gamma_b$$

F_r 就是第二相颗粒对界面移动的钉扎力。若单位面积晶界上有 N_A 个第二相颗粒，则第二相颗粒对单位面积晶界移动的阻碍力 p_z 为

$$p_z = 2\pi r \gamma_b N_A$$

则晶粒正常长大的驱动力为

$$\overline{p} = \frac{2\gamma_b}{R}$$

其中，$\overline{R}$ 为晶界的平均曲率半径，如果晶界迁移驱动力与分散相粒子的阻力相等，有

$$\frac{2\gamma_b}{\overline{R}} = 2\pi r \gamma_b N_A$$

得到平均半径

$$\overline{R} = \frac{1}{\pi r N_A}$$

　　根据体视学原理可知，如果颗粒均匀随机分布，则单位体积中颗粒的数目 N_V 与单位面积随机截面截过颗粒数目 N_A 有如下关系：

$$N_A = 2N_V r$$

　　设 f 为第二相的体积分数，因每一个颗粒体积为 $4\pi r^3/3$，那么 N_V 为

$$N_V = \frac{3f}{4\pi r^3}$$

　　把 N_A、N_V 代入 R 表达式，得到晶粒停止长大时最终晶粒半径 R^* 为

$$R^* = \frac{2r}{3f}$$

　　实验表明，除去上述提及的温度和第二相粒子能够对正常长大产生明显影响外，相邻晶粒间的位向差以及杂质与微量合金元素等也会对晶界的迁移有很大影响。例如，微量杂质原子会在晶界区域的吸附，形成了一种类似于柯垂尔气团对运动位错产生的钉扎作用，降低了晶界的迁移速度。

5.8.4　再结晶后组织和性能变化

　　（1）再结晶织构。具有变形织构的金属经再结晶处理后，获得的新晶粒如果仍然具有择优取向，称为再结晶织构，也称初次再结晶织构或退火织构。再结晶织构与原变形织构之间可存在三种关系：与原有的织构相一致，新的织构取替原有织构，原有织构消失不再形成新的织构等。

　　目前，关于再结晶织构的形成机制主要有定向形核理论与定向生长理论两种理论观点。前者从再结晶形核角度出发，认为再结晶形核具有择优取向，并经长大形成与原有织构相一致的再结晶织构。后者从再结晶生长角度出发，认为一次再结晶过程中晶核的形成不具备择优性，择优取向主要发生在生长阶段，即只有某些具有特殊位向的晶核才可能迅速向变形基体中长大，最终形成再结晶织构。

　　（2）退火孪晶。某些面心立方金属和合金，如铜及铜合金、镍及镍合金和奥氏体不锈钢等，冷变形后经再结晶退火后，其晶粒中会出现退火孪晶。

　　（3）宏观性能变化。再结晶后获得细小均匀的等轴晶粒，但是如果加热温度过高或者等温时间过长，等轴晶粒长大，晶粒度将上升，进而影响机械性能，导致塑性先升高后降低。塑性变形后的金属加热发生再结晶后，可消除加工硬化现象，恢复金属的塑性和韧性，表现为强度下降。这些现象可以从图 5-31 得到有效观察。因此，生产中常用再结晶退火工艺来恢复金属塑

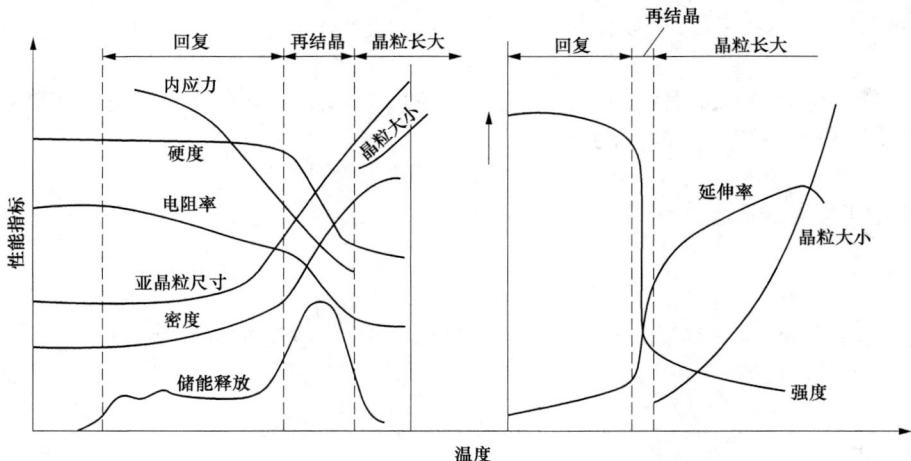

图 5-31　回复再结晶对性能的影响

性变形的能力，以便继续进行形变加工。例如生产铁-铬-铝电阻丝时，在冷拔到一定的变形度后，要进行氢气保护再结晶退火，以继续冷拔获得更细的丝材。为了缩短处理时间，实际采用的再结晶退火温度比该金属的最低再结晶温度要高 100～200℃。

5.8.5　动态回复和再结晶

热加工过程中发生回复再结晶与前面讲述的静态回复再结晶不同。对于热加工，其变形和回复再结晶不存在时空分离，是同时进行的，称为动态回复和动态再结晶，以区别静态回复再结晶。

图 5-32（a）所示为发生动态回复时的真应力-真应变曲线。图中曲线可以明显分为三个阶段。第Ⅰ阶段曲线近乎是直线，应力随应变呈线性变化。第Ⅱ阶段应力、应变关系为明显的曲线，相比于第Ⅰ阶段，应力-应变曲线的斜率逐渐降低，最后降低为零，进入第Ⅲ阶段，此时应力-应变曲线近乎为水平直线，称为稳态流变阶段。

在动态回复过程中，显微组织的变化体现为形变和回复的共同作用。一方面变形过程中存在加工硬化，随着形变的进行，位错通过繁殖导致密度不断增加，逐渐形成位错缠结和胞状亚结构；另一方面高温条件下通过位错攀移、交滑移、节点脱钉，以及同类异号位错相消等降低位错密度，存在明显的高温回复。因此，在动态回复初期，如图 5-30（a）所示的第Ⅰ阶段，主要体现变形过程中的加工硬化。随着动态回复的进行，高温回复开始发挥作用，位错的产生与位错的消失之间达到动态平衡状态。当两方面的作用相当时，进入稳态流变阶段，即图 5-32（a）所示的第Ⅲ阶段。

图 5-32（b）所示为动态再结晶时的真应力-真应变曲线。曲线形状和应变速率有关，曲线 1 对应高应变速率，曲线 2 对应低应变速率。和图 5-32（a）相似，图 5-32（b）中高应变速率条件下的曲线也分为三个明显阶段。第Ⅰ阶段微应变加工硬化阶段，在变形的开始阶段，不发生动态再结晶，加工硬化仍然处于主导地位，曲线上升。第Ⅱ阶段动态再结晶开始阶段，此阶段可以看到曲线开始上升，达到某一峰值后，屈服应力又下跌至某一恒定的 σ_s 值。说明此阶段出现动态再结晶，但是加工硬化仍然处于主导地位。开始曲线上升，说明是加工硬化导致，到达峰值时开始出现再结晶并加快软化，曲线下行。第Ⅲ阶段稳态流变阶段，这时加工硬化与动态软化达到了平衡。在低应变速率条件下，加工硬化速率较慢，此时，它将和动态再结晶将发生交替作用，形成周期性变化曲线，如图 5-32（b）中的曲线 2 所示。

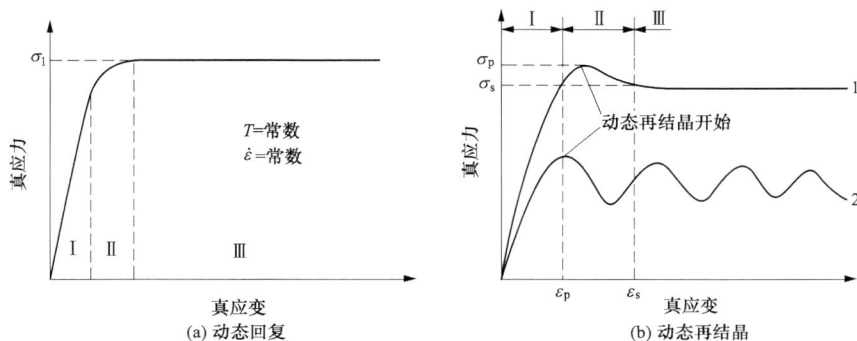

图 5-32　真应力-真应变曲线

变形温度与变形速率是动态再结晶的重要影响因素，它们对变形过程中产生动态再结晶会产生显著影响。低温和低应变速率均导致应力-应变曲线呈现周期波浪化。和静态再结晶相比，动态再结晶的特点如下：

（1）动态再结晶要达到临界变形量，并且在较高的变形温度下才能发生。

（2）与静态再结晶相似，动态再结晶易在晶界及亚晶界形核。在高应变率前提下，通过亚晶聚集方式形核；在低应变率前提下，通过晶界的弓出形核方式形核。其长大是通过新形成的大角度晶界及其随后的移动方式进行。主要特点是反复形核，优先长大，等轴晶粒较细，晶界呈现锯齿状。晶粒内部存在被位错分割的亚晶，这一点和静态再结晶明显不同。

（3）动态再结晶转变为静态再结晶时，无须孕育期。

（4）动态再结晶所需的时间随温度升高而缩短。

热加工过程中，动态回复单独发生还是动态回复、再结晶同时发生，取决于加工过程中的应力和应变速率。通常情况下，应力和应变速率越大，发生再结晶的可能性就越高。但是有些金属材料在热加工过程中，动态回复速率一般很高，导致有利于再结晶形核的位错密度和组态不容易形成，对于这些金属材料，通常不发生动态再结晶，仅仅发生动态回复。这些材料包括具有高层错能的面心立方晶体，如铝；体心立方的过渡金属，如铁；大多数密排六方晶体，如锆等。相反，具有较低层错能的金属在热加工过程中倾向于发生动态再结晶，而动态回复则较难发生，如铜、镍、钴等。

5.9 蠕 变

5.9.1 蠕变

蠕变是指固体材料在保持应力不变的条件下，应变随时间延长而增加的现象。它与塑性变形不同，塑性变形通常在应力超过弹性极限之后才出现，而蠕变只要应力的作用时间相当长，它在应力小于弹性极限施加的力时也能出现。

蠕变行为一般在高温时发生。根据施加应力方式的不同，高温蠕变可分为高温压缩蠕变、高温拉伸蠕变、高温弯曲蠕变和高温扭转蠕变。相比高温强度，高温蠕变能更有效地预示材料在高温下长期使用时的应变趋势和断裂寿命，是材料的重要力学性能之一，它与材料的材质及结构特征有关。特殊情况下，蠕变在低温下也会发生，但需要达到一定的温度才能变得显著，该温度称为蠕变温度。对各种金属材料的蠕变温度约为 $0.3T_m$，T_m 为熔化温度，以热力学温度表示。通常碳素钢超过 $300\sim350℃$，合金钢在 $400\sim450℃$ 以上时才有蠕变行为，对于一些低熔点金属如铅、锡等，在室温下就会发生蠕变。

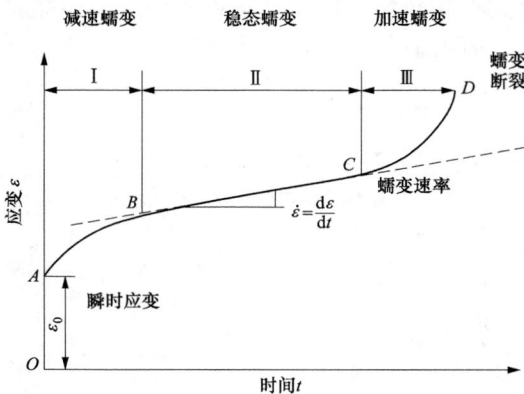

图 5-33 典型蠕变曲线

由图 5-33 所示的典型蠕变曲线可以看到，蠕变曲线可以分为减速蠕变阶段、稳态蠕变阶段、加速蠕变阶段三个阶段。蠕变第Ⅰ阶段为减速蠕变阶段。应变速率随时间的增加而减小，持续时间较短，其应变速率和时间保持如下关系：

$$\frac{d\varepsilon}{dt}=At^{-n}$$

低温时，$n=1$，得 $\varepsilon=B\ln t$；高温时，$n=\frac{2}{3}$，得 $\varepsilon=Bt^{-\frac{2}{3}}$，此阶段一定程度上，可认为

是可逆弹性变形。蠕变第 Ⅱ 阶段为稳态蠕变阶段，应变率保持常值，应变与时间保持关系：

$$\varepsilon = kt$$

蠕变第 Ⅲ 阶段为加速蠕变阶段，应变率随时间而增大，最后材料在某一时刻发生断裂。通常，升高温度或增加应力会使蠕变加快并缩短达到断裂的时间。

对于很多材料，蠕变速率、应力和温度的本构方程可以表示如下：

$$\dot{\varepsilon}_{\mathrm{II}} = A\sigma^m \exp\left(\frac{-Q_{\mathrm{c}}}{RT}\right)$$

其中，A 和 m 为材料常数，m 也称为应力指数；Q_{c} 为蠕变激活能。一般情况下，蠕变速率是指蠕变第 Ⅱ 阶段的蠕变速率。

蠕变曲线的三个阶段会受到温度和应力的明显影响。图 5-34 （a） 给出了在四个不同的恒定应力 $\sigma_1 > \sigma_2 > \sigma_3 > \sigma_4$ 作用下，材料发生蠕变时应变 ε 随时间 t 的变化示意。曲线的终端表示材料发生断裂。$t=0$ 时的应变表示加载结束时的即时应变，它包括弹性应变和塑性应变。从图中可以看出，如果应力较小，则蠕变的第 Ⅱ 阶段持续较久，甚至不出现第 Ⅲ 阶段，如图中 σ_3、σ_4 对应的蠕变曲线。类似的结果也可以从图 5-34 （b） 中较低的温度如 T_3、T_4 曲线中观察到。相反，如果应力较大或温度较高，则蠕变的第 Ⅱ 阶段较短，甚至不出现，如图 5-34 （a） 中的 σ_1、σ_2，以及图 5-34 （b） 中 T_1、T_2 对应的蠕变曲线。

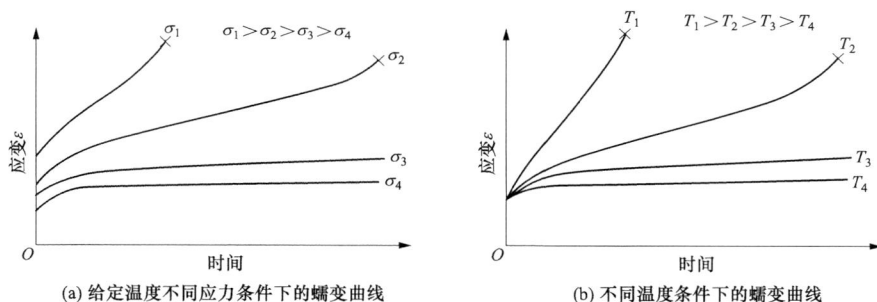

(a) 给定温度不同应力条件下的蠕变曲线　　(b) 不同温度条件下的蠕变曲线

图 5-34　不同应力、温度对蠕变曲线的影响

5.9.2　蠕变机制

1. 纳巴罗-赫林蠕变

在外力作用下，质点穿过晶体内部空穴扩散而产生的蠕变称为纳巴罗-赫林（Nabarro - Herrring）蠕变。其基本观点是把蠕变过程看成是外力作用下沿应力作用方向扩散的一种形式。受拉晶界与受压晶界产生应力造成空位浓度差，质点由高浓度向低浓度扩散，即原子迁移到平行于压应力的晶界，导致晶粒伸长，引起形变。图 5-35 所示为纳巴罗-赫林蠕变及其机理示意。材料水平方向受压，垂直水平方向受拉，应力作用下会形成空位，两种受力情况下的空位浓度表达式如下：

$$N_{\mathrm{v(拉)}} = \exp\left(-\frac{Q_{\mathrm{f}}}{kT}\right) \exp\left(\frac{\sigma\Omega}{kT}\right)$$

$$N_{\mathrm{v(压)}} = \exp\left(-\frac{Q_{\mathrm{f}}}{kT}\right) \exp\left(-\frac{\sigma\Omega}{kT}\right)$$

式中：Q_{f} 为空位形成能；Ω 为原子体积。

不同的空位浓度将导致空位扩散，空位从拉伸端向压缩端扩散，结果导致晶粒形状随着外力方向变形，形成如图 5-35 （b） 所示的结果。

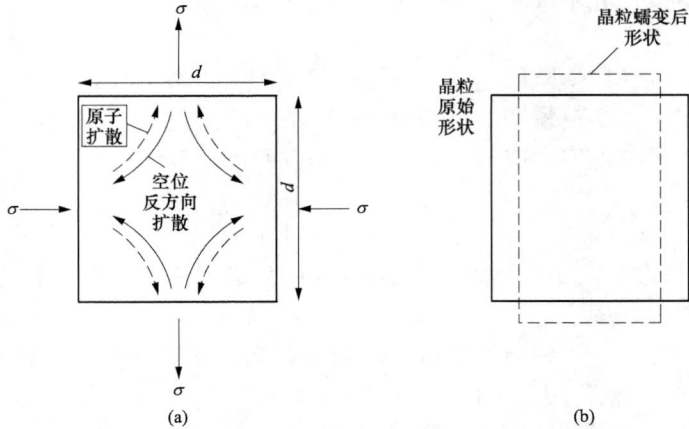

图 5-35 纳巴罗-赫林蠕变及其机理示意

空位的扩散通量可以根据扩散定律求解：

$$J_v = -D_v \frac{\partial N_v}{\partial x}$$

$$D_v = D_{ov} \exp\left(-\frac{Q_m}{kT}\right)$$

式中：D_v 为空位扩散系数；Q_m 为空位激活能。

$$\frac{\partial N_v}{\partial x} = [N_{v(拉)} - N_{v(压)}]/d = \left[\exp\left(-\frac{Q_f}{kT}\right)\exp\left(\frac{\sigma\Omega}{kT}\right) - \exp\left(-\frac{Q_f}{kT}\right)\exp\left(-\frac{\sigma\Omega}{kT}\right)\right]/d$$

扩散距离为晶粒直径 d，扩散面积正比于 d^2，此时，体扩散通量随时间变化率 $\frac{\partial V}{\partial t}$ 就应该为

$$\frac{\partial V}{\partial t} = D_{ov}d\exp\left(-\frac{Q_m+Q_f}{kT}\right)\left[\exp\left(\frac{\sigma\Omega}{kT}\right) - \exp\left(-\frac{\sigma\Omega}{kT}\right)\right]$$

拉伸条件下

$$\frac{\partial V}{\partial d} \approx d^2$$

而纳巴罗-赫林蠕变的蠕变速率为

$$\dot{\varepsilon}_{NH} = \frac{1}{d}\frac{\partial d}{\partial t}$$

因此，有

$$\dot{\varepsilon}_{NH} = \frac{D_{ov}}{d^2}\exp\left(-\frac{Q_m+Q_f}{kT}\right)\left[\exp\left(\frac{\sigma\Omega}{kT}\right) - \exp\left(-\frac{\sigma\Omega}{kT}\right)\right]$$

2. 魏特曼蠕变

位错运动除产生滑移外，位错攀移也能产生宏观上的形变。由晶内滑移或者位错促进滑移引起的蠕变称为滑移蠕变，也称魏特曼蠕变。

考虑位错在滑移过程中，越过障碍物前后的能量不同。越过障碍物后前进的速率 v 应该和位错越过障碍物后具有的能量成正比，即

$$v \sim \exp\left(-\frac{U_0 - \Delta U}{kT}\right)$$

考虑位错在沿着受力方向前进的同时，也存在逆反向运动的可能性，这种可能性和位错越过障碍物前，也就是相当于位错不受力情况下的能量状态，即 $\exp\left(-\dfrac{U_0}{kT}\right)$。因此，位错蠕变速率应该为

$$\dot{\varepsilon}_{DG} = \dot{\varepsilon}_0 \exp\left(\frac{-U_0}{kT}\right)\left[\exp\left(\frac{\Delta U}{kT}\right) - 1\right] \tag{5-12}$$

其中，$\dot{\varepsilon}_0$ 和原子振动频率有关。同时，低温条件下有 $\exp\left(\dfrac{\Delta U}{kT}\right) \gg 1$，则式（5-12）变为

$$\dot{\varepsilon}_{DG} = \dot{\varepsilon}_0 \exp\left(\frac{-U_0}{kT}\right)\exp\left(\frac{\Delta U}{kT}\right)$$

ΔU 实质是位错接近障碍物过程中，在力作用下所做的功，在数值上等于

$$\Delta U = \int L\tau b\,\mathrm{d}x$$

其中，L 为滑移面上障碍物的间距；τb 为位错受力；积分上限为无穷大，下限为对应位错受力等于 τb 的位置。

近似情况下有

$$\Delta U = b\tau a_s$$

其中，a_s 为滑移面上对应的面积，所以有

$$\dot{\varepsilon}_{DG} = \dot{\varepsilon}_0 \exp\left(\frac{-U_0}{kT}\right)\exp\left(\frac{\tau b a_s}{kT}\right)$$

如果材料内存在固溶溶质，那么固溶溶质对位错的运动会产生一定的影响。在高温条件下，溶质原子由于具有明显扩散性，在位错运动速率不高的情况下，溶质原子会与边际位错共同运动，对位错运动产生一定的拖曳作用。此时，位错运动速率为

$$v \sim \frac{D_{sol}\sigma}{\varepsilon_b^2 c_0}$$

式中：D_{sol} 为溶质扩散系数；c_0 为溶质浓度；σ 为应力；ε_b 为溶质导致的晶格畸变错配。

有应力作用条件下，位错应变速率表达式为

$$\dot{\varepsilon} = \rho b v_g$$

式中：v_g 为位错的运动速率；ρ 为位错密度。

位错密度随着应力增加而增大，和应力之间满足如下关系：

$$\tau = \tau_0 + \alpha G b \rho^{1/2}$$

因此，位错密度和应力之间保持 $\rho \sim \sigma^2$ 关系。因此，可以得到

$$\dot{\varepsilon}_{SD} \sim \frac{D_{sol}\sigma^3}{\varepsilon_b^2 c_0}$$

对于溶质拖曳蠕变，其应力指数一般为 3。

除了位错滑移对蠕变有贡献外，如果位错攀移也参与蠕变变形，相关机制可以采用图 5-36 所示来构建模型。图 5-36（a）中的五个同心圆环代表五个弗兰克瑞德源，这些位错源处于相互平行的不同平面上。在位错滑移面上，每个位错源形成位错，距离位错源最远的边际位错到位错源核心的宽度为 L，不同平面的位错源彼此相互平行，相差高度即平面间距为 h，图 5-36（b）为图（a）的二维结构说明。很显然，图中每个位错源持续发出位错的条件是每个位错源边际位错的消失。由图 5-36（b）可以看到，边际位错的消失依赖于位错攀移。位错通过攀移 h 距离，攀移到与其原滑移面平行的平面后，正负位错相遇、消失。按照攀移理论，攀移是

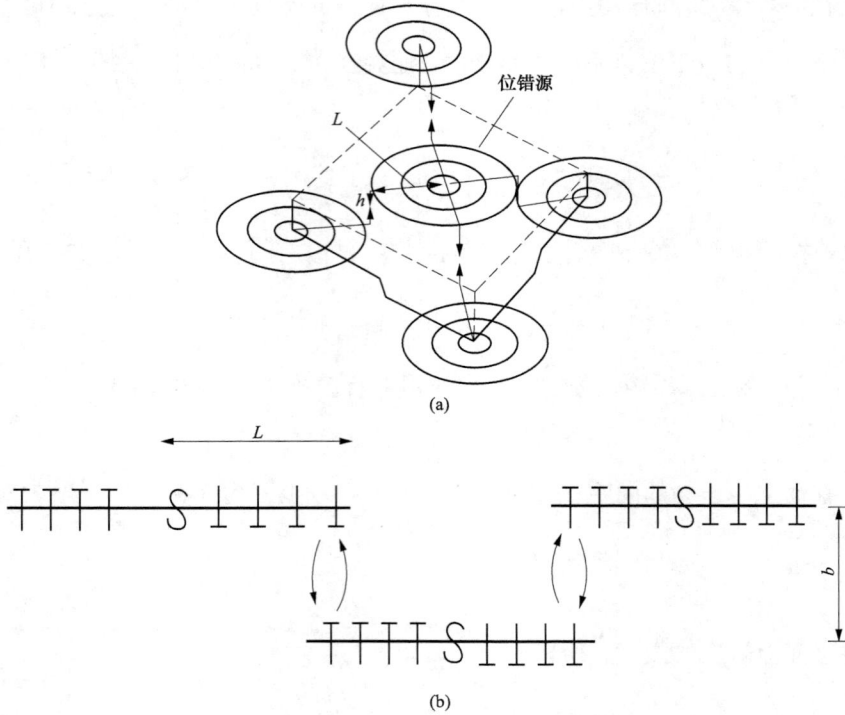

图 5-36 位错攀移蠕变及其机理示意

通过空位或者原子的扩散移动来实现的。因此，上述过程既包括扩散也包括滑移。边际位错消失导致位错源持续形成位错，位错滑移形成蠕变。下面为该模型条件下的蠕变速率推导。

如前所述，受力情况下的应变速率可以表示为

$$\dot{\varepsilon} = \rho b v_{\mathrm{g}}$$

式中：v_{g} 为位错的滑移速率。

如果位错的攀移速率采用 v_{c} 表示，在 $L \gg h$ 的情况下，二者之间关系为

$$v_{\mathrm{g}} = \left(\frac{L}{h}\right) v_{\mathrm{c}}$$

位错密度和位错源的数量 M 有关外，还和位错源中的位错环平均直径 L 和每个位错源中位错环的数量有关，后者一般与 L/h 成正比，因此

$$\rho = ML \frac{L}{h}$$

将上述滑移速率和 ρ 统一带入应变速率 $\dot{\varepsilon}$ 表达式，得到

$$\dot{\varepsilon}_{CG} \sim \frac{ML^3}{h^2} v_{\mathrm{c}}$$

其中，M 为单位体积内的位错源数量。由于材料显微结构没有变化，所以 M 是固定的。按照图 5-36 所示的几何关系，每个位错源的体积可视为圆柱体结构，相应体积为

$$V = \pi L^2 h$$

在微观显微结构是固定的前提下，M、V 是常数。在这种情况下，可以有

$$L \approx (Mh)^{-\frac{1}{2}}$$

则

$$\dot{\varepsilon}_{CG} \sim \frac{v_{\mathrm{c}}}{h^{3.5}M^{1/2}}$$

考虑位错攀移通常通过空位或者原子扩散实现，v_{c} 可以采用如下表达式：

$$v_{\mathrm{c}} \sim D_{\mathrm{L}}\sigma$$

其中，D_{L} 为晶格扩散系数；σ 为外加应力。考虑外加应力的归一化形式，从而有

$$\dot{\varepsilon}_{CG} \sim \frac{A_{CG}D_{L}}{h^{3.5}M^{1/2}}\left(\frac{\sigma\Omega}{kT}\right)$$

其中，A_{CG} 主要和位错环的几何形状有关，而 $\dfrac{\sigma\Omega}{kT}$ 主要和应力有关。

3. 柯勃尔蠕变

多晶陶瓷中存在着大量晶界。当晶界位相差大时，可以把晶界看成是非晶体，因此在温度较高时，晶界黏度迅速下降。外力导致晶界黏滞流动，发生蠕变。质点沿晶体边界扩散而产生的蠕变称为柯勃尔蠕变（Coble Creep）。柯勃尔蠕变及其相关机理示意如图 5-37 所示。相应的蠕变速率可以表示为

$$\dot{\varepsilon}_{C} = A_{C}\exp\left(\frac{-Q_{\mathrm{f}}}{kT}\right)D_{CGB}\exp\left(\frac{-Q_{\mathrm{m}}}{kT}\right)\frac{\delta'}{d^{3}}\frac{\sigma\Omega}{kT} = A_{C}\left(\frac{D_{GB}\delta'}{d^{3}}\right)\frac{\sigma\Omega}{kT}$$

式中：Q_{m} 为原子沿着晶界运动的激活能；δ' 为晶界上能实现有效物质传输的晶界厚度；D_{GB} 为有效晶界扩散系数。

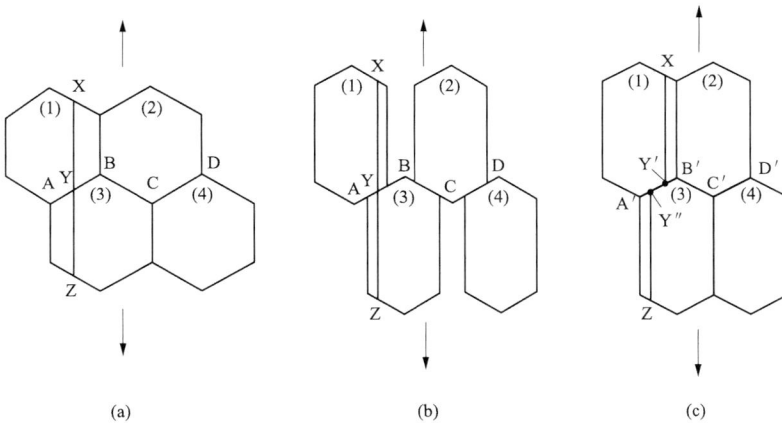

图 5-37　柯勃尔蠕变及其相关机理示意

　　工程上，蠕变性能一般常采用蠕变极限、持久强度等指标来描述。蠕变极限表示材料对高温蠕变变形的抗力，它是评定耐热合金高温强度的一项重要指标，是高温下选料、设计构件的主要依据之一。根据材料的工作条件，通常使用的蠕变极限有两种：一种是在规定温度下引起规定稳态蠕变速度的应力值；另一种是在规定温度下及规定试验时间内引起规定蠕变伸长的应力值。

　　持久强度是金属材料、机械零件和构件抗高温断裂的能力，常以持久极限表示。试样在一定温度和规定的持续时间下，引起断裂的应力称为持久极限。金属材料的持久极限根据高温持久试验来测定。在锅炉、燃气轮机和其他透平机械制造中，机组的设计寿命一般为数万小时以上，它们的持久极限可以用较短时间的试验数据直线外推以得到数万小时以上的持久极限。

5.10　超 塑 性

5.10.1　超塑性

早在 1912 年以前，美国科学家 Bengough 在他的研究中就发现 α＋β 黄铜在 700℃可以有 163％的最大伸长率。直至 1934 年，英国人 Pearso 在挤压态 Bi‐Sn 合金中获得了高达 1950％ 的伸长率，因此，Pearso 被西方学者认为是超塑性的创始人。1945 年，苏联的 Baocvar 和 Sviderskaya 在研究论文中把这种大延伸现象定义为超塑性。在特定的条件下，某些金属或合金 呈现低强度和大伸长率的一种特性。其伸长率可超过 100％，如钢的伸长率超过 500％，纯钛 超过 300％，铝锌合金超过 1000％。目前，拉伸状态下的伸长率可以达到 5000％。

材料在一定的内部条件和外部条件下，呈现出异常好的延伸性，即在异常低的流变抗力下 具备异常高的流变性能，称为超塑性。一般情况下要求延伸率超过 100％。通过超塑性成型可 以制备各种复杂形状零件，提高材料加工效率，而且成形后零件基本上没有残余应力。

超塑性有组织超塑性、相变超塑性和其他超塑性三类。在实际生产中应用最广泛的是组织 超塑性，又称为细晶超塑性或恒温超塑性。组织超塑性对应变速率和变形温度很敏感，此类材 料只有在一定的应变速率和变形温度范围内才能表现出最好的超塑性。对大量的超塑性研究表 明，为了使材料获得超塑性，通常应满足以下 3 个条件：

（1）变形在不低于 $0.5T_m$ 的温度下进行。

（2）加载应变速率 $\dot{\varepsilon}$ 低，一般 $\dot{\varepsilon} \leqslant 10^{-3}\,\mathrm{s}^{-1}$ 。

（3）材料具有等轴状细小晶粒（10 μm 以下）的微观组织，且晶粒尺寸比较稳定，在变形 过程中不显著长大。

相变超塑性是指材料受到应力作用前提下，同时在相变温度附近反复加热和冷却，经过多 次循环相变或同素异形转变而实现很大的延伸率。相变超塑性的主要特点如下：

（1）和组织超塑性相比较，相变超塑性往往不要求材料具有微细等轴晶粒等组织。

（2）材料必须具有相变或同素异构转变，这是相变超塑性的前提。

（3）实施工艺上需要变形温度反复变化，通过温度反复变化在微观上诱发产生反复的组织 结构变化，实现超塑性。因此，相变超塑性也称为动态超塑性或环境超塑性。

（4）目前由于其工艺要求变形温度反复变化，在应用上具有一定限制。

比较典型的相变超塑性如碳素钢和低合金钢，加以一定的载荷，同时在 $A_{1‐3}$ 温度上下加以 反复的一定范围的加热和冷却，每一次循环发生的两次相转变可以实现两次均匀延展，延展率 可以达到 500％。

随着研究深入，近年来发现普通非超塑性材料在一定条件下快速变形时，也能显示出超塑 性。比较典型的如短暂超塑性、异向超塑性、电致超塑性等。例如，在 Al‐5％Si 和 Al‐4％ Cu 溶解度曲线上下施以循环加热可以实现超塑性，球墨铸铁和灰铸铁经过特殊处理也可以获 得超塑性。这种金属材料在一定条件下出现短时间的细而稳定的等轴晶粒组织并显示出超塑性 的现象，称为短暂超塑性或者临时超塑性。7475 铝合金在沿拉伸方向施加电流，在 480℃时获 得 710％的拉伸伸长率，比常规超塑性变形温度降低 50℃，其 M 值也比无电流作用时明显提 高，此为电致超塑性。此外，还有一些材料在消除应力退火中，在应力作用下可以实现超塑 性。而具有异向性热膨胀的材料，例如 U、Zr，在加热时也会产生超塑性，称为异向超塑性。 下面重点讨论组织超塑性。

高温发生组织超塑性时，流变应力的变化对应变速率非常敏感，二者之间的关系式如下：

$$\sigma = k\dot{\varepsilon}^m$$

式中：k 为常数；$\dot{\varepsilon}$ 为应变速率；m 为应变速率敏感指数。

应变速率敏感指数是一个非常重要的参数，它表示塑性变形过程中抗缩颈的能力，m 值大代表抵抗缩颈出现的能力增强。一般 m 值越大，抗缩颈发展的能力越好，则伸长率越大。金属的 m 值都很小，介于 $0.01 \sim 0.04$，温度升高，m 值可以增加。如果要具备超塑性，m 值在 0.3 以上。为了获得较高的超塑性，m 值要大于 0.5。

图 5-38 所示为高温超塑性变形时 σ、$\dot{\varepsilon}$、m 之间的关系。高温发生组织超塑性时，流变应力-应变速率曲线通常呈现明显的 S 形，可将 S 曲线分为三个区，即图 5-36 中的 Ⅰ、Ⅱ、Ⅲ区，Ⅰ区相当于蠕变类型低应变速率区，它是在极慢速度下变形的。随着 m 值的增加而缓慢上升，近似于蠕变曲线。Ⅱ区是超塑性，m 值在该区的变化最大，并随着应变速率的增大而急剧增高，达最大值后又迅速下降，出现了峰值。Ⅲ区相当于一般塑性加工的高应变速率区，m 值的变化近似于一般拉伸曲线。在 Ⅰ、Ⅲ 区 m 值均很低，m 一般小于 0.2；Ⅱ区 m 值则比较大，介于 $0.3 \sim 0.9$，为典型的超塑性变形区域。温度和晶粒尺寸对流变应力有显著影响。一般温度增加，流变应力下降，晶粒越细小，流变应力越低，m 峰值移向高应变区域。

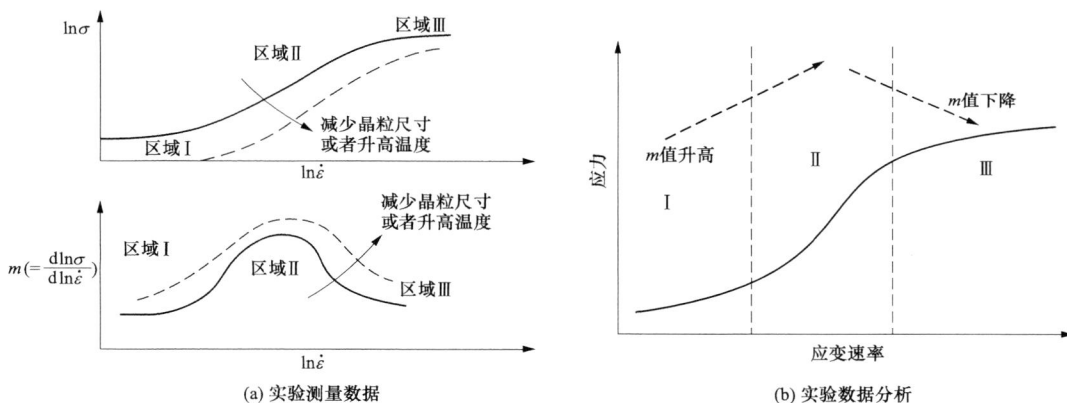

(a) 实验测量数据　　　　　　　　　　(b) 实验数据分析

图 5-38　高温超塑性变形时 σ、$\dot{\varepsilon}$、m 之间的关系

5.10.2　超塑性机理

超塑性的机理模型有很多，典型的有溶解沉淀机制、亚稳态机制、空位蠕变机制、位错蠕变机制、晶界滑移机制、变形中再结晶及其晶界非物质移动机制等，但是至今还没有统一公认的机理模型。一个好的超塑性模型必须同时能够解释超塑性变形过程中的高 m 值、低激活能、晶粒的等轴性等要求和大速率晶界滑动等主要特征。目前，普遍认为能很好地解释超塑性变形这些特征的是由阿西贝（Ashby）和弗拉尔（Verrall）提出的晶界移动和扩散蠕变联合机制，即 A-V 机制。该理论认为晶界滑移的同时伴随有扩散蠕变，对晶界滑移起协调作用的不是位错运动，而是原子的扩散和晶界迁移，如图 5-39 所示。

如图 5-39 所示，晶粒本身在变形过程中不发生任何形变，但是可以借助于晶界滑移实现晶粒换位，进而产生超塑性行为。对于四个晶粒形成的单元，一般可实现的应变量为 55%，但是如果借助于相邻晶粒的这种换位，则可以达到 1000% 的变形量。

上述机制在运行过程中，需要两个条件：一个是需要临界应力，启动晶界滑移；另一个是变形过程中保持晶粒形状稳定，这需要如图 5-40 所示的体扩散或者是晶界扩散来保证。考虑体扩散和晶界扩散同时存在的情况下，A-V 机制条件下的超塑性应变速率表达式为

$$\dot{\varepsilon}_{GS}=\frac{100\Omega}{kTd^2}\left(\sigma-0.72\frac{\gamma}{d}\right)D_L\times\left(1+\frac{3.3\delta'D_{GB}}{dD_L}\right)$$

其中，$0.72\dfrac{\gamma}{d}$ 为晶粒换位的应力槛值。如果仅仅考虑晶界扩散，此时 $3.3\delta'D_{GB}\gg dD_L$，则简化为

$$\dot{\varepsilon}_{GS}=\frac{330\Omega}{kT}\frac{\delta'D_{GB}}{d^3}\left(\sigma-\frac{0.72\gamma}{d}\right)$$

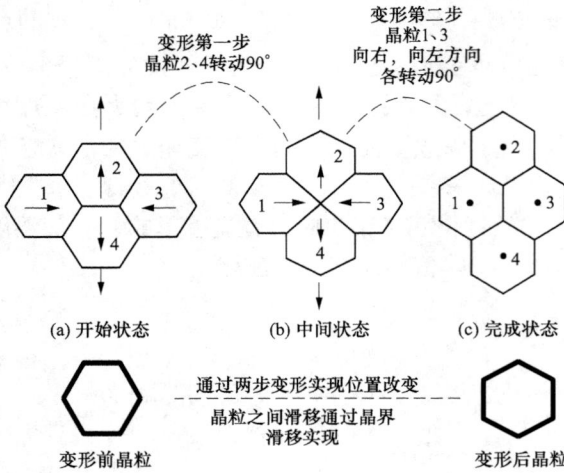

图 5-39　A－V 机制示意

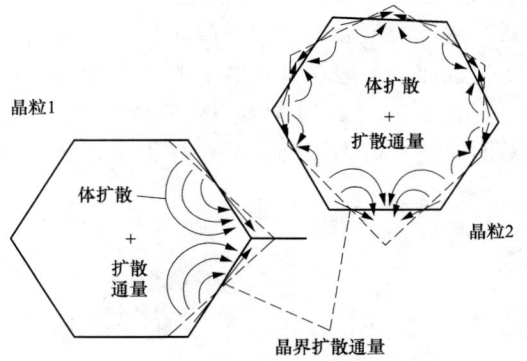

图 5-40　A－V 机制过程中的晶界和晶内扩散

5.10.3　超塑性判据

在材料变形过程下，通常拉伸变形到一定程度将出现缩颈，此后材料变形将集中于缩颈，出现不均匀塑变，直至断裂。超塑性需要均匀塑变，不能发生局部缩颈。因此，判断一个超塑性行为的发生与否可以从判断是否具有缩颈开始。发生缩颈还是均匀塑变，关键是看二者发生时各自需要的外力的大小，变形需要较小应力的，在理论上应该首先发生。由此，引申出判断超塑性发生与否的判据理论——Rossard 稳定性判据。

按照 Rossard 稳定性判据的主要理论观点，推导如下：

$$F=A\sigma,\ \sigma=\sigma(\varepsilon,\ \dot{\varepsilon})$$

左、右分别求导，有

$$\frac{\mathrm{d}F}{\mathrm{d}L}=A\frac{\mathrm{d}\sigma}{\mathrm{d}L}+\sigma\frac{\mathrm{d}A}{\mathrm{d}L},\ \mathrm{d}\sigma=\frac{\partial\sigma}{\partial\varepsilon}\mathrm{d}\varepsilon+\frac{\partial\sigma}{\partial\dot{\varepsilon}}\mathrm{d}\dot{\varepsilon}$$

这里

$$\mathrm{d}\varepsilon=-\frac{\mathrm{d}A}{A},\ \ \mathrm{d}\dot{\varepsilon}=-\frac{\mathrm{d}A}{A\,\mathrm{d}t}$$

将上述 $\mathrm{d}\varepsilon$、$\mathrm{d}\dot{\varepsilon}$ 表达式代入 $\dfrac{\mathrm{d}F}{\mathrm{d}L}$，进一步整理，有

$$\frac{\mathrm{d}F}{\mathrm{d}L}=\left(\sigma-\frac{\partial\sigma}{\partial\varepsilon}\right)\frac{\mathrm{d}A}{\mathrm{d}L}+A\frac{\partial\sigma}{\partial\dot{\varepsilon}}\frac{\mathrm{d}\dot{\varepsilon}}{\mathrm{d}L}$$

考虑

$$\left(\frac{\mathrm{d}F}{\mathrm{d}L}\right)_{\mathrm{UNIFORM}}-\left(\frac{\mathrm{d}F}{\mathrm{d}L}\right)_{\mathrm{NECKING}}\leqslant 0$$

即

$$\left(\frac{\mathrm{d}F}{\mathrm{d}L}\right)_{\text{UNIFORM}} - \left(\frac{\mathrm{d}F}{\mathrm{d}L}\right)_{\text{NECKING}} = \left(\sigma - \frac{\partial\sigma}{\partial\varepsilon}\right)\left(\frac{\mathrm{d}A_1}{\mathrm{d}L} - \frac{\mathrm{d}A_2}{\mathrm{d}L}\right) + A\,\frac{\partial\sigma}{\partial\dot{\varepsilon}}\left(\frac{\mathrm{d}\dot{\varepsilon}_1}{\mathrm{d}L} - \frac{\mathrm{d}\dot{\varepsilon}_2}{\mathrm{d}L}\right) \leqslant 0 \quad (5\text{-}13)$$

如果令 $\mathrm{d}\eta = \mathrm{d}A_1 - \mathrm{d}A_2$，则式（5-13）演变为

$$R\,\frac{\mathrm{d}\eta}{\mathrm{d}L} \leqslant 0$$

考虑到一般情况下

$$\frac{\mathrm{d}\eta}{\mathrm{d}L} > 0$$

因此，式（5-13）符号由 R 变量确定。在这种情况下，可以定义

$$R = \sigma - \frac{\partial\sigma}{\partial\varepsilon} - \frac{\partial\sigma}{\partial\dot{\varepsilon}}\left(3\dot{\varepsilon} + \frac{\mathrm{d}\dot{\varepsilon}}{\mathrm{d}\varepsilon}\right)$$

综上所述，塑性变形的发生与否可以依据 R 变量来确定。如果 $R>0$，变形不稳定，容易形成缩颈；如果 $R<0$，变形稳定，不容易形成缩颈。因此，通过 $R=0$ 时，可以计算临界的应变值，此即 Rossard 稳定性判据。

值得一提的是，除去 Rossard 判据，判定超塑性稳定性的判据还包括 Hart、Campbell 判据等，限于篇幅，在此仅作简要说明。Hart 判据的基本观点是变形过程中，由于塑性变形，横截面积会逐渐减小。如果横截面积的变化速率不断减小，则变形可以认为是稳定的。其基本判据如下：

$$\frac{\delta\log\dot{A}}{\delta\log A} = \frac{\gamma + m - 1}{m} \geqslant 0 \quad (5\text{-}14)$$

其中，m 为应变速率敏感系数，有

$$m = \left(\frac{\partial\log\sigma}{\partial\log\dot{\varepsilon}}\right)_\varepsilon,\ \gamma = \left(\frac{1}{\sigma}\frac{\partial\sigma}{\partial\varepsilon}\right)_{\dot{\varepsilon}}$$

根据式（5-14），可知变形稳定性判据为

$$\gamma + m \geqslant 1$$

Campbell 判据的基本观点为

$$\frac{\partial\dot{\varepsilon}}{\partial\varepsilon} + \frac{\sigma}{1+\varepsilon}\frac{\partial\dot{\varepsilon}}{\partial\sigma} < \frac{\dot{\varepsilon}}{1+\varepsilon}$$

如果变形速率一定，变形本构方程遵循如下表达式：

$$\dot{\varepsilon} = k\sigma^{1/m}$$

此时，变形稳定的条件是 $m > 1$。

第 6 章　固体的合金化理论

对于固体材料，无论是陶瓷、金属还是高分子材料，采用在基体材料中添加其他合金元素或者氧化物等，通过在基体材料中形成有效的性能强化相，实现最终改变材料性能的方法，称为合金化或掺杂改性技术，它是开发新型材料的重要手段。本章主要介绍钢铁合金化方面的知识，主要包括以下知识点：

(1) 合金化的定义及方式。

(2) 固溶体的定义、分类和特点，有序固溶体的分类及其对性能的影响规律。

(3) 中间相的概念、分类以及典型的拓扑密堆相介绍。

(4) 典型的金属间化合物介绍。

6.1　合　金　化

不管是钢铁、陶瓷，还是高分子材料，一般都很少在纯态下使用。以金属材料为例，尽管纯金属在电极、反应槽等电、化学相关领域获得了一定的应用，但是由于纯金属的性能有一定的局限性，特别是强度、韧性、防腐蚀等重要性能指标往往不能满足工业应用的要求，在应用上受到了一定的限制。例如日常生活中的铁器，一般不会采用纯铁来制备，绝大多数场合下采用的材料都是铁-碳合金或者其他铁基合金。因此，在工业上广泛使用的金属材料绝大部分是合金。通过合金化后，纯金属的性能可以得到大大的改善。事实上，合金化是提高和改善纯金属性能的最主要的途径。

所谓的合金化过程就是在基体材料中加入其他元素，形成由两种或两种以上的金属-金属或者金属-非金属混合，进一步经过熔炼、烧结或其他方法加工而成的具有金属特性的物质。上述合金化概念包含三个层面的含义：①基体材料通常是金属材料，同时加入其他元素可以是金属，也可以是非金属，如果基体材料是陶瓷，一般称为掺杂，不是合金化；②合金元素的加入方式可以是熔炼、粉末冶金（烧结）或者其他方法，典型的如高温渗硅、渗碳等技术；③最后获得具有金属特性的物质，即合金。

一种基体材料中加入其他元素后，基体材料中可能出现的几种情况，见图 6-1。最简单的情况就是基体材料和添加元素之间形成简单混合，无任何相互作用。除去最简单的混合状态，合金化过程中，更常见的是所添加的合金元素与基体材料之间发生相互作用，形成多种不同组织形态的相。相是指在合金中具有同一化学成分、同一晶体结构类型和性质的均匀连续组成部分，相和相之间通常以相界面相互隔开。合金中的组成相多种多样，但根据合金元素与基体材料组成之间相互作用的不同，固态下基体中所形成的合金相通常有固溶体和中间相两大类。因此，基体材料中加入其他元素后会发生的第二种情况，就是基体材料和添加元素之间不发生明显化学相互作用，但是添加元素可以进入到基体材料的晶格中，填充在空隙或者格点位置上，形成所谓的固溶体，即一种固体材料溶解于另外一种固体中所形成的混合型固体。由于晶体内部缺陷和空隙数量有限，往往能够溶解在基体材料中的合金元素数量有限，也就是固溶体往往存在一定的溶解度，即固溶度。第三种情况是添加合金元素和基体材料通过化合价、电子浓度、间隙-原子之间尺寸因素或者特殊排列结构等方式发生相互作用，形成新相。该新相含有添加元素的含量通常介于纯组元的固溶度之间，例如对于 A 和 B 组成的二元系，如果彼此存在一定的互溶，那么 A 和 B 之间形成的新相成分一般在 A 在 B 中的溶解限度和 B 在 A 中的溶解限度之间，故称为中间相。依据元素之间相互作用的方式不同，中间相可以是正常价化合物、电子化合物、间隙相和间隙化合物、拓扑密堆相等，其中正常价化合物就是指通过化学反应形成的化合物。下面详细讨论固溶体和中间相。

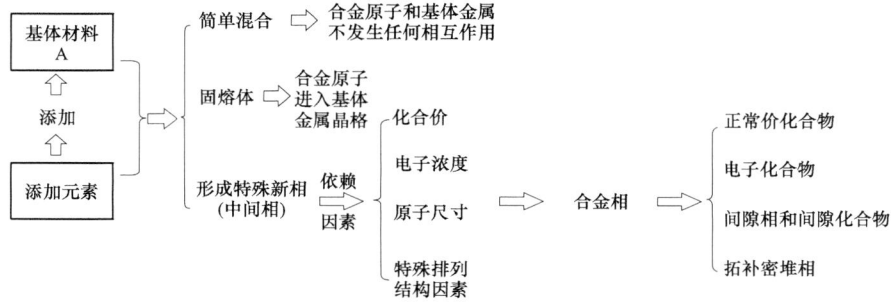

图 6-1　合金元素与基体材料的相互作用

6.2　固　溶　体

6.2.1　固溶体

溶液是指一种物质加入一种液体中，形成均匀的、透明的混合液体。溶液的特点是溶质和溶剂之间化学性质稳定，不发生化学反应，呈现简单混合状态。如果将溶液的溶质和溶剂换成固体材料，一种固体溶解另外一种固体，即形成所谓的固溶体。能溶解其他固体的固体称为溶剂，被溶解的固体称为溶质。因此，固溶体和溶液很像，其本质是通过特殊工艺将一种固体组元（即溶质）溶解在另一种组元（即溶剂，一般是金属）中，形成固态的混合物。和溶液中溶剂溶解溶质具有溶解度一样，固溶体的溶剂一般并不能无限溶解溶质，固溶体也具有溶解限度，称为固溶度，即固体溶剂结构中能够容纳其他溶质合金元素的最大限度。由于固溶度的存在，固溶体也可以按溶质原子在固体中的溶解度，分为有限固溶体和无限固溶体两种。固溶体的溶质溶解于溶剂，从微观角度看，就是溶质原子进入溶剂晶格，溶质原子在溶剂晶格通常占据空隙或者空间点阵的格点位置，形成的混合均匀的不同于基体材料的新相。根据添加元素的原子在基体晶格中的占据位置，固溶体分成置换式固溶体和间隙式固溶体两大类。如果添加的元素原子居于晶格的格点位置，即添加的元素原子处于基体原子的位置上，这类固溶体称为置换固溶体；如果添加的元素原子居于晶格的间隙位置，这类固溶体称为间隙固溶体。

6.2.2　置换固溶体

影响置换固溶体固溶度的因素有很多。置换固溶体的形成与晶体结构类型、原子尺寸、电负性（化学亲和力）、电子浓度等密切相关。

（1）晶体结构类型。溶质和溶剂的晶体结构类型是否相同或者相似会影响形成的固溶体类型。如果两组元的晶体结构类型不同，组元间的溶解度通常只能是有限的。如果溶质元素与溶剂元素的结构类型相同，则可以实现相对较大的溶解度，甚至形成无限固溶体。绝大多数金属元素之间一般都能形成置换固溶体，但是只有少部分金属元素之间，可以形成无限固溶体。例如 Fe - Cr、Cu - Ni 之间均可形成无限固溶体。

（2）原子尺寸。溶质、溶剂原子尺寸不同会导致溶剂晶格局部产生晶格畸变。在其他条件相近的情况下，原子尺寸相差越大，晶格畸变程度就越高，不利于形成固溶体。溶质与溶剂原子半径的相对差一般要小于 14%～15%。

（3）电负性。电负性相差越大，化学亲和力越强。电负性相差较大的元素之间，比较倾向于形成化合物而不利于形成固溶体，即使形成固溶体，固溶度也很小。因此，只有电负性相近的元素才可能具有大的溶解度。

（4）电子浓度。电子浓度可表示为

$$\frac{e}{a} = \frac{A(100-x) + Bx}{100}$$

式中：e 为固溶体中价电子数目；a 为原子数目之比；A、B 分别为溶剂和溶质原子的价电子数；x 为溶质原子的摩尔分数。

固溶体的溶解度会受到电子浓度的控制。固溶体的电子浓度一般有极限值，超过此极限值，固溶体就会不稳定而形成其他的相。

（5）温度。除了上述提及的因素外，固溶度还和温度有关。大多数情况下，温度越高，固溶度越高，这一点已通过带有固溶体的相图得到全面了解。

6.2.3　间隙固溶体

当一些原子半径比较小的非金属元素作为溶质溶入金属或化合物的溶剂中时，这些小的溶质原子不占有溶剂晶格的结点位置，而存在于间隙位置，通过这种方式形成的固溶体称为间隙固溶体。影响间隙固溶体形成的因素主要有以下几个：

（1）溶质、溶剂的原子半径。溶质与溶剂原子半径的相对差值一般大于 41% 时，溶质原子才有可能进入溶剂晶格间隙而形成间隙固溶体。具体实践中，形成间隙固溶体的溶剂元素大多是过渡族元素，溶质元素一般是原子半径小于 0.1nm 的一些非金属元素，即氢、硼、碳（0.077nm）、氮（0.071nm）、氧等。

（2）溶剂的间隙和溶质的原子匹配。在间隙固溶体中，由于溶质原子通常会比晶格间隙尺寸大，溶质原子存在于间隙位置上引起点阵畸变较大，导致它们不能填满全部间隙。因此间隙固溶体一般均为有限固溶体，而且固溶度都很小。

（3）溶剂晶体结构的间隙形状和尺寸。对于体心立方晶格的 α - Fe，其四面体和八面体间隙均是不对称的，尽管在 $\langle 100 \rangle$ 方向上八面体间隙比四面体间隙的尺寸小，仅为 $0.154R$，但它在 $\langle 110 \rangle$ 方向上却为 $0.633R$，比四面体间隙 $0.291R$ 大得多。因此，当 C 原子挤入时只要推开 Z 轴方向的上、下两个铁原子即可，比挤入四面体间隙要同时推开四个铁原子较为容易。因此，不论 γ - Fe 还是 α - Fe，碳原子在其晶体结构类型形成间隙固溶体时，碳原子均处于八面体间隙。由于 γ - Fe 的八面体间隙尺寸比 α - Fe 的大，所以碳在 γ - Fe 中的最大溶解度远远高于在 α - Fe 中的最大溶解度。碳在 γ - Fe 中的最大溶解度为质量分数 $w(C) = 2.11\%$，而在 α - Fe 中的最大溶解度仅为质量分数 $w(C) = 0.0218\%$。这说明碳在铁中的固溶度和八面体间隙和四面体间隙形状和尺寸相关。

6.3　固溶体的特点

固溶体最大的特点是固溶体往往保持溶剂（或称基体）的点阵类型不变。无论是间隙固溶体还是置换固溶体，外来元素原子只能居于溶剂材料的晶体结构的不同位置，但是不能因此而改变溶剂材料的晶体结构，因此固溶体点阵类型保持溶剂的晶格不变。但是固溶体由于溶解了溶质，存在固溶度，因而它可以有一定的成分范围，即组元的含量可在一定范围内改变而不会改变固溶体的点阵类型。由于固溶体的成分范围是可变的，而且有一个溶解度极限，故通常固溶体不能用一个化学式来表示。

固溶体第二个特点是晶格畸变。相对于纯金属状态，固溶体是在基体材料晶格中引入了其他元素的原子。由此会产生如下后果：一方面，由于晶格中原子之间的间距和原子之间的相互作用有关，所以外来溶质原子不可避免地影响溶剂晶体内部原来原子之间相互作用的平衡；另一方面，由于溶质、溶剂的原子种类和尺寸不同，形成固溶体时，虽然仍保持溶剂的晶体结构，但是溶剂晶格会产生局部畸变，从而导致晶格常数改变。在一定程度上，晶格畸变的大小可由晶格常数的变化所反映。因此，固溶体溶剂晶格往往存在不可避免的晶格畸变。

随着溶质的融入，不同类型固溶体的晶格常数变化规律不同。例如，形成间隙固溶体时，晶格常数总是随溶质原子的溶入而增大；形成置换固溶体时，晶格常数变化则和溶质原子的尺寸有关。若溶质原子比溶剂原子大，则溶质原子周围晶格发生膨胀，平均点阵常数增大；反之，溶质原子周围晶格发生收缩，平均点阵常数减小。

液态溶液的溶质溶解后会在溶剂中通过扩散达到均匀分布，形成成分均匀稳定的混合物。而固溶体的溶剂由于本身存在固态的晶体结构，溶质在溶剂中的扩散会受到诸多因素的影响，如温度、溶剂-溶质原子之间的相互作用、溶质原子和溶剂晶格之间的作用等。这些因素导致固溶体的溶质在溶剂中的分布在宏观上是均匀的，但是在微观上不均匀。因此，固溶体第三个特点是溶质原子在溶剂晶格中分布存在微观不均匀性。

固溶体中溶质原子的微观分布方式主要取决于同类原子间的结合能 E_{AA}、E_{BB} 和异类原子间的结合能 E_{AB} 的相对大小。如果 $E_{AA} \approx E_{BB} \approx E_{AB}$，则溶质原子倾向于无序分布；如果 $(E_{AA}+E_{BB})/2 < E_{AB}$，则溶质原子呈偏聚状态；如果 $E_{AB} < (E_{AA}+E_{BB})/2$，则溶质原子呈现部分有序或完全有序排列。溶质在溶剂中的复杂分布可以采用短程序参数 α 加以说明。

假设在一系列以溶质 B 原子为中心的各同心球面上分布着 A、B 组元原子。在 i 层球面上共有 c_i 个原子，其中 A 原子的平均数目为 n_i 个。再假设已知该合金成分中 A 的原子数分数为 m_A，此层上 A 原子数目应为 $m_A c_i$，此时短程序参数 α 为

$$\alpha_i = 1 - \frac{n_i}{m_A c_i}$$

其中，$\dfrac{n_i}{m_A c_i}$ 表明形成固溶体后 i 层球面上 A 原子占据的实际数量和理想完全无序情况下 A 原子占据的数量的比值。如果固溶体为完全无序分布，A 原子在各个球面上占据的比例一样，i 层球面上 $n_i = m_A c_i$，短程序参数 α 等于零。如果出现团聚，则 i 层球面上的 A 原子 n_i 大于或者小于 $m_A c_i$，此时短程序参数 α 会成为负值或者正值。若 $n_i > m_A c_i$，α 为负值，表明 B 原子与异类原子相邻的概率高于无序分布，即处于短程有序状态；若 $n_i < m_A c_i$，α 为正值，则固溶体处于同类原子相邻概率较高的偏聚状态。

综上所述，若溶质原子在晶体点阵中随机性、统计性地分布，称为无序分布；若同类原子对（AA 或 BB）的结合较异类原子对（AB）较强时，同类原子倾向于聚集在一起成群地分布，称为溶质原子的偏聚；若异类原子结合力较强，则溶质原子趋于以异类原子为邻，称为短程有序分布。

固溶体第四个特点是固溶强化。和纯金属相比，由于溶质原子的溶入导致溶剂晶格畸变，晶格畸变会增加位错运动阻力，使滑移难以进行，从而使合金固溶体的强度与硬度增加，但是

同时也会降低韧性和塑性。这种通过溶入某种溶质元素形成固溶体强化金属材料性能的手段称为固溶强化。按溶质原子在基体中的分布状况，固溶强化可分成均匀强化和非均匀强化，前者指溶质原子混乱分布于基体中时的强化作用，后者指溶质原子优先分布在晶体缺陷附近，或作有序排列时的强化。影响固溶强化的效果的主要因素包括以下几个：

（1）溶质原子的原子分数越高，强化作用也越大，特别是当原子分数很低时，强化作用更为显著。

（2）溶质原子与基体金属的原子尺寸相差越大，强化作用也越大。

（3）间隙型溶质原子比置换原子具有更大的固溶强化效果，但是间隙原子的固溶度一般有限，因此实际的强化效果也有限。此外，由于间隙原子在体心立方晶体中的点阵畸变属非对称性的，其在体心立方晶体中的强化作用会优于面心立方晶体。

（4）溶质原子与基体金属的价电子数目相差越大，固溶强化效果越明显，即固溶体的屈服强度随着价电子浓度的增加而提高。

固溶强化的案例很多。在固态的铸铁中，硅强化铸铁中铁素体的作用很明显。硅含量提高以后，抗拉强度和硬度都随之提高。在铸铁中，利用硅的固溶强化作用，还可以减少或不用铜、镍、锡、钼、铬等提高强度的合金元素，在一定程度上可以实现铸铁材料技术发展的低合金化需求。

固溶强化对材料物理性能也会产生一定的影响。例如固溶体合金随着固溶度的增加，点阵畸变增大，畸变的晶格点阵对运动电子的散射作用也相应加剧，导致一般固溶体的电阻率 ρ 升高，同时降低电阻温度系数 α。

Cu - Ag 合金是典型的固溶强化型合金。银在铜中的固溶强化对铜的导电性影响一般是不利的，但是如果控制好银的含量，不仅可以显著提高铜的再结晶温度、蠕变强度和抗高温热低周疲劳，而且还可以有效控制固溶强化所导致电导率和热导率的下降，同时又不影响铜的塑性。例如，在铜中加入 0.2%～1% 银后，电导率仍保持在 100%IACS，形变强化后强度可达到 400MPa 以上；Cu - 0.085% Ag 经冷加工后，强度可达到 420MPa，电导率为 100% IACS；Cu - 10% Ag 经适当处理后，强度可达到 1000MPa，电导率可达 80%IACS。

功能陶瓷中，如果钛酸铅（PbTiO₃）和锆酸铅（PbZrO₃）两者固溶，则可以形成 $Pb(Zr_x Ti_{1-x})O_3$，$x=0.1\sim0.3$。在斜方铁电体和四方铁电体的边界组成 $Pb(Zr_{0.54}Ti_{0.46})O_3$ 处，压电性能和介电常数均达到最大值，烧结性能好，被定义为 PZT 陶瓷。

6.4　有序固溶体

6.4.1　有序固溶体

适当成分的合金在较高温度形成无序的固溶体，当温度降到临界温度 T_c 时，原子分布规则化，呈完全有序分布，这种有序结构称为超结构。超结构也称超点阵，是有序固溶体结构的通称。例如 0.5Fe（摩尔分数）＋0.5Al（摩尔分数）合金，在高温下是具有体心立方点阵的无序固溶体，每个结点是由半个 Fe 原子与半个 Al 原子所组成的平均原子所占据，但是在低温时，一种原子占据晶胞的顶点（如 Fe 原子），另一种原子占据体心位置（如 Al 原子）。此时顶点和体心不再是等同的点，即不再是体心立方点阵，而是由两个分别被铁原子和铝原子占据的简单立方分点阵穿插而成的复杂点阵，即超点阵。除此之外，其他合金系在低温下也会存在有序合金，如在面心立方固溶体中，形成超结构 Cu₃Au 型、Cu - Au - I 型、Cu - Au - II 型、Cu - Pt 型；在体心立方中，形成超结构 Cu - Zn 型；在密排六方固溶体中，形成超结构 Mg - Cd₃ 型。

超结构可以通过 X 射线衍射技术进行观察。有序固溶体的多（或单）晶衍射图样中会出现一些原先所没有的线（或斑点），通称为超结构线（或斑点）。在有序化过程中，这些超结构线（或斑点）的强度逐渐增大，而且越来越明显。当完全有序实现以后，晶体的结构类型就发生变化，有时甚至点阵类型也发生变化。超结构线出现的原因主要和两种不同原子的散射因子有关，当异类原子晶面的散射波之间的位相差正好为 π 时，如果两种不同原子的散射因子不同，散射波就不能相互抵消，由此产生超结构线。

有序化的程度称为有序度，有序度有短程和长程之分，分别采用短程有序度及长程有序度来描述。如果仅仅从一个原子的邻近角度去观察评价有序程度，为短程有序度。而长程有序度一般侧重整个点阵内部 AB 原子的排列。

1. 短程有序度

$$\sigma = \frac{q - q_n}{q_m - q_n}$$

式中：q 为 A 原子周围出现 B 原子的概率；q_n 为完全无序时的 q；q_m 为完全有序时的 q。

2. 长程有序度

A-B 二元合金系中，若形成无序固溶体，点阵中的阵点可以任意地为 A 或 B 原子占据；若形成有序固溶体，点阵阵点 α 位置应为 A 原子占据，β 位置应为 B 原子占据，即各原子占据在自己一定的正确位置上。

现设 A 组元的原子百分数为 C_A，B 组元的原子百分数为 C_B；P_A^α 为 A 原子占据 α 位置的概率，P_B^β 为 B 原子占据 β 位置的概率；p 为 A、B 组元中的一种组元的原子（即 A 或 B）处于正确位置的概率，C_X 为其相应组元的原子百分数，则长程有序度 ω，定义为

$$\omega = \frac{P_A^\alpha - C_A}{1 - C_A} = \frac{P_B^\beta - C_B}{1 - C_B} = \frac{p - C_X}{1 - C_X}$$

可见，当 $p = C_X$ 时，$\omega = 0$，则为完全无序固溶体；当 $p = 1$ 时，$\omega = 1$，则为完全有序固溶体。因而，对于 AB 型合金，$C_X = 1/2$，则 $\omega = 2p - 1$；对于 AB_3 型合金，若从 A 组元出发，其 $C_X = 1/4$，则 $\omega = \dfrac{4p_A^\alpha - 1}{3}$；对于 A_3B 型合金，仍从 A 组元出发，其 $C_X = 3/4$，则 $\omega = 4p_A^\alpha - 3$。此外，在 AB 型合金中，ω 还可以表述如下：

$$\omega = 2p - 1 = \frac{R - W}{N}$$

式中：R 为占"对"阵点的原子数（即 A 占 α 位置、B 占 β 位置）；W 为占"错"阵点的原子数（即 A 占 β 位置、B 占 α 位置）；N 为原子总数。

在无晶体缺陷时，$N = R + W$，而 $p = \dfrac{R}{N}$。一般把有序度区域尺寸达到约 10^4 个原子，并可以在 X 衍射谱上获得超结构线的有序态称为长程有序。

6.4.2　有序化发生的过程

晶体从有序向无序转变，此过程一般发生在升温过程。随着温度升高，理论上原子活动剧烈程度加剧，熵的变化对有序度影响越来越大。随着温度升高，有序度降低，当温度高于临界温度 T_c 时，长程有序消失。按照有序度消失的方式不同，转变分为一级转变和二级转变。例如，对于 Cu-Zn 合金，温度升高，无序化过程是逐渐实现的，说明内能和热焓随着温度的变化是连续的，为典型的二级转变；对于 Cu_3Au，随着温度升高，其无序化消失过程是突然实现的，说明内能和热焓随着温度变化是不连续的，为典型的一级转变。

　　晶体中无序向有序转变一般发生于降温过程。随着温度下降，晶体内部原子重组，发生无序-有序转变，此转变会涉及两种可能的机制：一种类似于调幅分解（见后续相图中的详细介绍），转化过程中不存在明显的形核，在晶体内部通过自发的局部重排形成短程有序，进一步导致长程有序，但是该过程往往要求很大的过冷度；另外一种过程发生时，存在明显的形核和长大，因此形成初期需要克服一定的能量势垒，其无序到有序的转变过程是通过形核和长大完成的。第一步是形成畴核，即晶体内不同位置中，出现独自长大的微小区域，区域内部原子排列都是有序的，结构上和基体共格，成分上和基体成分保持一致，该区域称为畴核。晶体内部这种有序化形核通常是均匀的，与晶体缺陷无关。第二步是不同位置处的畴核开始长大，生长到一定程度会相互碰撞，由于不同畴核的晶体学取向通常各不相同，在畴核彼此相互接触的地方就会形成非有序的规则排列，即反相畴界。反相畴界实质是畴核之间一个明显的分界面，类似于液体凝固转变完成以后形成的晶界。反相畴进一步长大和超结构类型及合金种类有关。

　　影响有序化的因素一般包括成分、冷却速度、塑性变形、温度等。

　　（1）成分。合金偏离有序化理想成分时，将产生不完全有序化结构。只有在理想配比成分并具有简单金属晶体结构的单晶体中，才有可能得到完全有序的排列状态。具体实践中由于晶体中存在各种缺陷和晶界，绝大多数情况下，不可能存在完全有序的状态。

　　（2）冷却速度。快速冷却可以抑制有序化，保留高温时的无序状态。只有将合金在低于有序化温度保持一定时间，才可能实现有序化。

　　（3）塑性变形。塑性变形改变晶格的几何结构，影响晶格中格点原子的能量状态，从而影响有序化。

　　（4）温度。高温有利于固溶体的生成，但不利于有序结构的形成。因此，有序结构一般需要在一定的临界温度以下才能形成，例如 $AuCu_3$ 的临界温度为 668K。这一临界温度在金属学中称为居里点，在居里点，晶体结构和性质都呈现突变。此外，热处理对有序-无序转变也有明显的影响。研究表明：对于 Fe - 6.5%Si 合金，1100℃保温 1h 淬火处理后，合金中的有序相尺寸为 20～200nm，与铸态合金的有序相尺寸大于 1μm 的情形相比，有序相尺寸减小、反相畴界的密度增加，合金有序度显著降低。经 400℃保温 10min 回火处理后，合金中的有序相尺寸为 50～300nm，与淬火试样相比，有序相尺寸有一定程度增大；经 400℃保温 60min 回火处理后，合金中的有序相尺寸显著增大，为 100～500nm，与淬火试样相比显著增加。

　　有序化会对材料性能产生影响。在物理性能方面，有序化对材料的电、磁、热等性能均有明显影响。例如，有序化可以导致电阻率下降，其主要原因是有序化可以导致原子规则排列，对晶格周期场产生的破坏程度减小。某些磁性合金会受有序化影响。例如，Ni_3Mn 合金在无序态是顺磁性的，而在有序态时，饱和磁矩 M_s 具有极大值，呈现铁磁性的。在热学性能方面，和无序状态比较，有序状态可以明显改变比热容。这主要是由于比热容在无序化时，包含热振动比热容外，还有因为组态改变形成的附加热容，该附加热容随着有序度改变而改变。

　　在机械性能方面，有序化可以使杨氏模量增加。一般经过长程有序化后，合金会变得较硬，有时具有明显的屈服强度，并且随着有序度的增加，屈服应力在某一个有序度出现极值，这一现象称为有序强化。产生强化的原因和反相畴界阻止位错运动有关。例如，Mg_3Cd 合金达到最大硬度的值与有序畴的大小及有序度相对应。

6.4.3　实际晶体中的有序固溶体

　　面心立方晶体中的有序固溶体主要有 Cu - Au 型、Cu - Au（Ⅱ）型和 Cu - Pt 合金型。Cu - Au 型分为 Cu_3Au 型结构和 Cu - Au（Ⅰ）型结构。Cu_3Au 型有序固溶体的临界温度为 390℃，高温无序固溶体在 390℃以下通过退火缓慢冷却获得。其有序化的特点是 Cu 及 Au 原子在点阵中有规则排列，Au 原子位于角心，Cu 原子位于面心。具有这类超点阵的合金还有 Ni$_3$Fe、Ni$_3$Mn、Zr$_3$Al、CO$_3$V、Zn$_3$Ti 等。

在 Cu 及 Au 摩尔分数各为 50% 时会形成 Cu - Au(Ⅰ) 型有序固溶体，临界温度为 385℃。其有序化特点是 Cu 与 Au 原子呈现层状分布，一层 Cu 一层 Au 分层排列。因为 Cu 原子尺寸小，使晶格纵轴变短，成为 $\frac{c}{a}=0.93$ 的四方点阵。具有这类结构的合金还有 Ag - Ti、AI - Ti、Co - Pt、Hg - Zr、Fe - Pt 等。

Cu - Au(Ⅱ) 型有序结构临界温度为 385~410℃。其有序化特点是长周期结构，每隔 5 个小晶胞在 (001) 面上的原子类别发生变化，原为 Au 原子的晶面变成 Cu 原子面，原为 Cu 原子面的变成 Au 原子面。在长晶胞的一半处产生一个反相畴界。两个反相畴之间的距离为 $b(M+\delta)$，其中，M 为长周期点阵的半周期，δ 为在 b 方向上产生微量胀大。这类长周期有序结构在 Cu$_3$Au 中也存在，并且不单是一维长周期，有时会是三维长周期。

由图 6-2 所示的 Cu - Pt 系超点阵可以看到，Cu - Pt 合金型也可以和 Cu - Au(Ⅰ) 型一样，看成是层状有序结构。Cu 原子和 Pt 原子在 (111) 面上逐层相间排列，由于两类原子大小不同，致使原来面心立方点阵变成菱形点阵，但是 $\alpha=90°$。当 Pt 原子超过 50%，多余的 Pt 原子取代 (111) 面部分 Cu 原子，当成分接近 Cu$_3$Pt$_5$ 时，构成新的超结构，如图 6-2 （b）所示。

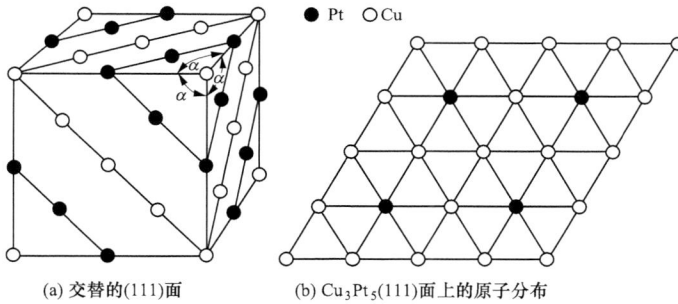

(a) 交替的(111)面 (b) Cu$_3$Pt$_5$(111)面上的原子分布

图 6-2 Cu - Pt 合金的菱面体超点阵

对于 Fe - Al 体心立方合金，540℃ 以上可出现低有序态的 B$_2$ 型有序结构，而在 540℃ 以下出现有序态的 DO$_3$ 型有序结构。图 6-3 所示为典型的 B$_2$ 和 DO$_3$ 型结构示意。B$_2$ 型有序结构属于体心立方结构，其点阵中铁与铝原子分别位于体心和顶角位置，构成铁-铝原子间最近邻位有序，见图 6-3 （a）。DO$_3$ 晶胞类型是以体心立方为基础的长程有序固溶体 Fe$_3$Al 结构，见图 6-3 （b），图中共有八个晶格，Al 原子分别位于左上前、右上后、左下后、右下前的体心立方的中心位置。

类似的还有 β 黄铜 (Cu - Zn)。β 黄铜 (Cu - Zn) 在 470℃ 以下为有序固溶体。无序的晶体结构为体心立方结构，Cu 原子和 Zn 原子占据每个格点的概率相等。完全有序时，铜原子位于立方晶胞的体心位置，锌原子位于立方晶胞的顶角位置，或者两种原子呈现完全相反的位置分布。

密排六方有序结构的典型合金是 Mg - Cd 系的 Mg$_3$Cd、Mg - Cd、MgCd$_3$。图 6-4 所示为 Mg$_3$Cd 有序固溶体结构。Mg$_3$Cd 和 Ni$_3$Sn 结构相同。典型的 Ni$_3$Sn 由 4 个密排六方单胞组成一个大单胞，锡原子占据大单胞 8 个顶点及一个小单胞内的位置，其余点阵位置全部由镍原子占据。大单胞内共有 8 个原子，但它们的环境都不相同，因此这 8 个原子组成结构基元，大单胞就是这种结构的单胞。例如，Cd$_3$Mg、Mg$_3$Cd、Co$_3$Mo、Co$_3$W、Ni$_3$In、Ni$_3$Sn、Pt$_3$V、Mn$_3$Ge 等都是超结构。

(a) 铁铝/镍铝B₂型有序晶胞　(b) DO₃结构示意

● Al　○ Fe或Ni

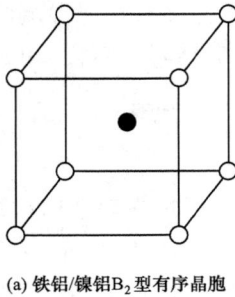

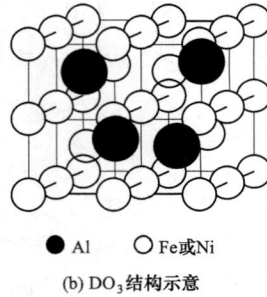

图 6-3　Fe - Al 合金有序固溶体

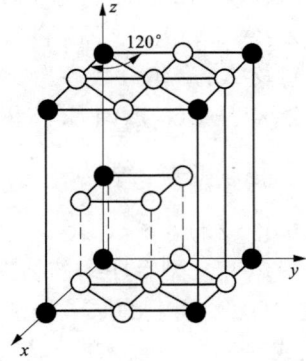

图 6-4　Mg₃Cd 有序
固溶体结构

6.5 中 间 相

6.5.1 化合物

正常价化合物就是符合原子价规则的化合物。本书中所指的正常价化合物是价化合物中比较简单的一种。正常价化合物的特点如下：

（1）通常是由金属与化学元素周期表中一些电负性较强的 ⅣA、ⅤA、ⅥA 族元素，按照化学上的原子价规律所形成，成分可以用典型的分子式来表达，如 Mg_2Si、Mg_2Sn、ZnS、$Zn-Se$ 等。

（2）正常价化合物的晶体结构通常对应于同类分子式的离子化合物结构，如 NaCl 型、ZnS 型、CaF_2 型等。

（3）正常价化合物通常具有较高的硬度和脆性。如果它在合金中能弥散分布在基体上，常可起弥散强化作用。

（4）正常价化合物的组成元素电化学性质对性能影响显著。例如硫的电负性很强，Mg - S 为典型的离子化合物，具有很高的电阻率。锡的电负性比硫弱，故 Mg_2Sn 的电阻率虽高，其电导率却随强度的增加而增大，具有典型的半导体晶体性质。

如果化合物的形成主要受控于电子浓度，而不是化合价规律，这类化合物称为电子化合物，通常是由第一族或过渡族元素与第二至第四族元素构成的化合物。其主要特点是具有一定（或近似一定）的电子浓度值时，结构相同或密切相关。例如，在 Cu - Zn、Ag - Zn、Cu - Sn 三个合金系中，β 相均为体心立方结构，化学式分别为 Cu - Zn、Ag - Zn、Cu_6Sn，而 e/a 均为 3/2。

电子化合物一般具有以下特点：

（1）电子浓度是决定晶体结构的主要因素，是一类具有相同电子浓度的特殊的金属间化合物，凡具有相同的电子浓度，则相的晶体结构类型相同。电子化合物晶体结构与合金的电子浓度有如下关系：当电子浓度为 21/14 时，多数是体心立方结构，该类电子化合物一般称为 β 相；当电子浓度为 21/13 时，电子化合物具有复杂立方结构，称为 γ 相；当电子浓度为 21/12 时，形成具有密排六方结构的电子化合物，称为 ε 相。

（2）电子化合物中原子间的结合方式系以金属键为主，故具有明显的金属特性。

（3）电子化合物的实际成分可在一定的范围变动，可溶解一定量的固溶体。电子化合物没有固定的分子式，但是它可用化学式表示。

　　间隙相和间隙化合物的主要特点是利用间隙组合形成新相。当金属（M）与非金属（X）的原子半径比值 $R_X/R_M<0.59$ 且电负性差较大时，化合物具有比较简单的晶体结构，称为间隙相；当 $R_X/R_M<0.59$ 且电负性差较小时，可形成间隙固溶体；当 $R_X/R_M>0.59$ 且电负性差较大时，形成具有复杂结构的化合物，称为间隙化合物。间隙相和间隙化合物无本质区别，主要区别体现在晶体结构的复杂和简单。

　　1. 间隙相

　　间隙相中金属原子大多位于面心立方或密排六方结构（少数情况下为体心立方或简单六方结构）的位置，小的非金属原子位于结构的间隙。其最大的特点是结构简单，因此这类间隙化合物通常对应于简单的化学式 MX、M_2X、M_4X、MX_2，但实际成分可以有一定的范围变化，这与间隙的填充程度有关。

　　（1）MX 型间隙相。金属原子位于面心立方结构的结点位置，非金属原子在八面体间隙位置，为 MX 型（NaCl 型结构）；如果非金属原子占据了四面体的间隙的一半，则为闪锌矿型结构。因此，MX 型间隙相通常具有 NaCl 型或闪锌矿型相同的结构，例如 ZrN、TiN、VN、ZrC、TiC、TaC、VC、ZrH、TiH 等。

　　（2）M_2X 型间隙相。金属原子位于密排六方结构的结点位置，非金属原子占据在八面体间隙一半位置或者占据了四面体间隙的四分之一。M_2X 通常具有 Fe_2N 型结构，例如 Cr_2N、Mn_2N、Nb_2N、Ta_2N、V_2N、W_2C、Mo_2C、Ta_2C、V_2C、Nb_2C 等。

　　（3）MX_2 型间隙相。金属原子位于密排六方结构的结点位置，非金属原子填满四面体的间隙。

　　（4）M_4X 型间隙相。金属原子位于面心立方结构的结点位置，非金属原子占据一个八面体的间隙。

　　这四类间隙相中，M_4X 和 M_2X 型中均为非金属原子未填满间隙的结构。此外，间隙相中原子之间主要依赖金属键和共价键结合，所以间隙相都具有高熔点、高硬度。

　　2. 间隙化合物

　　间隙化合物具有复杂的晶体结构，通常过渡族金属铬、锰、铁、钴、镍与碳所形成的化合物，都是间隙化合物，R_X/R_M 一般为 $0.60\sim0.61$，铁的硼化物也是如此。其典型的化学式为 M_3C、M_7C_3、$M_{23}C_6$、M_6C 等，但也可有少数其他类型。这里 M 可以是一种金属元素，如 Fe_3C，也可以是两种或多种金属元素。间隙化合物中原子之间也主要是金属键和共价键结合，和间隙相一样都具有高熔点，高硬度。

　　典型的间隙化合物是 $Cr_{23}C_6$ 和 Fe_3C（渗碳体），其晶体结构见图 6-5（a）、（b）。$Cr_{23}C_6$ 属于复杂立方结构，晶胞中共有 116 个原子，其中 92 个 Cr 原子、24 个 C 原子，每个 C 原子有 8 个相邻的金属 Cr 原子。该晶胞可以看成是由 8 个亚胞交替排列组成的。在 Fe_3C 结构中，Fe 原子接近于密堆排列，而 C 原子位于间隙位置。每个 C 原子的四周有 6 个 Fe 原子，Fe 的配位数接近 12。Fe_3C 中的 Fe 原子可以被 Mn、Cr、Mo、W 等原子所置换，形成合金渗碳体，M_6C 的 Fe_3W_3C 结构如图 6-5（c）所示。通过图 6-5 可以对比前面间隙相的结构说明，了解间隙化合物和间隙相的区别。

　　6.5.2　拓扑密堆相

　　拓扑密堆相简称 TCP 相，属于典型的几何密堆相，与面心或是密排六方的密堆结构不同。其核心特点是金属和金属之间形成的相，通过两种金属原子的大小不等，按照一定原子比例搭配，获得的具有全部或主要是四面体间隙的复杂结构的相。TCP 相的另一个特点是高配位数。拓扑密堆相的复杂结构可以实现高的空间利用率和配位数，一般形成的新相配位数大于 12，或致密度大于 0.74，由于这类结构具有拓扑学的特点，故称这些相为拓扑密堆相。单纯从结构

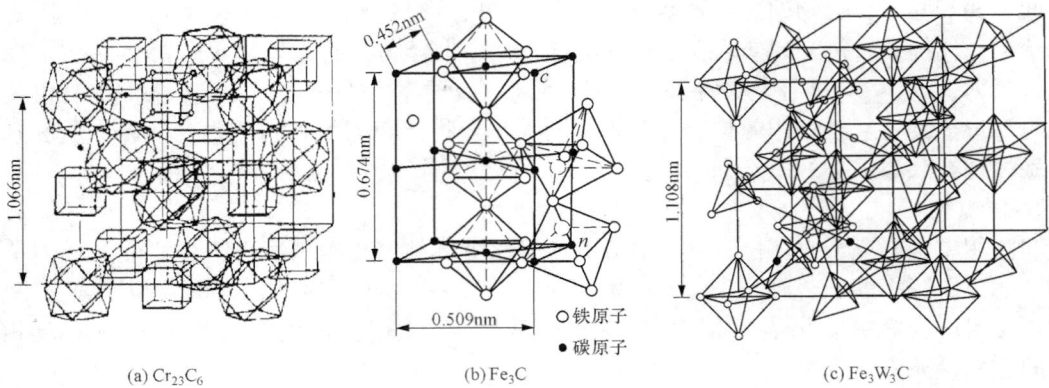

图 6-5　间隙化合物的晶体结构

上，拓扑密堆相的结构一般特点如下：

（1）以 TCP 相结构中某一个原子为中心，然后将其周围紧密相邻的各原子中心用一些直线连接起来就可以形成一个多面体，称为配位多面体。因此，如果从空间三维角度去看 TCP 相的结构，它可以看成通过配位多面体堆垛而成的。

（2）配位多面体的配位数很高，一般为 12、14、15、16。

（3）从晶体堆垛角度看，绝大多数 TCP 相结构具有明显的层状结构。原子半径小的原子构成密排面，其中嵌有原子半径大的原子，这些密排层按一定顺序堆垛而成，从而构成空间利用率很高，只有四面体间隙的密排结构。原子密排层系由三角形、正方形或六角形组合起来的网格结构。

6.5.3　TCP 相

TCP 相的种类很多。目前已经发现的有拉弗斯相，如 $MgCu_2$、$MgNi_2$、$MgZn_2$、$TiFe_2$ 等；σ 相，如 Fe-Cr、Fe-V、Fe-Mo、Cr-Co、W-Co 等；μ 相，如 Fe_7W_6、Co_7Mo_6 等；Cr_3Si 型相，如 Cr_3Si、Nb_3Sn、Nb_3Sb 等；R 相，如 $Cr_{18}Mo_{31}Co_{51}$ 等；P 相，如 $Cr_{18}Ni_{40}Mo_{42}$ 等。

1. 拉弗斯相

拉弗斯相是镁合金中的重要强化相。镁合金中拉弗斯相的晶体结构有三种类型，分别为 $MgCu_2$、$MgZn_2$ 和 $MgNi_2$，在理想情况下，$r_A/r_B=1.225$。

典型的 $MgCu_2$ 晶胞结构如图 6-6（a）所示，一正一反小四面体顶点连接排成长链，从 [111] 方向看，是 3·6·3·6 型密排层，四面体层状搭配如图 6-6（b）所示。晶胞中原子半径较小的 Cu 位于小四面体的顶点，镁原子周围有 12 个铜原子和 4 个镁原子，故配位多面体为 CN16；而铜原子周围是 6 个镁原子和 6 个铜原子，即 CN12。因此，该拉弗斯相结构可看作由 CN16 与 CN12 两种配位多面体相互配合而成。

除去镁合金，其他许多金属之间都可以形成拉弗斯相。二元合金拉弗斯相的典型分子式一般为 AB_2，其形成条件一般和原子尺寸因素和电子浓度有关，一般情况下，要求形成拉弗斯相的 A 原子半径略大于 B 原子，其理论比值接近为 $r_A/r_B=1.255$，而实际比值为 1.05~1.68。

2. σ 相

所谓 σ 相通常存在于过渡族金属元素组成的合金中，是指在含高 Cr、Mo 的合金钢中形成的 Fe-Cr(-Mo) 金属间化合物。σ 相在性质上偏硬、脆，可以明显降低钢的韧性和塑性。同时，σ 相中的富铬还会导致钢的耐腐蚀性能降低，因此它对合金性能通常是有害的。例如，在不锈钢中出现 σ 相会引起晶间腐蚀和脆性，在 Ni 基高温合金和耐热钢中，如果成分或热处理

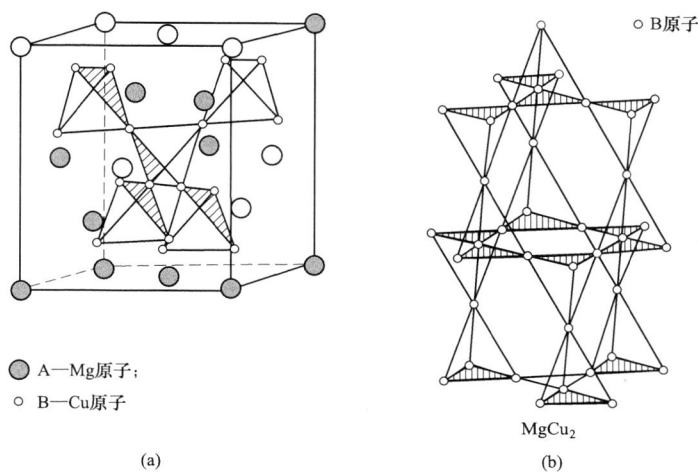

图 6-6　MgCu₂ 立方晶胞中 A、B 原子的分布

控制不当，会发生片状的硬而脆的 σ 相沉淀，而使材料变脆，故应避免。

σ 相通常具有复杂的正方结构，每个晶胞中有 30 个原子，轴比 $c/a \approx 0.52$。σ 相化学式可写作 AB 或 A_xB_x，如 Fe-Cr、Fe-V、Fe-Mo、Mo-Cr-Ni、$(Cr, Wo, W)_x(Fe, Co, Ni)_y$ 等。尽管 σ 相可用化学式表示，但是 σ 相是以化合物为基的固溶体，所以其成分在一定范围内是变化的。

3. μ 相

μ 相是指在过渡族金属的二元系中，尤其是在钼、钨含量较高的高温合金中，较大的钼、钨、钒、铌原子与较小的铁、钴、镍原子之间生成的合金相。按照沉淀行为 μ 相可分为一次沉淀和二次沉淀。凝固过程中形成初生 μ 相，在时效热处理或使用温度范围为 800～1140℃ 处理时，会有二次 μ 相析出。镍基合金中观察到的 μ 相通常二次沉淀。一般在使用过程中，μ 相的析出大多是不利的。目前已经发现的 μ 相对合金的性能都是有害的，会严重影响合金的断裂强度、室温下的拉伸延展性、冲击韧性和耐腐蚀性。

μ 相有广泛的成分范围，其化学式一般可以表示为 B_7A_6。其中，B 是 Ⅶ 族元素，A 族是 ⅤB 族和 ⅥB 族元素，典型的如 Fe_7Mo_6、Co_7Mo_6、Fe_7W_6 等。对于六方晶系，μ 相在 D_{3d}^5-R3m 空间群，具有 $a=0.476nm$ 和 $c=2.56nm$ 的菱形晶格。

4. Cr₃Si 型相

大多数由 Ti、V 或 Cr 族元素（A 元素）与 Mn、Fe、Co、Ni、Cu、Al、Si 或 P 族元素（B 元素）形成的合金系中会出现 A_3B 相的结构，它是一种具有高配位数的密排结构。这类化合物大都具有超导性质，下面以典型的化合物 Cr₃Si 为例简单地讨论其结构特点。

Cr₃Si 的晶胞结构中，Si 原子占据 BCC 点阵的结点，Cr 原子位于每个 {100} 面上的两个四面体间隙处，并沿 (100) 方向排成交叉链，链内存在着很强的共价键。每个 Cr 原子周围有 10 个邻近的 Cr 原子和 4 个 Si 原子。

金属间化合物 Cr₃Si 具有高熔点、优良的抗蠕变和高温氧化性能，是新一代高温结构候选材料之一。由于 Cr₃Si 不仅具有一般金属硅化物的优异性能，还便于通过加入增韧相形成多相结构改善其固有的脆性问题，近些年来作为一种理想的涂层材料得到广泛研究。

5. R 相

R 相是 Co-Cr-Mo 及 Co-Cr-W 三元系中的三元合金相，但也存在于 Fe-Mo、Mn-Ti

等二元系中。典型的 R 相，如 $Co_{18}Mo_{31}Co_{51}$，其晶体结构可用六角点阵描述，点阵常数是 $a=$ 10.90Å，$c=19.34$Å。一般情况下，R 相和随后介绍的 P 相，主要出现在钼、钨含量较高的合金相，在高温合金中偶尔出现。

6. P 相

P 相是 Ni - Cr - Mo 及 Co - Mn - Mo 三元系中的三元相，其结构与 σ 相类似，具有简单正交点阵，$a=9.070$Å，$b=16.98$Å，$c=4.752$Å。在 Ni - Cr - Mo 三元系中，P 相的典型成分是 $Ni_{40}Cr_{18}Mo_{42}$。它只有在钼含量相当高的镍基合金中才可能出现。

6.6　金属间化合物

金属间化合物在一定程度上，可以认为金属与金属或金属与准金属（如 H、B、N、S、P、C、Si 等）按照一定比例形成的化合物，所形成的合金具有与组成元素均不相同的晶格结构。按照结合键、结构稳定性或者晶体结构类型进行分类，前面述及的电子化合物、尺寸因素化合物和价电子化合物均属于金属间化合物。迄今为止，已经发现 25 000 余种金属间化合物。图 6-7 所示为按晶体结构分类的金属间化合物。

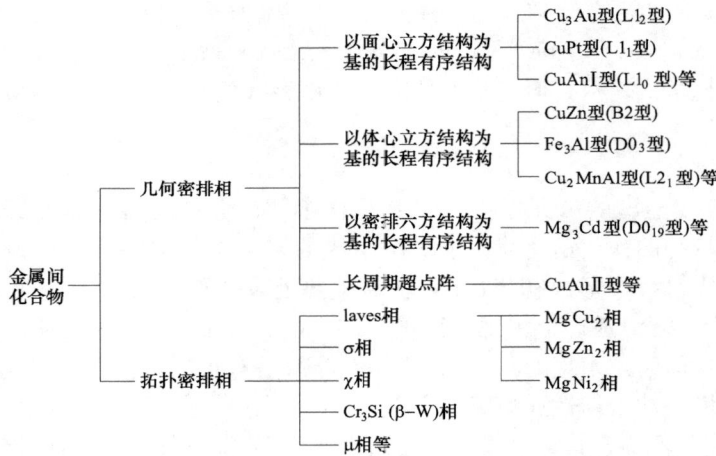

图 6-7　按晶体结构分类的金属间化合物

金属间化合物与普通化合物不同，首先表现在其组成可在一定范围内变化，组成元素的化合价很难确定，而且金属间化合物原子间的结合键往往不是单一类型的键，而是混合键，即离子键、共价键、金属键、分子键（范德瓦斯力）并存。不同的金属间化合物中占据主导地位的键也不同，但一般都具有显著的金属结合键。

金属间化合物的晶体结构通常是面心立方、体心立方和密排六方的衍生结构。典型的面心立方衍生结构主要有 $L1_2$、$L1_0$、DO_{22} 型结构，其中 $L1_2$ 的化学式为 A_3B，面心正方晶系，其晶胞结构如图 6-8（a）所示，A 原子占据面心位置，B 原子占据 8 个顶角位置。$L1_0$ 的化学式为 AB，面心正方晶系，其晶胞结构如图 6-8（b）所示，单胞内的原子排列在 ［001］ 方向上为典型的层状排列，一层 A 原子和 B 原子交替排列。DO_{22} 型结构的化学式为 A_3B，面心正方晶系，其晶胞结构如图 6-8（c）所示。合金化可以改变 DO_{22} 结构，得到 $L1_2$。

体心立方衍生结构主要有 B_2、DO_3、$L2_1$ 和 $C11_b$ 型。B_2 的化学式为 AB，体心正方结构，8 个顶角和体心位置分别由 A 和 B 原子占领，如图 6-9（a）所示。DO_3 结构是 B_2 结构的进一步

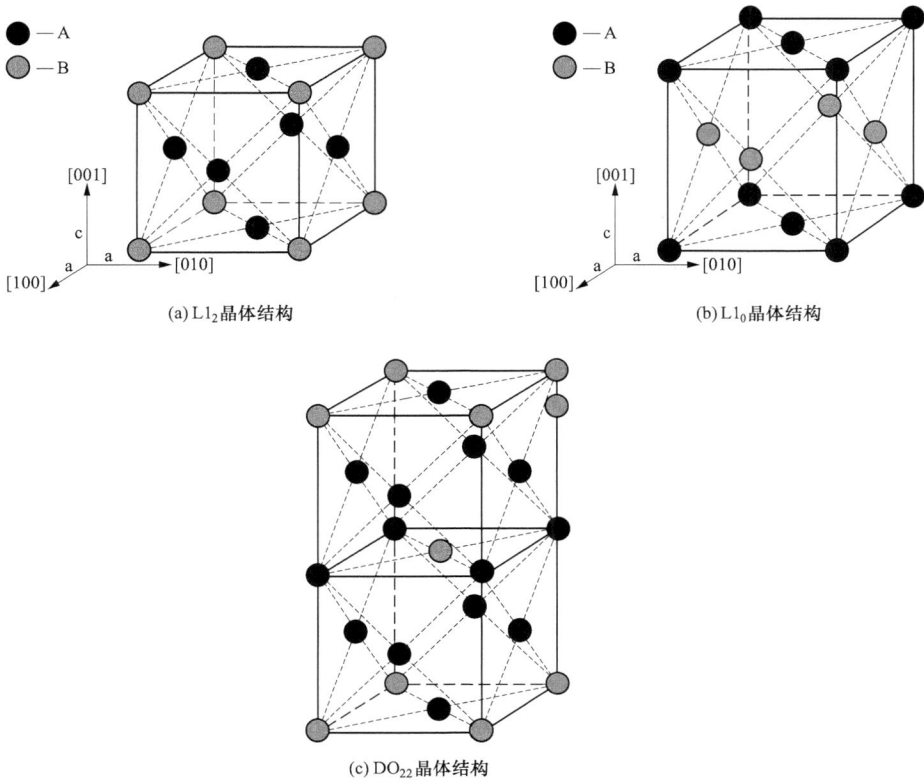

(a) L1$_2$ 晶体结构

(b) L1$_0$ 晶体结构

(c) DO$_{22}$ 晶体结构

图 6-8　面心立方及其衍生结构

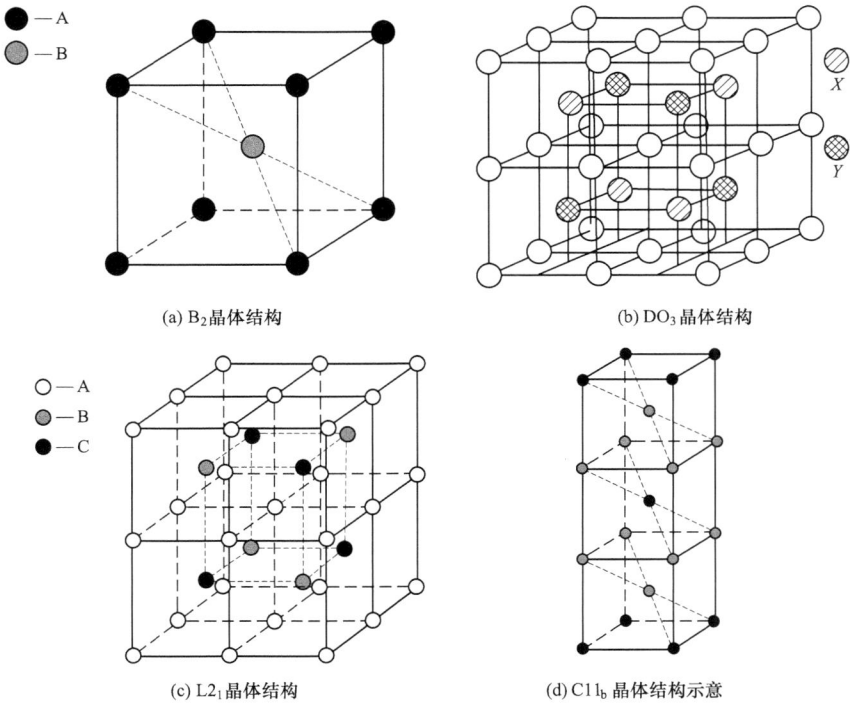

(a) B$_2$ 晶体结构

(b) DO$_3$ 晶体结构

(c) L2$_1$ 晶体结构

(d) C11$_b$ 晶体结构示意

图 6-9　体心立方及其衍生结构

原子有序化分布形成的，如图 6-9（b）所示。由 8 个体心的单胞组成，可以把原子位置分为 α、β 和 γ 三种位置，对于 B_2 结构，α 由 A 原子，占据 β 和 γ 位置由 B 原子占据；对于 A_3B 型的 DO_3 结构，α 和 γ 由 A 原子占据，β 位置由 B 原子占据；对于三元化合物 A_2BC，A 原子只占 α 位置，B、C 原子分别占据 β 和 γ 位置，形成 $L2_1$ 结构，如图 6-9（c）所示。BCC 结构衍生的长周期结构，一个典型的代表是 $MoSi_2$，结构类型为 $C11_b$，化学式为 AB_2，属于体心正方晶系，如图 6-9（d）所示。

密排六方衍生的结构 DO_{19}，化学式为 A_3B，其晶体结构示意如图 6-10（a）所示，典型代表是 Ti_3Al。此外，密排六方衍生的结构还有 Cu_3Ti 型，其晶体结构如图 6-10（b）所示。

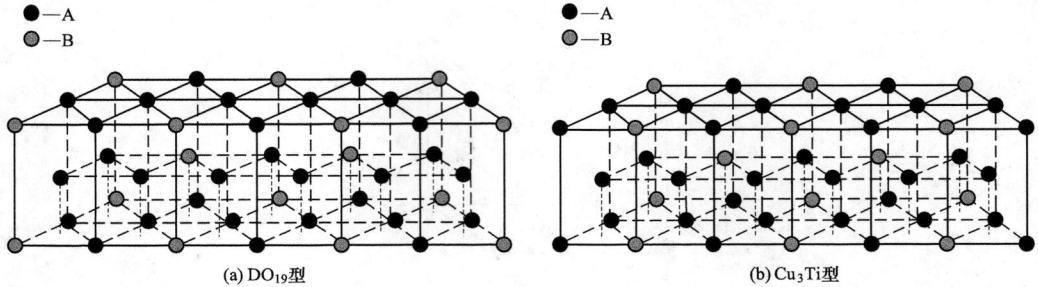

(a) DO_{19}型   (b) Cu_3Ti型

图 6-10　晶体结构示意

目前，金属间化合物功能材料已较多地应用于能源、信息、原子能、仪表、传感器、电机和生物工程等各个领域。金属间化合物的应用极大地促进了当代新技术的发展，可提高效率，降低能耗，促进结构与元件的小型化、轻量化、集成化和智能化。

第 7 章　固体扩散理论基础

在材料科学研究中，扩散现象非常普遍。例如随着温度改变，固溶体中溶质原子在溶剂中将发生迁移，导致合金元素在固体内部重新分布或者沿着缺陷聚集等。因此，扩散学及其相关知识对材料性能的影响是至关重要的。本章主要包括以下知识点：

（1）扩散的宏观运动定律，即菲克定律。

（2）从原子、分子角度，学习扩散的微观运动本质。

（3）从热力学角度，学习扩散发生的根本原因。

（4）扩散的种类及其影响因素。

7.1　扩　散　定　律

7.1.1　扩散

扩散是生活中常见的物理现象。例如将一滴红色墨水滴入清水后，过一段时间，水就变成均匀的淡红色，这是由于红色墨水滴在水中通过扩散形成的。本质上，扩散现象是通过分子（原子等）的热运动而产生的宏观物质迁移。扩散现象可以发生在处于同一物态或不同物态的一种或几种物质之间。在不同区域物质之间的浓度差或温度差驱动下，同一物态或不同物态的物质之间均有可能发生定向迁移。

本章主要讲述晶体中的扩散。晶体结构的主要特征是其原子或离子的规则排列。当温度高于绝对零度时，晶体中的质点都在做热运动。当晶体内有化学位、浓度、应力等梯度存在时，质点由于热运动而发生定向迁移，此即晶体中的扩散。晶体内部的扩散运动和液体、气体扩散时有所不同，它不能通过扩散以外的对流等方式进行物质传输，只能通过质点的无规则运动来完成扩散。从该角度讲，晶体中扩散是晶体内物质传递的唯一方式。

晶体中扩散的最典型的例子就是晶体中缺陷的产生与复合。在热起伏的过程中，晶体的某些原子或离子由于振动剧烈而脱离格点进入晶格中的间隙位置或晶体表面，同时在晶体内部留下空位。这些处于间隙位置上的原子或原格点上留下来的空位并不会永久固定下来，它们可以从热涨落的过程中重新获取能量，在晶体结构中不断地改变位置而出现由一处向另一处的无规则迁移运动，从而导致晶体中缺陷的不断产生和复合。显然，这是一种宏观上无质点定向迁移的无序扩散。

当环境因素如温度、压力、成分等改变时，晶体内部一般会存在普遍的扩散。晶体通过扩散运动可以实现晶体结构的改变、晶体之间的化学反应、在环境因素驱动下的物质输运等，例如多晶型转变，合金中各种相的形成，以及固体内部的相变、滑移和孪生等，都是晶体中原子通过扩散来完成的。因此，研究晶体中的扩散现象及扩散动力学相关规律，不仅可以从理论上了解和分析晶体的结构、原子的结合状态及固态相变的机理，而且可以对材料制备、加工及应用中的许多动力学过程实现有效控制，具有重要的理论意义及实际意义。例如，工业上热处理技术、渗碳渗氮技术、半导体行业的掺杂技术、陶瓷领域的固相烧结改性技术等都离不开晶体中的扩散。晶体中原子或离子的扩散是固态传质和固态反应的基础。

微观上扩散是单个是分子或者原子的运动，这种运动用肉眼是无法观察的，属于微观运动；另一方面，扩散又是大量的分子或者原子的集体运动，具有一定的速度和方向，体现明显宏观运动的特点。例如墨水在扩散过程中，可以清楚地看到墨水在水中的蔓延过程，最终导致墨水会从浓向淡逐渐发生改变，直至最后形成均匀色彩的墨水溶液。这种蔓延过程在微观上是物质单个微粒的运动；在宏观上不仅是具有一定运动速率的集体行为，而且体现有从高浓度向低浓度的扩散方向。显然，这个过程既涉及扩散的宏观和微观运动，又涉及扩散发生的原因和方向问题，即扩散的热力学和动力学问题。扩散动力学研究主要是侧重研究扩散运动的规律，一般从宏观和微观两个角度进行研究，给出能有效描述扩散运动的表征参数及这些参数之间的关系。扩散热力学则主要研究扩散运动发生的驱动力和扩散方向问题，指明扩散发生的根本原因。

扩散运动不同于物理学的质点运动。扩散是大量原子或者分子的集体运动。研究扩散的一种方法是从微观角度上，将扩散的单个原子或者分子看成运动单体，借助于经典运动学理论加以研究的，然后借助于统计物理学将每个单体的运动集合起来描述扩散的运动，这方面的知识将在随后的扩散无规行走和距离等内容中加以介绍。研究扩散的另一个方法是从宏观角度将运动的原子或者分子的集体看成一个运动体，很显然这个扩散源的运动规律和单个质点运动不同。这类扩散源的运动规律不能简单用质点的运动来描述。以一滴墨水在水中的运动为例，扩散运动不是指墨水滴从水中的一处运动到另一处，而是构成墨水的微粒集体逐渐弥漫蔓延，扩散完成时墨水滴消逝。在这个运动过程中，墨水滴不能被看成一个质点，然后采用物理学中质点运动的规律来加以描述。描述墨水滴这样一个运动体的运动规律，需要借助于扩散通量来描述。

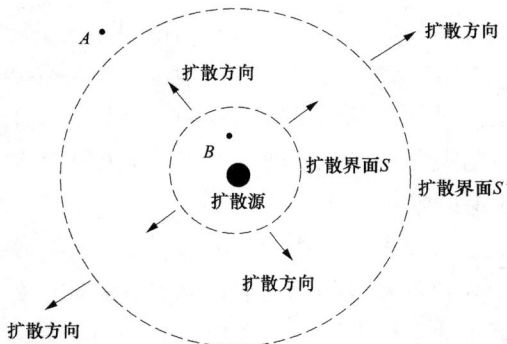

图 7-1　扩散通量示意

图 7-1 所示为扩散通量示意。假设扩散源向四周扩散，扩散在各个方向上都是均匀的，即扩散在各个方向上的扩散速率相同。显然，此时扩散运动是扩散源从中心向四周蔓延，溶质重新分布的过程。围绕扩散源选择不同半径的界面，某一个时刻 t，扩散到达的外围边界为 S；另一个时刻 t'，扩散到达的外围边界为 S'。从时刻 t 到时刻 t'，扩散界面从 S 蔓延到 S'。显然这个外围边界上扩散物质的数量和距离扩散源的远近有关，它在一定程度上可以反映扩散的动态行为。如果将某一时刻垂直通过外围界面单位弧面的扩散物质的数量作为一个物理量，显然越靠近扩散源，该物理量数值越大；越远离扩散源，该物理量数值越小。而对于同一个外围边界弧线的不同位置，由于假设扩散在各个方向上扩散速率相同，所以这个物理量都是相等的。也就是说，随着扩散的进行，在不同时刻该物理量的大小和对应的外围边界距离扩散源的距离存在一一对应的关系。这个物理量称为扩散通量。

很显然，扩散通量是指单位时间内通过垂直于扩散方向的单位截面积的扩散物质流量。如图 7-1 所示，沿着扩散方向，在扩散途径中选择任意两点不同位置，如 A、B 点。如果在 A 和 B 点位置处的扩散物质的浓度不随时间的改变而改变，此时扩散过程中的浓度变化仅仅是位置的函数。这类扩散是稳态扩散，即扩散过程中各处的浓度及浓度梯度不随时间变化，这种情况下用于描述扩散运动规律的定律是扩散第一定律。如果扩散过程中，A、B 点位置的浓度随时间的改变而改变，说明此时浓度是位置和时间的双函数，这类扩散是非稳态扩散，此时描述扩散运动规律的定律是扩散第二定律。

7.1.2　菲克第一定律

菲克第一定律指在单位时间内通过垂直于扩散方向的单位截面积的扩散物质流量（即扩散通量）与该截面处的浓度梯度成正比，即浓度梯度越大，扩散通量越大。其数学表达式如下：

$$J = -D \frac{\mathrm{d}C}{\mathrm{d}x}$$

式中：J 为扩散通量，$kg/m^2 \cdot s$；D 为扩散系数，是描述扩散速度的重要物理量，表示单位浓度梯度条件下，单位时间单位截面上通过的物质流量，m^2/s；C 为扩散物质（组元）的体积浓度（原子数$/m^3$ 或 kg/m^3）；$\mathrm{d}C/\mathrm{d}x$ 为浓度梯度，"$-$" 号表示扩散方向为浓度梯度的反方向，即扩散组元由高浓度区向低浓度区扩散。

不同状态下，扩散系数可以具有不同的形式。对于气体，其扩散系数和系统的温度和压力有关，数量级一般在 $10^{-5}\,m^2/s$，对于二元气体 A、B 中的相互扩散，通常认为 A 在 B 中的扩散系数和 B 在 A 中的扩散系数相等。其扩散系数计算可以采用富勒（fuller）公式进行计算：

$$D = \frac{0.0101 T^{1.75} \sqrt{\dfrac{1}{M_\mathrm{A}} + \dfrac{1}{M_\mathrm{B}}}}{p \left[(\sum V_\mathrm{A})^{1/3} + (\sum V_\mathrm{B})^{1/3} \right]^2}$$

式中：D 为 A、B 二元气体的扩散系数，m^2/s；T 为气体的温度，K；M_A、M_B 为组元 A、B 摩尔质量 $kg/kmol$；p 为气体的压力，MPa；$\sum V_\mathrm{A}$、$\sum V_\mathrm{B}$ 分别组分 A、B 的扩散体积，cm^3/mol。

如果气体在固体中扩散，可以采用渗透率代替扩散系数，一般有如下关系：

$$P_\mathrm{M} = D_\mathrm{AB} S$$

其中，S 等于气体溶质在固相中溶解度。

对于液体，和气体相比较，其分子之间间距要密集，所以其扩散系数要低，其数量级一般在 $10^{-9}\,m^2/s$，对于较稀的非电解质溶液，扩散系数可以应用 Wilke - Chang 来计算：

$$D_\mathrm{AB} = 7.4 \times 10^{-5} \frac{(\phi M_\mathrm{B})^\mathrm{T} T}{\mu \, (V_\mathrm{A})^{0.6}}$$

式中：D_AB 为溶质 A 在溶剂 B 中的扩散系数，m^2/s；ϕ 为溶剂的缔合参数；M_B 为溶剂 B 摩尔质量，$g/kmol$；T 为温度，K；μ 为溶剂 B 的黏度，$Pa.s$；V_A 为溶质 A 在正常沸点下的分子体积。

采用正常沸点下的液体密度来计算溶质在正常沸点下的分子体积，如果缺乏液体密度的数据，可以采用 Tyn - Calus 公式来进行粗略计算：

$$V = 0.285 V_\mathrm{c}^{1.048}$$

其中，V_c 为物质的临界体积，单位为 cm^3/mol。对于给定一个系统，不同温度之间的扩散系数存在如下关系：

$$D_2 = D_1 \frac{T_2 \mu_1}{T_1 \mu_2}$$

菲克第一定律仅适用于稳态扩散。例如，圆柱形纯铁空心筒筒内和筒外分别以渗碳和脱碳气氛，经过一定时间后，筒壁内各点的浓度不再随时间而变化，构成稳态扩散。如果筒的半径为 r，长度为 l，温度为 $1000℃$，由于是稳态扩散，单位时间内通过管壁的碳量 $\frac{q}{t}$ 为常数。根据扩散通量的定义，可得

$$J = \frac{q}{At} = \frac{q}{2\pi rlt}$$

由菲克第一定律可得

$$-D\frac{\mathrm{d}\rho}{\mathrm{d}r} = \frac{q}{2\pi rlt}$$

由此解得

$$q = -D(2\pi lt)\frac{\mathrm{d}\rho}{\mathrm{d}\ln r}$$

其中，q、l、t 可在实验中测得，故只要测出碳含量沿筒壁径向分布，则扩散系数 D 可由碳的质量浓度 ρ 对 $\ln r$ 作图求出。

7.1.3　菲克第二定律

菲克第一定律仅适用于稳态扩散，但在工程实践上稳态扩散的情况是很少的，大部分属于非稳态扩散，这就要应用菲克第二定律。

菲克第二定律是由第一定律推导出来的。如图 7-2（a）所示，采用图中长度为 $\mathrm{d}x$ 的虚线方框界面之间的体积单元作为研究对象，计算该区域内的扩散通量。如果假设 J_1、J_2 分别为两个界面的扩散通量，则虚线界面之间的空间部分的物质变化可以采取如下方法计算：

（1）由于 $\mathrm{d}t$ 时间为微量时间，可以认为 $\mathrm{d}x$ 空间内系稳态扩散，采用扩散第一定律，利用物质流入元体积内的量减去流出量，可以获得积存在这个体积空间内的物质通量。

（2）以虚线界面之间的空间部分为研究对象，利用该空间内物质随着时间变化率，可以计算这个体积内物质的积存量。很显然，由于研究对象一样，上述两种计算方法获得物质通量的结果是相等的。

在一沿 x 方向扩散的系统中考虑一个横截面积为 A，厚度为 $\mathrm{d}x$ 的微小体积元。体积元两端浓度和流入、流出的扩散通量如图 7-2（a）所示。物质流入体积元内的量减去流出量必然等于积存在这个体积内的物质量。

单位时间内扩散物质流入体积元的质量（或原子数）$= J_1A$

单位时间内扩散物质流出体积元的质量（或原子数）$= J_2A$

单位时间内扩散物质在体积元内积存的质量（或原子数）$= J_1A - J_2A$

由于体积元很小，所以

$$J_2A = J_1A + \frac{\partial(J_A)}{\partial x}\mathrm{d}x = J_1A + \frac{\partial J}{\partial x}A\mathrm{d}x$$

$$J_1A - J_2A = -\frac{\partial J}{\partial x}A\mathrm{d}x$$

从另一角度看，单位时间内体积元中扩散物质的积存量又可用浓度随时间的变化来描述，即

$$\frac{\partial(A\rho\mathrm{d}x)}{\partial t} = \frac{\partial\rho}{\partial t}A\mathrm{d}x$$

两种角度获得的积存量相等，得出

$$-\frac{\partial J}{\partial x} = \frac{\partial \rho}{\partial t}$$

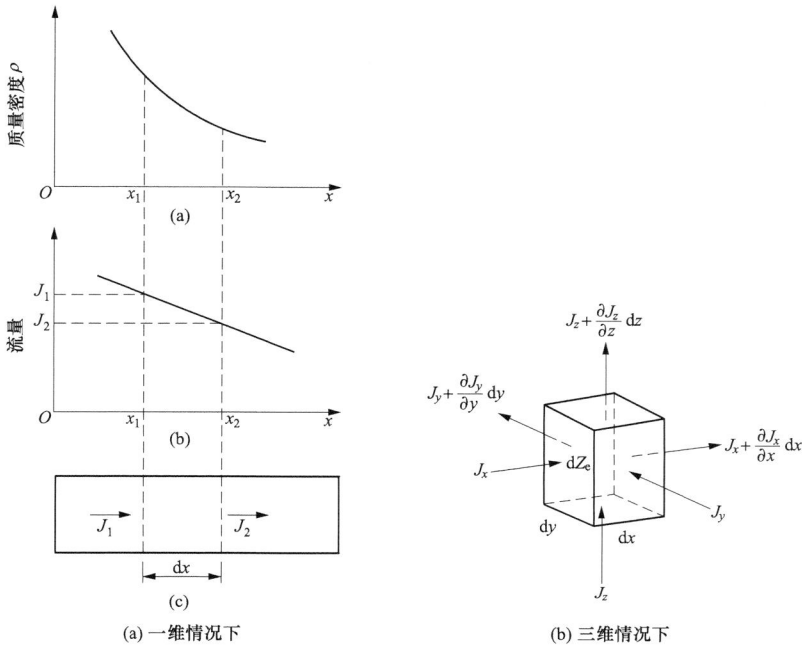

(a) 一维情况下　　　　　　(b) 三维情况下

图 7-2　菲克第二定律的扩散通量计算

将菲克第一定律代入，得

$$\frac{\partial \rho}{\partial t} = -\frac{\partial J}{\partial x} = \frac{\partial}{\partial x}\left(D\,\frac{\partial \rho}{\partial x}\right)$$

假设 D 与浓度无关，则菲克第二定律可以简化为

$$\frac{\partial \rho}{\partial t} = D\,\frac{\partial^2 \rho}{\partial x^2} \tag{7-1}$$

菲克第二定律表达了扩散元素浓度与时间及位置的一般关系。式（7-1）为一维条件下推导的菲克第二定律。三维情况下，如图 7-2（b）所示，任意一个扩散体积单元 $\mathrm{d}x\,\mathrm{d}y\,\mathrm{d}z$，在时间 δt 内，由 x 方向流进的净物质增量表达式为

$$\Delta J_x = J_x\,\mathrm{d}y\,\mathrm{d}z\,\delta t - \left(J_x + \frac{\partial J_x}{\partial x}\,\mathrm{d}x\right)\mathrm{d}y\,\mathrm{d}z\,\delta t = -\frac{\partial J_x}{\partial x}\,\mathrm{d}x\,\mathrm{d}y\,\mathrm{d}z\,\delta t$$

同理，可以获得在 y 和 z 方向流进的净物质增量表达式为

$$\Delta J_y = -\frac{\partial J_y}{\partial y}\,\mathrm{d}x\,\mathrm{d}y\,\mathrm{d}z\,\delta t$$

$$\Delta J_z = -\frac{\partial J_z}{\partial z}\,\mathrm{d}x\,\mathrm{d}y\,\mathrm{d}z\,\delta t$$

于是，在时间 δt 内，整个体积单元净物质增量的表达式为

$$\Delta J_y + \Delta J_x + \Delta J_z = -\left(\frac{\partial J_x}{\partial x} + \frac{\partial J_y}{\partial y} + \frac{\partial J_z}{\partial z}\right)\mathrm{d}x\,\mathrm{d}y\,\mathrm{d}z\,\delta t$$

在时间 δt 内，体积单元质点浓度平均增量为 ρt，根据物质守恒定律，得

$$\frac{\partial \rho}{\partial t} = D\left(\frac{\partial^2 \rho}{\partial x^2} + \frac{\partial^2 \rho}{\partial y^2} + \frac{\partial^2 \rho}{\partial z^2}\right)$$

菲克第二定律考虑了浓度随时间的变化，适用于非稳态扩散过程。在一定程度上可以认为菲克第一定律是菲克第二定律的特殊形式。

7.2　菲克定律的应用

7.2.1　工业渗碳、渗氮应用

如图 7-3 所示，将质量浓度为 ρ_2 的 A 棒和质量浓度为 ρ_1 的 B 棒焊接在一起，焊接面垂直于 x 轴，然后加热保温不同时间，焊接面（$x=0$）附近的质量浓度将发生不同程度的变化。假定棒体选择为无限长，可以保证扩散偶两端成分不受焊接界面扩散影响，始终维持原来的浓度。根据上述假设，可分别确定模型的初始条件为

$$t=0 \begin{cases} x>0, & \text{则 } \rho=\rho_1 \\ x<0, & \text{则 } \rho=\rho_2 \end{cases}$$

边界条件为

$$t \geqslant 0 \begin{cases} x>\infty, & \text{则 } \rho=\rho_1 \\ x=-\infty, & \text{则 } \rho=\rho_2 \end{cases}$$

下面运用菲克第二定律，求解上述模型在发生界面扩散时，在界面开始发生的扩散过程中，扩散浓度和扩散距离的关系。

采用菲克扩散定律方程进行应用问题求解时，考虑方程比较抽象，一般不直接采用，而是先选择设计一个中间函数，通过中间函数将抽象的扩散定律方程转化为能够求解的微分方程。为此，首先采用中间变量代换，对扩散定律进行变换，使偏微分方程变为常微分方程。变量选择主要考虑扩散和时间和位置有关。设中间变量 $\beta=\dfrac{x}{2\sqrt{Dt}}$，代入式（7-1），则左侧有

$$\frac{\partial \rho}{\partial t}=\frac{\mathrm{d}\rho}{\mathrm{d}\beta}\frac{\partial \beta}{\partial t}=-\frac{\beta}{2t}\frac{\mathrm{d}\rho}{\mathrm{d}\beta}$$

右侧为

$$\frac{\partial^2 \rho}{\partial x^2}=\frac{\partial^2 \rho}{\partial \beta^2}\left(\frac{\partial \beta}{\partial x}\right)^2=\frac{\partial^2 \rho}{\partial \beta^2}\frac{1}{4Dt}=\frac{\mathrm{d}^2 \rho}{\mathrm{d}\beta^2}\frac{1}{4Dt}$$

于是有

$$-\frac{\beta}{2t}\frac{\mathrm{d}\rho}{\mathrm{d}\beta}=D\frac{1}{4Dt}\frac{\mathrm{d}^2 \rho}{\mathrm{d}\beta^2}$$

进一步整理为

$$\frac{\mathrm{d}^2 \rho}{\mathrm{d}\beta^2}+2\beta\frac{\mathrm{d}\rho}{\mathrm{d}\beta}=0$$

求解上述微分方程，可解得

$$\frac{\mathrm{d}\rho}{\mathrm{d}\beta}=A_1\exp(-\beta^2) \tag{7-2}$$

式（7-2）左、右积分，可以获得最终的通解为

$$\rho=A_1\int_0^\beta \exp(-\beta^2)\mathrm{d}\beta+A_2 \tag{7-3}$$

其中，A_1 和 A_2 为待定常数。

如果进一步求得 A_1、A_2，则上述浓度表达式可以确定。为此，需要借助于误差函数：

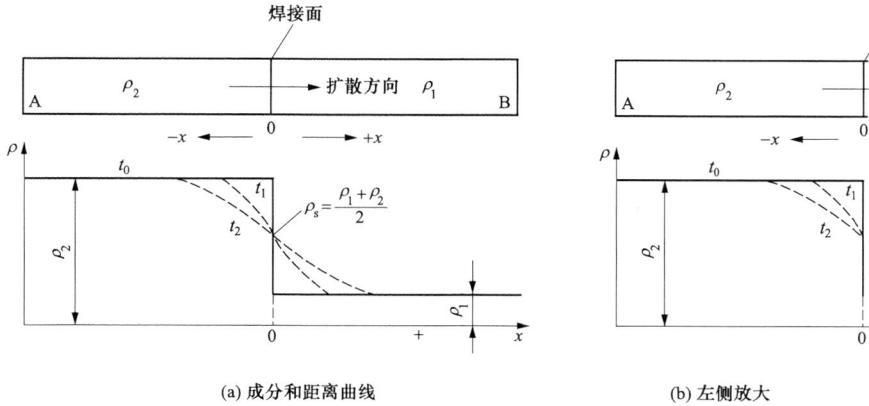

(a) 成分和距离曲线　　　　　　(b) 左侧放大

图 7-3　两端成分不受扩散影响的扩散偶示意

$$\operatorname{erf}(\beta) = \frac{2}{\sqrt{\pi}} \int_0^\beta \exp(-\beta^2)\, \mathrm{d}\beta$$

根据误差函数的定义和性质可得

$$\int_0^\infty \exp(-\beta^2)\,\mathrm{d}\beta = \frac{\sqrt{\pi}}{2}, \qquad \int_0^{-\infty} \exp(-\beta^2)\,\mathrm{d}\beta = -\frac{\sqrt{\pi}}{2} \tag{7-4}$$

将式（7-4）代入式（7-3），并结合边界条件可解出待定常数：

$$A_1 = \frac{\rho_1 - \rho_2}{2} \frac{2}{\sqrt{\pi}}, \qquad A_2 = \frac{\rho_1 + \rho_2}{2}$$

因此，质量浓度 ρ 随距离 x 和时间 t 变化的解析式为

$$\rho(x,t) = \frac{\rho_1 - \rho_2}{2} \frac{2}{\sqrt{\pi}} \int_0^\beta \exp(-\beta^2)\,\mathrm{d}\beta + \frac{\rho_1 + \rho_2}{2}$$
$$= \frac{\rho_1 + \rho_2}{2} + \frac{\rho_1 - \rho_2}{2} \operatorname{erf}\left(\frac{x}{2\sqrt{Dt}}\right) \tag{7-5}$$

在界面处（$x=0$），则 $\operatorname{erf}(0)=0$，所以

$$\rho_s = \frac{\rho_1 + \rho_2}{2}$$

即界面上质量浓度 ρ_s 始终保持不变。这是假定扩散系数与浓度无关所致，因而界面左侧的浓度衰减与右侧的浓度增加是对称的。若焊接面右侧棒的原始质量浓度 ρ_1 为零，则式（7-5）简化为

$$\rho(x,t) = \frac{\rho_2}{2}\left[1 - \operatorname{erf}\left(\frac{x}{2\sqrt{Dt}}\right)\right] \tag{7-6}$$

而界面上的浓度等于 $\frac{\rho_2}{2}$。

　　考虑工业上的渗碳或者渗氮，发生过程中，单质碳或者氮气原子从工件表面渗入，在此过程中，渗入的碳或者氮气原子往往只在工件表面一定距离，而不会渗入到工件心部。此时，原始碳质量浓度为 ρ_0 的渗碳零件可被视为半无限长的扩散体，即远离渗碳源的一端的碳质量浓度在整个渗碳过程中不受扩散的影响，始终保持碳质量浓度为 ρ_0。因此，这个过程可以用下述模型描述。

一个无限长棒体，在一端有原子扩散渗入，而在另一端不受扩散影响，即一端成分不受扩散影响的扩散体，类似图 7-3 (b) 所示。很显然，这个模型和两端成分不受扩散影响的扩散偶的模型很相似，相当于扩散偶的一半。根据上述情况，可列出初始条件为

$$t = 0, x \geqslant 0, \rho = \rho_0$$

边界条件为

$$t > 0, x = 0, \rho = \rho_s, x = \infty, \rho = \rho_0$$

即假定渗碳一开始，渗碳源一端表面就达到渗碳气氛的碳质量浓度 ρ_s，由式 (7-6) 可解得

$$\rho(x, t) = \rho_s - (\rho_s - \rho_0) \mathrm{erf}\left(\frac{x}{2\sqrt{Dt}}\right) \tag{7-7}$$

如果渗碳零件为纯铁 ($\rho_0 = 0$)，则式 (7-7) 简化为

$$\rho(x, t) = \rho_s \left[1 - \mathrm{erf}\left(\frac{x}{2\sqrt{Dt}}\right)\right]$$

在渗碳中，常需要估算满足一定渗碳层深度所需要的时间，则可根据式 (7-7) 求出。

7.2.2　金属的自扩散系数测定

如果选择两个金属棒，材质均为 B，在一根棒体的一端沉积一薄层金属 A，再将这样的两个 B 材质样品连接起来，就形成在两个金属 B 棒之间的金属 A 薄膜源。将此扩散偶进行扩散退火，那么在一定的温度下，金属 A 溶质在金属 B 棒中的浓度将随退火时间 t 而变，此即扩散衰减薄膜源模型。

令棒轴和 x 坐标轴平行，金属 A 薄膜源位于 x 轴的原点上。当扩散系数与浓度无关时，这类扩散偶的方程解为

$$\rho = \frac{k}{\sqrt{t}} \exp\left(-\frac{x^2}{4Dt}\right) \tag{7-8}$$

其中，k 为待定常数。

从式 (7-8) 可知，溶质质量浓度将以原点为中心左右对称分布，如图 7-3 所示，并且当 $t = 0$ 时，在 $|x| > 0$ 的各处，质量浓度 ρ 均为零。假定扩散物质的质量为 M，棒的横截面面积为单位面积，则

$$M = \int_{-\infty}^{\infty} \rho \mathrm{d}x \tag{7-9}$$

令 $\dfrac{x^2}{4Dt} = \beta^2$，有

$$\mathrm{d}x = 2\sqrt{Dt} \, \mathrm{d}\beta \tag{7-10}$$

将式 (7-10) 和式 (7-8) 代入式 (7-9)，可得

$$M = 2k\sqrt{D} \int_{-\infty}^{\infty} \exp(-\beta^2) \mathrm{d}\beta = 2k\sqrt{\pi D}$$

其中

$$k = \frac{M}{2\sqrt{\pi D}} \tag{7-11}$$

将式 (7-11) 代入式 (7-8) 就获得薄膜扩散源随扩散时间衰减后的再分布：

$$\rho = \frac{M}{2\sqrt{\pi Dt}} \exp\left(-\frac{x^2}{4Dt}\right)$$

上述衰减薄膜扩散源常用于示踪原子测定金属的自扩散系数。由于纯金属是均匀的，不存在浓度梯度。为了感知纯金属中的原子迁移，最典型的方法是在纯金属 A 的表面上，沉积一薄层 A 的放射性同位素 A^* 为示踪物，扩散退火后，测量 A^* 的扩散浓度。由于同位素 A^* 的化学性质与 A 相同，在这种没有浓度梯度情况测出 A^* 的扩散系数，即为 A 的自扩散系数。

7.2.3　扩散系数与浓度的关系

一般情况下，扩散系数常常被看成常数。但事实上，扩散系数可以受很多因素的影响，它不是一个稳定不变的常数。本节主要考虑浓度对扩散系数的影响，依赖实验测得的曲线 $\rho(x)$ 来计算不同质量浓度下的扩散系数 $D(\rho)$ 的表达式。

图 7-4 所示为铜-黄铜扩散偶经过时间 t 后实际测量获得的浓度曲线。其中，x' 为扩散前的扩散偶的界面位置。下面求解当浓度为 ρ_1 时的扩散系数。

首先界定下铜-黄铜扩散偶的初始条件。假设无限长的扩散偶，其初始条件如下：当 $t=0$ 时，$x>0$，$\rho=\rho_0$；$x<0$，$\rho=0$。

引入参量 η，数学处理扩散方程，使偏微分方程变为常微分方程。令 $\eta=\dfrac{x}{\sqrt{t}}$，此时初始条件变为，当 $t=0$ 时，若 $\eta=+\infty$，则 $\rho=\rho_0$；若 $\eta=-\infty$，则 $\rho=0$。

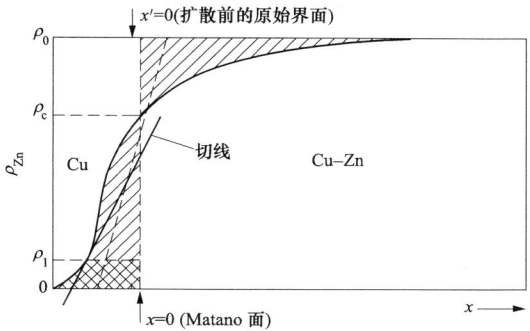

图 7-4　铜-黄铜扩散偶的浓度曲线

将 η 代入扩散定律方程，得

$$\frac{\partial \rho}{\partial t}=D\,\frac{\partial^2 \rho}{\partial x^2}$$

则扩散方程左侧为

$$\frac{\partial \rho}{\partial t}=\frac{\mathrm{d}\rho}{\mathrm{d}\eta}\,\frac{\partial \rho}{\partial t}=-\frac{x}{2t^{3/2}}\,\frac{\mathrm{d}\rho}{\mathrm{d}\eta}=-\frac{\eta}{2t}\,\frac{\mathrm{d}\rho}{\mathrm{d}\eta}$$

扩散方程右侧为

$$\frac{\partial \rho}{\partial x}=\frac{\mathrm{d}\rho}{\mathrm{d}\eta}\,\frac{\partial \eta}{\partial x}=\frac{1}{\sqrt{t}}\,\frac{\mathrm{d}\rho}{\mathrm{d}\eta}$$

$$\frac{\partial}{\partial x}\left(D\,\frac{\partial \rho}{\partial x}\right)=\frac{\partial}{\partial x}\left(\frac{D}{\sqrt{t}}\,\frac{\mathrm{d}\rho}{\mathrm{d}\eta}\right)=\frac{1}{\sqrt{t}}\,\frac{\partial}{\partial \eta}\left(D\,\frac{\mathrm{d}\rho}{\mathrm{d}\eta}\right)\frac{\partial \eta}{\partial x}=\frac{1}{t}\,\frac{\mathrm{d}}{\mathrm{d}\eta}\left(D\,\frac{\mathrm{d}\rho}{\mathrm{d}\eta}\right)$$

左、右两侧对等，得

$$-\frac{\eta}{2}\,\frac{\mathrm{d}\rho}{\mathrm{d}\eta}=\frac{\mathrm{d}}{\mathrm{d}\eta}\left(D\,\frac{\mathrm{d}\rho}{\mathrm{d}\eta}\right)$$

即

$$-\frac{\eta}{2}\,\mathrm{d}\rho=\mathrm{d}\left(D\,\frac{\mathrm{d}\rho}{\mathrm{d}\eta}\right) \qquad (7\text{-}12)$$

对式 (7-12) 的左、右进行积分，得

$$-\frac{1}{2}\int_0^{\rho_1} \eta\,\mathrm{d}\rho=\int_0^{\rho_1}\mathrm{d}\left(D\,\frac{\mathrm{d}\rho}{\mathrm{d}\eta}\right)=\left(D\,\frac{\mathrm{d}\rho}{\mathrm{d}\eta}\right)^{\rho=\rho_1}_{\rho=0}=\left(D\,\frac{\mathrm{d}\rho}{\mathrm{d}\eta}\right)_{\rho=\rho_1}-\left(D\,\frac{\mathrm{d}\rho}{\mathrm{d}\eta}\right)_{\rho=0}$$

其中

$$\left(D\,\frac{\mathrm{d}\rho}{\mathrm{d}\eta}\right)_{\rho=0}=\left(D\,\frac{\mathrm{d}\rho}{\mathrm{d}x}\,\frac{\mathrm{d}x}{\mathrm{d}\eta}\right)_{\rho=0}=\left(D\sqrt{t}\,\frac{\mathrm{d}\rho}{\mathrm{d}x}\right)_{\rho=0}$$

考虑图 7-4 中测得曲线斜率为零，即

$$\left(D\sqrt{t}\,\frac{\mathrm{d}\rho}{\mathrm{d}x}\right)_{\rho=0}=0$$

所以有

$$-\frac{1}{2}\int_0^{\rho_1}\eta\mathrm{d}\rho=\left(D\,\frac{\mathrm{d}\rho}{\mathrm{d}\eta}\right)_{\rho=\rho_1}$$

即

$$-\frac{1}{2}\int_0^{\rho_1}\frac{x}{\sqrt{t}}\mathrm{d}\rho=D(\rho_1)\sqrt{t}\,\left(\frac{\mathrm{d}\rho}{\mathrm{d}x}\right)_{\rho=\rho_1}$$

这里

$$\eta=\frac{x}{\sqrt{t}}$$

进一步整理，得

$$D(\rho_1)=-\frac{1}{2t}\left(\frac{\mathrm{d}x}{\mathrm{d}\rho}\right)_{\rho=\rho_1}\int_0^{\rho_1}x\mathrm{d}\rho \tag{7-13}$$

其中，$\frac{\mathrm{d}x}{\mathrm{d}\rho}\big|_{\rho=\rho_1}$ 是 ρ-x 曲线上 $\rho=\rho_1$ 处斜率的倒数；$\int_0^{\rho_1}x\mathrm{d}\rho$ 为积分面积。式（7-13）表明，扩散系数和浓度之间存在一定的关系，不同浓度下获得的扩散系数是不同的。理论上，按照式（7-13）进行计算 $D(\rho_1)$ 是非常简单的，但是图 7-4 所示为实际测量的曲线，并不是数学意义的坐标内曲线，因而不存在明显的原点位置，而要想完成式（7-13）中的积分，需要确定所测实验曲线上，x 轴的原点应定位在何处，它和原始焊接面处位置的关系，是否一致。

俣野进一步确定了 $x=0$ 的平面位置，故此该面称为俣野面。如图 7-4 所示，确定坐标原点的具体方法如下：计算下述积分，积分限分别取图 7-4 的浓度最低点 0 和浓度最高点 ρ_0。

$$-\frac{1}{2}\int_0^{\rho_0}\eta\mathrm{d}\rho=\int_0^{\rho_0}\mathrm{d}\left(D\,\frac{\mathrm{d}\rho}{\mathrm{d}\eta}\right)=\left(D\,\frac{\mathrm{d}\rho}{\mathrm{d}\eta}\right)_{\rho=0}^{\rho=\rho_0}=\left(D\,\frac{\mathrm{d}\rho}{\mathrm{d}\eta}\right)_{\rho=\rho_0}-\left(D\,\frac{\mathrm{d}\rho}{\mathrm{d}\eta}\right)_{\rho=0}$$

对比图 7-4，可知 $\left(D\,\frac{\mathrm{d}\rho}{\mathrm{d}\eta}\right)_{\rho=\rho_0}$，$\left(D\,\frac{\mathrm{d}\rho}{\mathrm{d}\eta}\right)_{\rho=0}$ 分别为曲线在 $\rho=\rho_0$ 或 $\rho=0$ 时的斜率，而且这两个斜率在数值上都等于零。因此有

$$\int_0^{\rho_0}\eta\mathrm{d}\rho=\frac{1}{\sqrt{t}}\int_0^{\rho_0}x\mathrm{d}\rho=0$$

即

$$\int_0^{\rho_0}x\mathrm{d}\rho=0$$

如果在 $\rho=\rho_0$ 和 $\rho=0$ 之间选择一个浓度点 ρ_c，上述积分可以写为

$$\int_0^{\rho_0}x\mathrm{d}\rho=\int_0^{\rho_c}x\mathrm{d}\rho+\int_{\rho_c}^{\rho_0}x\mathrm{d}\rho=0 \tag{7-14}$$

式（7-14）表明，在 $x=0$ 平面两侧组元的扩散通量相等，方向相反，此时扩散的净通量为零，也就是原点即俣野面，其位置两侧影线的面积相等，如图 7-4 所示。当扩散偶的体积不变时，俣野面与原始焊接面重合。

7.3　扩散微观理论

7.3.1　扩散机制

交换机制包括直接交换和间接环形交换机制，主要通过原子换位来实现。如图 7-5 所示，在纯金属或者置换固溶体中，有两个相邻的原子 A 和 B，这两个原子采取直接互换位置进行迁移；当两个原子相互到达对方的位置后，迁移过程结束。这里 A、B 原子通过直接换位

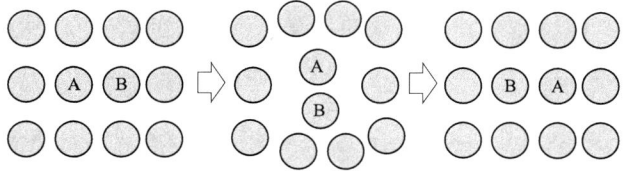

图 7-5　直接换位扩散模型

位的方式实现扩散的机制即交换机制，又称为直接交换机制。这是一种提出较早的扩散模型，可以看出，原子在换位过程中势必要推开周围原子以让出路径，结果引起很大的点阵膨胀畸变。因此，原子按这种方式迁移的能量太高，一般实现的可能性不大，至少到目前为止尚未得到实验的有效证实。

图 7-6 所示为环形换位扩散模型。其主要特点是考虑有多个原子参与换位，同时相比于直接交换机制，环形换位机制扩散激活能降低。但是，该机制也有一定限制。理论上环形交换比双原子直接交换容易进行，但需要晶体中若干个原子同时做有规则的运动，在固态金属和合金中，这种概率也是很小的。而且，无论直接交换机制和环形交换机制都不能有效解释某些扩散现象，进一步推动了间隙、空位等机制的发展。

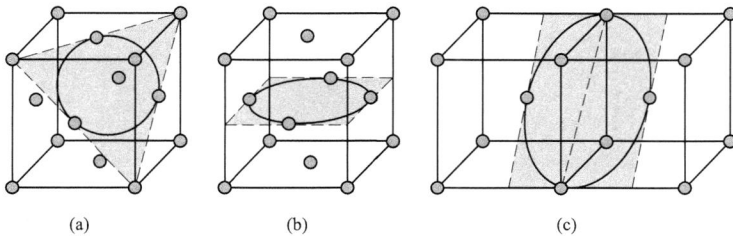

(a)　　　　　　　(b)　　　　　　　(c)

图 7-6　环形换位扩散模型

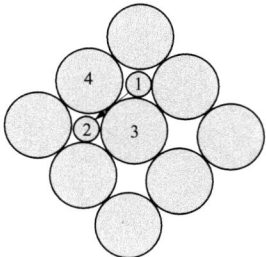

图 7-7　间隙机制

间隙机制主要通过借助间隙来实现扩散。在间隙固溶体中，尺寸较大的溶剂原子构成了固定的晶体点阵，而尺寸较小的间隙原子处在点阵的间隙中。由于固溶体中间隙数目较多，而间隙原子数量又很少，这就意味着在任何一个间隙原子周围几乎都是间隙位置，为间隙原子的扩散提供了必要的结构条件。原子通过间隙机制实现扩散迁移时（见图 7-7），必须同时推开沿途两侧的溶剂原子，存在晶格阻力。原子从一个位置越到另外一个位置由于阻力存在，实现成功扩散需要额外能量，也就是原子要跨越的自由能垒，称为原子的扩散激活能。只有原子的自由能高于扩散激活能，才能发生扩散。间隙扩散机制适合于间隙固溶体中间隙原子的扩散，这一机制已经过大量实验证实。

空位扩散机制主要通过空位实现扩散。空位扩散机制与晶体中的空位浓度有直接关系。晶体在一定温度下总存在一定数量的空位，而且温度越高，空位数量会越多，这是原子依赖于空

位实现扩散的前提结构条件。扩散原子从正常位置跳动到邻近的空位，即通过原子与空位交换位置而实现扩散。对于置换固溶体，溶质和溶剂原子尺寸相差不大，很难进行间隙扩散，其扩散主要是通过原子和空位之间交换位置实现的。空位扩散一般不会引起晶格很大的畸变。但是当原子通过空位扩散时，既涉及原子跳过自由能垒，需要能量，也涉及空位形成能量，这使得空位扩散激活能比间隙扩散激活能大得多。这在后面的具体讲解中会得到详细推导。

应该指出，在金属和合金中，原子的扩散有时并不是按单独的一种机制进行的，可能同时有两种或两种以上的机制同时起作用。尤其是环形换位机制及其他扩散机制只有在特定条件下才能发生，一般情况下它们仅仅是间隙扩散和空位扩散的补充。例如，Pd 和 Ag 原子在Cu(100) 面上的扩散以空位交换和原子交换两种机制同时作用，但是以空位扩散机制为主。铜向奥氏体不锈钢的扩散则是通过铜原子和铁原子的交换扩散、间隙扩散和空位扩散机制来实现的。

7.3.2　扩散系数

图 7-8（a）所示为微观原子扩散示意，表明了大量单个原子集体运动对扩散的贡献；图 7-8（b）所示为相邻晶面之间的间隙原子跳跃，是从微观角度研究扩散的模型。假设晶面1、2 的面积为单位面积，分别有 n_1 和 n_2 个间隙原子，晶面1、2 之间的晶面间距为 d，并且假设 $n_1 > n_2$，则晶面1、2 的质量浓度分别为

$$\rho_1 = \frac{n_1 A_r}{N_a d}, \quad \rho_2 = \frac{n_2 A_r}{N_a d}$$

式中：N_a 为阿伏伽德罗常数；A_r 相对原子质量。

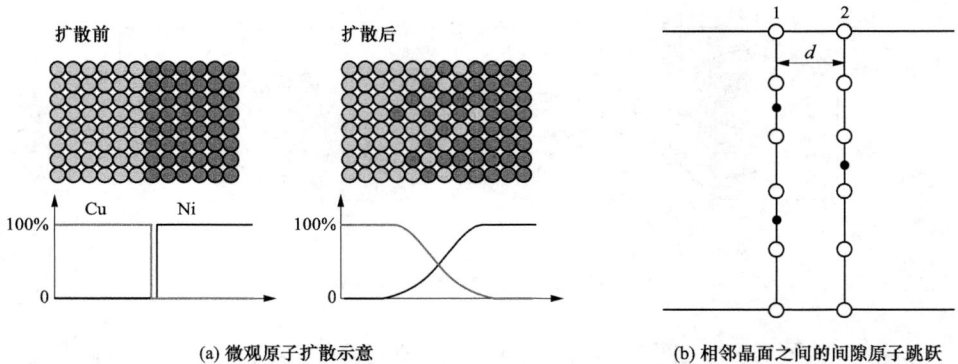

(a) 微观原子扩散示意　　　　　　　　　(b) 相邻晶面之间的间隙原子跳跃

图 7-8　基于微观原子跳跃的扩散系数

从而

$$\Delta\rho = \frac{(n_1 - n_2)A_r}{N_a d} = \frac{d\rho}{dx}d$$

进一步整理，可得晶面1、2 之间的原子数目差值为

$$\Delta n = n_1 - n_2 = \frac{d\rho}{dx}d^2\frac{N_a}{A_r}$$

根据扩散通量的定义，沿着从晶面1 到晶面2 的扩散方向，可以计算晶面1、2 之间的扩散通量应该为

$$J = -\Delta n \frac{A_r}{N_a}\Gamma P = -\frac{d\rho}{dx}d^2\Gamma P \tag{7-15}$$

式中：Γ 为原子跳跃频率；P 为从晶面1 成功跳跃到晶面2 的概率。

将式（7-15）和扩散定律表达式对比，可以得到扩散系数表达式：

$$D = d^2 \Gamma P \tag{7-16}$$

其中，d、P 和固溶体的结构有关，而 Γ 还会受到温度的显著影响。式（7-16）表明了微观参数和宏观扩散系数之间的关系。下面结合式（7-16）分别讨论不同扩散类型条件下的扩散系数。

1. 间隙型扩散的扩散系数

扩散系数表达式（7-16）表明扩散系数和 P、Γ 及晶面间距有关。对于间隙型扩散，跳跃概率 Γ 和原子的振动频率 ν、溶质原子最邻近的间隙位置数 z（即间隙配位数）、具有跳跃条件的原子分数 $e^{\Delta G/(kT)}$ 有关。因此，Γ 表达式如下：

$$\Gamma = \nu z \exp\left(\frac{-\Delta G}{kT}\right)$$

而

$$\Delta G = \Delta H - T\Delta S \approx \Delta U - T\Delta S$$

所以

$$\Gamma = \nu z \exp\left(\frac{-\Delta U}{kT}\right) \exp\left(\frac{\Delta S}{k}\right)$$

由此可得间隙扩散条件下的扩散系数表达式：

$$D = d^2 P \nu z \exp\left(\frac{-\Delta U}{kT}\right) \exp\left(\frac{\Delta S}{k}\right)$$

令

$$D_0 = d^2 P \nu z \exp\left(\frac{\Delta S}{k}\right)$$

则

$$D = D_0 \exp\left(\frac{-\Delta U}{kT}\right) = D_0 \exp\left(\frac{-Q}{k}\right) \tag{7-17}$$

式中：D_0 为扩散常数；ΔU 为间隙扩散时溶质原子跳跃所需额外的热力学内能，该迁移能等于间隙原子的扩散激活能 Q。

2. 置换型扩散的扩散系数

置换型扩散和间隙型扩散的主要区别是置换扩散时需要空位。其原子跳跃频率 Γ 应是原子的振动频率 ν 及空位周围原子所占分数 f 和具有跳跃条件的原子所占分数 $e^{-\Delta G/(kT)}$ 的乘积，即

$$\Gamma = \nu f \exp\left(\frac{-\Delta U}{kT} + \frac{\Delta S}{k}\right)$$

这里 f 可以根据下述步骤求取。首先，从点缺陷的知识知道，温度 T 时晶体中平衡的空位摩尔分数为

$$X_v = \exp\left(\frac{-\Delta U_v}{kT} + \frac{\Delta S_v}{k}\right)$$

式中：ΔU_v 为空位形成能；ΔS_v 为熵增值。

在置换固溶体或纯金属中，如果假设配位数为 Z_0，则空位周围原子所占分数应为

$$f = Z_0 \exp\left(\frac{-\Delta U_v}{kT} + \frac{\Delta S_v}{k}\right)$$

将 f 代入 Γ 的表达式，即

$$\Gamma = \nu Z_0 \exp\left(\frac{-\Delta U_v}{kT} + \frac{\Delta S_v}{k}\right) \exp\left(\frac{-\Delta U}{kT} + \frac{\Delta S}{k}\right)$$

将求取的 Γ 代入扩散系数的表达式，得到

$$D = d^2 P \nu Z_0 \exp\left(\frac{-\Delta U_v}{kT} \frac{-\Delta U}{kT}\right) \exp\left(\frac{\Delta S_v}{k} + \frac{\Delta S}{k}\right)$$

令扩散常数

$$D_0 = d^2 P \nu Z_0 \exp\left(\frac{\Delta S_V}{k} + \frac{\Delta S}{k}\right)$$

所以

$$D = D_0 \exp\left(\frac{-\Delta U_v}{kT} \frac{-\Delta U}{kT}\right) = D_0 e^{\frac{Q}{kT}} \tag{7-18}$$

其中，扩散激活能 $Q = \Delta U_v + \Delta U$。

（1）通过两种扩散机制下的扩散激活能比较可以看出，间隙型扩散 $Q = \Delta U$，即间隙原子跳跃所需的热力学内能。置换型扩散 $Q = \Delta U + \Delta U_v$，增加了空位形成能。置换扩散或自扩散的激活能均比间隙扩散激活能要大，置换扩散或自扩散除了需要原子迁移能 ΔU 外，还比间隙型扩散增加了一项空位形成能 ΔU_v。

（2）式（7-17）和式（7-18）的扩散系数都遵循阿累尼乌斯（Arrhenius）方程：

$$D = D_0 \exp\left(\frac{-Q}{RT}\right)$$

式中：Q 为每摩尔原子的激活能；R 为气体常数，$R = 8.314/(\text{mol} \cdot \text{K})$；$T$ 为绝对温度。

由此表明，不同扩散机制的扩散系数表达形式相同，但 D_0 和 Q 值不同。

扩散激活能是指克服能垒所必需的额外能量，即实现原子从一个平衡位置到另一个平衡位置的基本跃迁所需要的能量。在不同的研究场合，通常需要计算不同条件下扩散的激活能。首先根据扩散系数的一般表达式：

$$D = D_0 \exp\left(\frac{-Q}{RT}\right)$$

两边取对数，有

$$\ln D = \ln D_0 - \frac{Q}{RT}$$

由实验值确定 $\ln D$ 与 $1/T$ 的关系，如果两者呈线性关系，则图中的直线斜率为 $-Q/R$ 值；该直线外推至与纵坐标相交的截距，则为 $\ln D_0$ 值。

7.3.3　无规行走和扩散距离

扩散过程中每个原子运动具有随机性，其运动的本质是无规行走。因此，原子从一个位置运动到下一个位置，不具备明确的方向性。如果设想一个原子在此期间做 n 次跳跃，并以矢量 $\vec{r}_i$ 表示各次跳跃，从开始点到原子的最终位置的长度和方向用矢量 $\vec{R}$ 来表示，$\vec{r}_i$ 代表跳跃向量，x_i 为其在 x 方向投影，则有

$$\vec{R} = \sum_{i=1}^{n} \vec{r}_i$$

$$X = \sum_{i=1}^{n} x_i$$

从而有

$$\vec{R}^2 = \sum_{i=1}^{n} \vec{r}_i^2 + 2\sum_{i=1}^{n-1} \sum_{j=i+1}^{n} \vec{r}_i \vec{r}_j$$

$$X^2 = \sum_{i=1}^{n} x_i^2 + 2\sum_{i=1}^{n-1}\sum_{j=i+1}^{n} x_i x_j$$

在考虑大量粒子发生跳跃，平均跳跃距离的情况下，有

$$<\vec{R}^2> = \sum_{i=1}^{n} <\vec{r}_i^2> + 2\sum_{i=1}^{n-1}\sum_{j=i+1}^{n} <\vec{r}_i\vec{r}_j>$$

$$<X^2> = \sum_{i=1}^{n} <x_i^2> + 2\sum_{i=1}^{n-1}\sum_{j=i+1}^{n} <x_i x_j>$$

其中，前一项表示每次单独跳跃长度的平方和，后一项表示第 i 次跳跃和其余跳跃 j 之间的关联。假设在无关联无规行走的情况下，也就是说一系列连续的跳跃活动中，每次跳跃彼此无任何关联，此时后一项省略，则

$$<\vec{R}_{\text{random}}^2> = \sum_{i=1}^{n} <\vec{r}_i^2>$$

$$<X_{\text{random}}^2> = \sum_{i=1}^{n} <x_i^2>$$

在有关联无规行走的情况下，即一系列连续的跳跃活动中，每次跳跃彼此存在相互影响，此时后一项不能省略，同时需要考虑关联因子。BARDEEN 和 HERRING 在 1951 年给出如下关联因子：

$$f = \lim_{n\to\infty} \frac{<\vec{R}^2>}{<\vec{R}_{\text{random}}^2>} = 1 + 2\lim_{n\to\infty} \frac{\sum_{i=1}^{n-1}\sum_{j=i+1}^{n} <\vec{r}_i\vec{r}_j>}{\sum_{i=1}^{n} <\vec{r}_i^2>}$$

$$f_x = \lim_{n\to\infty} \frac{<X^2>}{<X_{\text{random}}^2>} = 1 + 2\lim_{n\to\infty} \frac{\sum_{i=1}^{n-1}\sum_{j=i+1}^{n} <x_i x_j>}{\sum_{i=1}^{n} <x_i^2>}$$

下面针对上述理论，结合最简单的立方晶体，讨论微观无规行走理论和宏观扩散定律在描述扩散行为的一致性。

从微观无规行走的角度，根据前面的理论，对于立方对称的晶体，可以考虑所有跃迁矢量的大小都相等，则

$$\vec{R}^2 = \sum_{i=1}^{n} \vec{r}_i^2 + 2\sum_{j=1}^{n-1}\sum_{i=1}^{n-j} |\vec{r}_i| \cdot |\vec{r}_j| \cos\theta_{i,i+j}$$

其中，$\vec{r}_i$ 和 $\vec{r}_j$ 代表第 i 和第 j 次跳跃向量，因为 $r_i \cdot r_{i+j} = |r_i||r_{i+j}|\cos\theta_{i,i+j}$，其中 $\theta_{i,i+j}$ 是这两个矢量之间的夹角，于是

$$\vec{R}^2 = nr^2 + 2r^2\sum_{j=1}^{n-1}\sum_{i=1}^{n-j} \cos\theta_{i,i+j}$$

大量原子跳跃情况下的平均值为

$$<\vec{R}^2> = nr^2\Big(1 + \frac{2}{n}<\sum_{j=1}^{n-1}\sum_{i=1}^{n-j} \cos\theta_{i,i+j}>\Big)$$

在原子跃迁具有随机性的前提下，任余弦项的平均值等于零，上式可以简化为

$$<\overline{R}_n^2> = nr^2 \quad \text{或} \quad \sqrt{<\overline{R}_n^2>} = \sqrt{n}r$$

考虑 $D = d^2\Gamma P$，三维跃迁情况下，$P = 1/6$，其中 d 即为原子跃迁的步长 r，跃迁频率 $\Gamma = n/t$，得

$$<\overline{R_n^2}>=\frac{6n}{\Gamma}D=6Dt \text{ 或者} \sqrt{<\overline{R_n^2}>}=2.45\sqrt{Dt} \qquad (7\text{-}19)$$

从宏观角度，上述扩散距离还可以通过扩散定律直接求取。考虑前面学习扩散定律时的衰减膜案例，针对衰减膜模型，选择两个金属棒，材质均为 B，在一根棒体的一端沉积一薄层金属 A，再将这样的两个 B 材质样品连接起来，就形成在两个金属 B 棒之间的金属 A 薄膜源，即 B - A - B 型扩散偶。如果此薄膜源一侧的 B 棒撤出，仅剩下一个 B 棒一端沉积 A，即 B - A 型扩散偶。如果退火，A 向 B 棒中扩散，和 B - A - B 型扩散偶相比较，因为扩散物质由原来向左、右两侧扩散改变为仅向一侧扩散，此时，扩散物质 A 的质量浓度为上述 B - A - B 型扩散偶的 2 倍，即

$$\rho=\frac{M}{\sqrt{\pi Dt}}\exp\left(-\frac{x^2}{4Dt}\right)$$

此种情况下，任一时刻原子的平均扩散距离 d 为

$$d^2=\frac{\int_{-\infty}^{\infty}x^2\rho(x,t)\mathrm{d}x}{\int_{-\infty}^{\infty}\rho(x,t)\mathrm{d}x}=\frac{\dfrac{M}{2\sqrt{\pi Dt}}\displaystyle\int_{-\infty}^{\infty}x^2\exp\left(-\frac{x^2}{4Dt}\right)\mathrm{d}x}{M}$$

其中涉及积分计算按照如下公式：

$$\int_0^{\infty}\mathrm{e}^{-ax^2}x2\mathrm{d}x=\frac{\sqrt{\pi}}{4}a^{-\frac{3}{2}}$$

得到

$$d^2=\frac{1}{2\sqrt{\pi Dt}}\frac{\sqrt{\pi}}{2}\left(\frac{1}{4Dt}\right)^{-\frac{3}{2}}=2Dt$$

$$d=\sqrt{2Dt} \qquad (7\text{-}20)$$

对比式（7-19）和式（7-20），$\sqrt{<\overline{R_n^2}>}$ 和 d 比较，可以看到两种方法推导获得的扩散距离相似，即（$\sqrt{\overline{R_n^2}}$）和 d 都与扩散时间 t 的平方根成正比。这再次说明原子的扩散本质上是一种无规行走。

7.4　扩 散 热 力 学

扩散既然是一种运动，就一定有驱动力。根据热力学分析，在等温、等压条件下，组元原子总是从化学位高的地方自发地转移到化学位低的地方，只有当每种组元的化学位置系统中各点都相等时，才达到动态平衡，这种情况一般和浓度梯度无关。从该角度讲，扩散的运动方向和化学位梯度具备一定的关系。

化学位相当于重力场中的势能，势函数对距离的微分便是力函数。若一系统中由于一定的原因（浓度、温度、压力、应力等）出现化学位随距离的变化，此时 i 原子在 x 方向便会受到驱动力 F_i 的作用：

$$F_i=-\frac{\partial \mu_i}{\partial x} \qquad (7\text{-}21)$$

原子扩散的驱动力与化学位降低的方向一致。在力的作用下，受力原子的平均速度 v_i 正比于 F_i，有

$$v_i = B_i F_i \qquad (7\text{-}22)$$

比例系数 B_i 为单位力作用下的速度，称为迁移率。注意迁移率的大小与运动阻力有关。按照扩散通量的定义，当选择单位距离、单位面积时，数值上单位体积等于平均速度。此时，扩散通量等于扩散原子的质量浓度和原子平均速度的乘积，由此

$$J = v_i \rho_i \qquad (7\text{-}23)$$

综合式（7-21）～式（7-23），得

$$J = -B_i \rho_i \frac{\partial \mu_i}{\partial x}$$

根据菲克第一定律

$$J = -D \frac{\partial \rho_i}{\partial x}$$

比较上述关于扩散通量的两式，有

$$D = B_i \rho_i \frac{\partial \mu_i}{\partial \rho_i} = B_i \frac{\partial \mu_i}{\partial \ln \rho_i} = B_i \frac{\partial \mu_i}{\partial \ln x_i}$$

$x_i = \dfrac{\rho_i}{\rho}$，如果进一步引入活度，依据热力学中的如下公式：

$$\partial \mu_i = kT \ \partial \ln a_i$$
$$a_i = r_i x_i$$

其中，a_i 为组元在固溶体中的活度，r_i 为活度系数，则

$$D = kTB_i \frac{\partial \ln a_i}{\partial \ln x_i} = kTB_i \left(1 + \frac{\partial \ln r_i}{\partial \ln x_i}\right)$$

对于理想固溶体或者稀固溶体，上述括号中的因子为 1，因而

$$D = kTB_i \qquad (7\text{-}24)$$

式（7-24）也称为能斯特-爱因斯坦方程。

在上述推导获得的扩散系数表达式中，当 $\left(1 + \dfrac{\partial \ln r_i}{\partial \ln x_i}\right) > 0$ 时，$D > 0$，此时化学位梯度与浓度梯度方向一致，浓度梯度对扩散影响显著，组元从高浓度区向低浓度区迁移，形成下坡扩散。当 $\left(1 + \dfrac{\partial \ln r_i}{\partial \ln x_i}\right) < 0$ 时，$D < 0$，此时化学位梯度与浓度梯度方向不一致，扩散方向和浓度梯度驱动的方向相反，组元从低浓度区向高浓度区迁移，形成上坡扩散。由此可见，决定组元扩散的基本因素是化学势梯度，而不是浓度梯度，不管是上坡扩散还是下坡扩散，其结果总是导致扩散组元化学势梯度的减小，直至化学势梯度为零。从热力学来看，扩散和其他过程一样，应该沿化学位降低的方向进行。在恒温恒压下，固溶体的自由能变化 $\Delta G < 0$ 才是引起扩散的真正原因。

7.5　扩　散　种　类

扩散分类的方式很多，可以按照有无浓度变化，分为自扩散和互扩散；按照是否有新相生成，分为原子扩散和反应扩散；按照扩散方向，分为上坡扩散和下坡扩散等；按照扩散的途径，可以分为体扩散、晶界扩散和晶内扩散；还可以按照扩散机制进行划分，如前面介绍的间隙扩散或者置换扩散。

7.5.1　自扩散和互扩散

纯组元的晶体结构内部成分分布一般是均匀的，不存在浓度梯度，其内部发生扩散时，仅通过热振动而产生的原子迁移过程，理论上扩散的净通量应为零。这种不依赖于浓度梯度的扩散称为自扩散。晶体中的自扩散本质是原子通过空位和间隙原子不断地产生与复合，由一处向另一处做无规则的布朗运动。因此，自扩散的机制主要是空位扩散机制。自扩散的扩散系数可以用阿累尼乌斯公式表示：

$$D^* = D_\mathrm{o} \exp\left(-\frac{\Delta H}{k_\mathrm{B} T}\right)$$

其中，ΔH 为激活能。自扩散的观察可以通过放射性同位素技术检测，在纯组元表面涂有放射性同位素，该同位素原子在扩散退火实验过程中，会向体内通过自扩散迁移，这种不依赖于浓度梯度的扩散被是典型自扩散。采用上述实验可以确定上述扩散系数表达式中的实验因子 D_o 为

$$D_\mathrm{o} = g f \nu_0 a^2 \exp\left(-\frac{\Delta S}{k_\mathrm{B}}\right)$$

式中：g 为和秩序排列相关的几何因子，如在体心立方晶体中，如果是空位扩散机制，则 $g=1$；f 为示踪相关因子；ν_0 为德拜频率；a 为晶格常数；ΔS 为扩散熵。

互扩散又称化学扩散，是指异类原子通过扩散相对迁移、互相渗透的过程。相对于在纯金属或在均匀固溶体中的自扩散，它是以化学位梯度为驱动力的扩散，所以又称为化学扩散。互扩散中一个典型的例子是柯肯达尔效应。柯肯达尔效应原来是指两种扩散速率不同的金属在扩散过程中会形成缺陷，推动了空位扩散机制的发展，现已成为中空纳米颗粒的一种制备方法。

柯肯达尔实验的基本思路是纯铜和黄铜（铜锌合金）之间构造一个扩散偶结构，同时在铜和黄铜界面上预先放两排 Mo 丝，如图 7-9 所示。将该扩散偶进行热处理，在 785℃扩散退火 56 天后，可以观察到上、下两排 Mo 丝的距离 L 减小了 0.25mm，并且在黄铜上留有一些小洞。上述实验结果的产生原因，在理论上可能和以下两种情况有关：

（1）和铜、锌原子种类不同有关。假如 Cu 和 Zn 的扩散系数相等，那么以原 Mo 丝平面为分界面，两侧进行的是等量的 Cu 和 Zn 原子互换，考虑到 Zn 的原子尺寸大于 Cu 原子，Zn 的外移会导致 Mo 丝向黄铜一侧移动。

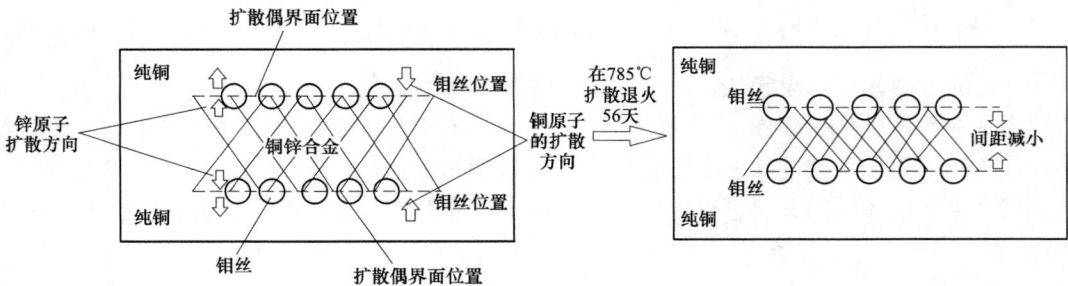

图 7-9　柯肯达尔实验装置说明

（2）和铜、锌原子的相互扩散数量有关。如果铜锌原子的扩散速率不同，相互扩散过程中，由黄铜中扩散出的 Zn 的通量大于铜原子扩散进入的通量，这种不等量扩散导致 Mo 丝移动的现象。

经过理论计算后证实，第二种情况是导致 Mo 丝偏移的原因。柯肯达尔现象证实了不同种

类原子具有不同的扩散速率。迄今为止，柯肯达尔效应已经得到广泛观察和验证。

针对柯肯达尔效应，设计如图 7-10 所示的坐标系，其中一个是固定坐标系 $x\text{-}y$，另外一个是随着晶面可以发生移动的坐标系 $x'\text{-}y'$。固定坐标系对应扩散开始前界面位置，保持静止；随着扩散的进行，移动坐标系会发生移动。很显然，对于移动坐标系 $x'\text{-}y'$，组元 A、B 的本征扩散通量为

$$J_{\mathrm{A1}} = -D_1 \frac{\mathrm{d}\rho_1}{\mathrm{d}x}$$

$$J_{\mathrm{B1}} = -D_2 \frac{\mathrm{d}\rho_2}{\mathrm{d}x}$$

如果把柯肯达尔效应的物质迁移看作类似流体运动的结果，此时，由于 J_{A1} 和 J_{B1} 不等，导致形成流体静压力，会推动各个晶面向 x 方向移动。因此，钼丝移动速度 v（标记漂移速度）是原子扩散过程中静压力推动晶格整体的移速率和原子扩散速率的和，即

$$v = v_{\mathrm{m}} + v_{\mathrm{D}}$$

式中：v_{m} 为晶格整体的移速率；v_{D} 为原子扩散速率。

图 7-10　柯肯达尔实验中本征扩散和晶格整体迁移

此时，对于固定坐标系 $x\text{-}y$，其扩散通量除了上述扩散通量，尚存在由于静压力所导致的附加通量。按照扩散通量的定义及扩散第一定律，对于柯根达尔效应中的两个扩散的组元，可分别计算其相对于固定坐标系 $x\text{-}y$ 扩散通量。

$$(J_1)_{\mathrm{t}} = \rho_1(v_{\mathrm{m}} + v_{\mathrm{1D}}) = \rho_1 v_{\mathrm{m}} - D_1 \frac{\mathrm{d}\rho_1}{\mathrm{d}x}$$

$$(J_2)_{\mathrm{t}} = \rho_2(v_{\mathrm{m}} + v_{\mathrm{2D}}) = \rho_2 v_{\mathrm{m}} - D_2 \frac{\mathrm{d}\rho_2}{\mathrm{d}x}$$

进一步假设在扩散过程中，晶格常数和晶体中各点密度不发生变化，那么通过 $(J_1)_{\mathrm{t}}$、$(J_2)_{\mathrm{t}}$ 满足负对等，即

$$(J_1)_{\mathrm{t}} = -(J_2)_{\mathrm{t}}$$

于是

$$v_{\mathrm{m}}(\rho_1 + \rho_2) = D_1 \frac{\mathrm{d}\rho_1}{\mathrm{d}x} + D_2 \frac{\mathrm{d}\rho_2}{\mathrm{d}x}$$

考虑组元 1 和 2 的摩尔分数分别为 $x_1 = \dfrac{\rho_1}{\rho}$ 和 $x_2 = \dfrac{\rho_2}{\rho}$，并且 $x_1 + x_2 = 1$，整理得

$$v_{\mathrm{m}} = D_1 \frac{\mathrm{d}x_1}{\mathrm{d}x} + D_2 \frac{\mathrm{d}x_2}{\mathrm{d}x} = D_1 \frac{\mathrm{d}x_1}{\mathrm{d}x} + D_2 \frac{\mathrm{d}(1-x_1)}{\mathrm{d}x} = (D_1 - D_2) \frac{\mathrm{d}x_1}{\mathrm{d}x}$$

将上述 v_{m} 代入扩散通量 $(J_1)_{\mathrm{t}}$、$(J_2)_{\mathrm{t}}$ 表达式，得

$$(J_1)_{\mathrm{t}} = -(D_1 x_2 + D_2 x_1) \frac{\mathrm{d}\rho_1}{\mathrm{d}x}$$

$$(J_2)_{\mathrm{t}} = -(D_1 x_2 + D_2 x_1) \frac{\mathrm{d}\rho_2}{\mathrm{d}x}$$

和扩散第一定律的表达式对比，可以发现，如果令：

$$\widetilde{D} = D_1 x_2 - D_2 x_1$$

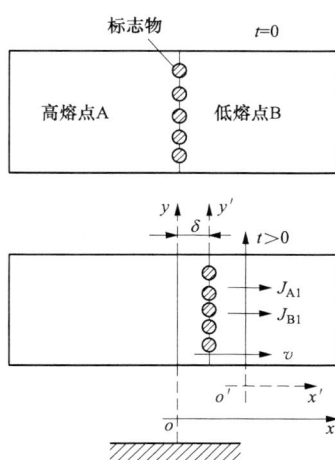

则上述扩散通量表达式和扩散第一定律有相似的表达式：

$$(J_1)_t = -\widetilde{D}\frac{d\rho_1}{dx}$$

$$(J_2)_t = -\widetilde{D}\frac{d\rho_2}{dx}$$

只是此时扩散系数采用 $\widetilde{D}$ 来代替两种原子的扩散系数 D_1 和 D_2，这里 $\widetilde{D}$ 称为互扩散系数。这些数据说明尽管柯肯达尔效应试验中，发生两组元的相互扩散，但是扩散方程仍具有菲克第一定律的形式。

7.5.2 反应（相变）扩散

反应扩散是指在扩散过程中，伴随着扩散的发生的同时会形成与固溶体不同的新相，这样的扩散称为反应扩散或者相变扩散。反应扩散的特点是扩散过程中有新相生成。工业上的典型实例就是渗氮或者渗碳。

所谓渗氮，就是在一定温度下，通过一定介质，将氮原子渗入工件表层的化学热处理工艺。传统的气体渗氮是把工件放入密封容器中，通以流动的氨气并加热，保温较长时间后，氨气热分解产生活性氮原子，不断吸附到工件表面，并扩散渗入工件表层内，从而改变表层的化学成分和组织，获得优良的表面性能。如果在渗氮过程中同时渗入碳以促进氮的扩散，则称为氮碳共渗。

通过平衡相图分析渗氮过程中所形成的相，如图 7-11 所示。从渗氮工件表面开始，随着氮浓度由表及里逐渐减弱，对应不同的氮浓度，可以看到形成不同的平衡相。一般氮的质量分数为 7.8%～11.0%时，氮原子有序地位于铁原子构成的密排六方点阵中的间隙位置。越远离表面，氮的质量分数越低。根据图 7-11 可以看到，当 N 的质量分数超过 7.8%时，可在表面形成密排六方结构的 ε 相（视 N 的含量不同可形成 Fe_3N、$Fe_{2-3}N$ 或 Fe_2N），ε 相中氮的含量变化范围比较宽，图中显示只要 N 的质量分

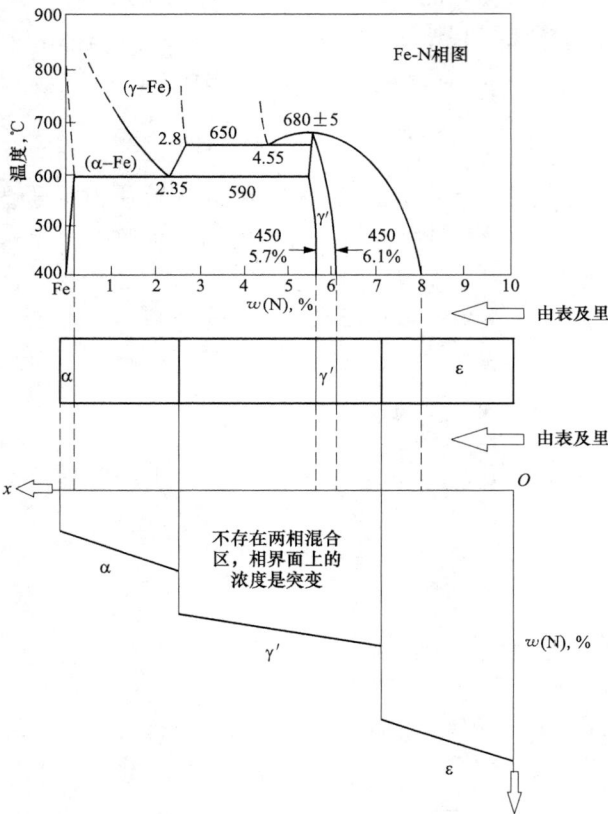

图 7-11　纯铁氮化后的表层氮质量和组织

数超过 7.8%，铁-氮化合物均为 ε 相。由表及里减少氮含量，质量分数为 5.7%～6.1%时，形成 γ' 相（Fe_4N），这是一种可变成分相对较小的中间相，氮原子有序地占据铁原子构成的面心立方点阵中的间隙位置。进一步减少氮含量，也就是质量分数低于 5.7%时，会形成含氮更低的具有体心立方点阵的 α 固溶体。

上述试验结果还表明，二元合金经反应扩散形成的渗层组织中，不存在两相混合区，而且在相界面上的浓度是突变的，它对应于该相在一定温度下的极限溶解度。不存在两相混合区的

原因可用相的热力学平衡条件来进行解释。如果渗层组织中出现两相共存区，则两个平衡相的化学势 μ_1 必然相等，即化学势梯度 $\dfrac{\partial \mu_1}{\partial x} = 0$，这段区域中就没有扩散驱动力，扩散不能进行。同理，三元系中渗层的各部分都不能出现三相共存区，但可以有两相区。

1. 反应扩散热力学分析

假设 A、B 二元系，$\alpha(A)$ 和 $\beta(B)$ 组成扩散偶在 T_1 温度下的扩散。假设 α 和 β 之间可以形成中间相 $\alpha+\beta$，那么，如果表面是 A，渗入 B，则由表及里依次是 β、$\alpha+\beta$、α；如果表面是 B，渗入 A，则由表及里依次是 α、$\alpha+\beta$、β。在这种条件下，扩散发生过程中的扩散偶界面两侧在不同时刻的化学势分布可以如图 7-12 所示。

开始扩散时，α 相中 B 组元浓度趋近于零，β 相中 B 组元浓度趋近于 1。扩散偶的界面两侧化学势不同，存在化学势的跳跃，B 原子将从 β 转移进入 α 相，同样，A 原子将从 α 相转移进入 β 相。随着时间推移，界面上一侧 α 相中 B 浓度上升，另一侧浓度下降。如图中在 t_1 时刻，α 相中 B 浓度上升为 x_B^β，而 β 相中 B 浓度下降为 x_B^β，相应的化学势变为 $(\mu_B^\alpha)_1$ 和 $(\mu_B^\beta)_1$。但是此时仍然存在化学势梯度，所以扩散继续进行。进行到 t_2 时刻，和 t_1 时刻比较，界面两侧的化学势差逐渐减小，界面上的化学势逐渐靠近。当时间为时刻 t_3 时，界面两侧的浓度分别达到 T_1 温度时两相的平衡浓度 x_α 和 x_β，此时界面两侧的化学势相等，界面达到局部平衡。达到局部平衡后，在相界面上没有化学势突变，但是一旦跨过相界面，将不可避免地存在化学势梯度，因此，扩散持续进行，B 原子将从 β 相转移进入 α 相。同样，A 原子将从 α 相转移进入 β 相，导致 α 相中的浓度超过平衡浓度。而 β 相中的浓度低于平衡浓度，当界面两相旧的局部平衡被打破时，开始建立新的局部平衡。此过程反复出现，就会推进相界面移动。

2. 反应扩散动力学

反应扩散的特点是扩散过程中存在新相形成。因此，反应扩散动力学分析涉及三个方面的问题：①形成的相界面的移动速度；②形成的每个新相对应的相在稳定存在时的宽度；③新相的种类和出现的顺序。

问题③主要依赖于相图，通过热力学解决。下面针对前两个问题进行讨论。为了简化讨论，采取理想情况分析，做如下假设：假设一，扩散过程中相变反应不存在时间问题，即瞬时发生，瞬时完成；假设二，反应扩散中，扩散过程是极其缓慢的，以致整个反应扩散过程是由扩散定律所控制。

选择试样表面经过反应扩散形成的 α 相和 γ 相以及它们之间的相界面为研究对象，在扩散方向上的横截面积为 1。经过 dt 时间后，α 相和 γ 相的界面由 x 移到 $x+dx$，移动量为 dx，扩散方向沿着 x 方向。这样，x 方向扩散形成的溶质质量的增加是由扩散导致，可以通过如下两

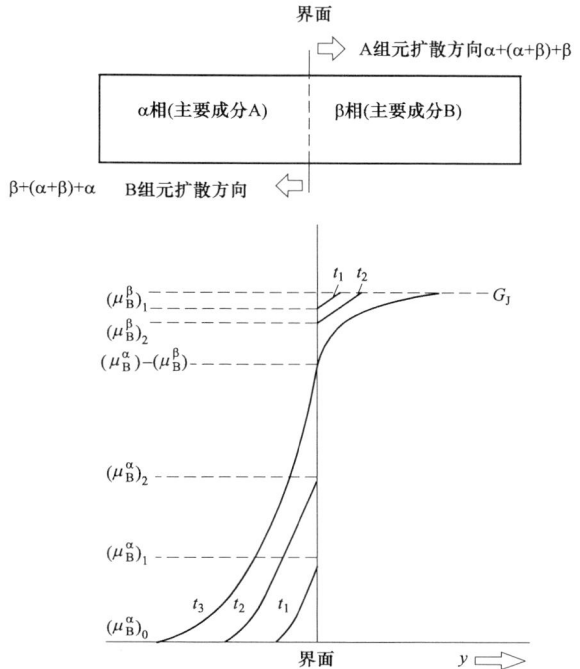

图 7-12　A‑B 扩散偶界面两侧在不同时刻的化学势分布

种方式进行计算：

$$\delta = (C_{\gamma\alpha} - C_{\alpha\gamma}) \cdot 1 \cdot \mathrm{d}x$$

$$\delta = \left[-D_{\gamma\alpha}\left(\frac{\partial C}{\partial x}\right)_{\gamma\alpha} + D_{\alpha\gamma}\left(\frac{\partial C}{\partial x}\right)_{\alpha\gamma} \right] \cdot 1 \cdot \mathrm{d}t$$

则

$$\frac{\mathrm{d}x}{\mathrm{d}t} = \left[-D_{\gamma\alpha}\left(\frac{\partial C}{\partial x}\right)_{\gamma\alpha} + D_{\alpha\gamma}\left(\frac{\partial C}{\partial x}\right)_{\alpha\gamma} \right] \bigg/ (C_{\gamma\alpha} - C_{\alpha\gamma}) \tag{7-25}$$

采用数学变换，引入函数 $\lambda = \dfrac{x}{\sqrt{t}}$，有

$$\frac{\partial C}{\partial x} = \frac{\partial C}{\partial \lambda}\frac{\partial \lambda}{\partial x} = \frac{1}{\sqrt{t}}\frac{\mathrm{d}C}{\mathrm{d}\lambda} \tag{7-26}$$

这里在相界面处 $\dfrac{\mathrm{d}C}{\mathrm{d}\lambda}$ 是常数，令其为 k，所以将式（7-26）代入式（7-25），有

$$\frac{\mathrm{d}x}{\mathrm{d}t} = \frac{1}{C_{\gamma\alpha} - C_{\alpha\gamma}}\left[-(Dk)_{\gamma\alpha} + (Dk)_{\alpha\gamma} \right]\frac{1}{\sqrt{t}} = A'(C)/\sqrt{t}$$

进一步积分计算，可得

$$x = 2A'(C)\sqrt{t} = A(C)\sqrt{t}$$

或者

$$x^2 = B(C)t$$

上述推导表明相界面随着时间移动距离和时间关系遵守抛物线规律。但是实际情况下，很多场合新相的长大速率并不是按照抛物线规律进行的，通常符合

$$x^n = K(C)t$$

其中，$n=1\sim4$。这主要是与本模型假设的相变过程瞬时发生、瞬时完成有关。因为实际扩散型相变不可能瞬时完成，另外一个因素是扩散方式也是影响相界面移动速度的原因之一，仅仅在体扩散前提下，相界面移动有可能符合抛物线规律。

有了相界面移动速度，就可以进一步计算两个平衡相界面之间的宽度。假设 B 组元从试样表面向内部扩散，由里向外依次形成 α、β、γ。以相区 β 为例，假设 β 相的相区的宽度为 ω，下面依据相界面移动速率来计算相区的宽度。如图 7-13 所示，和相区直接相连的两个相界面为 $x_{\gamma\beta}$ 和 $x_{\alpha\beta}$，从 x 轴上看，ω 为

$$\omega = x_{\alpha\beta} - x_{\gamma\beta}$$

对时间求导，即为相界面移动速率，即

$$\frac{\mathrm{d}\omega}{\mathrm{d}t} = \frac{\mathrm{d}x_{\alpha\beta}}{\mathrm{d}t} - \frac{\mathrm{d}x_{\gamma\beta}}{\mathrm{d}t} = A/\sqrt{t}$$

积分计算结果为

$$\omega = B\sqrt{t}$$

其中，B 为反应扩散的速率常数。可以根据实验确定时间和宽度后来通过上式进行计算。速率常数 B 的大小影响新相出现的规律：

（1）如果 $B \leqslant 0$，意味着和 β 相接触的两个界面的界面移动速率相等或者间距减小，此时 $\omega = 0$，扩散过程中不会形成 β 相。

（2）如果 $B > 0$，意味着和 β 相接触的两个界面的界面移动速率不相等，此时 $\omega \neq 0$，扩散过程中会形成 β 相。

7.5.3　短路扩散

短路扩散是指由于扩散所需要的激活能较小，扩散速度较快的固态原子扩散。短路扩散一般和晶体缺陷有关。多晶材料中存在着各种缺陷，缺陷产生的畸变处的原子迁移比完整晶体内部容易，导致由位错、晶界、表面等晶体的缺陷中的扩散速率大于完整晶体内部，因此，这些缺陷中的扩散常称为短路扩散。

短路扩散是晶体中主要的扩散机制。按照缺陷类型，它包括表面扩散、晶界扩散和位错扩散等。扩散物质沿表面的扩散大于沿晶界的扩散，同时两者又大于穿透到晶体内的扩散。如果 D_L、D_B、D_S 分别代表体内扩散、晶界扩散和表面扩散的扩散系数，那么 $D_S > D_B > D_L$。

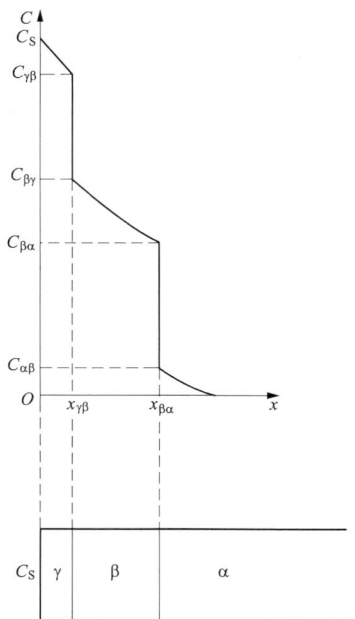

图 7-13　反应扩散示意之相分布

1. 表面扩散

表面扩散是指原子、离子、分子及原子团在固体表面沿表面方向的运动。当固体表面存在化学势梯度场，扩散物质的浓度变化或样品表面的形貌变化时，就会发生表面扩散。表面扩散在催化、腐蚀与氧化、粉末烧结、气相沉积、晶体生长、核燃料中的气泡迁移等方面均起重要的作用。它可以通过放射性示踪、物质传递、场离子显微镜及场发射等技术观察。

表面扩散具有如下特点：

（1）表面扩散和表面结构有关。晶体表面的典型特征，如缺陷、取向、物质状态等，都会影响表面扩散。

图 7-14　表面扩散

（2）表面扩散一般发生在距离表面 2、3 层原子范围内，依赖于表面结构和外部条件，可以有跳跃和换位两种形式，如图 7-14 所示。

（3）表面扩散的扩散率高，在晶须生长试验中观察到的表面扩散率与气相扩散过程相近。

（4）表面扩散可以由原子浓度梯度引起，也可以由毛细管作用引起。前者引起的扩散遵循扩散定律，后者通常包括粉体烧结、粒子聚集、晶界沟槽等。

典型的晶界沟槽如图 7-15 所示。晶界沟槽的出现主要和界面张力有关。刚开始时，两晶粒表面为平面，晶界面也是平面，与表面垂直。晶界界面张力为 γ_g，它的作用是使晶界尽量缩小。平衡时有

$$\gamma_g = 2\gamma_s \sin\theta$$

式中：γ_s 为固-气表面张力；θ 为夹角。

在界面张力（界面能）的作用下，晶界与表面处出现沟槽。沟槽一经形成，两边的表面出现不同的曲率半径。在相同的压力和温度下，沟槽原子比表面原子具有更高的化学势，其差值为

$$\Delta\mu = \gamma_g V_a \frac{\mathrm{d}^2 y}{\mathrm{d}x^2}$$

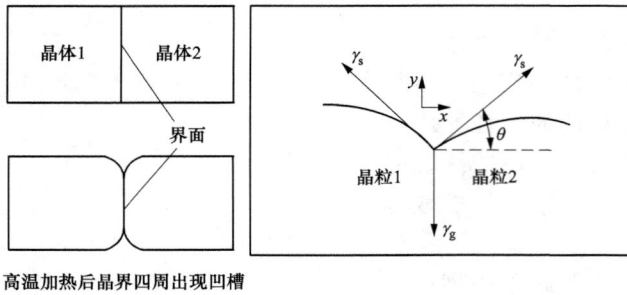

高温加热后晶界四周出现凹槽

图 7-15　沟槽和表面张力的关系

式中：γ_g 为晶界张力；V_a 为原子体积。

在晶界处，化学势最高。μ 的梯度将驱使原子由晶界流向两侧。这种扩散流将使沟槽加深加宽。加深加宽现象可以在低于熔点（或烧结温度）下发生的，因此可以用来观察晶界，此即为所谓的热蚀，在陶瓷领域有广泛应用。

如果将杂质原子以带状形式沉积在基体表面，杂质原子在表面扩散，最后在整个平面内趋向均匀分布。在这种情况下，原子在二维平面内的表面扩散系数为

$$D_s = \frac{1}{4}\Gamma_s\delta^2$$

式中：Γ_s 为跳跃频率；δ 为原子在表面上沿着扩散方向的跳动距离，对于简单立方晶体 $\langle 110 \rangle$ 面，δ 数值上等于点阵常数 a。

Γ_s 的计算式为

$$\Gamma_s = \nu_s\exp\left(\frac{\Delta S^*}{R}\right)\exp\left(-\frac{\Delta H^*}{RT}\right)$$

式中：ν_s 为扩散原子在平行于表面的振动频率；ΔS^*、ΔH^* 分别为原子在表面跳动时的激活熵和激活焓。

2. 晶界扩散

晶界扩散是指原子在晶粒间边界中进行的扩散。温度和显微结构是影响晶界扩散的主要因素。晶界扩散会受到温度的明显影响。对于多晶体，温度较低时，晶界扩散激活能比晶内小得多，晶界扩散起重要作用；随着温度升高，晶内的空位浓度逐渐增加，扩散速度加快，扩散将逐渐被晶内扩散所取代。晶界扩散具有一定的结构敏感特性，晶界扩散与晶粒位相、晶界结构、晶界上杂质的偏析或沉淀析均有一定关系。

晶界扩散的理论模型主要有板片模型和管道模型。板片模型的主要观点是将晶界看作是在扩散系数较低的各向同性晶体中插入一个半无限长、规则的各向同性平板，扩散原子同时沿晶界与晶体两个途径扩散，由于晶界密度低，扩散活化能低，因此晶界扩散快于晶格扩散，沿晶界扩散的原子有一部分还向相邻晶体中扩散。图 7-16（a）给出了该模型的示意。图中晶界宽度为 δ，量值上和原子间距同数量级，一般可以取为 $0.5\mathrm{nm}$；晶界扩散系数为 D_{gb}，和晶内的扩散系数比较，$D_{gb} \gg D$。

扩散过程中发生的扩散通量包含两部分：一部分扩散源向晶内扩散，扩散浓度为 c，包括从表面直接扩散进入晶内及先从晶界扩散、再扩散到晶内的扩散物质；另一部分晶界中的扩散，扩散浓度为 c_{gb}。按照扩散第二定律，很容易有下列扩散方程成立：

在 $|y| \geqslant \dfrac{\delta}{2}$ 条件下，有

$$\frac{\partial c}{\partial t} = D\left(\frac{\partial^2 c}{\partial y^2} + \frac{\partial^2 c}{\partial z^2}\right)$$

在 $|y| < \dfrac{\delta}{2}$ 条件下，有

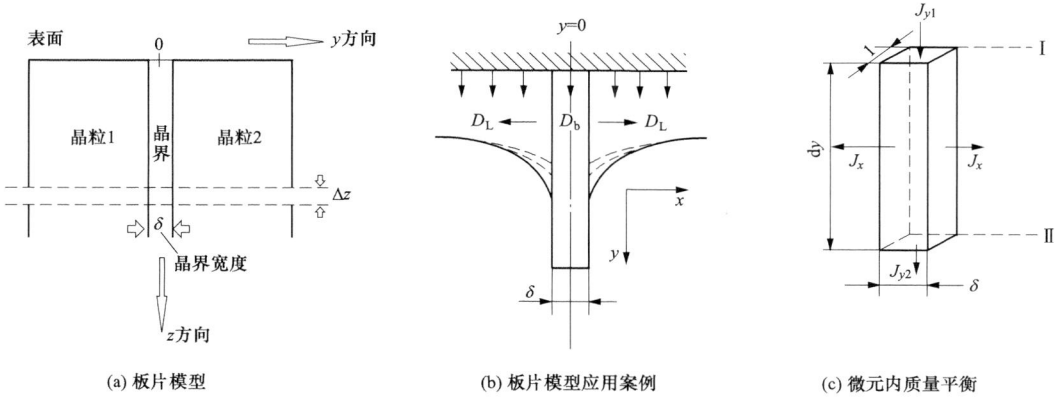

图 7-16　板片模型示意

(a) 板片模型　　　　(b) 板片模型应用案例　　　　(c) 微元内质量平衡

$$\frac{\partial c_{gb}}{\partial t} = D_{gb} \left(\frac{\partial^2 c_{gb}}{\partial y^2} + \frac{\partial^2 c_{gb}}{\partial z^2} \right)$$

如图 7-16（a）所示，x 轴轴向纸面垂直向里，所以浓度分布仅和 y、z 有关。同时考虑在晶界和晶粒之间界面上扩散通量和浓度的连续性，存在如下关联：

$$c\left(\pm\frac{\delta}{2}, z, t \right) = c_{gb}\left(\pm\frac{\delta}{2}, z, t \right)$$

$$D\left[\frac{\partial c(y, z, t)}{\partial y} \right]_{|y|=\frac{\delta}{2}} = D_{gb}\left[\frac{\partial c_{gb}(y, z, t)}{\partial y} \right]_{|y|=\frac{\delta}{2}}$$

如果晶界上存在第二相离子析出，则需要考虑析出因子 s，此时存在如下关联：

$$sc\left(\pm\frac{\delta}{2}, z, t \right) = c_{gb}\left(\pm\frac{\delta}{2}, z, t \right)$$

综合考虑上述条件，前述扩散方程可以简化如下：

在 $|y| \geqslant \dfrac{\delta}{2}$ 条件下，有

$$\frac{\partial c}{\partial t} = D\left(\frac{\partial^2 c}{\partial y^2} + \frac{\partial^2 c}{\partial z^2} \right)$$

在 $|y| < \dfrac{\delta}{2}$ 条件下，有

$$\frac{\partial c_{gb}}{\partial t} = D_{gb} \frac{\partial^2 c_{gb}}{\partial z^2} + \frac{2D}{\delta} \left(\frac{\partial c}{\partial y} \right)_{y=\frac{\delta}{2}}$$

进一步采用归一化参数 ξ、η、β。其中，ξ 为描述先从晶界扩散再到晶内的扩散；η 描述从扩散源直接向晶内的扩散；β 则用于描述相对于晶内扩散，晶界扩散的强化程度。

定义归一化参数为如下形式：

$$\xi = \frac{y - \dfrac{\delta}{2}}{\sqrt{Dt}}$$

$$\eta = \frac{z}{\sqrt{Dt}}$$

$$\beta = \frac{(\Delta - 1)\delta}{2\sqrt{Dt}} \approx \frac{D_{gb}\delta}{2D\sqrt{Dt}}, \Delta = \frac{D_{gb}}{D}$$

　　针对上述扩散方程，依据实际的扩散边界条件求解方程，就可以得到扩散的浓度表达式。该表达式如果采用上述归一化参数表示，则对于孤立晶界，其扩散浓度表达式为

$$c(\eta) = c_{gb}(\eta)$$

　　而由晶界扩散后，再向晶内扩散的浓度表达式可以表示为

$$c(\xi, \eta, \beta) = c_1(\eta) + c_2(\xi, \eta, \beta)$$

其中，$c_1(\eta)$ 为扩散源直接扩散进入晶内的浓度；$c_2(\xi, \eta, \beta)$ 为通过晶界扩散进入晶内的浓度。

　　结合前述板片模型的基本理论，分析如图 7-18（b）所示的应用案例。案例的假设条件按照板片模型可以设定如下：

　　（1）晶内扩散物质均由晶界扩散渗透而获得。

　　（2）晶界浓度为 $C(y)$，并且扩散过程中可以迅速达到准稳态平衡，并且 $y = 0, C(y) = C_0$。

　　（3）体扩散方向与晶界垂直，作为一维扩散处理，并且满足：

$$x = 0, \left(\frac{\partial C}{\partial t}\right)_{x=0} = 0$$

$$0 < x < \infty, \frac{\partial C}{\partial t} = D_L \frac{\partial^2 C}{\partial x^2}$$

　　（4）将垂直于 x 轴的晶界划分成一系列相互不渗透的薄片 dy，每一个薄片处浓度可用无限大空间非稳态扩散方程求解。依据图 7-16（b）可以看出，该模型的初始边界条件为

$$\begin{cases} y > 0, t = 0, C = 0 \\ y = 0, t > 0, C = C_0 \end{cases}$$

　　此种情况下，基于板片模型，沿着晶界扩散的方程为

$$\frac{\partial C}{\partial t} = D_b \frac{\partial^2 C}{\partial y^2} + \frac{2}{\delta} D_L \left(\frac{\partial C}{\partial x}\right)_{x=\frac{\delta}{2}} \tag{7-27}$$

　　式（7-27）为晶界扩散，其右侧第 1 项为沿晶界（y 方向）扩散，第 2 项为自晶界向相邻晶体的扩散。而在晶界周围，晶格扩散应该以体扩散为主，扩散方程符合菲克定律，即

$$\frac{\partial C}{\partial t} = D_L \nabla^2 C$$

其中，C_0 与 C 分别为晶界与晶体中扩散元素浓度；D_b 与 D_L 为晶界与晶体（晶格）扩散系数；δ 为晶界宽度。引用无限长非稳态扩散的解：

$$C(x, y, t) = C(y) \left[1 - \mathrm{erf}\left(\frac{x}{2\sqrt{D_L t}}\right)\right]$$

　　于是，可以获得如下板片模型的解：

$$C(x, y, t) = C_0 \exp\left[-\frac{\sqrt{2}\, y}{\delta^{1/2} \left(\frac{Db}{DL}\right)^{1/2} (\pi D_L t)^{1/4}}\right] \left[1 - \mathrm{erf}\left(\frac{x}{2\sqrt{D_L t}}\right)\right]$$

　　如果采用归一化参数，可以设

$$\beta = \frac{D_b \delta}{2 D_L \sqrt{D_L t}}$$

则

$$C(x, y, t) = C_0 \exp\left[-\frac{y}{\sqrt{\beta D_L t}\,(\pi)^{1/4}}\right] \left[1 - \mathrm{erf}\left(\frac{x}{2\sqrt{D_L t}}\right)\right]$$

当 $\beta \geqslant 1$，$\dfrac{D_{\mathrm{b}}}{D_{\mathrm{L}}} = 5 \times 10^4$ 时，晶界扩散的作用才能显示出来，它们越大，沿着晶界优先渗入作用越明显。

管道模型的建立主要依据是小角度晶界的位错模型。其基本观点是认为构成小角度晶界的位错之间的晶界区域，其扩散系数与完整晶体的晶格扩散相近。而位错心或者管道是高度无序的，具有较高的扩散系数，如果采用 D_{p} 表示其扩散系数，截面采用 A_{p}，间距采用 d 表示的管道平面阵列来表征晶界，此时测得的晶界的扩散系数为

$$D_{\mathrm{g}} = \frac{D_{\mathrm{p}} A_{\mathrm{p}}}{d} = 2 D_{\mathrm{p}} A_{\mathrm{p}} \, \frac{\sin \dfrac{\theta}{2}}{b}$$

这里

$$D_{\mathrm{p}} = D_{\mathrm{p}}^0 \exp \left(-\frac{E_{\mathrm{p}}}{kT} \right)$$

其中，E_{p} 为管道扩散激活能。由此，上述 D_{g} 也可以写为

$$D_{\mathrm{g}} = \frac{A_{\mathrm{p}}}{d} \cdot D_{\mathrm{p}}^0 \exp \left(-\frac{E_{\mathrm{p}}}{kT} \right)$$

依据该模型，可以得到如下结论：

（1）晶界扩散在小角度范围内是各向异性的。

（2）晶界扩散激活能和晶界倾转角度无关，而扩散系数与 $\sin \dfrac{\theta}{2}$ 成比例。

（3）晶界类型将会对扩散系数数值有影响。

这些结论均已经被实验证实。

3. 晶界扩散动力学

多晶体中扩散通常同时存在晶界扩散和晶内扩散。在高温、较长的退火时间或者晶粒尺寸很小时，晶内扩散形成的扩散长度通常可以采用 $\sqrt{D_{\mathrm{L}} t}$ 表示。如果采用 d 表示晶界之间间距，通常有下式可以满足：

$$\sqrt{D_{\mathrm{L}} t} \geqslant d / 0.8$$

这种情况说明体扩散和晶界扩散速度均很快，从相邻晶界向晶内扩散的部分会形成重叠交合，属于典型的混合型扩散。依据宏观扩散定律，在均质中的有效扩散系数 D_{eff} 表达式为

$$D_{\mathrm{eff}} = g D_{\mathrm{b}} + (1 - g) D$$

其中，g 为晶界的体积分数，$g = \dfrac{q\delta}{d}$，这里 q 为晶粒形状的数值因子。如果存在第二相原子在晶界析出和偏聚，则需要考虑析出因子 s，此时 $g = \dfrac{qs\delta}{d}$，其中 $s = \dfrac{C_{\mathrm{b}}}{C}$。

在温度相对较低、扩散退火时间较短或者晶粒尺寸足够大的情况下，晶内扩散的扩散距离 $\sqrt{D_{\mathrm{L}} t}$ 相对于晶界间距 d 小很多，通常满足：

$$s\delta \ll \sqrt{D_{\mathrm{L}} t} \ll d$$

这种情况下，从相邻晶界向晶内扩散的部分不能形成重叠交合，晶界扩散相对处于孤立状态，因此扩散类似于晶格扩散，扩散较慢，但是沿晶界扩散很快。

对于温度足够低和扩散时间足够短的情况下，此时

$$\sqrt{D_{\mathrm{L}} t} \ll s\delta$$

这种情况下，体扩散会被冻结，而仅仅发生沿晶界扩散，而且晶界扩散的同时不向晶内发生任何扩散。一般扩散的初期阶段都属于这种扩散模式，随着扩散的进行，逐渐发展为晶格扩散或者混合型扩散。上述扩散的分类常被称为晶界扩散动力学的 Harrison 分类，如图 7-17 所示。

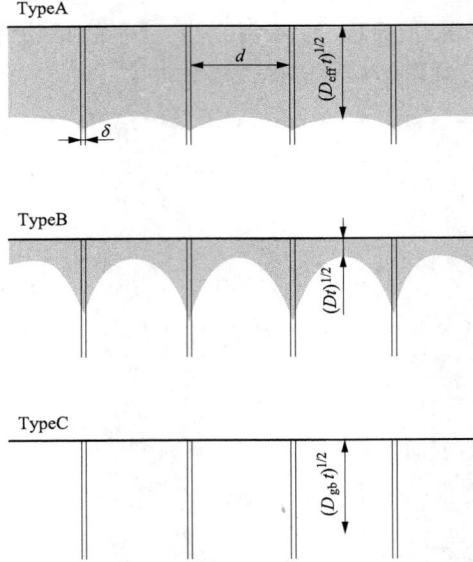

图 7-17　晶界扩散动力学类型

7.6　影响扩散的因素

影响扩散的因素很多，主要有温度、固溶体类型、晶体结构、晶体缺陷、化学成分、压力、气氛等。

7.6.1　温度

温度变化对扩散可以产生最显著的影响在于改变温度可以改变分子、原子扩散所需要的能量。温度越高，分子、原子能量越大，同时温度升高，空位浓度也增大，扩散原子获得能量超越扩散势垒概率越大，所以温度升高促进扩散，同时温度升高还会显著提高扩散系数。从热力学角度，扩散激活过程中的自由能满足：

$$\Delta G = \Delta H - T\Delta S$$

$$\frac{\partial \Delta H}{\partial T} = T\,\frac{\partial \Delta S}{\partial T}$$

可见，温度变化 ΔH、ΔS 对扩散均有影响。尤其对于不同扩散机制共存的情况下，不同机制的扩散系数 D_I、D_II…对于晶格扩散都有贡献，此时

$$D = D_\mathrm{I} + D_\mathrm{II} + D_\mathrm{III} + \cdots = D_\mathrm{I}^0 \exp\left(-\frac{\Delta H_\mathrm{I}}{k_\mathrm{B}T}\right) + D_\mathrm{II}^0 \exp\left(-\frac{\Delta H_\mathrm{II}}{k_\mathrm{B}T}\right) + \cdots$$

在这种情况下，温度对扩散的影响将非常显著。此时，有效的扩散激活能值可以表示为

$$\Delta H_\mathrm{eff} = \Delta H_\mathrm{I}\,\frac{D_\mathrm{I}}{D_\mathrm{I} + D_\mathrm{II} + \cdots} + \Delta H_\mathrm{II}\,\frac{D_\mathrm{II}}{D_\mathrm{I} + D_\mathrm{II} + \cdots} + \cdots$$

工业上可以找到很多案例说明温度是影响扩散速率的最主要因素。例如钢铁渗碳，从 927℃提高到 1027℃时，扩散系数增加三倍，即渗碳速度加快三倍。故实际工业生产上各种受扩散控制的过程，都要考虑温度的重要影响。

7.6.2　固溶体类型和晶体结构

固溶体的类型不同，原子的扩散机制也不同。固溶体类型有置换固溶体和间隙固溶体两类，相应的扩散机制中也存在置换和间隙之分。较小原子尺寸的原子，如 C、N 等溶质原子在固溶体溶剂中容易开展间隙扩散，而 Cr、Al 等溶质原子在固溶体溶剂中通常发生置换扩散，显然两者需要的扩散激活能不同。相同条件下，达到相同扩散效果时，二者实现扩散的时间不同，例如钢件进行表面热处理，在获得同样渗层浓度时，渗 C、N 比渗 Cr 或 Al 等金属所需要的周期短。

扩散从微观上是单个原子在晶格中的移动，而不同晶体结构存在不同的间隙尺寸和致密度。因此，合金元素在不同结构的固溶体中的扩散就会有差别。以自扩散为例，具有体心立方晶体结构的金属晶体，在接近熔点温度时，其扩散率一般为 $10^{-12} \sim 10^{-11} \, \text{m}^2/\text{s}$，而对于具有面心立方晶体结构的金属晶体，在相同温度下，其扩散率一般为 $10^{-13} \sim 10^{-12} \, \text{m}^2/\text{s}$，在数量上小了一个数量级。而且同为体心立方晶体结构的金属晶体的扩散率，数值变化区间和同为面心立方晶体结构的金属晶体的扩散率的数值变化区间也不相同，体心立方晶体的扩散率变化区间一般在 6 个数量级左右，而面心立方晶体仅仅有 3 个数量级左右的变化。这些研究表明，不同晶体结构类型对扩散有明显影响。晶体结构对扩散的影响主要体现如下几个方面：

（1）不同的晶体结构类型影响扩散。例如，$\alpha\text{-Fe}$ 和 $\gamma\text{-Fe}$ 晶体结构类型不同，所有元素在 $\alpha\text{-Fe}$ 中的扩散系数都比在 $\gamma\text{-Fe}$ 中大。在 900℃时，镍在 $\alpha\text{-Fe}$ 中比在 $\gamma\text{-Fe}$ 中的扩散系数大约 1400 倍；在 527℃时，氮在 $\alpha\text{-Fe}$ 中比在 $\gamma\text{-Fe}$ 中的扩散系数大约 1500 倍。

（2）具有同素异构转变的金属在晶体结构改变后，扩散系数也随之发生较大的变化。例如铁在 912℃时发生 $\gamma\text{-Fe} \Longleftrightarrow \alpha\text{-Fe}$ 转变，$\alpha\text{-Fe}$ 的自扩散系数大约是 $\gamma\text{-Fe}$ 的 240 倍。

（3）晶体的各向异性对扩散也有影响。以六方晶体为例，其扩散系数通常包括垂直于 c 轴和平行于 c 轴的扩散系数 $D_{\perp}^*$、$D_{/\!/}^*$。它们的表达式分别为

$$D_{\perp}^* = \frac{a^2}{2} C_V^{\text{eq}} (3\omega_a f_{a\perp} + \omega_b f_{b\perp})$$

$$D_{/\!/}^* = \frac{3}{4} c^2 C_V^{\text{eq}} \omega_b f_{b/\!/}$$

式中：a、c 为六方晶体的晶格常数；ω_a 为在底面 [如 (0001)] 内的跳跃速率；ω_b 为相对于底面倾斜的跳跃速率 [如从 (0001) 跳跃到中间密排位置]；C_V^{eq} 为热平衡条件下的空位平衡浓度；$f_{a\perp}$、$f_{b\perp}$、$f_{b/\!/}$ 为扩散时的相关联因子。

从而，扩散时的各向异性比 A 可以计算如下：

$$A = \frac{D_{\perp}^*}{D_{/\!/}^*} = \frac{2}{3} \frac{a^2}{c^2} \frac{(3\omega_a f_{a\perp} + \omega_b f_{b\perp})}{\omega_b f_{b/\!/}} \tag{7-28}$$

如果忽略扩散过程中的相互关联，$f_{a\perp}$、$f_{b\perp}$、$f_{b/\!/}$ 都取值 1，则式（7-28）变为

$$A \approx \frac{2}{3} \frac{a^2}{c^2} \left(3 \frac{\omega_a}{\omega_b} + 1 \right)$$

例如，对于锌晶体，$D_{\perp}^* < D_{/\!/}^*$；对于菱方系的铋，沿 c 轴的自扩散为垂直 c 轴方向的 1/106。

晶体内部的原子迁移受缺陷影响显著。各种缺陷处的扩散激活能一般比晶内的扩散激活能

小，沿着缺陷的扩散速率通常要比晶内扩散的速率大。这是由于晶体缺陷处点阵畸变较大，原子处于较高的能量状态，易于跳跃，可以加快原子的扩散。例如位错是非常重要的晶体缺陷，对扩散速率，它可以产生与晶界相似的影响。尤其是相对温度较低的情况下，对于一些扩散控制的过程，如沉淀析出或者氧化过程中，沿着位错扩散几乎是控制物质迁移的主要因素。如果将位错看成一个管道，依据晶格扩散长度和平均位错间距，位错影响扩散的动力学可以分为以下三种：

(1) $\sqrt{Dt} > \Lambda$。其中，$\Lambda = \dfrac{K}{\sqrt{\rho_d}}$，$K$ 和位错的排列方式有关，例如位错平行排列取值为 1，六方排列取值 $\dfrac{\sqrt{3}}{2}$，ρ_d 为位错密度。此种情况下，相邻位错的扩散场彼此重叠。

(2) $a \ll \sqrt{Dt} \ll \Lambda$。此种情况下，相邻位错的扩散场几乎不发生重叠。

(3) $a > \sqrt{Dt}$。其中，a 为位错管道半径。此种情况下，扩散仅仅发生在位错线核心部位。

7.6.3　化学成分和压力

不同成分的单质或者化合物往往具有不同的扩散系数。其次在发生成分掺杂或者合金化处理的情况下，第三元素（或杂质）对基础合金的扩散影响会比较复杂。对于最简单的固溶体，简单的规律可以认为如下：

(1) 扩散原子与溶剂的差别越大，扩散系数越大，而且溶质扩散系数随浓度增加而增大。

(2) 如果加入的溶质元素使合金熔点降低，扩散系数增加；反之，扩散系数降低。

例如按照形成碳化物的能力，钢中加入的合金元素可以分为强碳化物形成元素、中强碳化物形成元素、弱碳化物形成元素和非碳化物形成元素。碳在奥氏体中扩散系数和碳与合金元素亲和力有关。对于形成碳化物元素（如 W、Mo、Cr 等），降低碳的扩散系数；对于能够形成不稳定碳化物的元素（如 Mn），对碳的扩散影响不大；对于非碳化物元素（如 Co、Ni），可提高碳的扩散，而 Si 则降低碳的扩散，呈现复杂影响关系。此外，研究还表明，化学成分的改变还会对扩散方向产生影响。例如，铁碳合金中特定情况下，Si 的加入可以导致碳的上坡扩散。

在宏观上应力作用会导致材料变形、储存能量，在微观上会导致晶格变形，影响缺陷和间隙尺寸和数量，进而影响扩散。此外，压力还会影响合金内部的元素分布。即使在溶质分布均匀的情况下，压力作用也可能会导致化学扩散现象。理论上，压力对扩散的影响可以从热力学角度进行分析。根据热力学有

$$\Delta G = \Delta H - T\Delta S = \Delta E - T\Delta S + p\Delta V$$

其中，ΔE 为激活能；ΔV 为激活体积。显然：

$$\Delta H = \Delta E + p\Delta V$$

$$\Delta V = \left(\frac{\partial \Delta G}{\partial p}\right)_T$$

高压情况下，$p\Delta V$ 影响显著；而在一般环境压力下，尤其对于固体，则可以忽略，此时激活能和激活熵在数值上是相等的，即

$$\Delta E \approx \Delta H$$

在等温条件下，上述扩散的激活体积可以通过测量自扩散系数随着压力的变化而得到计算，具体参考如下：

$$\Delta V = -k_B T \left(\frac{\partial \ln D}{\partial p}\right)_T + k_B T \frac{\partial(\ln f a^2 \nu^0)}{\partial p}$$

其中，后一项是修正项，对于自扩散的合金，该修正项为

$$\text{corr. term} = k_B T \kappa_T \gamma_G$$

式中：κ_T 为等温压缩系数；γ_G 为格林艾森常数。

此外，通过测量压力和自扩散系数之间关系，还可以确定单空位和双空位的扩散机制。总之，压力和温度一样，是影响扩散的重要环境参数。

7.6.4　气氛的影响

以氧化钴为例，氧溶解于氧化钴内，发生如下缺陷反应：

$$2Co_{Co} + \frac{1}{2}O_2(g) = O_O + v''_{Co} + 2Co^{\cdot}_{Co}$$

其中，$Co^{\cdot}_{Co}$ 表示一个电子空穴存在于该正离子位置。在这种情况下，Co 离子的空位扩散系数 D_r 表达式为

$$D_r = \alpha a_0^2 \nu_0 \left(\frac{1}{4}\right)^3 P_{O_2}^{1/6} \exp\left[\frac{\left(\frac{\Delta S v''_{Co}}{3}\right) + \Delta S^*}{R}\right] \times \exp\left[-\frac{\left(\frac{\Delta H v''_{Co}}{3}\right) + \Delta H^*}{RT}\right] \tag{7-29}$$

式（7-29）表明，Co 离子的空位扩散系数 D_r 与氧分压的 1/6 次方成比例，同时也证明了气氛对扩散的影响。在烧结制备陶瓷体时，对于空气中很难烧结的制品，常常采用气氛烧结。气氛对烧结的影响是比较复杂的，但是在烧结后期，封闭气孔的气体在固体中的溶解和扩散过程中起着重要作用。

扩散在晶体和非晶体中的表现不同。非晶体在结构上具有无规的网络结构，而且结构中还呈现有一些相当大的孔洞。网络结构的疏密程度显著影响扩散。例如在急冷获得的玻璃中，扩散系数一般高于充分退火的同组分玻璃中的扩散系数，两者可以相差一个数量级或者更多。在存在气体的条件下，这些孔洞的存在使得气体在玻璃中的扩散行为更像渗透。例如像 H、He 一样的小原子很容易直接通过，Na、K 离子由于尺寸较小也很容易通过，但由于受 Si - O 网络中 O 的静电吸引，其扩散速率明显低于 H、He。因此，对于气体在玻璃中的扩散，常常采用渗透率 K，而不是扩散系数 D 来描述扩散，两者之间关系为

$$K = DS$$

其中，K 为在厚度 1cm 玻璃两侧压力差为 1 个大气压时，每秒通过单位面积的气体的体积；S 为在标准大气压下气体在玻璃中的溶解度。溶解度一般随着温度升高而升高，有

$$[S] = [S_0]\exp\left(-\frac{\Delta H_s}{RT}\right)$$

其中，ΔH_s 为溶解热。因此，渗透率也会受到温度的明显影响，两者存在明显的指数关系：

$$K = K_0 \exp\left(-\frac{\Delta H_K}{RT}\right)$$

$$\Delta H_K = \Delta H_s + \Delta H_m$$

其中，ΔH_m 为原子从一个空洞迁移到另外一个空洞的迁移焓。

除上述因素以外，电场、磁场等因素均会对扩散产生影响。磁场和电场的存在从本质上和应力场相似，只不过它们是通过改变微观粒子周围电荷分布而对原子的扩散驱动力产生影响。

7.7　离子晶体中的扩散

7.7.1　本征扩散

和金属晶体相比较，离子晶体有很大差别，见表 7-1。在晶体结构上，离子晶体中存在阳、

阴两种离子，而且离子半径相差较大。一般情况下，阴离子占据晶格点阵格点位置，阳离子位于晶格点阵的间隙处，而在纯金属晶体的晶格点阵中，这些间隙位置通常是空的。

表 7-1　　　　　　　　　　　　　　　两种晶体性质比较

晶体类型	键	键强	离子类型	配位数	空位类型
金属	金属键	较小	正离子	大	Schottky
离子	离子键	大	正、负离子	正、负离子不同或者相同	Schottky、Frenkel

在离子晶体中，伴随着间隙和空位的形成往往会形成附加电荷，例如阴离子间隙的形成会使净电荷为-1，同时阳离子的空位形成也会使其局部净电荷为-1。这样，离子晶体在整体上才能保证各类阳离子带电量总和与阴离子带电量总和的绝对值相当，整体体现电中性。由于存在电荷平衡的要求，离子晶体在扩散过程中，必须产生成对的缺陷才能维持其局部位置的电荷中性。因此，离子晶体在扩散过程中，扩散离子只能进入到与其具有相同电荷的邻近位置，而不能进入邻近的异类离子的位置，这样才不会破坏其电中性而进行扩散。对于离子晶体，其阳、阴离子的组成比和电价比等结构因素是扩散的重要的制约因素，因此相对于纯金属，离子晶体中的扩散要复杂得多。离子晶体中的扩散不同于金属与合金中的扩散，主要体现在如下几点：

（1）离子键的结合能一般要大于金属键的结合能。因此，在离子晶体中，扩散离子所需要克服的能垒往往比金属原子扩散时所需要的能垒大，导致离子晶体在扩散时所需要的扩散激活能比金属高。

（2）离子晶体中扩散时存在电荷平衡要求。按照电荷平衡要求，离子晶体扩散时就必须产生成对的缺陷，增加了额外的能量，而且扩散离子只能进入具有相同电荷的位置，使迁移距离较长，这些因素都导致离子扩散速率通常比金属原子的扩散速率小很多。

（3）离子晶体中，阴、阳离子扩散速率不同。失去了价电子的阳离子的离子半径通常小于阴离子，更容易扩散，因而阳离子的扩散速率往往比阴离子大。

离子晶体中有三种典型的扩散机制，如图 7-18 所示。空位扩散机制类似于金属中的空位扩散机制，通常发生在具有肖特基缺陷类型的离子晶体中。扩散离子从正常位置跳动到邻近的空位处，即通过离子与空位交换位置而实现扩散，每次扩散需要有空位迁移与之配合。和空位相邻的离子很容易进入空位而使原来占据的位置变为空位，如此来实现离子的不断迁移。这类扩散一般不会引起很大的晶格畸变。典型实例就是 MgO 和 NaCl 中以阳离子空位作为载流子的扩散运动。

间隙扩散机制是指间隙离子作为载流子的直接扩散运动，即离子直接从某一个间隙位置扩散到另一个间隙位置。如图 7-18（b）所示，扩散过程中扩散的离子必须挤过相邻的带相反电荷的离子区域，这就导致了间隙扩散难以进行。间隙扩散机制通常只发生少数开放型晶体中存在，例如 CaF_2、UO_2 中的 F^-、O^{2-}。CaF_2 在玻璃中能降低熔点，降低烧结温度，还可以起澄清剂的作用。

亚晶格间隙扩散机制相当于通过中介完成扩散，可以有效降低扩散的能量壁垒。在弗兰克缺陷类型的离子晶体中，通常由于间隙离子较大，所以使得间隙扩散一般会比空位扩散需要更大的扩散激活能，导致间隙扩散较难进行。此时，往往就会产生间隙-亚晶格扩散，它是指某一间隙原子取代了相邻位点的正常晶格离子，而使被取代的晶格离子进入间隙，从而产生离子移动。这种扩散运动由于晶格畸变小，所以比较容易进行。例如 AgBr 中的 Ag^{-1} 扩散就是这种亚晶格间隙扩散的形式，还有 AgI、CuI 等。其扩散过程如图 7-18（c）所示。

(a) 空位扩散　　　　　(b) 间隙扩散　　　　　(c) 亚晶格间隙扩散

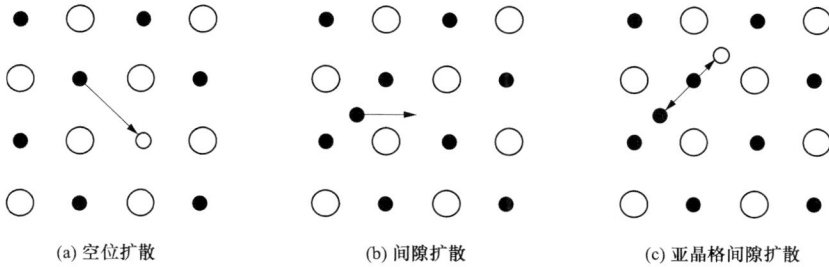

图 7-18　离子扩散机制示意

7.7.2　非本征扩散

除了以上介绍的离子晶体中的本征扩散外，离子晶体还存在非本征扩散。即向离子晶体材料中掺入杂质离子时，杂质离子发生的扩散运动，即非本征扩散。相对于本征扩散，非本征扩散在工程应用上更为普遍。例如在非化学计量化合物中，由于不同原子所占据的比例不是固定的，组成不符合化合价规则，往往存在金属离子和氧离子空位。

陶瓷材料中的晶体大部分是离子晶体，在实际的生产和研究中，往往会向陶瓷中掺入杂质原子，例如向 KCl 中掺入 $CaCl_2$ 等，会发生如下反应：

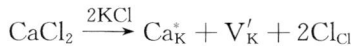

$$CaCl_2 \xrightarrow{2KCl} Ca_K^* + V_K' + 2Cl_{Cl}$$

从而形成阳离子空位，由这类缺陷引起的扩散为非本征扩散。非本征条件下，体系的空位浓度就包括温度决定的本征缺陷浓度 N_I 和由杂质决定的非本征缺陷浓度 N_v^i，此时扩散系数为

$$D_v = \alpha(N_v^i + N_I)\nu_0 \exp\left(\frac{\Delta S_m}{R}\right)\exp\left(-\frac{\Delta H_m}{RT}\right) \tag{7-30}$$

当温度足够低时，本征缺陷浓度会大大降低，与杂质的缺陷浓度相比较，可以忽略不计。从而式（7-30）变为

$$D_v = \alpha N_I \nu_0 \exp\left(\frac{\Delta S_m}{R}\right)\exp\left(-\frac{\Delta H_m}{RT}\right) = D_0 \exp\left(-\frac{Q}{RT}\right) \tag{7-31}$$

其中，D_0 为非本征扩散系数，$D_0 = \alpha N_I \nu_0 \exp\left(\frac{\Delta S_m}{R}\right)$，$Q = \Delta H_m$；$\Delta S_m$、$\Delta H_m$ 为从平衡态到活化状态的熵和焓。

按照前面介绍的求解扩散激活能的方法，对式（7-31）左、右求取对数，然后用 $\ln D$ 和 $1/T$ 分别作为坐标轴作图，如图 7-19 所示。通过图 7-19 中的数据可以看到，离子晶体的 $\ln D$ 和 $1/T$ 之间并非简单的直线关系，而是出现具有明显转折的折线现象，这是由于本征扩散和非本征扩散两类扩散的激活能不同导致的。图中虚线以左的区域为本征扩散起主导作用的高温区域，虚线以右的区域为非本征扩散起主导作用的低温区域。

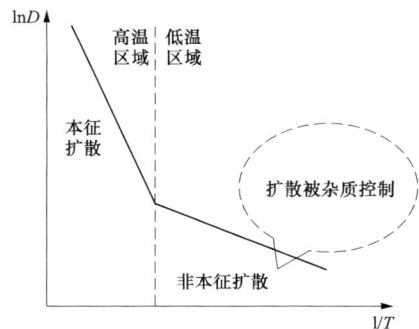

除了掺杂引起非本征扩散外，非本征扩散还可以发生在一些非化学计量氧化物晶体材料中。下面

图 7-19　离子晶体的温度和扩散系数的关系

以 FeO 为例，说明金属离子空位型即正离子空位型的扩散系数和激活能特点。当 FeO 中 Fe^{2+}

扩散时，$Fe_{1-x}O$ 由于变价阳离子，使得 $Fe_{1-x}O$ 中有 $5\% \sim 15\%$ 的 $[V''_{Fe}]$。

$$2Fe_{Fe} + \frac{1}{2}O_2(g) \Longrightarrow O_o + V''_{Fe} + 2Fe^{\cdot}_{Fe}$$

依据上述方程，可以求得平衡常数为

$$K_o = \frac{[V''_{Fe}][Fe^{\cdot}_{Fe}]}{P_{O_2}^{1/2}}$$

同时考虑

$$[Fe^{\cdot}_{Fe}] = 2[V''_{Fe}]$$

进而

$$[V''_{Fe}] = \left(\frac{1}{4}\right)^{1/3} P_{O_2}^{1/6} \exp\left(-\frac{\Delta G_0}{3RT}\right)$$

因

$$D_{Fe} = \gamma\lambda^2 N_v\nu$$

代入后算得

$$D_{Fe} = \gamma\lambda^2 N_v\nu = \gamma\lambda^2 \nu_0 [V''_{Fe}] \exp\left(-\frac{\Delta G_m}{RT}\right)$$

$$= \gamma\lambda^2 \nu_0 \left(\frac{1}{4}\right)^{\frac{1}{3}} P_{O_2}^{1/6} \exp\left(-\frac{\Delta G_0}{RT}\right) \exp\left(-\frac{\Delta G_m}{RT}\right)$$

$$= \gamma\lambda^2 \nu_0 \left(\frac{1}{4}\right)^{\frac{1}{3}} P_{O_2}^{1/6} \exp\left(\frac{\Delta S_m + \Delta S_0/3}{RT}\right) \exp\left(-\frac{\Delta H_m + \Delta H_0/3}{RT}\right)$$

进一步整理

$$D_{Fe} = D_0 P_{O_2}^{1/6} \exp\left(-\frac{\Delta H_m + \dfrac{\Delta H_0}{3}}{RT}\right)$$

如果保持 T 不变，由 $\ln D$ - $\ln P_{O_2}$ 作图，则可以测得直线斜率为 $K = 1/6$；而当保持氧分压不变时，由 $\ln D$ - $1/T$ 作图，发现直线斜率为负，有

$$K = -\frac{\Delta H_m + \dfrac{\Delta H_0}{3}}{R}$$

对于氧离子空位型又称为负离子空位型，以 ZrO_2 为例来说明。高温氧分压的降低将导致如下反应：

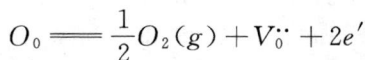

$$O_o \Longrightarrow \frac{1}{2}O_2(g) + V_o^{\cdot\cdot} + 2e'$$

计算上述方程的平衡常数为

$$K = P_{O_2}^{\frac{1}{2}} \cdot [V_o^{\cdot\cdot}][e']^2$$

$$= 4P_{O_2}^{\frac{1}{2}} \cdot [V_o^{\cdot\cdot}]^3$$

$$= K_0 \exp\left(-\frac{\Delta G_0}{3RT}\right)$$

$$[V_o^{\cdot\cdot}] = \left(\frac{1}{4}\right)^{1/3} P_{O_2}^{-\frac{1}{6}} \exp\left(-\frac{\Delta G_0}{3RT}\right)$$

最后算得

$$D_{O_2} = \gamma \lambda^2 \nu_0 [V_0^{\cdot\cdot}] \exp\left(-\frac{\Delta G_m}{RT}\right)$$

$$= \gamma \lambda^2 \nu_0 \left(\frac{1}{4}\right)^{\frac{1}{3}} P_{O_2}^{1/6} \exp\left(-\frac{\Delta G_0}{RT}\right) \exp\left(-\frac{\Delta G_m}{RT}\right)$$

$$= \gamma \lambda^2 \nu_0 \left(\frac{1}{4}\right)^{\frac{1}{3}} P_{O_2}^{1/6} \exp\left(\frac{\Delta S_m + \Delta S_0/3}{RT}\right) \exp\left(-\frac{\Delta H_m + \Delta H_0/3}{RT}\right)$$

进一步整理，有

$$D_{O_2} = D_0 P_{O_2}^{-1/6} \exp\left(-\frac{\Delta H_m + \dfrac{\Delta H_0}{3}}{RT}\right)$$

同样进行和前面分析类似的方法，保持 T 不变，由 $\ln D - \ln P_{O_2}$ 作图，测得直线斜率为 $K = -1/6$；维持氧分压不变时，由 $\ln D - 1/T$ 作图，直线斜率为负。

$$K = -\frac{\Delta H_m + \dfrac{\Delta H_0}{3}}{R}$$

通过对比可知：无论是金属离子还是氧离子，其扩散系数的温度关系 $\ln D - 1/T$ 直线具有相同的斜率，均为

$$K = -\frac{\Delta H_m + \dfrac{\Delta H_0}{3}}{R}$$

如果在非化学计量比氧化物中，同时考虑本征缺陷空位、杂质缺陷空位，以及由于气氛改变引起的非化学计量比空位对扩散的贡献，则其 $\ln D - 1/T$ 直线将具有两个转折点，如图 7-20 所示。

在离子晶体中，由于带电离子的运动会同时产生电流，因此，离子晶体中离子扩散运动的后果还会产生电导，同时其扩散系数和电导率也有一定关系。

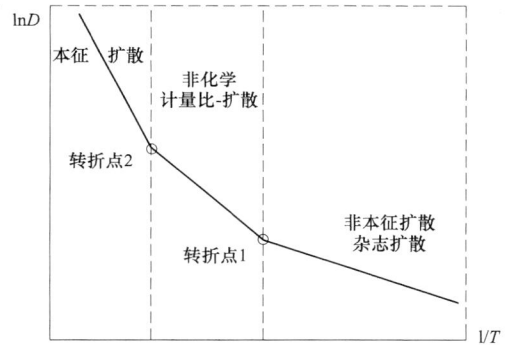

图 7-20　非化学计量比氧化物中
$\ln D - 1/T$ 直线

对于自扩散，由于各个方向的扩散通量相当，通常不会产生电流。但是，由于阴、阳离子所带电荷和离子半径不同，往往会具有不同的自扩散系数。例如尖晶石（$MgAl_2O_4$）的晶体结构中，阳离子的自扩散系数比氧离子大。

当外加电场后，离子晶体中离子发生定向移动，产生电流。离子晶体中扩散系数 D_T 与电导率 σ 就存在一定的联系。如果单位体积上某类型的离子数为 c，粒子电荷为 q_i，那么以不同的扩散机制进行扩散时，就有不同的扩散关系式。

如果以间隙机制进行扩散，二者关系如下：

$$\frac{\sigma}{D_T} = \frac{cq_i^2}{kT}$$

如果以空位机制进行扩散，二者关系如下：

$$\frac{\sigma}{D_T} = \frac{cq_i^2}{fkT}$$

式中：f 为以空位机制进行扩散的相关因子（$f < 1$）。

第8章 相变及其热力学基础

环境条件的改变将导致材料内部发生相的变化。尽管如此，新相的产生和消失也不能随便发生，通常需要满足一定的热力学条件。因此，热力学研究在材料科学中非常重要，它是相图学的理论基础。本章主要包括以下知识点：

(1) 相平衡规律和液-固相变热力学。

(2) 固溶体相变以及有序-无序、溶辊间隙（调幅分解）、脱溶分解等转变热力学。

(3) 固体相变热力学基础理论。

8.1 相平衡规律

8.1.1 相变

相变是指在外界条件发生改变时，材料内部发生的从一种相的状态转变为另一种相的状态的过程。相变的本质是物质的显微结构或者成分发生突然变化。

相变的分类通常有很多方法，一般情况下可以按照相的状态、热力学、质点迁移等方式来进行分类，例如根据相变前后物体的物理性质会发生突变这一特点，可以将相变分为一级相变与二级相变两类。图 8-1 所示为固态相变的种类。注意，实际材料中所发生的相变形式可以是图 8-1 中的一种，也可以是它们之间的复合。例如，脱溶沉淀往往是结构和成分变化同时发生，而铁电相变则往往和结构相变耦合在一起。

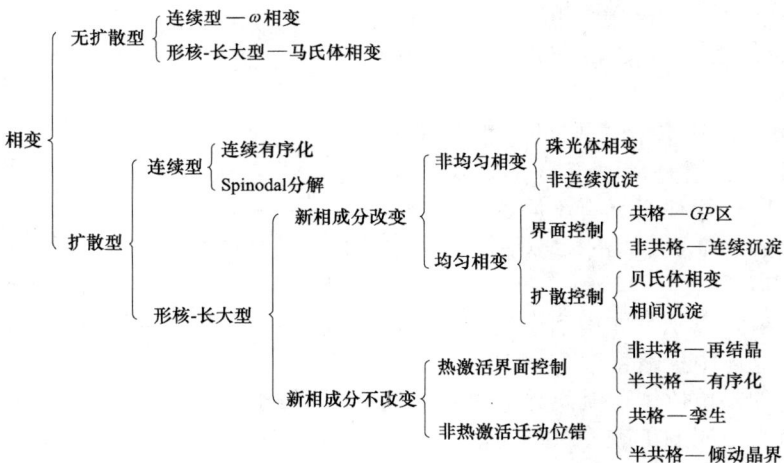

图 8-1 固态相变分类

影响相变的因素有很多，除了温度，相变的进程还会受其他诸多因素如成分、压力、晶体缺陷、形变速度、电场、磁场、重力场等影响。不同因素通过不同机理影响相变进程，例如温度影响两相自由能的变化、扩散速度、获得相变激活能的概率等；晶体缺陷则影响新相生核的地点、扩散通道和扩散机理，以及新相长大的助力和阻力等。

理论上，围绕相变的研究，一方面，要努力探索相变发生的原因，也就是解决相变驱动力问题，即相变热力学问题。因此，相变热力学主要研究相变发生的条件、驱动力来源与大小、相变的终点和相变产物的相对稳定性等。另一方面，相变研究则主要围绕研究相变发生以后的进程，即研究相变发生的快慢、相组成和转化速率、影响这些进程的因素等，这部分研究称为相变动力学。

工业上，相变的过程往往可以采用相图来进行形象描述。因为通过相图可以直观地描述相变的过程，对工业应用和材料研究具有指导作用。相变热力学是相图获得的重要理论基础。

8.1.2　相平衡规律

多相平衡体系条件下，各个相的平衡存在往往需要满足一些基础定律。

定律 1：对于一个多相体系，如果多相处于平衡状态下，那么每个组元在各相中的化学势都必须彼此相等。

假设有一个多相组成的多元系，体系的吉布斯自由能和温度，压力及各组元的物质的量之间将形成函数关系，即

$$G = G(T, P, n_1, n_2, n_3, \cdots)$$

式中：T、P 分别为温度和压强；下标 1、2、3… 分别为该多元系中含有的组元；n_1、n_2、n_3… 分别为组元 1、2、3… 的摩尔数。

进行微分后，整理得

$$dG = -S dT + V dP + \sum \mu_i dn_i \tag{8-1}$$

式中：S、V 分别为体系的总熵和总体积。

式（8-1）右边最后一项 $\sum \mu_i dn_i$ 表示由某组元物质的量的改变而引起的体系自由能的变化，其中 dn_i 代表组元的物质的量的变化量，而 $\mu_i = \left(\dfrac{G}{n_i} \right)_{T, P, r_j \neq i}$，是组元 i 的偏摩尔自由能，称为组元 i 的化学势，根据物理化学知识，它代表体系内物质传输的驱动力。

针对式（8-1）可知，如果环境因素，如温度、压力等因素和多元系中各组元物质的量恒定不变，系统的自由能变化和组元 i 的化学势 μ_i 的变化有关。也就是说，具有多相的多元体系中，如果某组元在多元体系的各个相中的化学势都相等，在这个多元体系中就不会有物质的传输，多元体系中各个相处于平衡状态。下面采用最简单的双相双元系体系来证明。

假设一个双相双元系体系由组元 1、2 组成，体系包含有 α、β 相，依照式（8-1），有

$$dG^\alpha = -S^\alpha dT + V^\alpha dp + \mu_1^\alpha dn_1^\alpha + \mu_2^\alpha dn_2^\alpha$$

$$dG^\beta = -S^\beta dT + V^\beta dp + \mu_1^\beta dn_1^\beta + \mu_2^\beta dn_2^\beta$$

如果假设在等温、等压条件下，即式中 $-S^\alpha dT + V^\alpha dp$、$-S^\beta dT + V^\beta dp$ 均为零。因此，上面两式可以简化为

$$dG^\alpha = \mu_1^\alpha dn_1^\alpha + \mu_2^\alpha dn_2^\alpha$$

$$dG^\beta = \mu_1^\beta dn_1^\beta + \mu_2^\beta dn_2^\beta$$

据此，可以获得体系总的自由能变化为

$$dG = dG^\alpha + dG^\beta = \mu_1^\alpha dn_1^\alpha + \mu_2^\alpha dn_2^\alpha + \mu_1^\beta dn_1^\beta + \mu_2^\beta dn_2^\beta$$

考虑体系中只有 α 和 β 两相，当极少量（dn_2）的组元 2 从 α 相转移到 β 相中，或者极少量（dn_1）的组元 1 从 α 相转移到 β 相中，应该存在如下关系：

$$- \mathrm{d}n_2^\alpha = \mathrm{d}n_2^\beta$$

$$- \mathrm{d}n_2^\alpha = \mathrm{d}n_2^\beta$$

在此种情况下，如果假设只有极少量（$\mathrm{d}n_2$）的组元 2 从 α 相转移到 β 相中，此时由于 $-\mathrm{d}n_2^\alpha = \mathrm{d}n_2^\beta$，故

$$\mathrm{d}G = \mathrm{d}G^\alpha + \mathrm{d}G^\beta = \mu_2^\alpha \mathrm{d}n_2^\alpha - \mu_2^\beta \mathrm{d}n_2^\beta = (\mu_2^\beta - \mu_2^\alpha)\mathrm{d}n_2^\beta \tag{8-2}$$

很容易看到，如果同时组元 1 和 2 同时发生迁移，则有

$$\mathrm{d}G = \mathrm{d}G^\alpha + \mathrm{d}G^\beta = \mu_2^\alpha \mathrm{d}n_2^\alpha + \mu_2^\beta \mathrm{d}n_2^\beta = (\mu_2^\beta - \mu_2^\alpha)\mathrm{d}n_2^\beta \tag{8-3}$$

依据式（8-2）和式（8-3），很容易看到，组元中物质的量的改变和化学势有关，如果 $\mu_2^\beta - \mu_2^\alpha < 0$，即 $\mu_2^\alpha > \mu_2^\beta$，此时 $\mathrm{d}G < 0$。而当 $\mu_2^\alpha = \mu_2^\beta$ 时，α 相和 β 相处于平衡，即 $\mathrm{d}G = 0$。也就是说，如果双相、双元体系各个相中的化学势都相等，体系处于平衡状态。此结论对多相、多组元体系同样适用。因此，多组元体系的相平衡条件可以写为

$$\mu_1^\alpha = \mu_1^\beta = \mu_1^\gamma = \cdots = \mu_1^P$$

$$\mu_2^\alpha = \mu_2^\beta = \mu_2^\gamma = \cdots = \mu_2^P$$

$$\vdots$$

$$\mu_C^\alpha = \mu_C^\beta = \mu_C^\gamma = \cdots = \mu_C^P \tag{8-4}$$

即处于平衡状态下的多相体系，每个组元在各相中的化学势都必须彼此相等。

对于一个多相体系中，除了环境变量如温度和压强外，最重要的两个参数是体系中的相数和组元数。当一个体系的组元数确定后，该体系中可能存在的相的数目是多少；如果进一步考虑温度和压强，那么相数和温度、压强之间的关系如何，这些问题可以通过吉布斯相律来解决。

定律 2：吉布斯相律，其表达式如下：

$$f = C - P + 2$$

式中：f 为体系的自由度数，是指不影响体系平衡状态的独立可变参数（如温度、压力、浓度等）的数目；C 为体系的组元数；P 为相数。

相律表达式中的 2 代表外界条件仅有温度和压强两个。如果考虑同时有电场、磁场或重力场对平衡状态的影响，则相律中的 2 应为 3、4、5。每有一个外界因素，就增加 1；如果研究的系统为固态物质，可以忽略压强的影响，相律中的 2 应为 1。下面给出相律的推导和证明。

设有一个平衡的多相体系，相数为 P，组元数为 C。如果系统的状态不受电场、重力场等外力场的影响，那么对于每个相来说，独立可变因素只是温度、压力和其成分（所含各组元的浓度）。确定每个相的成分，需要确定 $C-1$ 个组元浓度，因为 C 个组元浓度之和为 100%。现有 P 个相，故有 $P(C-1)$ 个浓度变量。

在平衡条件下各相处于同样的温度和压力，即有 2 个变量，因此，描述整个体系的状态有 $P(C-1)+2$ 个变量。然而这些变量并不都是彼此独立的，由式（8-4）可有 $C(P-1)$ 个方程式。这些方程式表明各化学势彼此之间的关系，而化学势是浓度的函数，因此用来确定体系状态的那些变量中，有 $C(P-1)$ 个浓度变量不能独立变化。因此，整个系统的自由度数应为

$$f = [P(C-1)+2] - C(P-1) = C - P + 2$$

对于不含气相的凝聚体系，压力在通常范围的变化对平衡的影响极小，一般可认为是常量。因此，相律可写成下列形式：

$$f = C - P + 1 \tag{8-5}$$

通过相律可以确定平衡状态下体系中存在的相数与组元数及温度、压力之间的关系。

定律 3：在某合金中，任意一相的吉布斯自由能-成分曲线上某一点的切线，其两端分别与

纵坐标相截，与 A 组元对应纵坐标上的截距表示 A 组元
在切点成分合金中的化学势 μ_A；而与 B 组元的截距表示
B 组元在切点成分合金中的化学势 μ_B。该结论证明如下。

图 8-2 所示为吉布斯自由能曲线确定化学势。其中，
组元 A、B 组成的二元合金的自由能-成分曲线采用 $G(x)$
表示，理论上 $G(x)$ 应该满足下式：

$$G(x) = x_A\mu_A + x_B\mu_B$$

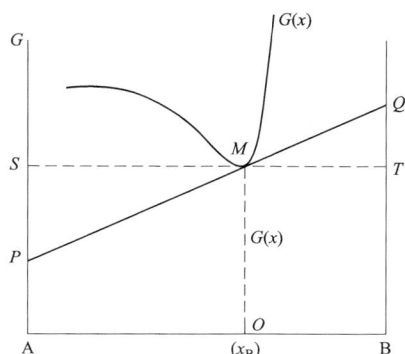

图 8-2　吉布斯自由能曲线确定化学势

选取成分点 O，此时合金成分含有 B 组元成分为 x_B，
含有 A 组元成分为 $1-x_B$，图中 PQ 为过 M 点的切线，
与纵轴交于 P、Q 两点，过 M 点的水平线为 ST，显然
ST 对应的纵坐标在数值上等于合金在 x_B 浓度处的自由能
数值 $G(x)$。

图 8-2 中，$BQ = QT + TB$，这里 $TB = OM$，因此在数值上等于 $G(x)$，而

$$QT = MT\frac{\mathrm{d}G(x)}{\mathrm{d}x_B} = OB\frac{\mathrm{d}G(x)}{\mathrm{d}x_B} = (1-x_B)\frac{\mathrm{d}G(x)}{\mathrm{d}x_B}$$

这里 $\dfrac{\mathrm{d}G(x)}{\mathrm{d}x_B}$ 为 PQ 线的斜率，进一步整理得

$$BQ = QT + TB = (1-x_B)\frac{\mathrm{d}G(x)}{\mathrm{d}x_B} + G(x) = x_A\mu_A + x_B\mu_B + (1-x_B)\frac{\mathrm{d}(x_A\mu_A + x_B\mu_B)}{\mathrm{d}x_B}$$

$$(8\text{-}6)$$

这里

$$\frac{\mathrm{d}(x_A\mu_A + x_B\mu_B)}{\mathrm{d}x_B} = \mu_B - \mu_A \quad （水平轴成分变化为 1）$$

代入式（8-6），得

$$BQ = \mu_B$$

同理

$$AP = \mu_A$$

即切线与 A 组元的截距表示 A 组元在切点成分合金中的化学势 μ_A，与 B 组元的截距表示 B 组
元在切点成分合金中的化学势 μ_B。

定律 4：两相平衡时，相的成分可以通过两相自由能-成分曲线的公切线所确定，此系公切
线原理。

在二元系中，当两相（例如为固相 α 和固相 β）平衡时，两组元分别在两相中的化学势相
等，即

$$\mu_A^\alpha = \mu_A^\beta, \mu_B^\alpha = \mu_B^\beta \tag{8-7}$$

如图 8-2 所示，按照定律 3，固相 α 中 A、B 组元的化学势可以通过成分-自由能曲线上能
量最低点的切线与纵坐标的截距求取，记为 μ_A^α 和 μ_B^α，其切线即为通过两截距对应的点的直线
L_1；直线斜率为

$$\frac{\mathrm{d}G_\alpha}{\mathrm{d}x} = \frac{\mu_B^\alpha - \mu_A^\alpha}{AB} = \mu_B^\alpha - \mu_A^\alpha$$

同样可以求取固相 β 中 A、B 组元的化学势可以通过成分-自由能曲线上能量最低点的切线
与纵坐标的截距求取，记为 μ_A^β 和 μ_B^β，其切线即为通过两截距对应的点的直线 L_2。直线斜率为

$$\frac{\mathrm{d}G_\alpha}{\mathrm{d}x} = \frac{\mu_B^\beta - \mu_A^\beta}{AB} = \mu_B^\beta - \mu_A^\beta$$

由于式（8-7）中的对等关系，直线 L_1、L_2 必重合，二者斜率相等。此即定律 4，即多相平衡时，相的自由能-成分曲线存在公切线。

8.2　混合物的自由能共线和杠杆法则

公切线原理解决了多相共存的热力学条件。但是一旦一个体系中存在平衡共存的多相，还需要清楚如下问题：①合金体系的平均成分和平衡共存的相成分之间的关系；②平衡共存的各相之间的比例如何进行量化，即平衡相之间的相对含量如何确定。解决这些问题，需要了解自由能共线法则，即两相混合的体系的成分点必在两相的成分点之间，而且体系和双相的成分点三点共线，三者的吉布斯自由能也具有共线效应。

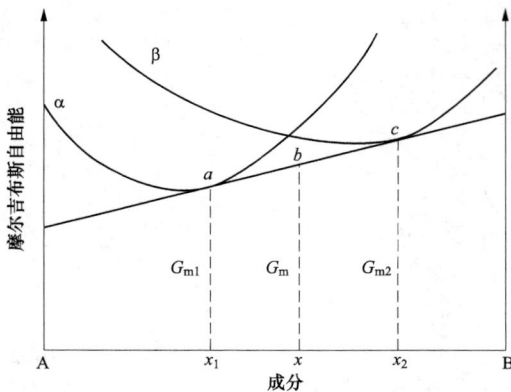

图 8-3　混合物的自由能

假设某体系中 α、β 相平衡共存，α 和 β 两相中含 B 组元的摩尔分数分别为 x_1 和 x_2，体系的平均成分 x。依据图 8-3，当二元系的成分 $x \leqslant x_1$ 时，α 固溶体的摩尔吉布斯自由能低于 β 固溶体，故 α 相为稳定相，即体系处于单相 α 状态；当 $x \geqslant x_2$ 时，β 相的摩尔吉布斯自由能低于 α 相，则体系处于单相 β 状态；只有当 $x_1 < x < x_2$ 时，共切线上表示混合物的摩尔吉布斯自由能低于 α 相或 β 相的摩尔吉布斯自由能，故 α 和 β 两相混合（共存）时体系能量最低。因此，当体系内部存在双相平衡时，体系的成分必然处于两个平衡相的成分之间。

设由 A、B 两组元所形成的 α 和 β 两相，它们物质的量和摩尔吉布斯自由能分别为 n_1、n_2 和 G_{m1}、G_{m2}。依据图 8-3，α 和 β 两相中含 B 组元的摩尔分数分别为 x_1 和 x_2，则混合物中 B 组元的摩尔分数为

$$x = \frac{n_1 x_1 + n_2 x_2}{n_1 + n_2} \tag{8-8}$$

而混合物的摩尔吉布斯自由能

$$G_m = \frac{n_1 G_{m1} + n_2 G_{m2}}{n_1 + n_2}$$

则

$$\frac{G_m - G_{m1}}{x - x_1} = \frac{G_{m2} - G_m}{x_2 - x} \tag{8-9}$$

式（8-9）表明，混合物的摩尔吉布斯自由能 G_m 应和两组成相 α 和 β 的摩尔吉布斯自由能 G_{m1} 和 G_{m2} 在同一直线上，并且 x 位于 x_1 和 x_2 之间。该直线即图 8-3 所示的 α 相和 β 相平衡时的共切线，此规则称为共线法则。

清楚了体系内各相平衡共存时相的量之间的关系，接下来研究平衡共存的各相的量化问题，即杠杆法则。杠杆法则是计算合金平衡组织中的组成相或组织组成物的质量分数的重要工具，下面推导杠杆定律的表达式。

两相平衡共存时，各相的成分是切点所对应的成分 x_1 和 x_2，即固定不变。式 (8-8) 左、右减去 x_2，有

$$x - x_2 = \frac{n_1 x_1 + n_2 x_2}{n_1 + n_2} - x_2$$

整理有

$$\frac{x_2 - x}{x_2 - x_1} = \frac{n_1}{n_1 + n_2} \tag{8-10}$$

结合图 8-3 很容易得出 α 相的比例为 $\dfrac{x_2 - x}{x_2 - x_1}$。

同样方法，可以在式 (8-8) 左、右减去 x_1，求得 β 相的比例为

$$\frac{x - x_1}{x_2 - x_1} = \frac{n_2}{n_1 + n_2} \tag{8-11}$$

式 (8-10) 和式 (8-11) 称为杠杆法则。

在 α 和 β 两相共存时，可用杠杆法则求取两相的相对量，两相的相对量随体系的成分 x 而变。

8.3　固-液相变热力学

晶体的凝固通常在常压下进行，从相律可知，在纯晶体凝固过程中，液、固两相处于共存，自由度等于零，故温度不变。按热力学第二定律，在等温、等压条件下，过程自发进行的方向是体系自由能降低的方向。自由能 G 用下式表示：

$$G = H - TS$$

式中：H 为焓；T 为绝对温度；S 为熵。

进一步微分，得

$$\mathrm{d}G = V\mathrm{d}p - S\mathrm{d}T$$

在等压时，$\mathrm{d}p = 0$，故上式简化为

$$\frac{\mathrm{d}G}{\mathrm{d}T} = -S \tag{8-12}$$

由于熵 S 恒为正值，所以自由能是随温度增高而减小。

熔化过程是一个熵增过程。固体的晶体在微观上是三维周期性规则排列结构，而液体是短程有序、长程无序结构。从固态到液态，结构上会发生从规则的原子排列到混乱的原子排列的变化，伴随着晶体的晶体结构随着温度升高的逐渐瓦解，熔化过程破坏了晶态原子排列的长程有序，使原子空间在几何配置的混乱程度增加，因而增加了组态熵；同时，原子振动振幅增大，振动熵也略有增加，这就导致液态熵 S_L 大于固态熵 S_S。凝固过程中，情况正好相反，其过程是从混乱的原子排列到规则排列的晶体结构的一个重排过程。因此，随着温度下降，液相的自由能随温度变化曲线的斜率较大。

如图 8-4 所示，固相和液相两条曲线斜率不同，在降温过程中，其结果必然是相交于一点，其对应温度即为理论凝固温度，也就是晶体的熔点 T_m，该点表示液、固两相的自由能相等，故两相处于平衡而共存。实际凝固过程中，在此两相共存温度，并不能完全结晶，也不能完全熔化，要发生全部结晶则体系必须降至低于 T_m，而发生全部熔化则必须高于 T_m。

在一定温度下，从一相转变为另一相的自由能变化为

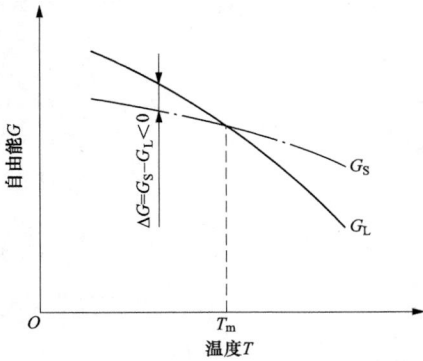

图 8-4　液-固相变自由能随温度变化的示意

$$\Delta G = \Delta H - T\Delta S$$

令液相到固相转变的单位体积自由能变化为 ΔG_V，则

$$\Delta G_V = G_s - G_l$$

其中，G_s、G_l 分别为固相和液相的单位体积自由能。进一步由 $G = H - TS$ 可得

$$\Delta G_V = (H_s - H_l) - T(S_s - S_l) \qquad (8\text{-}13)$$

由于恒压下

$$\Delta H_P = H_s - H_l = -L_m \qquad (8\text{-}14)$$

$$\Delta S_m = S_s - S_l = -\frac{L_m}{T_m} \qquad (8\text{-}15)$$

式中：L_m 为熔化热，表示固相转变为液相时，体系向环境吸热，定义为正值；ΔS_m 为固体的熔化熵，它主要反映固体转变成液体时组态熵的增加，可从熔化热与熔点的比值求得。

将式（8-14）、式（8-15）代入式（8-13），整理得

$$\Delta G_V = -\frac{\Delta T L_m}{T_m} \qquad (8\text{-}16)$$

其中，ΔT 为熔点 T_m 与实际凝固温度 T 之差，$\Delta T = T_m - T$。由式（8-16）可知，要使 $\Delta G_V < 0$，必须使 $\Delta T > 0$，即 $T < T_m$，故 ΔT 称为过冷度。晶体凝固的热力学条件表明，实际凝固温度应低于熔点 T_m，即需要有过冷度。过冷度越大，则转变的驱动力也越大。

一般情况下，假设压强不变，仅仅考虑温度对相变影响。在特定条件下，压力发生变化的情况下，也会引起吉布斯自由能的变化，从而影响转变的平衡温度。此时，考虑相变热力学因素时，就要考虑克劳修斯-克拉帕龙（clausius - clapeyron）方程：

$$\frac{\mathrm{d}p}{\mathrm{d}T} = \frac{S_2 - S_1}{V_2 - V_1} = \frac{\Delta S}{\Delta V} = \frac{\Delta H}{T\Delta V}$$

式中：ΔH 为相变潜热；ΔV 为摩尔体积变化；T 为两相平衡温度。

克劳修斯-克拉帕龙方程可以证明如下：

当两相平衡时

$$\Delta G = G_2 - G_1 = 0$$

微分得

$$\mathrm{d}G_2 = \mathrm{d}G_1$$

由于过程是可逆的，将式 $\mathrm{d}G = V\mathrm{d}p - S\mathrm{d}T$ 代入，得到

$$V_2\mathrm{d}p - S_2\mathrm{d}T = V_1\mathrm{d}p - S_1\mathrm{d}T$$

$$\frac{\mathrm{d}p}{\mathrm{d}T} = \frac{S_2 - S_1}{V_2 - V_1} = \frac{\Delta S}{\Delta V} = \frac{\Delta H}{T\Delta V} \qquad (8\text{-}17)$$

式（8-17）称为克劳修斯-克拉帕龙（clausius - clapeyron）方程。当相变温度 T 的变化与 ΔH、ΔV 相比较小时，T 可视为常量。式（8-17）积分，可得压力对相变温度的影响：

$$\Delta T = \frac{T\Delta V}{\Delta H}\Delta p \qquad (8\text{-}18)$$

8.4　固溶体相变热力学

固溶体相的吉布斯自由能，比纯金属更为复杂。不仅随温度变化，而且因成分而不同。下

面利用固溶体的准化学模型计算固溶体的自由能。

取 1mol 均匀固溶体相，该相由晶格类型相同的 A、B 两种元素组成，A 组元在合金中的摩尔分数为 x_A，B 组元为 x_B，$x_A + x_B = 1$。二组元在混合形成固溶体前处于机械混合状态，系统的吉布斯自由能为

$$G_0 = H_0 - TS_0$$

混合形成固溶体后的吉布斯自由能为

$$G_s = H_s - TS_s$$

因此，混合前后，吉布斯自由能的变化为

$$\Delta G = G_s - G_0 = \Delta H_m - T\Delta S_m$$

其中，ΔH_m 为混合焓 $\Delta H_m = H_s - H_0$；ΔS_m 为混合熵 $\Delta S_m = S_s - S_0$。由上式可得出固溶体的吉布斯自由能：

$$G_s = G_0 + \Delta H_m - T\Delta S_m \tag{8-19}$$

即固溶体的吉布斯自由能由三部分所组成：①混合前机械集合状态的吉布斯自由能 G_0；②混合熵引起吉布斯自由能的变化，$-T\Delta S_m$；③混合焓引起吉布斯自由能的变化 ΔH_m。

下面分别讨论这三部分的吉布斯自由能和总的固溶体吉布斯自由能。

8.4.1　机械混合状态的吉布斯自由能 G_0

混合前系统由 x_A 摩尔分数的 A 和 x_B 摩尔分数的 B 组成。已知纯组元 A 和 B 的摩尔吉布斯自由能为 G_A 和 G_B，故系统的吉布斯自由能应为

$$G_0 = x_A G_A + x_B G_B \tag{8-20}$$

8.4.2　混合熵引起的吉布斯自由能变化

按照统计热力学，熵可以通过以下波尔兹曼公式进行计算：

$$S = K\ln W$$

因此，混合熵理论上应为

$$\Delta S_m = S_s - S_0 = K\ln W_s - K\ln W_0 \tag{8-21}$$

其中，W_0 指混合前原子排列的可能途径数，由于混合前 A、B 原子分别保持在系统中，原子排列只有一种途径，$W_0 = 1$，故

$$S_0 = K\ln W_0 = 0$$

从而，式（8-21）变为

$$\Delta S_m = S_s = K\ln W_s \tag{8-22}$$

当 A 和 B 原子混合，形成置换固溶体，所有 A 原子和 B 原子各自是等同的，在原子位置上可以区分开的原子排列途径数（W_s）为

$$W_s = \frac{N!}{N_A! \ N_B!} \tag{8-23}$$

其中，N 为原子总数；N_A 为 A 原子数；N_B 为 B 原子数，$N_A + N_B = N$。

由于所讨论的为 1mol 固溶体，即 $N = N_a$（阿伏伽德罗数），则

$$N_A = x_A N_a, N_B = x_B N_a$$

代入式（8-22）、式（8-23），得到

$$\Delta S_m = K\ln \frac{N_a(x_A + x_B)!}{N_a x_A! \ N_a x_B!} \tag{8-24}$$

应用斯特林（Stiring）公式：

$$\ln x! = x\ln x - x$$

代入式（8-24），得

$$\Delta S_\mathrm{m} = K[N_\mathrm{a}(x_\mathrm{A}+x_\mathrm{B})\ln N_\mathrm{a} - N_\mathrm{a} - N_\mathrm{a}x_\mathrm{A}\ln N_\mathrm{a}x_\mathrm{A} + N_\mathrm{a}x_\mathrm{A} - N_\mathrm{a}x_\mathrm{B}\ln N_\mathrm{a}x_\mathrm{B} + N_\mathrm{a}x_\mathrm{B}]$$
$$= KN_\mathrm{a}[(x_\mathrm{A}+x_\mathrm{B})\ln N_\mathrm{a} - x_\mathrm{A}\ln N_\mathrm{a}x_\mathrm{A} - x_\mathrm{B}\ln N_\mathrm{a}x_\mathrm{B}]$$
$$= -KN_\mathrm{a}[x_\mathrm{A}\ln x_\mathrm{A} + x_\mathrm{B}\ln x_\mathrm{B}]$$
$$= -R(x_\mathrm{A}\ln x_\mathrm{A} + x_\mathrm{B}\ln x_\mathrm{B})$$

由于 x_A、x_B 均小于 1，故 ΔS_m 为正值，即混合引起熵增大。因而，混合熵引起的吉布斯自由能变化为

$$-T\Delta S_\mathrm{m} = RT(x_\mathrm{A}\ln x_\mathrm{A} + x_\mathrm{B}\ln x_\mathrm{B}) \tag{8-25}$$

8.4.3　混合焓引起的吉布斯自由能变化

根据热力学公式，焓的公式为

$$H = U + pV$$

微量变化时，得

$$\Delta H = \Delta U + p\Delta V$$

考虑固溶体混合时，混合前后体积变化不大，ΔV 可忽略，故

$$\Delta H \approx \Delta U, \Delta H_\mathrm{m} \approx \Delta U_\mathrm{m}$$

即混合时焓的变化主要反映在内能的变化上。对于固溶体，内能的变化是由最近邻原子的结合键能的变化所引起。结合键能 u 是每一对原子的键能（ε）和键数（近邻原子数）p 的函数，对同类原子总键数的计算中，每个原子被重复计算一次，故总键数应为近邻原子总数的一半。

混合前，A、B 组元机械集聚，A、B 原子互相隔开，故系统中只有 A—A 键合和 B—B 键合，如 A—A 键合数为 p_AA，A—A 键能为 ε_AA，B—B 键合数为 p_BB，B—B 键能为 ε_BB，则混合前的总键能为

$$U_0 = \frac{1}{2}\varepsilon_\mathrm{AA}\,p_\mathrm{AA} + \frac{1}{2}\varepsilon_\mathrm{BB}\,p_\mathrm{BB} \tag{8-26}$$

由于组成固溶体的 A 原子数目为 $N_\mathrm{a}x_\mathrm{A}$，B 原子数目为 $N_\mathrm{a}x_\mathrm{B}$，其近邻原子数均由原子配位数 Z 给出，式（8-26）变为

$$U_0 = \frac{1}{2}\varepsilon_\mathrm{AA}N_\mathrm{a}x_\mathrm{A}Z + \frac{1}{2}\varepsilon_\mathrm{BB}N_\mathrm{a}x_\mathrm{B}Z \tag{8-27}$$

混合后，A、B 原子在晶格中混乱分布，此时，系统中键合类型有 A—A、B—B、A—B 键三种，相应，其键能和键数分别为 ε_AA、ε_BB、ε_AB 和 p_AA、p_BB、p_AB。同类原子 A—A、B—B 总键数的计算中有重复，异类原子 A—B 键数的计算中没有重复，故混合后的总键能为

$$U_\mathrm{s} = \frac{1}{2}\varepsilon_\mathrm{AA}\,p_\mathrm{AA} + \frac{1}{2}\varepsilon_\mathrm{BB}\,p_\mathrm{BB} + \varepsilon_\mathrm{AB}\,p_\mathrm{AB}$$
$$= \frac{1}{2}\varepsilon_\mathrm{AA}N_\mathrm{a}x_\mathrm{A}Zx_\mathrm{A} + \frac{1}{2}\varepsilon_\mathrm{BB}N_\mathrm{a}x_\mathrm{B}Zx_\mathrm{B} + \varepsilon_\mathrm{AB}N_\mathrm{a}x_\mathrm{A}Zx_\mathrm{B} \tag{8-28}$$

由式（8-27）、式（8-28）可得出混合前后内能的变化，即混合焓：

$$\Delta H_\mathrm{m} = \Delta U_\mathrm{m}$$
$$= \frac{1}{2}\varepsilon_\mathrm{AA}(N_\mathrm{a}Zx_\mathrm{A}^2 - N_\mathrm{a}Zx_\mathrm{A}) + \frac{1}{2}\varepsilon_\mathrm{BB}(N_\mathrm{a}Zx_\mathrm{B}^2 - N_\mathrm{a}Zx_\mathrm{B}) + \varepsilon_\mathrm{AB}ZN_\mathrm{a}x_\mathrm{A}x_\mathrm{B}$$
$$= N_\mathrm{a}Zx_\mathrm{A}x_\mathrm{B}\varepsilon_\mathrm{AB} - \frac{1}{2}\varepsilon_\mathrm{AA} - \frac{1}{2}\varepsilon_\mathrm{BB} \tag{8-29}$$

令 $\varepsilon = \varepsilon_\mathrm{AB} - \frac{1}{2}(\varepsilon_\mathrm{AA} + \varepsilon_\mathrm{BB})$，$\Omega = N_\mathrm{a}Z\varepsilon$，可得到

$$\Delta H_m = \Omega x_A x_B \tag{8-30}$$

因 ε 和 Ω 不同，决定固溶体中原子分布特征不同，有以下三种情况：

（1）无序固溶体。A、B 原子混乱、随机排列，同类原子与异类原子间键能相同：

$$\varepsilon_{AB} = \frac{1}{2}(\varepsilon_{AA} + \varepsilon_{BB})$$

故有 $\varepsilon = 0$，$\Omega = 0$，$\Delta H_m = 0$。因此形成无序固溶体，无内能和热焓的变化，不引起相应吉布斯自由能的变化。

（2）有序固溶体。当异类原子间结合力大于同类原子，异类原子键能低于同类原子，即

$$\varepsilon_{AB} < \frac{1}{2}(\varepsilon_{AA} + \varepsilon_{BB})$$

有 $\varepsilon < 0$，$\Omega < 0$，$\Delta H_m < 0$。因此，A、B 原子有序排列，形成有序固溶体，混合中有放热反应，热焓降低，引起相应的吉布斯自由能变化为负值。

（3）不均匀（或偏聚）固溶体。当异类原子间结合力低于同类原子，异类原子键能高于同类原子

$$\varepsilon_{AB} > \frac{1}{2}(\varepsilon_{AA} + \varepsilon_{BB})$$

相应，$\varepsilon > 0$，$\Omega > 0$，$\Delta H_m > 0$。同类原子偏聚，形成不均匀固溶体，混合中有吸热反应，焓增大，因而，引起相应吉布斯自由能的变化为正值。

综合式（8-20）、式（8-30）和式（8-25），可得固溶体的自由能为

$$G = \underbrace{x_A G_A + x_B G_B}_{G_0} + \underbrace{\Omega x_A x_B}_{\Delta H_m} + \underbrace{RT(x_A \ln x_A + x_B \ln x_B)}_{-T\Delta S_m} \tag{8-31}$$

式（8-31）说明固溶体的自由能与温度和成分相关。在一定温度下，可依据式（8-31）作出吉布斯自由能 G-成分曲线。这些曲线根据 Ω 的不同情况，可以分为典型的三类。图 8-5 所示为固溶体的自由能-成分曲线示意。

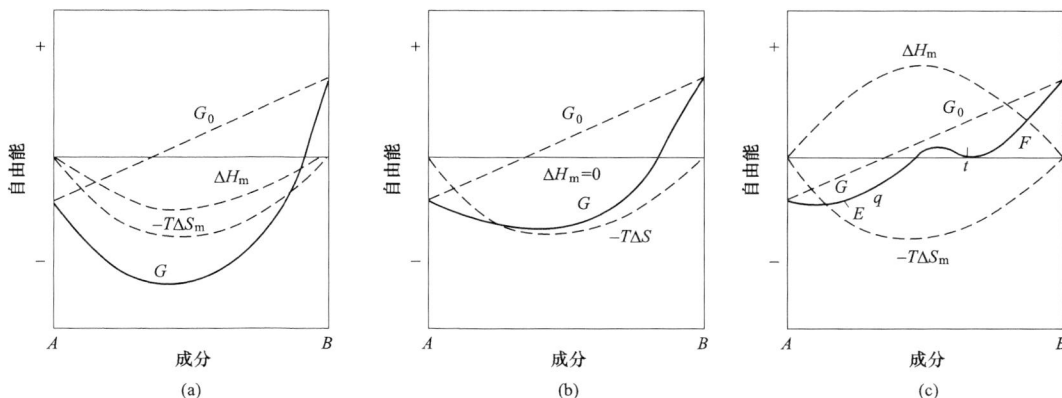

图 8-5　固溶体的自由能-成分曲线示意

第一类，如图 8-5（a）所示，曲线呈现典型的抛物线，存在明显的自由能最低点，此种情况下，对应的情况是 $\Omega < 0$。当 $\Omega < 0$，即 $\varepsilon_{AB} < \frac{1}{2}(\varepsilon_{AA} + \varepsilon_{BB})$ 时，A—B 对的能量低于 A—A 和 B—B 对的平均能量，所以固溶体的 A、B 组元互相吸引，形成短程有序分布，在极端情况下会形成长程有序，此时 $\Delta H_m < 0$。

第二类，如图 8-5（b）所示，曲线也呈现典型的抛物线，存在明显的自由能最低点，此种情况下，对应的情况是 $\Omega=0$。当 $\Omega=0$，即 $\varepsilon_{AB}=\frac{1}{2}(\varepsilon_{AA}+\varepsilon_{BB})$ 时，A—B 对的能量等于 A—A 和 B—B 对的平均能量，组元的配置是随机的，这种固溶体称为理想固溶体，此时 $\Delta H_m=0$。

第三类，如图 8-5（c）所示，自由能-成分曲线有两个最小值，即 E 和 F。此种情况下，$\Omega>0$。当 $\Omega>0$，即 $\varepsilon_{AB}>\frac{1}{2}(\varepsilon_{AA}+\varepsilon_{BB})$ 时，A—B 对的能量高于 A—A 和 B—B 对的平均能量，意味着 A—B 对结合不稳定，A、B 组元倾向于分别聚集起来，形成偏聚状态，此时 $\Delta H_m>0$。图 8-5（c）表明：由于偏聚，体系的平衡相将由两个相同时存在，即一个体系的成分如果在 E 和 F 之间，在 $\Omega>0$ 情况下将都分解成两个成分不同的固溶体，这种情况称为固溶体发生了溶混间隙。

8.5　溶混间隙-调幅分解

8.5.1　溶混间隙

在很多二元系合金中会出现溶混间隙。所谓的溶混间隙是指一种液体转化为成分不同的两种液体，两种液相具有不相混溶性。溶混间隙的转变可以通过下式进行表述：

$$L \longrightarrow L_1 + L_2$$

对于单相固溶体，也可以发生上述类似的转变。此时，溶混间隙的转变可以通过下式进行表述：

$$\alpha \longrightarrow \alpha_1 + \alpha_2$$

发生溶混间隙时，转变过程一般有两种。一种是通过形核、长大的方式，这种情况往往需要一定的能量克服形核过程中的势垒；另外一种则相反，是一个自发的脱溶分解过程。发生时往往不需要形核过程，也不出现另一种晶体结构和明显的相界面，仅仅通过上坡扩散导致溶质浓度振幅不断增加，分解成结构与母相相同但成分不同的两种固溶体，即一部分为溶质原子富集区，另一部分为原子贫化区，而且两个区域之间没有明显的分界线，成分是连续过渡并按照正弦波变化的，振幅随分解过程逐渐增大，这个过程称为调幅分解。

下面从热力学角度推导调幅分解能够自然发生的条件。假设母相成分为 x，通过调幅分解形成两个相，成分分别为 $x+\Delta x$ 和 $x-\Delta x$，则

$$\Delta G = G_{\alpha_1+\alpha_2} - G_\alpha$$

进行泰勒级数处理，可以得到

$$\Delta G = \frac{1}{2}[G(x+\Delta x)+G(x-\Delta x)]-G(x)$$
$$\approx \frac{1}{2}\left[G(x)+\frac{dG}{dx}\Delta x+\frac{d^2G}{dx^2}\frac{(\Delta x)^2}{2}+G(x)+\frac{dG}{dx}(-\Delta x)+\frac{d^2G}{dx^2}\frac{(-\Delta x)^2}{2}\right]-G(x)$$
$$= \frac{d^2G}{dx^2}\frac{(\Delta x)^2}{2}$$

由于 $(\Delta x)^2$ 恒为正，所以 $\frac{d^2G}{dx^2}>0$，即 ΔG 为正值。任意小的成分起伏（Δx），都使体系自由能增高，这表明在拐点迹线以外的溶混间隙区内的母相要分离成成分不同的两相，必须克服新相形成的能垒。但在拐点迹线以内的溶混间隙区，由于 $\frac{d^2G}{dx^2}<0$，即 $\Delta G<0$。由此表明，在

此范围内，任意小的成分起伏 Δx 都能使体系自由能下降，从而使母相不稳定，进行无热力学能垒的调幅分解，由上坡扩散使成分起伏增大，从而直接导致新相的形成，即发生调幅分解。

对应图 8-5（c）可以看出，在曲线拐点 q 和 r 处，$\dfrac{\partial^2 G}{\partial x^2}=0$，在拐点迹线以内，即 q 和 r 之间，$\dfrac{\partial^2 G}{\partial x^2}<0$，这意味着在该区域内的固溶体发生分解时无须形核，不存在形核功，是自发过程，发生调幅分解；在拐点迹线以外，$\dfrac{\partial^2 G}{\partial x^2}>0$，此时如果分解成两相，会导致体系平均自由能升高，所以只能通过形核和长大，才会降低体系自由能，析出过程才能自发进行。

8.5.2　调幅分解

调幅分解本身的发生需要一定的驱动力和障碍。根据调幅分解的定义，可以想象上坡扩散本身具有一个浓度梯度障碍，表现为浓度梯度能；同时对于大多数晶态固体，随着成分改变会导致其点阵常数改变，具有点阵发生弹性畸变而引起的应变能。因此，调幅分解真正意义的驱动力应该是化学自由能的变化 ΔG_v、梯度能 ΔG_γ 和弹性应变能 ΔG_e 的和。

假定母相成分为 x，通过调幅分解形成两个相，成分分别为 $x+\Delta x$ 和 $x-\Delta x$，伴随着成分起伏，如果上述提及的所有对自由能有贡献的各项在分解过程中都存在，则有

$$\Delta G = \Delta G_v + \Delta G_\gamma + \Delta G_e = \frac{1}{2}\frac{\mathrm{d}^2 G}{\mathrm{d}x^2}(\Delta x)^2 + K\left(\frac{\Delta x}{\lambda}\right)^2 + \eta^2 \Delta x^2 E' V_m$$

$$\eta = \frac{1}{a}\frac{\mathrm{d}a}{\mathrm{d}x}$$

$$E' = E/1-\nu$$

式中：K 为比例常数，与同类和异类原子对的键合能差异有关；η 为成分每变化一个单位所造成的点阵常数变化的百分数；ν 为泊松比；V_m 为摩尔体积；λ 为波长；振幅为 Δx。

进一步整理，可得

$$\Delta G = \left(\frac{\mathrm{d}^2 G}{\mathrm{d}x^2} + \frac{2K}{\lambda} + 2\eta^2 E' V_m\right)\frac{(\Delta x)^2}{2}$$

（1）如果令

$$\frac{\mathrm{d}^2 G}{\mathrm{d}x^2} + \frac{2K}{\lambda} + 2\eta^2 E' V_m = 0$$

可以求得调幅分解的临界波长 λ_c。如果假设 $\lambda=\infty$，则

$$\frac{\mathrm{d}^2 G}{\mathrm{d}x^2} = -2\eta^2 E' V_m$$

在相图中由这一条件所定义的曲线，称为共格自发分解线，如图 8-6 所示。

（2）在考虑阻力的情况下，一个均匀固溶体发生调幅分解的条件应该是：

$$-\frac{\mathrm{d}^2 G}{\mathrm{d}x^2} > \frac{2K}{\lambda} + 2\eta^2 E' V_m$$

$$\lambda > 2K \Big/ \left(\frac{\mathrm{d}^2 G}{\mathrm{d}x^2} + 2\eta^2 E' V_m\right)$$

上式说明一个均匀固溶体不稳定，并发生调幅分解的条件不仅仅是

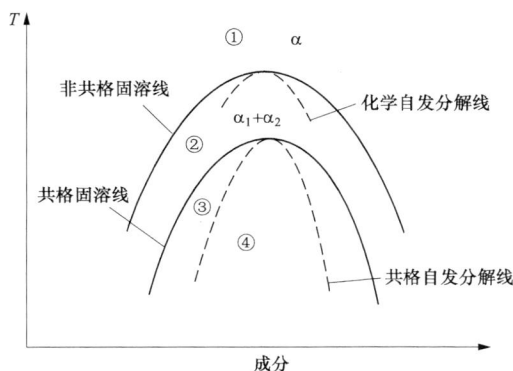

图 8-6　共格自发分解线的示意

$$\frac{\mathrm{d}^2 G}{\mathrm{d} x^2} < 0$$

即使成分、温度位于共格自发分解线的内部，若能发生调幅分解，其成分变化的波长也必须满足一定条件。

8.6 有序-无序转变热力学

固溶体的有序度本质上是构成固溶体的元素微粒之间的合作现象，这种合作会受温度的显著影响。高温情况下，熵、焓值都很大，无序状态的自由能较低；而温度下降有序度增加，熵、焓值都很小，有序态自由能较低。因此，伴随着温度变化，状态发生改变，在某个特定温度附近会发生有序度的急剧变化，发生有序-无序转变，有序度随着温度升高一般会逐渐减少。高温下的有序度往往是短程有序，呈现小量级有序化；而低温下为长程有序，呈现高量级有序化。

Bragg - Williams(BW) 近似是 W. L. Bragg 和 F. R. S. Williams 于 1934 年研究 β - Cu - Zn 中的有序-无序转变首先提出来的。在该模型中，他们基于最近邻原子的相互作用给出了 β - CuZn 的有序化相变的详细分析。此后，为了进一步完善有序化研究，Geichenko 和 Inden 在讨论双有序合金 Fe_3Al 和 Fe_3Si 时，同时考虑了次近邻的原子相互作用，并在此基础上提出了 Bragg - Williams - Gorski (BWG) 近似模型。作为一个简单的平均场方法，BWG 已经广泛地应用于研究合金中的有序-无序转变，下面通过应用的方式介绍 BWG 模型。

8.6.1 短程有序模型

从热力学角度，有序-无序相转变过程的吉布斯自由能的变化满足：

$$(\Delta G)_{有序化} = (\Delta H)_{有序化} - T(\Delta S)_{有序化}$$

如果能够求解出上式，就可以求取伴随短程有序化而发生的自由能的变化$(\Delta G)_{有序化}$。在此基础上，进一步可以求取

$$\frac{\mathrm{d}(\Delta G)_{有序化}}{\mathrm{d}\varphi^*} = 0$$

然后可以求取在短程有序条件下，有序-无序转变温度、平衡态有序度φ_e^*及其对应的$(\Delta G^*)_{有序化}$。为此，下面首先来求取$(\Delta H)_{有序化}$、$(\Delta S)_{有序化}$。

短程有序度表达式：

$$\varphi^* = \frac{P_{AB} - (P_{AB})_0}{(P_{AB})_1 - (P_{AB})_0}$$

其中，$(P_{AB})_1$ 和$(P_{AB})_0$为有序度为 1 和 0 时的 A—B 键的数目。原子总数为 N，各原子的最近邻数为 z，键总数为 $zN/2$。在完全有序化的状态下，所有的 A、B 原子都是成对配置的，所以，$(P_{AB})_1 = zN/2$。在完全无序的状态下，只有一半的键数是 A—B 键，则$(P_{AB})_0 = zN/4$。因此，各类键的键数与有序度φ^*之间的关系如下：

$$\begin{cases} \varphi^* = \frac{P_{AB} - zN/4}{zN/2 - zN/4} = \frac{P_{AB}}{zN/4} - 1 \\ P_{AB} = \frac{zN}{4}(1 + \varphi^*) \\ P_{AA} = P_{BB} = \frac{zN}{8}(1 - \varphi^*) \end{cases}$$

这里，AA、BB 键的计算方法为总键数减去 AB 键数再除以 2。进一步假定每一个键都是

独立的，相互之间并不干扰，那么焓 H 可以用有序度（φ^*）的 1 次方关系式来表示：

$$H \approx \varepsilon_{AA} P_{AA} + \varepsilon_{BB} P_{BB} + \varepsilon_{AB} P_{AB} = \frac{zN}{8}(\varepsilon_{AA} + \varepsilon_{BB} + 2\varepsilon_{AB}) + \frac{\Omega_{AB}}{4}\varphi^* \tag{8-32}$$

其中，ε_{AA}、ε_{BB}、ε_{AB} 分别为各类原子键的每个键的能量；Ω_{AB} 为表示原子间相互作用的参数，可以表示为

$$\Omega_{AB} = zN[\varepsilon_{AB} - (\varepsilon_{AA} + \varepsilon_{BB})/2]$$

对于发生有序化的系统来说，要求 $\Omega_{AB} < 0$。式（8-32）中前半部分为无序状态下的焓值，所以有

$$(\Delta H)_{有序化} = \frac{\Omega_{AB}}{4}\varphi^*$$

熵 S 可按照波尔兹曼公式来近似描述：

$$S \approx k_B \ln W = k_B \ln \left[\frac{\left(\frac{zN}{2}\right)!}{P_{AA}! \ P_{BB}! \ P_{AB}!} \right]$$

$$\approx \frac{3zR}{4}\ln 2 - \frac{zR}{4}[(1+\varphi^*)\ln(1+\varphi^*) + (1-\varphi^*)\ln(1-\varphi^*)] \tag{8-33}$$

这里是将 $zN/2$ 个键按照 P_{AA}、P_{BB}、P_{AB} 的方式组合起来时的配置方案总数代入之后求得的。同时为简化数学处理，采用了斯特令近似 $\ln(n!) \approx n\ln n - n$ 和原子总数 N 为 1mol 时的关系式 $Nk_B = R$（气体常数）。式（8-33）中前半部分为无序状态的下的熵，因此

$$(\Delta S)_{有序化} = -\frac{zR}{4}[(1+\varphi^*)\ln(1+\varphi^*) + (1-\varphi^*)\ln(1-\varphi^*)]$$

求出 $(\Delta H)_{有序化}$ 和 $(\Delta S)_{有序化}$，即可求取 $(\Delta G)_{有序化}$。从而，可以求取平衡态有序度 φ_e^* 及其对应的 $(\Delta G^*)_{有序化}$：

$$(\Delta G^*)_{有序化} = \frac{\Omega_{AB}}{4}\varphi^* + \frac{zRT}{4}[(1+\varphi^*)\ln(1+\varphi^*) + (1-\varphi^*)\ln(1-\varphi^*)]$$

进一步求导，建立平衡方程，可以求得

$$\varphi_e^* = \frac{1 - \exp\left(-\frac{2T_c}{zT}\right)}{1 + \exp\left(-\frac{2T_c}{zT}\right)} \tag{8-34}$$

这里

$$T_c = -\frac{\Omega_{AB}}{2R}$$

上述模型仅仅适用于短程有序化，也就是高温下的小量级别的有序化现象描述，即 $\varphi^* \ll 1$ 的情况。

8.6.2　BWG 模型对 CuZn 型有序化的解析

长程有序可以采用 BWG 模型予以解析。BWG 模型的基本原理是把晶格看成是由几个亚点阵构成的复合点阵，然后根据亚点阵中的原子数目来确定有序度。以 Cu-Zn 合金为例，可以将体心立方晶格分成两部分，由全部顶角位置构成的亚点阵 I 和由全部体心位置构成的亚点阵 II。下面来计算有序化前后的自由能变化。

$$(\Delta G)_{有序化} = (\Delta H)_{有序化} - T(\Delta S)_{有序化}$$

为了求取 $(\Delta G)_{有序化}$，下面首先计算有序度，然后在有序度的基础上，计算有序化引起的熵和焓值的变化，获得 $(\Delta G)_{有序化}$。

1. 有序度

根据长程有序度定义

$$\varphi = \frac{B_{\mathrm{II}} - (B_{\mathrm{II}})_0}{(B_{\mathrm{II}})_1 - (B_{\mathrm{II}})_0}$$

其中，$(B_{\mathrm{II}})_1$ 和 $(B_{\mathrm{II}})_0$ 分别是有序度 $\varphi = 1$ 和 $\varphi = 0$ 时 B_{II} 的数目。这里考虑原子种类，选择 A_{I}、A_{II}、B_{I} 代替 B_{II} 均可。由于 BCC 晶格的顶角位置和体心位置是等效的，因此 Ⅰ 和 Ⅱ 两种亚点阵的结点数目均为 $N/2$，完全无序状态下，亚点阵的结点半数是 B 类原子。因此有

$$A_{\mathrm{I}} + B_{\mathrm{I}} = A_{\mathrm{II}} + B_{\mathrm{II}} = \frac{N}{2}$$

$$(B_{\mathrm{II}})_1 = \frac{N}{2}$$

$$(B_{\mathrm{II}})_0 = \frac{N}{4}$$

进行数学处理，可以计算亚点阵上 A、B 原子的数目为

$$\begin{cases} A_{\mathrm{I}} = B_{\mathrm{II}} = \dfrac{N}{4}(1+\varphi) \\[2mm] A_{\mathrm{II}} = B_{\mathrm{I}} = \dfrac{N}{4}(1-\varphi) \end{cases}$$

2. 有序化导致熵值增量

有序化引起的熵的变化可根据玻尔兹曼公式来求解：

$$S = k_{\mathrm{B}}\ln W = k_{\mathrm{B}}\ln\left[\frac{(N/2)!}{A_{\mathrm{I}}!\ B_{\mathrm{I}}!}\right]\left[\frac{(N/2)!}{A_{\mathrm{II}}!\ B_{\mathrm{II}}!}\right]$$

$$= (S)_{\varphi=0} - \frac{R}{2}\left[(1+\varphi)\ln(1+\varphi) + (1-\varphi)\ln(1-\varphi)\right]$$

其中，$(S)_{\varphi=0}$ 为无序状态的熵，$(S)_{\varphi=0} = R\ln 2$；R 的数值在 N 为阿伏伽德罗常数时便成为气体常数，$R = k_{\mathrm{B}}N$。有序化导致的变化增量为

$$(\Delta S)_{\text{有序化}} = -\frac{R}{2}\left[(1+\varphi)\ln(1+\varphi) + (1-\varphi)\ln(1-\varphi)\right]$$

3. 有序化导致焓值增量

若已知每一种最近邻原子对的能量为 $\varepsilon_{\mathrm{AA}}$、$\varepsilon_{\mathrm{BB}}$、$\varepsilon_{\mathrm{AB}}$，则焓可近似表示为

$$H = \varepsilon_{\mathrm{AA}}P_{\mathrm{AA}} + \varepsilon_{\mathrm{BB}}P_{\mathrm{BB}} + \varepsilon_{\mathrm{AB}}P_{\mathrm{AB}} \tag{8-35}$$

其中，P_{AA}、P_{BB}、P_{AB} 分别表示各类原子对的总数。按照随机分布理论，例如在计算 A—A 对的数量时，假设 Ⅰ 亚点阵中 A 原子的最邻近原子为 A 的概率等于 Ⅱ 亚点阵中 A 原子的平均分数，可以计算 P_{AA}、P_{BB}、P_{AB} 如下：

$$P_{\mathrm{AA}} \approx A_{\mathrm{I}}\, z\left(\frac{A_{\mathrm{II}}}{\frac{N}{2}}\right) = \frac{zN}{8}(1-\varphi^2)$$

$$P_{\mathrm{BB}} \approx B_{\mathrm{I}}\, z\left(\frac{B_{\mathrm{II}}}{\frac{N}{2}}\right) = \frac{zN}{8}(1-\varphi^2)$$

$$P_{AB} \approx A_{\mathrm{I}} z\left(\frac{B_{\mathrm{II}}}{N}\right) + A_{\mathrm{II}} z\left(\frac{B_{\mathrm{I}}}{N}\right) = \frac{zN}{4}(1+\varphi^2)$$

将上述计算 P_{AA}、P_{BB}、P_{AB} 代入式（8-35），可得

$$H = \frac{zN}{8}(\varepsilon_{AA} + \varepsilon_{BB} + 2\varepsilon_{AB}) + \frac{1}{4}\varphi^2 zN\left(\varepsilon_{AB} - \frac{\varepsilon_{AA} + \varepsilon_{BB}}{2}\right) = (H)_{\varphi=0} + \frac{\Omega_{AB}}{4}\varphi^2$$

其中，$\Omega_{AB} = zN\left(\varepsilon_{AB} - \dfrac{\varepsilon_{AA} + \varepsilon_{BB}}{2}\right)$，是相互作用参数。$(H)_{\varphi=0}$ 为无序状态下即 $\varphi=0$ 的焓值。

$$(H)_{\varphi=0} = \frac{zN}{8}(\varepsilon_{AA} + \varepsilon_{BB} + 2\varepsilon_{AB})$$

因此，有序化导致焓值变化为

$$(\Delta H)_{\text{有序化}} = \frac{\Omega_{AB}}{4}\varphi^2$$

综上所述，可以计算有序化导致自由能增量为

$$(\Delta G)_{\text{有序化}} = (\Delta H)_{\text{有序化}} - T(\Delta S)_{\text{有序化}}$$

$$= \frac{\Omega_{AB}}{4}\varphi^2 + \frac{RT}{2}\big[(1+\varphi)\ln(1+\varphi) + (1-\varphi)\ln(1-\varphi)\big]$$

进一步根据极小化条件求解有序化临界温度，得到

$$\left[\frac{\partial(\Delta G)_{\text{有序化}}}{\partial \varphi}\right]_{\varphi=\varphi_e} = \frac{\Omega_{AB}}{2}\varphi_e + \frac{RT}{2}\ln\left(\frac{1+\varphi_e}{1-\varphi_e}\right) = 0$$

通过上述的 $(\Delta G)_{\text{有序化}}$-φ 及 T-φ 绘制函数曲线，如图 8-7 所示。图中可以看到，在临界温度 T_c 附近的温度区域内有序化发生急剧变化。临界温度可以依据图 8-7（b）中 $\varphi=0$ 和曲线最低点之间的拐点求出，对应的临界温度为

$$T_c = -\frac{\Omega_{AB}}{2R}$$

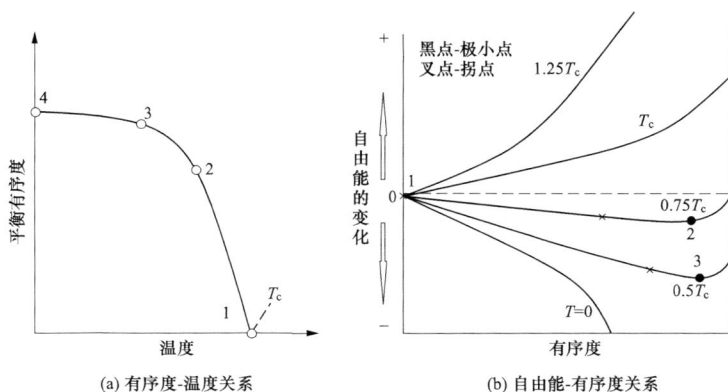

(a) 有序度-温度关系　　　　(b) 自由能-有序度关系

图 8-7　Cu-Zn 型有序化的 B-W-G 模型解析

8.6.3　BWG 模型对 Cu₃Au 型有序化的解析

把面心立方晶格分成由全部面心位置和全部角顶位置构成的两个亚点阵，如图 8-8 所示。Ⅰ亚点阵（面心）上和Ⅱ亚点阵（角顶）上各自的晶格结点总数分别为 $3N/4$ 和 $N/4$。另外，Ⅰ亚点阵上一个结点的 12 个最邻结点中，只有 4 个是在Ⅱ亚点阵上，其余的 8 个是在Ⅰ亚点阵

上。若Ⅰ和Ⅱ两个亚点阵上的 A、B 原子的数目分别记作 A_I、A_{II}、B_I、B_{II}，则有下面的关系成立。

$$\begin{cases} A_I + A_{II} = A_I + B_I = \dfrac{3N}{4} \\ B_I + B_{II} = A_{II} + B_{II} = \dfrac{N}{4} \end{cases}$$

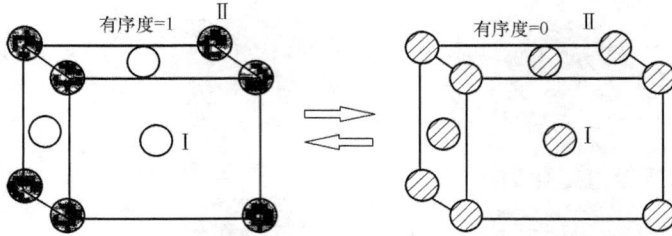

图 8-8　面心立方晶格及亚点阵

根据长程有序度的定义表达式，有

$$\varphi = \frac{B_{II} - (B_{II})_c}{(B_{II})_1 - (B_{II})_0} = \frac{B_{II} - N/16}{3N/16}$$

其中，$(B_{II})_1 = N/4$，$(B_{II})_0 = N/16$，分别是 $\varphi=1$ 和 $\varphi=0$ 时 B_{II} 的数目。应用这个有序度 φ，可以描述Ⅰ和Ⅱ两个亚点阵上的 A、B 原子的数目如下：

$$\begin{cases} A_I = \dfrac{3N}{16}(3+\varphi) \\ A_{II} = \dfrac{3N}{16}(1-\varphi) \\ B_I = \dfrac{3N}{16}(1-\varphi) \\ B_{II} = \dfrac{3N}{16}(1+3\varphi) \end{cases}$$

进一步应用随机分布假设，可以近似表示最近邻原子对的数目如下：

$$\begin{cases} P_{AA} = A_{II} \times 12 \times \left(\dfrac{A_I}{\frac{3N}{4}}\right) + \left(\dfrac{A_I}{2}\right) \times 8 \times \dfrac{A_I}{\frac{3N}{4}} = \dfrac{3N}{8} \times (9-\varphi^2) \\ P_{BB} = B_{II} \times 12 \times \left(\dfrac{B_I}{\frac{3N}{4}}\right) + \left(\dfrac{B_I}{2}\right) \times 8 \times \left(\dfrac{B_I}{\frac{3N}{4}}\right) = \dfrac{3N}{8} \times (1-\varphi^2) \\ P_{AB} = A_{II} \times 12 \times \left(\dfrac{B_I}{\frac{3N}{4}}\right) + B_{II} \times 12 \times \left(\dfrac{A_I}{\frac{3N}{4}}\right) + A_I \times 8 \times \left(\dfrac{B_I}{\frac{3N}{4}}\right) = \dfrac{3N}{4} \times (3+\varphi^2) \end{cases}$$

焓 H 的变化正比于 φ^2，有

$$H = \varepsilon_{AA} P_{AA} + \varepsilon_{BB} P_{AA} + \varepsilon_{AB} P_{AB} = (H)_{\varphi=0} + \frac{\Omega_{AB}}{16}\varphi^2$$

这里，$(H)_{\varphi=0} = \dfrac{3N}{8} \times (9\varepsilon_{AA} + \varepsilon_{BB} + 6\varepsilon_{AB})$ 是无序状态下的焓。$\Omega_{AB} = 12N\left(\varepsilon_{AB} - \dfrac{\varepsilon_{AA}+\varepsilon_{BB}}{2}\right)$ 是

相互作用参数。

另外，熵 S 可以计算如下：

$$S = (S)_{\varphi=0} - \frac{R}{16} \times \left[9 \times \left(1 + \frac{\varphi}{3}\right) \ln\left(1 + \frac{\varphi}{3}\right) + 6 \times (1 - \varphi) \ln(1 - \varphi) + (1 + 3\varphi) \ln(1 + 3\varphi) \right]$$

综上所述，由有序化引起的自由能变化的近似式如下：

$$(\Delta G)_{有序化} = \frac{\Omega_{AB}}{16} \varphi^2 + \frac{RT}{16} \times$$

$$\left[9 \times \left(1 + \frac{\varphi}{3}\right) \ln\left(1 + \frac{\varphi}{3}\right) + 6 \times (1 - \varphi) \ln(1 - \varphi) + (1 + 3\varphi) \ln(1 + 3\varphi) \right]$$

根据 $\dfrac{\partial (\Delta G_{有序化})}{\partial \varphi} = 0$ 的条件，求得的平衡有序度与温度的关系式：

$$-\frac{2 \Omega_{AB}}{3RT} \varphi_e = \ln \frac{\left(1 + \dfrac{\varphi_e}{3}\right)(1 + 3\varphi_e)}{(1 - \varphi_e)^2}$$

同样，根据前面的方法，将上述 $(\Delta G)_{有序化} - \varphi$ 及 $T - \varphi$ 作成函数曲线如图 8-9 所示。图 8-9 中可以确定，临界温度

$$T_c = T_1 = -\frac{\Omega_{AB}}{7.3R}$$

临界有序度

$$(\varphi_e)_{T_c} = 0.46$$

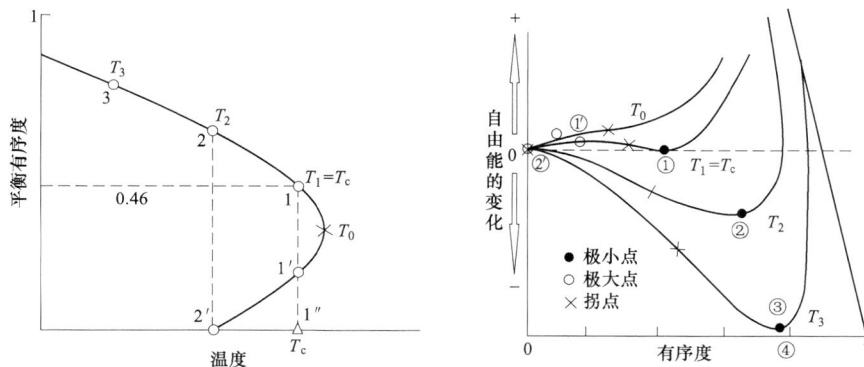

图 8-9　Cu_3Au 有序化的 BWG 模型解析

8.7　脱溶热力学

固溶体的固溶度和温度有关。高温时固溶体的溶质在溶剂的固溶度较高，而在低温时，固溶体的溶质在溶剂的固溶度通常较低。如果高温的固溶体降温，随着温度下降，固溶度也会降低，导致高温固溶的溶质会不断析出，这个过程称为脱溶，属于典型的扩散性相变。

按照脱溶的分布和脱溶过程，脱溶可以分为连续脱溶和不连续脱溶。连续脱溶是指脱溶过程在母相中各处同时进行。脱溶分解时，母相成分连续地由过饱和状态向饱和状态转变，在这个过程中，母相的晶粒外形和取向均不改变。一般在过饱和程度比较低的情况下，或者在沉淀相与母相错配度比较大的合金中，容易发生连续脱溶。如果脱溶仅仅在晶界、滑移带、非共格孪晶界等

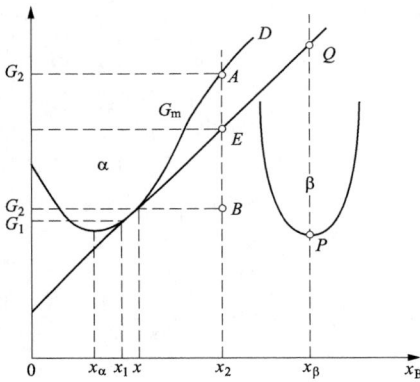

图 8-10 α固溶体脱溶析出 β
固溶体时的吉布斯自由能变化

处优先形核，析出过渡沉淀相或稳定的沉淀相，这类脱溶过程称为不连续脱溶。

8.7.1 脱溶沉淀

假设固溶体 α 在一定温度下脱溶析出固溶体 β，其成分-自由能曲线如图 8-10 所示，原始亚稳态的固溶体 α 的浓度为 x，相应的自由能值为 G。当出现较大的浓度起伏时，通过浓度起伏可以形成新相的核胚。假如在浓度为 x 的 α 中出现新相浓度分别为 x_1 和 x_2，对应摩尔数量为 n_1 和 n_2，吉布斯自由能值为 G_1 和 G_2。在这种情况下，如果忽略新相和母相之间可能存在的界面能对浓度起伏时体系吉布斯自由能的影响，那么浓度起伏对体系吉布斯自由能的影响导致自由能的变化可以通过下式计算：

$$\Delta G = n_1(G_1 - G) + n_2(G_2 - G)$$

由于在浓度起伏过程中存在质量平衡，因此

$$n_1(x - x_1) = n_2(x_2 - x)$$

进一步计算得

$$\Delta G = n_2\left[(G_2 - G) + \frac{(x_2 - x)(G_1 - G)}{x - x_1}\right] \tag{8-36}$$

结合图 8-10 所示，假设 x_1 很接近于 x，核胚只占整个体系中很小的部分，即 $n_1 \gg n_2$。此时，α 自由能成分曲线上 $x - x_1$ 可以看成直线，并且和 x 点切线保持一致方向，因此有

$$\frac{G_1 - G}{x - x_1} = -\left(\frac{\mathrm{d}G}{\mathrm{d}x}\right)_x \tag{8-37}$$

其中，$\left(\dfrac{\mathrm{d}G}{\mathrm{d}x}\right)_x$ 代表 x 处自由能曲线的斜率。将式（8-37）代入式（8-36），有

$$\Delta G = n_2\left[(G_2 - G) - (x_2 - x)\left(\frac{\mathrm{d}G}{\mathrm{d}x}\right)_x\right]$$

对照图 8-10 中的几何关系，得

$$G_2 = Ax_2, \quad G = Bx_2$$

而且

$$(x_2 - x)\left(\frac{\mathrm{d}G}{\mathrm{d}x}\right)_x = BE$$

因此

$$\Delta G = n_2[(Ax_2 - Bx_2) - BE] = n_2(AB - BE) = n_2 AE$$

通过上面的推导，可以看到脱溶分解导致浓度起伏，浓度起伏部分形成的吉布斯自由能值的变化或者转变的驱动力，可以以线段 AE 表示。因此，脱溶分解发生时，转变驱动力可以通过图解法进行确定。如图 8-10 所示，图中假设在 α 相中出现浓度为 x_β 的核胚，确定其转变驱动力时，首先在 α 相成分-自由能曲线上的母相成分点处作切线，如图中的 QE 线；然后找到它与 β 相的成分垂线交点，如图中的 Q 点。过 Q 点再作横轴垂直线，并和 β 相的自由能曲线相交于 P 点，此时获得的 PQ 就是 α 向 β 转变发生开始时的驱动力。相应的自由能变化量 $\Delta G = -n_2 PQ$（PQ 在切线下面取负值）。

当表面能等相变能垒不大时，以浓度为 x_β 的核胚就能以 $n_2 PQ$ 为驱动力发展成为 β 相的临

界核心，进行脱溶（沉淀）。

8.7.2　脱溶驱动力

脱溶过程的驱动力主要来自新相和母相的自由能差。假设由 α 相沉淀出 β 相时，母相 α 的浓度改变为 α_1，相变过程的驱动力 $\Delta G \longrightarrow \beta + \alpha_1$ 可以具体计算如下。

设 α_1 在温度 T 时的平衡浓度为 $x_\alpha^{\alpha/\beta}$，沉淀相 β 的平衡浓度为 $x_\beta^{\beta/\alpha}$，此时自由能-浓度曲线如图 8-11 所示。按照热力学基本公式 $G = \sum x_i G_i$，可以计算在 x_α 处相变前的体系中 α 相的自由能为

$$G^\alpha = (1 - x_\alpha)\overline{G}_{A\alpha} + x_\alpha\overline{G}_{B\alpha}$$

同样方法可以计算相变后获得的平均浓度为 x_α 混合相（β+α_1）的自由能

$$G^{\beta + \alpha_1} = (1 - x_\alpha)\overline{G}_{A\alpha}^{\alpha/\beta} + x_\alpha\overline{G}_{B\alpha}^{\alpha/\beta}$$

相变前、后的自由能差值即为脱溶相变的驱动力，因此

$$G^{\alpha \to \beta + \alpha_1} = (1 - x_\alpha)(\overline{G}_{A\alpha}^{\alpha/\beta} - \overline{G}_{A\alpha}) + x_\alpha(\overline{G}_{B\alpha}^{\alpha/\beta} - \overline{G}_{B\alpha}) \tag{8-38}$$

进一步考虑热力学公式

$$\overline{G}_i = G_i + RT\ln\alpha_i$$

其中，G_i 为纯组元 i 在一定晶体中的自由能；α_i 为组元 i 在 A-B 固溶体中的活度。

则式（8-38）可以改写为

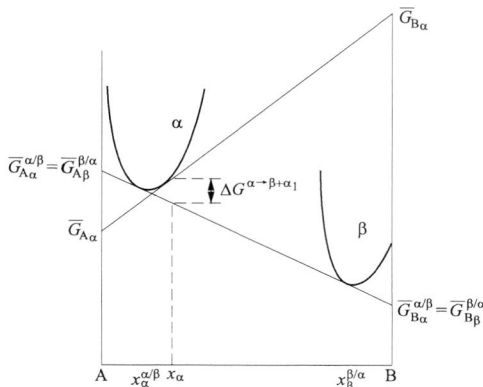

图 8-11　由浓度为 x_α 的 β 相沉淀 β 相时的相变驱动力

$$
\begin{aligned}
G^{\alpha \to \beta + \alpha_1} &= (1 - x_\alpha)(G_{A\alpha} + RT\ln\alpha_{A\alpha}^{\alpha/\beta} - G_{A\alpha} - RT\ln\alpha_{A\alpha}) \\
&\quad + x_\alpha(G_{B\alpha} + RT\ln\alpha_{B\alpha}^{\alpha/\beta} - G_{B\alpha} - RT\ln\alpha_{B\alpha}) \\
&= RT\left[(1 - x_\alpha)\ln\frac{\alpha_{A\alpha}^{\alpha/\beta}}{\alpha_{A\alpha}} + x_\alpha\ln\frac{\alpha_{B\alpha}^{\alpha/\beta}}{\alpha_{B\alpha}}\right]
\end{aligned} \tag{8-39}
$$

式（8-39）表明如果具备活度数据，那么将活度数据直接代入上述公式即可对脱溶分解的驱动力进行准确运算。

对于理想溶液，由于浓度和活度在数值上具有对等关系，此时将上述表达式中的活度直接换成浓度数值即可。对于非理想溶液，如果在大量浓度为 x_α 的 α 相中析出少量浓度为 $x_\beta^{\beta/\alpha}$ 的 β 相，那么其驱动力可以计算为

$$
\begin{aligned}
\Delta G &= (1 - x_\beta^{\beta/\alpha})(\overline{G}_{A\alpha}^{\alpha/\beta} - \overline{G}_{A\alpha}) + x_\beta^{\beta/\alpha}(\overline{G}_{B\alpha}^{\alpha/\beta} - \overline{G}_{B\alpha}) \\
&= RT\left[(1 - x_\beta^{\beta/\alpha})\ln\frac{\alpha_{A\alpha}^{\alpha/\beta}}{\alpha_{A\alpha}} + x_\beta^{\beta/\alpha}\ln\frac{\alpha_{B\alpha}^{\alpha/\beta}}{\alpha_{B\alpha}}\right]
\end{aligned}
$$

母相中少量起伏进行扩散形核时的驱动力，包括界面迁动和扩散的长大，也可按上式计算。

脱溶产物在形成过程中通常会存在一定的阻力，表现为界面能和应变能。应变能主要来自脱溶产物和母相之间界面的相互匹配。共格界面时存在一定的共格应变能，主要来自界面不同时所导致的原子之间对接键合改变等形成的化学能。但是共格界面的错配度比较低，界面能量低，容易形成界面。非共格界面时，界面能量较高，界面能主要来自脱溶产物和母相之间的具有不同的界面，界面错配导致结构能量和化学能改变。

下面以一个球形脱溶产物为例来讨论脱溶物在什么情况下总能量最低。假设一个具有球型半径为 r 的脱溶物从母相中脱溶，形成的错配度为 δ。在完全共格的情况下，自由能由弹性共格应变能和化学界面能 γ 两部分构成，这两项之和为

$$\Delta G_{(共格)} = 4\mu\delta^2 \times \frac{4}{3}\pi r^3 + 4\pi r^2 \gamma_{化学} \tag{8-40}$$

其中，等号右侧前一项为应变能，后一项为化学能，μ 为基体的切变模量。非共格或半共格界面情况下，共格消失导致式（8-40）中的第一项弹性共格应变能变为零，但如前所述，同时会有一个额外的由结构贡献的界面能 $\gamma_{结构}$，此时总能量为

$$\Delta G_{(非共格)} = 4\pi r^2 (\gamma_{化学} + \gamma_{结构})$$

脱溶产物和母相的界面关系往往和脱溶产物的半径 r 有关。如果半径 r 较小，往往是共格状态，此时能量较低；如果半径 r 较大，母相和脱溶产物之间要保持共格关系，就需要较高的能量，此时脱溶产物和母相的界面将保持半共格或者非共格状态。在这个过程存在的临界半径可以通过下述计算获得。令 $\Delta G_{(非共格)} = \Delta G_{(共格)}$，即可求得临界半径

$$r^* = 3\gamma_{结构} / 4\mu\delta^2$$

很显然，新相、母相之间界面能及弹性应变能的相互关系决定界面的共格、非共格状态，而且决定析出物的形状。

8.8　共 析 转 变

共析转变是指从同一固相（母相）中一起析出两种或两种以上的固相（新相）的过程，例如钢铁材料相变过程中的珠光体相变，得到的共析珠光体中铁素体和渗碳体通常存在一定的晶体学位向关系。

共析转变发生温度通常高，所需过冷度小。因此，从热力学角度，温度下降时共析转变一般是一个具有自发性的过程。以钢铁材料为例，自发转变的共析反应在发生过程中的能量消耗通常包括三方面：

$$\Delta G^{\gamma \rightarrow \alpha+\theta} = \Delta G^{\alpha/\theta} + \Delta G_d + \Delta G_m \tag{8-41}$$

其中，$\Delta G^{\alpha/\theta}$ 为界面能；ΔG_d 为碳原子界面扩散消耗的能量；ΔG_m 为铁原子界面迁移过程消耗的能量。以片状珠光体为例，形成 α/θ 相界面的摩尔能量为

$$\Delta G^{\alpha/\theta} = \frac{2\sigma^{\alpha/\theta} V}{\lambda}$$

其中，$\sigma^{\alpha/\theta}$ 为界面的能量；V 为 α/θ 层状组织的摩尔体积；λ 为层状组织的一个单位的间距。在过冷度较小的情况下，推动相变的驱动力和过冷度之间关系可以近似表示为

$$\Delta G = \frac{\Delta H}{T_E} \Delta T$$

式中：ΔH 为相变焓；T_E 为平衡相变温度。

对于层片状珠光体，根据式（8-41）可知，其形成需要的扩散和界面迁移的自由能之和 $\Delta G_{有效}$ 为

$$\Delta G_{有效} = \Delta G - \Delta G^{\alpha/\theta} = \Delta G_d + \Delta G_m$$

8.8.1　形核和长大

下面以珠光体来说明共析体的形核和长大。母相成分均匀时，珠光体通常在原奥氏体相界面成核，不均匀时通常在晶粒内部亚晶界或者缺陷处成核。由于珠光体在形成过程中涉及两相共存，所以需要确定哪一相先形成的问题，即领先相问题。

从热力学讲，铁素体和渗碳体均可以成为领先相。过冷度小时，渗碳体为领先相；过冷度大时，铁素体为领先相。一般认为对于过共析钢，渗碳体作为领先相；而亚共析钢主要是铁素

体作为领先相。对于共析钢，两者均可。也有些学者认为共析的转变过程中，共析体中两相由于同时存在，所以不存在领先相问题。但是对片状珠光体研究表明：渗碳体为领先相。

珠光体形核率 I 和转变温度之间通常有如下关系：

$$I = C\exp\left(-\frac{Q+W}{kT}\right) = C_1\exp\left(-\frac{Q}{kT}\right)C_2\exp\left(-\frac{W}{kT}\right)$$

式中：C 为常数；W 为临界晶核形核功；Q 为扩散激活能。

如果珠光体形成温度较高，扩散容易，形核功是主要影响因素；如果珠光体形成温度较低，形核功降低，有利于提高形核率，但是在一定温度下，扩散难度加大，成为形核率的主要控制因素。

珠光体的生长包含两个同时进行的过程：一个是通过碳的扩散生成高碳的渗碳体和低碳的铁素体；另一个是晶体点阵的重构，由面心立方的奥氏体转变为体心立方点阵的铁素体和复杂单斜点阵的渗碳体。

下面以片状珠光体说明其形核长大机制。在共析转变开始时，珠光体组成相中的任意一相，铁素体或渗碳体优先在奥氏体晶界上形核并以薄片形态长大，假设渗碳体作为形核领先相，渗碳体作为领先相在奥氏体晶界上形核并长大，导致其周围奥氏体中形成贫碳区域。这有利于在渗碳体两侧形成铁素体晶核，进而形成由铁素体和渗碳体组成的珠光体晶核。另外，由于铁素体对碳的溶解度有限，它的形成使原溶在奥氏体中的碳绝大部分排挤到附近未转变的奥氏体中和晶界上，当这些地方的碳的质量分数到达一定程度（6.69%）时，又出现第二层渗碳体，这样的过程继续地交替进行，便形成珠光体领域。最后，在生长着的珠光体领域和未转变的奥氏体之间的界面上，也可以与原珠光体领域不同位向形核生长出珠光体领域，或者在晶界上长出新的珠光体领域，直到各个珠光体领域彼此相碰、奥氏体完全消失为止。

8.8.2 生长动力学

假定珠光体生长过程中铁素体和渗碳体两相同步生长，同时假定珠光体整体的生长速率为恒定速率 v 生长。如图 8-12 所示，铁素体和渗碳体的层片厚度为 S^{α}、S^{cm}，由于质量守恒和两相生长速率 v 相同，单位时间、单位宽度（垂直纸面向里）内碳扩散的量：

$$m = vS^{\alpha}(C_o - C^{\alpha/\gamma}) = vS^{cm}(C^{cm/\gamma} - C_o)$$

式中：C_o 为原始奥氏体的成分；$C^{\alpha/\gamma}$、$C^{cm/\gamma}$ 分别为铁素体和渗碳体的平衡浓度。

消除 C_o，可以得到

$$m = v\frac{S^{cm}S^{\alpha}}{S}(C^{cm/\gamma} - C^{\alpha/\gamma})$$

$$v = \frac{mS}{S^{cm}S^{\alpha}}\frac{1}{C^{cm/\gamma} - C^{\alpha/\gamma}} \tag{8-42}$$

其中，片层间距 $S = S^{cm} + S^{\alpha}$，根据杠杆定律，可以求得

$$S^{\alpha} = S\frac{C^{cm/\gamma} - C_o}{C^{cm/\gamma} - C^{\alpha/\gamma}}$$

$$S^{cm} = S\frac{C_o - C^{\alpha/\gamma}}{C^{cm/\gamma} - C^{\alpha/\gamma}}$$

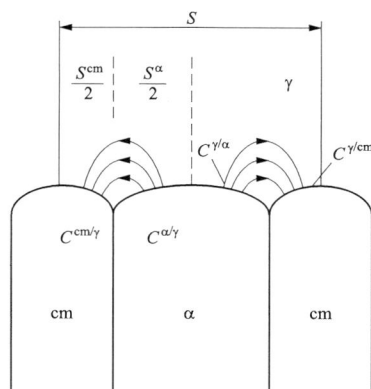

图 8-12 片状珠光体在
形成时碳的扩散

考虑珠光体转变主要是扩散型相变，其转变过程主要涉及碳的扩散，碳的扩散可以有两种

途径：①碳从铁素体中向外扩散排出，通过珠光体前面的奥氏体，再向渗碳体扩散，属于碳的间接扩散；②直接通过珠光体-奥氏体界面进行界面扩散，属于碳的直接扩散。

下面分别从这两种情况出发，推导不同条件下的生长速率表达式。

首先来求解第一种间接扩散条件下的珠光体生长速率。根据菲克定律，单位时间、单位宽度内所扩散的碳的质量 m 正比于奥氏体中的碳浓度梯度，有

$$m = S^{\alpha} D_{\mathrm{v}} \frac{\partial C}{\partial x}$$

式中：D_{v} 为碳在奥氏体中的体扩散系数。

考虑扩散间距为 $S^{\alpha}/2$，对浓度梯度采用近似直线，此时有

$$\frac{\partial C}{\partial x} \approx \frac{C^{\gamma/\alpha} - C^{\gamma/cm}}{S^{\alpha}/2}$$

式中：$C^{\gamma/\alpha}$、$C^{\gamma/cm}$ 分别为与铁素体和渗碳体接触的奥氏体中的平衡浓度。

将上述推导结果代入式（8-42），有

$$v = 2D_{\mathrm{v}} \frac{S}{S^{cm} S^{\alpha}} \frac{C^{\gamma/\alpha} - C^{\gamma/cm}}{C^{cm/\gamma} - C^{\alpha/\gamma}}$$

如果进一步考虑当珠光体的片层间距不太大时的毛细作用对平衡浓度的影响，上述珠光体生长速率可以修正为

$$v = \frac{2D_{\mathrm{v}}}{f_{\alpha} f_{cm}} \frac{1}{S} \frac{C_{\mathrm{e}}^{\gamma/\alpha} - C_{\mathrm{e}}^{\gamma/cm}}{C^{cm/\gamma} - C^{\alpha/\gamma}} \left(1 - \frac{S_{\mathrm{o}}}{S}\right) \tag{8-43}$$

式中：$C_{\mathrm{e}}^{\gamma/\alpha}$、$C_{\mathrm{e}}^{\gamma/cm}$ 分别为不考虑毛细管作用效应（S 无限大）情况下的奥氏体中的平衡浓度，f_{α}、f_{cm} 分别为珠光体中铁素体和渗碳体的体积分数，$f_{\alpha} = \dfrac{S^{\alpha}}{S}$，$f_{cm} = \dfrac{S^{cm}}{S}$。

式（8-43）中 S_{o} 为所有的相变吉布斯自由能都消耗于形成 α/θ 界面时所产生的片层间距，具体表达式如下：

$$\Delta G = \frac{2\sigma V_{\mathrm{m}}}{S_{\mathrm{o}}} \tag{8-44}$$

式中：σ 为界面能；V_{m} 为珠光体摩尔体积。

对式（8-43）求导求解极值，可以得到

$$S = 2S_{\mathrm{o}}$$

此时，最大生长速率

$$v_{\max} = \frac{D_{\mathrm{v}}}{f_{\alpha} f_{cm}} \frac{1}{S} \frac{C_{\mathrm{e}}^{\gamma/\alpha} - C_{\mathrm{e}}^{\gamma/cm}}{C^{cm/\gamma} - C^{\alpha/\gamma}}$$

下面来求解第二种直接扩散条件下的珠光体生长速率。根据菲克定律，单位时间、单位宽度（垂直纸面方向）内所扩散的碳的质量 m 近似为

$$m = \frac{4k\delta D_{\mathrm{b}}}{S}(C^{\gamma/\alpha} - C^{\gamma/cm})$$

式中：δ 为界面的厚度；D_{b} 为碳在相界面处的扩散系数；k 为界面和奥氏体内碳原子的比值。

采用和第一种间接扩散条件下的珠光体生长速率一样的推导方法，可以求得此时珠光体团的长大速率为

$$v = \frac{8k\delta D_{\mathrm{b}}}{S^{\alpha} S^{cm}} \frac{C_{\mathrm{e}}^{\gamma/\alpha} - C_{\mathrm{e}}^{\gamma/cm}}{C^{cm/\gamma} - C^{\alpha/\gamma}} \left(1 - \frac{S_{\mathrm{o}}}{S}\right) \tag{8-45}$$

同样，针对式（8-45）求导，可以求得 $S = 3S_{\mathrm{o}}/2$，最大生长速率为

$$v_{\max} = \frac{8k\delta D_{\mathrm{b}}}{3f_{\alpha}f_{\mathrm{cm}}S^2} \frac{C_{\mathrm{e}}^{\gamma/\alpha} - C_{\mathrm{e}}^{\gamma/\mathrm{cm}}}{C^{\mathrm{cm}/\gamma} - C^{\alpha/\gamma}} \qquad (8\text{-}46)$$

上述模型和实验数据吻合很好，只是实验数值略高，说明在实际珠光体生长过程中，其长大速率主要是通过碳在奥氏体中的扩散实现控制的，此时有些碳原子也可能通过界面进行扩散。

珠光体的相变驱动力和过冷度之间关系如下：

$$\Delta G = \Delta H \frac{\Delta T}{T_{\mathrm{E}}}$$

式中：ΔH 为珠光体相变潜热；T_{E} 为共析点温度。

结合式（8-44），可以得到在体扩散条件下，最大生长速率时的珠光体层片间距为

$$S = 2S_{\mathrm{o}} = \frac{4\sigma T_{\mathrm{E}} V_{\mathrm{m}}}{\Delta H \Delta T} \qquad (8\text{-}47)$$

将式（8-47）代入式（8-46），忽略扩散系数随着温度变化，可以获得体扩散和界面扩散两种情况下，最大生长速率和过冷度之间关系如下：

$$v_{\max} = k_1 D_{\mathrm{v}} (\Delta T)^2$$
$$v_{\max} = k_2 D_{\mathrm{b}} (\Delta T)^3$$

其中，k_1、k_2 为热力学项，在一定温度下，可以认为是常数。于是，可以得到体扩散和界面扩散两种情况下，珠光体长大速率和层片间距关系如下：

$$v_{\max} \propto \frac{1}{S^2}, v_{\max} \propto \frac{1}{S^3}$$

8.9　马氏体相变热力学

将钢加热到一定温度后经迅速冷却得到能使钢变硬、增强的一种淬火组织，1895 年法国人奥斯蒙为纪念德国冶金学家马滕斯，把这种组织命名为马氏体。人们最早只把钢中由奥氏体转变为马氏体的相变称为马氏体相变。

从热力学角度，马氏体相变是一级无扩散型相变。奥氏体和马氏体在马氏体相变温度以下的吉布斯自由能差值 $\Delta G^{\gamma \to M}$ 是马氏体相变的驱动力。因此，相变的热力学条件是：

$$\Delta G^{\gamma \to M} + \Delta G_{(非化学)} \leqslant 0$$

其中，$\Delta G_{(非化学)}$ 为非化学自由能，包括马氏体相变的体积膨胀能、相变的表面能、共格能、弹性能等。$\Delta G^{\gamma \to M}$ 表示奥氏体向马氏体转变时发生的自由能差。如果采用 $\Delta G^{\gamma \to M}$ 表示 1mol 奥氏体转变成马氏体时的吉布斯自由能的变化，则有

$$\Delta G^{\gamma \to M} = \Delta G^{\gamma \to \alpha} + \Delta G^{\alpha \to M}(非化学) \qquad (8\text{-}48)$$

当 $\Delta G^{\gamma \to M}$ 等于零时，对应的温度定义为马氏体转变温度 M_{s}，即母相吉布斯自由能等于新相马氏体吉布斯自由能的温度，也就是马氏体开始相变的温度。很显然，根据能量最低原理，依赖式（8-48）可以计算马氏体相变的驱动力。马氏体相变驱动力的计算模型最先是由 Fisher 针对铁-碳合金研究提出的，后来经过修正得到 KRC、LFG 等模型，在此主要介绍 Fisher 模型。

按照热力学原理，在马氏体相变开始温度，马氏体和奥氏体的吉布斯自由能分别为

$$G^{\alpha} = (1 - x_{\mathrm{C}}^{\alpha})\overline{G}_{\mathrm{Fe}}^{\alpha} + x_{\mathrm{C}}^{\alpha}\overline{G}_{\mathrm{C}}^{\alpha} \qquad (8\text{-}49)$$

$$G^{\gamma} = (1 - x^{\gamma}{}_{\mathrm{C}})\overline{G}^{\gamma}{}_{\mathrm{Fe}} + x^{\gamma}{}_{\mathrm{C}}\overline{G}^{\gamma}{}_{\mathrm{C}} \qquad (8\text{-}50)$$

这里

$$\overline{G}^{\alpha}_{Fe} = {}^{0}G^{\alpha}_{Fe} + RT\ln a^{\alpha}_{Fe} = {}^{0}G^{\alpha}_{Fe} + RT\ln\gamma^{\alpha}_{Fe} + RT\ln x^{\alpha}_{Fe}$$
$$\overline{G}^{\gamma}_{Fe} = {}^{0}G^{\gamma}_{Fe} + RT\ln a^{\gamma}_{Fe} = {}^{0}G^{\gamma}_{Fe} + RT\ln\gamma^{\gamma}_{Fe} + RT\ln x^{\gamma}_{Fe}$$
$$\overline{G}^{\alpha}_{C} = G^{0}_{C} + RT\ln a^{\alpha}_{C} = G^{0}_{C} + RT\ln\gamma^{\alpha}_{C} + RT\ln x^{\alpha}_{C}$$
$$\overline{G}^{\gamma}_{C} = G^{0}_{C} + RT\ln a^{\gamma}_{C} = G^{0}_{C} + RT\ln\gamma^{\gamma}_{C} + RT\ln x^{\gamma}_{C}$$

式中：${}^{0}G^{\alpha}_{Fe}$、${}^{0}G^{\beta}_{Fe}$表示纯铁在 α 或 γ 相时的吉布斯自由能；a 为活度系数；G^{0}_{C} 表示纯石墨的吉布斯自由能。

在马氏体相变时，有

$$x^{\alpha}_{C} = x^{\gamma}_{C} = x_{C}, x^{\alpha}_{Fe} = x^{\gamma}_{Fe} = x_{Fe} = 1 - x_{C}$$

因此，通过式（8-50）和式（8-49）相减，得

$$G^{\gamma \to \alpha} = G^{\gamma} - G^{\alpha}$$
$$= (1 - x_{C})\Delta G^{\gamma \to \alpha}_{Fe} + (1 - x_{C})RT\ln\frac{\gamma^{\alpha}_{Fe}}{\gamma^{\gamma}_{Fe}} + x_{C}RT\ln\frac{\gamma^{\alpha}_{C}}{\gamma^{\gamma}_{C}} \quad (8\text{-}51)$$

如果

$$\frac{\gamma^{\alpha}_{Fe}}{\gamma^{\gamma}_{Fe}} \approx 1, x_{Fe} \approx 1, x^{\alpha}_{C} = x^{\gamma}_{C} = x_{C}$$

则式（8-51）变为

$$G^{\gamma \to \alpha} = \Delta G^{\gamma \to \alpha}_{Fe} + X_{C}RT\ln\frac{\gamma^{\alpha}_{C}}{\gamma^{\gamma}_{C}} \quad (8\text{-}52)$$

如果进一步假定，石墨在固溶体中的溶解度与碳浓度、温度无关，按照吉布斯-亥姆霍兹（Gibbs - Helmholtz）方程：

$$\frac{d\ln\gamma_{C}}{d\left(\frac{1}{T}\right)} = \frac{\Delta Hc}{R}$$

积分，得

$$\ln\gamma^{\alpha}_{C} = \Delta H^{\alpha}_{C}/RT + A$$
$$\ln\gamma^{\gamma}_{C} = \Delta H^{\gamma}_{C}/RT + B$$

其中，A、B 为积分常数，因此

$$RT\ln\frac{\gamma^{\alpha}_{C}}{\gamma^{\gamma}_{C}} = \Delta H^{\alpha}_{C} - \Delta H^{\gamma}_{C} + RT(A - B) \quad (8\text{-}53)$$

将上述公式代入式（8-52），得

$$G^{\gamma \to \alpha} = \Delta G^{\gamma \to \alpha}_{Fe} + x_{C}[\Delta H^{\alpha}_{C} - \Delta H^{\gamma}_{C} + RT(A - B)] \quad (8\text{-}54)$$

式（8-53）中部分量可以通过相关物理量的实验测量计算获得，根据式（8-54）就可以计算相变临界驱动力。

8.10 马氏体形核及长大

固相成核分为均匀形核和非均匀形核。均匀形核条件下，假设马氏体晶核的形状为透镜或者扁球状，中心厚度为 $2c$，片的直径为 $2r$，则形核引起系统的自由能变化为

$$\Delta G = \frac{4}{3}\pi r^{2}c\Delta G_{v} + 2\pi r^{2}\gamma + \frac{4}{3}\pi rc^{2}\left(\frac{A_{c}}{r}\right)$$

其中，第一项为化学自由能，是马氏体相变的动力；第二项为界面能；第三项为马氏体相变的应变能。$\dfrac{A_c}{r}$ 为单位体积奥氏体向马氏体转变的应变能，其中

$$A \approx \mu(\gamma^2 + \varepsilon_n^2)$$

式中：μ 为剪切模量；γ 为切变量；ε_n^2 为转变过程中的体积应变。

进一步通过

$$\left(\frac{\partial \Delta G}{\partial c}\right)_r = 0, \left(\frac{\partial \Delta G}{\partial r}\right)_c = 0$$

可计算出临界晶核的厚度 c^*、半径 r^*、形成临界核心时的形成功 ΔG^* 为

$$c^* = -\frac{2\gamma}{\Delta G_v}$$

$$r^* = -\frac{4A\gamma}{(\Delta G_v)^2}$$

$$\Delta G^* = -\frac{32\pi A^2 \gamma^3}{3(\Delta G_v)^4}$$

也可计算临界晶核的体积

$$V^* = \frac{4}{3}\pi r^{*2} c^* = -\frac{128}{3}\pi \frac{A^2 r^3}{(\Delta G_v)^5}$$

在均匀形核的情况下，形核速率 I 为

$$I = n\nu \exp\left(-\frac{\Delta G^*}{kT}\right)$$

式中：n 为单位体积中母相的原子数；ν 为原子振动频率。

马氏体相变是通过集体切变来完成的。相变过程中存在较大的弹性能，完成相变所需要的能垒较高。因此，实际发生的马氏体相变形核是非均匀形核，形核位置一般与母相中的缺陷有关，例如晶内位错、层错等部位也可以在晶内形成，但是相对较少的情况下会在晶界或者相界中形成，见图 8-13。

关于马氏体非均匀形核，尽管模型理论很多，但是迄今为止均未获得公认。传统的马氏体形核理论中，比较著名的是 K-D 位错圈晶核模型，如图 8-14 所示。

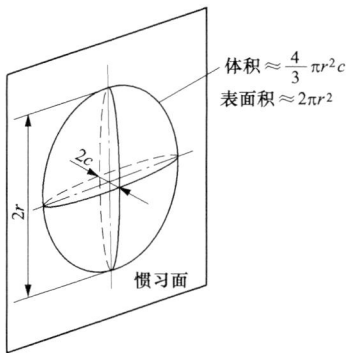

图 8-13 马氏体晶核示意   图 8-14 K-D 模型

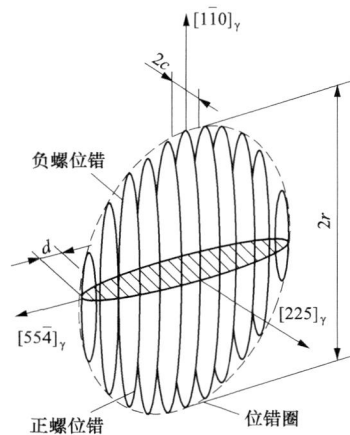

该假说设想预先在母相中存在马氏体核胚，并且为扁球形，它与母相之间的交界处为位错圈，即一系列位错圈围绕而成的扁球状核胚。以 $\{225\}_\gamma$ 作中脊面的扁平状位错胞（$2r$，$2c$）中分布弗兰克位错，每 6 个原子间距排列一条。位错圈主要由螺位错组成，在周边形成刃位错。此即著名的 K－D 位错胞模型。K－D 位错胞模型涉及的这一位错组态的尺寸小于临界值时，就是一个存在于母相中的马氏体核胚。位错圈的扩展使核胚在 $[110]_\gamma$ 和 $[225]_\gamma$ 方向长大，在 $[554]_\gamma$ 方向长大则产生新的位错圈。这样，位错圈的螺形部分外向移动使得核胚加厚，刃型部分的径向移动使在尖端产生新的位错圈，使核胚径向长大。在冷却过程中，当化学自由焓

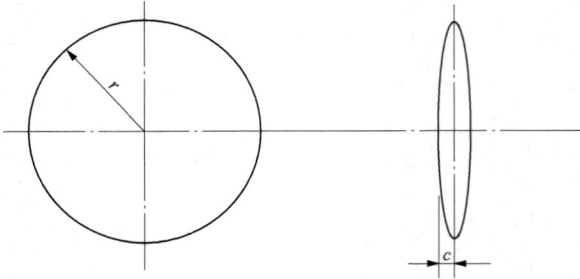

图 8-15　马氏体晶核模型

足以提供界面能及应变能时，相界面位错就能移动，核胚就能长大。按照形核理论，相变的起点是涨落，通过结构涨落，出现位错胞核胚是可能的，当其达到位错形核的临界半径时，则可以形成马氏体，但至今 K－D 学说的核胚尚未获得直接的、有说服力的实验证明。

马氏体形核稳定后将发生生长并具有一定形貌。从热力学角度，发生马氏体相变时，获得稳定形貌的自由能变化值最小。图 8-15 所示为马氏体晶核模型示意。假设图中所示的半径为 r、厚度为 $2c$ 的椭球状马氏体片，其形成过程中的非化学自由能变化为

$$\Delta g_N = 2\pi r^2 \gamma + \left(\frac{4}{3}\pi r^2 c\right)\left(\frac{c}{r}A\right) = 2\pi r^2 \gamma + \frac{4}{3}\pi c^2 r A \tag{8-55}$$

式中：A 为畸变能参数；$(c/r)A$ 为单位体积马氏体引起的畸变能，该值随形状参数 c/r 的变化而变化，c/r 越小，即椭球越扁平，则 $(c/a)A$ 越小。

对于单位体积马氏体的非化学自由能变化 ΔG_N，可以由式（8-55）除以马氏体的椭球型体积，获得

$$\Delta G_N = \frac{\Delta g_N}{\frac{4}{3}\pi r^2 c} = \frac{3\gamma}{2c} + \frac{Ac}{r}$$

对 c、r 求导，同时由于自由能变化最小，所以

$$d\Delta G_N = \left(\frac{\partial \Delta G_N}{\partial r}\right)_c dr + \left(\frac{\partial \Delta G_N}{\partial c}\right)_r = -\frac{Ac}{r^2}dr + \left(-\frac{3\gamma}{2c^2} + \frac{A}{r}\right)dc = 0$$

马氏体形核过程中形状可以发生改变，但是马氏体核的体积恒定，即 $dV=0$，故针对

$$V = \frac{4}{3}\pi r^2 c$$

有

$$dV = \left(\frac{\partial V}{\partial c}\right)_c dr + \left(\frac{\partial V}{\partial c}\right)_r dc = \frac{4}{3}\pi(2rc\,dr + r^2 dc) = 0$$

从而有

$$dr = -\frac{r}{2c}dc$$

为了求出马氏体晶核形状参量（r 及 c）与能量参量（γ 及 c）之间的关系，将上述 dr 表达式代入 $d\Delta G_N$ 表达式，整理有

$$\frac{c^2}{r} = \frac{\gamma}{A}$$

同时可得 ΔG_N 的最小值

$$(\Delta G_N)_{min} = \frac{3\gamma r + 2Ac^2}{2cr} = \frac{3\gamma r + 2\gamma r}{2cr} = \frac{5}{2}\frac{r}{c} = \frac{5}{2}\frac{Ac}{r} \tag{8-56}$$

从式（8-56）可以看出：

（1）共格界面能 γ 越小或畸变能参数 A 越大，则 c^2/r 越小，$(\Delta G_N)_{min}$ 越小，意味着越容易形成扁的椭球（即透镜片状）。

（2）太小的 c 值会导致 $(\Delta G_N)_{min}$ 增加。综合考虑 γ 及 A 的影响，对于给定的 $(\Delta G_N)_{min}$ 应该具有一个最合适的 c/r 值。以 Fe-Ni 合金系为例，高镍的 Fe-Ni 合金易形成 c/r 较大的透镜片状马氏体，而低镍的 Fe-Ni 合金则易形成 c/r 较小的板条状马氏体。对于碳含量为 $0.4\%\sim 1.2\%$ 的碳钢，由于 $|\Delta G_c|$ 较高，故易形成透镜片状马氏体。

8.11 马氏体相变动力学

马氏体具有多种类型，不同类型马氏体相变动力学的特征亦不同。一般按照相变特点划分，马氏体相变动力学有变温相变、等温相变、变温-恒温转变、爆发式转变四种。

（1）变温相变。变温相变的特点是马氏体形成量仅和冷却到 M_s 以下的温度有关，而与保温时间或冷却速度无关。降低温度不仅可以继续形核，还可以促进已形成的马氏体继续长大。具有此类动力学特征的马氏体通常具有热弹性，在马氏体的正向、反向转变过程中通过共格应变能来协调，一般碳钢和合金钢属于此类。

（2）等温相变。等温转变的特点是恒温下马氏体形核，在 M_s 以下有孕育现象，马氏体转变数量取决于转变时间，转变速度与温度之间具有带极大值的函数关系。马氏体的等温转变最先发现于 Mn-Cu 钢，一般常在 Fe-Ni-Mn 等合金中显示。

（3）变温-恒温转变。具有变温-恒温转变的马氏体转变的特点主要是变温形成，但同时又有等温的马氏体类型。在等温阶段呈现明显的时间依赖，奥氏体也具热稳定化现象。此类转变一般在滚珠轴承钢，高速钢等高碳合金钢中发生。

（4）爆发式转变。此类马氏体转变的特点是某些 M_s 点很低（如低于 0℃）的合金，当温度冷却到达 M_s 以下某一温度时，可以在瞬间形成大量的马氏体。马氏体转变具有爆发式的形核和生长，同时伴有声音和释放大量的相变热量。爆发后继续冷却时，动力学呈现变温特性。一般常在 Fe-Ni-C 等合金中出现。

8.11.1 变温动力学方程

设 $\overline{V}$ 为新形成的马氏体相片的平均体积，单位体积中新马氏体片数变化 dN_v，则马氏体体积分数变化

$$df = \overline{V}dN_v$$

其中，$dN_v = (1-f)dN$，得

$$df = \overline{V}(1-f)dN$$

假定马氏体片的平均体积 $\overline{V}(t)$ 在相变时为常数，单位体积奥氏体形成的新相数目 dN 与相变驱动力的关系为

$$dN = -\phi d(\Delta G_v^{\gamma \to \alpha'})$$

其中，ϕ 为比例常数。于是有

$$df = \overline{V}(1-f)dN = -\overline{V}(1-f)\phi d(\Delta G_v^{\gamma \to \alpha'}) = -\overline{V}(1-f)\phi \frac{d(\Delta G_v^{\gamma \to \alpha'})}{dT}dT$$

对上式积分，$M_s(f=0) \to T_q$，T_q 是冷却（淬火）温度，假定 $\dfrac{d(\Delta G_v^{\gamma \to \alpha'})}{dT}$ 也为常数，得

$$\ln(1-f) = -\overline{V}\phi \frac{d(\Delta G_v^{\gamma \to \alpha'})}{dT}(M_s - T_q)$$

$$1-f = \exp\left[-\overline{V}\phi \frac{d(\Delta G_v^{\gamma \to \alpha'})}{dT}(M_s - T_q)\right] = \exp[\alpha(M_s - T_q)]$$

其中，α 为与材料有关的常数。由于低碳钢马氏体形成过程中存在 C 的扩散问题，$\Delta G_v^{\gamma \to \alpha'}$ 不但是温度的函数，也是碳浓度的函数。因此

$$d\Delta G_v^{\gamma \to \alpha'} = \frac{\partial \Delta G_v^{\gamma \to \alpha'}}{\partial T}dT + \frac{\partial \Delta G_v^{\gamma \to \alpha'}}{\partial C}dC$$

$$df = -\overline{V}(1-f)\phi\left[\frac{\partial \Delta G_v^{\gamma \to \alpha'}}{\partial T}dT + \frac{\partial \Delta G_v^{\gamma \to \alpha'}}{\partial C}dC\right]$$

对上式积分，温度由 $M_s(f=0) \to T_q$，碳浓度由 $C_0(f=0) \to C_1$，可得

$$1-f = \exp\overline{V}\phi\left[\frac{\partial \Delta G_v^{\gamma \to \alpha'}}{\partial C}(C_1 - C_0) - \frac{\partial \Delta G_v^{\gamma \to \alpha'}}{\partial T}(M_s - T_q)\right]$$

$$= \exp[\beta(C_1 - C_0) - \alpha(M_s - T_q)]$$

上述模型经过实践检验，例如对各类碳钢和马氏体形成的动力学曲线分析，在一定程度上是成立的，尽管 $\overline{V}$ 作为常数的假定，并不符合实际情况。

8.11.2　等温相变动力学

等温转变具有 C 曲线特征，体现明显的孕育期。在马氏体相变过程中，假设在母相中单位体积内存在 N_i 个核胚。如果考虑马氏体相变过程具有自触发现象，p 为自触发因子，那么自触发形成核心应该为 pf，其中 f 为马氏体分数。进一步假设单位体积内激活马氏体形成过程中消耗的核胚数量为 N_v，则在 t 时间内，单位体积内的核胚数量应为

$$N_t = (N_i + pf - N_v)(1-f)$$

在此基础上，可以得到等温动力学公式为

$$df/dt = \left[N_i + f\left(p - \frac{1}{V}\right)\right](1-f)\nu\exp[1 - \Delta W/RT](\overline{V} + d\overline{V}/d\ln N_v)$$

其中，ΔW 为形核功（形核能垒）。按照上述模型对 Fe-24Ni-3Mn 合金等温马氏体进行计算，结果和实验测量符合得很好，表明等温马氏体的自触发假定是合理的。

8.12　马氏体相变机制

自从 20 世纪 20 年代发现马氏体浮凸现象开始，科学家们就开始探索马氏体的相变模型。目前接受相对比较普遍的是 Bain 模型、K-S 模型、G-T 模型。

8.12.1　Bain 模型

Bain 模型认为，奥氏体变为马氏体时，面心立方的 c 轴产生压缩，和 c 轴垂直的两个相互垂直的轴发生拉长，并使轴比为 1，这样就可使面心立方点阵变成体心立方点阵。图 8-16 所示为 Bain 模型示意。以 X_γ-Y_γ-Z_γ 和 X_α-Y_α-Z_α 表示原始的 FCC 和终了时的 BCC 的单胞轴，一个拉长的 BCC 结构的单胞可以在两个 FCC 单胞中画出，如图 8-16 所示。由图 8-16 可见，要完成从母相 FCC-A 变成 BCT-M 结构，需要两步：①如果在 FCC 体系的 Z 轴方向上压缩单胞 20%；②在垂直于 z 轴方向，沿 X_α 和 Y_α 轴单胞拉长 12%，则转变成 BCC 单胞。

此即 Bain 模型,该模型主要缺点是马氏体相变过程中模型所体现的变形量较大,不符合实际,而且该模型仅能产生马氏体晶格,无法解释马氏体相变过程中形成的惯习面和浮凸。

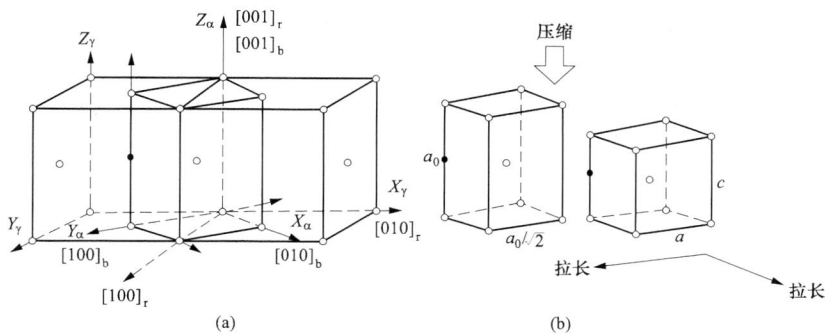

图 8-16　Bain 模型示意

8.12.2　K-S 模型

K-S 模型是 1930 年库氏和 Sachs 针对 1.4%碳钢提出的,其主要观点是奥氏体向马氏体转变时,晶格通过两次切变,最终实现奥氏体和马氏体的晶面和晶向之间存在如下位相关系:密排面 $\{111\}_A /\!/ \{001\}_M$,晶向 $\langle 110 \rangle_A /\!/ \langle 111 \rangle_M$。

下面结合图 8-17 和图 8-18 了解 K-S 模型的主要观点。首先假设母体是奥氏体,马氏体形成在其 $\{111\}$ 晶面,奥氏体 $\{111\}$ 晶面及形成的 $\{011\}$ 面马氏体晶体结构如图 8-17 所示。按照 K-S 模型,要完成这样一个转变过程需要做如下操作。首先考虑奥氏体的 $\{111\}$ 晶面,将三层相邻的 $\{111\}$ 晶面对某一层做垂直投影,得到如图 8-17(a)所示的投影图;将马氏体

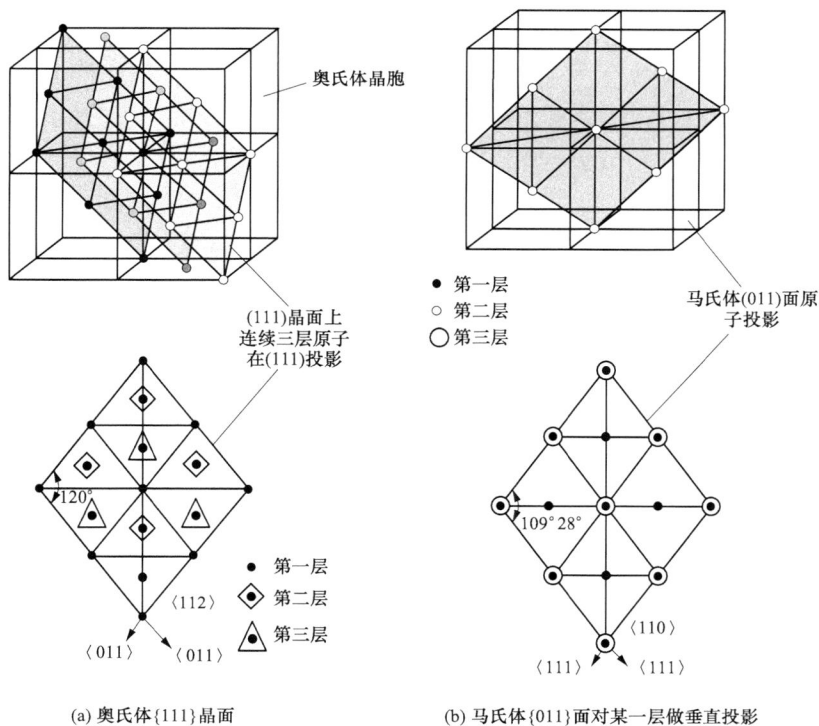

图 8-17　K-S 模型

{011} 面原子做同样处理，得到如图 8-17（b）所示的投影图。如此，从奥氏体到马氏体形成过程，实质上就变成了如图 8-17（a）中投影图结构向如图 8-17（b）中的中投影图结构的转变。图 8-18 为奥氏体晶格向马氏体晶格的转变示意。图 8-18 显示奥氏体 {111} 晶面上的原子只要做两次切变就可以成为马氏体 {011} 面。第一次切变为第二层原子沿 ⟨112⟩ 方向，让三角形原子和邻近的黑色实心原子重合，如图中 5、6、7 原子。菱形原子做相同的移动，如图中 1、2、3、4 原子；第二次切变沿 ⟨011⟩ 方向，调整晶格参数。经过二次切变奥氏体晶格就转变为马氏体晶格，此即 K-S 模型的主要内容。

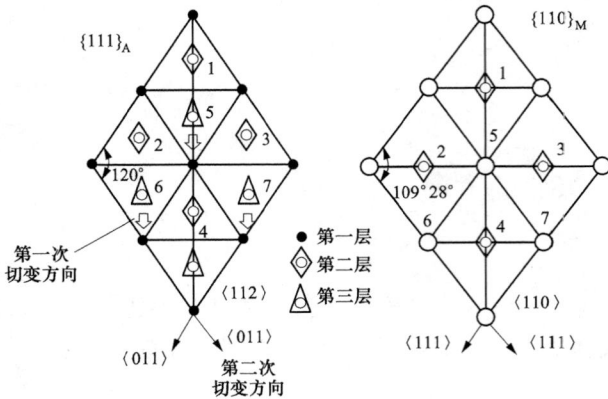

图 8-18　奥氏体晶格向马氏体晶格的转变

该模型能够解释新、旧相之间存在的位相关系，但是按照此模型，惯析面为 {111}$_A$，而实际上，铁-碳合金马氏体的惯习面为 {557}$_A$、{225}$_A$、{259}$_A$，同时该模型也不能解释亚结构和浮凸现象。此外，该模型通过两次切变并没有得到真正的马氏体晶格，切变后仍然需要晶格参数调整，原子需要再移动，但是模型并没有说明为了晶格参数调整，原子怎样进行再次移动和相关的移动矢量。

3. G-T 模型

Greninger 和 Troiaon 精确测量了 Fe-0.8%、C-22%Ni 合金奥氏体单晶体中的马氏体位相，结果发现 K-S 关系中的平行晶面和平行晶向实际上均略有偏差。图 8-19 所示为 G-T 模型切变过程示意，其基本观点是认为马氏体相变需要经过一次宏观均匀切变和一次宏观非均匀切变。第一次切变是沿着惯析面通过均匀切变，产生宏观整体变形，晶体外形发生变化，形成表面浮凸，通过一次切变得到复杂的三棱结构；第二次切变是产生宏观不均匀切变，即它只在微观的有限范围内保持均匀切变，以完成点阵改建，而在宏观上形成平行于晶面的滑移或者孪生做微小调整，晶体外形不发生改变。通过二次切变，晶体结构从复杂的三棱结构变成马氏体结构，同时伴随着大量位错和精细孪生。该模型可以有效解释马氏体形成过程中形成的浮凸、惯习面、取向关系等，特别是针对马氏体的两种亚结构的产生，给予了很好的解释，但是此模型不能解释含碳量低于 1.4% 的取向关系。

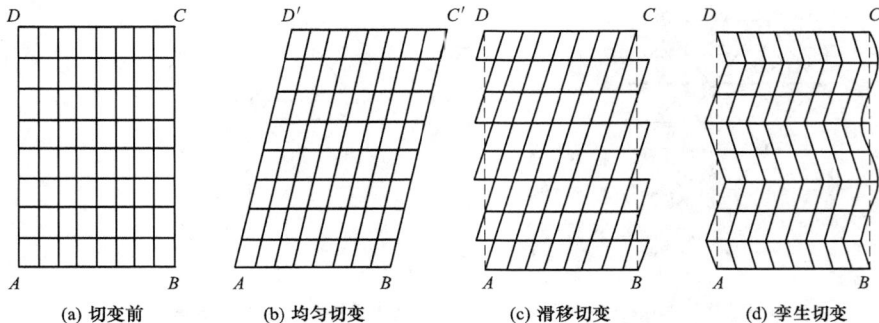

图 8-19　G-T 模型切变过程示意

8.13　非晶相变热力学

非晶体形成理论和晶体形成理论都属于凝固理论的范畴。从凝固过程来看，为了获得非晶态合金，必须抑制两个过程的发生：第一个是过冷熔体向结晶固体转变；第二个是一旦非晶固体形成，要抑制其随后向晶态固体的转变。第一个过程是从非晶合金的形成过程考虑的，而第二个过程是从非晶合金形成后的稳定性考虑的。通常研究非晶合金的形成机理主要是从第一个过程入手进行探讨。

8.13.1　熔体结晶热力学

非晶态合金处于热力学亚稳平衡态，它的驱动力符合吉布斯自由能公式：

$$\Delta G = \Delta H - T \Delta S$$

式中：ΔG 为吉布斯自由能差；ΔH 为熔化焓；ΔS 为熔化熵。

上式表明 ΔH 越低、ΔS 越大，ΔG 越小，结晶驱动力越大，结晶越容易进行。多组元合金系可望获得大的熵变 ΔS。合金组元数的增多使 ΔS 增大，导致紧密的随机堆垛程度增加，而紧密的随机堆垛结构有利于 ΔH 值的减小。因此，具有大的非晶形成能力的合金大都是 3 种以上组元的合金系。

如果假设过冷液相以球形均质形核并长大时，形核率和长大速率可分别用如下：

$$I = 10^{30} \Big/ \left\{ \eta \exp\left[\frac{-b\alpha\beta^{1/3}}{T_{rg}(1 - T_{rg})^2} \right] \right\}$$

$$U = 10^2 f \Big/ \left\{ \eta \left[1 - \exp\left(-\beta \frac{\Delta T_{rg}/T_{rg}}{T/T_m} \right) \right] \right\}$$

$$\alpha = \frac{(NV^2)^{1/3}\sigma}{\Delta H}$$

$$\beta = \frac{\Delta S}{R}$$

式中：I 为均匀形核率；U 为长大速率；T_{rg} 为约化玻璃转变温度，$T_{rg} = \dfrac{T_g}{T_m}$；$1 - T_{rg}$ 为约化过冷度；η 为黏度；T 为体系的温度；T_m 为熔化开始温度；f 为液固界面上核心位置数；α、β 为与液固界面能 σ 有关的无量纲参数；b 为形状因子，球形的 $b = \dfrac{16\pi}{3}$；N 为 Avogadro 常数；V 为摩尔体积；R 为气体常数；ΔH 为熔化焓；ΔS 为熔化熵。

8.13.2　非晶-晶化热力学

根据热力学知识，非晶向晶体稳定态转化，转化前后的吉布斯自由能差满足：

$$\Delta G = \Delta H - T \Delta S$$

式中：ΔH、ΔS 分别为非晶向晶体转变过程中的焓变和熵变；T 为温度。

考虑非晶体的结构特点和液体很相似，可以将非晶近似看成是过冷液体，则有

$$\Delta H = \Delta H_m - \int_T^{T_m} \Delta c_p \, dT'$$

$$\Delta S = \Delta S_m - \int_T^{T_m} \frac{\Delta c_p}{T'} \, dT'$$

式中：T_m 为熔点；ΔH_m 和 ΔS_m 为熔化温度条件下的熔化焓和熔化熵；Δc_p 过冷液体和晶体的比热容差。

代入 ΔG 表达式，有

$$\Delta G = \frac{\Delta H_m \Delta T}{T_m} - \int_T^{T_m} \Delta c_p \, \mathrm{d}T' + T \int_T^{T_m} \frac{\Delta c_p}{T'} \, \mathrm{d}T' \qquad (8\text{-}57)$$

式中：ΔT 为过冷度。

通过式（8-57）可以看到，如果能够计算 ΔG，则非晶体晶化的吉布斯自由能可求。实际情况是，对于非晶相和过冷液体，很难精确地试验测试其比热容，所以实际计算都是采用一些近似计算，下面介绍几种近似计算方法。

（1）认为非晶体和晶体的比热差为零，此时

$$\Delta G = \frac{\Delta H_m \Delta T}{T_m}$$

此类近似对金属材料有效，对于聚合物符合度较差。

（2）认为 Δc_p 是一个常数，此时 ΔG 变为

$$\Delta G = \frac{\Delta H_m \Delta T}{T_m} - \Delta c_p \left[\Delta T - T \ln\left(\frac{T_m}{T}\right) \right]$$

通过引入近似计算

$$\ln \frac{T_m}{T} \approx \frac{2}{T} + \frac{\Delta T}{T_m}$$

可以有

$$\Delta G = \frac{\Delta H_m \Delta T}{T_m} - \frac{\Delta c_p \Delta T^2}{T_m + T} \qquad (8\text{-}58)$$

一般采用熔点附近 Δc_p^m 的代替 Δc_p。

（3）假设 Δc_p 是一个常数，相变时焓变为

$$\Delta H = \Delta H_m - \Delta c_p (T_m - T) \qquad (8\text{-}59)$$

令式（8-59）为零，可以求得一个温度，令其为 T_∞，则有

$$\Delta c_p = \frac{\Delta H_m}{T_m - T_\infty}$$

代入式（8-58），有

$$\Delta G = \frac{\Delta H_m \Delta T}{T_m} \left[\frac{T}{T_m} + \frac{\Delta T}{T_m + T} \left(\frac{T}{T_m} - \frac{T_\infty}{T_m - T_\infty} \right) \right]$$

上述计算方法的缺点是可能对金属不适用。

（4）认为晶化状态和非晶状态存在熵值相等的温度 T_0，在此假设下，如果 Δc_p 为常数，则有

$$\Delta c_p = \alpha \frac{\Delta H_m}{T_m}$$

从而

$$\Delta G = \frac{\Delta H_m \Delta T}{T_m} \left[\frac{(1-\alpha) T_m + (1+\alpha) T}{T_m + T} \right]$$

对于金属体系，$\alpha = 1$，此时

$$\Delta G = \frac{\Delta H_m \Delta T}{T_m} \left(\frac{2T}{T_m + T} \right)$$

（5）认为 Δc_p 不为常数，根据晶化温度的变化存在有效数值。有效值的公式如下：

$$\Delta H_x = \Delta H_f - \Delta c_p (T_m - T_x)$$

则

$$\Delta c_p = \gamma \frac{\Delta H_f}{T_m}$$

其中

$$\gamma = \frac{1 - \dfrac{\Delta H_x}{\Delta H_f}}{1 - \dfrac{T_x}{T_m}}$$

式中：T_x 为晶化温度；ΔH_x 为晶化焓。

在此条件下，非晶晶化的吉布斯自由能为

$$\Delta G = \frac{\Delta T \Delta H_m}{T_m} - \gamma \frac{\Delta H_m}{T_m}\left[\Delta T - T\ln\left(\frac{T_m}{T}\right)\right]$$

对于金属体系，$\gamma \approx 0.8$。此外，除了上述理论外，关于非晶-晶化自由能计算还有液体的空穴理论，但是模型相对复杂，在此不再表述。

第 9 章　相　　图

不同环境条件下，材料一般具有不同的状态。例如，水在不同温度条件下可以呈现固、液、气不同的状态，如果考虑压力变化，情况会更加复杂。描述物质组成相的状态的改变和环境条件之间关系的图称为相图。通过查阅相图，可以明确不同物质混合后，可能形成的新相，以及这些新相在环境条件改变时发生不断演变的变化规律。对于材料科学工作者而言，通过相图获得的基础信息是材料研究、设计和加工的重要依据。因此，相图学是材料科学基础知识的重要组成部分，在具体材料科学和工程实践中具有重要价值。本章将详细讲解相图及其相关知识，主要包括以下知识点：

(1) 相图及其基础知识。

(2) 二元相图及其读解方法和步骤。

(3) 铁-碳平衡相图和氧化物陶瓷相图案例。

(4) 三元相图基础理论和读解方法。

(5) 典型的三元相图案例及其识图方法和步骤。

9.1　二元系相图

在一个给定的体系中，组元是指构成一个系统的各种化学元素或者化合物。相图根据组元数目可以分为单元相图、二元相图和三元相图，其中二元相图应用最广泛。所谓的单元系就是指构成体系的组分单一，一般是典型的单质或者化合物。描述单一组元所构成的体系，在不同温度和压力条件下可能存在的单相或者多相的平衡的相图称为单元相图。单元相图中最简单的就是水的相图。水随着温度和压强的变化发生的相变过程见图 9-1。

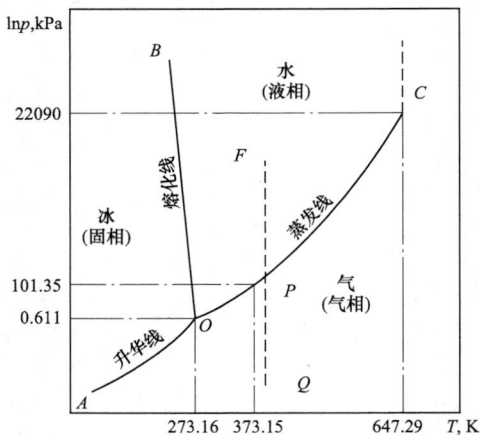

图 9-1　水的相图

单元相图的横轴一般代表温度，纵轴为压强。图 9-1 相图中共有三条曲线和一个交点 O。相图中的曲线为相变发生的临界线，代表开始从一个相变到另外一个相的改变，如图中的 AO、OC、OB 线，分别为固体向气体，液体向气体和固体向液体转变的临界转变线。O 点则是三相（水、冰和水蒸气）共存状态点。例如，FPQ 线垂直于横轴，表明在恒温条件下，压强从 F 点降低到 Q 点，水将发生从液态到气态的相变化，P 点为相变开始发生的点。

如果从相律角度分析上述相图中点、线的自由度，可以得到如下结论。在 OA、OB、OC 线上，两相平衡，$P=2$，代入相律公式 $F=C-P+2$，计算自由度 $F=1$。表明在 OA、OB、OC 线上，为了维持两相平衡存在，温度和压力两个变量中只有一个可以独立变化。也就是说，当一个变量变化后，另外一个变量必须按照 OA、OB、OC 曲线的趋势加以配合改变，而不能任意变化；O

点是气-水-冰的三相平衡点，根据相律，此时自由度 $F=0$。此时，为了维持三相共存，温度和压力都不能改变，只要有一个稍稍改变，便会进入单相的固相、液相或者气相，结束三相共存的状态。综上所述，单元系相图比较简单直观，横轴是温度，纵轴是压强，相图中被分割的区域往往是单相区，实线往往是双相区线，交叉点一般为三相共存。

　　单元相图不存在成分变化，但如果是合金化或掺杂改性，那么就会涉及成分改变。金属组分 a、b 组合在一起形成合金，可以出现很多合金成分，如 50% a - 50% b、25% a - 75% b、10% a - 90% b 等，这些不同成分组合的合金在凝固过程中可能出现不同的相变过程。例如镁-硅合金，在含硅的百分比为 11.7% 时，会形成典型的共晶相。硅的成分小于 1.65% 时，也形成单相 α 相。但是，硅的含量为 1.65% ～ 11.7% 时，则会出现典型的双相组织——初始 α 相＋共晶相（Si＋α 相）；同样的情况发生在硅的含量大于 11.7% 时，会出现双相组织——初始 Si＋共晶相（Si＋α 相）；硅的含量等于 11.7% 时，为单相共晶组织——Si＋α 相。

　　和单元系相图相比，成分变化是二元系合金相图中必须考虑的一个变量。因此，二元合金相图中，一定要表明合金成分这个变量。对于二元系，如果构建相图，就会出现至少三个变量：温度、压强和成分。由于实际的合金配置通常是在大气中进行的，所以在研究二元系相图时，可以忽略压强，只考虑温度和成分变化对相变过程的影响。因此，二元相图从结构上看，横轴和纵轴就不再代表温度和压强，而是成分和温度，这使得二元相图结构和单元相图在结构上有明显差别。

　　二元相图中的成分有质量分数（w）和摩尔分数（x）两种表示方法。若 A、B 组元为单质，两者换算如下：

$$w_A = \frac{A_{rA} x_A}{A_{rA} x_A + A_{rB} x_B}$$

$$w_B = \frac{A_{rB} x_B}{A_{rA} x_A + A_{rB} x_B}$$

$$x_A = \frac{w_A / A_{rA}}{w_A / A_{rA} + w_B / A_{rB}}$$

$$x_B = \frac{w_B / A_{rB}}{w_A / A_{rA} + w_B / A_{rB}}$$

式中：w_A、w_B 分别为 A、B 组元的质量分数；A_{rA}、A_{rB} 分别为 A、B 组元的相对原子质量；x_A、x_B 分别为 A、B 组元的摩尔分数，并且 $w_A + w_B = 1$（或 100%），$x_A + x_B = 1$（或 100%）。

9.2 匀 晶 相 图

　　如果合金在凝固过程中仅有固溶体析出而不会有其他中间相析出，或者说两种元素混合形成合金时仅仅形成固溶体而没有任何中间相，描述这类合金凝固过程的相图就是匀晶相图。匀晶相图是最简单的二元相图，如图 9-2 所示，横轴是合金成分变化，纵轴是温度。匀晶相图一般只有简单的两条曲线分别代表相变开始和结束，上面曲线为液相线，相图中液相线以上部分为单一液相；下面曲线为固相线，固相线以下部分为全部固相，液相线、固相线之间围成区域为双相区，即液-固混合区域。

　　图 9-2 所示为铜-镍合金的匀晶相图。相图横轴表示合金的成分变化。铜含量从左到右从 100% 降至 0%，而镍含量则相应从 0% 增加到 100%，任意组分的二元铜-镍合金均可以通过横轴上一个点来表示。纵轴代表温度，从低到高变化。相图坐标系内的曲线，上面 $a - a_3 - a_2 -$

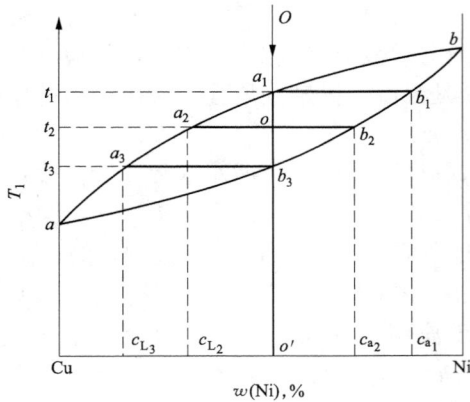

图 9-2　铜-镍合金的匀晶相图

a_1-b 曲线为液相线，代表温度一旦下降到该线以下将出现凝固，而在该线以上的温区合金处于单一的液相状态；$a-b_3-b_2-b_1-b$ 曲线为固相线，该线以下合金处于单一固相；$a-a_3-a_2-a_1-b$ 曲线和 $a-b_3-b_2-b_1-b$ 曲线之间部分为固-液双相区。凝固过程没有典型的中间相，仅有固溶体形成。液相线和固相线表示合金系在平衡状态下冷却时，结晶的始点和终点，以及加热时熔化的终点和始点。左侧含铜量 100%，即纯铜的熔点为 a；右侧含镍量 100%，即纯镍的熔点为 b。

为了进一步说明匀晶相变的凝固过程，以 O' 点成分的合金为例分析结晶过程。在 a_1 点温度以上，合金为液相 L。缓慢冷却至 $a_1 \sim b_3$ 温度时，合金发生下述匀晶反应：

$$L \longrightarrow \alpha$$

α 为从液相中逐渐结晶出铜镍固溶体。b_3 点温度以下，合金全部结晶为 α 固溶体，其他成分合金的结晶过程也完全类似。对于 a_1 点以上、b_3 点以下相对比较简单，因为是单相，随着温度升高或者降低变化不大，维持液相或者固相而已。但是在 $a_1 \sim b_3$，随着温度下降，固相增多，液相逐渐减少，同时一个不同于纯金属凝固的现象是尽管合金的平均成分不变，但是在不同温度下，析出形成的固相成分会发生改变，这导致相应温度下的残留液相成分也发生改变。例如图 9-2 中 t_2 温度时，合金处于液-固两相共存状态，对应的液相成分和固相成分分别为 a_2 和 b_2，均不等于 o' 点合金的成分。但是二者加在一起除以 2 应该等于 o' 合金的平均成分 C_0。

进一步比较图中 t_1、t_2、t_3 温度对应的固相和液相的成分，可以发现不同温度时，固相和液相的成分明显不同。例如 t_1、t_2、t_3 温度，对应固相成分分别为 b_1、b_2、b_3，而液相的成分分别为 a_1、a_2、a_3，二者都不等于合金成分，但无疑其平均值一定等于合金成分。无论固相和液相，随着温度下降，含有镍的比例均降低，但是固相中的镍含量低于合金的平均镍含量，液相中的镍含量始终高于合金的平均镍含量。这些分析说明随着凝固析出的进行，不同阶段析出的固体产物在成分上存在不均匀性，这导致结晶结束后，晶体内部存在溶质分布不均匀问题。因此，匀晶相图的一个特点是固溶体在凝固过程中，随着温度下降，已经凝固的固相和未凝固残留的液相成分均会随着温度变化而变化。

匀晶相图的第二个特点是不同温度析出的固相和液相除了成分不同外，液-固混合双相中液相-固相的相对比例也会随着温度的变化而变化。液固混合双相中固相和液相的含量可以通过杠杆法则进行计算。例如，图 9-2 中 t_1 温度下，固相和液相的含量分别为

$$液相成分比例 = \frac{a_1b_1}{a_1b_1} \times 100\% = 100\%$$

$$固相成分比例 = 0$$

图 9-2 中 t_2 温度下，固相和液相的含量分别为

$$液相成分比例 = \frac{ob_2}{a_2b_2} \times 100\%$$

$$固相成分比例 = \frac{oa_2}{a_2b_2} \times 100\%$$

图 9-2 中 t_3 温度下，固相和液相的含量分别为

$$液相成分比例 = 0$$

$$固相成分比例 = \frac{a_3 b_3}{a_3 b_3} \times 100\%$$

显然随着温度降低，液固相含量发生变化，液固混合
双相中固相比例随温度降低而增加。

匀晶相图的第三个特点是匀晶相图通常有不同的种类。
除了图 9-2 显示的形状外，还会有如图 9-3 和图 9-4 所示的
其他类型的匀晶相图。图 9-2 和图 9-3 所示相图的主要差
别就体现在双相区域的倾斜方向上，图 9-2 中左侧组员铜
的熔点低于右侧组员镍的熔点，所以双相区域从左到右倾
向于升高；显然，依此规律类推，图 9-3 中左侧组元的熔
点高于右侧组元的熔点，所以双相区域从左到右倾向于下
降。这是典型的两大类匀晶相图，为了描述这两类匀晶相
图的差异，引入平衡分配系数的概念。

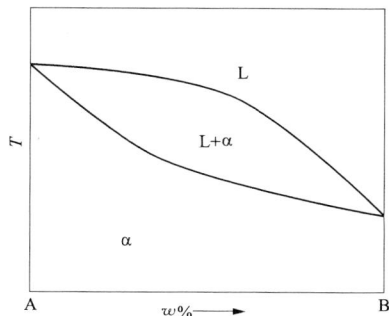

图 9-3 匀晶相图

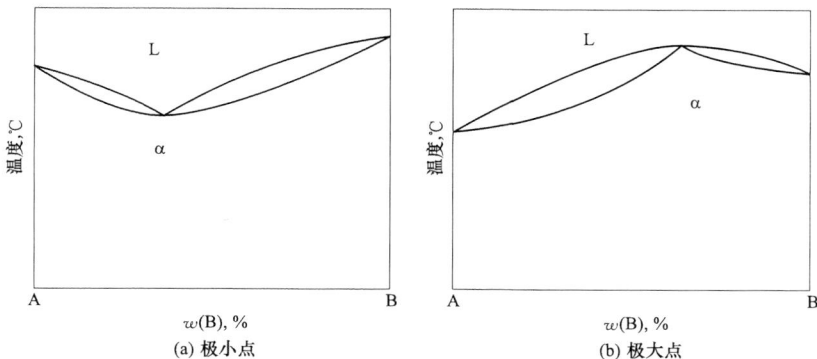

图 9-4 具有极大/极小点的二元连续固溶体匀晶相图

(a) 极小点   (b) 极大点

平衡分配系数是指在固-液两相体系达平衡状态时，溶质在两相中的浓度的比值。分配系
数反映了溶质在两相中的迁移能力及分离效能，是描述物质在两相中行为的重要物理化学特征
参数。平衡分配系数的表达式为

$$k_0 = \frac{w_S}{w_L}$$

式中：w_S、w_L 分别为平衡状态下固相和液相的质量分数。

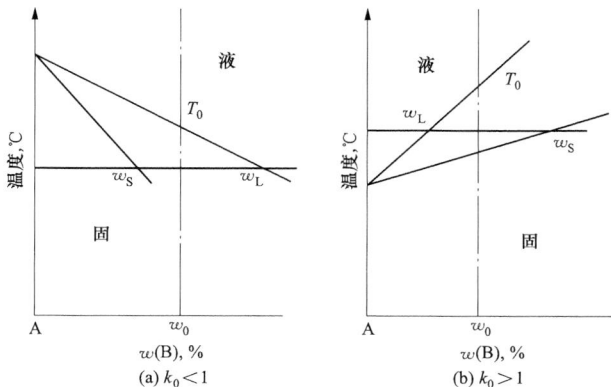

图 9-5 平衡分配系数的两种情况

(a) $k_0 < 1$ (b) $k_0 > 1$

很容易看到，依赖于平衡分配系数
的定义，可以看出图 9-2 和图 9-3 中两
类匀晶相图的平衡分配系数不同。如果
简化图中相变线为直线，如图 9-5 所示。
和图 9-2 铜-镍相图相似的匀晶相图，其
平衡分配系数 $k_0 > 1$；而图 9-3 中的匀晶
相图的平衡分配系数 $k_0 < 1$。很显然，
$k_0 < 1$ 时，随着溶质增加，合金凝固的
开始温度和终结温度降低；$k_0 > 1$ 时，
随着溶质的增加，合金凝固的开始温度
和终结温度升高；k_0 接近 1 时，表示该

合金凝固时近，即溶质重新分布的程度小。

固溶体在凝固过程中，固体不断从液体中析出。这个凝固过程中，形成的固体和残留液体的成分均不断变化，而且都不同于合金成分，也就是存在溶质的重新分布。这种重新分布很显然是通过溶质原子扩散实现的，原子扩散一方面需要温度驱动，另一方面需要时间完成。在实际凝固过程中，这两个指标在降温过程中是相互矛盾的，而且和冷却速率息息相关。如果冷却速率过快，抑制扩散完成；如果冷却速率过慢，促进扩散完成。很显然，过快的冷却速率对于固溶体凝固来讲，容易造成成分分布不均匀，而缓慢的冷却速率则有利于成分均匀化。因此，如果液态合金在无限缓慢的冷却条件下进行凝固，原子能够进行充分扩散，在凝固过程中的每一时刻都能达到完全的相平衡，这就是所谓的平衡凝固。一般情况下，本书给出的相图均指在平衡凝固条件下获得的相图。

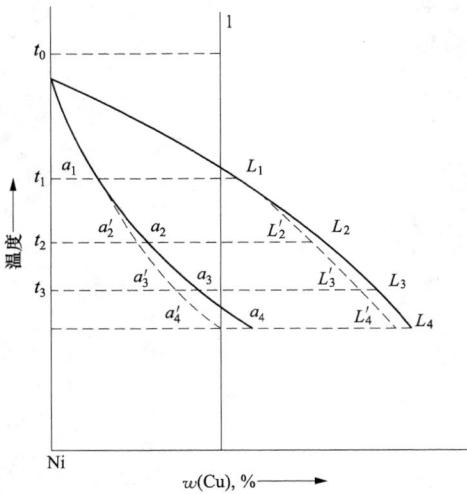

图 9-6　非平衡凝固对相图的影响

在液体结晶并析出固体的过程中，如果降温速度过快，使液体中所析出的固体分子扩散不均匀，导致结晶中固体分子各处浓度不均匀，当温度降到固相线时，仍存在液相的非均匀结晶现象，这种凝固就称为非平衡凝固。在实际生产中，液体金属一般在几分钟或几小时内就完成凝固，由于冷却速度快，没有足够的时间完成扩散过程，是典型的非平衡凝固。工业上一般都是非平衡凝固。

图 9-6 所示为非平衡凝固对相图的影响。非平衡凝固对相图影响主要体现在以下几点：

（1）非平衡凝固会导致凝固开始、终结温度低于平衡凝固时的开始、终结温度，如图 9-6 中所示的虚线。

（2）先结晶部分总是富高熔点组元，后结晶的部分是富低熔点组元，这一点对于平衡凝固也是一样的，但是非平衡凝固会导致强烈的成分不均匀性。

（3）非平衡凝固时，固相平均成分线和液相平均成分线与平衡凝固的固相线和液相线不同，它们和冷却速度有关，冷却速度越快，它们偏离平衡状态下的固、液相线越严重；反之，冷却速度越慢，它们越接近固、液相线，表明冷却速度越接近平衡冷却条件。

9.3　共　晶　相　图

9.3.1　共晶相图

如果合金凝固过程中会产生特殊组织，那么根据特殊组织的形成方式可以把相图分为很多种，如共晶、偏晶、熔晶、包晶等，这类相图中最常见的就是共晶和包晶相图。合金在凝固过程中如果发生共晶反应，就会形成一种共晶体的组织，描述具有这类凝固特点的合金相图称为共晶相图。

共晶相图（见图 9-7）的横、纵坐标和匀晶相图一致，但是坐标内相图结构和匀晶有所不同。图中相图线共有三条，其中一条为明显的直线，另外两条曲线在直线上端，三线构成如图 9-7 所示的形状。图中 E 点往左或者往右单独看，通过虚线竖线分解获得的成分分别在 A - e 和 e - B 之间的相图，形状上和匀晶相图有些相似，只不过对应的固相线不是曲线，而是一条直线，这具有特殊意义。因为二元相图中，直线往往代表发生某种反应。这种反应主要体现在合金成分为 e 的合金的凝固上。如图 9-7 所示，成分 e 合金凝固到 T_E 温度时将直接凝固成固体，凝固过程中没有明显的液-固双相区，具有纯金属的凝固性质，但是凝固获得的固相却不是单质，也不是明显的化合物，而是在结构上相互关联的混合物。说明此时液态中 A‒B 组分之间发生反应形成了新相。这个过程可以描述为

$$L \longrightarrow A+B$$

上述反应也称为共晶反应，其主要特点是直接从液相中同时形成两个固相的混合物。析出的混合物中两个相 A 和 B 具有如下特点：

（1）几乎同时析出。

（2）两组分之间生长过程中往往存在一定的晶体学位相关系，相互依托生长。具有这样特点的 A+B 这个混合体称为共晶体。显然，共晶体具备固定化学成分，称为共晶成分点（E 点）。直线为共晶反应温度线，也就是说只要合金成分冷却降温经过此温度线，A、B 元素成分配比达到共晶点成分，就会发生共晶反应。综上所述，共晶反应是指在一定的温度下，一定成分的液体中，同时结晶出两种具有一定成分配比的固相的反应，其反应产物称为共晶体。

图 9-7 所示相图是最简单的共晶相图。和图 9-7 相比较，图 9-8 所示的 Pb‒Sn 合金的共晶相图多了 α 和 β 两个区间，分别为 Sn 溶于 Pb 中的有限固溶体 α 相，Pb 溶于 Sn 中的有限固溶体 β 相。因此，这类共晶相图往往也称为具有有限固溶区域的共晶相图。很显然，相比图 9-8，图 9-7 代表的共晶相图可以称为无固溶区域共晶相图，也就是说组元 A、B 之间不能形成固溶体。

图 9-8 相图中有三个单相区 L、α、β，三个双相区 L+α、L+β、α+β，一条 L+α+β 的三相共存线即水平线 MEN，MEN 也称为共晶反应线。共晶反

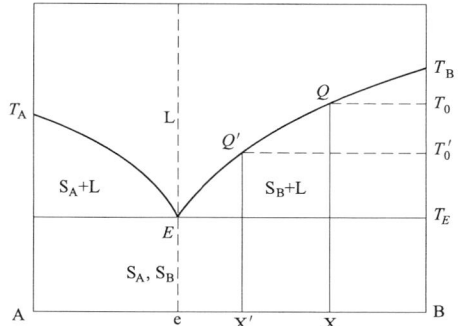

图 9-7 共晶相图

应线上的特殊结构也在图中给予表示，其结构特点是鉴定复杂相图中是否具备共晶反应的一个标准。成分在 MN 之间的合金平衡结晶时，当温度达到共晶温度时，都会发生共晶反应，而在 MN 范围之外的成分合金在凝固时一般不发生共晶反应。E 点为共晶点，表示此点成分的合金冷却到此点所对应的温度时，共同结晶出 M 点成分的 α 相和 N 点成分的 β 相，相应的共晶反应：

$$L \longrightarrow \alpha + \beta$$

相图中 AE 和 EB 为液相线，低于此温度将析出固相 α 与 β 相；MA 和 NB 为固相线，低于此线，液-固双相区中液相将全部凝固，进入固相的单相 α 与 β 区。图中 MF 线和 NG 线为固溶度线。MF 线为 Sn 在 Pb 中的溶解度线（或 α 相的固溶线）。温度降低，Sn‒Pb 固溶体 α 相中 Sn 的溶解度下降。因此，Sn 含量大于 F 点的合金从高温冷却到室温时，将从 α 相中析出 β 相以降低 α 相中的 Sn 含量。导致固溶体的 Sn 含量随着温度持续下降，到室温时，Sn 固溶度将为 F 点对应的含量。从固态 α 相中析出的 β 相称为二次 β，写作 β_{II}。这种二次结晶可表达为

$$\alpha \longrightarrow \beta_{II}$$

NG 线为 Pb 在 Sn 中溶解度线（或 β 相的固溶线）。Pb 含量大于 G 点的合金，冷却过程中同样发生二次结晶，析出二次 α_{II}。如下式表示：

$$\beta \longrightarrow \alpha_{II}$$

下面介绍图 9-8 中典型合金Ⅰ、Ⅱ、Ⅲ和Ⅳ随温度下降发生的相变过程。

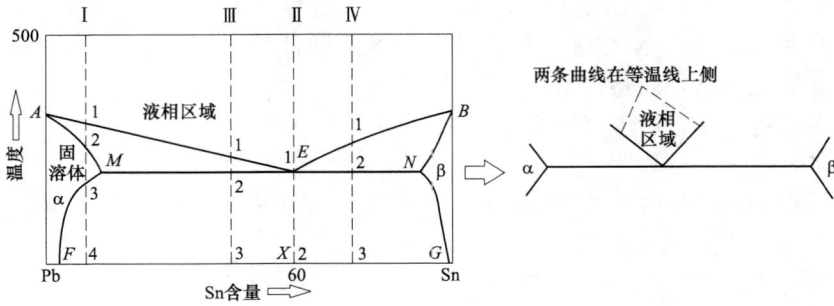

图 9-8　Pb‐Sn 合金相图

（1）Ⅰ合金。1 点温度以上为全部液相，降温到 1 点对应温度以下，开始在液相中析出 α相，进入液相和 α 相双相区；继续降温到 2 点对应温度，液相全部消失，形成全部 α 相而进入单相区；继续降温至 3 点对应温度，固相 α 开始析出 β 相（理论上析出纯 Sn，但是 Sn 中也溶解 Pb，析出的应该是 Sn 的含 Pb 固溶体，即 β 相）。当温度冷却到室温，也就是 4 点对应温度时，组成相为 α＋β$_{\mathrm{II}}$。因此，Ⅰ合金从高温到低温的相变过程：

$$L \longrightarrow L+\alpha \longrightarrow \alpha \longrightarrow \alpha+\beta_{\mathrm{II}}$$

（2）Ⅱ合金。Ⅱ合金为典型的共晶合金，相变比较简单。1 点以上合金为液相，温度到达1 点对应温度，液相发生共晶反应：

$$L \longrightarrow \alpha+\beta$$

形成共晶体。1 点以下继续降温，在 1－2 点温度之间，共晶体中的 α 和 β 将分别析出 β$_{\mathrm{II}}$和 α$_{\mathrm{II}}$，但是由于析出的 β$_{\mathrm{II}}$ 和 α$_{\mathrm{II}}$ 分别和共晶体中的 α 和 β 相融合，冷却到室温，其组织仍为共晶体。因此，Ⅱ合金从高温到低温的相变过程：

$$L \longrightarrow 共晶体(\alpha+\beta)$$

共晶体中 α 和 β 相的比例，可以根据杠杆法则计算。在共晶温度下，α 相的比例＝$EN/MN\times100\%$；β 相的比例＝$ME/MN\times100\%$。如果在室温，共晶体中 α 和 β 相的比例可以计算如下：

$$\alpha 相的比例 = XG/FG \times 100\%$$
$$\beta 相的比例 = XF/FG \times 100\%$$

（3）Ⅲ合金。1 点温度以上为全部液相，降温到 1 点对应温度以下，开始在液相中析出 α相，进入液相和 α 相双相区；同时液相成分由于 α 相析出发生改变，随着温度下降，残留液相的成分将沿着 AE 变化，继续降温到 2 点对应温度。图中容易看到，2 点为合金成分线和水平线交割，此时还没有完全转化为 α 相的残留液相成分正好等于共晶成分，将发生共晶反应，形成 α‐β 共晶体。因此，在 2 点对应温度合金包含两相：先析出相 α 和 α‐β 共晶体。继续降温至 3 点对应温度，在 2－3 点之间的温度区域，固相 α 内发生和合金Ⅰ相似的相变，即固相 α 开始不断析出 β 相，直至室温；而 α‐β 共晶体则发生和合金Ⅱ相似的相变，即共晶体中的 α 和 β将分别析出 β$_{\mathrm{II}}$和 α$_{\mathrm{II}}$。冷却到室温时，Ⅲ合金的组织包括 α、β$_{\mathrm{II}}$和共晶体（α＋β）。因此，Ⅲ合金从高温到低温的相变过程：

$$L \longrightarrow L+\alpha \longrightarrow \alpha+共晶体(\alpha+\beta) \longrightarrow \alpha+\beta_{\mathrm{II}}+共晶体(\alpha+\beta)$$

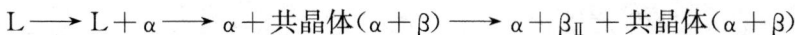

（4）Ⅳ合金。1 点温度以上为全部液相，降温到 1 点对应温度以下，开始在液相中析出 β相，进入液相和 β 相双相区。继续降温到 2 点对应温度，从图中容易看到，2 点为合金成分线

和水平线交割，因此，此时还没有完全转化为 β 相的残留液相将发生共晶反应，形成 α-β 共晶体。此时在 2 点对应温度，合金包含先析出相 β 和 α-β 共晶体两相。继续降温至 3 点位对应温度，在 2-3 点之间的温度区域，固相 β 内发生和合金 Ⅰ 相似的相变，即固相 β 开始不断析出 α 相，直至室温；而 α-β 共晶体则发生和合金 Ⅱ 相似的相变，即共晶体中的 α 和 β 将分别析出 βII 和 αII。冷却到室温，Ⅲ 合金的组织包括 β、αII 和共晶体（α＋β）。因此，Ⅲ 合金从高温到低温的相变过程：

$$L \longrightarrow L＋β \longrightarrow β＋共晶体(α＋β) \longrightarrow β＋α_{II}＋共晶体(α＋β)$$

图 9-9 所示的水平虚线以下的部分为共析相图，其形状与共晶相图类似，唯一的不同是析出反应不同。共晶反应是由液态直接结晶两个固相，而共析反应则是从固相中直接析出两个固相即共析体。很显然，共晶相图是液-固相变，共析相图是固-固相变。图 9-9 中虚线以上是匀晶相图，O 点成分的合金从液相经过匀晶反应生成 γ 相后，继续冷却到 CD 线对应温度时，在此恒温下发生共析反应：

$$γ \longrightarrow α＋β$$

图 9-9　共析相图

由一种固相转变成完全不同的两种相互关联的固相，这种反应称为共析反应，此两相混合物称为共析体。共析相图中各种成分合金的结晶过程的分析与共晶相图相似，但因共析反应是在固态下进行的，所以共析产物比共晶产物要细密得多。

9.3.2　非平衡凝固对共晶转变的影响

非平衡凝固对共晶相图有显著影响。理论上，非平衡凝固对匀晶转变的所有影响都会发生在共晶转变的相图上。除此而外，非平衡凝固对共晶转变的影响还体现以下两点。

1. 伪共晶

伪共晶实际上是指不该是共晶的共晶体——虚假共晶体。如图 9-10（a）所示，在平衡凝固条件下，图中所示的阴影区域内除了共晶成分点外，其他合金都无法形成共晶体。但是，在非平衡的凝固条件下，成分在共晶点附近阴影区域内的合金全部都转变成了共晶组织。

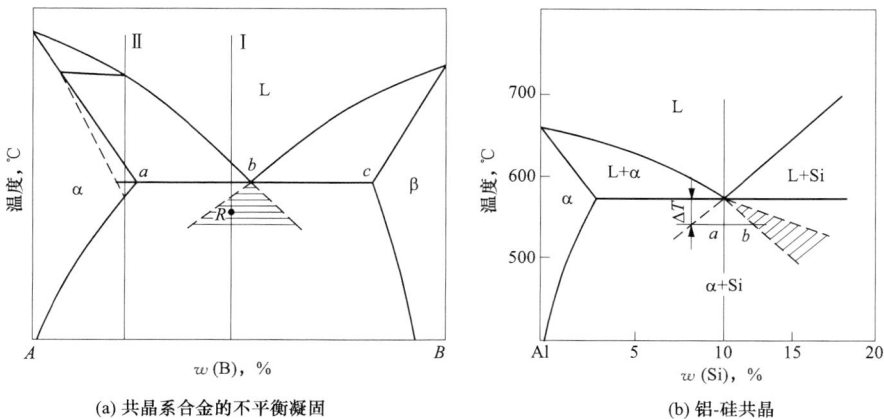

(a) 共晶系合金的不平衡凝固

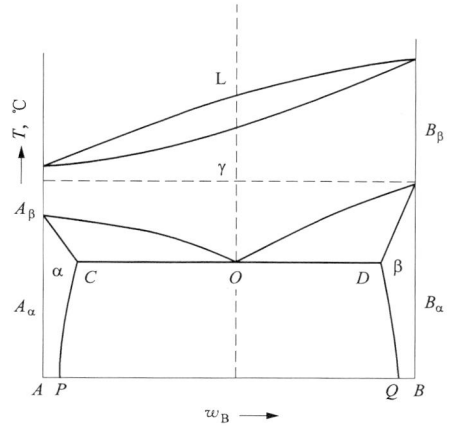

(b) 铝-硅共晶

图 9-10　非平衡凝固对共晶体的影响

正常平衡凝固条件下，共晶组织只能在共晶点成分获得，但是在非平衡凝固条件下，共晶组织可以在图中阴影区域范围内的成分获得，获得共晶组织的合金成分不再唯一。这种非共晶成分的共晶组织，相对于平衡状态共晶点的共晶体，成分上是假的共晶，因此称为伪共晶。

图 9-10 中两个液相线延长包围的阴影区域称为伪共晶区。伪共晶区域的形状和位置通常与合金中两个组元的熔点有关。如果两个组元熔点接近，则伪共晶区域的形状对称分布；如果两个组元熔点差别较大，伪共晶区域偏向高熔点组元一侧。如图 9-10（b）所示，铝-硅共晶体的伪共晶区域偏向硅侧。除此之外，冷却速率对伪共晶区域也会产生影响，随着冷却速度加大，该区域倾向于扩大。

2. 离异共晶

有共晶反应的合金中，如果成分离共晶点较远，如图 9-10（a）中 a 点以左或 c 点以右的合金。由于初晶数量较多，共晶数量很少，共晶组织中与初晶相相同的相被先析出相夺走，导致共晶体中两相分离，共晶组织中的另外一个相呈现单独分布，导致共晶组织失去其特有组织特征，这种现象称为离异共晶。

对离异共晶的存在往往是需要条件的，这个条件就是发生离异共晶的合金成分一般处于如图 9-10（a）中 a 点以左或 c 点以右的合金。也就是说，对于远离共晶点的亚共晶或过共晶合金成分，冷凝析出存在先析出相的同时，又处在非平衡凝固过程中的共晶线范围内，如图中的合金成分 II，才可以实现共晶反应的合金。

离异共晶可通过非平衡凝固得到，也可能在平衡凝固条件下获得。例如靠近固溶度极限的亚共晶或过共晶合金，如图 9-10（a）中 a 点以右附近或 c 点以左附近的合金，它们的特点是初生相很多，共晶量很少，因而可能出现离异共晶。另外，离异共晶这种非平衡共晶组织在热力学上是不稳定的，可在稍低于共晶温度下进行扩散退火来消除非平衡共晶组织和固溶体的枝晶偏析，得到均匀单相 α 固溶体组织。离异共晶通常比较容易发生在以下几种情况：

（1）非平衡凝固的强亚共晶或强过共晶合金成分远离共晶点但又处在共晶线范围内的合金，初生相占据空间大部分位置，间隙中的共晶液十分稀少。非平衡凝固条件下，共晶液中的一个相依附于初生相的界面生长，另一相在间隙迟迟析出。于是，在初生相间隙看不到共晶组织，只看到某单相组织代替了共晶形态，构成离异共晶。

（2）剧烈过冷熔液条件下，共晶体的某一相成核困难，此时一相的形成并不激起另一相的出现，结果促使共晶离异。无论来自合金内在原因或由于快速冷却引起的过冷都有利于离异的产生。

（3）共晶系中的一相被第二相包围，当第二相形成包围圈（称晕圈）后，初生相被限制在晕圈内生长，为使共晶反应继续进行就需要重新成核，从而引起离异共晶。

9.4　包　晶　相　图

另外一种重要的二元合金相图是包晶相图，Pt‑Ag、Ag‑Sn、Sn‑Sb 等合金具有包晶相图。图 9-11 所示为 Pt‑Ag 合金相图。Pt‑Ag 合金相图中存在三种单相：Pt 与 Ag 形成的液体 L 相；Ag 溶于 Pt 中的有限固溶体 α 相；Pt 溶于 Ag 中的有限固溶体 β 相。图中 df 为 Ag 在 α 中的溶解度线，pg 为 Pt 在 β 中的溶解度线。相图中的其他线，如 acb 线为典型的液相线，ad 和 pb 分别为 α 相和 β 相的固相线。和共晶反应一样，图中存在一条水平线，水平线和其中间点上两条曲线构成如图 9-11 右侧所示的形状。水平线 cpd 为二元合金反应线。由于此时所发生二元反应的过程是先形成一个固相，即先析出相，然后通过该固相和残留液相反应形成另外一个新的固相，新形成的固相通常包裹着先析出相生长。因此，该二元反应形象地称为包晶反应。p 点为包晶成分点，p 点成分的合金冷却到水平线所对应的温度时发生包晶反应：

$$L + \alpha \longrightarrow \beta$$

其产物 β 称为包晶体。发生包晶反应时三相共存，它们的成分明确，反应在恒温下平衡地进行。和共晶体一样，c 点和 d 点之间的成分合金在冷却时将发生包晶反应，而在其外的成分合金一般不发生包晶反应。

综上所述，所谓的包晶反应是有些合金凝固到一定温度时，已结晶出来的一定成分的（旧）固相与剩余液相（有确定成分）发生反应，生成另一种（新）固相的恒温转变过程。和共晶/共析反应之间关系一样，如果把包晶反应中的液相换成某个固相，则对应反应即为包析反应，相图形状不变，水平线特点均如图 9-11 右侧所示。

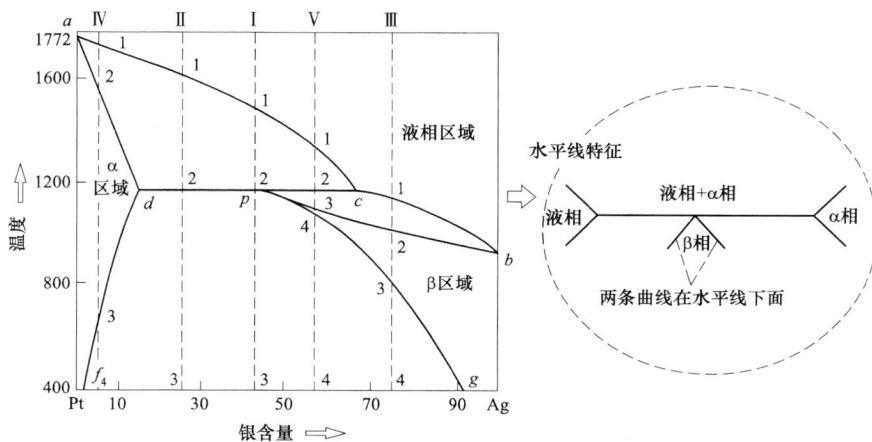

图 9-11　Pt - Ag 合金相图

下面介绍图 9-11 中典型合金的相变过程。

（1）Ⅰ合金。Ⅰ合金为典型的包晶合金。合金冷却到 1 点温度以下时结晶出 α 固溶体。进一步降温，α 相成分沿 ad 线变化，残留液相成分沿 ac 线变化。合金冷到 2 点温度而尚未发生包晶反应前，由 d 点成分的 α 相与 c 点成分的 L 相组成。两相在水平线温度发生包晶反应，L相包围 α 相而形成 β。反应结束后，L 相与 α 相正好全部反应耗尽，形成 e 点成分的 β 固溶体。温度继续下降，从 β 中析出 α_{II}。最后室温组织为 $\beta + \alpha_{II}$，即

$$L \longrightarrow L + \alpha \longrightarrow \beta \longrightarrow \alpha_{II} + \beta$$

（2）Ⅱ合金。合金冷却到 1 点温度以下时结晶出 α 固溶体，到 2 点温度，先析出 α 固溶体和残留液相之间将发生包晶反应。此时，合金中先析出相 α 固溶体和残留液相的比例可以通过杠杆法则进行计算如下：先析出相 α 固溶体 $= 2c/cd \times 100\%$；残留液相的比例 $= d2/cd \times 100\%$（此处 2 为合金Ⅱ和水平线交点）。

和包晶成分合金Ⅰ比较，Ⅱ合金中 α 数量明显高于包晶反应需要的 α 数量（$2c/cd > cp/cd$）。如果发生包晶反应，先析出相 α 固溶体只能有部分参与反应，也就是说包晶反应后先析出 α 固溶体将有剩余，因此，Ⅱ合金在 2 点对应的包晶温度下将有先析出相 α 和包晶 β 两个相。继续降温至 3 点位对应温度，在 2 - 3 点之间的温度区域，固相 α 内开始不断析出 β_{II} 相，直至室温；而 β 包晶体则将析出 α_{II}，冷却至室温，Ⅲ合金的组织包括 α、β_{II}、包晶体 β 和 α_{II}。因此，Ⅱ合金从高温到低温的相变过程：

$$L \longrightarrow L+\alpha \longrightarrow \alpha+包晶体\beta \longrightarrow \alpha+\beta_{II}+包晶体\beta+\alpha_{II}$$

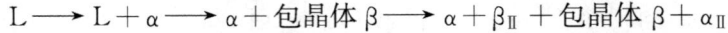

(3) III合金。1 点温度以上为全部液相，降温到 1 点对应温度以下，开始在液相中析出 β相，进入液相和 β 相双相区。由于合金成分线在包晶反应水平线 cd 成分外，所以不发生包晶反应。继续降温到 2 点对应温度，液相开始消失，进入 β 单相区域。继续降温，在 3 点以上，2点以下，可以看出为 β 单一相区，3 点以下继续降温，β 相将析出 α_{II}，直至室温。因此，III合金从高温到低温的相变过程：

$$L \longrightarrow L+\beta \longrightarrow \beta \longrightarrow \beta+\alpha_{II}$$

(4) IV合金。1 点温度以上为全部液相，降温到 1 点对应温度以下，开始在液相中析出 α相，进入液相和 α 相双相区；继续降温到 2 点对应温度，液相全部转化为 α，进入 α 单一相区，继续降温至 3 点对应温度，α 相将析出 β_{II}。和III合金相似，由于合金成分线在包晶反应水平线 cd 成分外，所以不发生包晶反应。因此，冷却到室温，合金包含先析出相 α 和析出相 β_{II} 两相。IV合金从高温到低温的相变过程：

$$L \longrightarrow L+\alpha \longrightarrow \alpha \longrightarrow \beta_{II}+\alpha$$

(5) V合金。合金冷却到 1 点温度以下时结晶出 α 固溶体，到 2 点温度，先析出 α 固溶体和残留液相之间将发生包晶反应。此时，合金中先析出相 α 固溶体和残留液相的比例可以通过杠杆法则进行计算如下：先析出相 α 固溶体 $=2c/cd \times 100\%$；残留液相的比例 $=d2/cd \times 100\%$（此处 2 为合金 V 和水平线交点 2）。

和包晶成分合金 I 比较，V 合金中 α 数量明显低于包晶反应需要的 α 数量（$2c/cd < cp/cd$），而且液相成分明显高于包晶反应需要的液相数量（$d2/cd > dp/cd$）。如果发生包晶反应，先析出相 α 固溶体全部参与反应，但是液相会有残留，因此，II合金在 2 点对应的包晶温度下将有液相和包晶 β 两个相。继续降温至 3 点对应温度，在 2-3 点之间的温度区域，液相随温度下降逐渐转变为 β，3 点以下温度将进入单相 β 区域。4 点以后，变化过程和合金III相似。β 晶体则将析出 α_{II}，冷却到室温，V 合金的组织包括晶体 β 和 α_{II}。因此，V 合金从高温到低温的相变过程：

$$L \longrightarrow L+\alpha \longrightarrow L+包晶体\beta \longrightarrow \beta \longrightarrow 晶体\beta+\alpha_{II}$$

非平衡凝固对于包晶反应的一个显著影响就是凝固过程中会形成成分不均匀分布。包晶反应的特点是包覆，图 9-12 所示描述了包晶反应的析出及其包覆过程。如前所述，包晶反应是液相 L 和先析出相 α 之间的反应，随后形成的 β 相倾向于依附初生相 α 的表面形核生长，先析出相 α 相将被新生的 β 相包覆，这种包覆效果是导致 α 相无法直接与液相 L 接触、阻止包晶反应的继续。因此，接下来包晶反应的进行就需要借助于 β 相作为中介，完成液相 L 和先析出相 α之间的扩散以继续包晶反应，这就导致包晶转变的速度往往极为缓慢。显然，影响包晶转变能否进行完全的主要矛盾是所形成新相 β 内的扩散速率。如果冷速较快，包晶反应所依赖的固体中的原子扩散往往不能充分进行，导致包晶反应的不完全性，即在低于包晶温度下，将同时存在参与转变的液相和 α 相，其中液相在继续冷却过程可能直接结晶出 β 相或参与其他反应，而α 相仍保留在 β 相的芯部，形成包晶反应的非平衡组织。因此，在实际工业生产中，非平衡凝固对具有包晶转变的合金一个重要影响就是存在严重的成分不均匀分布。这种成分不均匀分布一般可以通过扩散退火消除。

此外，和非平衡凝固对共晶组织的影响一样，在非平衡凝固条件下，某些原来不发生包晶反应的合金会发生包晶反应。如图 9-13 所示，合金 I 正常平衡凝固条件下，由于其成分竖线并没有和包晶线相交，所以不发生包晶转变。但是在快冷条件下会发生包晶反应，出现某些平衡状态不应出现的相。

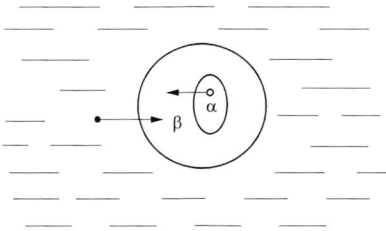

图 9-12 包晶反应原子迁移示意

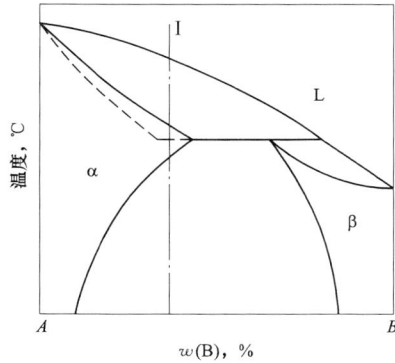

图 9-13 因快冷而可能发生的包晶反应示意

9.5 其他二元相图

9.5.1 具有化合物的二元相图

在某些二元系中，构成二元系的两个组元成分达到某一个比例，会形成典型的化合物。如果化合物中构成元素之间具有明确的比例，相图中就会有明显的一条竖线。如果化合物溶有其他物质形成固溶体，其成分将在一定范围内变化，相图中单一竖线就会变成一个区域。化合物及形成固溶体的化合物在相图中的形状如图 9-14 所示。此类相图由于有化合物的存在，不同于前面介绍的仅仅有固溶体的相图，故称为具有化合物的相图。

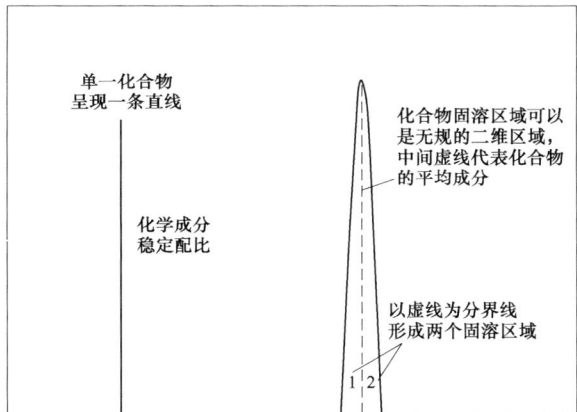

图 9-14 化合物相图中稳定化合物区域相变线形状对比

根据形成的化合物高温时是否分解，将化合物分为稳定化合物和非稳定化合物，它们的相图是有一定差别的。稳定化合物与正常的化合物一样具有固定的熔点，加热到熔点时熔化为液态，所产生的液相成分与化合物相同。图 9-15（a）所示为 Mg - Si 合金相图，当硅含量达到 36.6% 时，组元 Mg 和 Si 之间生成化合物 Mg_2Si，在 $1087℃$ 开始熔化。如果以 Mg_2Si 成分竖线为分界线切割相图，可以获得两个简单的共晶相图。左侧是 Mg - Mg_2Si 分二元系统的共晶相图，在共晶点发生如下反应：

$$L_{E1} \longleftrightarrow Mg + Mg_2Si$$

右侧是 Mg_2Si - Si 分二元系统的共晶相图，在共晶点发生如下反应：

$$L_{E2} \longleftrightarrow Si + Mg_2Si$$

当系统中存在 n 个稳定化合物而致使相图复杂化时，可以以稳定化合物的成分线为分界线，将复杂相图划分成 $n+1$ 个简单系统，然后再进行具体分析。

图 9-15（b）所示为 Cd - Sb 合金相图。在图 9-15（a）中的化合物比例明确，而在图 9-15（b）中虚线所示化合物的成分比例在一定范围变化。这是由于形成的化合物对组元 Cd、Sb 具有一定的溶解，即形成了以化合物为基的 Cd、Sb 固溶体，导致化合物的浓度在相图中有一

(a) Mg–Si合金相图

(b) Cd–Sb合金相图

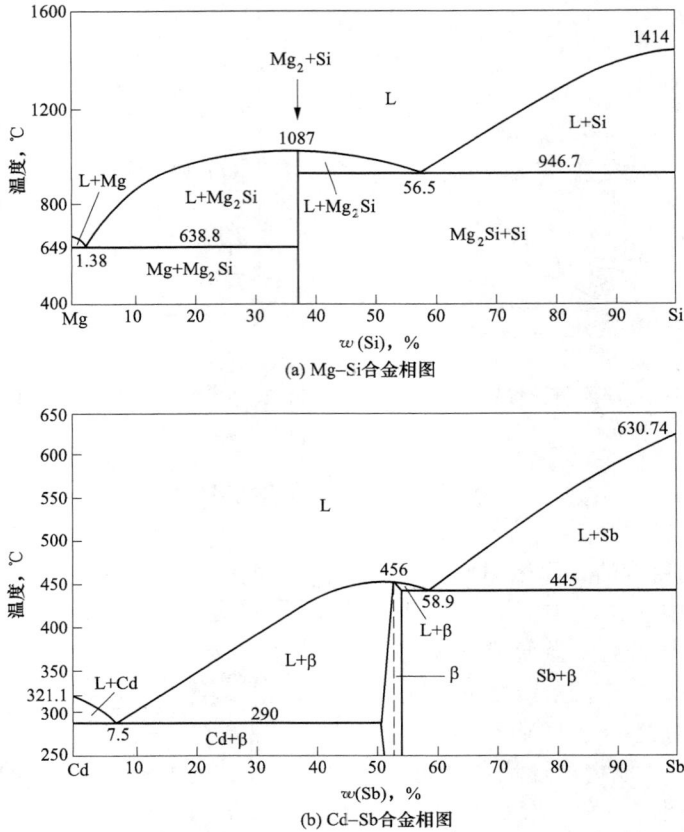

图 9-15　带有稳定化合物的二元相图

定的成分变化。尽管如此，图 9-15（b）中的化合物和图 9-15（a）中的一样，相图显示具有固定的熔点。因此，这类化合物也属于稳定化合物。如果相图以化合物成分竖线为分界线切割（见图中虚线），可以获得两个简单的共晶相图，只不过这两个共晶相图在化合物侧带有明显的固溶体区域。

　　不稳定化合物的特点是加热到某一温度，化合物就会发生分解，分解产物是一种液相和一种晶相，二者与原来化合物组成完全不同，如图 9-16 中箭头处所示。组元 K 和组元 Na 形成二元系，当 Na 含量达到 54.4% 时，K 和 Na 之间会生成化合物 KNa$_2$。KNa$_2$ 化合物不稳定，加热到温度 6.9℃ 会分解为液相和 Na 晶相，因此 KNa$_2$ 不是一个稳定化合物。它和稳定化合物在相图中的位置不一样，以其成分竖线分割相图无法将相图转化成两个相对简单的相图。

9.5.2　偏晶-合晶-熔晶转变

　　偏晶转变是指具有确定成分的液相 L$_1$，在一定的温度下，结晶出固相 S$_1$ 和另一个与 L$_1$ 不相溶的液相 L$_2$，即

$$L_1 \longrightarrow S_1 + L_2$$

　　图 9-17（a）所示为 Cu-Pb 二元相图，在 955℃ 发生如下偏晶转变：

$$L_{36} \longleftrightarrow Cu + L_{87}$$

　　合晶转变是由两个成分不同的液相 L$_1$ 和 L$_2$ 相互作用形成一个固相。如图 9-17（b）所示，在 asb 温度发生如下合晶转变：

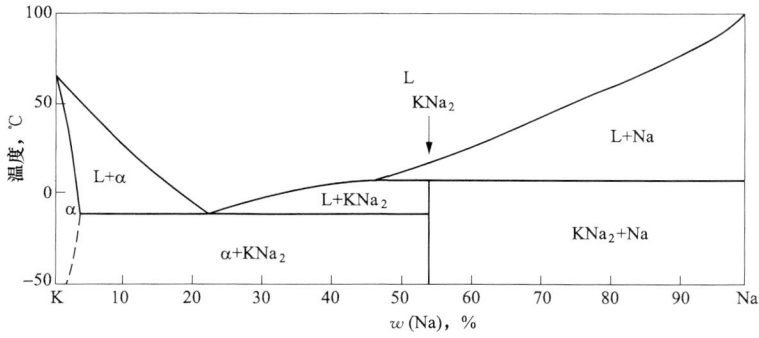

图 9-16 K-Na 相图

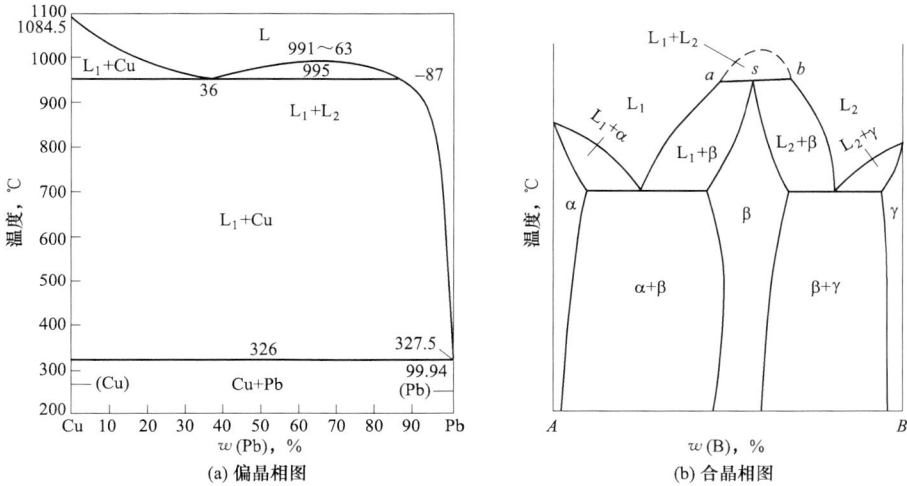

(a) 偏晶相图

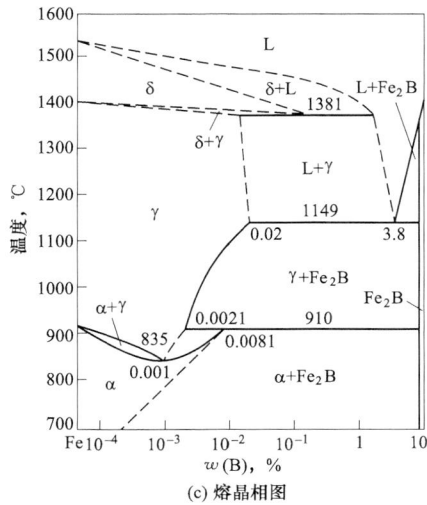

(b) 合晶相图

(c) 熔晶相图

图 9-17 特殊二元合金相图

$$L_{1a} + L_{2b} \longleftrightarrow \beta$$

熔晶转变是由一个固相恒温分解为一个液相和另一个固相。图 9-17（c）所示为具有熔晶转变的 Fe-B 二元相图。含微量硼的 Fe-B 合金在 1381℃ 时进行了熔晶转变，即

$$\delta \longleftrightarrow \gamma + L$$

少数合金如 Fe - S、Cu - Sb 等具有熔晶转变。

9.5.3 固态相变

固态相变涉及多晶性转变、有序-无序转变、脱溶分解、共析-包析、溶混间隙、固溶体向中间相转化等转变。

由图 9-18 (a) 所示 Cu - Au 相图可以看出，w(Au) 为 51% 的 Cu - Au 合金，在 390℃以上为无序固溶体，当温度降低到 390℃以下时，该合金向有序固溶体 α'(AuCu$_3$) 转变，发生有序-无序转变。其中，α'(AuCu$_3$)、α_1''(AuCu$_I$)、α_2''(AuCu$_{II}$) 和 α'''(Au$_3$Cu) 均为有序固溶体。

固溶体发生有序-无序转变可以是一级相变，也可以是二级相变，两者在相图中表现不同。如果属于一级相变，则相图上两个单相区之间应有两相区隔开，如图 9-19 (a) 所示的 Cu - Au 相图；如果属于二级相变，则两个单相区之间只被一条单线所隔开，如图 9-19 (b) 所示，图中 $\eta \longrightarrow \eta'$ 的无序-有序转变仅有一条细直线隔开。

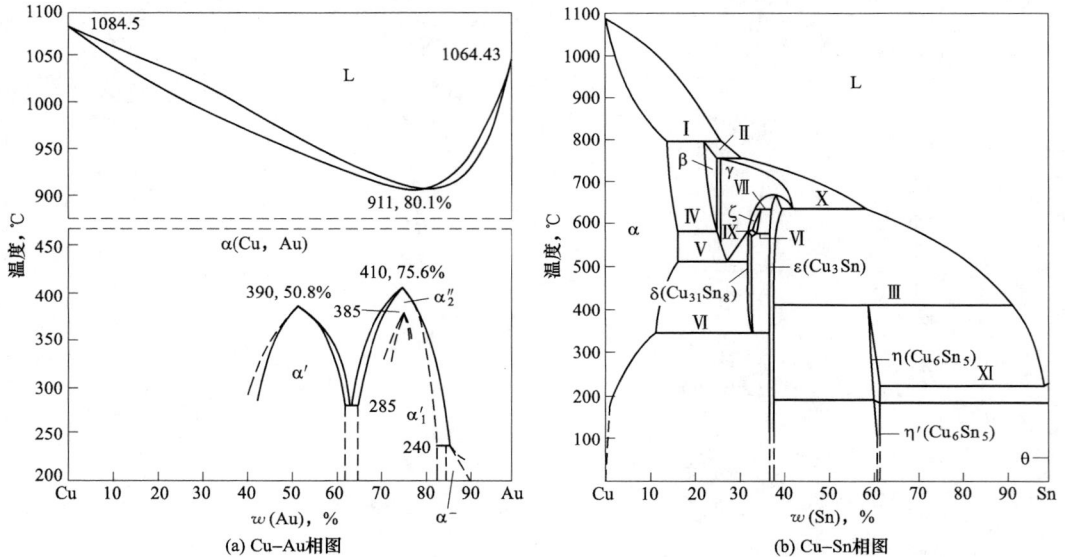

图 9-18 固态相变相图案例

共析、包析转变的相图可以在图 9-18 (b) Cu - Sn 相图中得到观察。Cu - Sn 相图中 γ 为 Cu$_3$Sn，δ 为 Cu$_{31}$Sn$_8$，ε 为 Cu$_3$Sn，ζ 为 Cu$_{20}$Sn$_6$，η 和 η' 为 Cu$_6$Sn$_5$，它们都溶有一定的组元。相图存在 4 个共析恒温转变：

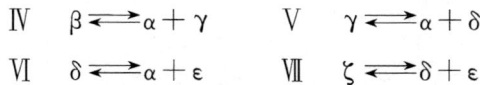

$$\text{IV} \quad \beta \rightleftharpoons \alpha + \gamma \qquad \text{V} \quad \gamma \rightleftharpoons \alpha + \delta$$
$$\text{VI} \quad \delta \rightleftharpoons \alpha + \varepsilon \qquad \text{VII} \quad \zeta \rightleftharpoons \delta + \varepsilon$$

有两个包析转变：

$$\text{VIII} \quad \gamma + \varepsilon \rightleftharpoons \zeta \qquad \text{IX} \quad \gamma + \zeta \rightleftharpoons \delta$$

由图 9-19 所示的 Fe - Cr 二元相图可以看到由固溶体直接转变为中间相的现象。如图中箭头所指，w(Cr) 为 46% 的合金在温度高于 821℃时为单一的 α 固溶体。如果降温，α 固溶体将在 821℃发生 $\alpha \rightarrow \sigma$ 的转变，σ 相是以金属间化合物 Fe - Cr 为基的固溶体。在这个过程中，发生了固溶体向中间相的转变。

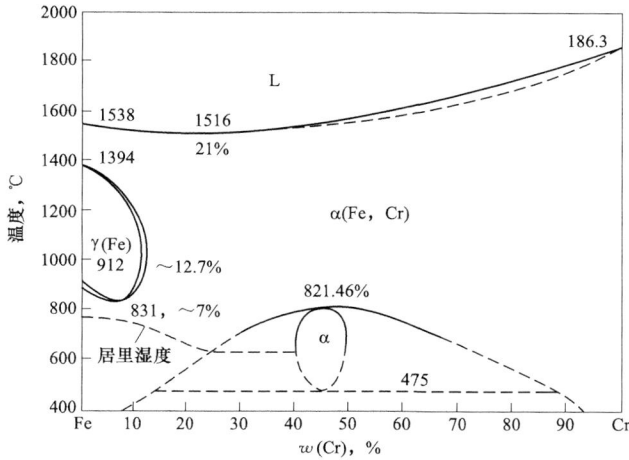

图 9-19　Fe - Cr 相图

9.6　二元相图的规律和分析方法

9.6.1　二元相图的规律

下面以图 9-20 所示的共晶相图来说明二元相图的规律。

（1）相图中所有的线条都代表发生相转变的温度和平衡相的成分。因此，相界线是相平衡的体现，平衡相成分必须沿着相界线随温度而变化。如图 9-21 所示，T_A-E、T_B-E、T_A-C、T_B-D、CF、DG、CDE 线均为相界限，代表相转变的临界状态。

（2）两个单相区之间必定有一个由这两个单相组成的两相区把它们分开，而不能以一条线接界。两个双相区必须以单相区或三相水平线隔开。

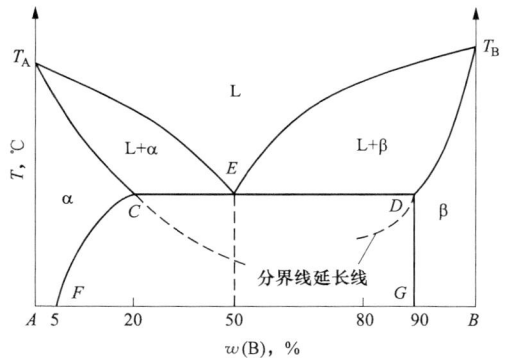

图 9-20　共晶相图的基本规律

即在二元相图中，相邻相区的相数差为 1（点接触情况除外），这个规则称为相区接触法则。如图 9-20 所示，单相区 α 和 β 之间，相隔 α+β 双相区；β 和 L 之间，以及 α 和 L 之间，分别相隔 L+β、α+L 双相区。观察图 9-20 的各个相区，很容易看到，相邻相区相数差 1。

（3）二元相图中的三相平衡必为一条水平线，表示恒温反应。在这条水平线上存在 3 个表示平衡相的成分点，其中两点应在水平线的两端，另一点在端点之间。水平线的上、下方分别与 3 个两相区相接。如图 9-20 所示，共晶反应为恒温反应，对应为一条直线，共晶点居于线的中间，代表共晶成分点，该直线还有其他两个端点，分别代表共晶体析出时 α 和 β 的成分点。共晶温度线上面分别为 L+α 和 L+β 双相区域，下面为 α+β 双相区域相连。

（4）当两相区与单相区的分界线与三相等温线相交，则分界线的延长线应进入另一两相区内，而不会进入单相区内。如图 9-20 所示，$T_A C$ 沿着从 T_A 到 C 的方向延长，可以想象，曲线会直接延伸到 α+β 双相区域。同 $T_B D$ 沿着从 T_B 到 D 的方向延长，可以想象，曲线会直接延伸到 α+β 双相区域，而不会进入单相区。

9.6.2　二元相图的分析方法

二元相图的分析和利用包括二元相图的识图，以及在识图基础上开展的相演变及其与性能的关系分析。首先识别复杂的二元相图，往往要有一定的分析步骤。下面是复杂相图一般的分析程序，具体步骤的实施案例请看后面的二元相图实例——铁碳平衡相图分析等。

（1）看相图中是否具备稳定化合物。如果具有稳定化合物，则可以通过其成分所在的竖直线将相图分解成为几个相对简单的相图，再对各个分解的简单相图进行分析。

（2）根据前面讲述的相图的基本规律，确定相图中各个区域对应的相组成，进而确定各个曲线对应的相转变。

（3）寻找相图中的特殊线，尤其是水平线，根据水平线的形状分析水平线对应的转变是哪类转变。为了简化这一步骤，图 9-21 给出了不同转变对应的水平线特征，可以对照进行判别。根据水平线确定转变类型，再按照前面学习的不同类型基础相图的分析方法进行分析即可。

（4）选取特殊成分的合金，通过温度变化分析其组织变化情况。分析过程中要特别注意：相图只表示平衡状态，和实际工业生产有一定区别，要注意非平衡条件下可能出现的相和组织。

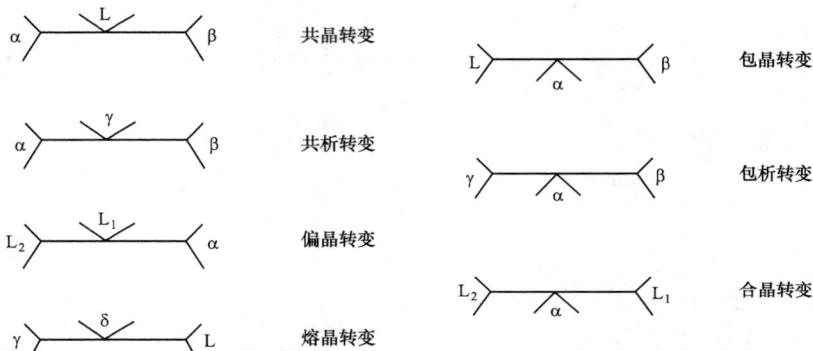

图 9-21　二元系相图中各类恒温转变特征

9.7　相图的获得方法

获得相图的方法主要有两种。一种是实验方法，也就是通过实际的大量实验测量的。但是由于实验条件和科技发展水平的限制，并不是所有的实验数据都可以通过实验来获得。在这种情况下，就需要另外一种方法即依赖于热力学理论进行计算，通过计算法来补充实验技术的不足。例如铁-碳平衡相图，平衡相图中绝大多数线是根据实验测得的数据绘制的；但是有些线，如 Fe_3C 的液相线，石墨在奥氏体中溶解度等则是通过热力学计算得出的。

9.7.1　实验法

实验法获得相图的主要依据是材料发生相变时往往会导致一些物理参数，如膨胀系数、电导率等发生突然改变，通过对这些参数变化的有效测量和分析就可以进一步获得相变发生的过程。图 9-22 描述了采用热分析手段获得 Cu - Ni 合金相图的过程。具体步骤如下：

（1）首先配制一系列含 Ni 量不同的 Cu - Ni 合金，测出它们从液态到室温的冷却曲线，如图 9-22 所示，给出纯铜，以及 $w(Ni)$ 为 20%、40%、60%、80% 的 Cu - Ni 合金及纯 Ni 的冷却曲线。由图 9-22 可见，组元 Cu 和 Ni 的冷却曲线相似，都有一个水平台，对应温度为典型的临界点，表示其凝固在恒温下进行，凝固温度分别为 1083℃和 1452℃。其他 4 条二元合金曲

线没有水平平台，但是存在明显的过渡区域，相应曲线为二次转折线，温度较高的转折点表示
凝固的开始温度，温度较低的转折点表示凝固的终结温度。这些现象说明 4 个合金的凝固与纯
金属不同，其凝固是在一定温度范围内进行的，相应的两个转折点是关键临界点。

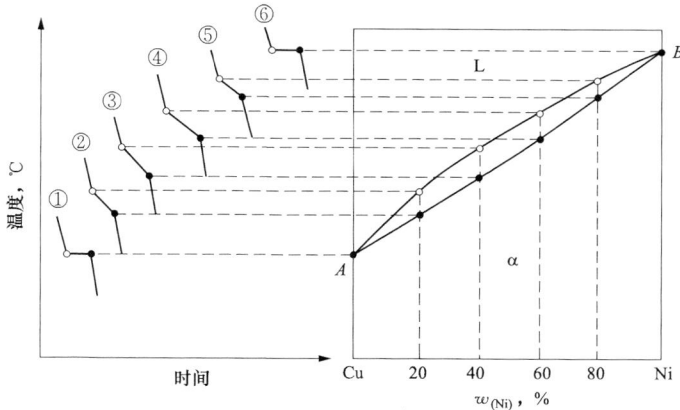

图 9-22　通过热分析法绘制 Cu - Ni 合金相图

　　（2）将与关键临界点对应的温度和成分分别标在二元相图的纵坐标和横坐标上，每个临界
点在二元相图中对应一个点，再将凝固的开始温度点和终结温度点分别连接起来，就得到图
9-22 所示的 Cu - Ni 二元相图。由凝固开始温度连接起来的相界线称为液相线，由凝固终结温
度连接起来的相界线称为固相线。

　　上述获得相图的实验方法是依据热分析技术获得的。通过热分析技术获得表示物质结构状
态发生本质变化的相变临界点，然后通过这些临界点整理绘制获得相图。实际上除了热分析技
术，获得相图的实验技术还有很多。理论上，只要能够测量相变临界点的技术都可以用来绘制
相图。实验技术包括热分析、膨胀法、电阻法、金相法、X 射线、电子探针微量分析等，而相
图的精确测定往往需要由多种方法配合使用。

9.7.2　热力学理论计算法

　　热力学是相图的理论基础，通过热力学计算法获得二元相图主要包括三个步骤：第一步是
依据热力学知识计算吉布斯自由能与成分的关系式并绘制出相应的函数 $G - x$ 曲线；第二步是
了解相关定理，如公切线定理、共线法则、杠杆法则等；第三步是依据共切线定理将绘制 $G - x$ 曲线转化成相图 $T - x$ 曲线。前两步涉及的知识已在相变热力学中详细介绍，这里重点介绍
第三步，即根据 $G - x$ 曲线理论绘制相图。下面以共晶相图为例说明具体绘制过程。

　　（1）图 9-23（a）所示为三个自由能成分曲线，分别为 β 相、液相及 α 相，其中液相的自由
能较低，处于稳定状态，所以当温度高于 T_1 时为液相，对比图 9-23（f）可以看到这一点。

　　（2）图 9-23（b）所示为三个自由能成分曲线，分别为 β 相、液相及 α 相，但是液相及 α 相
之间存在明显的公切线，β 相自由能较高，说明此时是液相及 α 相双相共存状态，可以通过公
切线找到双相共存时液固相的成分。然后在图 9-23（f）横坐标找到相应成分，作 AB 横轴的垂
直线，与 T_2 温度水平线交割两点，即为该温度下的相变临界点。

　　（3）图 9-23（d）所示为 T_4 温度时，可以看到明显的三个自由能成分曲线，而且三相的自
由能曲线存在同一个公切线，表明此时三相共存，通过公切线找到温度 T_4 时三相共存临界点
共三个，陈列如图 9-23（f）所示。

　　（4）图 9-23（e）显示，此温度下，相对于液相，β 相和 α 相的自由能均低于液相，而且二

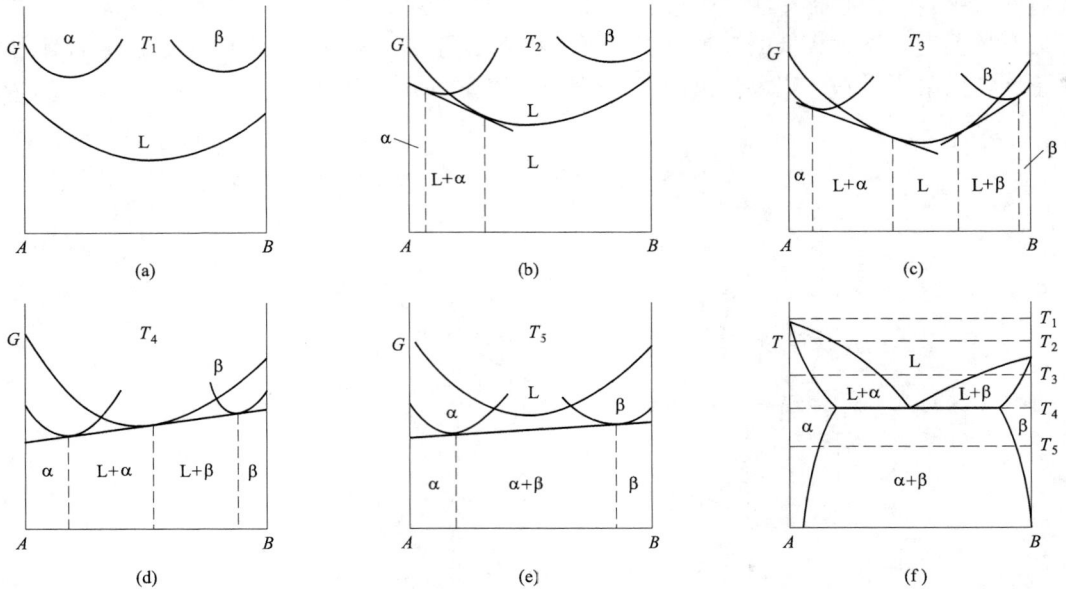

图 9-23　理论计算方法绘制共晶相图的步骤

者有公切线，β 相和 α 相可以实现稳定共存，按照前述方法可以很容易地找到此时的两个临界点，如图 9-23（f）所示。

（5）将图 9-23(f) 图中获得的同类临界点连接成线，得到共晶相图。

9.8　铁-碳平衡相图

早在 1868 年，俄国学者切尔诺夫（Д. к. Чернов）就注意到把钢加热到某一温度以上再快冷，能使钢淬硬，从而有了临界点的概念。1887—1892 年，奥斯蒙（F. Osmond）等利用热分析法和金相法发现铁的加热和冷却曲线上出现两个驻点，即临界点 A_3 和 A_2，它们的温度视加热或冷却（分别以 A_c 和 A_r 表示）过程而异。在此基础上，奥斯蒙认为铁有同素异构体，在室温至 A_2 温度之间保持稳定的相为 α 铁；$A_2 \sim A_3$ 为 β 铁；A_3 以上为 γ 铁。1895 年，他又进一步证明，如铁中含有少量碳，则在 690℃ 或 710℃ 左右出现临界点，即 A_{r1} 点，标志着在此温度以上碳溶解在铁中，而在低于这一温度时，碳以渗碳体形式由固溶体中分解出来。随着铁中碳含量的提高，A_{r3} 下降而与 A_{r2} 相合；断续下降至含碳为 0.8% ~ 0.9% 时，与 A_{r1} 合为一点。1904 年，奥斯蒙又发现 A_4 至熔点间为 δ 铁。以上述临界点工作的成果为基础，1899 年罗伯茨-奥斯汀（W. C. Roberts‐Austen）制订了第一张铁-碳相图；而洛兹本更（H. W. Bakhius Roozeboom）首先在合金系统中应用吉布斯（Gibbs）相律，于 1990 年进一步制订出较完整的铁-碳平衡图。随着科学技术的发展，铁-碳平衡图不断得到修订，日臻完善。从某种意义上讲，铁-碳合金平衡相图是研究铁-碳合金的工具，是研究碳钢和铸铁成分、温度、组织和性能之间关系的理论基础，也是制订各种热加工工艺的依据。下面以铁-碳平衡相图作为二元相图的实例来学习相图的分析和使用方法。

如图 9-24 所示，为铁-碳合金相图和所有的二元相图一样，相图纵轴是温度，横轴为碳浓度变化，由于实际使用的铁-碳合金其含碳量多在 5% 以下，因此，成分轴的碳浓度变化选择从 0~6.69%。含量为 6.69% 的铁-碳合金，是一种复杂的晶格结构化合物，俗称为渗碳体，通常

采用符号 Fe₃C 表示。渗碳体的硬度很高，脆性很大，几乎没有塑性，不能单独使用。通常以
片状、粒状、网状等不同的形态分布于铁-碳合金中。

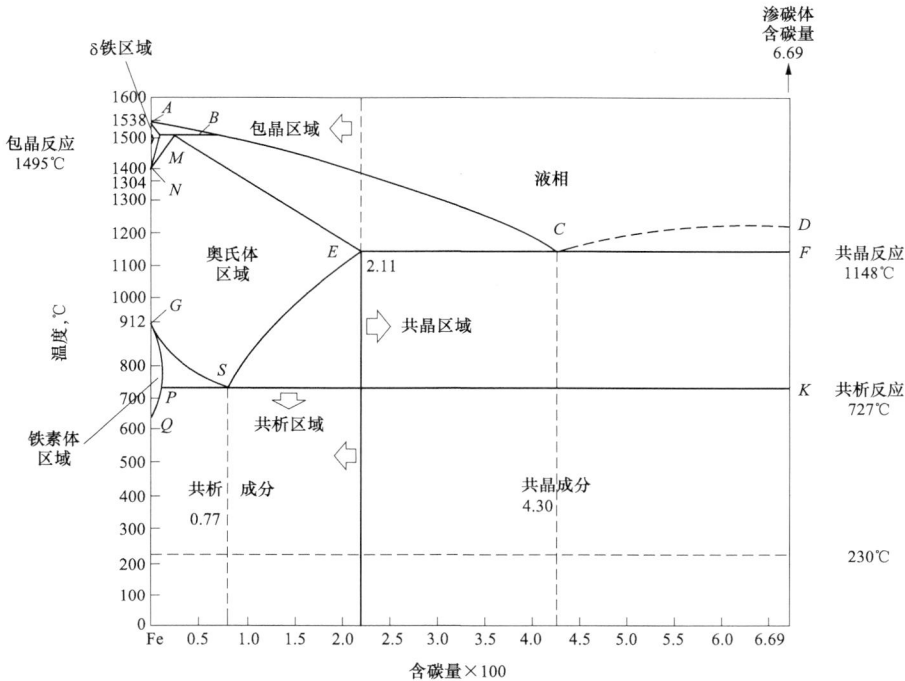

图 9-24　铁-碳合金相图

　　铁-碳平衡相图的结构可以通过有效分解，分解成为三个相图。如图 9-24 所示，如果以 E
点画一个垂直线，其右侧就是一个共晶反应的相图。如果以 E 点再画一个水平直线，其左侧部
分就分为两部分，上面是一个包晶反应。

　　下面具体研究铁-碳平衡相图中涉及的固溶体和中间相。图 9-24 的左侧从下至上可以找到
α-Fe(铁素体区域)，γ-Fe(相图中奥氏体区域) 和 δ-Fe。这三个相是铁-碳固溶体，具有不
同的结构和成分，例如 δ-Fe 具有体心立方晶格；在 1394℃以下的 γ-Fe 具有面心立方晶格，
俗称奥氏体；在 912℃以下的 α-Fe 具有体心立方晶格，俗称铁素体。奥氏体是碳溶于 γ-Fe
中形成的间隙固溶体，用符号 A 表示。奥氏体的溶解碳能力较大，在 727℃时溶解碳含量为
0.77%，在 1148℃时最大的溶解碳含量可达 2.11%。性能上奥氏体的硬度较低而塑性较高。
铁素体是碳溶于 α-Fe 中形成的间隙固溶体，用符号 F 表示。铁素体的溶解碳能力很低，在
727℃时可达到最大的溶解碳含量为 0.0218%。性能上铁素体与纯铁类似，强度、硬度不高，塑
性、韧性很好。这是铁-碳合金相图中非常重要的三个固溶体，说明不同结构的铁与碳可以形成
不同的固溶体，温度从高到低，构成铁的同素-异构转变，即在固态下有不同的结构。这些固
溶体一般都是间隙固溶体。由于 γ-Fe 和 α-Fe 晶格中的孔隙特点不同，因而两者的溶碳能力
也不同，两者的最大固溶碳的含量点分别为 E 点 2.11 和 P 点 0.0218，温度下降，固溶碳的数
量也会下降，前者的固溶度量会随着 SE 线下降，同样后者下降会沿着 P 点下面的斜线发生。

　　图 9-24 所示相图中包含的相变线有直线和曲线。首先从最上面看 ACD 线，它代表铁-碳
合金的液相线，该线以上部分为全部的液相区域。此外图中有三条水平线，这三条水平线分别
对应一定的反应。其中最高温度在 1495℃的水平线对应典型的包晶反应，按照图中标注，此包

晶反应应该如下：

$$L + \delta \longrightarrow A$$

其中，δ是铁的同素异构体，称为δ铁；A为γ铁。第二条水平线为 *ECF* 水平线，该线对应是共晶转变线，转变温度为1148℃。相应的共晶反应为

$$L_{4.3} \longrightarrow A_{2.11} + Fe_3C$$

其中，$L_{4.3}$代表发生共晶反应的液相成分；$A_{2.11}$代表共晶体中的一项为A，即成分为2.11的奥氏体。此反应形成的共晶体通常称为莱氏体。莱氏体是由奥氏体和渗碳体组成的机械混合物，用符号 L_d 表示。莱氏体中的平均含碳量为4.3%，存在于1148～727℃的莱氏体，称为高温莱氏体。温度低于727℃时，莱氏体由珠光体和渗碳体组成，称为低温莱氏体，用L_d'表示。莱氏体的性能与渗碳体相似，硬度很高，塑性、韧性很差。第三条水平线为 *PSK* 水平线是共析转变线，转变温度727℃，相应的共析反应为

$$A_{0.77} \longrightarrow Fe_{0.0218} + Fe_3C$$

其中，$Fe_{0.0218}$代表共析体中的一相成分为 Fe 基固溶体，即图中 *P* 点以左为 α 铁区域，最大含碳量为 *P* 点，对应含碳量0.0218；$A_{0.77}$代表共析反应前的合金相为A，成分为0.77，即含碳量为0.77的奥氏体。此反应形成的共析体通常称为珠光体。珠光体是由铁素体和渗碳体组成的机械混合物，用符号 P 表示。珠光体中的平均含碳量为0.77%。珠光体的性能介于铁素体和渗碳体之间，其显微组织通常为铁素体与渗碳体层片相间。

铁-碳相图的固溶区域包括δ铁和α铁区域。相图左上侧δ铁区域有两条曲线，分别对应液相完全转变成δ铁的转变线和δ铁开始转变成奥氏体的转变线。奥氏体区域包裹有四条曲线，上面左侧线为δ铁完全转变成奥氏体的转变线，右侧是液相完全转变成奥氏体的转变线；下面两条曲线分别对应 *GS* 线和 *ES* 线。*GS* 线是冷却时奥氏体析出铁素体的开始转变线，用A_3表示；*ES* 线是碳在奥氏体中溶解度线，用A_{cm}表示。相图左下侧α铁，即铁素体区域，区域包含两条曲线，上面是奥氏体完全转变成铁素体的转变线，下面是碳在铁素体中溶解度线。将铁-碳合金相图中上述这些曲线所分割成若干区域进行整理，陈列于表9-1。

表 9-1		Fe-Fe₃C 相图的主要相区及其组成			
单相区		双相区		三相区	
相区-范围	相组成	相区-范围	相组成	相区-范围	相组成
ACD 线以上	L	*BCEM*	L+A		
ESGNM	A	*CDFC*	L+Fe₃C		
GPQG	α	*GSPG*	A+α	*ECF* 线	A+Fe₃C+L
DKF 纵轴线	Fe₃C	*EFKSE*	A+Fe₃C	*PSK* 线	A+Fe₃C+α
ANGQ 纵轴线	Fe	*QPSK* 线以下	α+Fe₃C		

9.9　铁-碳合金的相变

图9-25所示为铁-碳平衡相图。根据含碳量划分的合金种类，把含碳量 $w(C)$ 为0.0218%～2.11%的铁-碳合金称为钢，而把含碳量 $w(C)$ 为2.11%～6.69%的铁-碳合金称为铁。工业纯铁一般指含碳量 $w(C) < 0.0218\%$ 的铁-碳合金，如图9-25中的①合金。进一步按照碳的含量

不同，碳钢可以分为如下几类：亚共析钢，$w(C)<0.77\%$；共析钢，$w(C)=0.77\%$；过共析钢，$w(C)>0.77\%$。

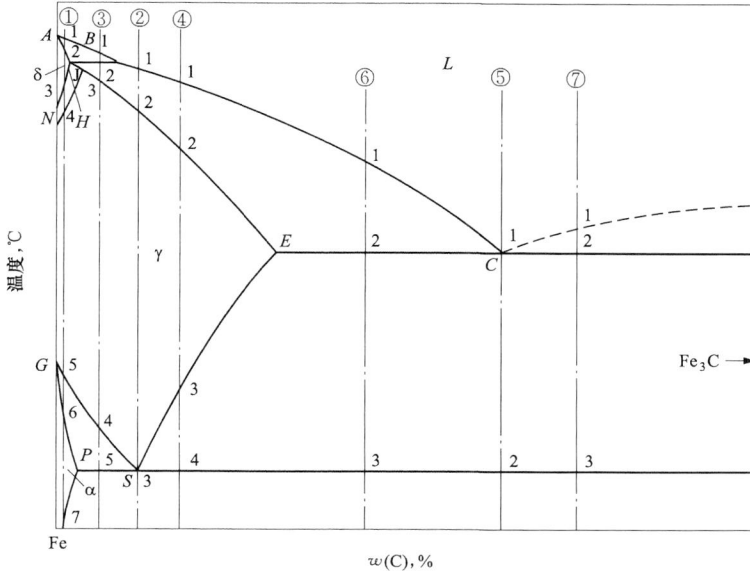

图 9-25　铁-碳平衡相图

上述合金分别对应图 9-25 中的②、③、④等成分合金。铁可以分为以下几类：亚共晶白口铸铁，$2.11\%<w(C)<4.3\%$；共晶白口铸铁，$w(C)=4.3\%$；过共晶白口铸铁，$4.3\%<w(C)<6.69\%$。分别对应图 9-25 中的 6、5、7 等成分合金。

下面结合铁-碳平衡相图分析七个铁-碳合金在从高温到室温的相变过程。

9.9.1　工业纯铁

工业纯铁一般指含碳量 $w(C)<0.0218\%$ 的铁-碳合金。如图 9-26 所示，合金熔液冷至 1～2 点之间发生匀晶转变结晶出 δ 固溶体，L→δ。继续冷却至 2～3 点之间，全被结晶为单相固溶体 δ。在 3～4 点冷却将发生多晶型转变 δ→A，奥氏相 A 不断在 δ 相的晶界上形核并长大，冷却至 4 点结束，合金全部为单相奥氏体 A。继续降温并保持到 5 点温度以上，保持单相奥氏体 A 不变。冷至 5～6 点间又发生多晶型转变 A→F，6 点以下奥氏体全部变为铁素体。铁素体同样在奥氏体 A 晶界上优先形核并长大，并在 7 点温度以上保持为单相铁素体。当温度降至 7 点以下，将从铁素体中析出三次渗碳体 Fe_3C_{III}。工业纯铁的室温组织如图 9-26 所示。

9.9.2　亚共析钢

图 9-27（a）所示为亚共析钢合金相图相变过程。合金在 1～2 点之间结晶出 δ 固溶体。冷却至 2 点（1495℃），发生包晶反应：

$$L_{0.53}+\delta_{0.09}\longrightarrow\gamma_{0.17}$$

由于合金的碳含量大于包晶点的成分（0.17%），因此，包晶转变结束后，还有剩余液相。在 2～3 点之间，液相继续凝固成奥氏体，温度降至 3 点，合金开始全部由奥氏体组成。继续冷却，单相奥氏体不变，直至冷却至 4 点时，开始析出铁素体。随着温度下降，铁素体不断增多，其含量沿 GP 线变化，而剩余奥氏体的碳含量则沿 GS 线变化。当温度达到 5 点（727℃）时，剩余奥氏体的 $w(C)$ 达到 0.77%，发生共析转变，形成珠光体。在 5 点以下，先共析铁

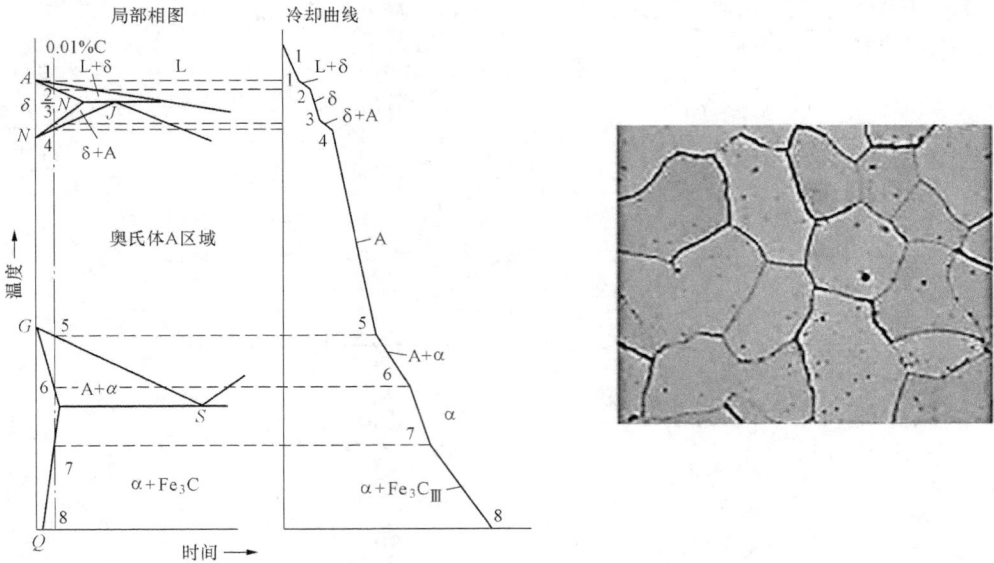

图 9-26 纯铁的相变过程及其室温获得的金相显微组织

素体中将析出三次渗碳体，但其数量很少，一般可忽略。该合金的室温组织由先共析铁素体和珠光体组成，典型的亚共析室温组织如图 9-27 所示。

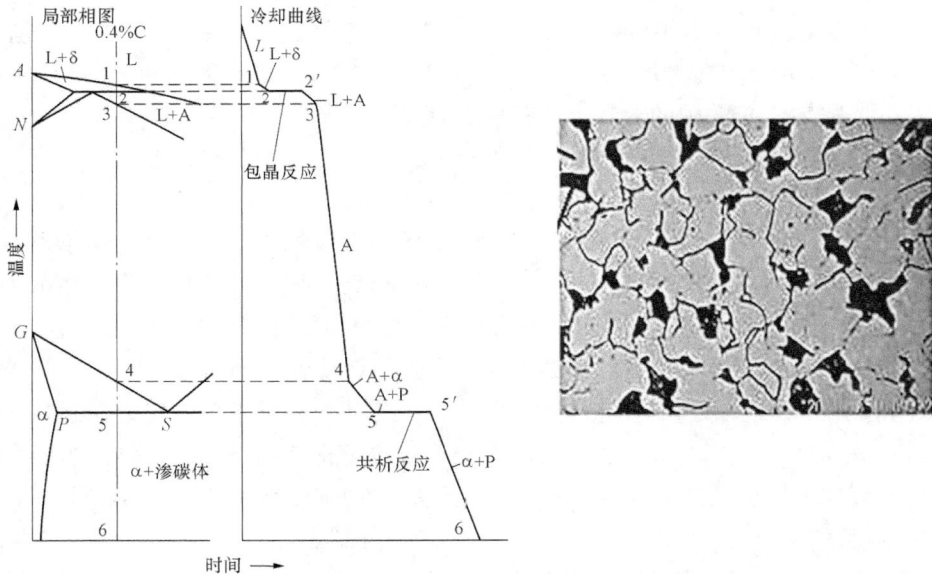

图 9-27 亚共析钢的相变过程及其室温获得的金相显微组织

9.9.3 共析钢

共析钢合金在相图的位置见图 9-25 中的合金②。合金熔液在 1~2 点按匀晶转变结晶直接析出奥氏体。在 2 点凝固结束后全部转变成单相奥氏体，并使这一状态保持到 3 点温度以上。当温度冷至 3 点温度（727℃），发生共析转变：

$$\gamma_{0.77} \longrightarrow \alpha_{0.0218} + Fe_3C$$

转变结束后奥氏体全部转变为珠光体。珠光体中的渗碳体称为共析渗碳体。当温度继续降低时，从铁素体中析出的少量 Fe_3C_{III} 与共析渗碳体长在一起无法辨认，所以其室温组织仍然为珠光体。典型的珠光体组织示意见图 9-28，图中给出的珠光体典型形貌为粒状和层片的状珠光体。

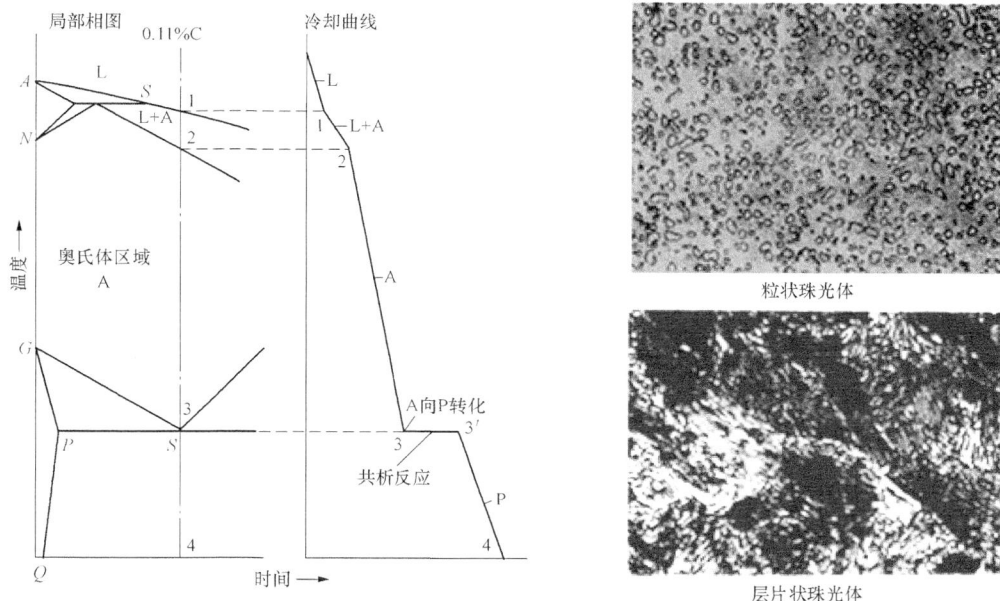

图 9-28 共析钢的相变过程及室温获得的珠光体金相显微组织

9.9.4 过共析钢

过共析钢随温度下降发生的相变如图 9-29 所示。合金在 1～2 点按照匀晶过程结晶析出单相奥氏体。冷却至 3 点开始从奥氏体中析出二次渗碳体，直至 4 点。降温过程中 Fe_3C_{II} 沿奥氏

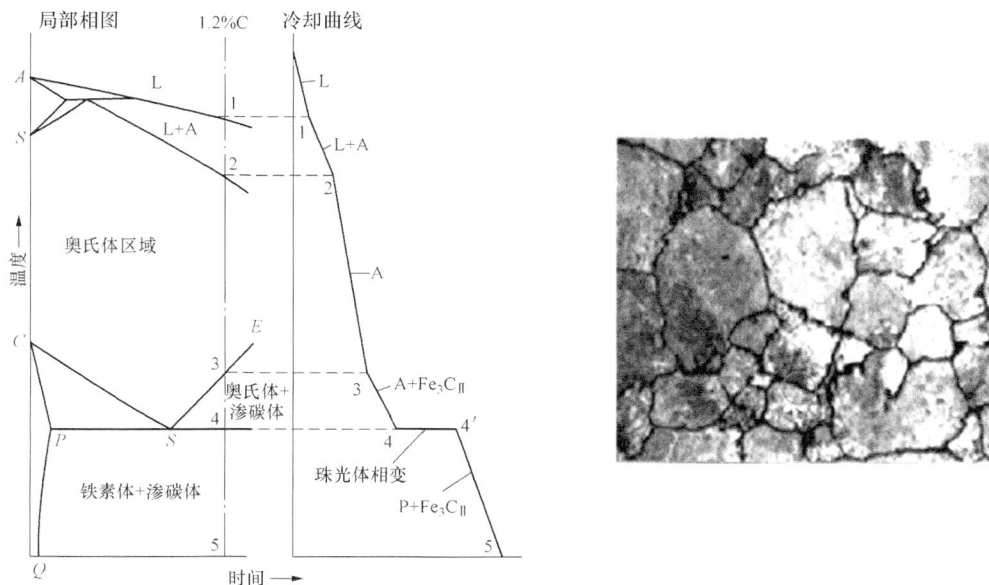

图 9-29 过共析钢的相变过程及其室温获得的金相显微组织

体晶界出，故呈网状分布，奥氏体的成分沿 ES 线变化。当冷却至 4 点温度（727℃）时，奥氏体的 $w(C)$ 降为 0.77%，发生恒温下的共析转变，最后得到的组织为网状的二次渗碳体和珠光体，典型的亚共析室温组织如图 9-29 所示。

9.9.5　共晶白口铸铁

共晶白口铸铁合金在相图中的位置见图 9-25 中的合金⑤。如图 9-30 所示，合金熔液冷 1 点时发生共晶转变：

$$L_{4.30} \longrightarrow \gamma_{2.11} + Fe_3C$$

此共晶体称为莱氏体，通常采用符号 L_d 表示。继续冷却至 1~2 点间，共晶体中的奥氏体不断析出二次渗碳体。当温度降至 2 点时，共晶奥氏体的碳含量降至共析点成分 0.77%，此时发生恒温共析转变，形成珠光体。冷却到室温最后得到的组织是室温莱氏体，称为变态莱氏体用 L_d' 表示，它保持原莱氏体的形态，只是共晶奥氏体已转变为珠光体，其显微组织图片如图 9-30 所示。

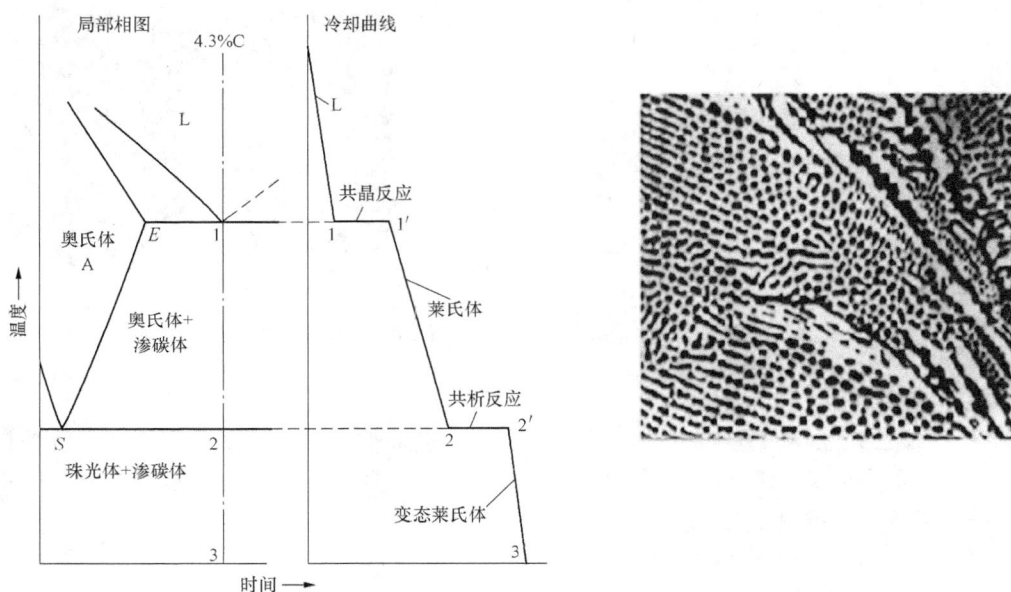

图 9-30　共晶白口铸铁的相变过程及其室温获得的金相显微组织

9.9.6　亚共晶白口铸铁

亚共晶白口铸铁合金在相图中的位置见图 9-25 中的合金⑥。如图 9-31 所示，合金熔液在 1~2 点首先结晶出奥氏体，进入奥氏体-液相双相区域，继续降温，液相成分按 BC 线变化，当温度到达 2 点时，液相 $w(C)$ 为 4.3%，此时发生共晶转变，生成莱氏体。在 2 点以下，先共晶奥氏体和莱氏体中的奥氏体都会析出二次渗碳体，奥氏体成分随之沿 ES 线变化。当温度冷至 3 点时，所有奥氏体都发生共晶转变成为珠光体。因此，其室温组织为珠光体，变态莱氏体和析出的二次渗碳体。图 9-31 所示为该合金的室温组织。图中大块黑色组成体是由先共晶奥氏体转变成的珠光体，其余部分为变态莱氏体。由先共晶奥氏体中析出的二次渗碳体依附在共晶渗碳体上而难以分辨。

9.9.7　过共晶白口铸铁

过共晶白口铸铁合金在相图中的位置见图 9-25 中合金⑦。合金熔液冷至 1~2 点之间结晶出渗碳体，先共晶相为一次渗碳体，它是以条状形态生长，其余的转变同共晶白口铸铁的转变

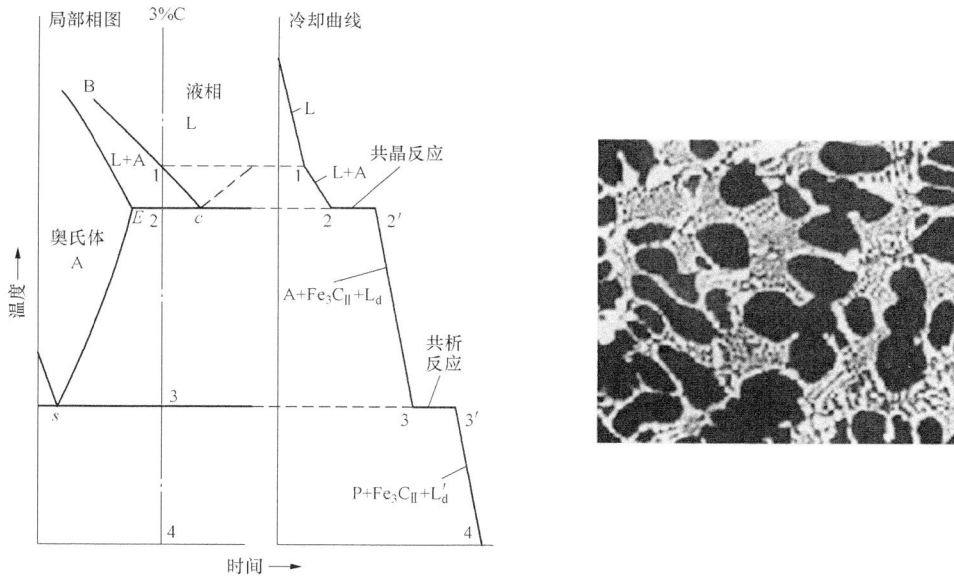

图 9-31　亚共晶白口铸铁的相变过程及其室温获得的显微组织

过程相同。过共晶白口铸铁的室温组织为一次渗碳体和变态莱氏体，如图 9-32 所示。

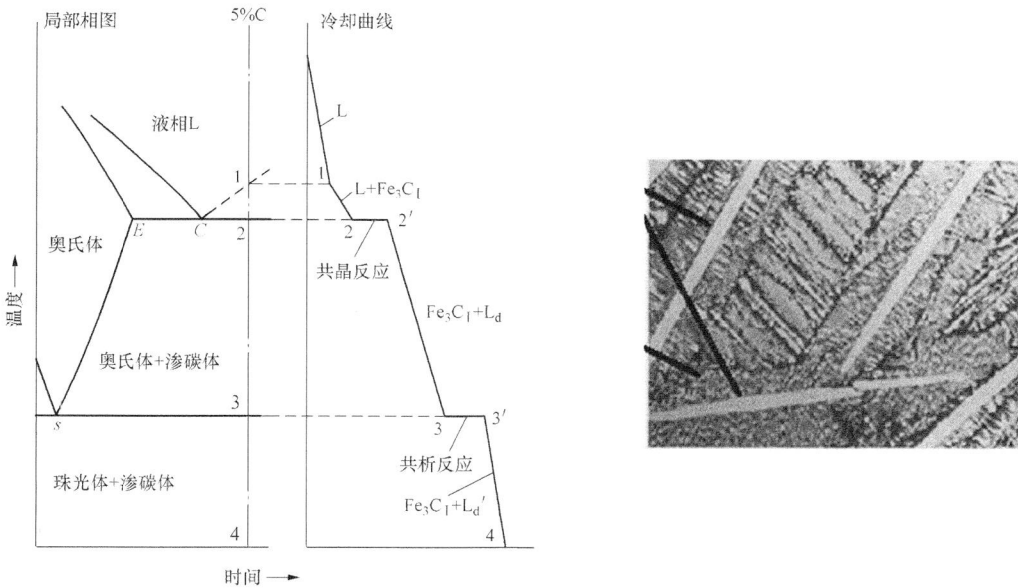

图 9-32　过共晶白口铸铁的相变过程及其室温获得的金相显微组织

　　一般说来，铁-碳合金的成分、组织和性能之间存在内在关联。成分决定组织，而组织又决定性能，宏观性能归根结底是微观组织决定的。结合铁-碳平衡相图及其合金的相变分析结果，可以看到碳含量对铁-碳合金组织有明显影响。铁-碳平衡相图中从左到右合金的室温组织依次为铁素体、铁素体-珠光体、珠光体、珠光体-渗碳体、珠光体-渗碳体-莱氏体、莱氏体、莱氏体-渗碳体等。随着含碳量变化，组织中 Fe_3C 的数量和存在形式均发生变化。当含碳量增高时，渗碳体先后由分布在 α 或者 P 的基体内，转变为分布在 γ 的晶界上（Fe_3C_{II}），最后当形成

L_d 时，Fe_3C 已作为基体相出现。由此可见，不同含碳量的铁-碳合金具有不同的组织。

上述组织的变化对性能有显著影响。含碳量很低的纯铁，微观组织是由单相铁素体构成，性能表现为塑性好，硬度和强度都很低。亚共析钢的组织是由不同数量的铁素体与珠光体组成的。随着含碳量的增加，组织中珠光体的数量相应地增加，钢的硬度、强度直线上升，而塑性指标（δ、ψ、冲击值）相应降低。共析钢的缓冷组织是由片层状的珠光体构成。由于 Fe_3C 是一个强化相，它以细片状分散地分布于软韧的铁素体基体上，起到了强化作用，因而使珠光体具有较高的强度和硬度，但塑性较差。过共析钢缓冷后的组织由珠光体和 Fe_3C_{II} 所组成。随着含碳量的增加，Fe_3C_{II} 的数量逐渐增加。当含碳量不超过 1.0% 时，由于在晶界上析出的 Fe_3C_{II} 还不能连成网状，故对性能影响不大；当含碳量大于 1.0% 时，Fe_3C_{II} 随着数量增多而呈连续网状分布，致使钢具有很大的脆性，塑性很低，强度也随之降低。

铁碳平衡相图在工业实践中具有重要应用价值。首先通过铁-碳平衡相图可以进行不同应用场合钢铁材料的选用。因碳含量对钢铁性能存在显著影响，可以根据不同场合用钢的性能要求，选择不同碳含量钢铁材料。例如纯铁强度低，不宜作结构材料，但是可以做软磁材料；低碳钢适用于塑性、韧性好的场合；中碳钢适用于强度、塑性及韧性都很好的场合；高碳钢适用于硬度高、耐磨性好的场合。其次，依赖于铁-碳相图的液相区域，可以正确选择铸造合适的浇铸温度。铸件的浇注温度一般在液相线以上 50~100℃。由于共晶成分及接近共晶成分的铁-碳合金结晶范围最小，所以流动性最好，铸造性能好。在实际铸造生产中，铸铁的化学成分总是选在共晶成分附近。此外，通过铁-碳合金相图还可以进行热锻、热轧、焊接、热处理等工艺的确定。根据铁碳平衡相图，不同成分合金具有不同的相组织，而相的组织不同又往往导致不同的性能，这使得热加工的工艺制订有所选择，如热锻、热轧等。例如，由于奥氏体强度低、塑性好，锻造与轧制通常选择在单相奥氏体区的适当温度进行。焊接过程中，高温熔融焊缝与母材各区域的距离不同，导致各区域受到焊缝热影响的程度不同，可以根据铁-碳合金相图来分析不同温度的各个区域，在随后的冷却过程中，可能会出现的组织和性能变化情况，从而采取措施，保证焊接质量，此外，一些焊接缺陷往往采用焊后热处理的方法加以改善。相图为焊接和焊后对应的热处理工艺提供了依据，铁-碳平衡相图是制订热处理工艺的重要参考依据。

9.10　二元氧化物相图

图 9-33 所示为 SiO_2 - Al_2O_3 二元相图。SiO_2 - Al_2O_3 系相图中有三个化合物，均属复杂结构。组元 α - Al_2O_3（又称刚玉）属于菱方型点阵；组元 SiO_2 随多晶型的变化具有多种点阵类型；中间相莫来石为单斜点阵。莫来石的成分是不固定的，它的 $w(Al_2O_3)$ 在 72%~78% 波动，相当于分子式 $3Al_2O_3$ - $2SiO_2$ 与 $2Al_2O_3 \cdot SiO_2$ 之间。因此，在相图中它有一个固溶成分范围。

在相图中有两个水平线。其中，1587℃的水平线，根据直线上、下曲线特征，容易判定，此温度下发生共晶转变：

$$L \longrightarrow SiO_2 + 莫来石$$

同样可以断定，在 1828℃水平线对应发生的反应为包晶转变：

$$L + Al_2O_3 \longrightarrow 莫来石$$

在相图富 SiO_2 一侧出现亚稳的溶混间隙，在该区内两相将通过调幅分解的方式自动分离，或通过形核长大的方式进行分离。在含有 SiO_2 的体系中，大多会出现这种亚稳态的两相分离。下面就图 9-33 中典型的成分陶瓷进行相变分析。

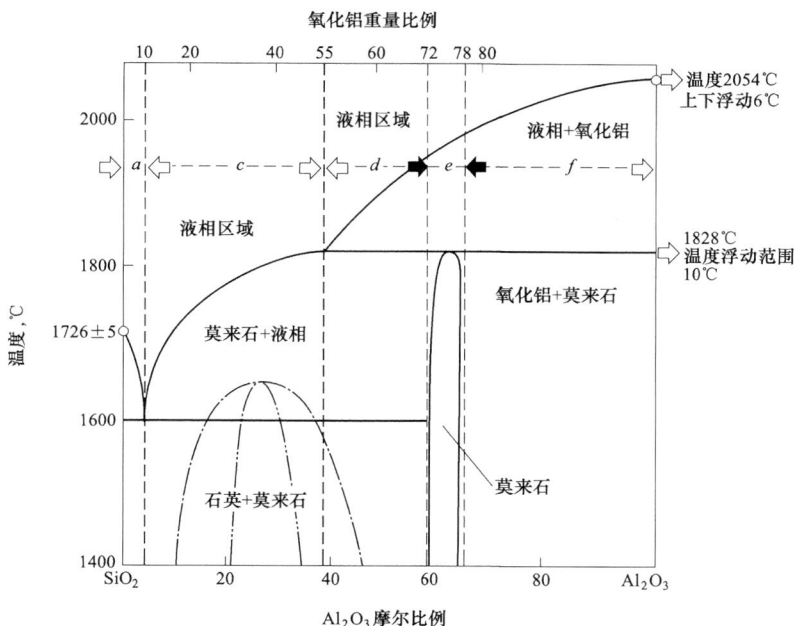

图 9-33　SiO_2 - Al_2O_3 二元相图

（1）亚共晶- $w(Al_2O_3)$ < 10% 的陶瓷。如图 9-33 中 10% 线以左，$w(Al_2O_3)$ 小于 10% 的 SiO_2 - Al_2O_3 的陶瓷。液相线温度以上为熔体，液相线以下开始以匀晶方式结晶出方石英 SiO_2，随着温度的降低，SiO_2 含量增多，而液相中的 Al_2O_3 含量也不断增多。当温度降至 1587℃时，液相的成分达到共晶成分，发生共晶反应，生成由 SiO_2 和莫来石机械混合的共晶体。共晶反应结束后的组织为初生相方石英和共晶体。继续降温，由于 SiO_2 具有典型的多晶型，它会发生明显的晶型转变。SiO_2 在室温是低温方石英、低温鳞石英还是低温石英，与冷却速度和掺杂成分有关。

（2）共晶- $w(Al_2O_3)$ = 10% 的陶瓷。共晶成分 $w(Al_2O_3)$ = 10% 的熔液在 1587℃时发生共晶反应，生成共晶体 SiO_2 + 莫来石，共晶体中两组成相的相对量可以由杠杆法则计算得到。

$$w(SiO_2) = \frac{72-10}{72-0} \times 100\% = 86\%$$

$$w(莫来石) = \frac{10-0}{72-0} \times 100\% = 14\%$$

（3）过共晶- 10% < $w(Al_2O_3)$ < 55% 的陶瓷。过共晶成分内的陶瓷熔液冷却至液相线温度，开始按匀晶方式结晶出莫来石。随着温度下降，莫来石含量增多，液体中的 Al_2O_3 含量减少，其成分沿液相线变化。当温度降至 1587℃时，液相成分达到共晶成分，发生共晶转变。共晶反应结束后的组织为莫来石和共晶体。

（4）55% < $w(Al_2O_3)$ < 72% 的陶瓷。该成分内的陶瓷熔液冷却至液相线温度，先按匀晶方式结晶出 Al_2O_3，随着温度的降低，Al_2O_3 含量增多，液相量减少。当温度降至 1828℃时，则发生包晶反应：L + Al_2O_3 ——→莫来石。

包晶反应结束后，初生相 Al_2O_3 耗尽，但尚有液相剩余。液相继续按匀晶方式结晶出莫来石，它们和包晶反应生成的莫来石结合在一起。随之液相的成分按液相线变化，最终在 1587℃、$w(Al_2O_3)$ 为 10% 时，则发生共晶转变，生成共晶体。共晶反应后的组织为莫来石和共晶体。

(5) $72\% < w(Al_2O_3) < 78\%$ 的陶瓷。该成分内的陶瓷熔液冷至液相线温度将结晶出 Al_2O_3，随温度继续冷至 1828℃时发生包晶反应。包晶反应结束后，进入莫来石单相区，冷至室温仍为单相莫来石。如果取包晶相成分 $w(Al_2O_3)$ 为 75%陶瓷，则包晶反应所需的液相和 Al_2O_3 的相对量为

$$w(液相) = \frac{100 - 75}{100 - 55} \times 100\% = 55.6\%$$

$$w(Al_2O_3) = 100\% - 55.6\% = 44.4\%$$

(6) $w(Al_2O_3) > 78\%$ 的陶瓷。该成分内的陶瓷熔液冷至液相线将结晶出 Al_2O_3，随温度降至 1828℃时发生包晶反应。包晶反应结束后，液相耗尽，但尚有部分的初生相 Al_2O_3，故此时的组织为初生相 Al_2O_3 和包晶产物莫来石。随温度降至室温，由于莫来石和 Al_2O_3 均无溶解度变化，故室温组织仍为上述包晶反应后的组织。

9.11　三元相图及其结构

工业上所使用的工程材料，如各类合金钢或者陶瓷，大多由两种以上的组元构成，这些材料的组织、性能和相应的加工、处理工艺等通常不同于二元合金，因为在二元合金中加入第三组元后，会改变原合金组元间的溶解度，甚至会出现新的相变，产生新的组成相。因此，为了更好地了解和掌握材料微观结构和组织的变化，除了使用二元合金相图外，还需掌握三元甚至多元合金相图。由于多元合金相图比较复杂，在测定和分析等方面均受到限制，因此实践中用得较多的是三元合金相图，简称三元相图。

三元相图和二元相图的主要区别就在于组元个数不同。两者的相图结构无本质区别，变量主要考虑有成分和温度两个。但是由于三元相图多了一个组元成分，如果仍然采用水平轴单一直线描述合金成分变化，显然已经不够用了。三元合金的成分变化相对于二元合金是复杂的。除了三元合金中两两元素可能组合合金外，三个元素还可以混合一起组合新的成分合金。因此，三元相图的一个关键点就是在三种组元的情况下如何通过有效的图形描述所有可能的合金成分。

构成单元相图的两个坐标轴分别是温度和压强，而二元相图的结构由于不考虑压强的影响，所以横轴是成分，纵轴是温度。二元相图的成分可以采用一条直线表示，两端分别为 100%的纯组元成分，直线上的任意一点可以代表两组元的任意成分组合。对于三元相图，理论上和二元相图很相似，只是多了一个组分，导致合金的成分表示仅仅通过一条直线无法实现了。采用成分三角形能将三个组元组成的所有合金成分都表示出来。

成分三角形为等边三角形。如图 9-34 所示，等边三角形的三个顶点 A、B、C 分别代表三个纯组元，各边表示任意两个组元组合成二元合金的成分，例如 AB 边代表 A 和 B 两个组元组成的二元合金的所有成分，BC、AC 边分别代表 B 和 C、A 和 C 二元合金的成分，各条线段上成分变化规律同二元相图的成分表示。

假设三角形中各组元成分按照逆时针增加，也就是沿着 AB 方向，含量 B 从零增加至 100%；同样，沿着 BC 方向，含量 C 从零增加至 100%；沿着 CA 方向，含量 A 从零增加至 100%。在这种情况下，如果清楚一个三元合金的组成，基于成分三角形，就可以将该合金成分用三角形内的一个点表示出来。如图 9-34 中 O 点三元合金中组元 B、C、A 的含量分别为 b、

c、a。下面用成分三角形中的一个点来表示它。首先在 AB 线上以 A 为端点找到 B 组元含量为 b 所对应的点（图中虚线对应的 3 点），在 BC 线上以 B 为端点找到 C 组元含量为 c 所对应的点（图中虚线对应的 2 点），在 CA 线上以 C 为端点找到 A 组元含量为 a 所对应的点（图中虚线对应的 1 点）；然后过 1、2、3 三点分别作等边三角形三边的平行线，平行线的交叉点即是合金 O 点在成分三角形中的位置。

反之，如果已经知道合金成分点在成分三角形中的位置，可以求取合金中三个组元的质量分数。仍然以图 9-34 中的 O 点合金为例，假设已经知道 O 点合金在成分三角形中的位置，现在通过 O 点位置确定该合金中含有 A、B、C 组元的含量。首先过 O 点作三边的平行线，可以得到六条线段，其中两两对等，见图 9-34 中的虚线段和实线段。选择其中任意一套线段，其包含的三条线段的长度就代表三个组元的成分比例。例如选择虚线段，虚线段包括三个线段，分别为 $O1$、$O2$ 和 $O3$。$O1$、$O2$ 和 $O3$ 在量值上分别等于 b、a 和 c。因此，O 点合金中组元 B、C、A 的含量分别为 b、c、a。

若三元系中三个组元的成分在比例上不能数量相当，存在一个组元成分过多或者过少，例如三个组元中，其中一种组元在合金中的含量相对于另外两种非常少，而另外两种组元含量相当；或者三个组元中，其中一种组元在合金中的比例相对于另外两种组元成分比例非常大。这些情况下可以采用其他类型的三角形来描述三元合金的成分。前者采用等腰三角形表示成分，后者采用直角三角形进行描述。

成分三角形一般具有如下特点：

（1）成分三角形中三个顶点分别代表三个纯组元。

（2）成分三角形中三个边上的点为二元系合金的成分点，而三角形内任何一点则代表任意一个三元合金成分点。

（3）成分三角形中平行于某条边的直线上的点所对应的合金，含有此边对应顶点所代表的组元的比例相同。如图 9-35 所示，平行于 AB 边的 ab 线上的所有三元合金含 C 组元的质量分数都是固定的。

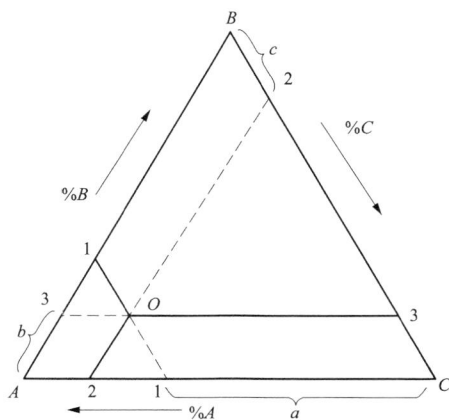

图 9-34　等边三角形成分坐标表示法　　　　图 9-35　成分三角形中两条特殊直线

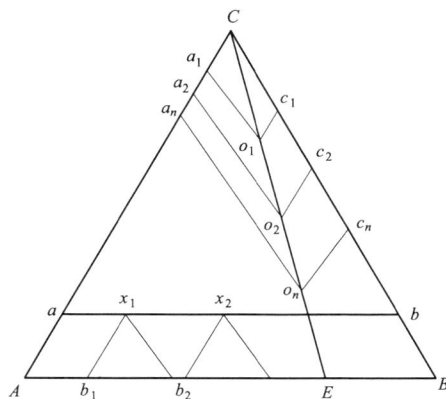

（4）成分三角形中通过某一顶点的直线上所有合金含有的另两个顶点所代表的两组元的比值恒定。如图 9-44 所示的过顶点 C 的直线 CE 上的所有合金相含 A 和 B 两组元的质量分数比值相等。

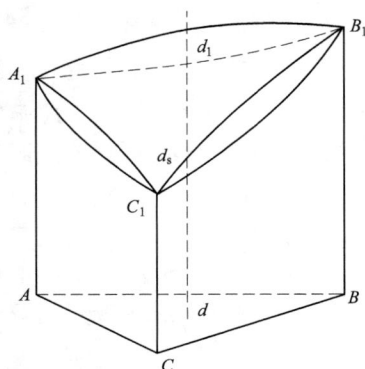

图 9-36　三元匀晶相图

依据成分三角形，可以构建三元相图。三元相图一般是一个空间立体图形。结构上和二元相图相似，纵轴是温度，但是描述合金成分变化的不是直线，而是一个平面，即成分三角形。如前所述，任意一个成分的三元合金可以用成分三角形所在面中的一个点来描述。此外，二元相图中用相变点和相变线来描述相变发生时需要的成分点和临界状态，而在三元相图中，描述相变临界状态的将是曲线和曲面。图 9-36 所示为三元相图中最简单的匀晶相图。可以看到，三元匀晶相图的液相面和固相面都是一个明显的曲面。

三元相图具有如下特点：

（1）三元合金相图的成分采用成分三角形，可以通过三角形中任意一已知点确定成分；也可以通过已知合金成分确定合金在三角形中的位置点。

（2）各个相区均是立体图形，主要由曲面构成。

（3）二元相图中三相共存为一条水平线；对于三元相图，四相平衡区则为典型的恒温水平面。

典型的四相平衡转变的类型如下：

共晶转变 $\qquad\qquad\qquad\qquad L_0 \xrightarrow{T} \alpha_a + \beta_b + \gamma_c$

包晶转变 $\qquad\qquad\qquad\qquad L_0 + \alpha_a + \beta_b \xrightarrow{T} \gamma_c$

包共晶转变 $\qquad\qquad\qquad\qquad L_0 + \alpha_a \xrightarrow{T} \beta_b + \gamma_c$

此外，还可以有偏共晶、共析、包析、包共析转变等。

9.12　三元相图的量化

9.12.1　共线法则

三元相图的共线法则是指在一定温度下，三元合金存在两相平衡时，合金的成分点和两个平衡相的成分点必然位于成分三角形的同一条直线上。

如图 9-37 所示，设在一定温度下成分点为 o 的合金，具有 α、β 两相平衡，α 相及 β 相对应的成分点分别为 a 及 b。下面证明 o、a、b 三点共线。

根据成分三角形的成分确定规则，由图中可读出三元合金 o、α 相及 β 相中 B 组元含量分别为 Ao_1、Aa_1 和 Ab_1；C 组元含量分别为 Ao_2、Aa_2 和 Ab_2。设此时 α 相的质量分数为 w_α，则 β 相的质量分数应为 $1-w_\alpha$。由此可以得到

$$Aa_1 w_\alpha + Ab_1(1-w_\alpha) = Ao_1$$

$$Aa_2 w_\alpha + Ab_2(1-w_\alpha) = Ao_2$$

因为，α 相与 β 相中 B 组元质量之和及 C 组元质量之和应分别等于合金中 B、C 组元的质量。进一步整理上式，并将移项整理得到的式子相除：

图 9-37　由两种合金合成一种合金的成分

$$(Aa_1 - Ab_1)/(Aa_2 - Ab_2) = (Ao_1 - Ab_1)/(Ao_2 - Ab_2)$$

从几何角度，可以知道上式表明：o、a、b 三点必在一条直线上。

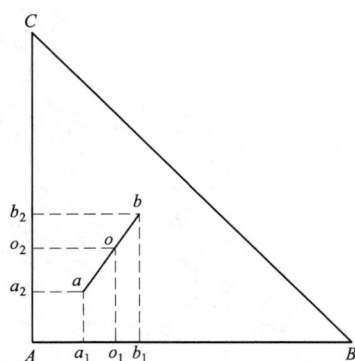

上述共线法则中，合金中合金 o 内 α、β 两相的含量，可以根据杠杆法则进行计算，计算方法和二元相图的杠杆定律相似。具体过程如下：

由 $Aa_1 w_\alpha + Ab_1(1 - w_\alpha) = Ao_1$，可以得到

$$w_\alpha(Aa_1 - Ab_1) = Ao_1 - Ab_1$$

$$w_\alpha = (Ab_1 - Ao_1)/(Ab_1 - Aa_1) = o_1 b_1 / a_1 b_1 = ob/ab$$

同理，可以得到

$$w_\beta = oa/ab$$

此即杠杆定律。可用于计算三元合金中，两相平衡时，每个相的相对含量。

由直线法则和杠杆定律可推出以下规律（见图 9-38）：

（1）当温度一定时，若已知两平衡相的成分，则合金的成分必位于两平衡相成分的连线上。

（2）当温度一定时，若已知一相的成分及合金的成分，则另一平衡相的成分必位于两已知成分点连线的延长线上。

（3）当温度变化时，两平衡相的成分变化时，其连线一定绕合金的成分点而转动。

9. 12. 2　重心定律

重心定律是指在一定温度下，三元合金中三相平衡时，合金的成分点为三个平衡相的成分点组成的三角形的质量重心。

如图 9-39 所示，合金 R 中存在三相 α、β、γ 三相平衡。计算 R 中 α、β、γ 的比例可以采用两次应用杠杆法则或直接应用重心定律。

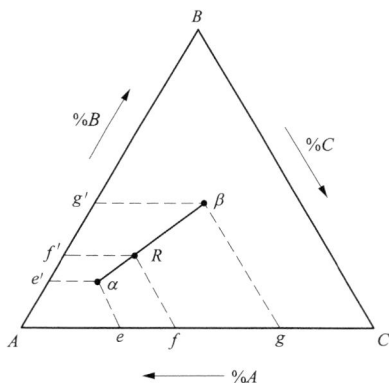

图 9-38　由一种合金分解成两种合金成分　　　　图 9-39　三元相图中的重心定律

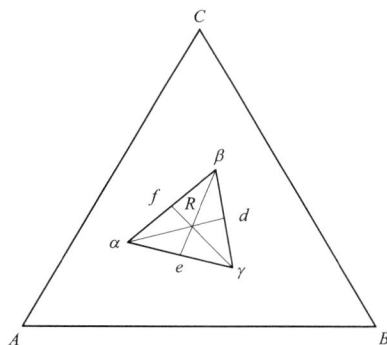

采用两次应用杠杆法则时，计算 R 中 α 的含量可以先将 R 中 α、β、γ 三相看成是 α、$\beta + \gamma$ 两相，其中 $\beta + \gamma$ 相当于 d 点相成分，对 α - R - d 直线应用杠杆法则得到

$$w_\alpha = \frac{Rd}{\alpha d}, w_{(\beta+\gamma)} = \frac{R\alpha}{\alpha d}$$

再次针对 β - d - γ 直线应用杠杆法则，可以得到

$$w_\beta = w_{(\beta+\gamma)} \frac{d\gamma}{\beta\gamma}, w_\gamma = w_{(\beta+\gamma)} \frac{d\beta}{\beta\gamma}$$

应用重心定律，R 合金的重量与三个相的重量有如下关系：

$$w_\alpha = \frac{Rd}{\alpha d}, w_\beta = \frac{Re}{\beta e}, w_\gamma = \frac{fR}{\gamma f}$$

9.13　三元相图的分析方法

三元相图是立体图形，直接分析通常非常困难。在具体实践中，要读懂一个立体图，通常采用系列的水平面、垂直平面去切割立体图，然后再结合投影视图，通过这些操作就可以将一个立体图的外形轮廓搞清楚。因此，读懂一个三元相图，必须从这三个角度，即水平、垂直和投影视图去综合分析。

三元相图中，如果任意两个组元都可以无限互溶，那么它们所组成的三元合金也可以形成无限固溶体。这种情况下的三元合金相图称为三元无限互溶型相图，也称为三元匀晶相图，如图 9-36 所示。下面以三元匀晶相图为例，说明三元相图的分析方法。

9.13.1　相图立体结构分析

如图 9-36 所示，从底面 $\triangle ABC$ 开始，沿着三边垂直于底面向上有三个垂直侧面，构成相图立体区域的侧面外围结构。相图立体区域的最上面的曲面为液相面，上曲面和侧面外围结构一起构成相图立体区域的整体外围结构。在整个相图的立体相区的内部，相对于上曲面还有一个下曲面，称为固相面。上、下曲面也就是液相面和固相面在三个顶点 A_1、B_1 和 C_1 处交合，A_1、B_1 和 C_1 分别对应三个纯组元 A、B 和 C 的熔点。因此，三元匀晶相图包括液相面和固相面两个曲面；纯液相区（上曲面以上）、纯固相区（下曲面以下）和双相区（两个曲面之间）三个相区。

9.13.2　等温截面（水平截面）

等温截面是采用平行于底边成分三角形的平面与空间立体相图区域相截得到的部分，表示三元系合金在某一温度下的相的状态。由于截面平行于底面三角形，称为水平截面图。如图 9-40 所示，图中点画线代表等温截面，可以看到等温面和空间立体相图相互交截。为了进一步清晰截得的部分，把等温截面投影到底面三角形，可以得到图中典型的阴影区域，对应较高温度的等温截面中，有两条曲线包围，分别是等温面和液相曲面、固相曲面的交割线。阴影区域为典型的双相区域。

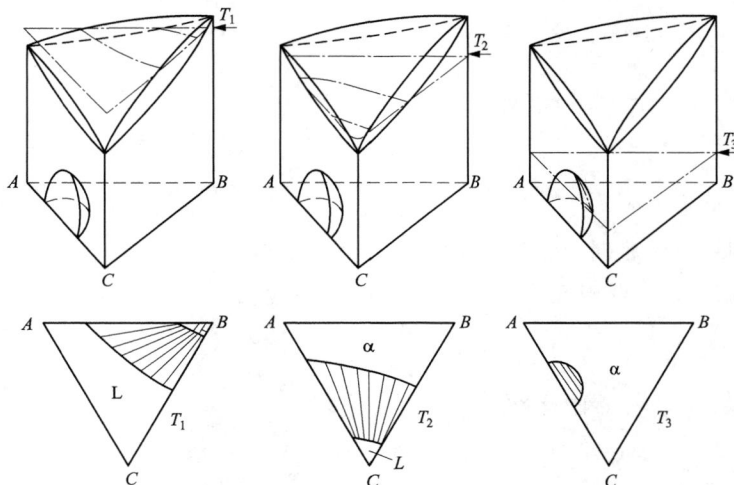

图 9-40　等温截面

通过等温截面的作用，可以确定在恒温下三元合金的状态。在等温界面中，可以采用杠杆定律计算平衡相的相对量。此外，不同温度的等温截面统一投影到底面成分三角形后，会形成系列等温线，反映液、固相面走向和坡度，确定熔点、凝固点等，这在投影图中会进一步介绍。

9.13.3 垂直截面图

垂直截面图是以垂直于成分三角形的平面去截三元立体相图所得到的截面图。利用这些垂直截面可以分析合金发生的结晶过程（相转变）及其温度变化范围、结晶过程中的组织变化，因此也称为变温截面图。单独的垂直截面图和二元相图很相似，可以利用二元相图的知识去分析。根据垂直截面的位置，可以有两种常用变温截面，如图 9-41 所示。其中一种通过浓度三角形的顶角，此时其他两组元的含量比固定不变，如图中的 BG 截面；另外一种固定一个组元的成分，其他两组元的成分可相对变动，如 EF 截面。

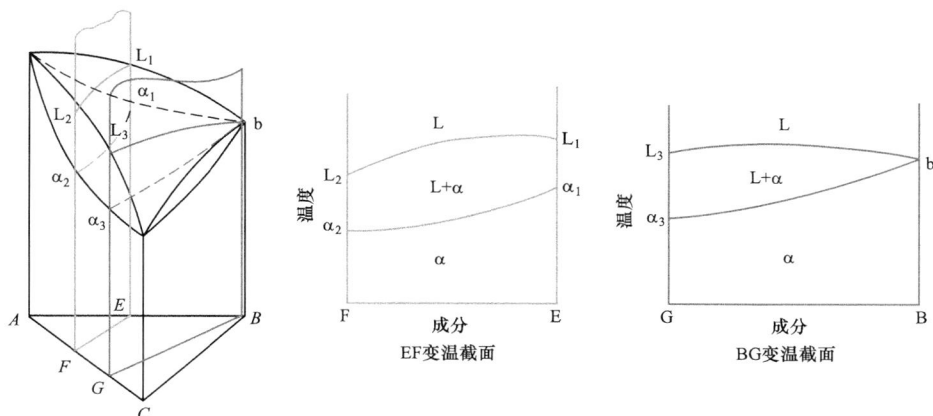

图 9-41　三元匀晶相图的变温截面

通过变温截面可以分析观察合金在不同温度下的状态及相变过程，和二元相图相似，但是又有所不同，主要表现在以下几点：①变温截面图成分轴的两端不一定是纯组元；②液、固相线不一定相交；③不能运用杠杆定律（液、固相线不是成分变化线）。

9.13.4 投影截面

完全反映一个空间立体图形的形状，仅仅依赖水平截面和垂直截面均有局限性，还需要投影图。投影图一般有两种：一种是把三元相图的立体区域中包含的点、线、面中都直接投影到成分三角形中；另外一种可以把一系列不同温度的水平截面中的点、线等投影到成分三角形中，得到系列的等温线投影图。图 9-42 所示为三元匀晶相图的投影图。对比图 9-36，由于三元匀晶相图立体区域就是上、下液固相曲面包围的空间，而且液、固相面的边界均截止于成分三角形三边对应的垂直侧面上，因此第一类投影就是图 9-42 中

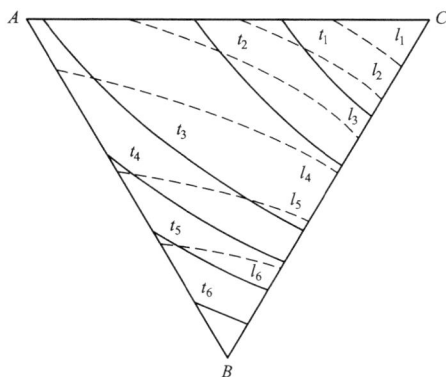

图 9-42　三元匀晶相图的投影图

的边缘线 AC、CB、BA。如果将不同温度下的等温截面都投影到投影图中，投影图中就会显示不同的等温线，此即第二类投影。如图 9-42 所示，等温线有两类分别用实线和虚线表示，对应是水平截面和液相、固相曲面相截获得的液相线和固相线的投影。若相邻等温线的温度间隔一定，则等温线越密，表明相界面的坡度越陡；等温线距离越稀疏，相界面的高度随成分变化

的趋势越平缓。

　　下面以一个合金为例，结合前面的水平、垂直和投影图，分析三元匀晶相图中合金随温度下降的相变过程。如图 9-43 所示，X 合金成分竖线随温度下降，先和液相面相交，进入液-固双相区，继续降温进入固相区域。其结晶过程可以描述为

$$L \longrightarrow L+\alpha \longrightarrow \alpha$$

　　图 9-42 中的 T_1 为刚开始结晶温度，T_4 为结晶结束温度。在不同温度 T_1、T_2、T_3、T_4 结晶时，形成的双相中液相成分点对应的液相面的 L_1、L_2、L_3、L_4；固相成分点对应固相面的 α_1、α_2、α_3、α_4。容易看出，三元匀晶相图中合金的结晶过程与二元匀晶合金的结晶过程相似。只是在结晶时其液相和固相的浓度随温度的变化是两条空间曲线，两条空间曲线垂直投影于底边三角形，它们的平衡关系在成分三角形上的投影图就像一个蝴蝶，称为蝴蝶形变化规律，如图 9-43 所示。

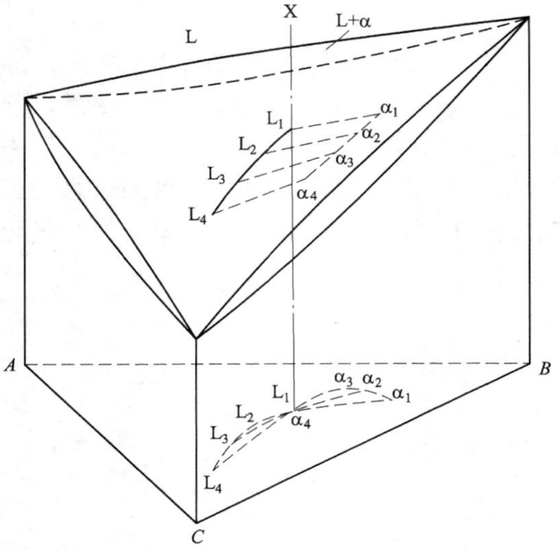

图 9-43　蝴蝶形变化规律

9.14　组元间无固溶区域的三元共晶相图

9.14.1　相图结构分析

　　图 9-44 所示为无固溶区域的三元共晶相图。相图立体区域的最上面是一个曲面，也就是液相曲面，这个曲面比较复杂，可以把这个液相面想象成下述曲面。首先通过三点 a、b、c 固定一个曲面，然后在曲面中部压下一块大石头后形成的曲面形状，最终石头的位置是 E 点，此曲面构成无固溶区域的三元共晶相图立体区域的最上面曲面结构，曲面的最低点是 E 点，曲面上面的区域为全部液相的区域。在该曲面中还包括有以下点、线、面：

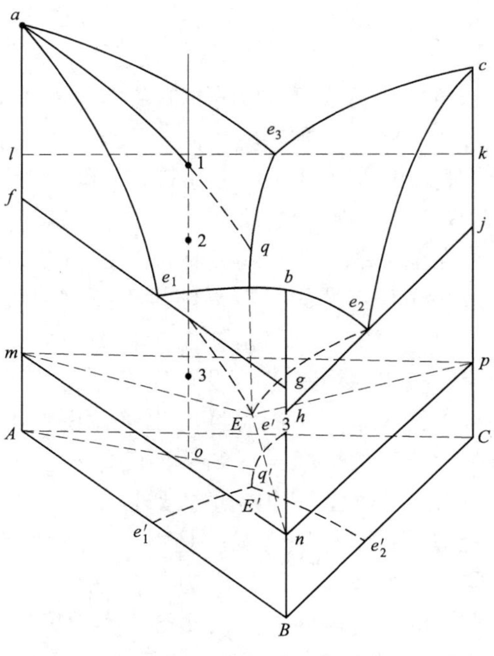

　　（1）a、b、c 对应的温度分别为纯组元 A、B、C 的熔点。

　　（2）ae_1Ee_3a 是组元 A 的初始液相结晶面，be_1Ee_2b 是组元 B 的初始液相结晶面；ce_2Ee_3c 是组元 C 的初始液相结晶面。

　　（3）三个侧面中各有 1 个二元共晶系中的共晶转变点，分别是 e_1、e_2 和 e_3。它们在三元相图空间中都伸展为共晶转变线，也就是初始液相结晶面两两相交所形成的 3 条沟线，如 e_1E、e_2E 和 e_3E。当液相成分沿着这 3 条曲线变化时，分别发生如下二元共晶转变：

图 9-44　无固溶区域的三元共晶相图

$$e_1E \qquad L \longrightarrow A+B$$
$$e_2E \qquad L \longrightarrow B+C$$
$$e_3E \qquad L \longrightarrow C+A$$

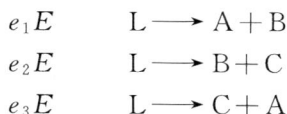

（4）随着温度的下降，3 条二元共晶转变线将相交于 E 点，E 点称为三元共晶点。成分为 E 的液相在该点温度直接发生三元共晶转变：

$$L_E \longrightarrow A+B+C$$

这是该合金系中液体最终凝固的温度。低于 E 点温度，合金全部凝固成固相，形成 A＋ B＋C 三相平衡区。E 点与对应温度下 3 个纯固相组元的成分点 m、n、p 组成的四相平衡平面称为四相平衡共晶平面。四相平衡共晶平面由 3 个三相平衡的连接三角形合并而成，其中 $\triangle mEn$ 是发生 L $\longrightarrow$ A＋B 共晶转变的三相平衡区的底面，$\triangle nEp$ 是发生 L $\longrightarrow$ B＋C 共晶转变的三相平衡区的底面，$\triangle pEm$ 是发生 L $\longrightarrow$ C＋A 共晶转变的三相平衡区的底面。

除了上述曲面，由图 9-44 所示还可以看到，从底面三角形三边 AB、BC、AC，沿着垂直于底面的方向有三个侧面，它是由 A-B、B-C、C-A 三个简单二元共晶相图构成，构成相图立体区域的侧面外围，相图立体区域的最底部是成分三角形 ABC。

从外围结构看，无固溶区域的三元共晶相图可以形象地看作是一个典型的三棱柱面结构上覆盖一个带有三个凸起"山峰"，并且中部深凹的曲面共同围成的立体结构。因此，空间立体区域从外观看，可以分为三部分：

（1）三棱柱面结构最上面有以 a、b、c 三点为最高点的三个山峰状区域。

（2）三棱柱面结构最下面是成分三角形。成分三角形和 $\triangle mnp$ 之间部分是典型的三棱柱，为全部的固相区域。

（3）空间立体结构内部，即在最上面的山峰状区域和 $\triangle mnp$ 之间的部分，如图 9-45 所示。

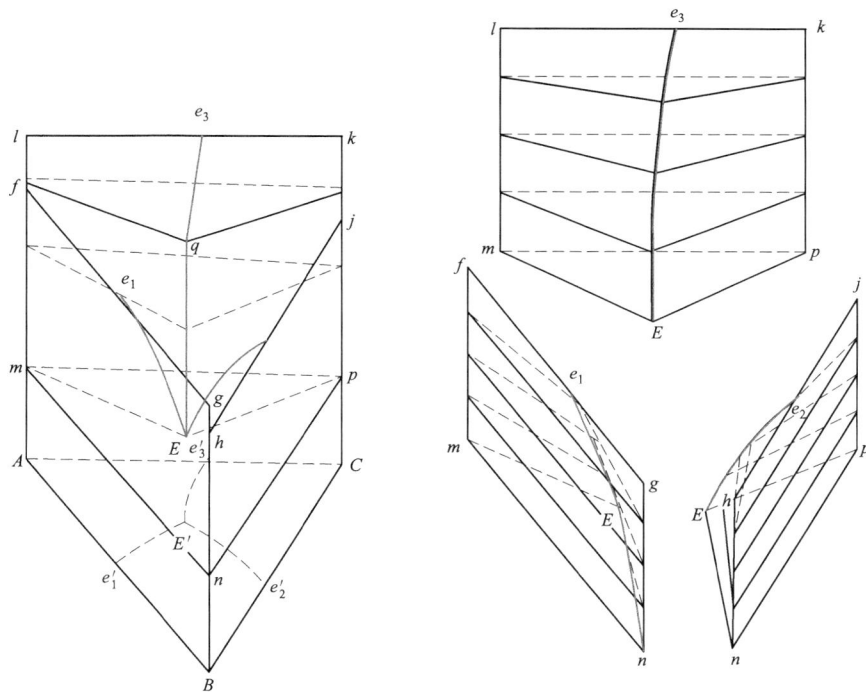

图 9-45　无固溶区域的三元共晶相图的分割视图

假设将以 a、b、c 三点为最高点的三个山峰状区域移除，移除山峰后可以看出在三个侧面所在的位置向空间立体内部延伸，分别有三个斜三角立体区域块。斜三角立体区域块的四方形侧面（$lmpk$、$fmng$、$hnpj$）为外围三棱柱侧面，其他的两个曲面分别是山峰状区域的下面曲面，例如 $Ee_2 - hnpj$ 斜三角立体区域块的两个曲面分别为 b、c 点对应的山峰状区域的下面曲面，两曲面交接曲线为共晶线 Ee_2。三个斜三角立体区块的底部三角形分别为位于 E 点三元共晶面的一部分，分别是四相平衡共晶平面中的三个三角形，即 $\triangle mEn$、$\triangle nEp$ 和 $\triangle pEm$。

综上所述，无固溶区域的三元共晶相图的立体结构的最上侧为一个曲面，曲面以上为典型的液相区域；底部 E 点以下为固相区域；液相曲面和 E 点平面之间是三个液固混合区域，为三个斜三角立体区域块构成。

9.14.2　截面视图

图 9-46 所示为无固溶区域的三元共晶相图的等温截面图。图 9-46（a）表示等温截面温度小于 A、C 纯组元熔点，但是高于 B 纯组元熔点，此时等温截面将和 A、C 纯组元的山峰区域相截，图中获得两个阴影区域。图 9-46（b）表示等温截面温度小于 B 纯组元熔点和 e_3 共晶点温度，但是高于 e_1 和 e_2 共晶点温度。此时，等温截面将进一步和 B 纯组元山峰区域相截，同时由于低于 e_3 共晶点温度，发生 L ⟶ C+A 二元共晶转变。等温截面还将和 AC 边侧面上的斜三角立体区块相截，获得图 9-46（b）中三角形区域 A+C+L。继续降温到等温截面处于 e_1、e_2 共晶点温度以下、E 点以上时，截得等温面如图 9-46（c）所示。此时，等温截面中靠近三边的三个白色三角形区域是等温截面和三个斜三角立体区域块相截获得，中间曲边三角形为等温截面和液相区域交截获得。图 9-46（d）所示为降温至三相共晶温度以下的情况，此时全部为固相区域。

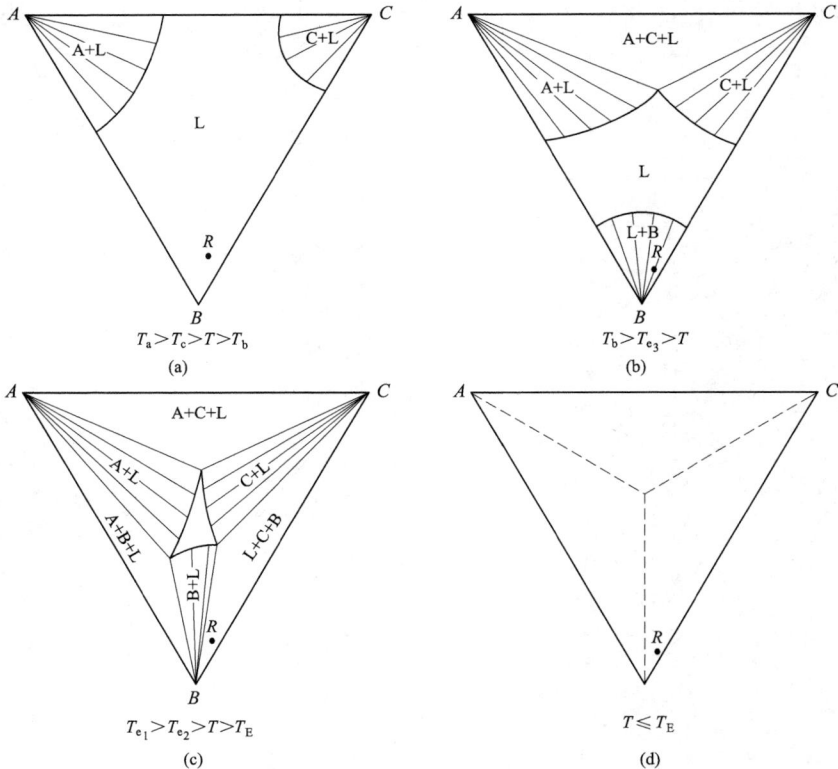

图 9-46　无固溶区域的三元共晶相图的等温截面图

图 9-47 所示为无固溶区域的三元共晶相图的垂直截面图。图 9-47（a）中给出了垂直截面图的位置，rs、At 分别平行于底边 AC 和过顶点 A。图 9-47（b）所示为 rs 垂直截面图。根据该垂直截面的位置特点，它将和 a、c 山峰区域及 AC 侧的斜三角形立体区域交割。和 a、c 山峰区域交割进入 A+L、C+L 双相区域。和 AC 侧的斜三角形立体区域交割进入 A+C+L。继续降温下行，垂直面和靠近 BC 和 AB 侧的斜三角形立体区域相截，进入 B+C+L 和 A+B+L 区域。因此，图 9-47（b）中从上到下，最上面两条曲线是垂直面和对应液相面交截获得，中间的四条曲线分别是垂直面和三相区也就是斜三角形立体区域的上面曲面相截获得，如图中虚线连接的立体区域所示。采用同样方法可以分析图 9-47（c）。但是需要注意的是根据 At 线位置特点，很容易判断 At 垂直截面和 AB 侧的斜三角形立体区域无相截。At 垂直截面经过成分三角形的顶点 A，该截面与 AC 侧的斜三角形立体区域相截，在垂直截面图中就是水平线 $a'q'$ 和 $q'h'$。截面与 BC 侧的斜三角形立体区域相截，得 $h't_1$ 线。

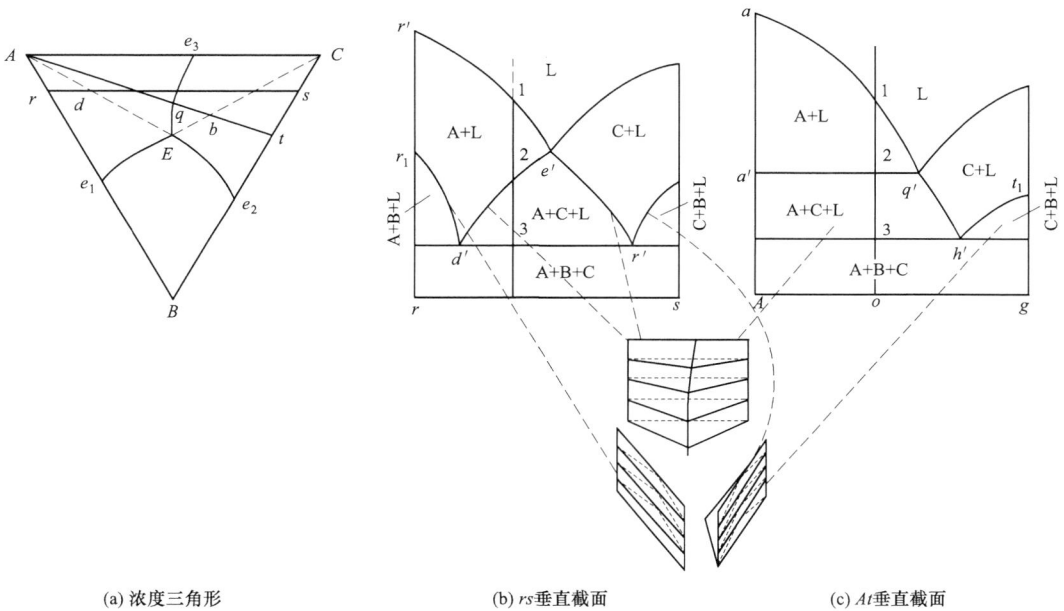

(a) 浓度三角形   (b) rs 垂直截面   (c) At 垂直截面

图 9-47 无固溶区域的三元共晶相图的垂直截面图

图 9-48（a）所示为无固溶区域的三元共晶相图的投影图。图中粗线 e_1E、e_2E 和 e_3E 分别是 3 条二元共晶转变线的投影，它们的交点 E 是三元共晶点的投影。粗线把投影图划分成 3 个区域，这些区域是 3 个液相面的投影，其中标有 t_1、t_2、t_3 等的细线即液相面等温线，如图 9-48（b）所示。

利用投影图，下面量化分析一个合金凝固过程的案例。以图 9-48（b）中合金 o 为例。合金 o 在凝固过程中，随着固相不断析出，其液相成分随着降温会沿着液相面上的 Ao 线变化。等到温度降低到二元共晶区域发生共晶反应后，合金成分会沿着 e_3E 变化，直至 E 点残留液相发生三元共晶，获得全部固相，这期间存在图中所示的成分三角形 $AEqf$。具体相变分析如下：

（1）在 t_3 温度，合金冷到液相面 $A-e_1-E-e_3-A$，开始凝固出初晶 A，这时液相的成分等于合金成分，两相平衡相连接线的投影是 Ao 线。

（2）继续冷却时，不断凝固出晶体 A，液相中 A 组元的含量不断减少，B、C 组元的含量不断增加，但液相中 B、C 组元的含量比不会发生变化。这是由于在成分三角形中，通过某一顶点的直线：其上合金所含由另两个顶点所代表的两组元的比值恒定。因此，液相成分应沿 Ao 连线的延长线变化。温度继续降低到 t_5 温度，合金成分线和二元共晶线相交 q 点，液相开始发生如下共晶转变：

$$L_q \longrightarrow A+C$$

合金 o 刚要发生两相共晶转变时，沿 Aq 线应用一次杠杆法则，液相成分为 q，初晶 A 和液相 L 的质量分数为

$$w(A)=\frac{qo}{Aq}\times 100\%$$

$$w(L)=\frac{Ao}{Aq}\times 100\%$$

（3）此后在温度继续下降时，不断凝固出两相共晶（A+C），液相成分就沿 qE 线变化，直至 E 点发生四相平衡共晶转变：

$$L \longrightarrow A+B+C$$

上述共晶反应结束后，形成全部固相。此时，合金 o 中两相共晶 A+C 和三相共晶 A+B+C 的质量分数可以针对 Ef 线进行二次杠杆法则，计算结果应为

$$w(A+C)/w_0=\frac{Eq}{Ef}\times \frac{Ao}{Aq}\times 100\%$$

$$w(A+C+B)/w_0=\frac{qf}{Ef}\times \frac{Ao}{Aq}\times 100\%$$

在略低于 E 点温度凝固完毕，不再发生其他转变。综上，合金 o 在室温时的平衡组织是初晶（A）+两相共晶（A+C）+三相共晶（A+B+C）。

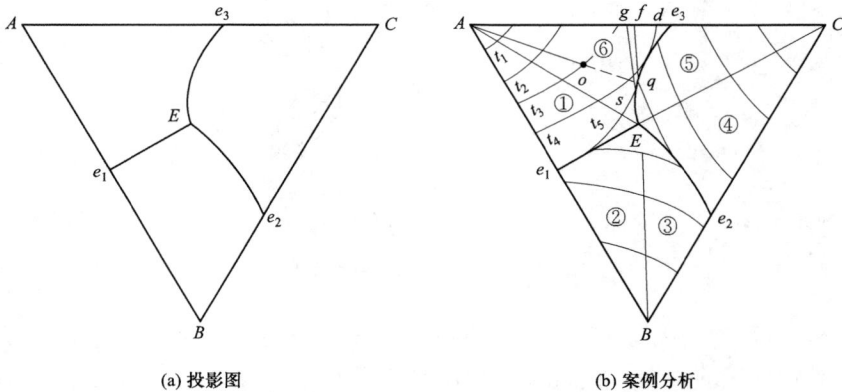

(a) 投影图　　　　　　　　　　　　(b) 案例分析

图 9-48　无固溶区域的三元共晶相图的投影截面图

9.15　组元间存在有限固溶区域的三元共晶相图

9.15.1　相图结构分析

图 9-49 所示为组元在固态有限互溶的三元共晶相图。固态下有限互溶的三元共晶相图是由三对在液态无限互溶，而在固态能实现有限互溶的二元共晶相图所组成。与固态下互不溶解的三元共晶相图相比，外围结构基本相同，都是一个三棱柱结构上面铺盖一个液相面曲面，但是在三棱柱结构内部，有限固溶区域的相图在成分三角形顶角位置存在 α、β 和 γ 三个单相固溶

区，而且三个单相固溶域两两之间还会形成具有特殊形状空间体的双相区域。α、β 和 γ 三个单相固溶区在空间立体图形中的位置和形状，如图 9-49 所示。单相固溶区在底边三角形的三个顶点 A、B、C 位置，立体形状为图中相应所指。三个单相固溶区立体图形形象上很接近。

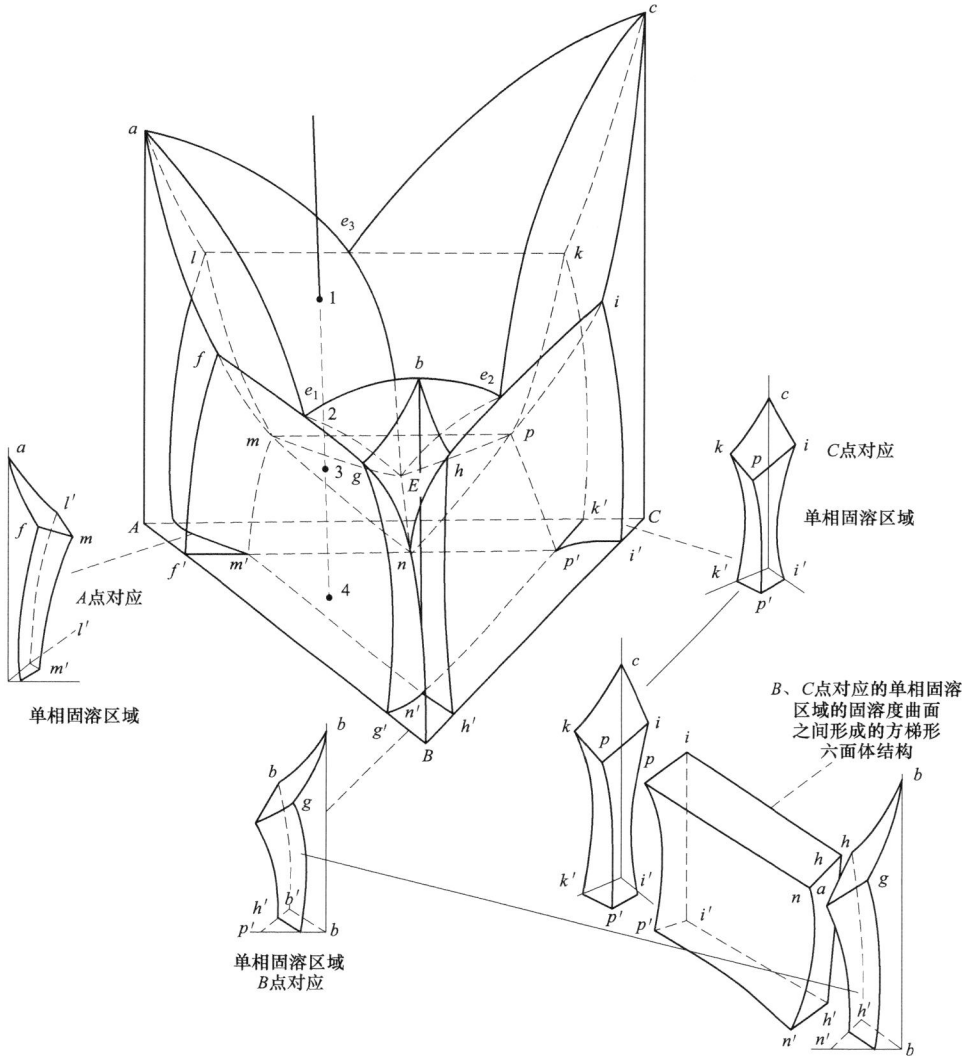

图 9-49　组元在固态有限互溶的三元共晶相图

下面以 A 点对应的 α 单相固溶区来进行说明，固溶体溶剂为组元 A，溶质为 B 和 C。相应固溶区的立体图形中 Aa 线相连两个侧面，一个是三棱柱面 AB 侧面，另一个是三棱柱面 AC 侧面，其上分别有两条固溶度曲线 ff' 和 ll'，固溶度曲线 ff' 和 ll' 这两条线向内延伸为曲面 $ff'mm'$ 和 $ll'mm'$，即为 α 单相固溶区的固溶度曲面。同样道理，以 B 和 C 点对应的单相固溶区，每个固溶区也分别有两个固溶度曲面，分别为 β 单相固溶区的固溶度曲面 $hh'nn'$ 和 $gg'nn'$；和 γ 单相固溶区的固溶度曲面 $ii'pp'$ 和 $kk'pp'$，这样，整个相图空间体内部的固溶度曲面共有六个。此外，每两个相邻的固溶度曲面之间有近似方梯形的六面体，为固相双相区，如图 9-49 所示，图中给出以 B 和 C 点对应的单相固溶区的固溶度曲面之间的方梯形六面体结构。很显然，这样的六面体共有三个，分别靠近 AB、AC 和 BC 所在的侧面位置，处于 α-β、α-γ、β-γ 固溶区域之间。

　　为了进一步了解固态有限互溶的三元相图的空间结构细节，图 9-50 单独描绘了有限互溶三元共晶相图的空间结构剖视图。有限互溶三元共晶相图最底面为成分三角形，从底面向上，第一层结构为三个顶点处单相固溶立体区域 1、2、3，每两个单相固溶区之间是方梯形六面体立体结构 4、6、7（图中为清晰表示，7 代表的 $mm'nn'$ 侧方梯形六面体未画出），方梯形六面体结构中间包裹三棱柱结构 5，该三棱柱结构顶面即为三元共晶平面。第二层结构为三棱柱结构 5 上部 mnp 平面上有三个斜三角立体区域，即为图中 8、9、10 立体区域。每个立体区域上面分别带有三条二元共晶线，此区域和无固溶区域的三元共晶相图中的斜三角形立体区域一致。斜三角立体区域的底面三角形和 mnp，也就是三棱柱结构 5 的上平面三角形关系如图 9-50（b）所示。第三层结构为和液相面相连的与三个顶点对应的三个山峰区域，即为图中 11、12、13 立体区域。通过上述分析可知，和无固溶区域的共晶相图比较，具有限固溶区域的三元共晶相图的最大特点就是具备单相固溶区域和方梯形六面体双相区域，其他部分两者基本相似。

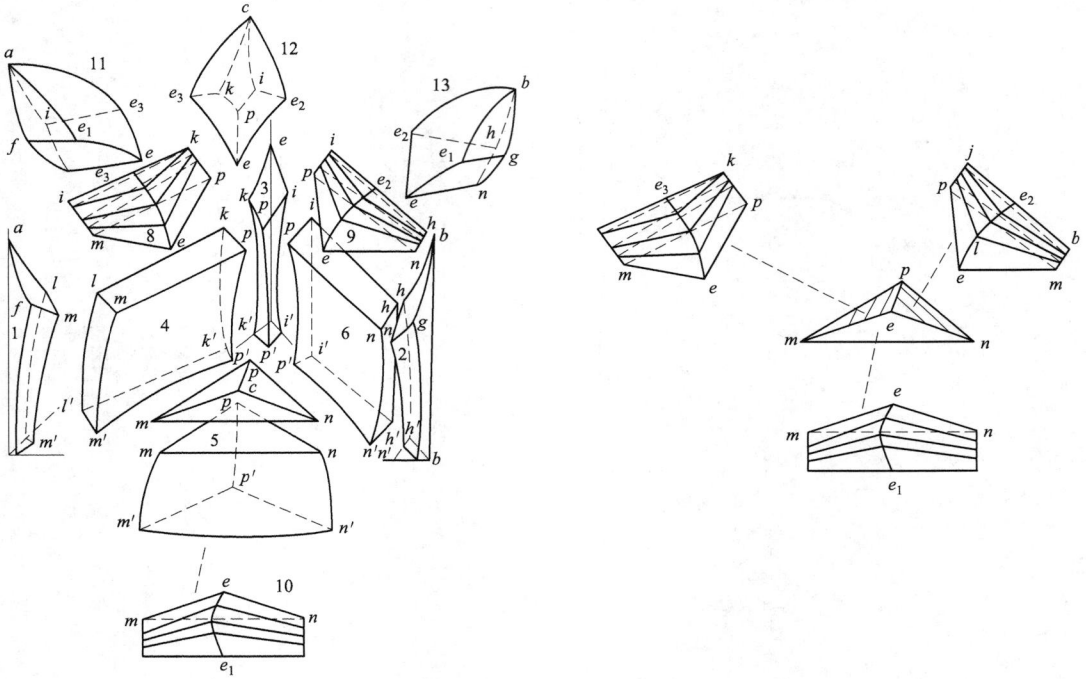

(a) 组元在固态有限互溶的三元相图立体分解　　　　　　(b) 斜三角形区域和中心三棱柱结构关系

图 9-50　固态有限互溶三元共晶相图示意

9.15.2　截面视图

　　图 9-51 所示为固态有限互溶的三元共晶相图的等温截面。对比图 9-49 的立体区域，$T=e_3$ 温度时，等温截面和顶点 a、b、c 的山峰交截，同时和三个顶点对应的固溶体区域交割，分别形成图中三个阴影区域和顶角空白区域，A、B、C 角上的空白区域代表单相固溶区域。由于此时温度为 A - C 二元共晶温度 e_3，可以看到，AC 侧阴影双相区域相交于 e_3。$T=e_2$ 温度时，等温截面和 AC 侧固相双相区域的方梯形六面体立体区域交截，形成等温图中 AC 侧四面体阴影部分，和此四面体相连的空白三角形是等温截面和 AC 侧位于方梯形六面体立体区域上方的附有 A-C 二元共晶转变线的斜三角形立体区域交截形成，如图中所给出的提示。此图中其他区

域和 $T=e_3$ 温度形成的区域相似，BC 边阴影区域相交于 e_2，表明此时温度对应 B-C 二元共晶温度 e_2。参考 $T=e_2$ 温度时的分析很容易得到 $T=e_1$ 温度时等温截面图的结构。温度 $T=E$ 时，发生三元共晶反应，进入全部固相区域，三个阴影区域是等温截面和三边 AB、BC、AC 邻近的方梯形六面体相截，中间三角形是等温截面和中心三棱柱区域即三元共晶区域相截获得。

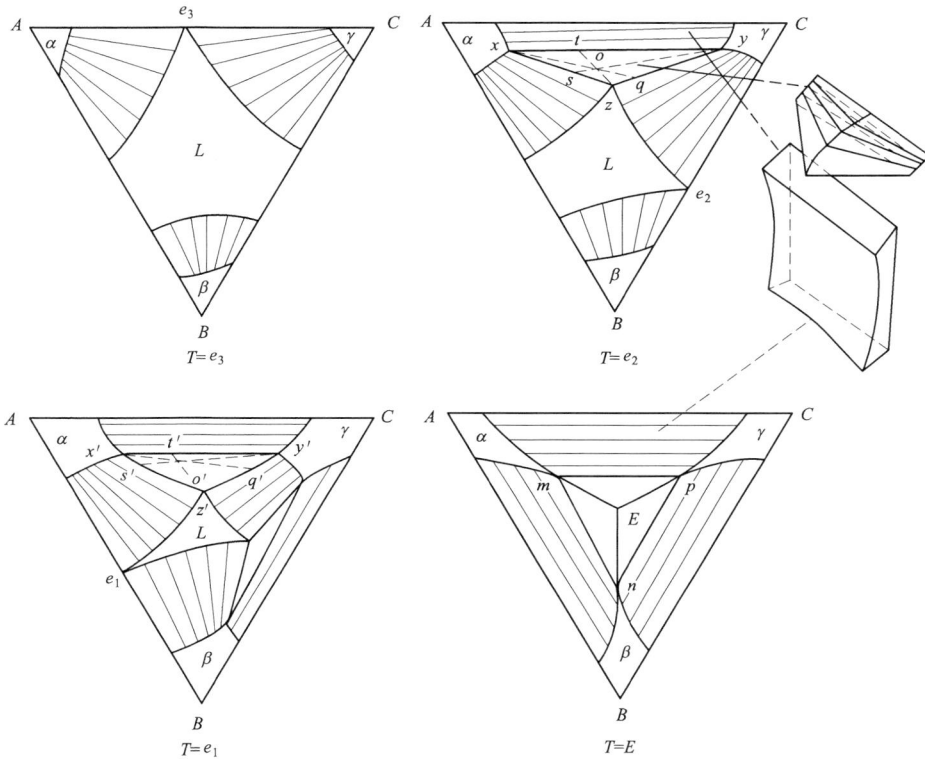

图 9-51　组元在固态有限互溶的三元相图的等温截面示意

图 9-52 所示为组元在固态有限互溶的三元相图中的垂直截面。图 9-52（a）为垂直截面在共晶立体相图中的位置特征；图 9-52（b）和（c）分别为通过相截获得的垂直截面图。为了方便理解图中各个区域及其相线，图 9-52（d）给出了图 9-52（b）所示的垂直截面图中各个区域和三元相图中各个立体区域的关系。

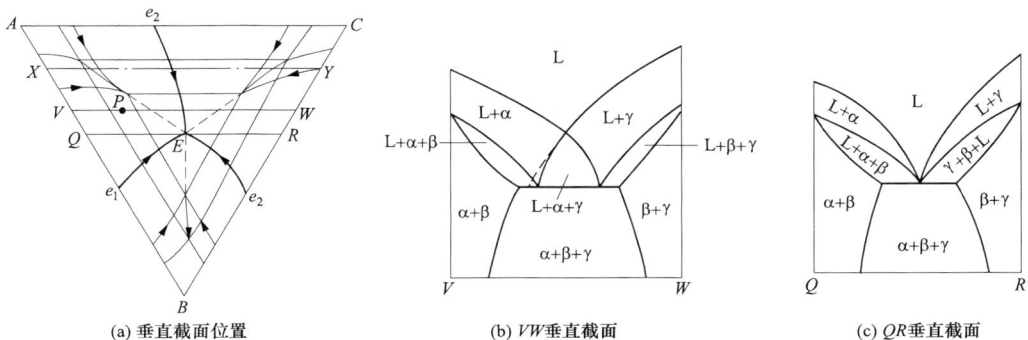

(a) 垂直截面位置　　　　　　(b) VW垂直截面　　　　　　(c) QR垂直截面

图 9-52　组元在固态有限互溶的三元相图的垂直截面示意（一）

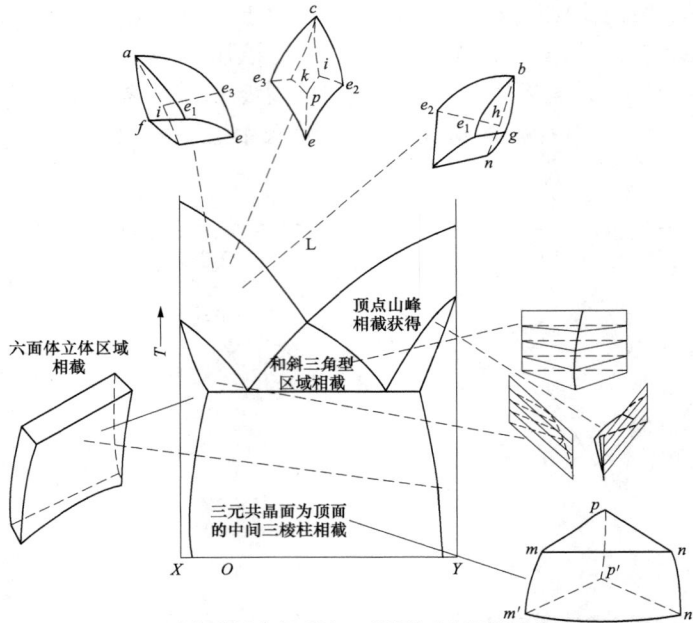

(d) 垂直截面图中各个区域和三元相图各个立体区域的关系

图 9-52　组元在固态有限互溶的三元相图的垂直截面示意（二）

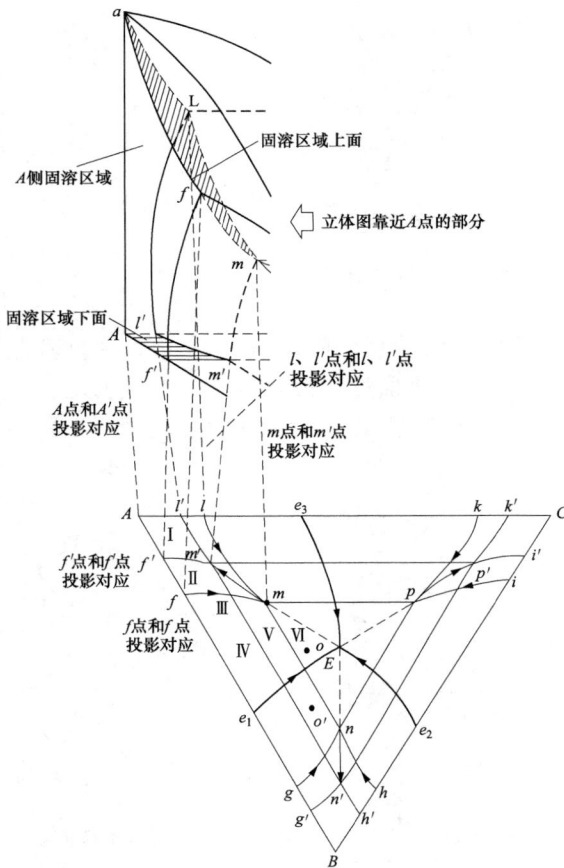

图 9-53　三元共晶相图的投影图

根据图 9-52（d），图 9-52（b）中最上面的 L＋γ、L＋α 双相区的上面曲线是垂直截面和三元相图中的山峰区域相截获得。水平线以上为 3 个三相区 L＋α＋γ、L＋β＋γ、L＋α＋β 涉及的四条曲线分别是垂直截面和三个斜三角形立体区域相截；水平线以下直接相连的 1 个三相区，是和三元共晶面下三棱柱结构相截。水平线左右两个区域是垂直截面和方梯形六面体立体区域相截获得。用同样方法可以分析图 9-52（c）。对于 QR 截面，需要注意的，它和 AC 侧的斜三角形区域无交割，同时由于它通过三元共晶点 E，因此和图 9-52（b） VW 截面相比较，在垂直截面图中水平线上没有典型的三角液-固区域——L＋α＋γ 区域。

图 9-53 所示为固态有限互溶的三元相图投影图。投影图中的三条二元共晶线比较容易理解，针对每个顶角的四条投影曲线，图中给出了相应的固溶立体区域，这四条曲线对应的是固溶区域的上面和底面边界线的投影。

9.16　三元包晶-匀晶相图

图 9-54（a）所示为最简单的具有三相平衡的包晶相图。图中显示在液态情况下，三组元完全互溶，其中两对组元 A、B 和 B、C 组成二元的包晶系，另两个组元 A、C 之间形成匀晶系。相图的外围立体结构是以成分三角形为底面的三棱柱结构，从底面成分三角形开始往上第一层面部分，靠近 AC 侧有由 AA_1aa_0、$aa_1a_0a_0'$、$CC_1a_1a_0'$、$ACa_0'a_0$ 和 AA_1C_1C 五个曲面包裹的 α 区域；顶点 B 处有 B_1bb_1、$bb_1b_0b_0'$、BB_1bb_0 和 $BB_1b_1b_0'$ 包裹的楔形 β 区域。α 和 β 区域之间是 α+β 双相区域，由曲面 aa_1bb_1、$a_0a_0'b_0b_0'$、$bb_1b_0b_0'$ 和 $aa_1a_0a_0'$ 包裹形成准梯形立体区域。第二层面部分包括 $A_1C_1PP_1$、aa_1PP_1、$A_1C_1aa_1$ 包裹的 L+α 区域，与之相邻的是 L+α+β 区域，形状为斜三棱柱立体区域，如图 9-54（b）所示，该三相平衡区域是一个三相平衡包晶转变开始曲面 Pbb_1P_1 和两个三相平衡包晶转变终止面 Paa_1P_1、abb_1a_1 构成的。第三个层面部分是 B_1 点处的山峰结构，其底面为斜三棱柱立体区域的上侧曲面。相图的最上面 $A_1PB_1P_1C_1$ 为液相面。

具有包晶三相平衡的合金冷却时，如果遇到平面 Pbb_1P_1P，将发生包晶反应，由 L 和 β 转化成为 α，进入三相平衡区域。继续降温冷却，当合金降温至包晶转变终止面 Paa_1P_1P 时，存在剩余液相；如果合金冷却过程中，合金降温至包晶转变的终止面 abb_1a_1a 时，存在剩余 β 相。

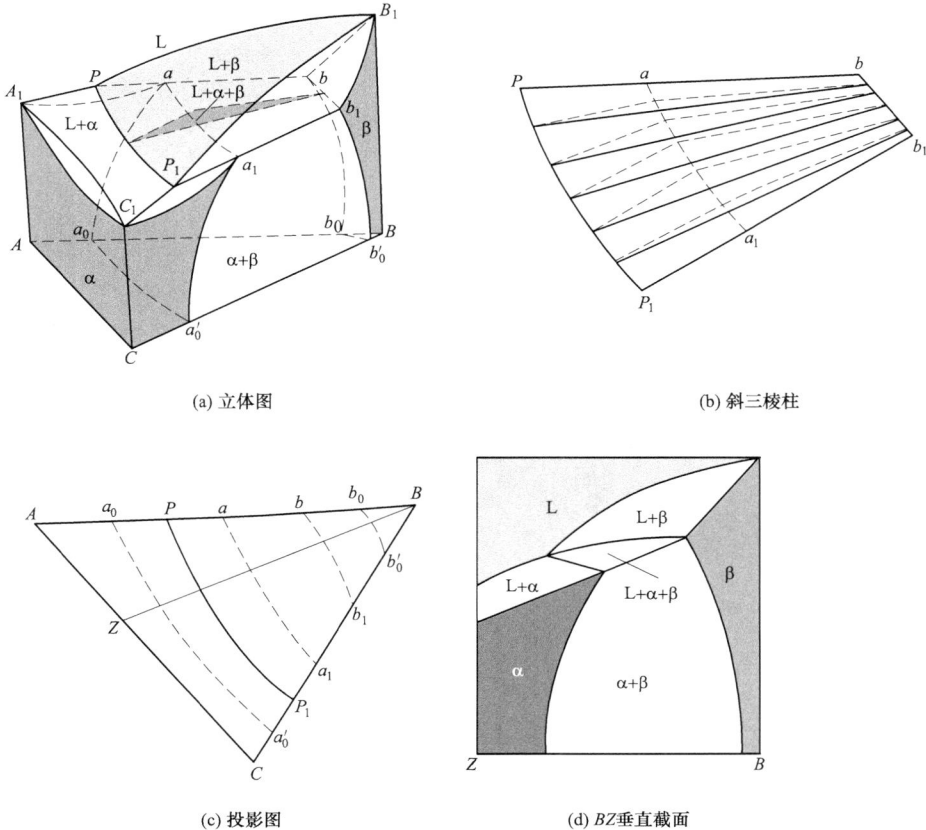

(a) 立体图

(b) 斜三棱柱

(c) 投影图

(d) BZ 垂直截面

图 9-54　具有三相平衡的包晶相图

三元包晶-匀晶相图的投影图非常简单，根据图 9-54（a）很容易看到，对应立体图从高温向低温看，整个空间立体图形的最上面曲面上，只有一条曲线 PP_1。因此，其对应的投影图中只有该曲线的投影 PP_1，如图 9-54（c）所示。

以投影图中 BZ 截面，做垂直截面图，获得如图 9-54（d）所示的垂直截面图。该垂直截面图的分析非常简单，从高温到低温经过的相区很容易在相应的图 9-54（a）立体图中找到，图中可以看到的三角形 $L+\alpha+\beta$ 区域，是斜三棱柱空间区域和垂直截面相截获得的。

对照图 9-54（a），各个组元的熔点与二元包晶的温度的关系是 $T_B > P > T_A > P_1 > T_C$。如果 T_1、T_2、T_3 为等温截面对应的温度，同时水平截面温度满足 $P > T_1 > T_2 > T_A > T_3 > P_1$，那么获得的等温截面图如图 9-55 所示。以 T_1 温度为例，分析图 9-55 中的水平等温截面图。由于 $P > T_1$，水平界面沿着 AC 侧向 BB_1 方向，水平截面将依次和立体区域 L、$L+\alpha$、$L+\beta$、α、$L+\beta+\alpha$、$\beta+\alpha$ 和 β 相截，随着温度由 T_1 降低至 T_2 和 T_3，水平截面图上各个相的种类没有发生改变，但是相区域的相对大小会发生明显改变。

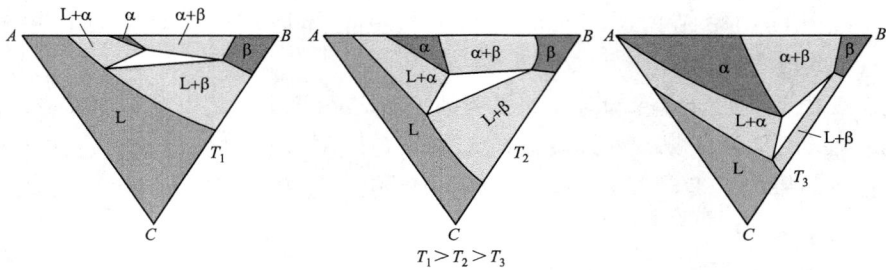

图 9-55　具有三相平衡的包晶相图的水平等温截面图

9.17　三元包晶-共晶相图 I

9.17.1　相图结构分析

三元包晶-共晶相图的立体结构如图 9-56 所示。为了进一步了解三元包晶-共晶相图，将三元包晶-共晶相图的三个侧面打开，如图 9-57 所示，容易看出，三元包晶-共晶相图的侧面结构分别为两个二元共晶相图和一个二元包晶相图。和前面学习的三元共晶相图相似，三元包晶-共晶相图也是由三棱柱结构及其顶部曲面构成，顶部曲面即液相面，但是和三元共晶相图相比较，相对复杂。

为了清楚液相面结构，图 9-58 中的液相面包括 $\alpha - A_0 p P E_2$，$\beta - B_0 p P E_1$，$\gamma - E_1 C_0 P E_2$ 三部分。图中还存在四相平衡包共晶反应：

$$\alpha + L \longrightarrow \beta + \gamma$$

其对应的四相反应等温面为四边形，如图中半阴影部分。

为了进一步研究相图立体区域的内部构成，可以将立体区域进行分解，分解图如图 9-58 所示。

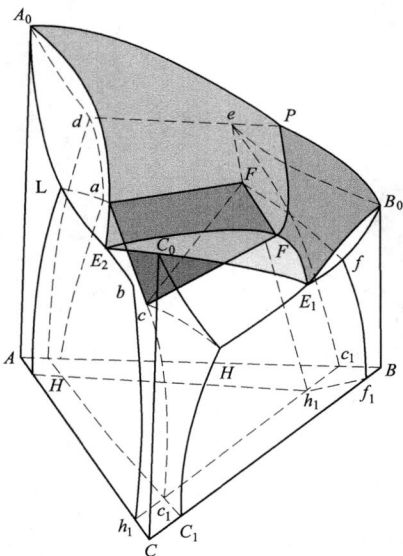

图 9-56　三元包晶-共晶相图的立体结构

和前面的相图分析方法一样，从底
面三角形开始，从下到上逐步分析。

（1）底面三角形中三个顶点 A、
B、C 各对应一个固溶区域，分别
为 α、β 和 γ 相区，在图 9-58 中标记
为 1、2、3 立体区域块，其中 3 立
体区域块不同于 1、2 立体区域块。
由于 3 立体区域块的一侧是包晶而

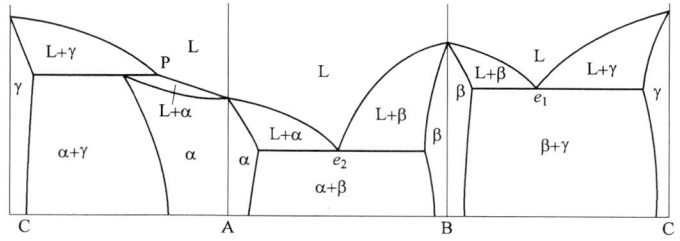

图 9-57　三元包晶-共晶相图的侧面展开视图

另一侧是共晶，所以它上侧有一个 B_0ebf 曲面。注意，3 立体区域块上侧有个双相区域
$L+\beta$，形状比较特殊，类似一个弯道结构，图中标注为立体区域块 10。

（2）1、2、3 立体区域块之间通过固溶度曲面形成四方的六面体区域，如图中标注 4、5、
6 的立体区域块，均为典型的固相双相区域，这个和共晶相图中的方梯形区域相似。

（3）三元包晶-共晶相图的中间部位有一个斜三棱柱，如图 9-58 所示中央立体图形中的阴
影虚线标注的 $a_1b_1c_1abc$。斜三棱柱的侧面 aa_1cc_1 面和立体区域 4 的内侧面相合，而 bb_1cc_1 曲
面和立体区域 5 的内侧面相合，aa_1bb_1 曲面则和立体区域 6 的阴影面相合。

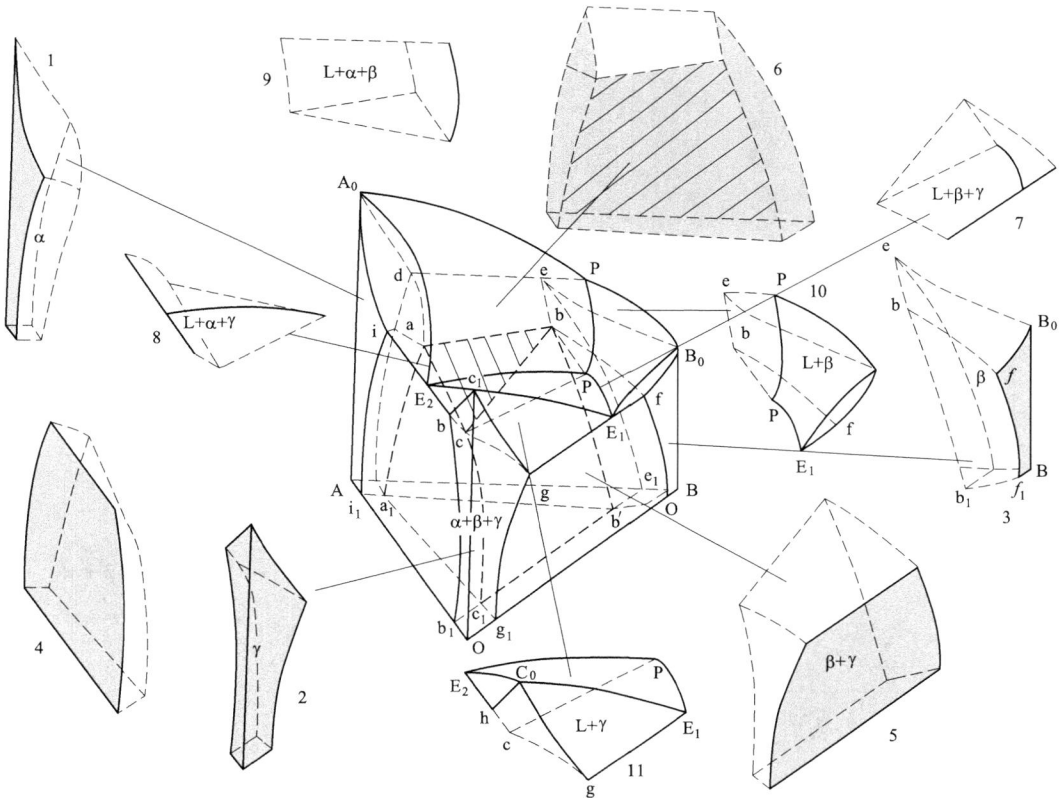

图 9-58　三元包晶-共晶相图的立体分解

通过（1）～（3）的分析，可以知道相图从底面成分三角形向上的第一层分布应该是 1～6
立体区域及其包裹的斜三棱柱合成。下面接着分析在 1～6 立体合成区域的上部结构。

（4）4～6立体区域上侧各有一个三相区域，分别是7～9立体区域，这些区域和共晶相图中的斜三角形立体区域相似。此外，加上前面讨论过的弯道区域10，该区域为典型的L＋β区域。

（5）继续往上，A_0顶部有一个山峰，代表双相区域L＋α；C_0顶部有一个山峰，即区域2上侧的区域11，为典型的L＋γ区域。

从立体结构上看，三元包晶-共晶相图包括单相区域、双相区域、三相区域、四相包共晶面等几个部分。

9.17.2　截面视图

图9-59所示为不同温度下的水平等温截面图。T_1温度下，等温截面仅仅和A_0山峰交接，交接区域包括固溶区域和L＋α双相区域，所以截得两条等温线；T_2温度下，等温截面除了和固溶区域以及L＋α双相区域交截外，还会和图9-58中标注的立体区域6、9、10等相截；温度逐渐下降至T_3温度，除去和T_2温度要切割的区域外（AB侧面和T_2温度截面相似），等温面还将和AC侧面的立体区域2、4、8和11交截，出现L＋γ＋α、γ＋α和γ相区。伴随着γ相区出现L＋γ相区，如图9-59所示。T_4温度下比较简单，但存在残留液相，此温度低于三元包晶-共晶反应温度，因此发生如下反应：

$$L+\alpha \longleftrightarrow \beta+\gamma$$

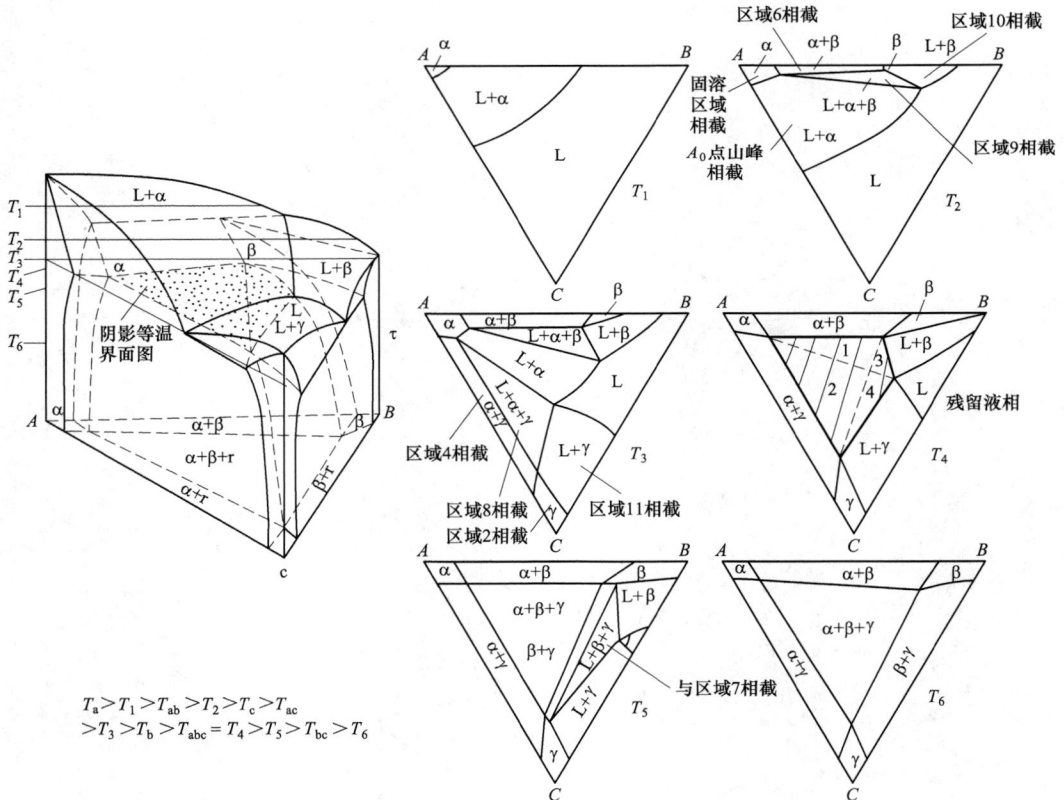

图9-59　不同温度下的水平等温截面图

水平面横截2、3、4、6、10、11等立体区域，形成相应的γ、β、γ＋α、α＋β、L＋β、L＋γ等相区。T_5温度下截得的其他相区和T_4温度时很相似，此温度下在AC侧尚存残留液相，这可以通过图 9-59 中液相面看到，由 A→C 方向液相有个走低的趋势，因此图中出现和 L 相相关的 L＋γ、L＋β、L＋γ＋β 等相区。T_6 温度下，进入全固相。三顶角位置为固溶的区域，中间为三相固相区域。

图 9-60（a）所示为三元包晶-共晶相图投影图。投影图中主要的相变线包括：

（1）三角形顶角 A、B、C 处有固溶度曲面的投影线。其中，A、B 处的固溶度线和组元间存在有限固溶区域的三元共晶相图中的固溶度线相似。

（2）PP_1、e_1P、Pe_2 线可以在图中立体区域的上部液相面上直接看到。

（3）包共晶反应面对应立体区域的灰色部分，投影为四边形。

三元包晶-共晶相图的投影图相对简

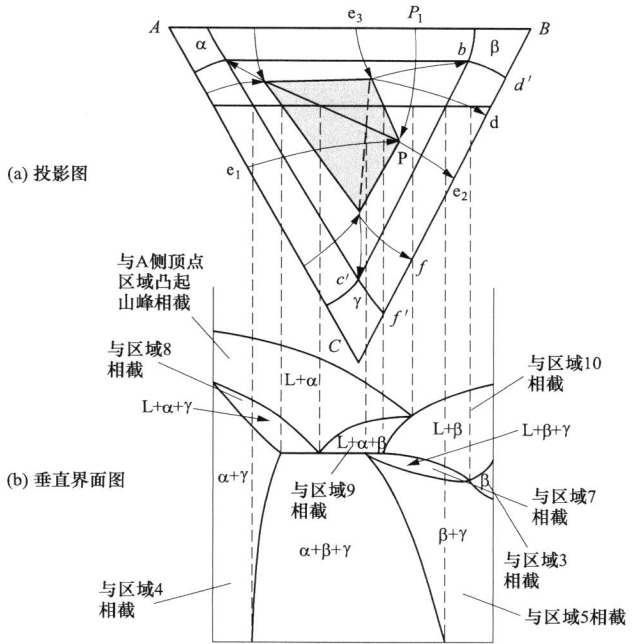

图 9-60 三元包晶-共晶相图的垂直截面图和投影图

单，下面结合投影图来说明垂直截面图。垂直截面图位置为投影图中平行于 AB 的水平线位置，截的垂直截面图如图 9-60（b）所示。比对立体图，可以分析如下。首先垂直界面和液相面交接，获得液相线，进入 L＋α 和 L＋β（见图 9-58 中区域 10）相区；垂直截面继续往下，将和三相区域 L＋γ＋α（见图 9-58 中区域 8）、L＋γ＋β（见图 9-58 中区域 7）、L＋β＋α（见图 9-58 中区域 9）交接，图中水平线为三元包晶-共晶反应线；继续向下，垂直截面图将和 α＋γ＋β 三相区，γ＋β（见图 9-58 中区域 5）和 γ＋α 双相区（见图 9-58 中区域 4）及 β 单相区（见图 9-58 中区域 3）相截。

9.18 三元包晶-共晶相图Ⅱ

9.18.1 相图结构分析

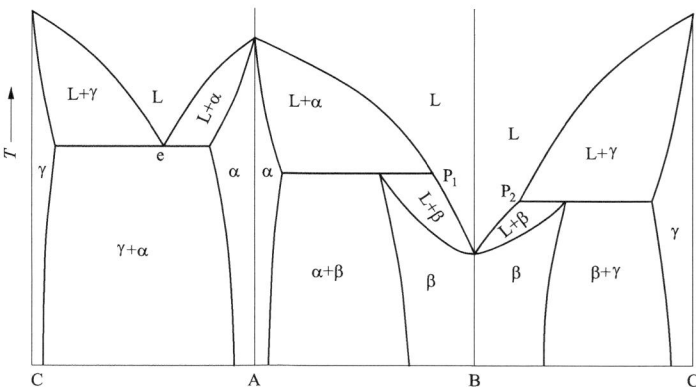

图 9-61 三元包晶-共晶相图的侧面展开视图

由图 9-61 所示三元包晶-共晶相图的侧面展开视图容易看出，三元包晶-共晶相图的三个侧面分别为一个共晶相图和两个包晶相图。三元包晶-共晶相图的立体结构如图 9-62 所示。外围结构为三棱柱和顶部曲面构成，顶部曲面即液相面如图中所示。图中存在四相平衡包晶反应，四相反应等温面为 △pab，如图中标注部分。对应的三元包晶转变为

$$L + \alpha + \beta \longrightarrow \gamma$$

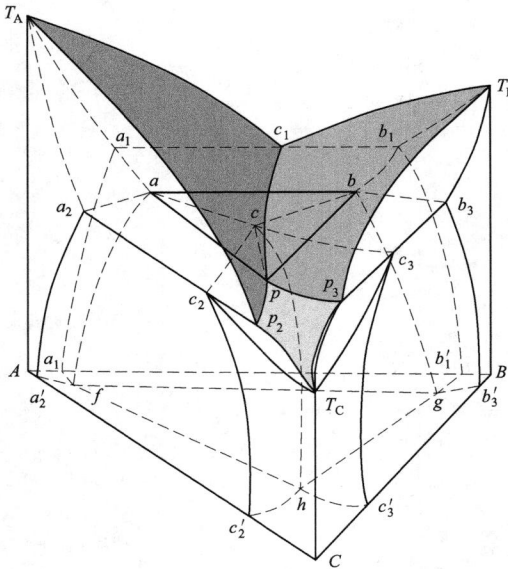

图 9-62　三元包晶-共晶相图的立体结构

图 9-63 所示为三元包晶相图的立体分解。从底边三角形开始逐步从下向上分析，可以得到以下结论：

（1）单相区域。底面三角形中两个顶点 A、B 分别对应一个固溶的区域，分别为 α、β 相区，在图 9-63 中标记为区域 10、11 立体块，C 点对应区域 3 比较特殊，这是由于 AC、BC 侧均为二元包晶相图结构，γ 区域上侧曲面为 $Ec_1c_2T_C$。值得提醒的是，γ 区域上侧曲面 $Ec_1c_2T_C$ 在水平向 C 方向上是有下陡趋势的，所以在等温截面图中，在温度不是足够低的情况下，会出现典型的液相区域。

（2）双相区域。α、β 和 γ 单相区之间通过固溶度面围成三个双相区域，分别为图 9-63 中标注的区域 4～6；三个双相区中间为三棱柱，三棱柱的上面即为三相包晶反应平面，因此斜三棱柱区域为三元固相区域。

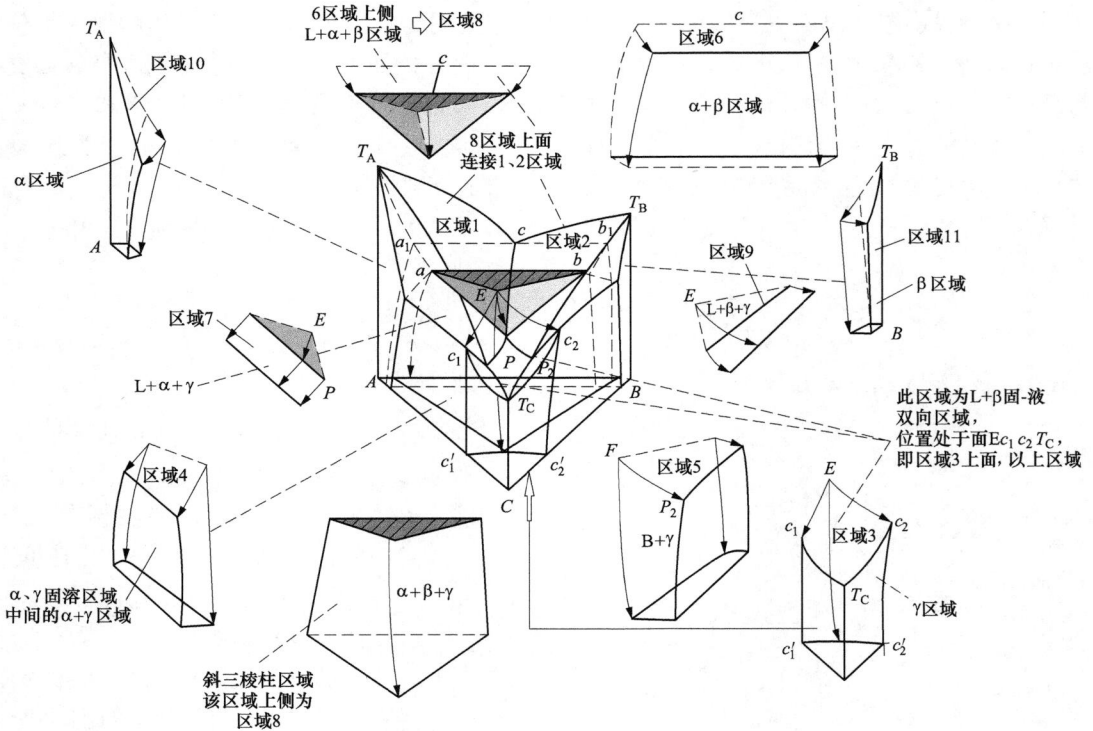

图 9-63　三元包晶-共晶相图的立体分解

（3）包晶反应平面和（2）中双相区域的上侧含有三个包含液相的三相区域。如图 9-63 所示 $L+\alpha+\gamma$、$L+\gamma+\beta$、$L+\alpha+\beta$，即 7、8、9 区域。空间立体形状近似为斜三角形立体区域，继续往上则为和液相面相关联的山峰区域，即区域 1 和 2。

9.18.2 截面视图

图 9-64 所示为不同温度水平截面截得的等温截面图。图 9-64（a）、（b）的等温曲线比较容易分析，类似于共晶三元相图的分析。图 9-64（a）中，A、B 顶角对应的白色区域为固溶区域，是平面和图 9-63 中区域 10 和 11 相截获得。C 顶角对应为液体区域，这是由于 γ 区域上侧曲面在水平向 T_C 方向上是有下陡趋势的，只有温度下降到一定程度，等温截面才会和 γ 区域相截。由于温度小于 AB 二元共晶点，靠近 AB 边出现四方阴影区域和白色三角形区域，分别对应 $\alpha+\beta$ 和 $L+\alpha+\beta$ 相区，这和图 9-63 中区域 6、8 相截的结果。而图（b）中等温截面对应温度为 p 点温度，对应包晶反应。

下面重点分析图 9-64（c）。图中给出了不同阴影部位对应的立体图中相截的区域，以便表示各个阴影部分的来源。γ 区域的上曲面 $Ec_1c_2T_C$ 沿着 T_C 向 E 方向是陡升的，所以图中截得 γ 区域、$L+\gamma$ 区域和 L 区域；图中空白三角形区域是等温截面和立体区域 7、8、9 相截获得；类似的还有区域 4 和 5 的上曲面，等温面和它们相截是导致 $\beta+\gamma$ 和 $\alpha+\gamma$ 四边形阴影区域存在的原因。继续降温，液相双相 $L+\alpha+\gamma$ 区域消失，AC 侧直接和区域 4 相截，而 BC 侧状态和图 9-64（c）中的状态相似，等温面先和 $L+\beta$ 区域相截。

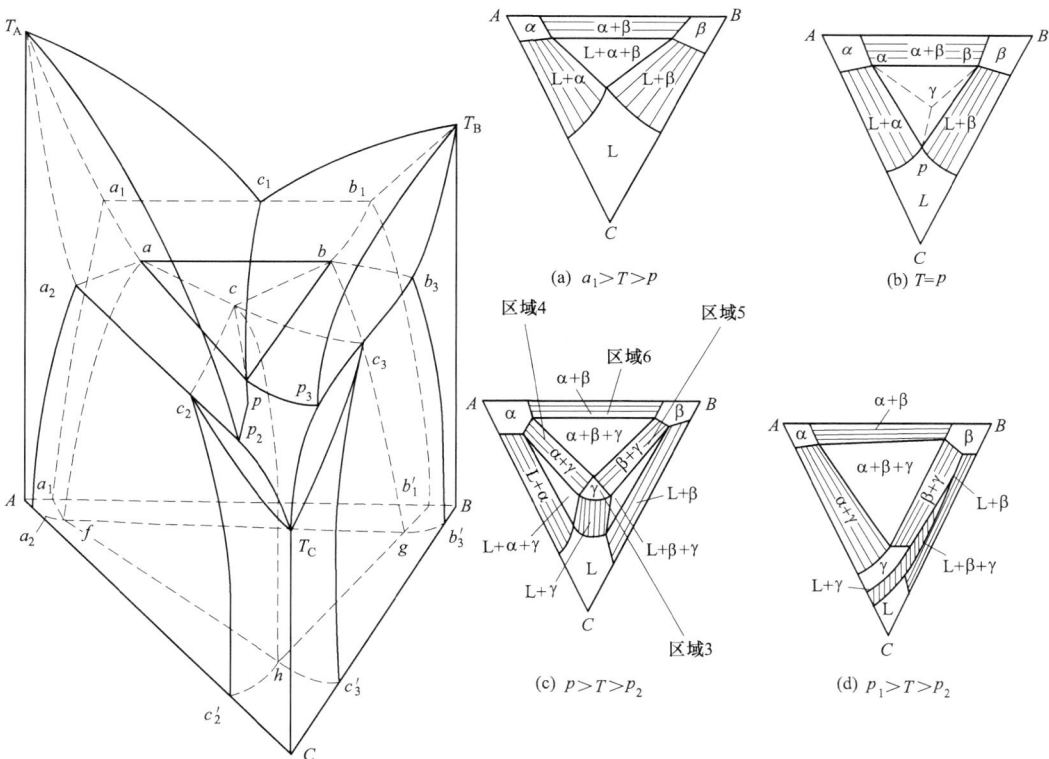

图 9-64 不同温度水平截面截得的等温截面图

图 9-65 所示为三元包晶-共晶相图的垂直截面图。结合投影图来分析垂直截面图，截面位置如图 9-65 所示。垂直截面图从上往下分析：

（1）最上面曲线分三段，全部为液相线，为垂直截面和液相面交截，三段曲线形成原因是

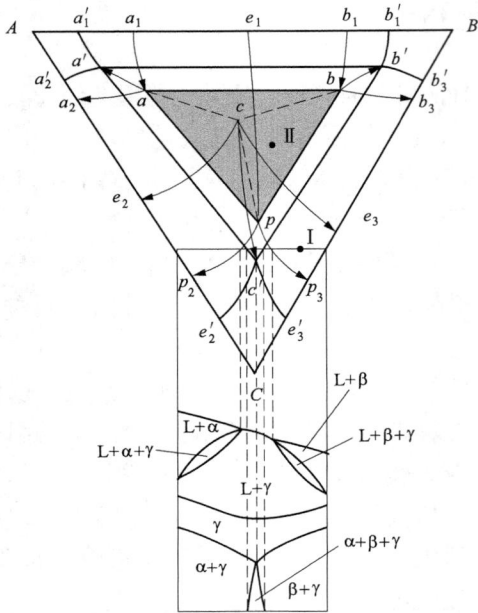

图 9-65　三元包晶-共晶相图的垂直截面图

液相面有三部分，如图 9-63 所示。液相线下进入 L＋α、L＋β 和 L＋γ 液固双相区域。

（2）继续降温，垂直截面图将和包晶反应面上的三相区域，即图 9-63 中 L＋γ＋α 和 L＋γ＋β 立体区域交割，形成 L＋γ＋α 和 L＋γ＋β 区域。

（3）继续降温，垂直截面图和 γ 相区交截，完成从液固双相进入固相单相区域的过程。γ 相区上侧抛物线状的相变线来自垂直截面图和 γ 相区上曲面交截。

（4）垂直截面图和 AC、BC 侧二元区域，即分解图中 4 和 5 立体块交割，出现 γ＋α 和 γ＋β 双相区。

（5）立体相图中的中间三棱柱区域从上面包晶反应面往下逐渐粗化，因此垂直截面图在低温阶段也会和三棱柱区域底部相截，获得 γ＋α＋β 三相区域。

9.19　其他类型的三元相图

9.19.1　共晶-匀晶型三元相图

图 9-66 所示为共晶-匀晶型三元相图的立体结构，相应的立体分解如图 9-67 所示。从图 9-66 中可以看出 AB 侧、BC 侧均为组元间固态有限互溶的共晶型二元系，AC 侧二元系为匀晶型。相图宏观外围为三棱柱结构。从成分三角形开始，从底部向上看，靠近 AC 侧有由 AT_AT_CC、acc_1a_1、cc_1CA、$T_Aaa_1T_C$ 等曲面包裹的立体区域，此区域为 α 固溶体单相区，形状如图 9-67（b）中标记为 1。成分三角形靠近 B 角的区域是 $BT_Bb_1d_1db$ 楔

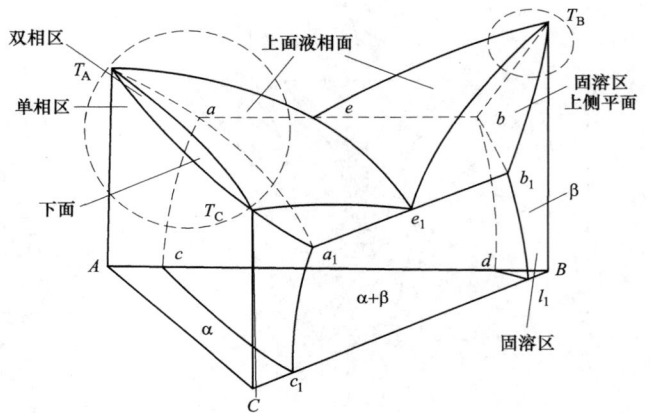

图 9-66　共晶-匀晶型三元相图的立体结构

形立体区域，此区域为 β 固溶体的单相区，形状如图 9-67（b）中标记为 2。立体区域 1 和 2 中间部分为 $abcda_1b_1c_1d_1$ 区域，形状如图 9-67（b）中标记为 3，为典型的双相区域。图 9-67（b）中1、2、3 部分加在一起构成相图立体图形的底部。2 立体区域的上侧部分为立体区域 4，形状是类似一个山峰；1 立体区域的上侧部分也有一个形状相似的立体区域 6。3 立体区域的上侧部分为立体区域 5，为典型的斜三角形立体区域 $aa_1bb_1ee_1$，该区域为 L＋α＋β 三相平衡区，其上侧两个曲面分别为立体区域 4 和 6 底部曲面。相图最上侧有 $T_Aee_1T_C$ 和 $T_Bee_1T_B$ 两个液相面。曲线 ee_1 是两个液相面的交线，当合金成分落位 ee_1 线上时，应发生 L⟶α＋β，二相平衡的共晶转变，故 ee_1 为典型的二元共晶线。

图 9-67（a）同时给出了共晶-匀晶三元相图的投影图。投影图比较简单，如图中虚线指向，cc_1、aa_1 分别为 α 固溶区域的上线面的投影线，ee_1 为二元共晶线，bb_1 和 dd_1 分别为 β 固溶区域的上线面的投影线。

图 9-67（c）所示为水平等温截面图。等温截面温度处于大于 e 点温度但是小于 T_A 点温度，此时等温截面和 4、6 立体区域相隔，得到等温截面图中两个阴影区域；当等温截面对应温度等于 e 点温度时，阴影部分相交于 AB 线上 e 点；进一步降低等温截面的温度，如图中虚线指向，等温截面将和立体区域 3、4、5、6 相截，得到图中阴影双相区 β＋α、L＋β、L＋α。

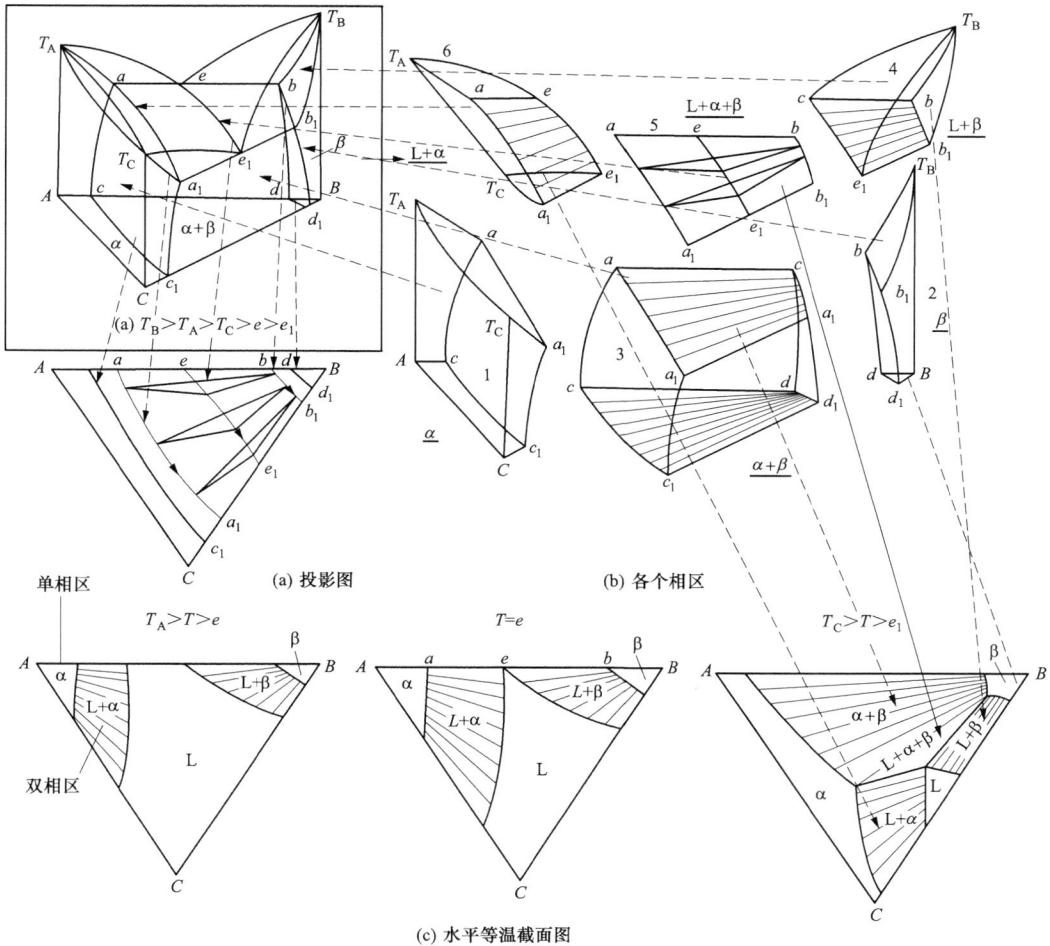

图 9-67 三元共晶-匀晶相图的立体分解

9.19.2 具有化合物的三元系相图

图 9-68 所示为一组二元系中形成化合物的三元合金相图。图 9-68（a）中，AC、AB 侧面为二元共晶相图，BC 侧面为带有一个二元系稳定化合物 D 的相图，且化合物 D 只和另一组元 A 之间形成一个伪二元系。D-A 伪二元系把相图分割成两个简单的三元共晶相图。在 A-D-C 系中，发生四相平衡共晶转变：

$$L_{E1} \longrightarrow A + D + C$$

在 B-D-A 系中，发生四相平衡共晶转变：

$$L_{E2} \longrightarrow B + D + A$$

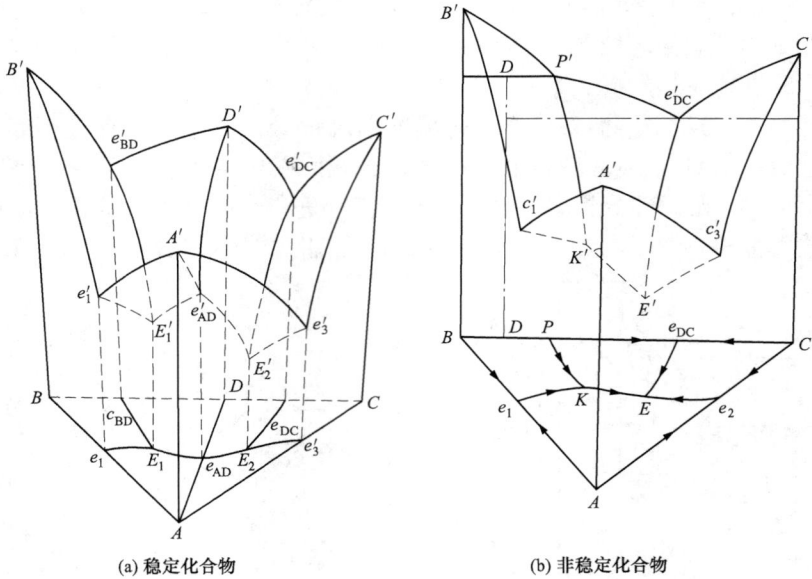

(a) 稳定化合物　　　　(b) 非稳定化合物

图 9-68　一组二元系中形成化合物的三元合金相图

图 9-68（b）所示为一组二元系中形成非稳定化合物的三元合金相图。相图的体系特征是体系中存在一个二元不稳定化合物，组分之间液相完全互溶，固相完全不互溶。相图立体区域如图中所示，三棱柱区域最上面的液相面共有五条相区界限线，如图中 $P'K'$、$K'e_1'$、$E'e_{DC}'$、E' e_3'、$E'K'$ 等，该五条曲线投影到成分三角形即为 PK、Ke_1、EK、Ke_3、Ee_{CD}，由五条相区界线分割有四个初晶区域。

为进一步分析，将图 9-68（a）的投影图单列于图 9-69（a）。图 9-69（a）所示为 AB、BC 边三角形垂直侧面中为两个简单的二元共晶相图，AB 侧则不同，按照二元相图的知识，虚线视图可以明显看到 A、B 两个组元间，可以生成一个化合物 S，定义其化学式为 A_mB_n。图中 e_1、e_2、e_3、e_4 为低共晶熔点。A、B、C、S 对应区域分别为 A、B、C、S 的初晶区域。四个初晶区域形成五条边界线，分别是 e_1E_1、e_2E_2、e_3E_2、e_4E_1 和 E_1E_2，这里 E_1、E_2 分别为三元共晶点，在 E_1 点发生的过程如下：

$$L_{E1} \Longleftrightarrow A+S+C$$

在 E_2 点发生的过程如下：

$$L_{E2} \Longleftrightarrow B+S+C$$

图 9-69（a）中，CS 连线实质可以视为是一个以 C 和 S 为组元的二元系统。m 点为 CS 连线与 C、S 两个初晶区之间的界限，m 点的特征可以从虚线的二元像图中体会，它是 C 和 S 为组元的二元系统的低熔点，同时是界线 E_1E_2 上的温度最高，因此 m 称为鞍形点。下面以图 9-69（a）中熔体 M 为例，说明冷却相变过程。熔体 M 冷却到析晶温度时，首先析出 C 相，然后液相组成沿着 CM 射线向背离 C 的方向移动，液相到达 m 点时也对 S 相饱和，于是同时析出 C、S 两种晶相，由于 C、S 的析出并不改变液相中 A、B 的量的比例，因此，液相组成点不会向 E_1 或者 E_2 点移动，而是停留在 m 点直至液相消失，结晶结束。

如果在三元系统中形成的是一个三元化合物，则情况相对复杂。图 9-69（b）为在三元系统中有一个三元化合物 $S(A_mB_mC_q)$ 的投影图。图中共有 4 个初晶区 A、B、C、S，其中 S 为三元化合物的初晶区域，六条分界线分别是 e_1E_1、e_2E_2、e_3E_3、E_1E_2、E_2E_3 和 E_1E_3，三

个低共熔点 E_1、E_2、E_3，而 m_1、m_2、m_3 为典型的鞍形点。图 9-69（b）最大的特点是化合物组成点 S 和初晶区域都位于 $\triangle ABC$ 内，而且组成点 S 在自己的初晶区域内。

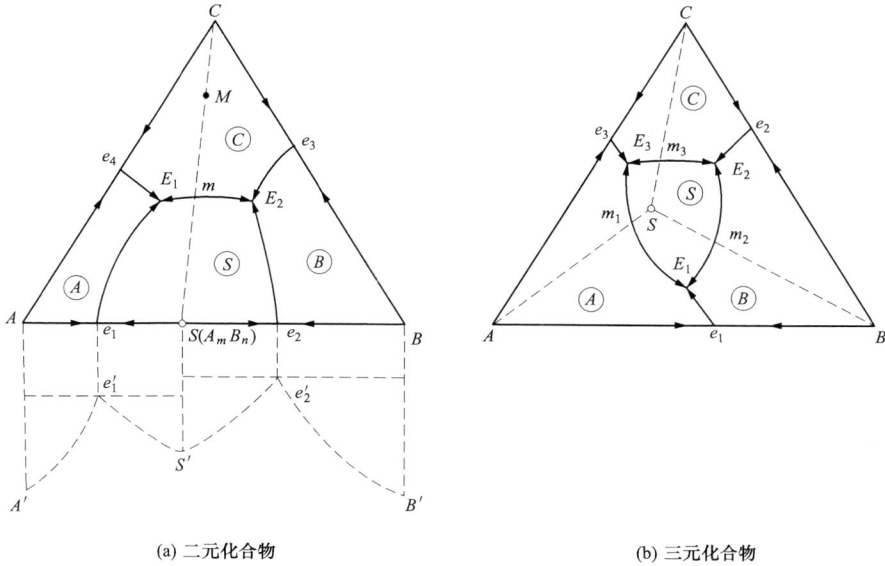

(a) 二元化合物　　　　　　　　　　(b) 三元化合物

图 9-69　一组二元系中形成化合物的三元合金相图投影图

将图 9-68 中（b）中的投影图单列于图 9-70（a），虚线视图可以明显看到 A、B 两个组元间，可以生成一个化合物 S，此时形成的化合物为二元非稳定化合物。$e_1'p'$ 是化合物 S 的液相线，在三维视图中，该液相线发展成为化合物 S 的初晶区域 S。图中 e_1、e_2、e_3 为低共晶熔点。A、B、C、S 对应区域分别为 A、B、C、S 的初晶区域。E 点为三元共晶点，在 E 点发生的反应如下：

$$L_E \Longleftrightarrow A + S + C$$

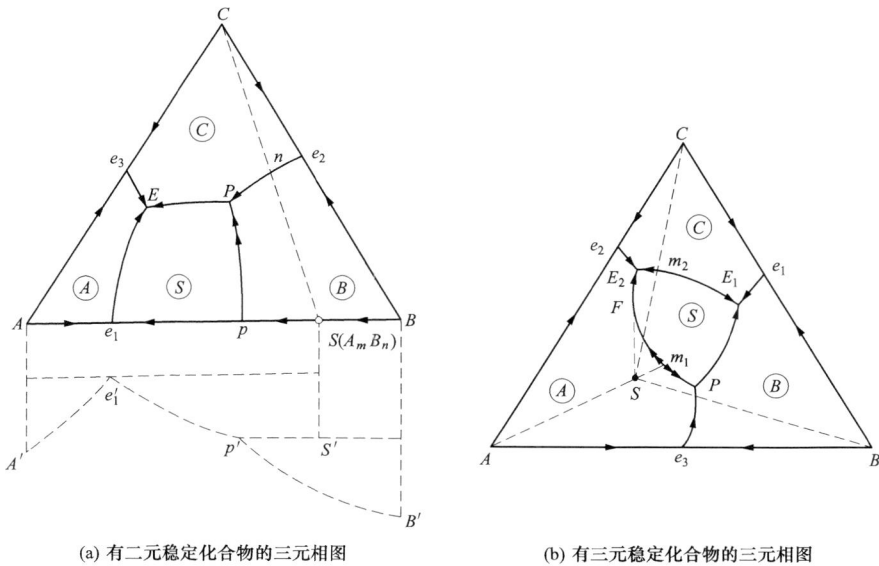

(a) 有二元稳定化合物的三元相图　　　　(b) 有三元稳定化合物的三元相图

图 9-70　一组二元系中形成化合物的三元合金相图投影图

P 点发生的反应如下：

$$B + L_P \Longleftrightarrow S + C$$

因此，P 点不同于 E 点。此外，和图 9-69（a）对比，CS 连线不与相对应的界线 PE 相交，而是与 Pe_2 相交，这样形成的交点 n 就不是鞍形点，CS 也不是如图 9-69 中所示的真正意义的二元系统。也就是说 S 化合物的组成点不在其初晶区域，这是和图 9-69 的关键区别。如果形成的化合物为三元化合物，相应的相图投影如图 9-70（b）所示。

9.20　三元相图的分析方法

9.20.1　案例分析

三元相图中任意一个垂直截面在成分三角形中投影都是一条线段，而在成分三角形中的任意一条线段上的合金，在成分上通常具备某种特点，例如通过成分三角形某一个顶点或者平行于三角形某一边的线段上，合金成分具备不同的特点。从这一意义上讲，三元相图中的垂直截面图实质是合金成分具备某种特点的二元相图，只不过相对二元相图要复杂些。因此，针对垂直截面图的分析可以借鉴二元相图的分析方法，通过垂直截面图可以获得成分变化对相区的影响规律。垂直截面图一般可以提供如下信息：①某一单元成分确定后，其他两组元成分变化对相变的影响；②某单一组元成分变化对相变的影响。

不同温度的水平截面图可以体现不同相区随着温度变化的趋势。投影图一方面可以表示出在液相面上发生的所有可能的反应及其对应的温度和条件；另一方面投影图还可以反映出三元相图立体结构中，不同立体区域之间的交界线，从而可以有助于了解和掌握空间立体相图的结构。

1. 垂直截面图

图 9-71 所示为质量分数 $w(Si)$ 为 2.4% 和 4.8% 的 Fe-C-Si 三元系的两个垂直截面图，这两个图实质是 Si 的含量分别被确定为 2.4%、4.8% 后的 Fe-C 相图。对比图 9-71（a）、（b），可以看到硅含量从 2.4% 变化到 4.8%，会导致包晶点、共晶点和共析点的位置都有所移动，且随着 Si 含量的增加，包晶转变温度降低，共晶转变和共析转变温度升高，γ 相区逐渐缩小。

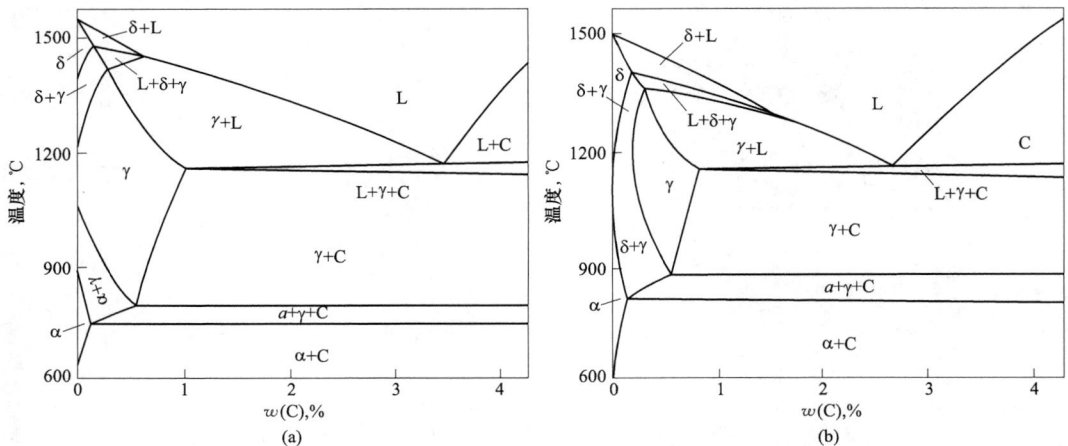

图 9-71　Fe-C-Si 三元系垂直截面

2. 水平截面图

渗氮是工业上针对钢铁材料进行表面改性的重要工艺之一。渗氮过程中,往往需要考虑随着温度变化,材料由表及里的相变。因此,对碳钢渗氮或碳氮共渗处理后渗层进行组织分析时,常使用这些水平截面。图 9-72 所示为 Fe - C - N 三元系 565℃ 和 600℃ 的水平截面。选择钢中质量分数 $w(C)$ 为 0.45% 时的样品进行分析,此样品的成分线的位置如图中的水平虚线所示。该样品在渗氮过程中,由表及里的相变可以从图 9-72 看到。当工件表面氮含量足够高,45 钢在略低于 565℃ 的温度下氮化,由表及里各分层相组成依次为 ε、γ′+ε、C+γ′、α+C;在 600℃ 氮化时,45 钢氮化层各分层的相组成应为 ε、ε+γ′、γ+ε、γ、α+γ、α+C,显示了温度对相变的影响。

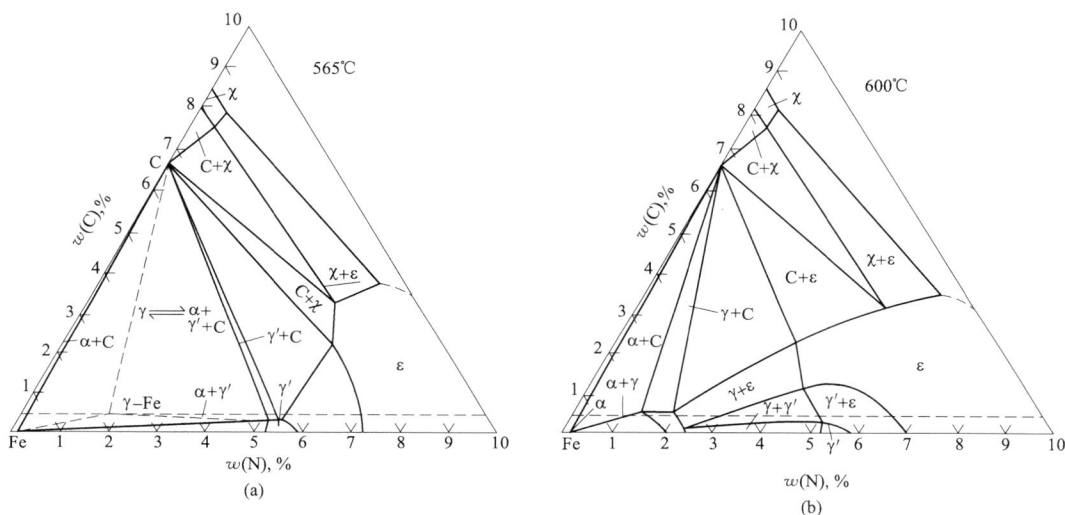

图 9-72 Fe - C - N 三元系的水平截面

3. 投影图

图 9-73(a) 所示为 Al - Cu - Mg 三元系液相面投影图。其中,α - Al 为以 Al 为溶剂的固溶体;θ 为 $CuAl_2$;β 为 Mg_2Al_3;γ 为 $Mg_{17}Al_{12}$;S 为 $CuMgAl_2$;T 为 $Mg_{32}(Al, Cu)_{49}$;Q 为 $Cu_3Mg_6Al_7$。细实线为典型的等温线,带箭头的粗实线是液相面交线投影,也是三相平衡转变的液相单变量线投影。图中根据粗实线的走向和箭头指向,可以看到 E_T、P_1、E_V、P_2 典型四点,它们对应的四相平衡转变,分别为

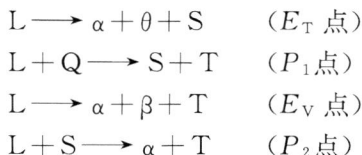

$$L \longrightarrow \alpha + \theta + S \qquad (E_T \text{ 点})$$
$$L + Q \longrightarrow S + T \qquad (P_1 \text{点})$$
$$L \longrightarrow \alpha + \beta + T \qquad (E_V \text{ 点})$$
$$L + S \longrightarrow \alpha + T \qquad (P_2 \text{点})$$

上述反应发生的温度对应在图中标注,根据温度高低可以确定反应从高温到低温的先后顺序。

图 9-73(b) Al - Cu - Mg 三元相图富 Al 部分固相面的投影图。和图 9-73 (a) 液相面投影图比较,相对复杂,图中给出了典型的固相平衡面的投影。这些投影包括:

(1) 典型的四相平衡面水平面的投影。

包共晶四相平衡转变 L+U⟶S+V 的投影面为四边形 $P_{13}SUV$。

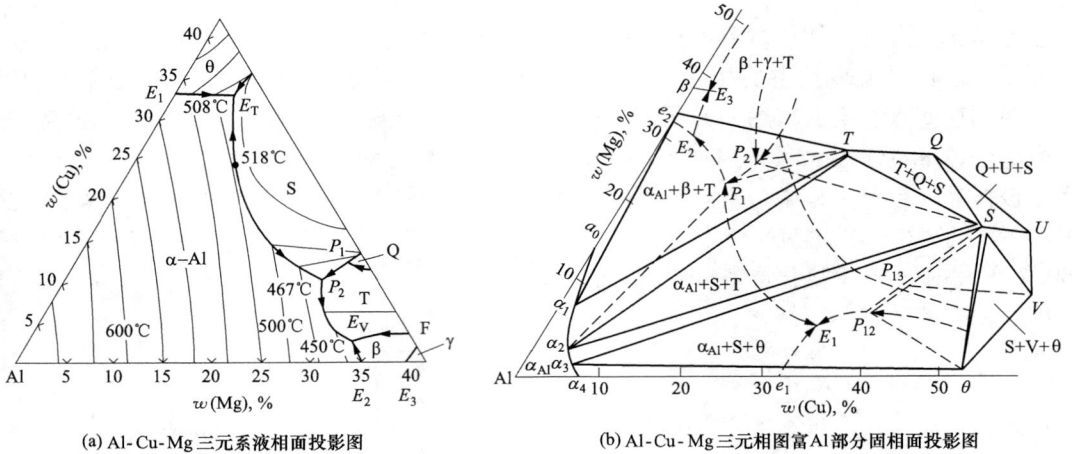

(a) Al-Cu-Mg 三元系液相面投影图　　　　(b) Al-Cu-Mg 三元相图富Al部分固相面投影图

图 9-73　投影图案例

包共晶四相平衡转变 L+V⟷S+θ 的投影图四边形 $P_{12}SV\theta$。

△$P_{13}QU$ 为包晶四相平衡转变 L+U+Q⟷S，其中三角形 QUS 为固相面。

包共晶四相平衡转变 L+Q⟷S+T 的投影为四边形 P_2TQS；△$\alpha_3S\theta$ 为共晶四相平衡转变 L⟷α_{Al}+S+θ 的投影。

包共晶四相平衡转变 L+S⟷α_{Al}+T 的投影是四边形 $P_1TS\alpha_2$。

共晶四相平衡转变 L⟷α_{Al}+β+T 的投影为三角形 $\alpha_1T\beta$。

（2）三相平衡转变终了面投影。

共晶三相平衡 L⟷α_{Al}+θ，投影为 $\alpha_3\alpha_4\theta$。

共晶三相平衡 L⟷α_{Al}+S，投影为 $\alpha_2\alpha_3S$。

共晶三相平衡 L⟷α_{Al}+T，投影为 $\alpha_1\alpha_2T$。

共晶三相平衡 L⟷α_{Al}+β，投影为 $\alpha_0\alpha_1\beta$。

此外，投影图中还包括一个初生相凝固终了面投影 Al$\alpha_0\alpha_1\alpha_2\alpha_3\alpha_4$。

9.20.2　三元相图小结

和二元相图相比较，三元相图多了一个成分组元，导致二元相图中的点在三元相图中扩展成线，线扩展成为面，相的区域也相应变为各种不同的空间立体区域，这些区域的特点及其相互之间的匹配。基于前面的学习，下面针对三元相图中共同的规律进行初步的总结和归纳。

（1）三元相图是一个立体图形，普遍的形状是三棱柱结构，其侧面结构是以底面成分三角形的三边相垂直的平面围成，而上面则往往是复杂的曲面，曲面复杂程度取决于侧面二元系内组元之间的相互反应。

（2）三元相图的立体结构中包含有单相区、双相区、三相区和四相平衡区域。单相区域一般位于三角形的顶角位置，单元相区内由于温度和两个组元的成分是可以独立改变的，因此，在三元相图中，单相区多为不规则的三维空间区域。而双相区域多位于单相区域之间或者顺着温度从高到低的液相开始凝固进入的液固区域，它可以是两液相、一液相一固相或两固相平衡，双相区域和单相区域之间通常以一对共轭曲面相隔，一般情况下，双相区域对应简单相变，例如三元匀晶转变或单相析出转变。

（3）三元系中的三相平衡转变主要有共晶型和包晶型，其中共晶型包括：

共晶转变　L⟶α+β

共析转变　　$\gamma \longrightarrow \alpha + \beta$

偏晶转变　　$L_1 \longrightarrow L_2 + \alpha$

熔晶转变　　$\gamma \longrightarrow L + \alpha$

包晶型包括：

包晶转变　　$L + \alpha \longrightarrow \beta$

包析转变　　$\alpha + \gamma \longrightarrow \beta$

合晶转变　　$L_1 + L_2 \longrightarrow \alpha$

与二元相图的三相平衡转变相比较，其最大区别体现在三元系三相平衡转变是变温转变，而二元系三相平衡转变是恒温转变。三元系的三相平衡区为一个三维空间区域，多为不规则的斜三棱柱。

（4）三元系相图中四相平衡区是对应某一温度的水平面，在垂直截面中是一条水平线。和三相平衡转变比较，四相平衡转变主要有以下三类：

共晶型　　　$\text{I} \longleftrightarrow \text{II} + \text{III} + \text{IV}$

包共晶型　　$\text{I} + \text{II} \longleftrightarrow \text{III} + \text{IV}$

包晶型　　　$\text{I} + \text{II} + \text{III} \longleftrightarrow \text{IV}$

其中，共晶型有

共晶转变　　$L = \alpha + \beta + \gamma$

共析转变　　$\delta \longrightarrow \alpha + \beta + \gamma$

包共晶型有

包共晶转变　　　$L + \alpha \longrightarrow \beta + \gamma$

包共析转变　　　$\delta + \alpha \longrightarrow \beta + \gamma$

包晶型有　　包晶转变　　　$L + \alpha + \beta \longrightarrow \gamma$

包析转变　　　$\delta + \alpha + \beta \longrightarrow \gamma$

共晶型和包晶型四相平衡面通常为三角形水平面，包共晶型四相平衡面为四边形水平面。

（5）鉴于三元相图立体图形比较复杂，可以采用等温截面、垂直截面和投影图将其转化为二元视图进行分析。

第 10 章 凝 固 学

实际工业上，钢铁材料多是从熔炼到凝固的实践过程。本章主要介绍金属及合金从液态到固态的相变过程。通过学习，可以清楚液-固相变发生的微观过程及其相关理论模型，并在此基础上，掌握纯金属及合金发生液-固相变时的关键控制和影响因素，以及这些控制技术在工业上的应用。本章主要包括以下知识点：

(1) 液-固相变过程中发生的形核和生长理论。

(2) 晶核生长过程中的长大动力学和长大形貌控制要素。

(3) 合金凝固过程中的成分过冷及其对凝固形貌的影响。

(4) 工业应用上，实际凝固发生过程中的缺陷和控制方法。

(5) 晶核生长理论的工业应用。

10.1 液-固凝固的研究

10.1.1 散热凝固

1. 冷却速率

液体凝固是一个散热过程。从热学角度，凝固本质是热量从熔体中逐渐排出的过程。通过热量散失改变伴随着液、固数量的改变，凝固时热量散失主要有如下两种形式：

(1) 由于冷却引起固相或者液相熔值的改变，即通过显热形式散热，可以表示为

$$\Delta H = \int c \, \mathrm{d} T$$

式中：c 为比热容。

(2) 凝固时，存在液-固相变会引起的熔值的改变，即通过潜热形式散热，可以表示为

$$\Delta H = \Delta H_{\mathrm{f}}$$

式中：ΔH 为融化潜热。

如果假设凝、固过程中，固-液的比热容相等，相变过程中可视为低冷却速率凝固，冷却速率可以通过简单的热量平衡求解：

$$q_{\mathrm{e}} \frac{A'}{V} = -c_V \frac{\mathrm{d} T}{\mathrm{d} t} + \Delta h_{\mathrm{f}} \frac{\mathrm{d} f_{\mathrm{s}}}{\mathrm{d} t} \tag{10-1}$$

式中：q_{e} 为外部热通量；A'、V 分别为表面积和体积；c_V 为比定容热容；Δh_{f} 为单位体积潜热；f_{s} 为凝固分数。

其中，Δh_{f} 和 f_{s} 凝固分数通常可以表示为

$$\frac{\mathrm{d} f_{\mathrm{s}}}{\mathrm{d} t} = \frac{\mathrm{d} T}{\mathrm{d} t} \frac{\mathrm{d} f_{\mathrm{s}}}{\mathrm{d} T} \tag{10-2}$$

$$\Delta h_{\mathrm{f}} = \frac{\Delta H_{\mathrm{f}}}{V_{\mathrm{m}}}$$

由式（10-1），有

$$\dot{T} = \frac{\mathrm{d}T}{\mathrm{d}t} = q_e\left(\frac{A'}{c_V V}\right) + \frac{\Delta h_f}{c_V}\left(\frac{\mathrm{d}f_s}{\mathrm{d}t}\right)$$

其中，第一项主要和铸件的几何参数有关，是显热对热量散失的影响；第二项和潜热有关。将式（10-2）代入，得

$$\dot{T} = \frac{\mathrm{d}T}{\mathrm{d}t} = \frac{-q_e\dfrac{A'}{c_V V}}{1 - \dfrac{\Delta h_f}{c}\dfrac{\mathrm{d}f_s}{\mathrm{d}T}}$$

由于温度降低，固相分数增加，所以通常 $\dfrac{\mathrm{d}f_s}{\mathrm{d}T} < 0$，说明凝固通常会导致凝固过程中的冷却速率下降。

2. 毛细过冷

从热力学角度，纯金属在液-固相变的过程中，涉及一个非常重要的概念——过冷度。即物质从液相向固相凝固转变时，其单位体积自由能变化 ΔG 为

$$\Delta G = \Delta S_m \Delta T$$

式中：ΔT 为过冷度；ΔS_m 为摩尔凝固熵。

上述过冷度是从宏观角度给出的过冷度。事实上，固-液相变是从微观开始的。在微观角度发生固-液相变，毛细作用会明显影响凝固形态。这主要是由于微小固体质点的自由能存在尺寸效应，无论是纯金属还是合金，在微小尺寸的情况下，其自由能随着固体质点的直径减小而增大，导致熔点也随之下降，形成过冷，即毛细作用会引起熔点温度变化，从而引起过冷度，此时产生的过冷度也称为曲率过冷度或者吉布斯汤姆森过冷度。曲率为 r 时，质点表面由于弯曲导致自由能增加为

$$\Delta G = V_m \Delta P$$

其中，V_m 为摩尔体积，$\Delta P = \sigma K$，所以

$$\Delta T = K\frac{\sigma V_m}{\Delta S_m}$$

其中，σ 为固-液界面能量，令 $\Gamma = \dfrac{\sigma V_m}{\Delta S_m}$，$\Gamma$ 称为 Gibbs - Thomson 系数。此时，毛细作用条件下的过冷度表达式为

$$\Delta T = K\Gamma$$

曲率系数 K 为

$$K = \frac{\mathrm{d}A}{\mathrm{d}V} = \frac{1}{r_1} + \frac{1}{r_2}$$

其中，r_1、r_2 为主曲率半径，对于球面，曲率为 $2/r$，柱面的曲率为 $1/r$。上述过冷度一般在固-液相变中，凝固固体尺寸小于 $10\mu m$ 时，对固体形态作用明显，在形核过程、枝晶尖端和共晶过程都会发挥作用。

10.1.2 液-固凝固过程

金属的液-固凝固过程其本质是晶体的晶格点阵重构的过程。当物质处于气态时，气体分子间距往往很大。气体分子之间的距离一般是分子直径的 10 倍左右。因此，气体分子之间的作用力十分微弱，在处理某些问题时，可以把气体分子看作没有相互作用的质点。假设在大气环境中，温度发生下降，气体分子之间间距开始缩小，分子之间倾向于团聚，当然这种团聚过

程并不是均匀的，这导致气体完全液化以后，结构有所改变。在液态结构中，局部近邻的原子排列是有一定的规律的，通常是由数量不等的原子组成的大小约为 $10^{-10}\,\mathrm{m}$ 数量级的原子集团，但是原子排列在总体上是无规则的，没有规律周期性，这就是液体的短程有序、长程无序的结构。液体中这些短程有序原子团簇虽然结构上和晶体结构相似，但不是稳定存在的，而是时聚时散、此起彼伏，处于瞬息万变的状态，这种现象称为结构起伏或者相起伏。显然，尺寸越小的结构起伏在液体中出现的概率越大，而且在每一温度下，结构起伏都有一极限尺寸，温度越低，该极限尺寸越大。伴随着结构起伏，由于原子集团间的空穴或裂纹内分布着排列无规则的游离原子，这些微小体积所实际具有的能量，也会偏离体系平均能量水平而出现瞬时涨落的现象，这就是所谓的能量起伏。很显然，对于纯金属，随着温度下降，达到一定尺寸的短程有序团，如果能够借助于结构和能量起伏，满足了稳定存在的能量要求，这些原子团将不再发生消失，这就是所谓的晶核。从热力学角度，晶核的出现，其内部的晶态排列状态，降低体系的自由能，促进相变；另外，晶核的形成伴随着新的表面形成，又会形成表面自由能的增加，阻碍相变，两者相互作用，随着温度降低，促进相变的力量强于阻碍相变的力量，形核开始稳定存在。因此，晶核的稳定存在，在某种程度上，可以认为是表面能和体自由能相互之间的竞争。温度下降有利于晶核形成，晶核的出现也意味着液相向固相转变的开始。随着温度下降，形成的晶核将进一步长大，生长到一定程度会相互碰撞，并在彼此之间形成有效边界，即晶界，同时固化的原子重新排列，形成三维周期性的排列，液态完全转变为晶体，凝固过程结束。因此，典型的金属凝固过程包括形核和晶核长大两个过程。

10.2　纯金属凝固形核及其模型

纯金属凝固成核包括均匀形核和非均匀形核。所谓均匀形核是指新相晶核是在母相中等概率均匀地生成的，即晶核由液相中的一些短程有序原子团直接形成，不受杂质粒子或外表面的影响；非均匀（异质）形核时，母相液体中通常存在可以用来生长的模板，新相优先在母相中存在的模板处异质处形核，即依附于液相中的杂质或外来表面来形核。图 10-1 所示为均匀和非均匀形核示意。

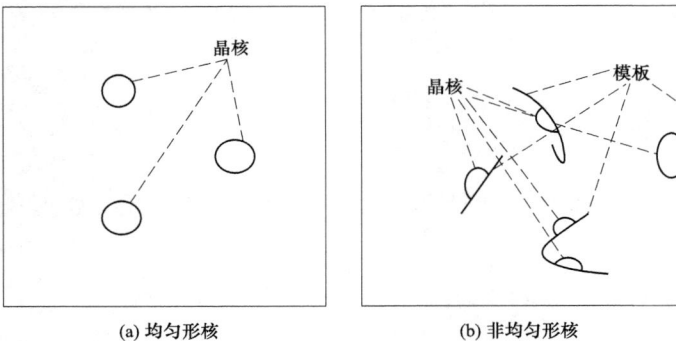

图 10-1　均匀和非均匀形核示意

10.2.1　均匀形核

假设晶胚为球形，半径为 r，表面积为 S，体积为 V。当过冷液体中出现一个晶胚时，晶胚形成过程中存在两个能量相互影响，即体积自由能和表面能，所以总的能量变化为

$$\Delta G = -\Delta G_\mathrm{v} + \Delta G_\mathrm{s}$$

式中：ΔG_v 为体系中液、固两相体积自由能之差；ΔG_s 为体系中表面自由能，体积自由能的消耗用于形成新表面的表面能。

设 ΔG_B 为单位体积自由能之差，σ 为单位面积自由能（即比表面能），则

$$\Delta G = -V\Delta G_\mathrm{B} + \sigma S = -\frac{4}{3}\pi r^3 \Delta G_\mathrm{B} + 4\pi r^2 \sigma \tag{10-3}$$

式（10-3）两边对 r 微分，并令其为零，可以界定临界晶核。即

$$r^* = \frac{2\sigma}{\Delta G_B} = \frac{2\sigma T_m}{L_m} \frac{1}{\Delta T} \tag{10-4}$$

其中，r^* 称为成核的临界晶核半径。进一步将临界晶核半径的数值代入式（10-3），临界晶核半径尺寸时对应的自由能为

$$\Delta G^* = \frac{16}{3(\Delta G_B)^2} \pi \sigma^3$$

这里 $\Delta G_B = L_m \Delta T / T_m$，由此得

$$\Delta G^* = \frac{16\pi\sigma^3 T_m^2}{3L_m^2} \frac{1}{\Delta T^2} \tag{10-5}$$

式中：ΔG^* 为形成临界晶核所需要的功，简称形核功。

式（10-5）表明：对于一定的金属，临界形核功主要取决于过冷度。过冷度越大，临界形核功则越小，形成临界晶核所需要的能量起伏就越小，晶胚成核率增加。

如果从另外一个角度分析临界形核功，将式（10-4）中的 $r^* = \dfrac{2\sigma}{\Delta G_B}$ 代入式（10-3）中，可以得到

$$\Delta G^* = -\frac{4}{3}\pi r^{*3} \frac{2\sigma}{r^*} + 4\pi r^{*2}\sigma = \frac{1}{3}\sigma S \tag{10-6}$$

式（10-6）说明，形成临界晶核时，形核功在数值上相当于形核过程中需要的表面能的 1/3。即

$$\Delta G^* = \Delta G_v + \Delta G_s = \frac{1}{3}\Delta G_s \tag{10-7}$$

$$\Delta G_v = \frac{2}{3}\Delta G_s$$

式（10-7）说明了形核过程中形核功的来源。形核过程中，晶核体积变化能够释放能量，晶核表面的形成则需要消耗能量。体积变化释放的体积自由能在数值上等于形核所需的表面能的 2/3。形核功是表面能和体积自由能共同作用的结果，其能量在数值上相当于 1/3 的表面能，这部分能量无法从体积变化释放的体积自由能中获得。因此在形核过程中，总形核功所需要的额外 1/3 能量必须从能量起伏中得到，才能实现临界晶核的形成。

10.2.2 非均匀形核

图 10-2 所示为形核依赖于模板完成的非均匀形核示意。图中和液体直接接触的模板用阴影表示，假设形核的形状为球冠，球半径为 r，球冠半径为 R，其他几何关系如图所示。形核后

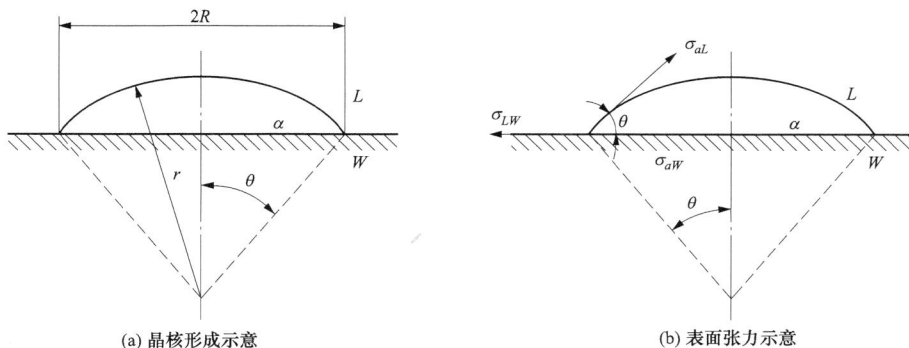

(a) 晶核形成示意   (b) 表面张力示意

图 10-2 非均匀形核示意

一方面存在体积自由能变化，另一方面相对于均匀形核，图 10-2（b）中会有新界面 $L-\alpha$、$\alpha-W$ 形成，同时原有的被球冠覆盖的 $L-W$ 界面消失。根据均匀形核的推导，可以建立如下关系式：

$$\Delta G = -\Delta G_v + \Delta G_s \tag{10-8}$$

其中

$$\Delta G_v = -V\Delta G_B$$
$$\Delta G_s = \sigma_{aL}S_{aL} + \sigma_{aW}S_{aW} - \sigma_{LW}S_{aW} \tag{10-9}$$

进而

$$\Delta G = -V\Delta G_B + \sigma_{aL}S_{aL} + \sigma_{aW}S_{aW} - \sigma_{LW}S_{aW} \tag{10-10}$$

S_{aW}、S_{aL}、S_{LW} 分别为新界面 $\alpha-W$、$\alpha-L$ 及被球冠覆盖的 $L-W$ 界面面积。

（1）首先求取 ΔG_v

$$V = \pi r^3\left(\frac{2 - 3\cos\theta + \cos^3\theta}{3}\right)$$

$$\Delta G_v = -\pi r^3\left(\frac{2 - 3\cos\theta + \cos^3\theta}{3}\right)\Delta G_B \tag{10-11}$$

（2）其次求取 ΔG_s，分两步：

1）首先求 S_{aL}、S_{aW}、S_{LW} 的面积，根据几何学知识，有

$$S_{aL} = 2\pi r^2(1 - \cos\theta) \tag{10-12}$$
$$S_{aW} = \pi r^2\sin^2\theta \tag{10-13}$$
$$S_{LW} = S_{aL} \tag{10-14}$$

2）当球冠晶核稳定时，上述三个界面达到平衡，存在张力平衡，此时

$$\sigma_{aL} + \sigma_{aW} - \sigma_{LW} = 0$$

其中，σ_{aL}、σ_{aW}、σ_{LW} 分别为不同界面的比表面能。进一步根据图 10-2（b）的几何关系，可以导出如下表达式：

$$\sigma_{aL}\cos\theta + \sigma_{aW} = \sigma_{LW} \tag{10-15}$$

将式（10-12）～式（10-15）代入式（10-9），得

$$\Delta G_s = (S_{aL} - \pi r 2\sin2\theta\cos\theta)\sigma_{aL} \tag{10-16}$$

基于式（10-11）和式（10-16），晶核形成时体系总的能量变化为

$$\Delta G = \left(-\frac{4}{3}\pi r^3\Delta G_v + 4\pi r^2\sigma\right)\left(\frac{2 - 3\cos\theta + \cos^3\theta}{4}\right) \tag{10-17}$$

与式（10-7）均匀形核的形核能量相比，差一系数项 $\dfrac{2 - 3\cos\theta + \cos^3\theta}{4}$，通过式（10-17）对半径 r 求导，计算得到临界半径：

$$r^* = \frac{2\sigma}{\Delta G_v}$$

进而，求取临界形核功：

$$\Delta G'_* = \Delta G^*\left(\frac{2 - 3\cos\theta + \cos^3\theta}{4}\right) = \Delta G^* f(\theta)$$

其中

$$f(\theta) = \frac{2 - 3\cos\theta + \cos^3\theta}{4}$$

由于 θ 在 0°～180°范围内变化，因此 $\Delta G'_* < \Delta G^*$，即非均匀形核较均匀形核所需要的形核

功小，且随 θ 的减小而降低。均匀形核和非均匀形核比较，其临界形核功高于非均匀形核，过冷度要大于非均匀形核，因此工业上一般均为非均匀形核。

10.2.3 形核率

形核率是指单位时间、单位体积中形成的晶核数，单位是 $1/(s \cdot cm^3)$。形核率取决于单位体积液相中的晶胚数量和原子加到晶胚上的速率，也就是晶胚的生长速率。它是衡量液-固凝固过程中形核快慢的物理量。

1. 过冷熔体中晶胚的数量

假设在 N_1 个液相原子中有 N_n 个原子团，每个原子团中有 n 个原子，此时混合体系的自由能变化为

$$\Delta G = N_n \Delta G_n - T \Delta S_n$$
$$\Delta G_n = n \Delta G' + A_n \sigma$$
$$A_n = \eta m^{2/3}$$

式中：ΔG_n 为形成一个晶胚而引起的自由能的变化；ΔS_n 为 N_n 个原子团和 N_n 个液相原子混合的熵；$\Delta G'$ 为原子自由能差；A_n 为原子团的界面积；η 为形状因子，取决于原子团的形状。

根据

$$\Delta S_n = k_B \ln \frac{(N_1 + N_n)!}{N_1! \ N_n!}$$

于是

$$\Delta G = N_n \Delta G_n - k_B T \ln[(N_1 + N_n)!] + k_B T \ln(N_n!) + k_B T \ln(N_1!)$$

利用公式

$$\ln N! = N \ln N - N$$

同时，求取

$$\frac{\partial \Delta G}{\partial N_n} = 0$$

得到

$$\Delta G_n - k_B T[\ln(N_1 + N_n) - \ln(N_n)] = 0$$

由于 $N_1 \gg N_n$，有

$$\frac{N_n}{N_1} = \exp\left(-\frac{\Delta G_n}{k_B T}\right)$$

在平衡条件下，晶胚数目为

$$N_n^0 = N_1 \exp\left(-\frac{\Delta G_n^0}{k_B T}\right)$$

2. 稳定晶胚的生长速率

晶胚的尺寸有大有小，所以形核率和晶胚的生长速率有关。生长速率取决于新原子沉积到晶胚的速率 dn/dt。此时，形核速率可以表示为

$$I = N_n^0 \frac{dn}{dt} = N_1 \exp\left(-\frac{\Delta G_n^0}{k_B T}\right)\frac{dn}{dt}$$

吸附速率 dn/dt 和原子吸附频率 ν 及晶位密度 n_s^0，即表面吸附原子的位置密度有关：

$$\frac{dn}{dt} = \nu n_s^0$$

晶位密度 n_s^0 为

$$n_s^0 = A_n^0 n_c \tag{10-18}$$

式中：A_n^0 为晶胚的表面积；n_c 为单位面积上能捕获的原子的晶位密度。

吸附频率 ν 可以表示为

$$\nu = \nu_o \exp\left(-\frac{\Delta G_d}{k_B T}\right) p \tag{10-19}$$

将式（10-18）和式（10-19）代入 $\mathrm{d}n/\mathrm{d}t$ 表达式，有

$$\frac{\mathrm{d}n}{\mathrm{d}t} = A_n^0 n_c n_o \exp\left(-\frac{\Delta G_d}{k_B T}\right) p$$

所以最终的形核速率 I 表达式可以表示为

$$I = N_1 A_n^0 n_c \nu_o p \exp\left(-\frac{\Delta G_n^0}{k_B T}\right) \exp\left(-\frac{\Delta G_d}{k_B T}\right)$$

如果令

$$I_0 = N_1 A_n^0 n_c \nu_o p$$

则有

$$I = I_0 \exp\left(-\frac{\Delta G_n^0}{k_B T}\right) \exp\left(-\frac{\Delta G_d}{k_B T}\right) \tag{10-20}$$

对于非均匀形核率，式（10-20）中的临界形核自由能 ΔG_n^0 换成非均匀形核条件下的临界形核自由能即可，有

$$I = I_0 \exp\left(-\frac{G_k'}{k_B T}\right) \exp\left(-\frac{G_d}{k_B T}\right)$$

式中：G_k' 为非均匀形核条件下的临界形核自由能。

从热力学考虑，那些具有临界晶核尺寸并能克服临界晶核形成功的微小体积，其出现的概率为 $\exp\left(-\dfrac{\Delta G_n^0}{k_B T}\right)$，称为形核功因子；但要形成稳定的晶核，还必须有原子从液相中转移到晶核表面上使之成长。原子扩散到晶核表面，需要克服能垒（常称为激活能），原子能克服能垒的概率为 $\exp\left(-\dfrac{\Delta G_d}{k_B T}\right)$，称为原子扩散的概率因子。因此，形核率 N 取决于这两项的乘积，即控制形核率的两个因素——形核功因子和原子扩散的概率因子。过冷度较小时，形核率受 ΔG_n^0 形核功所控制，过冷度大时主要取决于 ΔG_d 激活能，形核率受扩散的概率因子控制。均匀形核和非均匀形核在凝固过程中，形核率与过冷度之间的关系如下：

（1）相同条件下，两者形核率随过冷度变化趋势差别很大。和均匀形核相比较，非均匀形核的形核功小于均匀形核，凝固过程中，所需要的过冷度较小。非均匀形核的过冷度数值上约为熔点的 0.02 倍，而均匀形核约为熔点的 0.2 倍。

（2）形核率随过冷度变化趋势可以分为三个阶段：第一阶段，形核过程主要受控于形核功因子，过冷度较小，形核率较低；第二阶段，过冷度增加，形核半径减小，形核率线性上升；第三阶段，形核过程主要受控于扩散的概率因子，较大过冷度反而限制了原子扩散，因此形核率偏向降低趋势发展。对于非均匀形核，其第三阶段形核率的降低还和形核基板的减少有关。

10.3　晶核生长及其生长形貌

稳定晶核在允许的环境条件下会继续生长并长大，直至长大的晶核彼此相互接触，液相完全消失，完成结晶过程。这个生长过程从宏观上来看是固-液界面向液相中逐步的推移过程，

从微观上看，则是原子逐个由液相中扩散到晶体表面上，并按晶体点阵规律要求，逐个占据适当的位置而与晶体稳定牢靠地结合起来的过程。很显然，这个过程一定程度上是互逆的，只有当挂镀在固-液界面上的原子数目高于同时能够远离固-液界面的原子数目，才能实现固-液界面向液相推进。因此，影响晶体形核长大和最终结晶形貌的因素主要有以下几个：

（1）温度。温度主要指过冷度的大小。由于生长长大过程中原子需要通过液相扩散到晶核表面，这就要求液态金属原子具有足够的扩散能力，而扩散主要和温度有关，因此温度是晶核形成和生长的重要驱动力。

（2）固-液界面结构。晶核表面对扩散而来的原子具有足够的吸引能力，能够不断牢靠地接纳这些扩散原子，使扩散而来的原子数量多于扩散而脱离晶体表面的原子数量，导致表面厚度增加，这个过程主要和晶体的表面结构，即固-液界面结构有关，确保晶体长大时的体积自由能的降低应大于晶体表面能的增加，满足生长热力学条件。

（3）固-液界面前的温度梯度。如果晶体的固-液界面附近存在一定的温度梯度，则温度梯度会导致晶体生长具有定向性。温度梯度是最终结晶形貌的重要影响因素。晶体固-液界面结构和温度梯度在一定程度上会决定晶体长大后生长速率和生长形貌。

10.3.1　固-液界面结构

固-液界面的微观结构有两种类型，即光滑界面和粗糙界面。光滑界面是指固相表面为基本完整的原子密排面，固-液两相截然分开，在固相一侧几乎全部为固态原子占满，只留下少数空位或者台阶，从微观上看界面是光滑的。但是从宏观来看，界面呈锯齿状的折线，又称小平面界面，常见的无机化合物和亚金属，如 Sb、As、Bi、Ga、Si、Ge 等的固-液界面结构属于此类；粗糙界面在固相一侧点阵位置约有 50% 的位置被固相原子所占据，微观上高低不平、粗糙，存在几个原子厚度的过渡层，在过渡层中，液相与固相的原子犬牙交错分布，形成凹凸不平的界面结构，从宏观上看，界面反而是平直的。这类界面是粗糙的，又称为非小平面界面，常见的金属铁、铝、铜、银等固-液界面属于此类。注意，固-液界面的分类是典型的微观概念。

杰克逊（K. A. Jackson）提出了决定粗糙及光滑界面的定量模型。假设液-固两相在界面处于局部平衡，故界面构造应是界面能最低的形式。同时假设固-液界面上有 N 个原子位置，为 n 个固相原子所占据，则固相原子的占据分数为 $x = \dfrac{n}{N}$，界面上空置的分数为 $1-x$，空位数量相应为 $N(1-x)$，空位的存在导致内能和熵均发生改变，相对于理想界面，固-液的自由能发生变化，其变化量为

$$\Delta G = \Delta U - T \Delta S$$

为了求取上述自由能变化量，需要确定内能和熵的变化量。为此，首先确定内能的变化量。考虑当存在 $N(1-x)$ 空位时，内能的变化。这个变化主要和空位断开的固态键能有关。如果用 Z 表示晶体中的配位数，Z' 表示晶体表面的配位数，L_{m} 表示摩尔融化潜热，那么内能的变化为

$$\Delta U = \frac{1}{2} N(1-x) Z' x \frac{2 L_{\mathrm{m}}}{NZ} = RT_{\mathrm{m}} \alpha x (1-x)$$

这里

$$\alpha = \frac{Z}{Z'} \frac{L_{\mathrm{m}}}{RT_{\mathrm{m}}}$$

其次，确定由于空位的存在导致的熵变，根据第 2 章点缺陷空位浓度计算，可知空位存在导致结构熵的改变为

$$\Delta S_c = k_B \left(N \ln \frac{N+n}{N} + n \ln \frac{N+n}{n} \right) = -R \left[x \ln x + (1-x) \ln(1-x) \right]$$

$$T_m \Delta S_c = -RT_m \left[x \ln x + (1-x) \ln(1-x) \right]$$

将 ΔS_c、ΔU 表达式代入 ΔG 表达式，得到表面自由能的相对变化 ΔG 表示如下：

$$\frac{\Delta G}{RT_m} = \alpha x(1-x) + x \ln x + (1-x) \ln(1-x) \tag{10-21}$$

将式（10-21）按相对自由能 $\frac{\Delta G}{RT_m}$ 与 x 的关系作图，并改变 α 值，得到一系列曲线。对于 $\alpha \leqslant$ 2 的曲线，在 $x=0.5$ 处界面能具有极小值，即界面的平衡结构应是约有一半的原子被固相原子占据而另一半位置空着，这时界面为微观粗糙界面。对于 $\alpha>2$ 时，曲线有两个最小值，分别位于 x 接近 0 处和接近 1 处，说明界面的平衡结构应是只有少数几个原子位置被占据，或者极大部分原子位置都被固相原子占据，即界固界面为粗糙界面。对于多数无机化合物，以及亚金属铋、锑、镓、砷和半导体材料硅、锗等，当 $\alpha \geqslant 2$ 时，其液-固界面为光滑界面。

10.3.2　温度梯度

纯金属生长形貌是指纯金属凝固后得到显微组织形态。金属凝固时，除了固-液界面的微观结构影响晶体的生长形态外，晶体的生长形态和固-液界面前沿的液相中的温度梯度 dT/dx 有关。固-液界面前沿的液相中的温度梯度有正、负两种情况。

（1）在正温度梯度下，即 $dT/dx>0$ 时，界面处的结晶潜热只能通过固相传导出去，所以界面的推进速度受到固相传热速度的控制。由于界面处的液体具有最大的过冷度，当界面上偶尔发生晶体凸起时，就会进入温度较高的液体中，晶体生长速度立即减慢甚至停止。因此，固-液界面保持为稳定的平面状，晶体生长以平面向前推进。宏观上为锯齿（或称为台阶）状的光滑界面，界面向前平面式推进，见图 10-3（a），图中箭头表示随着时间变化界面的推移方向和形貌变化。

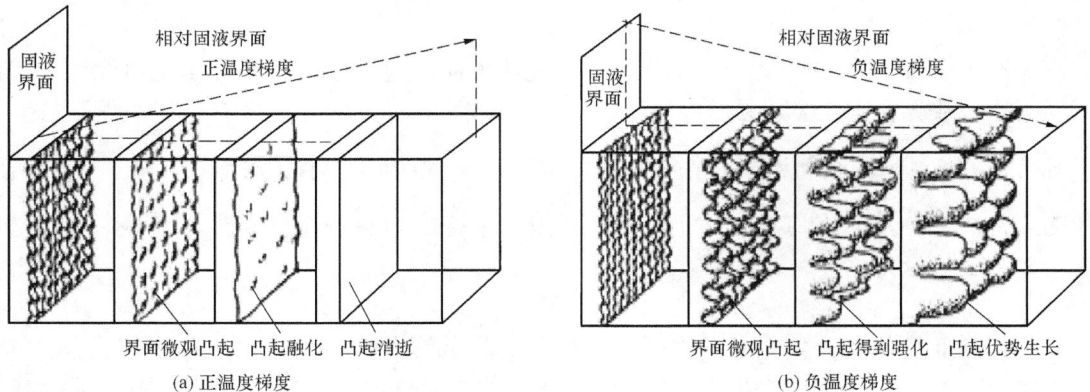

(a) 正温度梯度　　　　　　　　　　　　　　(b) 负温度梯度

图 10-3　不同温度梯度下的界面生长形状

（2）在负温度梯度下，即 $dT/dx<0$ 时，界面前方的液体具有更大的过冷度，因此，当界面某处固相偶然伸入液相时，便能够以更大的速率生长。伸入液相的晶体形成一个晶轴，称为一次晶轴。由于一次晶轴生长时也会放出结晶潜热，其侧面周围的液相中又产生负的温度梯度。这样，一次晶轴上又会产生二次晶轴。同理，二次晶轴上也会长出三次晶轴，见图 10-3(b)。由于这样生长的结果很像树枝，所以称为树枝状生长。晶体以树枝状生长时，晶体树枝逐渐变粗，树枝间的液体最后全部转变为固体，使每个枝晶成为一个晶粒。对于粗糙型界面，

树枝晶生长比较显著，对于光滑型界面，虽然有树枝晶生长倾向，但是往往不明显。

纯金属生长形貌通常和液-固界面类型和温度梯度有一定关系。一般情况下，如果液-固界面为粗糙型界面，在合适的温度梯度情况下，偏于树枝晶状生长；对于光滑型界面，在合适的温度梯度情况下，也可以具有树枝晶状生长趋势，但是相对于粗糙型界面，不甚明显。

10.4 固-液界面的生长动力学

10.4.1 生长速率

不同种类的固-液界面，由于其微观结构不同，生长过程中生长能力和生长条件也有所不同。例如，对于具有光滑界面的物质，其晶体生长所需要的过冷度 ΔT_k 为 $1 \sim 2 ℃$。而具有粗糙界面的物质，ΔT_k 仅为 $0.01 \sim 0.05 ℃$。因此，具有不同固-液界面的晶核在长大过程中，可能遵守不同的生长机制，拥有不同的生长速率。对于不同结构的固-液界面的生长机制有三种，分别遵守不同的生长速率。

1. 连续长大

微观上看，粗糙界面固-液界面上液相原子呈现不断起伏的状态。液相原子时而占据界面位置，时而离开界面，平均有 50% 的结晶位置空着，液相原子可以直接进入这些位置。随着温度降低，占据界面的原子数量逐渐高于离开界面的原子数量，从而使整个的固-液界面垂直地向液相中推进，即晶体沿界面的法线方向垂直向液相中生长，呈现连续生长方式而得名。这样的晶体结晶潜热较小，生长速率很快，生长速率和过冷度之间保持线性关系：

$$R = \mu_1 \Delta T_k \tag{10-22}$$

式中：R 为平均生长线速度；μ_1 为比例常数，和材料有关，$m/(sK)$；ΔT_k 为过冷度。

大多数金属凝固采用这种生长方式，具有最快的生长速率。

当固-液界面的界面温度低于平衡熔点 T_m 时，原子从液相跳向固相界面所需要的活化能为 ΔG_b，则原子越过势垒 ΔG_b 从液态变成固态的频率 ν_{LS} 为

$$\nu_{LS} = \nu_o \exp\left(-\frac{\Delta G_b}{KT}\right)$$

式中：ν_o 为原子振动频率。

如果原子从固相界面反弹回液相，液相中所要克服的势垒为 $\Delta G_m + \Delta G_b$，其中，ΔG_m 为固-液相自由能差，原子反弹回液相的频率 ν_{SL} 为

$$\nu_{SL} = \nu_o \exp\left(-\frac{\Delta G_m + \Delta G_b}{KT}\right)$$

当原子从液态变为固态的频率大于由固态变成液态的频率时，晶核才能长大。因此，原子沉积和扩散离开固-液界面的差就是净频率：

$$\nu_{net} = \nu_{LS}\left[1 - \exp\left(-\frac{\Delta G_m}{KT}\right)\right]$$

由于

$$\Delta G_m = \frac{\Delta H_m \Delta T_k}{T_m}$$

其中，ΔT_k 为动力学过冷度。当 KT 数值很大，而 ΔG_m 很小时，净频率表达式可以按照泰勒公式展开，整理得

$$\nu_{net} = \nu_{LS} \frac{\Delta H_m \Delta T_k}{KT_m^2}$$

如果原子在界面上沉积的概率处处相等，并且沉积一层原子可以使界面向前推进的距离为 a，则界面连续长大的速度为

$$R = a\nu_{\text{net}} = a\nu_{\text{LS}} \frac{\Delta H_{\text{m}} \Delta T_{\text{k}}}{K T_{\text{m}}^2} \qquad (10\text{-}23)$$

由于

$$\nu_{\text{LS}} = D_{\text{L}}/a^2$$

其中，D_{L} 为液相中原子的扩散系数，代入式（10-23）中，有

$$R = \frac{D_{\text{L}} \Delta H_{\text{m}} \Delta T_{\text{k}}}{a K T_{\text{m}}^2} = \mu_1 \cdot \Delta T_{\text{k}}$$

其中，μ_1 为连续长大系数。可以看到，连续长大时生长速率和过冷度一般保持线性关系。

2. 二维晶核长大

光滑界面晶体生长模式不同于粗糙型界面，由于其界面光滑特点，其生长主要依赖于缺陷。一般有两种长大机制：二维晶核长大机制和依靠晶体缺陷长大机制。前者主要和降温过程中的能量变化有关，晶体的长大只能依靠液相中的结构起伏和能量起伏，使一定大小的原子集团几乎同时降落到光滑界面上，形成具有一个原子厚度并且有一定宽度的平面原子集团，它的四周就出现了台阶，形成典型的二维晶核。接着这个二维晶核侧向生长，后迁移来的液相原子一个个填充到这些台阶处，直到整个界面铺满一层原子后，又变成了光滑界面。如此反复进行，直至结晶完成。后者主要依赖位错，如典型的螺位错生长机制。二维晶核生长具有不连续的特点，其生长速率和过冷度之间关系：

$$R = u^2 \exp\left(\frac{-b}{\Delta T_{\text{k}}}\right) \qquad (10\text{-}24)$$

其中，u、b 均为常数。

下面推导式（10-24）。假设理想的二维形核，在光滑的界面上形成二维台阶，单位时间内在单位面积上的二维形核数量

$$I = \nu_{\text{o}} \exp\left(\frac{-\Delta G^*}{kT}\right)$$

式中：ν_{o} 为界面上吸附原子的碰撞频率；ΔG^* 为临界形核功。

如果形核所在平面的面积为 S，在该面上单位时间的成核数目为 IS，则连续两次成核的时间间隔为

$$t_n \approx \frac{1}{IS}$$

假设面上只有一个二维形核，该二维形核扫过整个晶面的时间为

$$t_{\text{s}} \approx \frac{\sqrt{S}}{V}$$

其中，V 代表沿着平面水平生长速率。在这种情况下，由于考虑生长过程中只有一个二维形核存在，即 $t_n \gg t_{\text{s}}$，每隔时间 t_n，界面增加一个台阶高度 h，因此，界面的法向生长速率为

$$R = h/t_n = hIS = hS\nu_{\text{o}} \exp\left(\frac{-\Delta G^*}{kT}\right)$$

其中，$\Delta G^* = -\dfrac{4\gamma^2 b T_{\text{m}}}{L_{\text{v}} \Delta T_{\text{k}}}$，所以有

$$R = hS\nu_{\text{o}} \exp\left(\frac{4\gamma^2 b T_{\text{m}}}{kT L_{\text{v}} \Delta T_{\text{k}}}\right)$$

令 $A=hS\nu_。$，$B=\dfrac{4\gamma^2bT_m}{kTL_v}$，在某一温度下，$A$、$B$ 均为常数，此时生长速率和过冷度之间保持如下指数关系：

$$R=A\exp\left(\frac{B}{\Delta T_k}\right) \tag{10-25}$$

式（10-25）表明：二维晶核长大需要克服台阶在形成过程中所存在的势垒。因此，形成二维晶核需要形核功，导致这种机制很少见，而且晶体长大速率很慢。

在通常情况下，具有光滑界面的晶体，在生长过程中总是难以避免形成种种缺陷。这些缺陷所造成的界面台阶使原子容易向上堆砌，导致其长大速度比按二维晶核长大方式快得多。例如，螺位错在晶体表面露头处，即在晶体表面形成台阶。这样，液相原子会堆砌到这些台阶处，每铺一排原子，台阶即向前移动一个原子间距。由于这种台阶永远不会消失，所以这个过程就一直进行下去。台阶每横扫界面一次，晶体就增厚一个原子间距，此种生长模式由于是借助于螺位错生长，称为螺位错生长机制。螺位错生长机制，其生长速率和过冷度之间保持如下关系：

$$R=u^3\Delta T_k^2 \tag{10-26}$$

当过冷度足够大，二维晶核密度较高时，螺位错生长速率接近粗糙型界面的连续长大的生长速率。此外，孪晶型生长机制也是重要的晶体生长方式之一。孪晶型生长机制主要包括反射孪晶和旋转孪晶，前者主要发生在面心立方晶体中，以密排面（111）所形成的孪晶沟槽边界，并向 $\langle 11\bar{2}\rangle$ 方向生长，生长过程中沟槽持续保留，长大不断进行。旋转孪晶比较常见于层状结构的材料（如石墨）中，由于两层基面错排形成台阶，沿着 $[10\bar{1}0]$ 生长较快而成层状。

10.4.2 结晶生长动力学模型——约翰逊-梅耳方程

假定结晶过程中形核为均匀形核，同时假设形成晶核为典型的球形，沿着球面不同方向上以等速长大，直到邻近晶粒相遇为止。考虑形核存在孕育区，令 τ 为晶核形成的孕育时间。采用 v_g 为长大速率，球体半径为 R，则

$$\frac{dR}{dt}=v_g$$

通过积分获得晶核的半径为

$$R=v_g(t-\tau) \tag{10-27}$$

对应时间 t 时，形成每个晶核的转变体积为

$$V=\frac{4}{3}\pi v_g^2(t-\tau)^3 \tag{10-28}$$

在 t 时间内，假想无论已经转变固相还是残留液相中均可以形核，且总体积为 V_0，形核率为 N，晶核的体积分数用 φ_s 表示，则

$$\varphi_s=\frac{\int_0^t \frac{4}{3}\pi v_g^3(t-\tau)^3NV_0dt}{V_0}=\int_0^t \frac{4}{3}\pi v_g^3(t-\tau)^3Ndt$$

进一步假定 v_g 与 N 均与时间无关，即为常数，同时孕育时间 τ 很小可以忽略的条件下，进一步积分可得

$$\varphi_s=\frac{1}{3}\pi Nv_g^3t^4 \tag{10-29}$$

依据式（10-29），可以计算出 $d\varphi_s$，它表示 dt 时间内发生形核转变时发生的体积增量。在实际凝固的过程中，已经形成的固相中不能形核，实际的形核仅仅在残留液相中才能发生。在

这种情况下，残留液相中真实发生的液-固的转变数量为 $d\varphi_r$，应该等于对应时间 dt 内固相中新增加的凝固数量 $\varphi_s d\varphi_s$。因此有

$$1-\varphi_r=\varphi_s \tag{10-30}$$

$$\frac{d\varphi_r}{d\varphi_s}=1-\varphi_r \tag{10-31}$$

该微分方程解为

$$\varphi_r=1-\exp(-\varphi_s) \tag{10-32}$$

将前面计算的 φ_s，即式（10-29）代入式（10-32），有

$$\varphi_r=1-\exp\left(-\frac{\pi}{3}Nv_g^3t^4\right) \tag{10-33}$$

实际结晶晶核的形状不一定为完美的球形，此时如果假设晶核的形状因子为 A，那么在这种情况下，式（10-33）可以改写为

$$\varphi_r=1-\exp\left(-\frac{1}{4}ANv_g^3t^4\right)$$

实际凝固过程中，形核率和长大速率都是随着时间变化而变化的。通常情况下，形核率会随时间的增加而下降。此时动力学方程具有如下形式：

$$X=1-\exp(-Bt^n) \tag{10-34}$$

式（10-34）称为约翰逊-梅尔（Johnson-Mehl）动力学方程，前提条件如下：均匀形核，τ值小且 N 和 v_g 为常数，该动力学方程可应用于满足上述条件下的任何形核与长大的转变。上述方程仅仅适用于形核率和线生长速率为常数的扩散型相变。

10.5　纯金属凝固理论的应用举例

10.5.1　晶粒大小的控制

固-液相变结束，随着液体不断消失，逐渐长大的晶核会相互接触，接触后形成的晶核和晶核之间会有边界，这种边界称为晶界，而边界包裹的每个长大的晶核称为晶粒。晶粒的大小称为晶粒度，通常用晶粒的平均面积或平均直径来表示。晶粒大小对晶体材料的力学性能影响很大。晶粒越细小，材料的强度越高。不仅如此，细小晶粒还可以提高材料的塑性和韧性。因此，在实际凝固生产中，希望能够得到相对小的结晶晶粒。根据本章节的凝固理论，提高形核率和降低晶体的长大速率都可以实现细化晶粒。为此，实际生产工艺中细化晶粒采取的主要措施有增大过冷度、变质处理、振动搅拌。

（1）增大过冷度。形核率受过冷度的影响明显。增加过冷度，按照形核率定义，形核数量增加，而晶粒数与形核率成正比，晶粒数越多，晶粒越细小。虽然增大过冷度也会提高晶体生长速率，但提高形核率更为显著。根据该原理，在实际生产中，例如铸造过程通过采用吸热能力强、导热性能好的铸型（如金属型），以及降低熔液的浇注温度等措施来提高金属凝固时的冷却速度，进而实现高的过冷度，这种方法对于小型铸件或薄壁铸件效果非常理想。

（2）变质处理。根据非均匀形核原理，非均匀形核会受到形核模板的影响。非均匀形核模板数量增加，会增加形核概率，导致形核率增加。所谓变质处理就是向金属液体中加入一些细小的形核剂（又称为孕育剂或变质剂），作为非均匀形核的基体，可以使晶核数量大量增加，实现晶粒显著细化。变质处理是目前工业生产中广泛使用的方法。例如，在铝或铝合金中加入少量的钛、锆；钢中加入钛、锆、钒等元素就可以细化晶粒。实践证明向金属或合金液体中加

入某种固体颗粒，一方面可以增加大量直接作为结晶核心的固相；另一方面可以提高冷却速度、增大过冷度，是一种非常好的细化晶粒的方法。图10-4 所示为 6063 铝变质处理前后的晶粒尺寸对比。

（3）动态晶粒细化。动态晶粒细化就是对凝固的金属进行振动和搅动。在浇注和结晶过程中不断进行机械振动或搅拌，这类操作会产生两方面的

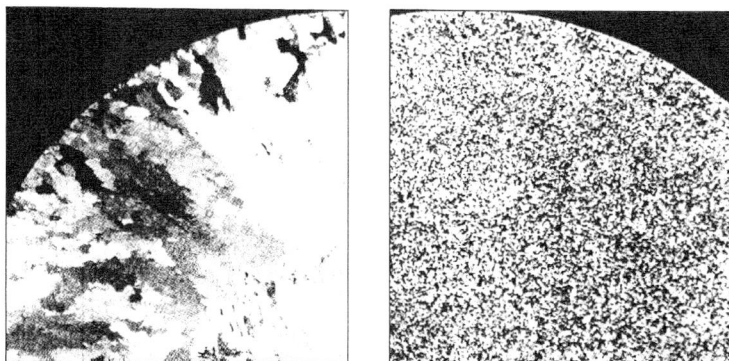

(a) 铝合金处理前(柱状晶)　　　　(b) 铝合金处理后(细小等轴晶)

图 10-4　6063 铝变质处理前后的晶粒尺寸对比

效果，一方面振动和搅拌能够向金属液体中输入额外能量、增大能量起伏，从而更加有效地提供形核所需的形核功；另一方面，振动和搅拌可以使枝晶碎断，增加形核基板，提高晶核数量。因此，振动搅拌也可以显著细化晶粒。比较流行的振动和搅拌方法有机械搅拌、电磁搅拌、音频振动、超声波振动等。

10.5.2　单晶体和非晶体的制备

单晶体就是由一个晶粒组成的晶体。单晶体制备的基本原理是保证液体结晶时只形成一个晶核，并由这个晶核长成一个单晶体。单晶生长制备方法很多，大致可以分为气相生长（如物理气相传输）和溶液生长（如水热法、熔盐法、熔体法等）。最常见的方法是熔体法，通常的技术有提拉技术、坩埚下降技术、区域熔炼技术、定向凝固技术等。其中，比较广泛使用的单晶体制备方法是熔体提拉方法。提拉方法是 1950 年 Teal-Little-Dash 发明的，通过此法可以直接从熔体中制备出具备各种截面形状的晶体的生长技术。提拉法的原理是采用单晶籽晶，借助旋转装置，在融化的熔体中依赖缓慢旋转提拉，将熔体中原子不断地挂镀到单晶籽晶上，最后形成单晶体。通过上述单晶体的生长及其控制原理可知，单晶体生长是通过控制稳定生长速率来实现的。

大部分金属材料具有很高的有序结构，原子呈现周期性排列，即具备晶体结构。如果在原子尺度上原子排列就没有规则，不具有任何的长程有序结构，仅仅具有短程有序和中程有序，总体上，晶体结构呈无序，具有这种无序结构的状态称为非晶态。金属可以从其液体状态直接快速冷却得到这种近似于玻璃态的非晶结构，非晶态金属又称为金属玻璃、玻璃态金属、液态金属等。大块金属玻璃是一种具有较低冷却速度极限的非晶态金属，该种金属合金可以制备出尺度超过 1mm 的金属片或金属圆柱。

目前，已发现的非晶合金材料按成分划分主要有 Mg 基、Al 基、Ti 基、Fe 基、Co 基、Ni基、Cu 基、Zr 基、Pd 基、Au 基、Ag 基、Ce 基、Gd 基、La 基、Sm 基等。已有非晶合金材料的形态主要是薄带、细短棒、粉末状、小块状。其中，Fe 基非晶薄带材料主要用于变压器，Ti 基和 Ni 基非晶合金材料主要用于钎焊。关于其他非晶合金材料具体应用的报道较少，目前还处于实验室制备和研究其相关性能的阶段。

非晶体制备涉及两个关键的技术：①原子或者分子必须形成混乱排列状态；②需要将热力学亚稳状态保持下来，在一定范围内稳定存在，并使之不向晶态转变。非晶体的制备方法很多，目前比较流行的有粉末冶金方法、气相直接凝聚法和液体直冷法。

（1）粉末冶金法。此种方法和粉末冶金工艺相似，通过液相急冷获得非晶粉末，通过成型

烧结获得非晶体。其技术限制主要体现在非晶的压制密度较低，而且烧结时因为保持非晶状态，所以存在一定的烧结温度限制。

（2）气相直接凝聚法。该方法可以通过技术途径，如溅射、真空蒸发沉积法、电解和化学沉积法、辉光放电分解法、激光加热和离子注入法等制备非晶体。典型的溅射法基本工艺包括将样品制成多晶或者粉末、研制成型、预烧制备溅射靶材、保护气体环境下溅射等。一般稀有金属非晶体均通过此类方法制备。

（3）液体直冷法。此种方法是将液体直接冷却获得非晶，所以要求冷却速率达到一定数值才能实现。在常规工艺条件下，金属凝固时所能达到的冷却速度一般不会超过 10^2℃/s。快速凝固是指在比常规工艺过程快得多的冷却速度（如 $10^4 \sim 10^9$℃/s）下，金属或合金以极快的速度从液态转变为固态。为提高冷却速度，除去采用良好的导热体作基体外，还要注意液体要和基体保持良好接触，液体层必须薄，液体和基体接触从开始到凝固结束时间尽可能短等条件。

通过快速凝固技术可以制备微晶合金材料、非晶态合金、金属纳米结构合金材料等，尤其是在铝、镁合金上得到广泛应用。这些合金材料的组织结构和性能与传统合金材料相比具有许多优点。近年来，快速凝固技术的开发应用越来越受到重视。例如，金属玻璃具有比一般金属都高的强度，非晶态 $Fe_{80}B_{20}$，断裂强度可达 37kgf/mm，是一般结构钢的七倍多，而且强度的尺寸效应很小；它的弹性也比一般金属好，弯曲形变可达 50% 以上。硬度和韧性也很高，维氏硬度一般为 1000～2000HV。目前通过液体直冷法实现非晶的技术途径很多，通常包括喷枪法、锤砧法、离心法、压延法、单辊法、熔滴法、熔体沾出法等。

10.5.3　定向凝固技术

定向凝固技术是指根据凝固理论，通过控制散热方向和温度梯度，使凝固从铸件的一端开始，沿陡峭的温度梯度方向逐步进行，从而获得具有方向性的柱状晶或具有自生复合材料的一种凝固技术。体积凝固和定向凝固技术的区别如图 10-5 所示。

单向凝固的技术关键是保持固-液界面以平面状向前推进，因此界面前方的液相必须具有很大的温度梯度，如图 10-5 所示。大的温度梯度可以从两个方面采取工艺措施来实现：一是加快对已凝固固相的冷却；二是对未凝固的液相加热，使其保持较高的温度。目前工业上温度梯度已经能够实现 30～80℃/cm。实现定向凝固的方法很多，典型的有发热剂法、功率降低法、快速凝固法、液态金属冷却法等。

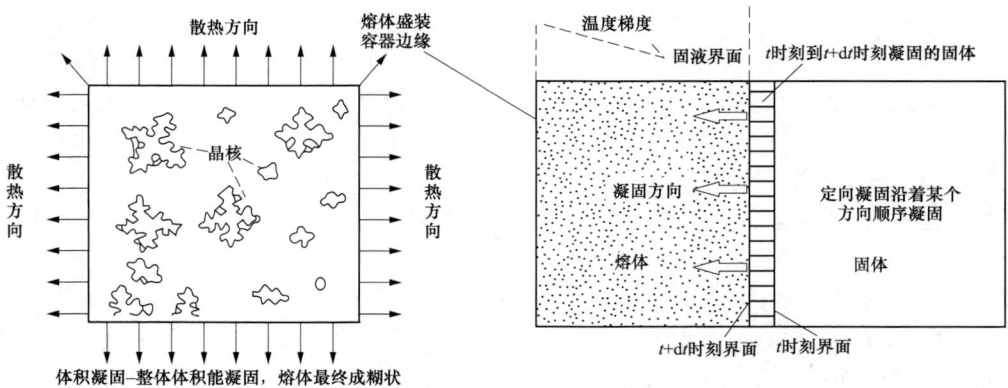

图 10-5　体积凝固和定向凝固的区别

发热剂法是指在浇入铸型的合金液顶部覆盖发热剂，然后采用底部冷却、侧面绝热铸型，通过发热剂进行加热保温，建立自下而上的温度梯度，进而实现定向凝固的方法。功率降低法是指将铸型放入分段加热的炉膛内，从底部冷却，并逐一从下向上切断各加热段的电源，形成自下而上的温度梯度，实现金属定向凝固的一种定向凝固方法。快速凝固技术是指凝固速度（一般>10mm/s）比常规铸造凝固速度大得多的凝固过程。其基本操作是将模壳置于水冷结晶器上，并在保温炉中预热到一定温度，在模壳中浇入熔融的金属后，将模壳从保温炉中拉出，形成定向凝固铸件。液态金属冷却法采用液态金属作为冷却介质，在高速定向凝固技术的基础上，对从保温炉中移出的铸型采用低熔点的熔融金属进行强制冷却，获得更加理想的定向凝固组织的方法。液态金属冷却法的工艺一般是将熔化的合金浇铸到在保温炉中预热的铸型中，铸型放置在结晶器上，铸型以一定的速度逐渐拉出保温炉的同时拉入低熔点液态金属熔池。

通过定向凝固技术可以获得纯净致密的柱状晶，如果排列方向合理，可以获得优异性能，例如汽车叶片，由于定向凝固技术可以获得平行于母线的柱状晶，所以高温强度会大大增加。

10.6　有效分配系数

由两种或两种以上组元组成合金时，由于合金元素之间的相互作用，会形成各种中间相，而中间相往往具有不同于纯金属的特点，导致合金凝固过程和纯金属凝固有很大差异。和纯金属凝固相比较，合金凝固会出现很多复杂情况，例如合金凝固时，往往会发生溶质原子在液、固两相中发生重新分配，瞬时结晶的固体与液相母体成分不同，而且凝固方式、晶体生长形态也会有很大差别；同时合金凝固过程中还会产生典型的宏观偏析或微观偏析。尽管如此，合金凝固和纯金属凝固也有相同之处，两者在凝固过程中均遵循形核、长大的基本规律。

10.6.1　固溶体凝固和纯金属凝固的区别

固溶体和纯金属区别在于固溶体的成分不单一，非单一成分的固溶体凝固时，和纯金属凝固不同。图 10-6 所示为固溶体凝固时溶质的再分配。图 10-6（a）中，平衡分配系数 $k_0<1$，在温度 T_1 时合金 P 发生凝固，假设 $\mathrm{d}T$ 非常微小，从图中可以看到通过凝固瞬时

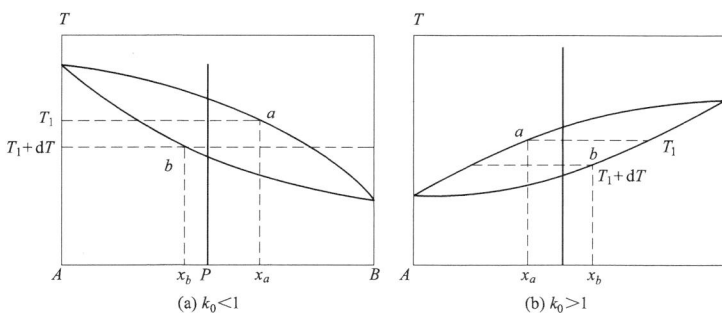

图 10-6　固溶体凝固时溶质再分配示意

得到的固体浓度和残留未凝固熔体的浓度不同。残留液相的浓度为 a 点对应的 x_a，经过温度 $\mathrm{d}T$ 后，从残留未凝固溶体析出固体，理论上此时析出固体的浓度应该等于 x_a，但是根据相图，可以看到凝固析出的固体浓度并不等于 x_a，而是等于 b 点对应的浓度 x_b，显然 $x_a>x_b$，即凝固成固体同时，固体将向残留未凝固溶体中排出溶质；图 10-6（b）中，平衡分配系数 $k_0>1$，情况正好相反。凝固析出的固体浓度高于残留未凝固溶体的溶质浓度，即溶体凝固成固体的同时，固体将从残留未凝固熔体中吸收溶质。

从上述分析可以看到，和纯金属相比较，固溶体在凝固过程中存在溶质在凝固体和残留熔体中的再分配，导致不断析出的固体和残留熔体的浓度在凝固过程中不断改变，这导致固溶体凝固行为和纯金属不同。固溶体凝固时，描述溶质重新分布的物理量是平衡和有效分配系数。

10.6.2　平衡分配系数和有效分配系数

平衡分配系数为平衡凝固时固相的质量分数 w_S 和液相的质量分数 w_L，即液固两平衡相中溶质浓度之比。它有很多影响因素，一般包括以下几种：

（1）温度和合金成分。平衡分配系数在数值上和固-液相线的溶质浓度有关，而固-液相线的溶质浓度受温度影响。因此，虽然在很多情况下，平衡分配系数是常数，但是本质上它是合金溶质浓度的函数。在多元合金体系情况下，k_0 可以采用下列多项式近似表示：

$$k_0 = \sum_{i=0}^{n} a_i C_L^i$$

式中：k_0 为比例系数；C_L^i 为组元 i 在液相中的浓度。

（2）凝固界面的曲率。上述平衡分配系数定义主要针对平面型凝固界面。对于曲面，曲率存在会导致界面张力，进一步导致固-液界面的溶质分布和平面条件下不同，在弯曲界面情况下，有效分配系数为

$$k_0' = k_0 \left(1 - \frac{2V_S^B \sigma \kappa}{R_g T_M^A}\right)$$

式中：V_S^B 为溶质原子在固相中的摩尔体积；σ 为界面张力；κ 为曲率；R_g 为气体常数；T_M^A 为纯溶剂的熔点。

（3）压力。上述提及的平衡分配系数通常是指在标准大气压下的平衡分配系数。高压情况下，平衡分配系数 k_0'' 为

$$k_0'' = k_0 \left(1 - \frac{\Delta \overline{V}^B \Delta p}{R_g T_M^A}\right)$$

式中：$\Delta \overline{V}^B$ 为溶质原子在凝固过程中的偏摩尔体积变化；Δp 为实际压力和标准大气压之差。

在讨论实际金属合金的凝固时，先明确合金凝固时固-液界面的结构。当液体中出现固相时，固相和液相之间通常会存在一个边界层结构，其厚度一般为 0.001～0.02m，如图 10-7 所示。图中边界层以左为凝固的固相，根据前面的讨论，不同时刻析出的固相的成分不同，靠近边界层的固相的浓度设为 $(\rho_S)_i$。边界层外以右远离边界层的液相部分，其溶质原子的分布可以通过对流实现液相成分均匀化，这里用 $(\rho_L)_B$ 表示因为对流而获得均匀的液体成分。在边界层中，由于其很薄，对流对其内部传质不起作用，其内部溶质只能通过缓慢的扩散过程，从边界层和固相相接的界面先传输到边界层和液相相接的界面，再向以外的液相区通过对流传输。显然，边界层和液体相接的界面侧溶质浓度理论上应该等于 $(\rho_L)_B$。

显然，边界层内存在溶质浓度梯度，该梯度确保边界层中的扩散进行。例如假设 $k_0 < 1$ 情况，随着凝固相形成，溶质从凝固界面不断排入边界层中，而边界层内的扩散传输往往不能将凝固所排出的溶质全部及时扩散到对流层液体中，因此在固-液界面处产生溶质聚集。而随着凝固断续进行，溶质在固-液界面上的富集越来越多，边界层的浓度梯度也不断增大，边界层内扩散速度也增大。当从固相中扩散到边界层的溶质输出速度等于溶质从边界层扩散到对流液体中的速度时，即边界层中溶质的输入和输出达到平衡时，聚集停止上升，达到稳定状态。

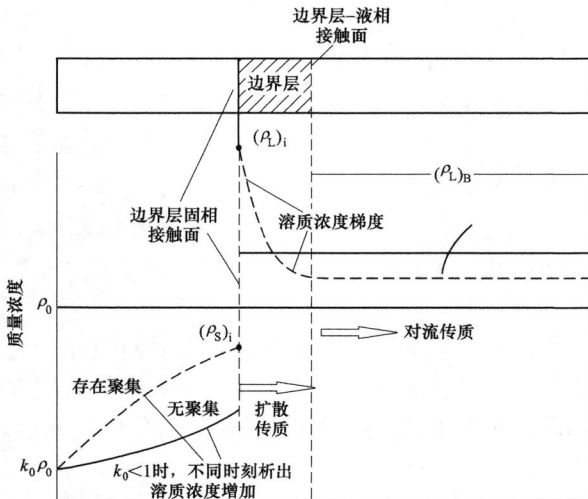

图 10-7　固-液界面结构和边界层的溶质聚集示意

采用 $(\rho_S)_i$、$(\rho_L)_i$ 分别表示固-液界面处固相成分和液相成分，如图 10-7 所

示。根据平衡分配系数定义，很容易知道

$$k_0 = \frac{(\rho_S)_i}{(\rho_L)_i} \tag{10-35}$$

平衡分配系数仅仅能够反映边界层处的溶质分配，但不能表征液相中溶质的混合程度。为表征液相中溶质的混合程度，常采用有效分配系数 k_e，它是指凝固时固-液相界面处固相成分 $(\rho_S)_i$ 与边界层以外的液体平均浓度 $(\rho_L)_B$ 的比值，即

$$k_e = \frac{(\rho_S)_i}{(\rho_L)_B} \tag{10-36}$$

当初始过渡区建立后的稳态凝固过程中，k_e 为常数。

实际凝固都是在非平衡凝固条件下进行。按照溶质分配系数的定义，在非平衡条件下，溶质分配系数的表达式如下：

$$k_{非} = \frac{(\rho_S)_{实际}}{(\rho_L)_{实际}}$$

其中，$(\rho_S)_{实际}$、$(\rho_L)_{实际}$ 分别代表凝固时，界面处固-液相的实际溶质浓度。

10.7　平衡和有效分配系数之间关系

图 10-8 所示为边界层两侧的扩散和对流方向模型，取固-液界面为参考点，远离固-液界面的虚线为选择的液体中的界面，通过该界面的物质有两部分：一部分是因为液体中的对流而流过该界面的物质；另一部分是因为界面层扩散通过该界面的物质。很显然，两部分物质的流向应该是相反的。如果假设在液体内的任意点扩散和对流都是单方向存在，令 R 为液体流速（若以液体任意一点为参考，则 R 表示界面速度即凝固速度），ρ_L 为局部的液体质量浓度，那么液体流向界面，在液体内通过界面上的任意点溶质通量为 $-R\rho_L$，其中，负号表示液体流动方向与扩散方向（z）相反。由于扩散通过

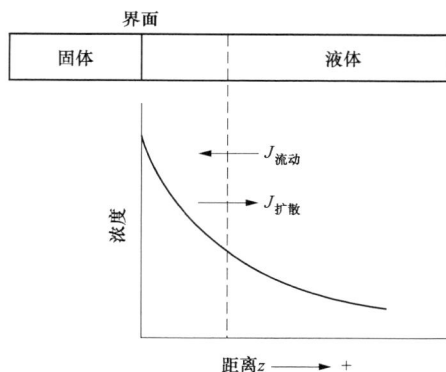

图 10-8　边界层两侧的扩散和对流方向模型

界面的物质量可以通过扩散定律求解，由此得到扩散和对流造成的总通量为

$$J = -R\rho_L - D\frac{d\rho_L}{dz}$$

对 z 求偏导数，并由推导菲克第二定律时的前续方程 $\frac{\partial \rho_L}{\partial t} = -\frac{\partial J}{\partial z}$，得

$$D\frac{\partial^2 \rho_L}{\partial z^2} + R\frac{\partial \rho_L}{\partial z} = \frac{\partial \rho_L}{\partial t}$$

根据前面对边界层的讲解，达到稳态凝固后，边界层中溶质的量相对保持不变，则

$$\frac{\partial \rho_L}{\partial t} = 0$$

因此，此二阶偏微分方程可变为二阶常微分方程，同时 $\rho_L(z,t)$ 变为 $\rho_L(z)$，可转变为

$$D\frac{\partial^2 \rho_L}{\partial z^2} + R\frac{\partial \rho_L}{\partial z} = 0$$

该方程通解为

$$\rho_L = P_1 + P_2 e^{-Rz/D} \qquad (10\text{-}37)$$

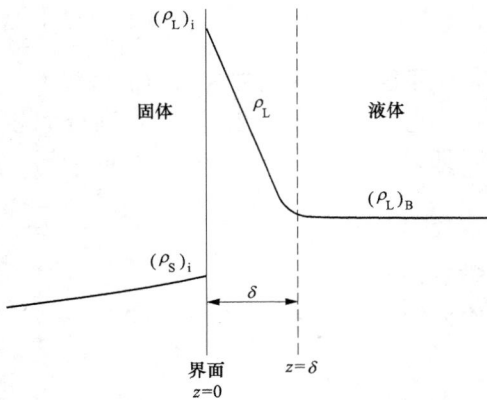

图 10-9　初始过渡层建立后，液、固相体内及
界面处的溶质分布示意

式（10-37）即为液相中任意位置的浓度表达式，其中系数 P_1 和 P_2 需要依赖有效的边界条件求出，下面来分析该模型的边界条件，以便最后确定 ρ_L 的表达式。为此，给出在初始过渡层建立后，液、固相体内及界面处的溶质分布情况示意，如图 10-9 所示。

边界条件 1：由图 10-9 可知，当 $z=0$ 时，$(\rho_L)_i = \rho_L$，代入式（10-37）中，得到第一个边界条件

$$(\rho_L)_i = P_1 + P_2 \qquad (10\text{-}38)$$

边界条件 2：对式（10-37）求导，同时考虑 $z=0$ 情况，可得第二个边界条件

$$\frac{d\rho_L}{dz} = -P_2 \frac{R}{D} \qquad (10\text{-}39)$$

边界条件 3：如图 10-9 所示，当 $z=\delta$ 时，$\rho_L = (\rho_L)_B$，其中 δ 为边界层厚度，有

$$(\rho_L)_B = P_1 + P_2 e^{-R\delta/D}$$

基于上述边界条件，下面求取待定常数 P_1、P_2。

如图 10-9 所示，边界层内处于稳态时，假设在 dt 时间内，液－固界面流动了 dz，即 $R\,dt$ 距离，可得，界面一侧固体中溶质总量为 $(\rho_S)_i AR\,dt$，其中 A 为试样横截面积；而界面前边界层液体中溶质总量为 $(\rho_L)_i AR\,dt$，忽略进入固体中的扩散，则两者之差，即通过扩散排入到边界层外液体中的多余溶质量，其总量为 $-AD\,\dfrac{d\rho_L}{dz}dt$，可得

$$(\rho_L)_i AR\,dt - (\rho_S)_i AR\,dt = -AD\,\frac{d\rho_L}{dz}dt$$

整理后，得

$$\frac{d\rho_L}{dz} = \frac{R}{D}\big[(\rho_S)_i - (\rho_L)_i\big] = \frac{R}{D}(k_0 - 1)(\rho_L)_i$$

将边界条件 1 和 2 代入，得

$$P_1 = \frac{k_0}{1-k_0} P_2 \qquad (10\text{-}40)$$

将式（10-40）代入边界条件 3，求取 P_2 表达式：

$$P_2 = (\rho_L)_B \bigg/ \left(\frac{k_0}{1-k_0} + e^{-R\delta/D} \right)$$

进而求得 P_1 为

$$P_1 = (\rho_L)_B \left(\frac{k_0}{1-k_0} \right) \bigg/ \left(\frac{k_0}{1-k_0} + e^{-R\delta/D} \right)$$

将求得的待定系数 P_1 和 P_2 代入通解式（10-37），整理得

$$\rho_L = (\rho_L)_B \left(\frac{k_0}{1-k_0} + e^{-RZ/D} \right) \bigg/ \left(\frac{k_0}{1-k_0} + e^{-R\delta/D} \right)$$

当 $z=0$ 时，$\rho_L = (\rho_L)_i$，则

$$(\rho_{L})_{i} = (\rho_{L})_{B} \left(\frac{k_0}{1-k_0} + 1 \right) \bigg/ \left(\frac{k_0}{1-k_0} + e^{-R\delta/D} \right) \tag{10-41}$$

$$= (\rho_{L})_{B} / [k_0 + (1-k_0)e^{-R\delta/D}]$$

由于固-液界面建立起局部的平衡，根据平衡分配系数和有效分配系数的定义，可得到有效分配系数 k_e 的数学表达式：

$$k_e = \frac{k_0}{k_0 + (1-k_0)e^{-R\delta/D}} \tag{10-42}$$

这是由伯顿（Burton）、普里姆（Prim）和斯利克特（Slichter）导出的描述固溶体凝固的经典方程。通过有效分配系数 k_e 表达式，可以看到：

（1）当凝固速度极快时，$R \to \infty$，则 $k_e = 1$，此时，$(\rho_S)_i = (\rho_L)_B$，表明凝固过程中，固相排出的溶质几乎没有离开固-液界面，在数值上和远离固-液界面的液体浓度相当，都等于合金的平均浓度。溶质传输此时仅靠扩散向液相传输，无明显对流等溶质传输，液相中的溶质混合程度很低，导致远离固-液界面的液体浓度和固-液界面固相排出的溶质浓度相当。即固相中无扩散发生、液相中完全依赖扩散而无对流传质的溶质分配模型。

（2）当凝固速度极其缓慢，即 $R \to 0$ 时，则 $e^{-R\delta/D} \to 1$，即 $k_e = k_0$，此时固-液界面液相成分和远离固-液界面的成分相当，说明在液体中实现了充分对流搅拌，导致边界层消失，液体实现完全混合，因此，液体内部处处浓度均匀。这就是正常凝固模型，即固相中无扩散发生、液相中完全实现溶质均匀互混的溶质分配模型。

（3）当凝固速度处于上述两者之间，即 $k_0 < k_e < 1$ 时，液体混合既有对流，也有边界层内扩散，边界层较薄，为液体不完全混合状态，初始过渡区后 $k_e =$ 常数。

如果在凝固过程中，不仅固相中无扩散发生，而且在液相中也不存在对流、搅拌等传质方式，仅仅存在扩散传质。假设 R 为固-液界面的生长速率，x 为以界面为原点沿着界面法向伸向熔体的动坐标，可以设想，在平衡分配系数 $k_0 < 1$ 情况下，凝固成固体同时，固体将向残留未凝固熔体中排出 $k_0 C_0$ 溶质，该溶质只通过扩散难以在熔体均匀分布。

当扩散离开界面的溶质数量和从凝固固相中排出的溶质数量相等时，形成平衡状态。此时依据扩散定律：

$$-D_L \frac{d^2 C_L(x)}{dx^2} + R \frac{dC_L(x)}{dx} = \frac{dC_L(x)}{dt}$$

其中，左侧第一项 $-D_L \dfrac{d^2 C_L(x)}{dx^2}$ 代表由于扩散引起的浓度变化，其中 $C_L(x)$ 为液相中沿着 x 方向的浓度分布；第二项 $R \dfrac{dC_L(x)}{dx}$ 为整个浓度分布曲线在界面带动下，以速度 R 向前推进所引起的浓度变化。稳定生长情况下，等式右侧等于零，即

$$-D_L \frac{d^2 C_L(x)}{dx^2} + R \frac{dC_L(x)}{dx} = 0$$

上述方程的通解：

$$C_L(x) = A + B\exp(-Rx/D_L)$$

结合边界条件，可以求解上述通解，边界条件如下：

边界条件（a） $x = \infty$ 时，$C_L(x) = C_0$

边界条件（b） $x = 0$ 时，$q_1 = q_2$

由条件（a）可以得到 $A = C_0$，由此

$$C_L(x) = C_0 + B\exp(-Rx/D_L)$$

由条件（b）可以得到

$$B = (1 - k_0)C_0/k_0$$

因此

$$C_L(x) = C_0\left[1 + \frac{1 - k_0}{k_0}\exp(-Rx/D_L)\right] \tag{10-43}$$

式（10-43）就是 Tiller 公式，描述了固相中无扩散发生，但是在液相中仅存在扩散传质，不存在对流、搅拌等传质方式情况下的溶质分布规律。

10.8 正 常 凝 固

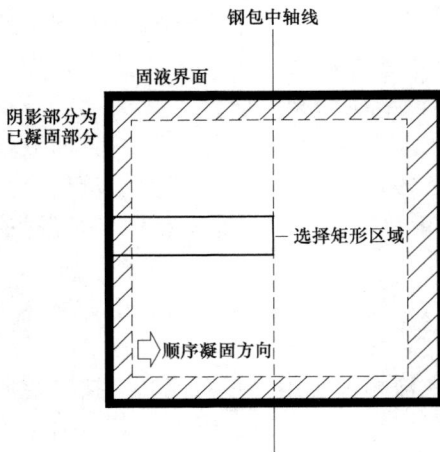

图 10-10 顺序凝固示意

工业上冶炼的钢水出炉后会直接倾注到钢包中进行冷却，通过冷却形成钢锭，然后再针对钢锭进行机加工来实现各种工件。图 10-10 所示为典型钢包顺序凝固示意。假设盛满钢水后在空气中冷却，可以设想由于包内包外的温差，理论上冷却将从钢包表面向内逐步冷却，如图中箭头所指。在理想情况下，以钢包表面为边界，从钢包外表面向内部的冷却在钢包壁各处应该是相似的。因此，如果要研究铁水合金的冷却特点，可以选择如图所示左侧的局部矩形单元来研究。在左侧中间部位选择一个矩形区域，忽略钢包上下断面的影响，该矩形区域内钢水合金的凝固应该是从外（左）到内（右）的逐步顺序凝固来完成的，这类凝固称为顺序凝固，也可以称为正常凝固。

在学习正常凝固的理论模型前还需要明确的一个知识点，就是实际固溶体凝固通常都是非平衡凝固，固溶体凝固过程中存在溶质的重新分配问题。前面学习匀晶相图时，根据匀晶相图的走向，其平衡分配系数的大小有两类，根据平衡分配系数不同，凝固时形成固相分别可以从液体中吸收或者排出溶质到溶液中，导致未凝固液体的成分发生改变。尽管液相有足够的搅拌和对流，可得到完全混合成分均匀的液相，但是由于在不同时刻凝固形成的固体含有溶质的浓度不同，在冷却速度较快的非平衡凝固下，固相中会出现明显的成分偏析。下面推导固溶体凝固时的凝固模型，考虑平衡分配系数不同时规律相似，因而只选择 $k_0 < 1$ 一种情况来讨论。

把图 10-10 中的选择矩形单元抽出来，单独在图 10-11 中描述，并基于此图来介绍正常凝固模型。正常凝固模型是最简单的液相凝固模型。其基本的逻辑思维是假设液体凝固时按照图 10-11 所示的方式进行，在水平圆棒内凝固从左向右发生，固-液相界面是平直界面，同时为了简化推导过程，还假设固溶体凝固过程中，固-液界面处始终维持局部平衡，即界面处固、液相成分均遵循相图中的平衡浓度；而且液相线和固相线近似为直线，保持 k_0 为常数；考虑到固相中原子的实际扩散速度往往比在液相中的扩散要慢几个数量级，模型还忽略了固相中的扩散。因此，正常凝固模型常常也被认为是固相中无扩散发生、液相中完全实现溶质均匀互混的溶质分配模型。

基于上述这些假设，设圆棒的截面积为 A，长度为 L。若取体积元 $A\mathrm{d}x$ 发生凝固，如图 10-11（a）中所示的阴影区，体积元的质量为 $\mathrm{d}M$，其凝固前、后的质量变化 [见图 10-11（b）、（c）]：

$$dM_{(凝固前)} = \rho_L A \, dx$$
$$dM_{(凝固后)} = \rho_S A \, dx + d\rho_L A(L - x - dx) \tag{10-44}$$

其中，ρ_S、ρ_L 分别为固相和液相的质量浓度。凝固后由于有部分溶质排入液体，所以要想保持阴影部分凝固前后的质量守恒，凝固后的质量计算要包含凝固过程中排入液体中的这部分溶质，即为式（10-44）中凝固后质量表达式中的第二部分，经过这些分析，可以根据质量守恒，上述两式对等，同时忽略高阶小量 $d\rho_L dx$，整理得

$$d\rho_L / \rho_L = \frac{\rho_L - \rho_S}{L - x} dx$$

两边同除以固相（或液相）的密度 ρ，因假设固相和液相密度相同，故 $\dfrac{\rho_S}{\rho_L} = \dfrac{W_S}{W_L} = k_0$，进一步获得积分

$$\int_{\rho_0}^{\rho_L} d\rho_L / \rho_L = \int_0^x \frac{1 - k_0}{L - x} dx = \int_0^x \frac{-(1 - k_0)}{L - x} d(L - x)$$

因为最初结晶的液相质量浓度为 ρ_0（即原合金质量浓度），故上式积分下限值为 ρ_0，积分得

$$\rho_L = \rho_0 \left(1 - \frac{x}{L}\right)^{k_0 - 1} \tag{10-45}$$

式（10-45）表示了液相浓度随凝固距离的变化规律。由于

$$\rho_L = \frac{\rho_S}{k_0}$$

所以

$$\rho_S = \rho_0 k_0 \left(1 - \frac{x}{L}\right)^{k_0 - 1} \tag{10-46}$$

式（10-46）称为正常凝固方程，它表示了固相质量浓度随凝固距离的变化规律。$k_0 < 1$ 时，正常凝固溶质浓度在铸锭内的分布如图 10-11（d）所示，符合一般铸锭中溶质的分布规律。

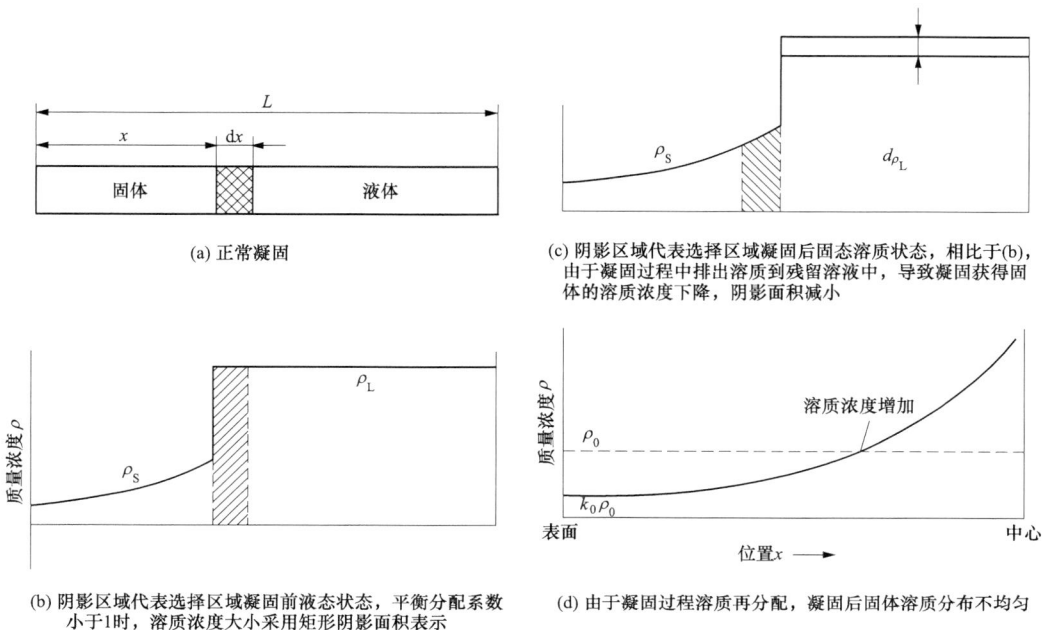

(a) 正常凝固

(c) 阴影区域代表选择区域凝固后固态溶质状态，相比于(b)，由于凝固过程中排出溶质到残留溶液中，导致凝固获得固体的溶质浓度下降，阴影面积减小

(b) 阴影区域代表选择区域凝固前液态状态，平衡分配系数小于1时，溶质浓度大小采用矩形阴影面积表示

(d) 由于凝固过程溶质再分配，凝固后固体溶质分布不均匀

图 10-11　体积元 dx 的凝固示意

10.9　区　域　熔　炼

　　正常凝固是将固溶体合金整体熔化后在恒温（一般是室温）凝固。区域熔炼则是将预先的已经完全凝固的固体材料沿着一定方向顺序采用区域融化和区域凝固交替的处理工艺，称为区域熔炼。在工业上，区域熔炼的具体操作是首先将材料制成细棒状，然后用高频感应加热，使一小段固体熔融成液态，然后将熔融区慢慢从放置材料的一端向另一端移动。利用杂质在金属的凝固态和熔融态中溶解度的差别，采用适当的区域熔炼可以使杂质析出或改变其在晶体中的分布。因此，工业上区域熔炼可以实现极好的提纯效果。

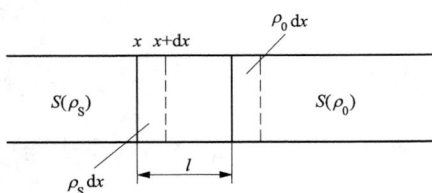

图 10-12　区域熔炼中前进 $\mathrm{d}x$ 后
中熔区中溶质的变化

　　为研究区域熔炼及其量化，往往采用合金棒由左向右将其局部熔化，然后等待熔化部分凝固后，再选择相邻区域局部融化，反复重复先前操作，直至最右端结束操作。图 10-12 所示为区域熔炼过程中，前进 $\mathrm{d}x$ 后熔区中溶质的变化模型示意。

　　设原材料质量浓度为 ρ_0，均匀分布于整个圆棒中。如果横截面积 $A=1$，那么单位截面积的体积元的体积为 $\mathrm{d}x$，凝固体积的质量浓度为

$$\rho_\mathrm{S}=k_0\rho_\mathrm{L}$$

其中，ρ_L 为液体的质量浓度，其所含的溶质质量为 $\rho_\mathrm{S}\mathrm{d}x$ 或 $k_0\rho_\mathrm{L}\mathrm{d}x$，而

$$\rho_\mathrm{L}=\frac{\text{液体中的溶质质量}}{\text{溶液体积}}=\frac{m}{V}=\frac{m}{l}$$

　　当熔区前进 $\mathrm{d}x$ 后，液体（熔区）中溶质质量的增量 $\mathrm{d}m$ 为

$$\mathrm{d}m=-\rho_\mathrm{S}\mathrm{d}x+\rho_0\mathrm{d}x$$
$$=\left(\rho_0-\frac{k_0 m}{l}\right)\mathrm{d}x$$

　　移项后积分，可得

$$\int\frac{\mathrm{d}m}{\rho_0-\dfrac{k_0 m}{l}}=\int\mathrm{d}x$$

$$\left(-\frac{l}{k_0}\right)\ln\left(\rho_0-\frac{k_0 m}{l}\right)=x+A \tag{10-47}$$

其中，A 为待定常数。在 $x=0$ 处，熔区中溶质质量 $m=\rho_\mathrm{L}l$，所以

$$\left(-\frac{l}{k_0}\right)\ln\rho_0(1-k_0)=A$$

　　把 A 代入式（10-4）中，整理得

$$\rho_\mathrm{S}=\rho_0\left[1-(1-k_0)\mathrm{e}^{\frac{-k_0 x}{l}}\right] \tag{10-48}$$

　　式（10-48）即为区域熔炼方程，表示经过一次区域熔炼处理后随凝固距离变化的固溶体质量浓度。如果针对同一合金连续重复区域熔炼操作，左侧固溶体浓度持续随着操作次数的增加而降低，说明区域熔炼具有提纯效果。但是上述区域熔炼的方程在应用方面也具有一定的局限性。上述方程在推导时，通常假设进行区域熔炼前棒体内部溶质分布是均匀的，而实际上经过一次区域熔炼后的试棒成分不再是均匀的。因此，上述模型不能用于描述大于一次（$n>1$）的

区域熔炼后的溶质分布。同样，模型也不能用于最后一个熔区。最后一个熔区接近合金棒的终端，无法再假设前进 dx，因此不能满足方程推导的条件。

区域熔炼已经成为制备多种高纯材料的一个重要方法。可通过区域熔炼生产纯度达 99.999% 的材料，且一次达不到要求，可以重复操作。工业上实现多次重复操作可以通过采用一系列的加热器，在一个锭条上，产生多个熔区来实现，经过熔区多次通过以后，实现溶质的极限分布，获得区域提纯。图 10-13 所示为工业上区域熔炼装置示意。到目前为止，区域熔炼提纯主要应用在半导体、金属、无机或有机化合物等领域。

区域熔炼的设备主要有材料容器、气氛容器、真空设备、惰性气体、产生熔区的热源、温度控制

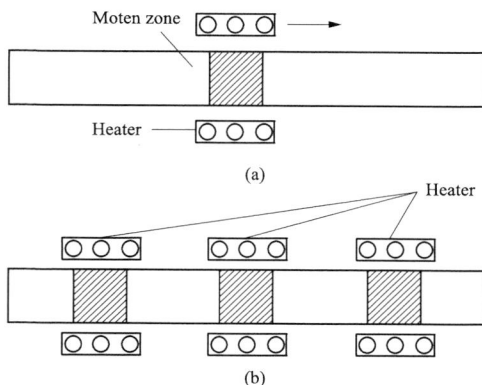

图 10-13　区域熔炼装置示意

系统、熔区移动机构、熔区搅拌等。这些设备的选择需要考虑很多因素，主要根据纯化材料的物理性质和化学性质，以及有关杂质元素的性质，其中最重要的是区域熔炼中纯化材料对周围气氛和容器材料之间的反应。对于高熔点的材料更是如此，因为反应速率较快，所以纯化材料不能和坩埚本身反应，可能成为区域熔炼设备选择上的一种限制性因素。此外，还需考虑所要获得的纯化材料的数量与时间和费用之间的关系等。

10.10　成 分 过 冷

纯物质凝固时，液体实际温度低于其理论凝固温度 T_m 所产生的过冷称为热过冷。固溶体凝固时，固-液界面前沿溶质分布发生变化，液体的凝固温度随之改变。固-液界面前沿液体实际温度低于由溶质分布决定的凝固温度所产生的过冷称为成分过冷。

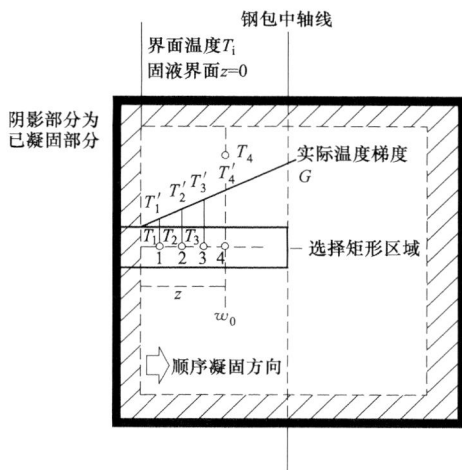

图 10-14　成分过冷示意

要正确理解成分过冷，先要明确固溶体凝固特点。固溶体凝固时，一个典型特点是溶质浓度不同，凝固温度不同；另外一个特点是固溶体在凝固时，凝固固相会不断地从液相中吸收溶质或者排除溶质到液相中，导致液相成分在凝固过程中不断变化。图 10-14 所示为成分过冷示意。图中虚线阴影代表钢包薄壁，图中斜线表示实际冷却时，从钢包壁表面到心部的实际环境的温度梯度分布，固-液界面前端的位置 1～4 的成分可能不同，导致这些点对应的凝固温度也不相同。为方便说明，采用 T_1、T_2、T_3、T_4 表示，其对应温度梯度上的温度分别用 T_1'、T_2'、T_3'、T_4' 表示。图中可以看到温度 $T_4 > T_4'$，表明在位置 4 时，实际环境温度低于该点合金浓度对应的理论结晶温度，发生凝固。但是这种凝固不是温度过冷导致的，而是由于成分变化导致过冷形成的，所以称为成分过冷。

根据前面的分析可知，成分过冷的条件是理论结晶温度高于实际环境温度，即 $T_4 > T_4'$。

下面来求取 T_4 和 T_4' 的表达式，并在此基础上求取成分过冷条件。

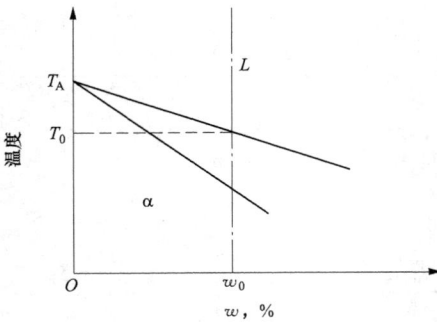

10.10.1　求解 T_4

下面推导 T_4（用 T_L 表示）。假设如 10-14 所示钢包中合金满足 $k_0<1$。4 点位置距离固-液界面为 z，并设 w_L 为此处，也就是距离界面 z 处的液相质量分数。先来求 $T_4(T_L)$，见图 10-15。

图 10-15 所示为 $k_0<1$ 合金的二元相图一角。从图上可以看出该合金液相原始成分为 w_0。假设 k_0 为常数，则液相线为直线，其斜率用 m 表示。由图可得液相理论结晶温度 $T_L=T_A-mw_L$，其中，T_A 为纯组元 A 熔点。w_L 可以通过前面在推导平衡分配系数和有效分配系数关系所获得的液相溶质浓度计算公式求解，即

$$\rho_L=P_1+P_2 e^{-Rz/D} \tag{10-49}$$

液相中只有扩散不发生对流情况下（$k_e=1$）时，依据固-液界面前沿溶质质量浓度的分布情况，获得边界条件：

$$z=0,\rho_L=\rho_0/k_0$$
$$z=\infty,\rho_L=\rho_0$$

利用上述边界条件确定待定系数 P_1 和 P_2，代入到通解式（10-49）中，进而确定 ρ_L 的表达式：

$$\rho_L=\rho_0\left(1+\frac{1-k_0}{k_0}e^{-Rz/D}\right)$$

两边同除以密度 ρ，得到距离界面 z 处的液相质量分数：

$$w_L=w_0\left(1+\frac{1-k_0}{k_0}e^{-Rz/D}\right)$$

固-液界面前沿液体溶质富集时的理论凝固温度 T_L，其数学表达式即为

$$T_L=T_A-mw_0\left(1+\frac{1+k_0}{k_0}e^{-Rz/D}\right) \tag{10-50}$$

10.10.2　求解 T_4'

以下推导采用 T 表示 T_4'。如图 10-14 所示，设界面处（$z=0$）温度为 T_i，液体中自固-液界面开始的温度梯度斜率为 G，则在距离界面为 z 处的液体实际温度 $T=T_i+Gz$。

在达到稳态凝固后，界面温度 T_i 就是 $z=0$ 时的 T_L 值，将 $z=0$ 代入式（10-50）中，可得

$$T_i=T_A-\frac{mw_0}{k_0}$$

由此，可知固-液相界面前沿液体的实际温度：

$$T=T_A-\frac{mw_0}{k_0}+Gz$$

10.10.3　成分过冷条件

实际环境温度低于液体的平衡凝固温度，即 $T<T_L$，也就是 $T_4>T_4'$，就会发生成分过冷，即

图 10-15　$k_0<1$ 合金的成分过冷示意

$$T_A - \frac{mw_0}{k_0} + Gz < T_A - mw_0\left(1 + \frac{1-k_0}{k_0}e^{-Rz/D}\right)$$

进一步整理

$$Gz < \frac{mw_0(1-k_0)}{k_0}(1 - e^{-Rz/D})$$

采用近似计算，$e^x \approx 1 + x$，可有

$$\frac{G}{R} < \frac{mw_0(1-k_0)}{Dk_0} \tag{10-51}$$

以上推导是在假定液相无对流即完全不混合（$k_e = 1$）的情况下获得的。若 $k_e = k_0$，即液体充分对流完全混合的情况下，固-液界面前沿无溶质聚焦，故不会出现成分过冷现象。如果 $k_0 < k_e < 1$ 的液相部分混合情况下，应对式（10-51）进行修正，但基本结论不变。

根据成分过冷模型式（10-51），可分析影响成分过冷的因素主要有以下两个：

（1）合金本身因素。合金液相原始成分为 w_0、液相线斜率 m 越大及平衡分配系数 k_0 越小，则有利于成分过冷。另外，扩散系数 D 越小，边界层中溶质越容易聚集，也有利于成分过冷。

（2）外界条件因素。温度梯度 G 越小，成分过冷倾向越大，凝固速度 R 增大，液体混合程度减小，边界层溶质聚集增大，也有利于成分过冷。

表面张力对界面稳定性有显著影响。考虑界面曲率对成分过冷的影响，此时界面温度和熔点之间的差为

$$\Delta T = T^* - T_m = mC_1^* - \Gamma K^*$$

其中，前一项是界面局域成分变化导致的温差，后一项是界面局域曲率变化导致的温差。分别在界面上选择 t、d 两点，采用上述公式可以计算两点之间的温度差：

$$T_t - T_d = m(C_t - C_d) - \Gamma(K_t - K_d) \tag{10-52}$$

假定界面形态采用简单正弦函数 $z = \varepsilon \sin(\omega y)$ 来表示，正弦函数的振幅为 ε，波长为 λ。选择界面的凸起点和凹点位置，分别对应式（10-52）中的 t 点和 d 点，对应的温度差可以采用式（10-52）计算，同时假定界面的温度场和浓度场不受微小干扰影响。此时，温度差和浓度差可以近似采用平面形态下的界面的浓度梯度和温度梯度，即

$$T_t - T_d = 2\varepsilon G$$
$$C_t - C_d = 2\varepsilon G_c$$
$$K_t - K_d = \frac{4\pi^2 \varepsilon}{\lambda^2}$$

将上述结果代入两点温差公式，可以求得

$$\lambda = 2\pi\left(\frac{\Gamma}{\phi}\right)^{1/2} \tag{10-53}$$

式（10-53）确定了与热扩散场和溶质扩散场相适应的临界扰动，其中，λ 为波长，ϕ 为成分过冷度。ϕ 是由液相线温度梯度 mG_c 和外加热通量施加的温度梯度 G 决定的，有

$$\phi = mG_c - G$$

实际合金在凝固过程中将不可避免地发生成分过冷。成分过冷对显微组织的影响是形成胞状组织和树枝晶，根据液相实际梯度不同，成分过冷程度可分为三个区，如图 10-16（a）所示。在正温度梯度下，成分过冷程度直接影响单相固溶体晶体的生长方式和形态。

Ⅰ区，液相温度梯度很大，使 $T > T_L$，无成分过冷。远离界面，过冷度减小，液相内为过

热状态。固溶体晶体以平面方式生长，形成稳定的平界面。

Ⅱ区，液相温度梯度减小，产生较小的成分过冷区，平面生长被破坏。界面上偶然地凸起，进入过冷液体，可以长大，凸向液体，但因成分过冷区较小，凸起距离不大，不产生侧向分枝，晶体以胞状方式生长，使界面形成胞状组织。

Ⅲ区，液相温度梯度更为平缓，界面前沿的成分过冷区很大，液相过冷区范围大，则凸起部分得到大的生长速度，同时侧面产生分枝，并不断分枝，形成树枝状组织。晶体以树枝状方式生长。

研究表明，在以上两种组织形态之间还存在过渡形态，而且影响晶体生长方式的主要因素有液相温度梯度 G、凝固速度 R 和合金液相原始成分 w_0，并通过实验，归纳得出它们对固溶体晶体生长影响的综合关系图，如图 10-16（b）所示。

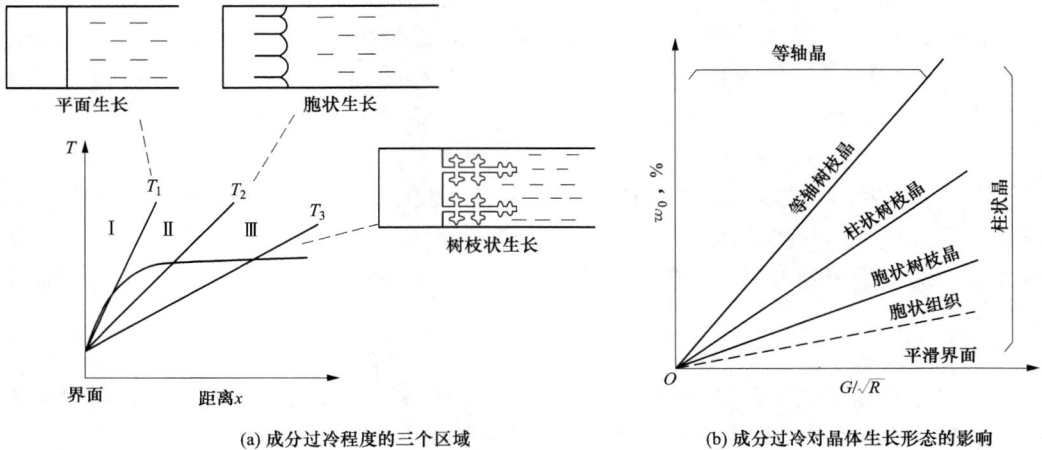

(a) 成分过冷程度的三个区域   (b) 成分过冷对晶体生长形态的影响

图 10-16 成分过冷对晶体生长的影响

10.11 共晶体的凝固

10.11.1 规则共晶体

两相凝固生长形成共晶时，如果形成的共晶体的形态完整、规则，这类共晶体通常称为规则共晶体，规则共晶体中两相界面一般为金属-金属型。非规则共晶体往往具有复杂的组织形态，如针片状、骨骼状、球状、花朵状、螺旋状等。规则共晶体中两相界面多为金属-非金属型，或者非金属-非金属型。

规则共晶体大多是层片状或棒状合金。形成层片状还是棒状共晶，主要取决于层片状和棒状共晶在形成时所需要的界面能大小。形成时的界面能越小，越有利于形成。界面能与界面面积及单位面积界面能有关。因此，形规则共晶体的形貌受控于界面面积和单位面积的界面能量两个因素。下面从两个角度进行分析。

（1）假设形成不同形貌共晶体时，单位面积的界面能量相同。这种情况下，共晶体形貌主要和界面面积即共晶体中两相组成的相对量（体积百分数）有关。研究表明：相同条件下，如果共晶体两相中的一相体积小于 27.6% 时，有利于形成棒状共晶；反之，则有利于形成层片状共晶。下面针对上述结论予以证明。

图 10-17 所示为棒状和片状合金共晶体的形成条件示意。假设在两种情况下，取相同的体

积，然后针对相同体积内的界面面积进行比较，确定哪种情况下表面能量更小。

为此，选择图 10-17（a）中的虚线六面体区域为等体积单元，设棒的半径和片的厚度均为 r，长度为 l，阴影 α 相棒状排成六方阵列，该阵列对角线宽为 2λ，可计算出棒状共晶的六边形体积为

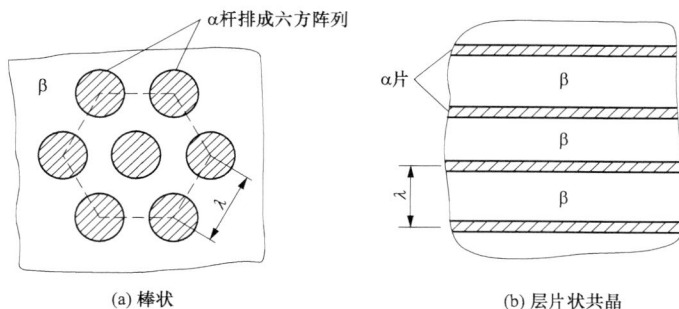

(a) 棒状　　　　(b) 层片状共晶

图 10-17　合金共晶体形成条件的推导模型

$$V_{\alpha+\beta} = \frac{3\sqrt{3}}{2}\lambda^2 l$$

其中
$$V_\alpha = 3\pi r^2 l$$

在暂时不考虑单位界面能量差别的情况下，首先计算图 10-17（a）中的界面面积。界面实际是相当于三个阴影圆柱棒的表面积，即 β-α 相界面积为

$$A = 3 \times 2\pi r \times l = 6\pi rl$$

在层片状共晶与棒状共晶体积相同的情况下，棒状共晶对角线长度为 2λ，为进行有效比较，层片状共晶体之间间距也选择为 2λ。这样，对于层片状的共晶体，相应的 2λ 区域内会有四个 α-β 界面，相同体积条件下，层片状共晶体中界面面积为这四个界面的总面积。为了进一步求解层片状共晶体中界面面积，首先需要解出层片状共晶的宽度 x（图中水平宽度）：

$$\frac{3\sqrt{3}}{2}\lambda^2 l = 2\lambda xl$$

$$\frac{3\sqrt{3}}{4}\lambda = x$$

由此得到相同条件下，层片状共晶 β-α 相界面积为

$$4xl = 4x\left(\frac{3\sqrt{3}}{4}\lambda\right)l = 3\sqrt{3}\lambda l$$

若棒状共晶组织中 β-α 相界面积小于层片状共晶，即 $6\pi rl < 3\sqrt{3}\lambda l$，得

$$r < \frac{\sqrt{3}}{2\pi}\lambda$$

根据上述不等式可得体积分数为

$$\varphi = \frac{3\pi r^2 l}{\frac{3\sqrt{3}}{2}\lambda^2 l} < \frac{3\pi\left(\frac{\sqrt{3}}{2\pi}\lambda\right)^2 l}{\frac{3\sqrt{3}}{2}\lambda^2 l} = \sqrt{3}/2\pi = 27.6\% \tag{10-54}$$

式（10-54）表明，当 α 相（或 β 相）体积分数小于 27.6% 时，棒状共晶组织中单位体积的 β-α 相界面积小于层片状共晶组织，有利于形成棒状共晶；反之，可证当 α 相（或 β 相）体积分数大于 27.6% 时，层片状共晶组织中单位体积的 β-α 相界面积小于棒状共晶组织，有利于形成层片状共晶组织。

（2）当共晶体中一相的体积分数在 27.6% 以下时，判断共晶体形貌时要考虑共晶体中两组成相配合时的单位面积界面能的影响。如果降低界面积更有利于降低体系的能量，那么共晶体形貌就倾向于棒状共晶；如果降低单位面积界面能更有利于降低体系的能量，那么共晶体形

貌就倾向于层状共晶。

10.11.2　层片状共晶体的生长动力学

共晶体形成包括形核和长大过程。对于层片状共晶体，典型的形核机制是搭桥机制，如图10-18 所示，长大过程主要是通过扩散来完成，而且形成的层片间距和冷却速率有密切关系。

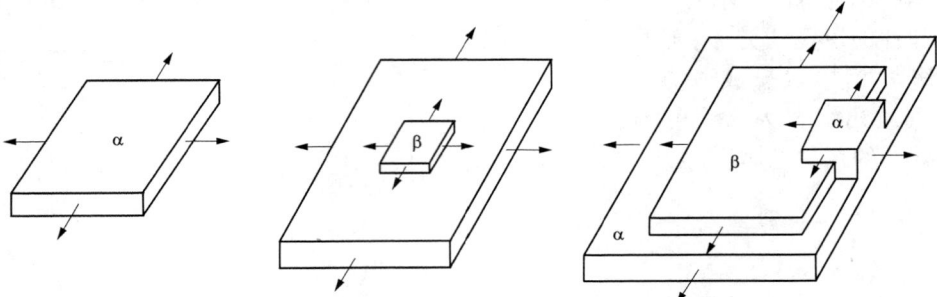

图 10-18　层片状共晶形核的"搭桥"机制

层片间距 λ 指两相层片中心之间的距离，用于表征层片共晶组织的粗细。层片间距与凝固速度 R 有如下关系：

$$\lambda = \frac{k}{\sqrt{R}}$$

其中，k 为常数，因不同合金而异。由于凝固速度通常和过冷度有关。因此，过冷度越大，凝固速度越大，层片间距越小，共晶组织越细。下面通过三个步骤来简单推导证明上述关系。

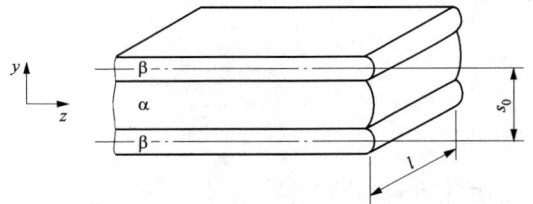

图 10-19　层片状共晶体长大模型示意

（1）依据图 10-19，由先凝固的 α 片排出的 B 原子通量为

$$J_{排出} = R(\rho_\alpha^L - \rho_\alpha^S) \approx R(\rho_e - \rho_a)$$

其中，$\rho_e = \rho_0$ 分别是 $\Delta T_E = 0$ 时液相和 α 固相对应的质量浓度；R 为凝固速度（界面移动速度）；ρ_α^L 和 ρ_α^S 分别是在 ΔT_E 过冷度下 α 液相和固相线外推对应的质量浓度（见图10-20）。为了简化计算，视 α 与 β 片的侧向扩散主要发生在图 10-19 的 y 方向上，近似可得排出的 B 组元溶质的侧向扩散能量：

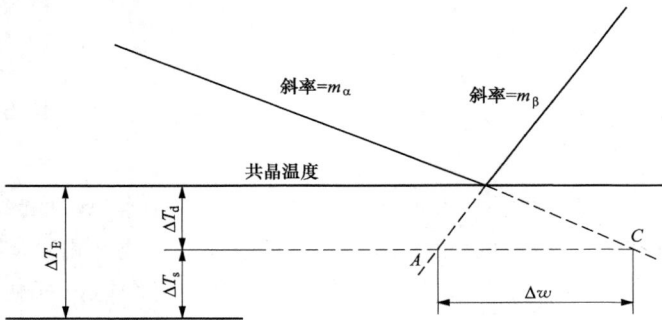

图 10-20　总过冷度 ΔT_E 与相图间的关系

$$J_{扩散} = \frac{D\Delta\rho}{s_0/2}$$

其中，$\Delta\rho$ 为 α 与 β 相前沿液体中的平均浓度差；$s_0/2$ 为扩散距离。在稳态凝固时，$J_{排出} = J_{扩散}$，由此可得

$$R(\rho_E - \rho_a) = D\frac{\Delta\rho}{s_0/2}$$

两边同除以合金的密度 ρ，整理可得

$$R = \frac{2D\Delta w}{s_0(\omega_E - \omega_\alpha)} \tag{10-55}$$

（2）求取式（10-55）中的 Δw。依据图 10-20，理论上可以将总过冷度 ΔT_E 分为两部分，一部分 ΔT_s 用于产生新的 α-β 界面，另一部分 ΔT_d 用于提供驱动扩散需要的自由能，共晶反应的单位体积自由能 ΔG_B 主要由总过冷度提供。如图所示，用于扩散的成分差 Δw 可由液相的斜率 m_α 和 m_β 计算出来：

$$\Delta w = \Delta T_d \left(\frac{1}{|m_\alpha|} + \frac{1}{|m_\beta|} \right) \tag{10-56}$$

（3）求取式（10-56）中的 ΔT_d。按照前面假设，过冷度可以分成两部分，相应地由能量守恒可知，共晶反应所能获得的自由能 ΔG_B 也可分成两部分，即

$$\Delta G_B = \Delta G_d + \Delta G_s \tag{10-57}$$

此时，如果考虑图 10-19 所示的界面区域，设层片垂直于书面的深度为单位长度，层片间距为 s_0。当界面向前推进 dz 后，根据能量守恒，释放的自由能 $\Delta G_B \cdot s_0 \cdot 1 \cdot dz$ 等于产生两个微小的新 α-β 界面所需自由能 $2\gamma_{\alpha\beta} \cdot 1 \cdot dz$ 和驱动扩散所需自由能 $\Delta G_d \cdot s_0 \cdot 1 \cdot dz$，此时

$$\Delta G_s = \frac{2\gamma_{\alpha\beta}}{s_0}$$

若假定 $\Delta G_d = 0$，即释放出来的自由能全部用来产生新的 α-β 界面，而层片间距将达到极小值 $s_0 = s_{min}$，即可以得到共晶层片的最小可能间距：

$$s_{min} = \frac{2\gamma_{\alpha\beta}}{\Delta G_B}, \quad \Delta G_B = \frac{2\gamma_{\alpha\beta}}{s_{min}}$$

所以

$$\Delta G_d = \Delta G_B - \Delta G_s = \frac{2\gamma_{\alpha\beta}}{s_{min}} - \frac{2\gamma_{\alpha\beta}}{s_0} = \frac{2\gamma_{\alpha\beta}}{s_{min}} \left(1 - \frac{s_{min}}{s_0} \right) = \Delta G_B \left(1 - \frac{s_{min}}{s_0} \right)$$

根据热力学知识，ΔS_f 为单位体积共晶液体的凝固熵，ΔT_E 为共晶凝固时固-液界面前沿液体的过冷度，则释放出来的单位体积自由能为

$$\Delta G_B = \Delta S_f \Delta T_E$$

$$\Delta G_d = \Delta S_f \Delta T_E \times \left(1 - \frac{s_{min}}{s_0} \right)$$

而

$$\Delta G_d = \Delta S_f \Delta T_d$$

于是得到

$$\Delta T_d = \Delta T_E \times \left(1 - \frac{s_{min}}{s_0} \right) \tag{10-58}$$

（4）将式（10-58）代入式（10-56），可以计算出 Δw。再将计算出来的 Δw 表达式代入表达式（10-55）中，可以得到

$$R = \left(\frac{1}{|m_a|} + \frac{1}{m_\beta} \right) \frac{2D\Delta T_E}{(\omega_E - \omega_a)s_0} \times \left(1 - \frac{s_{min}}{s_0} \right) \tag{10-59}$$

可将式（10-59）进一步改写为

$$\Delta T_E = AxR \frac{s_0}{1 - \frac{s_{min}}{s_0}} \tag{10-60}$$

其中，$A = \dfrac{1}{\dfrac{1}{|m_\alpha|} + \dfrac{1}{|m_\beta|}} \dfrac{w_E - w_\alpha}{2D}$，为常数。

层片间距 s_0 的取值应使界面处的过冷度为最小，据此最优化条件，对式（10-60）求极值得最优值

$$s_{opt} = 2s_{min} \tag{10-61}$$

将 $s_{min} = s_{opt}/2$，$s_0 = s_{opt}$，$\Delta S_f \Delta T_E = 2\gamma_{\alpha\beta}/s_{min} = 4\gamma_{\alpha\beta}/s_{opt}$ 代入式（10-59），最终得到界面移动方程

$$R = \cfrac{1}{\cfrac{1}{|m_\alpha|} + \cfrac{1}{|m_\beta|}} \cfrac{4\gamma_{\alpha\beta}D}{\Delta s_f(w_E - w_\alpha)} \cfrac{1}{s_{opt}^2} \tag{10-62}$$

由上述方程可简写为

$$s_{opt} = \frac{k}{\sqrt{R}} \tag{10-63}$$

其中，k 为常数。这一结果表明，观察到的层片间距 s_{opt} 将随界面移动速度 R 单调减小。和晶粒尺寸一样，共晶的层片间距对材料性能影响很大。层片间距越小，材料的强度越高。因此，它也可用霍尔-佩奇（Hall - Petch）关系式来表示：

$$\sigma = \sigma^* + m\lambda^{-\frac{1}{2}} \tag{10-64}$$

式中：m 为常数；λ 为层片厚度。

10.12　合金凝固-铸造技术

铸造工艺就是首先将钢铁或者其他金属熔化，然后将液体倒入事先准备好的模具中进行冷却，通过凝固获得具有特殊形状和结构的工件的过程。在实际工业生产中，存在铸钢和铸铁。通过铸造可以一次性获得具有一定几何形状与尺寸的铸造零件，直接用于工业使用，这些通过铸造直接获得的工件，一般用于大型设备的外围结构件或者支撑结构，如坦克的履带板；此外，通过铸造也可以通过将合金液体浇铸成圆或方的铸锭，然后开坯，再通过热轧或热锻，最终可能通过机加工和热处理或焊接来获得零件的几何尺寸和性能。

10.12.1　铸件冷却时的凝固方式

铸件凝固方式有逐层凝固（顺序凝固）、体积凝固（糊状凝固）和中间凝固三种方式。所谓逐层凝固就是指在凝固过程中，随着温度不断下降，固相层不断向液相层推进，一层一层的固态晶体顺序凝固，直达工装中心。体积凝固是指在凝固过程中，凝固区会贯穿整个盛装熔体的工装体积，在熔体工装内各个方向、区域上均可实现凝固。凝固时液体先呈现糊状，然后固化，所以也称为糊状凝固。中间凝固是介于逐层凝固和体积凝固之间的一种凝固方式，例如碳钢、高锰钢、白口铁等，凝固时呈中间凝固方式凝固，其热裂倾向和流动性都介于以上两种凝固方式之间。

10.12.2　铸态组织

铸态组织是指铸造件在冷却凝固后形成的微观组织，它通常包括晶粒的形态、大小、取向、缺陷（疏松、夹杂、气孔等）及界面的形貌等。凝固完成后断面晶粒形态和过冷度有关。一般表层过冷度大，容易形成细晶粒区，中心区域过冷度较小，形成的等轴晶粒尺寸相对大，表层和中心区域之间部分比较容易受温度梯度的影响，形成柱状的晶粒。通过控制凝固条件，可以改变三个区域的相对厚度和晶粒大小，调整不同尺寸晶粒在断面上的占比，因此，铸件可以根据不同的处理工艺得到不同的晶粒组织。

10.12.3　铸造缺陷

液态金属在凝固过程中，会发生液体收缩和固体收缩。由于收缩过程的复杂性，合金在凝固收缩过程中，不可避免地会形成诸多缺陷，这些缺陷主要以缩孔、缩松、热裂、应力、变形、冷裂等形式表现出来。

缩孔是指铸件（锭）凝固时因体积收缩而在最后凝固的部位所产生的孔洞。容积大而集中的孔洞称为集中缩孔，简称缩孔；细小分散分布的孔洞称为分散性缩松，简称缩松。实际凝固过程中，可以存在各种形态的缩孔或者缩松。它们的存在一方面导致合金的受力面积减小，另一方面可以在缩孔或者缩松的尖角处形成应力集中，导致铸件的机械性能下降。因此，缩孔和缩松是铸件的重要缺陷。

气孔（泡）是指气体以分子形式残留在铸件（锭）内而形成的孔洞。一般可分为析出性气孔、化学反应气孔和侵入性气孔等三类。析出性气孔主要指液相金属冷却凝固时因气体溶解度随温度下降而降低，析出的气体未从液相内排出而产生的气孔；化学反应气孔是指液相金属内部或液相金属与铸型之间发生化学反应所产生的气孔；侵入性气孔是指浇注时卷入的气体侵入内部留下的气孔。

夹杂物是指铸件（锭）内与金属基体成分、结构都不同的颗粒，一般为非金属夹杂物。钢中夹杂物对铸件（锭）的力学性能影响较大，同时会恶化铸造性能，从钢铁材料的角度，一般要考虑剔除。

10.12.4　铸造应力

合金在凝固过程中，由于体积变化会受到外界环境和自身条件的约束，导致变形受阻，从而产生应力，称为铸造应力。根据形成原因不同，铸造应力可以分为相变应力、热应力、机械应力。

（1）相变应力。相变应力是铸件在冷却时发生相变，由于体积变化造成的内应力。对于钢铁材料，在弹性状态温度范围内冷却，相变造成体积膨胀。使铸件厚壁部分受压应力，薄壁部分受拉应力。相变应力方向与热应力方向相反。一般相变应力很小。

（2）热应力。铸件凝固末期即铸件合金已搭结成枝晶网络骨架开始及随后的冷却过程中，铸件横截面和厚薄不同之处由于存在着温度差而产生的铸造应力，称之为热应力。铸件横截面内外、厚薄不同之处冷却速度有差异，致使有温度差而导致固态收缩速率不一致而相互制约，从而产生了热应力。

（3）机械应力。机械应力是铸件在冷却收缩时，受到铸型或型芯的阻碍而引起的，这种应力是拉应力或切应力。当铸件落砂、清理后，铸件收缩的障碍去除，机械应力随之消失。

铸造应力是铸件生产、存放、加工以及使用过程中产生变形和裂纹的主要原因。裂纹分为外裂纹和内裂纹，是铸造过程中常见的缺陷之一。根据尺寸大小，也可分为宏观裂纹和显微裂纹。裂纹产生的原因是铸件（锭）的内应力超过了材料的强度极限。因此，降低或消除铸件（锭）内应力可有效防止裂纹产生。减少铸件应力除了从合金、铸造工艺角度外，可以从热处理进行改善。一般采用热处理主要是时效处理，如人工时效、自然时效、共振时效等。

10.12.5　成分偏析

成分偏析是指铸件（锭）内各部分化学成分不均匀的现象，其根本原因就是凝固时溶质的再分配。通常，偏析可分为宏观偏析和显微偏析。宏观偏析是指宏观尺度范围内的偏析，也称为区域偏析，可由肉眼或低倍放大观察到。通常有正偏析、比重偏析等。显微偏析是指发生在微观尺度范围内的偏析，需在显微镜下才能观测到，也称为微观偏析。可分为胞状偏析、枝晶偏析和晶界偏析三类。下面重点介绍枝晶偏析。

非平衡凝固时，固溶体晶体若以枝晶生长，先后凝固的晶枝干间成分不均匀。因枝晶偏析发生在一个晶粒范围内，因此也称为晶内偏析。凝固速度、偏析元素扩散能力及凝固温度范围都会对枝晶偏析产生影响。凝固速度越大，扩散系数越小，凝固温度范围越宽，则枝晶偏析越严重。当不考虑固相中扩散时，枝晶偏析过程中成分变化可以采用 Scheil 方程来描述：

$$C_s^* = k_0 C_0 (1 - f_s)^{k_0 - 1}$$

式中：C_s^* 为固-液界面处的成分；f_s 为相应的质量分数。

当考虑固相中扩散时，枝晶偏析过程中成分变化可以采用下述方程来描述：

$$C_s^* = k_0 C_0 \left(1 - \frac{f_s}{1 + \alpha k_0} \right)$$

$$\alpha = \frac{D_s \tau}{S^2}$$

式中：D_s 为溶质在固相中的扩散系数；τ 为局部凝固时间；S 为枝晶间距的一半。

枝晶的成分偏析程度可以采用枝晶偏析度这个指标来进行描述，它反映了枝晶中最高溶质浓度和最低溶质浓度的比值。

枝晶偏析可用扩散退火来减轻但不能完全消除。扩散退火过程中组元浓度的变化可以采用菲克第二定律来描述。图 10-21 所示为二次枝晶及其溶质的变化。假设某一个枝晶具备二次枝晶，在一次晶轴直线上的溶质质量浓度变化按照正弦变化，由于溶质原子从高浓度流向低浓度区域，最终浓度趋近于平均质量浓度，因此，正弦波的振幅逐渐减小，但是波长 λ 不变。由于在一次晶轴直线上的溶质质量浓度遵循正弦变化，则在 x 轴上浓度分布为

$$\rho(x) = \rho_0 + A_0 \sin \frac{\pi x}{\lambda}$$

其中，ρ_0 为平均质量浓度；A_0 为铸态合金中偏析的起始振幅，$A_0 = \rho_{max} - \rho_0$；$\lambda$ 为溶质质量浓度最大值和最小值之间间距，也就是二次枝晶晶轴之间的一半距离。上述模型的边界条件如下：

边界条件 1 $\qquad\qquad \rho(x = 0, t) = \rho_0, \dfrac{d\rho}{dx}\left(x = \dfrac{\lambda}{2}, t\right) = 0$

边界条件 2 $\qquad\qquad\qquad x = 0, t = 0, \rho = \rho_0$

下面基于上述模型，推导树枝晶成分偏析模型。首先采用分离变量处理菲克定律，令

$$\rho(x, t) = X(x) T(t) \tag{10-65}$$

处理菲克定律得

$$\frac{d^2 x}{dx^2} + \left(\frac{\pi}{\lambda}\right)^2 X = 0$$

$$\frac{dT}{dt} + D \left(\frac{\pi}{\lambda}\right)^2 T = 0$$

求解上述方程可以获得

$$X(x) = A \cos \frac{\pi x}{\lambda} + B \sin \frac{\pi x}{\lambda} \tag{10-66}$$

$$T(t) = \exp\left(-\frac{D \pi^2 t}{\lambda^2}\right) \tag{10-67}$$

将式 （10-66） 和式 （10-67） 代入式 （10-65），得

$$\rho(x,t) = \left(A\cos\frac{\pi x}{\lambda} + B\sin\frac{\pi x}{\lambda}\right)\exp\left(-\frac{D\pi^2 t}{\lambda^2}\right)$$

其中，A、B 为待定常数。结合图 10-21，使用边界条件 2，有

$$\rho(x,t) = \rho_0 + \left(A\cos\frac{\pi x}{\lambda} + B\sin\frac{\pi x}{\lambda}\right)\exp\left(-\frac{D\pi^2 t}{\lambda^2}\right)$$

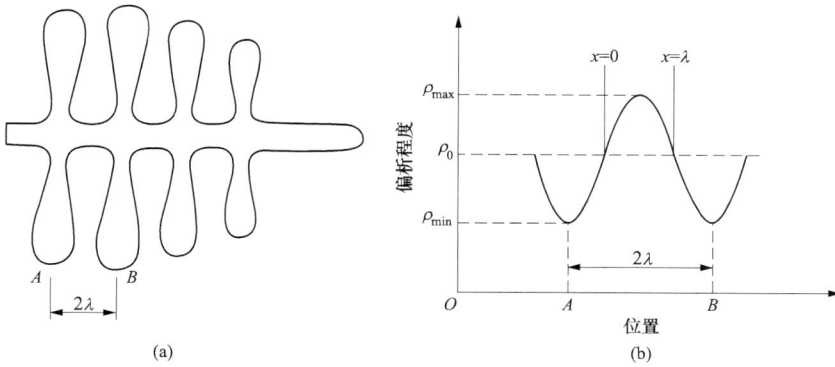

图 10-21　二次枝晶及其溶质的变化

根据边界条件 1，可以求得 $A=0$，则

$$\rho(x,t) - \rho_0 = B\sin\frac{\pi x}{\lambda}\exp\left(-\frac{D\pi^2 t}{\lambda^2}\right)$$

令 $t=0$，有

$$\rho(x,t) - \rho_0 = B\sin\frac{\pi x}{\lambda}$$

和初始条件相比对，可以得到

$$B = A_0$$

$$\rho(x,t) - \rho_0 = A_0\sin\frac{\pi x}{\lambda}\exp\left(-\frac{D\pi^2 t}{\lambda^2}\right) \tag{10-68}$$

式（10-68）为树枝晶中不同的位置在不同时间条件下的浓度变化表达式。如果考虑均匀化退火时，通常只考虑浓度在 $x=\frac{\lambda}{2}$ 时的变化，此时 $\sin\left(\frac{\pi x}{\lambda}\right)=0$，所以有

$$\rho\left(\frac{\lambda}{2},t\right) - \rho_0 = A_0\exp\left(-\frac{D\pi^2 t}{\lambda^2}\right)$$

因为

$$A_0 = \rho_{\max} - \rho_0$$

所以

$$\frac{\rho\left(\frac{\lambda}{2},t\right) - \rho_0}{\rho_{\max} - \rho_0} = \exp\left(-\frac{D\pi^2 t}{\lambda^2}\right) \tag{10-69}$$

式（10-69）右侧定义为衰减函数。假设均匀化退火后实现成分偏析振幅衰减到 1%，则

$$\frac{\rho\left(\frac{\lambda}{2},t\right) - \rho_0}{\rho_{\max} - \rho_0} = \frac{1}{100}$$

此时，通过计算可以得到时间和波长之间关系为

$$t = 0.467\frac{\lambda^2}{D}$$

10.13　陶 瓷 的 凝 固

相比于金属材料，陶瓷熔点一般很高。液化的陶瓷一般称为熔体。熔体随着温度降低，发生固化。和金属凝固过程相似，最终结晶状态与冷却速率有关。根据不同的冷却状态，熔体降温最后的结果可能出现以下三种：

（1）获得晶体。

（2）获得玻璃体。所谓的玻璃体实质是金属或非金属氧化物，经高温熔融后，通过一定的快速冷却所得到的非晶体结构。获得玻璃体最常见的方法就是熔融法。随着科技的进步，玻璃体也可以通过非熔融技术获得，比较典型的如气相沉积、离子注入、真空溅射等技术。

（3）获得玻璃相。冷却过程中，熔体内部成分发生偏聚、分离，最终形成互不溶混的成分不同的玻璃相。

本节主要介绍以无序结构为特征的玻璃体及其形成条件。

10.13.1　玻璃体的特征

图 10-22 所示为熔体冷却过程中，物质内能和体积随着温度的变化曲线。可以看到：①熔体的晶化，如图中 $abcd$ 线，随着温度下降，熔体从 a 点降温到 b 点熔点时，发生等温相变（从 b 点到 c 点），内能和体积开始发生突变，完成熔体的晶体化过程；②玻璃化转变过程，如图中 $abef$ 线，在 b 点熔点不发生明显的内能和体积突变，而是随着温度下降到 e 点或者 f 点，形成过冷熔体。

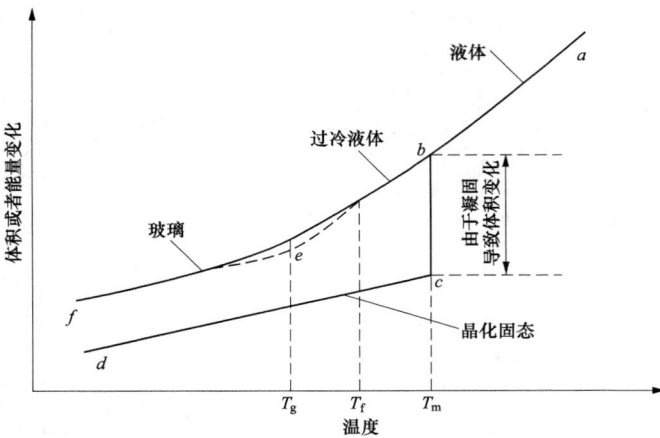

图 10-22　物质体积和内能随温度变化示意

关于过冷熔体，这里涉及以下几个重要的概念：

（1）玻璃化转变温度 T_g。玻璃态曲线和过冷曲线的相交处的温度。相应于曲线低温直线部分开始弯曲时的温度，过冷熔体的黏度为 $10^{12} \sim 10^{13}$。由于此时玻璃开始出现脆性，所以该温度也称为脆性温度。

（2）软化温度 T_f。如果将获得的玻璃体加热升温，在获得的物质内能和体积-温度的变化曲线中，相应于曲线弯曲开始转向高温直线部分的转折温度，是玻璃开始出现液体典型性质的温度，此时黏度为 $10^8 \sim 10^9$，此温度称为软化温度。

（3）玻璃转化温度范围。$T_g \sim T_f$ 温度区间称为玻璃转化温度范围，此区间内玻璃体或者过冷熔体的性质或多或少会发生急剧变化，因此此温度区间也称为反常间距。当温度低于 T_g 时，过冷熔体的性质逐渐向固态变化；当温度高于 T_f 时，玻璃体的性质逐渐向液态变化。

玻璃化转变温度是区分玻璃和其他非晶态固体的重要特征。玻璃化转变温度 T_g 和熔点 T_m 之间关系符合比较简单的线性关系，即

$$\frac{T_g}{T_m} \approx \frac{2}{3} = 0.667$$

在具体实践中，T_g 和冷却速率 q 有关，一般满足：

$$q = q_0 \exp\left(-\frac{E_a}{RT_g}\right)$$

式中：E_a 为与玻璃化有关的活化能；R 为气体常数；q_0 为常数。

　　和晶态比较，玻璃体的主要特点体现在玻璃态的能量较高。由于处于相对较高的高能状态，存在向低温能量状态改变的趋势，所以具有析晶的可能。玻璃态和晶体的内能差别越大，在不稳定冷却条件下，晶化的倾向就越大。通常玻璃态和晶体的内能差别不大，因此析晶的趋势较弱，这是在实际生活中玻璃亚稳态能够长期稳定存在的主要原因。

10.13.2　玻璃体的形成

　　除去热力学条件外，玻璃体的形成还涉及一定的动力学条件。玻璃体在形成过程中，涉及结构调整速度和冷却速度。前者是指在冷却过程中，熔体中质点发生调整重新达到新的平衡结构的速度；后者是指环境提供的冷却速度。如果冷却速度远远大于结构调整速度，熔体实现完全晶化所需要的时间得不到保证，就会发生玻璃转变。因此，从动力学角度，影响玻璃体形成的关键是熔体的冷却速率，要具备避免产生晶体的临界冷却速率。

　　关于临界冷却速率的理论主要有泰曼的晶体成核速率与晶核生长速率理论和尤曼的 3T 图理论。泰曼理论的观点认为：熔体冷却是否形成玻璃体主要和晶体成核速率与晶核生长速率两个因素有关。熔体冷却时，当温度降到晶核生长的最大速率时，如果对应的晶体成核速率很小，就只能存在少量晶核；当熔体继续冷却到晶体最大成核速率时，晶核生长速率又开始变得很小，在这种情况下，晶核便无法充分长大，最终只能形成玻璃体，而不会晶化。因此，泰曼认为玻璃体的形成是由于过冷熔体的晶体成核最大速率对应的温度低于晶核生长最大速率造成的。两者温差相差越大，越容易导致玻璃体形成。

　　钢铁热处理中，冷却过程中，要获得或者避免预期的相，通常通过相的动力学 C 曲线来确定冷却速率。同样道理，尤曼关于玻璃体的 3T 图理论和钢铁热处理的相变 C 曲线理论相近，其主要观点是求取获得玻璃体的临界冷却速率。

　　根据相变学理论，防止一定体积分数的晶体析出的冷却速率表达式如下：

$$\frac{V_\beta}{V} \approx \frac{\pi}{3} I U^3 t^4 \tag{10-70}$$

式中：V_β 为析出的晶体体积；V 为熔体体积；I 为成核速率；U 为晶体生长速率；t 为时间。

　　假设是均匀形核，同时定义玻璃体中析出晶体体积占玻璃体总体积的最小临界值为 10^{-6}。此时，根据式（10-70），就可以绘制 3T 图来确定获得玻璃体的临界冷却速率。具体步骤如下：

　　首先选择一个特定的结晶份数，在一系列温度下，计算成核速率和晶体生长速率，将计算得到的 I、U 代入式（10-68），求取对应的时间；采用过冷度作为纵坐标，冷却时间 t 作为横坐标，绘制 3T 图，如图 10-23 所示。图中 A、B、C 曲线的熔点分别为 365.6、316.6、276.6K，C 曲线以左外围的部分是获得玻璃体区域。C 曲线顶点对应析出体积分数为 10^{-6} 时的最短时间。根据 C 曲线，临界冷却速率可以通过下式进行计算：

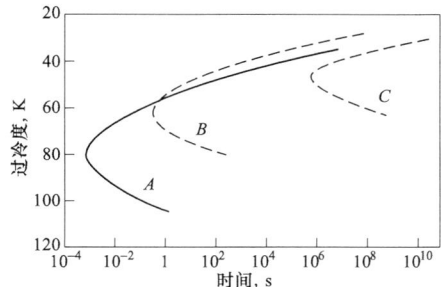

图 10-23　3T 曲线

$$\left(\frac{dT}{dt}\right)_c \approx \frac{\Delta T_n}{\tau_n}$$

式中：ΔT_n 和 τ_n 分别为 3T 曲线头部的顶点对应的过冷度和时间。

　　玻璃体的形成除了和热力学、动力学因素外，还和结晶学条件有关。以硅酸盐为例，熔体冷却过程中，通常会出现多种负离子集团，如硅-氧负离子团等。这些负离子团的聚合程度会影响玻璃体的形成。一般聚合程度越低，玻璃体越不容易形成；聚合程度高则容易出现三维结构或者歪扭的链式结构，此时比较容易形成玻璃结构。

　　对于硅酸盐，影响负离子团聚合程度的一个重要因素是氧-硅比例，该比例可以通过掺杂进行改变。随着氧-硅比例增加，硅氧负离子团多倾向于分解，并形成分立的硅氧四面体，此时易于晶化。除去负离子集团，氧化物的键强也是影响玻璃形成的内在因素。熔体在降温过程中，熔体中的原子或者离子要进行重新排列，氧化物的键强越强，越不容易结晶，也就越容易形成玻璃。此外，键型也是影响玻璃形成的一个重要因素。纯粹的离子键、共价键和金属键一般不利于形成玻璃，只有极性的共价键和半金属共价键才有利于形成玻璃。当离子键和金属键向共价键过渡时，可以通过强烈的极化作用，形成具有方向性和饱和性趋势的混合键，这些混合键不易改变键长和键角的倾向，容易促进生成具有固定结构的多面体，形成短程有序；另一方面，这些混合键又具有离子键，容易改变键角，通过形成无对称变形促进多面体不按照一定方向链接，进而构成具有远程无序的网络玻璃结构。因此，形成玻璃必须有离子键或者金属键向共价键过渡的混合键型。

10.13.3　玻璃体结构学说

　　依据玻璃的熔体制备技术，玻璃的结构在一定程度上应该保留和液体结构相似的微观结构。也就是说，玻璃中不存在长程有序或者原子周期性的排列，但是应该存在明显的短程有序。

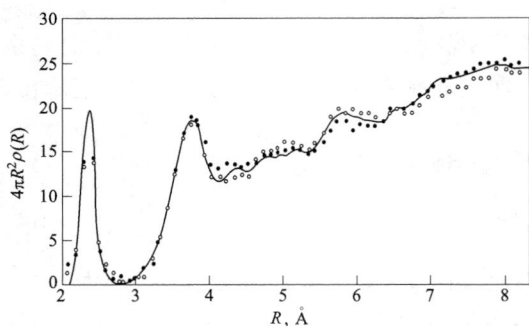

图 10-24　玻璃态硒的径向分布函数

　　目前，玻璃中的这些短程有序已经通过建立径向分布函数得到有效证明。在玻璃中，以一个任选的原子中心作半径为 R 的球壳，在球壳上的原子密度即为分布函数，借助于一定的测试技术，获得分布函数和径向距离之间的函数关系，并据此分析短程有序的存在。图 10-24 所示为采用 X 衍射分析测试的 Se 玻璃的径向分布函数。从图中可以看到，在原子间距为几个埃的范围内能观察到径向分布函数的起伏，通过这些起伏，可以反映在这些范围内的短程有序的尺度，其大小为几个埃。

　　玻璃结构模型是指描述玻璃中质点在空间的几何配置、有序程度及它们彼此间的结合状态的模型。关于玻璃结构的模型有很多，其中，晶子学说和无规则网络学说能较好地解释玻璃性质，同时也被人们所普遍接受。

　　晶子学说起源于对玻璃的 X 衍射图谱观察。玻璃的 X 衍射图谱通常呈现宽阔的衍射峰，其中心位于与该玻璃材料相应的晶体的衍射图谱中那些峰值所在的区域中。据此，提出玻璃的结构是由晶子的集合体所组成，宽阔的衍射峰主要是由于粒子尺寸的展宽效应所引起的。注意，这里提及的所谓晶子不同于一般微晶，而是带有晶格变形的有序区域，在晶子中心质点排列较有规律，越远离中心则变形程度越大，晶子分散在无定形介质中，从晶子部分的过渡是逐步完成的，两者间无明显界限。

　　无规则网络学说则认为玻璃的结构是由离子多面体（通常为四面体或三角面体）构筑起来

的三维空间网络构成。与相应的晶体结构不同，玻璃结构中的三维空间网络不具备周期性和重复性，属于典型的无规则堆积。无规网络学说可以很好地解释玻璃的各向同性、内部性质的均匀性及随成分变化时玻璃性质变化的连续性，因而获得普遍认可。

10.13.4 典型的玻璃体结构

1. 二氧化硅型

很多无机的玻璃和二氧化硅有关。二氧化硅基的玻璃结构主要和硅-氧四面体有关。对于晶体，硅-氧四面体角对角进行连接，形成长程有序排列；对于玻璃体，硅-氧四面体角对角进行连接，形成疏松的网络结构，存在很多空隙，不能形成长程有序排列。

研究表明：导致上述晶体-非晶体结构差别的主要因素在于硅-氧-硅键角分布，对于晶体，硅-氧-硅键角分布相对狭窄；对于非晶体，硅-氧-硅键角分布相对较宽，一般处于 $120° \sim 180°$。非晶体中无规排列主要和硅-氧-硅键角分布有关，而与氧-氧和硅-氧键无关。此外，非晶体中，硅-氧四面体之间的旋转角度也是无规分布的，因此，硅-氧四面体不能以边或者面相连，只能以顶角相连。

如果把碱土金属或者碱性氧化物加到二氧化硅中，形成硅酸盐玻璃。通常含有钠钙硅酸盐、钠铝硅酸盐、钠硼硅酸盐的玻璃。碱土金属或者碱性氧化物加到二氧化硅中，对二氧化硅结构的最大影响体现在三维网络结构会由于氧硅比例增加而遭到破坏，形成只以一个键与硅相连的单向键合氧，而且这个氧不参加网络。在这种情况下，为了保持局部的电中性，网络改变体阳离子需要配置在单向键合氧的附近。

2. 氧化硼

另外一种常见的玻璃是氧化硼，其结构主要和 $[BO_3]$ 三角形有关。晶态的氧化硼属于六方晶系，其结构几乎全部由三角形的 $[BO_3]$ 单元组成。而对于玻璃态的氧化硼来说，很可能是一种由许多平面三角形结构 $[BO_3]$ 单元通过共用氧原子部分有序连接而成的网络结构，其中硼原子略高于氧原子平面，存在硼-氧相间的六元环 B_3O_3，但是如何连接尚未明确。

硼酸盐玻璃是以氧化硼为主要成分的玻璃。在实用的硼酸盐玻璃组分中可按性能要求加入不同氧化物、氟化物等，可与 B_2O_3 组成二元或多元玻璃。尤其是加入稀土及重金属氧化物制成的硼酸盐玻璃具有特殊功能。

如果将碱或者碱性的稀土氧化物加入氧化硼玻璃，则三角形的 $[BO_3]$ 会转变为四方的 $[BO_4]$，同时通过碱或者碱性的稀土氧离子提供必要的电中性。氧化硼是硼酸盐玻璃中的网络形成体。

3. 氧化锗

玻璃态的氧化锗主要由 GeO_4 四面体组成，其中键角平均为 $138°$，对于氧化锗玻璃，其结构模型可以采用无规则网络模型来进行有效解释。但是和玻璃氧化硅不同，对于氧化锗玻璃，锗-氧-锗键角分布相对狭窄，因此，氧化锗玻璃中的无规网络主要是由四面体之间旋转角度的无规分布贡献的。

如果将碱金属氧化物加入氧化锗中，加入数量为 $15 \sim 30 \mathrm{mol\%}$ 时，可以形成 GeO_6 八面体，随着碱金属氧化物加入数量增多，又会恢复到四面体构型，同时出现很多单相键合氧。锗酸盐和磷酸盐玻璃主要有氧四面体构成，但是一个 PO_4 四面体最多只能与 3 个其他类似的四面体键合。在磷酸盐玻璃中，最基础的是磷-氧四面体的链和环结构。

第 11 章　陶瓷制备及其烧结机制

随着科技的发展，传统陶瓷在生活中的应用越来越普遍，而特种陶瓷的开发和利用，则推开了陶瓷更广泛的应用场景。本章将着重讲解陶瓷制备过程中的烧结和玻璃化技术相关的基础理论，主要包括以下知识点：

(1) 陶瓷相关的基础概念和基础制备工艺。

(2) 陶瓷烧结的基础理论和相关机制。

11.1　陶瓷及其制备技术

陶瓷一般是陶器与瓷器的统称。陶器主要是用黏土或陶土经捏制成形后烧制而成的器具。瓷器是由瓷石、高岭土、石英石、莫来石等烧制而成，外表施有玻璃质釉或彩绘的器物。现代陶瓷又称新型陶瓷、精细陶瓷或特种陶瓷，采用非硅酸盐类化工原料或人工合成原料，如氧化物和非氧化物来制造，可以实现优异的绝缘、耐腐蚀、耐高温、高硬度、低密度、耐辐射等性能，在国民经济各个领域得到广泛应用。

现代特种陶瓷的基础制备工艺和金属的粉末冶金工艺相似，以陶瓷粉末作为原料，经过成型和烧结，来制取各类陶瓷制品。其工艺环节主要包括粉末生产、压制成型、烧结、后处理等几个步骤，其中烧结是关键的工艺步骤。按照合成时原料的物质状态划分，陶瓷粉体的合成方法一般包括固相法、液相法和气相法。

固相法首先根据合成产物的化学式确定原料的种类、配比等，然后将原料有效混合后在一定温度下煅烧，通过固相反应合成目标粉体。固相合成方法相对简单易行，是目前工业上生产制备陶瓷粉体的主流技术。

液相法是通过均匀溶液来制备氧化物微粉，其主要流程是溶液配制→溶液混合→脱水→前驱体→分解合成，最终通过煅烧获得预期的陶瓷粉体。相比于固相合成方法，液相合成技术在粉体颗粒的尺寸和形状、化学成分、纯度、掺杂方式等方面能够实现有效的控制，从而获得细小尺寸的优质粉体。典型液相的合成方法有溶胶-凝胶法、共沉淀法、醇盐分解法、超临界流体沉积技术、水热法、溶剂蒸发法等。

气相合成方法是指直接采用气体或者通过一定技术将原料变成气体，使原料在气态下发生物理变化或者化学反应，最后通过冷凝长大形成粉体的方法。按照合成过程中是否发生化学反应，可以分为物理气相沉积和化学气相沉积两大类。典型气相的合成方法有气体冷凝法、溅射法、电加热蒸发法、混合等离子法、激光诱导化学气相沉积法、爆炸法等。

陶瓷粉体质量一般从粒度分布、颗粒形貌、晶体结构、成分和晶态-非晶态等几个方面来进行评价。粒度分布测试最常见的方法有激光散射法、比表面积法、X 射线小角度衍射法、X 射线衍射线宽法和沉降法。颗粒形貌可以通过透射电镜、扫描电镜和扫描隧道显微镜进行观察。成分可以通过化学分析法和仪器分析法两种方法确定，后者通常包括原子光谱技术、特征 X 衍射技术、质谱法和光电子能谱法等。晶态-非晶态及晶体结构表征多用于判断通过上述固、液、气相合成获得的粉体是否是预期的晶相，可以通过 X 光衍射、电子衍射、红外光谱、拉曼光谱技术及紫外-可见光吸收光谱等技术进行确定和分析。

陶瓷成型方法主要有压制成型、可塑成型和浆料成型
三大类，如图 11-1 所示。压制成型法是将粉料加入少量黏
结剂进行造粒，然后将造粒后的粉料置于模具中，在压力
机械上加压，形成一定形状的坯体，然后烧结。可塑成型
是利用模具运动产生的压力、剪切力、挤压等外力对具有
可塑性的坯料进行加工，迫使坯料在外力的作用发生塑性
变形，进而制成坯体的成型方法。浆料成型是将陶瓷粉末
分散在液态介质中制成悬浮液，使其具有良好的流动性，
将此悬浮液注入一定形状的模具中，利用模具的吸水作用
固化后，制成具有一定形状的生坯的成型方法。

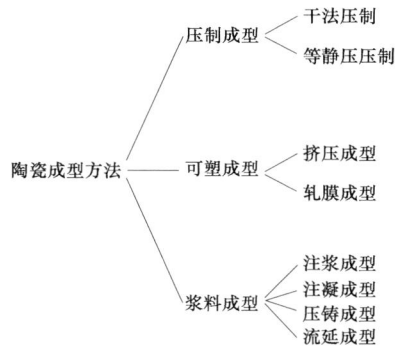

图 11-1　陶瓷成型方法

烧结是陶瓷制备的重要工序之一。在烧结过程中，粉
末颗粒通常要发生相互流动、扩散、熔解和再结晶等物理化学过程，使粉末体进一步致密，消
除其中的部分或全部孔隙。图 11-2 所示为典型粉末烧结方式。

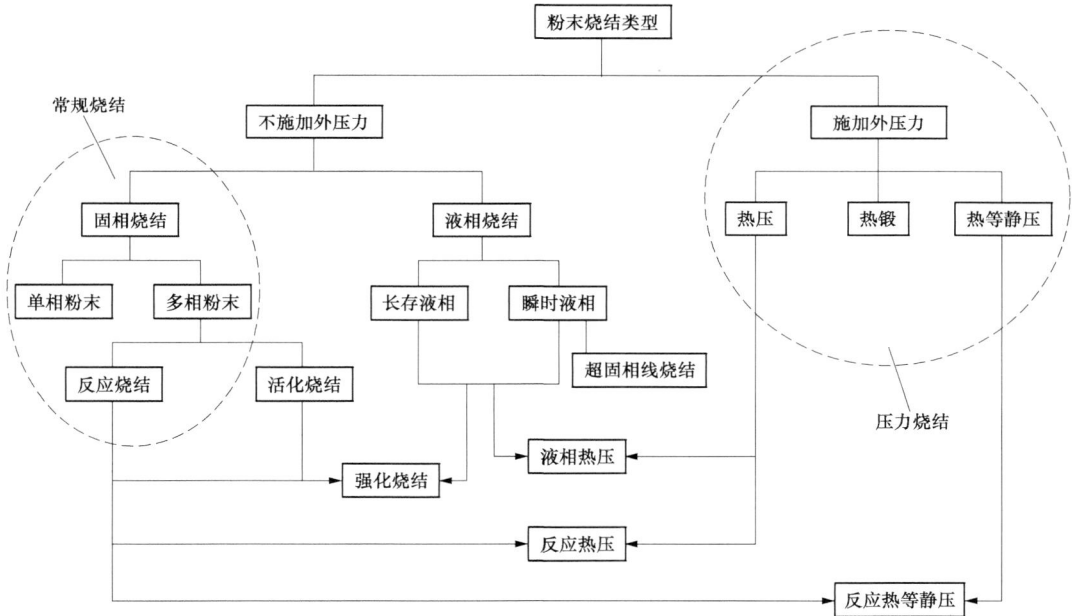

图 11-2　典型粉末烧结方式

常规烧结就是指采用常规加热方式，在传统电炉中完成的烧结。常压烧结成本低，是最简
单、最普通的烧结法。除去常规烧结，烧结过程中，为增加烧结致密化进程和控制烧结质量，
通常可以采用增加压力、成分掺杂或者是调整加热方式促进烧结。

如果在烧结时对粉末体施加压力，通过加压促进致密化过程，此类烧结就是压力烧结，根
据加压方式可以分为热压、等静压和热锻烧结。热压法是针对填充在模具内的粉料沿单轴方向
加压的同时进行加热，有时温度上升后再加压，加热时几乎都采用高频感应法。此法烧结的材
料强度高，致密性好。等静压烧结实质是先等静压成型，然后再进行加温烧结。此方法使物料
受到各向同性的压力，因此能在极低的温度下烧结。热锻烧结通常是先对压坯预烧结，然后在
合适的高温下实施锻造。

成分掺杂促进烧结，主要指活化和液相烧结。活化烧结是指在烧结过程中，采用某些物理的或化学的措施，例如加入烧结助剂等，降低烧结温度，缩短烧结时间，同时优化烧结体的性能。液相烧结是指在粉末压坯中，如果有两种以上的组元，烧结有可能在某种组元的熔点以上进行，因而，烧结时粉末压坯中，出现少量的液相。此类烧结就是液相烧结。如果液相长期存在，就是长存液相烧结；如果液相在一个相对较短的时间内存在，就是瞬时液相烧结。随着科技进步，通过调整加热方式促进烧结的手段越来越多，例如微波烧结、放电等离子体烧结、高温自蔓延烧结等。微波烧结和放电等离子体烧结技术是近几十年来发展起来的，主要特点是通过降低烧结温度可以实现快速烧结。高温自蔓延烧结技术是依赖于燃烧反应所释放的热量实现烧结和致密化，采用高温自蔓延烧结技术可以实现陶瓷涂层和陶瓷焊接。

11.2　烧结的传质

烧结是一个自发的不可逆的过程，系统表面能降低是推进烧结进行的基本驱动力。粉体颗粒表面张力的变化驱动粉体颗粒通过流动、扩散、蒸发-冷凝、溶解-沉淀等方式推动物质传递。

流动传质是指在表面张力作用下，颗粒通过变形或者单纯流动而引起的物质迁移。当液相含量较多、黏度较小时，黏性传质占主导地位，为典型的黏性传质。当固相含量较多，黏度较大时，塑性传质占主导地位，为典型的塑性传质。黏性传质流动符合下述关系：

$$\frac{F}{S} = \eta \frac{\partial v}{\partial x}$$

式中：$\frac{F}{S}$ 为剪切力；η 为黏度系数；$\frac{\partial v}{\partial x}$ 为流动速率梯度。

黏性传质在烧结初期对烧结收缩的贡献如下：

$$\frac{\Delta L}{L_0} = \frac{3\gamma}{4r\eta} t$$

式中：γ 为表面张力；t 为时间。

随着烧结的进行，其对烧结的贡献可以采用相对密度 θ（$\theta = \rho / \rho_0$，就是烧结体密度 ρ 除以理论密度 ρ_0。）来表示，此时有

$$\frac{d\theta}{dt} = \frac{3\gamma}{2r\eta}(1 - \theta)$$

上述结果可以用来描述高温下具有黏性液体流动即液相烧结情况下的致密化过程。

塑性传质符合下述关系：

$$\frac{F}{S} - \tau = \eta \frac{\partial v}{\partial x}$$

其中，τ 为极限剪切力。此种情况下，塑性传质对上述相对密度的影响体现为如下表达式：

$$\frac{d\theta}{dt} = \frac{3\gamma}{2\eta} \frac{1}{r}(1 - \theta) \left[1 - \frac{\tau r}{\sqrt{2}\lambda} \ln\left(\frac{1}{1 - \theta}\right) \right]$$

扩散传质主要和扩散活动有关，依赖浓度和化学势梯度，推动传质，完成迁移过程。例如，在表面张力作用下，颈部的空位浓度要比粒子的其他部位的浓度大，在这种情况下，形成的浓度差可表示为

$$\Delta C = C'' - C_0 = \frac{2\gamma a_0^3}{\rho kT} C_0$$

式中：a_0 为质点的直径；k 为波尔兹曼常数；T 为绝对温度。

在这样一个空位浓度差的推动下，空位从颈部向颗粒的其他部位扩散，而固体质点则向颈部逆向扩散。

蒸发-凝聚传质通常发生在高温下蒸汽压较大的系统内部。其主要原理是在高温条件下，不同的表面曲率会形成不同的蒸汽压，这样在烧结颗粒表面不同部位就具有不同的蒸汽压差，在蒸汽压差的驱动下所形成的一种传质趋势。

以陶瓷烧结双球模型为例，高温烧结时，在陶瓷颗粒的表面有正曲率半径，该处的蒸汽压比平面上要大一些；而在两个颗粒连接处有一个小的负曲率半径的颈部，该处蒸汽压比颗粒本身要低一个数量级，颈表面和颗粒表面之间由于曲率不同，使物质从蒸汽压高的部位蒸发，通过气相传递而凝聚到蒸汽压低的部位，从而使颈部逐渐被填充。导致烧结时颈部区域扩大，球的形状改变为椭圆，气孔形状改变，但是球与球之间的中心距不变，也就是坯体不发生收缩。

在液相烧结过程中，如果固相颗粒和液相能够相互润湿和溶解，则会发生溶解-沉淀传质。在这种情况下，固体颗粒的溶解度和颗粒尺寸往往存在如下关联：

$$\ln \frac{C}{C_0} = \frac{2\gamma_{\mathrm{SL}}M}{dRTr} \tag{11-1}$$

式中：C、C_0 分别为尺寸较小颗粒和一般尺寸的颗粒的溶解度；γ_{SL} 为固-液界面张力；d 为固体密度；r 为小颗粒尺寸。

由式（11-1）可以看到，陶瓷固相颗粒尺寸越小，溶解度越大。在这种情况下，较小的颗粒或颗粒接触点处溶解后，通过液相传质，在较大的颗粒或颗粒的自由表面上沉积，从而出现晶粒长大和晶粒形状的变化，同时颗粒不断进行重排而致密化。

除去上述机制，溶解-沉淀传质过程还可以以其他方式进行。例如，一方面随烧结温度升高，出现足够量液相，分散在液相中的固体颗粒在毛细管力作用下，颗粒相对移动发生重新排列；另一方面，被液体薄膜分开的颗粒之间可以形成搭桥，在那些点接触处，由于有高的局部应力会导致局部变形和蠕变，这些塑性变形随后也会促进颗粒进一步重排。

11.3　烧结初期动力学

按照科布尔（Coble）烧结理论，一般认为烧结分为三个阶段：烧结初期、中期和末期。烧结初期仅仅体现有颗粒之间的距离缩短，但是不出现明显的颗粒长大和坯体的收缩。颗粒表面通过接触出现局部烧结面，形成颈部长大现象。相对于烧结初期，烧结中期颗粒之间接触部位加大，晶粒或者烧结形成的颗粒略有长大，气孔充填于由三个颗粒包围的管形空隙中，呈交叉状，在坯体内部的颗粒之间的气态空隙彼此形成连通的棱管道状态。烧结后期典型特征是气孔开始逐渐封闭，处于不连续状态，同时晶界开始形成连续网络。

烧结初期颗粒和间隙的形状变化有限，基于双球模型，烧结初期颗粒之间接触颈的增长较快。因此，在这一阶段，烧结主要表现为颗粒之间的颈部体积变化。对接触颈的生长模型主要指蒸发-凝聚和扩散传质控制等烧结速率模型。

11.3.1　蒸发-凝聚动力学模型

根据恒温膨胀公式：

$$V\Delta p = RT\ln \frac{p}{p_0}$$

$$\ln \frac{p}{p_0} = \frac{V\gamma}{RT}\left(\frac{1}{r_1} + \frac{1}{r_2}\right) = \frac{M\gamma}{dRT}\left(\frac{1}{r_1} + \frac{1}{r_2}\right) \tag{11-2}$$

式中：R 为气体常数；T 为温度；p、p_0 分别为曲面和平面上的蒸汽压；M 为分子量；d 为密度；r_1、r_2 分别为双球半径。

假设球体模型中，颈部的曲率半径为 ρ，接触面半径为 x，则式（11-2）表示为

$$\ln \frac{p}{p_0} = \frac{M\gamma}{dRT}\left(\frac{1}{\rho} + \frac{1}{x}\right) \tag{11-3}$$

考虑烧结初期，ρ 比 x 小得多，因此，$\frac{1}{x}$ 可以忽略不计，$\ln(p/p_0)$ 近似等于 $\Delta p/p_0$，此时

$$\Delta p = \frac{M\gamma p_0}{dRT}\frac{1}{\rho}$$

其中，Δp 为具有小的负曲率半径的蒸汽压和近于平面的颗粒表面的平衡饱和蒸汽压的压差。

假设蒸汽压差引起的物质在颈部表面上的传递速度等于该部分体积的增加数量，则可以通过 Langmuir 公式，结合上述公式计算出近似凝聚速率：

$$U_m = \alpha \Delta p \left(\frac{M}{2\pi RT}\right)^{1/2}$$

式中：U_m 为凝聚速率，$g/(cm^2/s)$；α 为接近于 1 的调节系数。

由于凝聚速度等于颈部体积的增加量，如果采用 A 表示颈部的表面积，则有

$$\frac{dV}{dt} = \frac{U_m A}{d} = \frac{\alpha \Delta p \left(\dfrac{M}{2\pi RT}\right)^{1/2} A}{d} \tag{11-4}$$

烧结初期颗粒尺寸变化不大，假设半径为 r，颈部表面的曲率半径为 ρ，在比较小的情况下，按照不同几何模型计算的颈部的 ρ、体积 V 和表面积 A，见表 11-1。依据表 11-1 中不同条件下的数值，可以针对式（11-4）进行积分，对于半径为 r 的双球模型，可以得到质点之间接触面积的生长速率关系式：

$$\frac{x}{r} = \left(\frac{3\sqrt{\pi}\,\gamma M^{3/2}\,p_0}{\sqrt{2}\,R^{3/2}\,T^{3/2}\,d^2}\right)^{1/3} r^{-2/3} t^{1/3} \tag{11-5}$$

式中：$\dfrac{x}{r}$ 为颈部生长速率；x 为接触半径；r 为颗粒半径；M 为相对分子量；p_0 为球型颗粒表面蒸汽压；R 为气体常数；T 为温度；t 为时间。

表 11-1 　　　　　　　　　　　　　不同烧结模型颈部相应参数的近似值

模型	ρ	A	V
球与球（中心间距不变化）	$\dfrac{x^2}{2r}$	$\dfrac{\pi^2 x^3}{r}$	$\dfrac{\pi x^4}{2r}$
球与球（中心间距变化）	$\dfrac{x^2}{4r}$	$\dfrac{\pi^2 x^3}{2r}$	$\dfrac{\pi x^4}{4r}$
平板与球	$\dfrac{x^2}{2r}$	$\dfrac{\pi^2 x^3}{r}$	$\dfrac{\pi x^4}{2r}$

式（11-5）可以进一步简写为

$$\left(\frac{x}{r}\right)^3 \propto t$$

11.3.2　扩散传质动力学模型

如果烧结过程中，蒸汽压很低，则传质主要依赖于固体扩散实现。烧结过程中主要的扩散方式见表 11-2。在特定的烧结体系中，对烧结真正起显著作用的是哪一种或者哪几种传质取决于它们的相对速率。同样，和蒸汽传质一样，物质以表面扩散或者晶格扩散的方式从表面传递到颈部，并不引起颗粒中心间距的改变，只有从颗粒体积或者从颗粒间晶界上传质时，才会引起收缩和气孔的消除。

表 11-2　　　　　　　　　　　　　烧结初期可能出现的扩散传质

传质途径	物质来源	部位
表面扩散	表面	颈部
晶格扩散	表面	颈部
气相传质	表面	颈部
晶界扩散	晶界	颈部
晶格扩散	晶界	颈部
晶格扩散	位错	颈部

根据图 11-3 中几何关系可知

$$\rho = \frac{x^2}{4r}$$

式中：ρ 为颈部的曲率半径；x 为颈部的高度；r 为颗粒半径。由于所形成的颈部类似凸透镜，可以计算颈部的表面积 A 和体积 V：

$$A = \frac{\pi^2 x^3}{2r}, V = \frac{\pi x^4}{4r}$$

引用公式

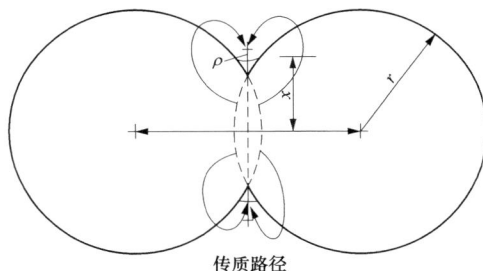

图 11-3　由晶界到颈部的晶格扩散传质

$$\ln \frac{C_1}{C_0} = -\frac{M\gamma}{dRT}\left(\frac{1}{\rho} + \frac{1}{x}\right) \tag{11-6}$$

式（11-6）为式（11-3）的引申，烧结初期，$x \gg \rho$，$\ln \frac{C_1}{C_0} \approx \frac{\Delta C}{C_0}$，则式（11-6）变为

$$\frac{\Delta C}{C_0} = -\frac{M\gamma}{dRT}\frac{1}{\rho} = -\frac{a^3\gamma}{k_B T}\frac{1}{\rho}$$

其中，a^3 为扩散空位的原子体积。单位时间内在颈部表面积 A 增加的物质量可按菲克定律公式表示为

$$\frac{dV}{dt} = -A\frac{\Delta C}{\rho}D \tag{11-7}$$

其中，空位扩散系数 D 与该自扩散系数 D^* 有如下关系：

$$D^* = DC_0$$

将前面求得的参数 D、ΔC、ρ、A、V 的近似值代入式（11-7），进行积分，则有

$$\frac{x}{r} = \left(\frac{40\pi\gamma a^3 D^*}{k_B T}\right)^{1/5} r^{-3/5} t^{1/5}$$

$$\Delta V/V = 3\frac{\Delta L}{L_0} = 3\left(\frac{20\gamma a^3 D^*}{\sqrt{2}kT}\right)^{\frac{2}{5}} \gamma^{\frac{-6}{5}} t^{2/5} \qquad (11\text{-}8)$$

通过上述推导，可以看到：①按照体积扩散进行烧结时，颈部半径的增大与烧结时间的 1/5 次方成正比，而致密度收缩与烧结时间的 2/5 次方成正比；②烧结速率大体和颗粒尺寸成反比，对于大颗粒粉体来讲，长的加热时间不能实现完全烧结，颗粒尺寸减小，烧结速率增加；③能提高晶界扩散和体扩散系数的溶质的存在可以增大固态烧结的速率，烧结因此强烈依赖于温度。为了实现有效的烧结效果，必须对粉体的颗粒尺寸和分布、烧结温度、组成及烧结气氛进行严密的控制。

对于烧结初期的扩散模型，采用不同的几何假设或者推导方法，式（11-8）所示的结果可能会有差别。例如，采用平板-球模型，按体积扩散推导获得的烧结时的烧结速度结果如下：

$$\frac{x}{r} = \left(\frac{20\gamma a^3 D^*}{k_B T}\right)^{1/5} r^{-3/5} t^{1/5}$$

尽管如此，初期烧结的模型均可以表示为

$$\frac{x}{r} = \left(\frac{\gamma a^3 D^* t}{k_B T r^3}\right)^{1/n}$$

其中，$n=4\sim6$。

目前已经证明，烧结初期主要是表面扩散，随后开始出现体积和晶界扩散。对于表面扩散，其空位浓度梯度和体积增加分数也与上述体积扩散情况相同，而面积则成为

$$A \approx 2\pi xa$$

代入式（11-7），积分得

$$\frac{x^7}{r^3} = \frac{56\gamma a^4}{kT}D_s t$$

其中，D_s 为表面扩散系数。进一步整理为

$$\frac{x}{r} = \left(\frac{40\gamma a^4 D_s}{kT}\right)^{1/7} r^{-4/7} t^{1/7}$$

因此，按照表面扩散烧结时，颈部半径 x 的增大与烧结时间的 1/7 次方成正比。

11.4　烧结中期和末期动力学

经过烧结初期，原来的球形颗粒逐渐形变为多面体，颗粒之间的颈部进一步扩大，同时气孔由不规则形状逐渐变为由三个颗粒包围的近似圆柱形气孔，而且气孔之间相互连通，此时收缩率可以达到 80%～90%，气孔率降低到 50%左右，进入烧结中期。

科布尔（Coble）采用如图 11-4 所示的截头十四面体模型针对烧结中期进行了分析。图 11-4 所示的截头十四面体由正八面体沿着其顶点在边长 1/3 处截取一部分而得到，截后的十四面体有 6 个四边形和 8 个六边形的面，这种多面体可以按照体心立方紧密堆积在一起。紧密堆积时，多面体的每条边为三个多面体共有，它们之间近似形成一个圆柱形气孔，气孔的表面为空位源，每个顶点为四个多面体共有。采用十四面体模型，以体积扩散来建立中期烧结模型。

假设十四面体的边长为 l，圆柱形气孔半径为 r，以其中一个多面体为研究对象，其体积为

$$V = 8\sqrt{2}\,l^3$$

气孔体积为

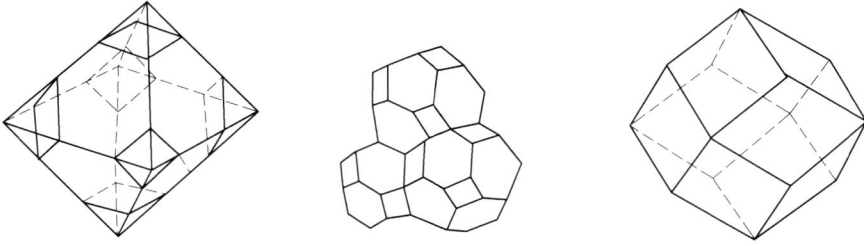

图 11-4　截头十四面体模型

$$v = \frac{1}{3} \times (36\pi lr^2) = 12\pi lr^2$$

气孔率为

$$P_c = \frac{v}{V} = \frac{3\sqrt{2\pi}}{4} \frac{r^2}{l^2} \tag{11-9}$$

假设空位从圆柱形气孔的表面向四周扩散和圆柱形电热体自中心向周围的散热过程相似，此时，单位长度的圆柱形气孔的空位扩散流为

$$\frac{J}{l} = 4\pi D' \Delta c$$

式中：l 为多面体边长，即气孔长度；D' 为空位扩散系数；Δc 为空位浓度差。

进一步假设 $l = 2r$，同时考虑空位扩散可能由于存在分岔会导致有效扩散面积扩大为原来的 2 倍，有

$$\frac{J}{l} = \frac{J}{2r} = 2 \times 4\pi D' \Delta c$$

十四面体紧密堆积时，每个面可以为两个多面体所共有。在这种情况下，单位时间内每个十四面体中，空位的体积流动速度为

$$\frac{dv}{dt} = \frac{14}{2}J = 7 \times 2r \times 8\pi D' \Delta c = 112\pi r D' \Delta c$$

这里

$$D_v = D' \exp\left(-\frac{\Delta G_f}{KT}\right)$$

$$\Delta c = \frac{\gamma\delta^3}{KTr}\exp\left(-\frac{\Delta G_f}{KT}\right)$$

进一步整理有

$$\frac{dv}{dt} = \frac{112\pi\gamma\delta^3 D_v}{KT}$$

积分得

$$v = -\frac{112\pi\gamma\delta^3 D_v}{KT}(t_f - t) \tag{11-10}$$

其中，负号代表随着烧结的进行气孔体积缩小；t_f 为进入中期、半径为 r 的圆柱形气孔缩小为孤立球形的时间；t 为烧结中期开始时间。

将式（11-10）代入式（11-9），可以得到

$$P_c = -\frac{7\sqrt{2}\pi\gamma\delta^3 D_v}{l^3 KT}(t_f - t)$$

随着烧结的进行，进一步烧结会导致气孔的体积分数进一步减小，而且原来连通的孔洞开始分开并呈现不连通状态，此时进入烧结末期。假设气孔为孤立的球形，采用同心球壳的扩散做近似处理，这种情况下扩散通量为

$$J = 4\pi D' \Delta C \frac{r_a r_b}{r_b - r_a}$$

式中：D' 为空位扩散系数；ΔC 为空位浓度差；r_a 为同心球壳内径（相当于气孔半径）；r_b 为同心球壳外径（相当于质点的有限扩散半径）。

由于烧结末期气孔较小，扩散距离相对较远，所以 $r_b \gg r_a$，则

$$J = 4\pi D' \Delta C r_a$$

另外根据每个十四面体占 24/4＝6 个气孔，可以计算每个十四面体中空位平均流量为

$$\frac{\mathrm{d}v}{\mathrm{d}t} = \frac{24}{4} \times 4\pi D' \Delta C r_a \delta^3 \tag{11-11}$$

式 (11-11) 积分，同时注意到 $V = 8\sqrt{2}\, l^3$，于是有

$$P_c = \frac{v}{V} = \frac{6\pi \gamma a_0^3 D_v}{\sqrt{2}\, l^3 KT}(t_f - t)$$

式中：t_f 为气孔完全消失的时间。

11.5　液 相 烧 结

液相烧结时坯体的致密化是通过液相参与完成的，它发生的条件是液相的黏度和数量要合适。液相不仅要能够完全润湿固相，而且烧结时固相可以溶解于液相，否则就只有通过固体内部传质来完成致密化。液相烧结的物质传输也是依赖于表面张力来实现。其主要过程包括界面润湿、颗粒重排、溶解-沉淀、晶粒长大等步骤。

液相烧结存在时，烧结体内部会出现固体表面、液体表面及固-液界面。因此，界面润湿是液相烧结首要条件。假设固体表面能、液体表面能、液固界面的表面能量分别采用 γ_{SV}、γ_{LV}、γ_{SL} 来表示。此时液相将润湿固相的条件是：

$$\gamma_{SV} - \gamma_{SL} > \gamma_{LV}$$

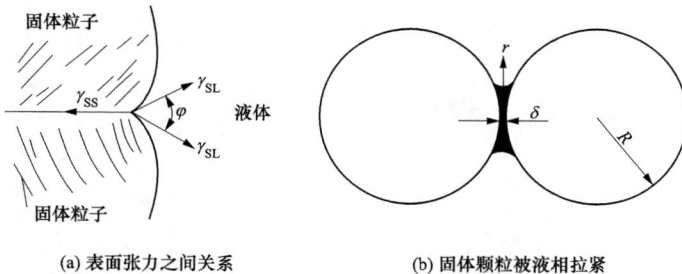

(a) 表面张力之间关系　　(b) 固体颗粒被液相拉紧

图 11-5　液相对固体颗粒的润湿

当固体表面完全润湿并达到平衡时，如图 11-5 (a) 所示，存在如下表达式：

$$\gamma_{SS} = 2\gamma_{SL}\cos\frac{\varphi}{2}$$

满足 $\gamma_{SV} > \gamma_{LV} > \gamma_{SS} > 2\gamma_{SL}$ 的条件下，固相颗粒将被液相润湿并拉紧，如图 11-5 (b) 所示，此时，由于表面张力的作用在两个颗粒接触点处会形成压力，该压力导致接触点处的固相化学位或者活度增加，见式 (11-12)，增加的活度可以提供物质传输的驱动力。

$$\mu - \mu_0 = RT\ln\frac{a}{a_0} = \Delta P V_o，或者\ \ln\frac{a}{a_0} = \frac{2K\gamma_{LV}V_0}{r_p RT} \tag{11-12}$$

式中：V_0 摩尔体积；K 为常数；r_p 为气孔半径；a、a_0 为接触点处与平面处的离子活度。

在界面润湿的前提下，如果液相较多时，可以通过颗粒重排实现高密度；反之，如果液相

很少，就必须通过溶解-沉淀机制促进致密化。

（1）颗粒重排对烧结收缩的贡献可以量化为

$$\Delta L/L_0 = \Delta V/3V_0 = \Delta V/3L \propto t^{1+x}$$

式中：$\Delta L/L_0$ 为线收缩率；$\Delta V/3V_0$ 为体积收缩率；t 为烧结时间；$1+x$ 为指数，$1+x \approx 1$。

（2）溶解-沉淀过程对烧结收缩的贡献可以量化为

$$(\Delta L/L)^3 = K\delta\gamma_{LV}DC_0V_0/RTr^{-4}t \tag{11-13}$$

式中：K 为几何常数，$K \approx 6$；δ 为颗粒之间液膜厚度；γ_{LV} 为液体表面张力；D 为被溶解物质在液相中的扩散系数；C_0 为固体物质在液相中的溶解度；V_0 为被溶解物质的摩尔体积；R 为气体常数；T 为温度；r 为球形颗粒半径。

根据图 11-6，式（11-13）的推导如下：

假设颗粒为球形，半径为 r，两颗粒中心相互靠近，颈部接触点首先由于表面张力作用发生溶解。在双球中心连线方向，假设每个球体产生溶解量的高度为 h，形成半径为 x 的接触面，当 $h \ll x$ 时，根据图中几何关系，可以计算已经溶解的体积 V 为

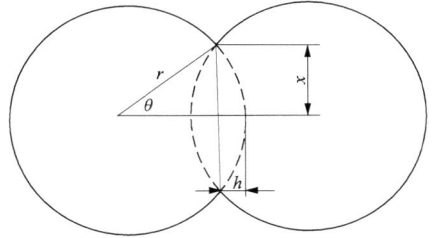

图 11-6　溶解-沉淀过程的烧结模型

$$V = \frac{1}{2}\pi x^2 h = \frac{\pi x^4}{4r}$$

其中，$h = \dfrac{x^2}{2r}$。基于圆柱形电热固体辐射模型，每一个单位厚度产生的界面扩散通量可以计算为

$$J = 4\pi D \Delta C$$

假设边界厚度为 δ，则有

$$\frac{dV}{dt} = \delta J = 4\pi D\delta(C-C_0) = 4\pi D\delta C_0\left[\exp\left(\frac{2K_2\gamma_{LV}rV_0}{K_1x^2RT}\right) - 1\right] \tag{11-14}$$

式（11-14）中的浓度差 $C - C_0 = C_0\left[\exp\left(\dfrac{2K_2\gamma_{LV}rV_0}{K_1x^2RT}\right) - 1\right]$ 可以通过以下过程来进行计算。

烧结初期，颗粒接触区域的压力 Δp 与接触面积 A 和颗粒投影面积 B 之比成反比，因此有

$$\Delta p' = \frac{K_2\Delta p^0}{\dfrac{A}{B}} = \frac{K_2\Delta p^0}{\dfrac{\pi x^2}{\pi r^2}} = \frac{K_2\dfrac{2\gamma_{LV}}{r_p}}{\dfrac{\pi x^2}{\pi r^2}} = \frac{2K_2\gamma_{LV}r^2}{x^2 r_p} \tag{11-15}$$

式中：K_2 为比例常数；Δp^0 为压强差；r_p 可以按照 Kingery 假设计算。

颗粒半径 r 和气孔半径 r_p 之间关系可以表述如下：

$$r_p = K_1 r$$

其中，K_1 为烧结过程中，可以近似认为是稳定值的比例常数；Δp^0 是由于表面张力的作用，在弯曲液面产生的毛细孔引力或者附加压强差，对于气孔半径为 r_p 的球形液滴，其大小为

$$\Delta p^0 = \frac{2\gamma_{LV}}{r_p}$$

前面述及由于表面张力的作用，在两个颗粒接触点处会形成压力，进而会导致接触点处的固相化学位或者活度改变，此时满足 $RT\ln\dfrac{a}{a_0} = \Delta p V_0$，在这样条件下，通过式（11-15）可以

计算浓度差 ΔC 为

$$\Delta C = C - C_0 = C_0\left[\exp\left(\frac{2K_2\gamma_{LV}rV_0}{K_1 x^2 RT}\right) - 1\right]$$

其中，C、C_0 分别为小颗粒的平面颗粒的溶解度。

式（11-14）继续处理，将表达式中指数部分展开成级数，同时取第一项近似处理可得

$$\frac{x^5}{r^2}\mathrm{d}x = \frac{8K_2\delta DC_0\gamma_{LV}V_0}{K_1 RT}\mathrm{d}t$$

进一步积分整理，得

$$\frac{x^6}{r^2} = \frac{48K_2\delta DC_0\gamma_{LV}V_0}{K_1 RT}t$$

或者

$$h = \left(\frac{6K_2\delta DC_0\gamma_{LV}V_0}{K_1 RT}\right)^{\frac{1}{3}} r^{-\frac{1}{3}} t^{\frac{1}{3}}$$

$$\frac{\Delta L}{L_0} = \frac{h}{r} = \left(\frac{6K_2\delta DC_0\gamma_{LV}V_0}{K_1 RT}\right)^{\frac{1}{3}} r^{-\frac{4}{3}} t^{\frac{1}{3}}$$

如果将常数归纳统一为 K，则有

$$(\Delta L/L)^3 = K\delta\gamma_{LV}DC_0V_0/RTr^{-4}t$$

（3）烧结末期颗粒长大则满足下述关系：

$$r^3 - r_0{}^3 = k\frac{\sigma_{SL}DC_0 M}{\rho^2 RT}t$$

式中：r 为成长后的颗粒半径；r_0 为起始时的颗粒半径；σ_{SL} 为固-液相之间的界面能；M 为固体物质分子量；ρ 为固体物质的密度。

11.6　黏性流动机制

采用液体黏性流动理论描述烧结动力学，分析粉末中空位团的移动，被广泛接受的是 Frenkel 黏性流动模型。该模型将粉末简化为球形，基于双液滴模型，可以借用图 11-6 来进行分析。在烧结初期表面张力对颗粒做功，同时在传质过程中，颗粒也会因为黏性而受到摩擦力做功，假设两者分别为 W_1、W_2，分别可以采用如下表达式表示：

$$W_1 = 4\pi r_0^2\gamma$$

$$W_2 = \frac{16}{3}\pi r^3\eta\delta$$

黏结初期，两者平衡时 $W_1 = W_2$，同时 $r = r_0$，此时

$$\delta = \frac{3\gamma}{4r\eta} \tag{11-16}$$

式中：η 为物质黏度；γ 为表面张力；δ 为速度梯度。

式（11-16）中速度梯度 δ 为

$$\delta = \frac{\mathrm{d}v}{r} = \frac{\mathrm{d}h/\mathrm{d}t}{r} = \frac{\mathrm{d}\left(2r\frac{\theta^2}{4}\right)/\mathrm{d}t}{r} = \frac{\theta\,\mathrm{d}\theta}{\mathrm{d}t} \tag{11-17}$$

这里，$\mathrm{d}t$ 时间内，两液滴之间的间距 h 为

$$h = r - r\cos\theta = 2r\sin^2\frac{\theta}{2} \approx 2r\frac{\theta^2}{4}$$

将式（11-17）代入式（11-16），有

$$\theta\mathrm{d}\theta = \frac{3\gamma}{4r\eta}\mathrm{d}t$$

假设 γ、r、η 和时间无关，不随时间改变。这种情况下，针对上式进一步左、右积分，可得

$$\theta^2 = \frac{3\gamma}{4r\eta} \tag{11-18}$$

基于图 11-6 的几何关系，两液滴的接触面积为 $\pi x^2 = \pi(r\sin\theta)^2$，在很小的情况下，可以近似得到

$$\theta^2 = \frac{x^2}{r^2} \tag{11-19}$$

合并式（11-18）和式（11-19），有

$$\frac{r}{x} = \left(\frac{3\gamma}{2\eta}\right)^{1/2} r^{-1/2}\, t^{1/2}$$

上述黏性流动机制进一步导致颗粒的中心靠近而引起收缩的收缩率为

$$\frac{\Delta L}{L_0} = \frac{3\gamma}{4r\eta}t$$

该结论主要描述粉末在黏性流动初期的动力学行为。随着烧结的持续，联通的气孔会受到一个附加压强而逐渐缩小为孤立封闭气孔，这个附加压强可以依据 Laplace 方程进行推导，其大小为 $-2\gamma/r$，在这种情况下，其收缩率可以表示为

$$\frac{\mathrm{d}\theta}{\mathrm{d}t} = \frac{2}{3}\left(\frac{4\pi}{3}\right)^{\frac{1}{3}} n'^{\frac{1}{3}}\frac{\gamma}{\eta}(1-\theta)^{\frac{2}{3}}\theta^{\frac{1}{3}} \tag{11-20}$$

其中，θ 为相对密度；n' 为单位无孔固体体积中的气孔数。假设气孔为球形，气孔半径为 r'，单位无孔固体体积中的所有气孔体积 V 就是

$$V = n'\frac{4\pi r'^3}{3} = \frac{V'}{V''} = \frac{V-V''}{V''} = \frac{V}{V''} - 1 = \frac{\dfrac{m}{\rho}}{\dfrac{m}{\rho_0}} - 1 = \frac{\rho_0}{\rho} - 1 = \frac{1}{\theta} - 1$$

于是

$$n' = \frac{1-\theta}{\theta}\frac{3}{4\pi r'^3} \tag{11-21}$$

其中，V' 为气孔体积；V'' 为完全致密的无孔固体的体积，$V'' = \dfrac{m}{\rho_0}$；V 为总体积，$V = \dfrac{m}{\rho}$。

将式（11-21）代入式（11-20），有

$$\frac{\mathrm{d}\theta}{\mathrm{d}t} = \frac{3\gamma}{2r\eta}(1-\theta)$$

参 考 文 献

[1] 徐祖耀. 材料相变 [M]. 北京：高等教育出版社，2013.

[2] 余永宁. 材料科学基础 [M]. 北京：高等教育出版社，2012.

[3] 潘金生，全建民，田民波. 材料科学基础 [M]. 北京：清华大学出版社，2011.

[4] 陶杰，姚正军，薛烽. 材料科学基础 [M]. 北京：化学工业出版社，2018.

[5] 闻立时. 固体材料界面研究的物理基础 [M]. 北京：科学出版社，2011.

[6] （日）西泽泰二. 微观组织热力学 [M]. 郝士明，译. 北京：化学工业出版社，2006.

[7] 杨顺华. 晶体位错理论基础 [M]. 北京：科学出版社，1988.

[8] 徐祖耀，李麟. 材料热力学 [M]. 北京：科学出版社，2004.

[9] 张勇. 非晶与高熵合金 [M]. 北京：科学出版社，2010.

[10] 徐洲，赵连城. 金属固态相变原理 [M]. 北京：科学出版社，2004.

[11] 王崇琳. 相图理论及其应用 [M]. 北京：高等教育出版社，2008.

[12] R. 霍夫曼. 固体与界面 [M]. 郭洪猷，李静，译. 北京：化学工业出版社，1986.

[13] 胡汉起. 金属凝固原理 [M]. 北京：机械工业出版社，2007.

[14] 姜锡山. 钢种非金属夹杂物 [M]. 北京：冶金工业出版社，2011.

[15] W. D. 金格瑞. 陶瓷导论 [M]. 北京：中国建筑工业出版社，1982.

[16] 赵品，谢辅州，孙振国. 材料科学基础 [M]. 哈尔滨：哈尔滨工业大学出版社，2008.

[17] 石德珂. 材料科学基础 [M]. 西安：西安交通大学出版社，2019.

[18] 刘志恩. 材料科学基础 [M]. 西安：西北工业大学出版社，2012.

[19] 宋晓岚，黄学辉. 无机材料科学基础 [M]. 北京：化学工业出版社，2018.

[20] 王顺花，王彦平. 材料科学基础 [M]. 成都：西南交通大学出版社，2011.

[21] 刘东亮，邓建国. 材料科学基础 [M]. 南京：华东理工大学出版社，2016.

[22] 胡赓祥，蔡珣. 材料科学基础 [M]. 上海：上海交通大学出版社，2000.

[23] 徐祖耀. 金属学原理 [M]. 上海：上海交通大学出版社，1964.

[24] Donald R. Askeland, Pradeep P. Phule. Essentials of materials science and engineering（影印版）[M]. 北京：清华大学出版社，2005.

[25] William F. Smith, Javad Hashemi. Foundations of materials science and engineering（影印版）[M]. 北京：机械工业出版社，2006.

[26] Thomas. H. Courtney. 材料力学行为（影印版）[M]. 北京：机械工业出版社，2006.

[27] William D. Callister, JR. , David G. Rethwisch, Materials science and engineering [M], American：John Wiley Sons. （Asia）Pte Ltd, 2014.

[28] Robert W. Cahn and Peter. Heasen. Physical Metallurgy [M]. North Holland：Elsevier Science B. V, 1996.

[29] Eric J. Mittemeijer, Fundamentals of Materials Science, [M]. Germany：Springer Heidelberg Dordrecht London New York，2010.

[30] Cahn, R. W. 走进材料科学 [M]. 杨柯，译. 北京：化学工业出版社，2008.

[31] 王亚男. 位错理论及其应用 [M]. 北京：冶金工业出版社，2007.

[32] William D. Callister /David G. Rethwisch. Fundamentals of Materials Science and Engineering [M]. American：Wiley，2012.

[33] William D. Callister, Materials Science and Engineering [M]. American：John Wiley & Sons. Inc. 2006.

[34] Schaffer, James P. / Saxena, Ashok/ Sanders, Thomas H. , Jr. / Antolovich, Stephen D. / Warner. The Science and Design of Engineering Materials [M]. New York, USA：Steven B. McGraw - Hill

College，1999.

[35] Cahn，R. W. The Coming of Materials Science［M］. Pegman：Pergamon，2001.

[36] E. J. Mittemeijer. Fundamentals of Materials Science（Graduate Texts in Physics）［M］. Berlin：Springer，2010.

[37] Horath，Larry D. Fundamentals of Materials Science for Technologists［M］. Upper Saddle River：Prentice Hall，2000.

[38] 罗绍华. 材料科学基础-无机非金属材料分册［M］. 哈尔滨：哈尔滨工业大学出版社，2015.

[39] Thomas，H. Courtney. Mechanical behaviors of materials（影印版）［M］. 北京：机械工业出版社，2004.

[40] 葛利玲. 材料科学基础与工程基础实验教程［M］. 北京：机械工业出版社，2008.

[41] 杜希文，原续波. 材料分析方法［M］. 天津：天津大学出版社，2006.

[42] 刘文西. 材料结构电子显微分析［M］. 天津：天津大学出版社，1989.

[43] 高镜涵. MPB 附近组分 PLZST 反铁电单晶的场致诱导相变研究［博士论文］. 清华大学，2016.

[44] 薛德祯. 点缺陷对铁性材料相变行为的影响及其相关现象的研究［博士论文］. 西安交通大学，2012.

[45] 马利平，梁志强，王西彬，赵文祥，焦黎，刘志兵. 脉冲磁化处理对 M42 高速钢刀具组织和力学性能的影响［J］. 金属学报，2015，51（3）：307 - 314.

[46] 林文星，付秀丽，孟莹，王勇. 材料表面位错密度的测量方法研究［J］. 工具技术，2017，51（6）：10 - 13.

[47] 贾仁需，张玉明，张义门，郭辉. XRD 法计算 4H - SiC 外延单晶中的位错密度［J］. 光谱学和光谱学分析，2010，30（7）：1995 - 1997.

[48] 彭燕，宁丽娜，高玉强，等 .4H - SiC 晶体表面形貌和多型结构变化研究［J］. 人工晶体学报，2010，39（3）：559 - 563.

[49] 涂坚，周志明，柴林江，黄灿. 密排六方金属 {1012} 形变孪晶长大机制的研究进展［J］. 中国有色金属学报，2015，25（9）：2317 - 2324.

[50] 李文渊，刘建荣，陈志勇. Ti60 合金板材的室温强度与其显微组织和织构的关系［J］. 材料研究学报（中文版），2018，32（6）：455 - 463.

[51] 李志超，扬平，颜孟奇. 电工钢中 ⟨100⟩ 织构的演变规律［J］. 中国体视学与图像分析，2009，14（3）：237 - 244.

[52] 付华栋，莫远科，张志豪. 有序度与残余应力对 Fe - 6.5%Si 合金塑性变形性能的影响［J］. 材料热处理学报，2016，37（1）：169 - 174.

[53] 王同敏、王琨，朱晶. 同步辐射成像技术在材料科学中的应用——金属合金晶体生长原位可视化［J］. 物理，2012，41（4）：244 - 248.

[54] 张科、马光. 非晶合金的形成机理及其形成能力的研究［J］. 材料导报，2012，26（20）：166 - 170.

[55] 才德范，杨正棠. 几种晶体的位错形态观察［J］. 人工晶体学报，1988（Z1）291.

[56] Qi Zhu，Guang Cao，Jiangwei Wang，In Situ Atomistic Observation of Disconnection - mediated Grain Boundary Migration［J］. Nature Communications. 2019，10（1）：156.

[57] Adrien Boulineau，et al. thermal stability of Li_2MnO_3：from localized defects to the spinel phase［J］. Dalton Transactions. 2012，41：1574 - 1581.

[58] K. Zhao，Y. H. Ma，L. H. Lou and Z. Q. Hu. μPhase in a Nickel Base Directionally Solidified Alloy［J］. Materials Transactions. 2005，46（1）：54 - 58.

[59] T. H. Hwang，J. H. Kim，K. H. Kim，Effect of R - Phase on Impact Toughness of 25Cr - 7Ni - 4Mo Super Duplex Stainless Steel［J］. Metals and Materials International. 2014，20，（1）：13 - 17.

[60] Jiajie Huo，Qianying Shi，Yunrong Zheng，et al. Microstructural characteristics of σ phase and P phase in Ru - containing single crystal superalloys［J］. Materials Characterization. 2017，124：73 - 82.

[61] Helmut Mehrer. Diffusion in Solids［M］. Berlin：Springer，2007.

[62] 黄昆. 固体物理学［M］. 北京：高等教育出版社，1988.

[63] Dvid Buchla，Thomas Kissell，Thomas Floyd. 可再生能源系统［M］. 杨勇，译. 北京：清华大学出版

社，2016.

［64］W. Kurz, D. J. Fisher. 凝固原理 ［M］. 李建国，胡侨丹，译. 北京：科学出版社，2010.

［65］（德）艾瑞克-杨-密特迈. 材料科学基础 ［M］. 刘永长，译. 北京：机械工业出版社，2012.

［66］朱海. 先进陶瓷成型和加工技术 ［M］. 北京：化学工业出版社，2016.

［67］李懋强. 热学陶瓷 ［M］. 北京：中国建材工业出版社，2013.

［68］刘国权. 材料科学与工程基础（上、下）［M］. 北京：高等教育出版社，2015.

［69］刘峰，蔡瑜，郭学锋. 过冷 DD_3 单晶高温合金凝固组织演化 ［J］. 金属学报，2000，36（6）：567 - 572.